印前技术与数字化流程

顾桓 编著

机 械 工 业 出 版 社

本书以简洁、实用的风格，以媒体处理中与印刷相关的印前处理及输入输出技术为视角，全面论述了数字印前技术与数字化工作流程的相关技术、工艺和系统。书中首先论述了媒体、色彩、印刷原理以及印品质量控制的基本问题，然后深入实际地论述了图像采集、电子暗房、着色处理、色彩管理、文件系统、页面排版等印前技术与工艺，并在此基础上进一步论述了与印前数字化流程相关的JDF/JMF工作流程、数码打样、拼大版、陷印处理、CFP/CTP/数字印刷输出等原理、工艺和系统结构。

本书内容覆盖面广，论述透彻，工艺方法实例丰富，反映了印前技术最新的技术趋势和应用。

本书的目的是给从事媒体处理的各类人员和相关院校学生提供一个学习与印刷相关的印前处理及输入输出技术的平台，使读者能够提升对印前处理从原理、工艺到系统的全面认识，并能够做到举一反三、触类旁通。

本书适用于从事印前工作的技术和操作人员、广告设计和创意人员、媒体系统与设备的研究开发人员及其相关行业管理人员，特别适合印刷、包装、数字媒体、电子信息相关院校及专业师生作为教材或学习参考书。

图书在版编目(CIP)数据

印前技术与数字化流程/顾桓编著. －北京：机械工业出版社，2008.3
ISBN 978-7-111-23352-7
Ⅰ.印…　Ⅱ.顾…　Ⅲ.数字图像处理－印前处理　Ⅳ.TS803.1
中国版本图书馆CIP数据核字（2008）第011275号

机械工业出版社（北京市百万庄大街22号　邮政编码100037）
策划编辑：刘　涛　　责任编辑：刘　涛
封面设计：陈　沛　　责任印制：洪汉军

北京振兴源印务有限公司印刷厂印刷

2008年6月第1版第1次印刷
184mm×260mm·27印张·653千字
标准书号：ISBN 978-7-111-23352-7
定价：48.00元

凡购本书，如有缺页、倒页、脱页，由本社发行部调换
销售服务热线电话：(010) 68326294
购书热线电话：(010) 88379639　88379641　88379643
投稿热线电话：(010) 88379720
编辑热线电话：(010) 88379720

前　言
FOREWORD

多年前本人曾经写过一本桌面出版的书，反映较好。然而，随着印前数字化流程技术的迅速发展，新的技术、工艺和系统不断涌现，因此迫切需要全新的教材和技术书籍来满足专业学生和从业人员的需求。在同仁的督促和责任感的驱使下，凭借本人对印前技术多年教学和实践所获得的一些经验，特别是希望能为本行业提供一本能反映最新技术发展，理论与实践密切结合，同时又具有一定学术水平和创新风格的教材和技术书籍的愿望，促使我最终完成了这本书的写作。

本书论述的内容包括三个方面：首先在第一、二章中，针对理解印前技术所需要的媒体基本属性、色彩学原理、半色调印刷工艺原理和印品质量测控的基本方法等内容进行了简洁、概括的分析论述。第二部分包括第三、四、五、七、八章，它们针对图像输入原理与系统，电子暗房工艺，图形图像着色，印前文件及处理、页面排版与校样输出等进行了较全面的论述和总结。第三部分由第六、第九到第十三章构成，是针对印前数字化工作流程最新发展和应用而设置的内容；文中全面、详细地解剖和论述了ICC色彩管理原理与系统应用，数字化工作流程的系统、功能及其JDF/JMF驱动原理，专业数码打样的系统与工艺，拼大版所涉及的组版概念和工艺方法，照排输出、CTP输出及数码印刷等内容。

本书以印刷或数字媒体工作者及其相关专业院校的学生为对象，重点论述与印刷相关的各种媒体处理、输入输出所涉及到的技术、工艺和系统问题，希望帮助读者深入认识和理解与作品或印品相关的页面元素如何能够正确地采集输入、加工编排、打样印刷，懂得如何处理印刷适性因素及补偿方法，突破只懂设计不懂输入输出的应用瓶颈，以有效提高印刷媒体的处理质量。

本书力求简洁地论述理论，形象地描述过程，概括地总结具有共性的知识和方法。它不是一部针对某个具体软件的“Step and Step”式的使用说明，而是以某个具体软件为实例和引导，说明相同类型工艺过程所具有的共性的概念、方法和过程，以达到举一反三的效果。本书具有一定的全面性、概括性和资料性，但不是一通百通的灵丹妙药，实际应用时还需要在理解的基础上，针对自己使用的实际系统进一步认识与实践，才能融会贯通，达到最好的效果。

在此要特别指出，本书第八章前三节的排版部分采用了实践经验丰富的李文育老师的讲稿的部分内容。在此还要特别感谢实验中心李和伟老师在编者进行数码打样和CTP系统研究和应用时所提供的帮助。

由于本书的内容大多源自编者对最新的印前技术与系统的实践与理解，因此在理论上、内容上、体系上的分析与论述一定会有一些不成熟和有误的地方，在这里真诚希望各位读者能够给予谅解，并提出宝贵意见。

顾　桓

于西安理工大学印刷包装工程学院

目录
CONTENTS

第一章

1

媒体与色彩

第一节 媒体综述

关于媒体有许多不同的定义，笔者认为，凡是属于以下两种因素之一及其组合的，都可以称其为媒体：

1）信息的外在表现形式（例如，图形、图像、文字和视频等）。

2）媒体的存储、传播和表现载体（例如，纸张、电视、光盘甚至光纤等）。

在数字化媒体的制作行业中，媒体主要是以其外在视觉特征形态和信息在计算机内的信息结构和处理特性进行划分的。如图 1-1-1 所示，表现了印刷出版行业，对基于计算机技术的现代数字化媒体的结构关系的理解。

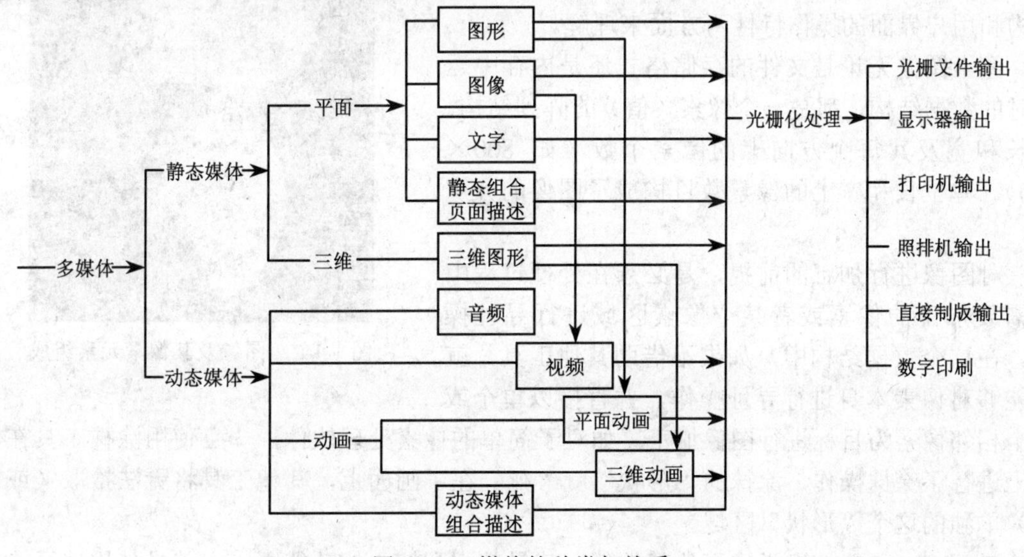

图 1-1-1 媒体的种类与关系

图 1-1-1 中的平面静态媒体，包括平面图形、图像、文字和由上述三种基本平面媒体形式组合形成的平面出版页面描述媒体，这些就是印刷出版媒体的基本媒体形式。它们经过针对各种不同输出设备的光栅化处理后，再来驱动各种基于机器点（如激光曝光点、喷墨打印点、显示器荧光点等）的各种输出设备。

图 1-1-1 所示的动态媒体中，视频媒体可以认为是静态的像素图像在时间轴上的视觉

组合和信息压缩处理后的媒体形式，而动画媒体则可以认为是静态图形在时间上的视觉组合和压缩处理后的媒体形式。同样，三维动画则可认为是三维静态图形的变动叠加和组合。

另一个特别的概念就是页面描述，它是各种平面基本静态媒体进行组合而形成的用于出版的页面综合媒体描述，在这种基于页面输出的数据描述的数据结构中，各种独立的静态媒体形态被组合在一起进行定位和覆盖。它的典型代表就是早期的惠普打印机页面描述语言 PCL 和印刷出版的标准 PostScripe。随着数字媒体的发展，目前包含动态媒体的多媒体组合描述语言和标准也为大家所熟悉，例如，网页描述语言 HTML 语言、多媒体描述文档 PDF 等，它们也逐渐成为印刷出版所能接受（但需要加工）的描述格式。

本书将专门论述图形、图像、文字和页面描述信息这些典型的二维平面数字信息媒体的性质和处理方式，以及将这些媒体进行印刷和打印输出时的相关工艺和技术。

一、像素图像

像素图像，又称为图像。它是由彼此相邻和整齐排列的彩色像素所组成，其效果如同用小方块拼成的图案一样，彼此间有固定的位置和不同的颜色。

像素图像的最大优点是非常适合于表现连续调变化的各种景色、人物等自然模拟信息，并能从颜色和层次的各个方面来完美地再现它们。如图 1-1-2 所示，就是一幅图像以及它被放大后的像素成分。

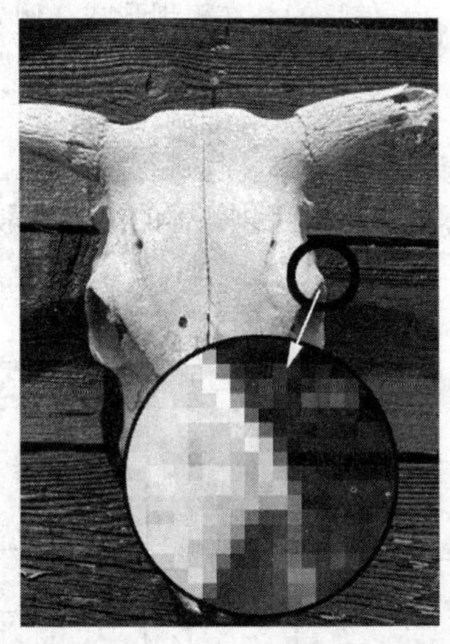

图 1-1-2　图像及其像素元素组成

图像的本质和特点，可以从计算机内部的数据结构和用户界面的操作特性两方面来理解。

像素图像无论是文件的存储格式还是内存中运行时的数据结构，都是一个像素（值）的阵列结构，有长和宽及其每个方向上的像素个数（如 800×600）。单位长和宽上的像素数目构成了图像的分辨率。

对图像进行加工的前提，是必须在处理过程中对需要加工的像素或者某个像素区域进行寻址操作。在这个数据结构中，如果不借助其他工具，就只能够对像素本身进行寻址操作，并直接以单个或几个相邻像素为目标进行图像加工。如对于简单的像素处理软件，一旦使用涂抹工具在像素上进行了涂抹操作，涂抹的“形状”就“死”在了画面上，其他工具将无法拾取（或激活）单独的这个“形状”区域。

对于 Photoshop 这类像素处理软件，其最基本和核心的功能之一，就是使用选区、蒙版和图层等工具，对图像中的某一个特定区域（如一个小鸭子的外形区域）进行图像边界的制作，以完成图像之间人工分割和局部选取的目的。这种处理在像素处理过程中既繁琐又重要，而这些都是由于图像的像素阵列的数据结构不具备单独“形状”寻址能力的结果，只能使用其他工具和矢量路径进行辅助描述和加工。

像素图像的另一个特征是像素的颗粒性，由于像素的数量是一定的，随着输出的大小

不同，单个像素所支撑的输出面积也相应地有大有小。如果像素数量不够，而输出面积过大，则会出现“马赛克”效果，直接影响图像的输出质量。这也是像素图像输出的一个重要的质量约束点。

最后一个方面，就是像素图像的获取和生成方式。作为印前处理，目前，大部分的图像来源是数码相机的数码文件，也可以是扫描仪的扫描文件，如果幸运的话，你也许可以获得一幅画家使用手写板直接画出的像素手绘稿的文件。

二、矢量图形

与像素图像形成鲜明对比的另一种平面静态媒体的形态，就是矢量图形。

如果从图形软件对矢量图形的构图和各类编辑操作的表现特性来看，图形对象具有以下特点：首先，矢量图形是由一个个相互独立的图形对象组合而成，如图 1-1-3 所示。而这些图形对象又是由标记点、线条、面、体等几何元素和填充色、填充图案等构成。其次，矢量图形对象在图形软件控制下，其图形对象自身可独立被显示器上的光标位置锁定和拾取，并能被独立地进行拖曳、变形和修改等各种编辑操作，而且不影响其他的相邻甚至重叠的图形对象。另外，图形对象无论在何种光栅设备上输出，都能以最小光栅点的精度来精细描画图形边界。也就是说，图形对象无论放大到什么程度，它的显示和输出的边缘都是光滑的，其精度是由显示器的像素或者打印和照排输出设备的机器点来决定的，不会出现像素图像在放大倍数过大时出现“马赛克”边界的情况。

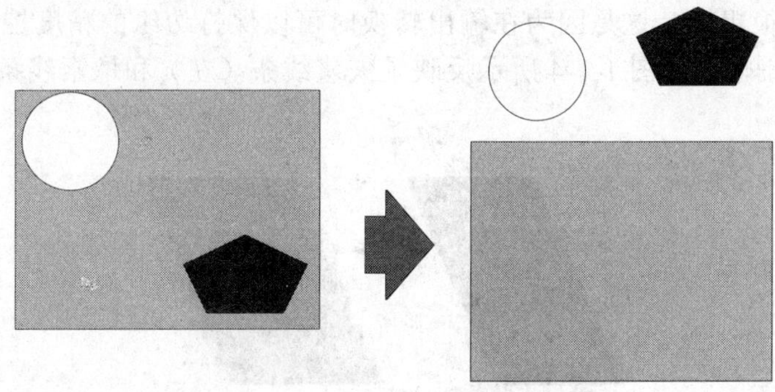

图 1-1-3　图形元素的独立构成

这种图形对象在软件中的表现特性的原因，是由于图形对象自身的数据描述结构和计算机软件处理这些图形数据的方法，归纳起来可以包括以下几点。

1．图形数据的单元和组合性

图形对象使用数学公式和定位数据来描述点、线条等基本元素和使用这些基本元素组合出复杂的图形对象，它比像素图像的描述方法精炼得多。

2．图形数据的对象独立性和可拾取性

图形对象的最大特点是任何一个图形对象都可以形成一套独立的描述数据，并分别独立存在于存储的矢量文件格式中、或运行时的计算机内存中。这种对象数据的内在独立性，是图形软件操作能够独立操作图形对象的根本原因。

3．图形数据结构的可编辑性

无论是简单的图形对象，还是复杂的图形对象，都是用简单的点线等基本矢量元素组合而成。而这些图形数据的描述都是用坐标参数和公式完成的，因此，图形软件可以通过对图形对象控制点的交互操作功能，感知正被修改图形的变化参数，并修改数据结构中的相应的图形描述数据，然后通过反向显示作用，表示出这种图形的变化。

4．图形的矢量描述的设备无关性

对矢量图形的描述由于只是涉及到图形的形状、尺寸和坐标位置，而与不同设备上的图形具体的生成方式无关。因此，同样一个图形的描述，在显示器、打印机、照排机和直接制版（CTP）设备上的输出形式（如分辨率）都是不同的，但有一个共同点，那就是它们都是使用这类设备能够输出的最小点加以不同的构造生成各种类型的输出。有些点具有多种灰度和颜色（例如，显示器的像素点），有些点则是只有黑白两种阶调（如照排机和 CTP 的曝光点、打样机的喷墨点）。这些点的大小差别很大，例如，显示器上的像素点的大小尺寸标准为 72 点/in，而照排机的机器点的尺寸大小可以达到 3000 点/in。无论是图形、图像还是文字，显示器和打印机输出时均要用机器点的点阵方式来呈现。例如，图形要想显示和打印输出，就必须先经过光栅化处理将矢量图形描述变成和输出设备匹配的机器点阵。由于图形输出时对图形对象的点阵化（又称光栅化）处理是在输出的最后时刻进行的，因此给矢量图形的输出带来又一个重要的优点，那就是输出图形的边缘会很光滑和清晰，把它作放大和旋转以后，其边缘依然如此。而不像图像那样会有马赛克和变得很粗糙。这是因为在输出转换时可以保持边缘的精度控制在一个机器点（光栅点）的范围内。如图 1-1-4 所示反映了矢量线条（左）和像素线条（右）在放大后的边界区别。

图 1-1-4　矢量线条（左）和像素线条（右）的放大效果

另外，图形按它的空间特性可以分成四类：

零维：标记点，特征有形状和颜色。

一维：线，特征有线型（虚线、实线等），线的粗细和颜色。

二维：平面，特征有填充的内容和颜色。

三维：体，特征有透视、阴影、材质、表面特征等。

其中点是矢量图形的最小单位，点的 *X*、*Y* 坐标定义了对象的形状和大小。点不可见，但它确实存在，并控制全局。为了修改矢量图形软件中的图形部分，则必须选择点。如果未选点，则不会改变图形。这是一种控制图形的有力方法。而线段是连接两点的线，创建一个线条至少需要两种类型的点，即端点和控制点。端点用来确定线条的位置，控制点用来形成它的形状。

三、文字

文字作为一种独立的媒体，在以文字处理为主的字处理软件和排版软件中，其处理加工和存储中的数据结构，都是以线性排列的文字代码作为信息格式的。它可以和其他媒体组合在一起。

对于一个写字板文字输入软件而言，其内在的文件存储和内存数据结构是相当简单的，实际上是由汉字国标码按文字的行列顺序依次排列而成的代码流。如果再在其中插入一些最简单的如回车、换行等ASCII码控制字符，就可以形成纯文本格式文件。又如果再向文字代码流中插入复杂的格式控制代码符号，例如，字体、字号、颜色或更高级一些的嵌入式排版命令和图片插入控制等代码和脚本，就会形成各类字处理软件的自有文件格式（如DOC格式等）。在更加复杂的多种媒体组合形成的页面描述文件格式中，文字的存储形态依然是按照代码顺序流的方式进行存储的。

在图形处理软件中，对文字的处理有两种方式，如图1-1-5所示，一种是字符处理模式，它可以形成文字整体和局部排版功能。另一种模式被称为“美术字”的文字处理方式，这种处理方式已经不具有字符代码流的数据结构特征，而是将版面上的文字按矢量图形来对待，用文字的矢量字库信息直接描述文字，并同对待矢量图形一样进行各种处理。它可以提高对文字外形的变形和加工能力，但它已经是图形对象了，无法再进行大规模的排版操作。

文字的另一个重要特性就是它的输出问题。文字在加工过程中，内存的数据结构中只有代码流，对文字的排版编辑实际上是对代码流的操作，并不直接涉及输出。文字需要在屏幕和打印机输出时，必须经过一个光栅化的过程。这个过程首先是从字库中找到输出文字的外形描述信息，它可以是一个矢量图形的数据描述，老一点的字库可以是直接的点阵字库描述。然后统一将这些数据描述转换成和输出设备相匹配的光栅点阵描述，并最终输出文字版面。

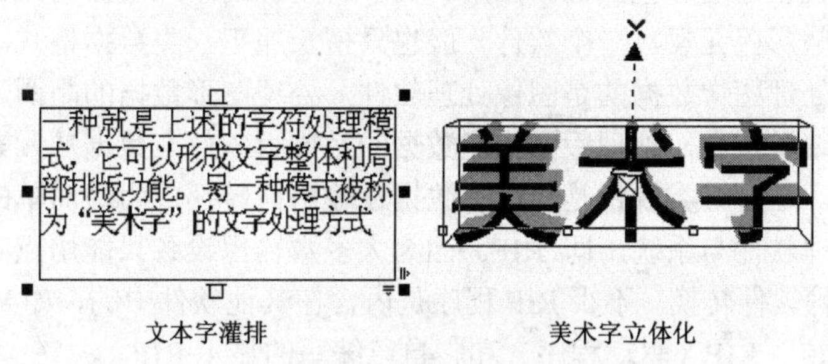

图1-1-5　文本字与美术字

四、页面描述

将图像、图形、文字组合成一个版面就构成了版面描述数据。一张照片，将它用图像数据描述就可以了，但如果有几张照片，这些照片又要保持一定的位置关系，就必须有一些数据说明这种关系，如果再加上图形和文字，它们的关系就更复杂了。带有描述关系的数据格式有多种，有经典的语言方式，如PostScript语言，比较容易阅读，但不容易加工；也有现代的节点一指针方式，如HTML语言和XML语言，虽不便于人工阅读，但有利于计算机加工；还

有目前广泛使用的PDF媒体描述语言，它是在PostScript语言描述方式的基础上，切断了页面描述的整体性和复杂的编程特性，增加了多媒体的描述能力所形成的跨媒体语言。

语言式描述是一维流式结构，看过上文才知下文。因此，它的阅读和解释非常缓慢，无法快速跳跃式的编辑，PostScript语言就是这种方式。而HTML语言和XML语言是节点一指针式，是多维结构，可以快速地沿指针检索到地方，或通过交换节点的次序改变元素的叠放顺序。节点－指针方式的数据都是以二进制整数或浮点数方式存放，占用空间小，读出就用。而语言方式却要进行格式翻译，速度慢得多。节点—指针方式不仅在版面描述上使用，而且在图像，特别是图形数据上也广泛使用。版面描述数据的复杂程度不仅取决于版面的复杂程度，更取决于软件的复杂程度。

除了上面提到PostScript、PDF和HTML这类通用的页面描述语言之外，实际上，每一个软件的内部文件格式，都可以认为是一种特定的页面描述语言，这种描述和软件功能的联系更加紧密，它能够保存软件加工过程中的中间状态的操作参数。例如，Photoshop的自有文件格式就能保存图层、路径、选区等各种中间加工特性参数，这些参数对于用于传递信息的通用页面描述格式来说是不必要的。

通用的页面描述语言及其文件将作为数字印前系统的文件传递标准格式，其他的专用文件格式在发排输出时，都要转换成标准的页面描述语言，这里指的就是PostScript和PDF文件格式。这样做的好处是输出系统只要用能够解释和处理上述两种语言的光栅图像处理器，就能够打样、发排和直接制版输出所有的出版页面，从而统一了价格昂贵的输出系统的标准。

第二节　印前平面处理软件及其处理流程

必须了解计算机在处理彩色图像、图形、文字时用到的不同数据格式，因为一种数据格式只能适用于某一些彩色元素，一个软件一般也只擅长加工一类数据格式。软件是按处理的数据格式分类的，处理图像数据的是图像处理软件，处理图形数据的是图形处理软件，处理文字数据的是文字编辑软件，处理版面描述数据的是排版软件。数据从元素到版面描述是由简单逐渐变为复杂。还有一类软件是将所有数据在输出前转换成为最简单的点阵图像格式，这就是光栅图像处理软件与系统，即 RIP。因为大多数输出设备只能用点阵的方式打印和输出，所以必须用这种软件转换。不少RIP程序是内含在其他软件中的，如Windows外挂了许多设备厂商提供的专用RIP（驱动程序）和它自己编写的显示RIP。

一、图像处理软件

图像处理软件是以处理图像数据为基本功能，以像素作为基本的处理对象，用它进行处理的前提条件是必须具有或已经生成了图像文件，否则就只能自己“胡涂乱抹”了。这类软件中 Photoshop 是最具代表性的，它提供了处理像素图像的各种功能，其典型的功能包括：

1）像素图像的层次与颜色的编辑修改功能。这些校正工具能够精细地从整体和局部、空间和颜色频道等各个角度进行交互处理，并具有各类功能强大的像素涂抹工具。

2）像素图像的局部区域分割功能。它可以使用各种矢量和像素工具创建边界形状复杂的选区和蒙版，在图像区域中勾画出一个可以施加各种变换操作复杂形状。

3）基于图层的分层处理功能。由于像素图像的加工具有不可恢复性和形状物体无法直接拾取的特点，因此，通过各种处理的图像叠加功能，分散各个加工步骤和加工对象，例如，可以分成图像图层、文字图层和效果调整图层，并最终通过图形叠加形成结果。增加了上述图像处理加工的区隔性、灵活性和可变性。另外，图层之间可以进行功能强大的叠加效果的操作和设置。

4）各种针对像素图像的处理加工功能。例如，各种滤镜效果、强大的色彩管理和分色输出等专业功能、图像的尺寸和分辨率设置，以及各类裁切变形等操作。

以上基本功能构成了印前图像处理的基本手段和方法，也是现代电子暗房技术的基本功能。另外，图像处理软件输入和输出的都是图像数据。图像数据也有许多格式，如 TIFF（TIF）、Photo CD、JPEC、BMP 等。其中最常用的是 TIFF 格式，它是一种节点—指针式数据。

二、图形处理软件

基于矢量的图形软件最适于创建简单的画稿，如标志或用于创新性文字处理。这些功能最佳地利用了绘图软件中的全部功能：无限缩放性、无限可编辑性及最高质量的 PostScript 输出。图形处理软件是以描述点、线、面的数据结构作为处理对象，这类软件中较具有代表性的软件是 CorelDRAW，其典型的基本功能包括：

1）各种基本的图形元素生成：这些元素包括点、各种直线和曲线、各种基本图形（如圆、矩形、多边形等）。利用这些基本元素，通过焊接、拼接、成组、三维化等功能形成复杂的平面形状和立体图形。

2）具有对边框和封闭的区间进行着色和填充处理的功能和文字排版功能、美术字特殊效果处理功能。

3）具有对页面上的各种图形对象的管理工具，对图形上任何一个线段或者形体都可以独立索引和分层管理。

图形处理软件中由于存在大量的可以“受到控制”的绘图工具，并且容易修改和编辑，因此平面设计中，对需要直接手工作图的画稿制作，都是使用图形软件完成的。它在平面设计师的日常设计工作中占有重要的地位。而 Photoshop 这类处理软件，主要是对数码相机的数码原稿进行相关的加工。

图形处理软件的基础数据结构是建立在页面矢量描述的基础上的，它和组版软件属于同一类。从目前的软件功能和发展来看，图形软件和组版软件的功能正在相互接近。例如，CorelDROW 实际上能够针对单个或多个页面进行各种文字的排版工作，只是这种排版具有更多的灵活性，更适合广告页面等自由度大的文字排版设计，而不像专业的排版软件，是针对成百上千页的书籍排版而来。

三、排版与拼大版软件

排版软件是将文字和图形、图像组合在一起，并可以对它们进行精确的编排和设计。

它的操作功能十分强大，从精巧的定位处理到出血、陷印等十分专业的设计处理，可以说是无所不能，是传统的印前制版工艺系统的电子翻版。排版软件的输入接受能力和输出控制功能部分，是所有各类平面设计软件中功能最全面的，因为它的结果是直接面向输出的。图形和图像处理软件的结果可以只作为排版软件的元素而不直接用于输出打印。在众多的排版软件中，PageMaker 是一个非常优秀的专业级的经典软件。

拼大版软件相对组版软件而言，它的功能不在于形成单个的页面，而是将页面安排在一个更大的版面上，以便进行大幅面照排和直接制版（CTP）输出。其主要功能包括依据印刷方式、装订方式和折手方式，设置页面在大版的正反面的摆放方法、位置等，形成模板后，可以对整个书籍的所有页面按设计顺序排成多个印刷书帖。

四、输出发排和工作流程软件

排版软件生成的页面描述格式非常复杂，而日常使用的大部分页面输出设备都是光栅输出设备。光栅输出的基本特点就是输出设备使用“机器点”（打印机的打印点、激光照排机曝光点以及显示器的像素点）输出所有的页面图文。可以形象地认为这种机器点输出数据格式同图像的像素点阵列格式类似。将页面描述格式转换成为机器点输出格式的过程称为光栅化处理，这是输出软件中最重要的功能。因此，输出软件以及相应的硬件（如果有的话）也称为光栅图像处理器（RIP）。RIP 输出软件除了具有光栅化处理功能外，还具有设置半色调输出参数（调幅/调频、网点形状、加网角度、加网线数等）、页面输出组织、RIP 后的光栅版面的软打样查看、输出顺序安排等功能。

目前，随着大幅面照排和直接制版（CTP）系统的广泛使用，RIP 输出软件已经发展成了功能强大的工作流程。它除了完成上述的基本功能外，还加入了输出文件的精炼（即 PDF 规范化预处理）、拼大版、折手处理、色彩管理与分色、彩色打样输出驱动、印刷输出系统适性补偿校正、OPI/DCS 文件管理等功能，从而全面支持大幅面、直接制版和以 PDF 文件为标准的印前制版打样输出系统。

总之，基于矢量的图形软件、基于像素的图像软件和页面编排软件形成了目前印前媒体处理的基本部件，而 RIP 和输出数字化流程与编辑平台一起构成了基本印前结构。如图 1-2-1 所示是媒体、处理软件及其印前出版基本流程的关系图。

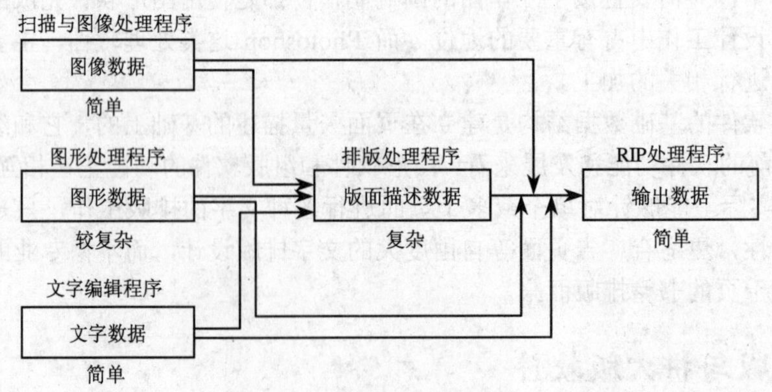

图 1-2-1　印前媒体、处理软件及其输出流程间的基本关系

第三节　色彩的基础

一、可见光谱—— 色彩的物理本质

色彩是波长分布在 780～380nm 之间的可见光波段内的电磁波，人的眼睛对这个范围内不同波长的电磁波的感受形成了人们对各种颜色的感觉。传统上人们习惯将波长 780nm 到 380nm 的波段大约划分成大家所熟悉的红色、橙色、黄色、绿色、青色、蓝色、紫色共七个连续过渡的颜色段，如图 1-3-1 所示。如果划分的再粗一些，常分成红、绿、蓝三个大的波段。如果从光线的光谱成分来分，则可以分为单色光和混色光。

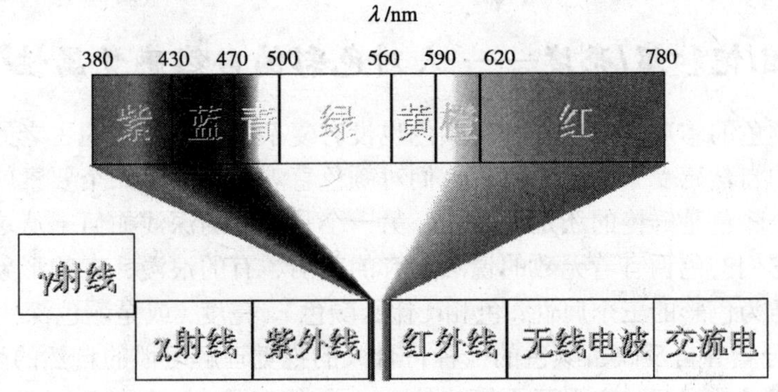

图 1-3-1　光谱成分与颜色

单色光具有光谱范围相对较窄，其他颜色成分较少的基本属性。在上述条件下，色相决定于该色光的波长。红色一般指波长 610nm 以上，黄色为 570～600nm，绿色为 500～570nm，波长 500nm 以下是青以及蓝，紫色在 420nm 附近，其余是介于它们之间的颜色。因此，色相决定于刺激人眼的光谱成分。混色光光谱成分分布较宽，其色相决定于复色光中各波长色光的比例。不同波长的光，给人以不同的色觉。因此，可以用不同颜色光的波长等效地表示该混色光颜色的相貌，称为主波长，如红（700nm）、黄（580nm）。

视觉的概念在这里要说明一下，色彩的物理本质虽然是可见光谱，但是人类视觉的本质却并不只是由色彩物理本质这一个因素决定的，另一个决定性的因素是人的视觉生理特性，视觉的概念就是两者之和。作为视觉概念的最直接体现的现象，就是视觉上的同色异谱现象，如图 1-3-2 所示，它是指对于一个色外观（或者说是视觉）相同的颜色，其光谱成分可以是完全不同的，其差别可以很大。如果这种现象是在物体和印品上发生的，也就是基于减色的原理形成的，则随着光源的改变，颜色就会出现差异。这在印刷和印品质量检查上都是要注意的现象，至少要保持光源的稳定和可比性，也就是使用标准光源来观察物体色和印刷色。

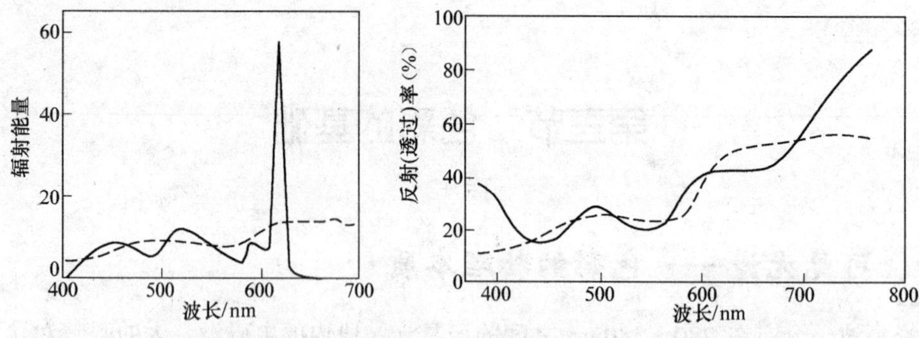

图 1-3-2　光源（左）和物体（右）的同色异谱的光谱曲线举例

基于光谱成分的颜色和视觉描述虽然能够从本质上反映问题，但在实际工程应用中，人们不可能到处拿着光谱曲线来说明问题，而是需要更简洁、实用的以及与颜色生成与使用模式相关的颜色描述体系。下面就对在数字印前系统中经常涉及的各种实用颜色描述体系做一个简洁的概括，以便为以后章节的内容描述和理解打下基础。

二、色相/饱和度/亮度—— 人对色彩的自然感觉属性

在人们对颜色的本质尚未理解，对颜色也没有复杂的使用要求的古老的年代里，人们遵循着对颜色的自然感受来描述颜色，人们对颜色直观感受的第一个要素就是它是什么颜色，其次是这个颜色是鲜艳的还是混浊的，另一个是颜色的深浅如何。从这三方面人们对各种颜色及其它们的色调有着无数的说法，有的美丽、有的浪漫、有的形象、有的严谨。人们把它们归结为色彩的三个属性：色相（什么颜色）、亮度（或是颜色深浅）、饱和度（鲜艳与否）。每个分量各自反映了颜色的一种符合人的视觉理解习惯的自然的呈色属性，并且在调节时三个分量是相互独立而互不影响的。

1．色相（Hue）

色相是指颜色的基本特征，它是用来判别物体颜色是红、绿、黄、蓝，还是中间过渡色的感觉属性。对于混色光可以认为是由光波的波长分布和主波长所决定的。

如图 1-3-3a 所示，反映了两种不同色相的混色光的主要区别在于主光谱（A、B）的位置不同。

2．亮度（Lightness）

亮度是某种颜色光波的能量特性，亮度对某一特定颜色的呈色是有很大影响的，亮度过强或太弱都会使颜色变得无法识别，而适中的亮度能够呈现最多的颜色。从光谱本质的描述上来看，如图 1-3-3b 所示，这是两个色相相同的物体颜色（用反射率表现的是物体颜色而不是发光体的颜色），但它们的亮度不同的光谱表现，可以看出能量在所有的光谱成分上等量提升了。显然，总量提升后，这个颜色的颜色表现力与亮度表现力的比值就会降低，也就是色彩的成分比例下降，这就是下面所说的饱和度变化的概念。

3．饱和度（Saturation）

如果将一个颜色的成分中加入等量的能量，也就是在颜色中“掺入”白颜色，颜色会变平，这个颜色的饱和度下降了。相反，如果去除等量的能量，也就是掺白越少，颜色就

会越鲜艳，也就是饱和度越高。

因此，对饱和度的定义，可以理解成是颜色鲜艳的程度，或者是颜色的纯度，再或者是颜色中彩色与非彩色成分的比例大小。可见光谱中的单色光是最饱和的色彩。当光谱色加入白光成分时，就变得不饱和。因此，光谱色色彩的饱和度，通常以色彩白度的倒数表示。另外，物体色的饱和度取决于该物体表面选择性反射光谱辐射能力。物体对光谱某一较窄波段的反射率高，而对其他波长的反射率很低或没有反射，则表明它有很高的选择性反射的能力，这一颜色的饱和度就高。如图 1-3-3c 所示，分光反射率曲线 *A* 的反射波段较窄，因此，比曲线 *B* 显示的颜色饱和度高。

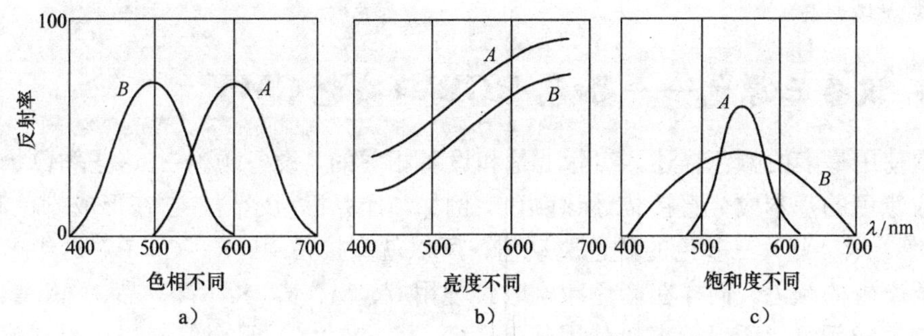

图 1-3-3　色相/亮度/饱和度的物体反射光谱区别

基于色相/饱和度/亮度的颜色描述的系统化，应该是从最古老的著名的孟塞尔色系开始的，它将当时所能收集到的颜色按照颜色、明亮度和鲜艳程度三个轴向进行分类和排列，其结构如图 1-3-4 所示，形成了具有内在规律的颜色分类方法，并按其位置关系分别给以命名。为人们有规律地描述颜色和它们的区别打下了基础。在现代的色彩描述体系中，以色相、亮度和饱和度度量体系有许多种，例如，中国颜色体系、奥斯瓦尔德空间、日本色研配色体系（PCCS）、瑞典 NCS 等，它们和孟塞尔色系的共同之处是都具有按照色相、亮度和饱和度的结构将各种颜色划分成等级不同的颜色并对应不同的名称。基于色相和饱和度的各类颜色体系被人们广泛使用，它也是艺术家进行颜色创作使用最多的一种颜色描述体系。许多颜色创作和搭配技术的理论和实践规律，也都是以这种描述体制为论述基础的。现在所有的具有颜色处理功能的软件中，都有以色相、亮度和饱和度为调节要素的色彩工具。

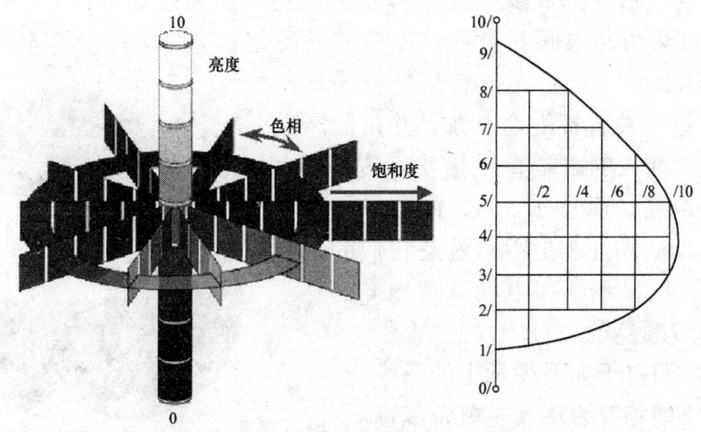

图 1-3-4　孟塞尔色系的坐标结构与色彩分布

另外，这种基于人类心理的自然属性的颜色描述体系主要侧重于颜色的分类和标定作用，它用离散色块的直观形式来表示某种属性的颜色和它的名称和编号，而它并不涉及颜色本身的生成原理。所以这种颜色标定系统和下面所述的色度学标准系统都具有对颜色准确性的绝对描述特性。只是这里的描述是使用离散和有间隔的样本方式，下面将进一步论述的色度学系统则是连续的有理数和可计算的方式。

总之，色相、饱和度和亮度（HSL）及其构成的颜色描述空间，被称为是最符合人类对颜色的自然理解的表述空间，符合普通人对颜色的理解。在各种设备色空间和色度色空间大行其道的今天，普通人和艺术家、美术工作者所喜爱的实用颜色色系都是基于上述HSL这类表现体系。

三、设备三原色—— 加色RGB与减色CMY

日常使用最多的颜色描述，实际上是和设备相关的“设备颜色”。这些颜色描述的特点是用生成颜色的基本成分直接描述该颜色。例如，计算机显示器，它在形成颜色时需要R、G、B（红、绿、蓝）三基色的颜色驱动值，所以就直接使用（R、G、B）这组数值大小来表现它所产生的颜色。同样在彩色印刷时，使用C、M、Y、K（青、品、黄、黑）四种基本油墨来生成颜色，所以就直接使用某一（C、M、Y、K）组合值来描述由它自己生成的对应的颜色。这种颜色描述体系的最大特点是一个颜色值在不同设备和生成过程中所产生的颜色外观会有所不同。比如，同一用 R、G、B 描述的颜色在不同的显示器上可能会形成不同的颜色外观，而同样一组C、M、Y、K的油墨颜色组合描述，在使用不同油墨和印刷机的情况下，也会呈现出不同的外观。下面介绍设备颜色的生成机制和常用的颜色描述系统。

1. 色光加色三原色与计算机色彩

设备颜色是通过少数几种基本色（基色）进行不同比例的混合所形成的。用最少的基本色生成最多的混合色是能够作为基色的条件。目前的设备呈色系统（例如，电视荧光屏和彩色印刷等）中，大部分都是使用加色三原色R、G、B（红、绿、蓝）和减色三原色Y、M、C（黄、品、青）这两个系统生成各种颜色。

色光加色混合颜色的形成就是几个基本的颜色光线直接进行混合，并被人眼所感受到的过程，也可以认为是人眼看发光体的视觉感受过程。而这几个基本的颜色使用最多的就是 R、G、B 加色三原色，其使用特征是这三种不同原色的色光被直接混合相加，并由此产生一种新的色光，被人的眼睛直接接收。其最基本的特征是越加越亮，而且 R、G、B 等量相加可以产生灰白色。如图 1-3-5 所示就是它们的基本混合关系。计算机显示器和电视机荧光屏都是采用这种方法制造颜色的。

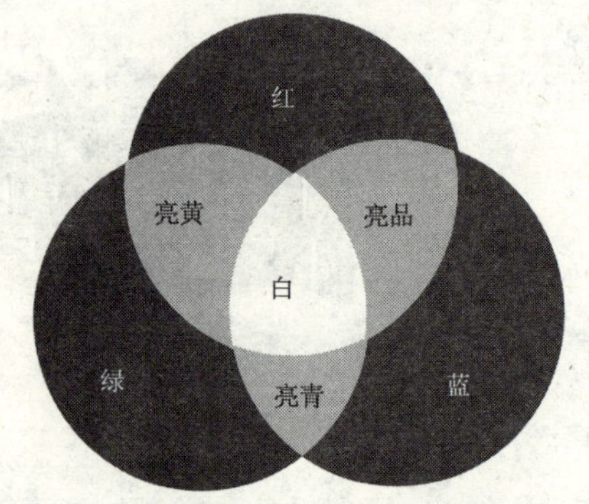

图 1-3-5　R、G、B 加色特征

三原色的选取源自于人眼视觉上的三维特性，也就是任取三个不能相互表现（也就是线性无关）的色光，把它们按一定的比例搭配混合，就可以形

成人眼能识别的任何一种颜色的色光。而这种不相关特性表现最明显的颜色就是上述这三种单色光。现代生物学也部分证明了人眼对红绿蓝三色的色觉感应的相对独立性。

其基本加色规律为：

（1）三原色等量混合

R+G=Y

R+B=M

G+B=C

R+G+B=W（白）

（2）互补色等量混合

R+C=W

G+M=W

B+Y=W

之所以将 R、G、B 三原色构成的色彩空间称为计算机的颜色，是因为计算机系统中的输入输出设备，例如，显示器、数码相机、扫描仪等，都是用 RGB 来生成颜色和表示颜色的。显示器是使用送来的 R、G、B 数值驱动 R、G、B 电子枪发射电子，并分别激发荧光屏上的 R、G、B 三种颜色的荧光粉发出不同亮度的光线，通过相加混合产生各种颜色。而数码相机和扫描仪则是通过吸收景物或原稿经反射或透射而发送的光线中 R、G、B 成分，并用它表示原稿的颜色。

这里要提出一个重要的概念，即与设备相关的颜色空间。从加色三原色的论述中可以看出，RGB 颜色空间是和所用的设备相关的，例如，同一组 RGB 数值组合在不同的显示器上会呈现出不同的颜色外观，而同一种颜色被不同的扫描仪读取后，其 RGB 数值也不会一样。因此，将这样的颜色空间称为与设备相关的空间。这就给人们的色彩描述带来了复杂性。但是，这种颜色空间对具体的设备而言却是最原始、最直接和最简单的表达颜色的方法，它是人们所不能回避的。

在计算机中描述 RGB 颜色的一般方法是某一种颜色使用一个字节，也就是含 256 级亮度，这样，三种原色便可以组合出 2^{24} 种颜色，人们将这种颜色的表现能力称为真彩色。这些颜色不仅可以在设备上显示出来，而且可以被计算机储存起来。只是不同的设备对同样的颜色数值会有不同的外观，这个概念必须明确。

2．色料减色三原色与印刷色彩

色料（如印刷油墨）减色混合的物理过程是照在原色色料上的光线中的一部分成分被吸收，而反射另一部分成分，然后将各反射成分再相加混合，产生新的颜色。它是选择吸收后留下的结果。可以认为减色混合是被照射体呈现颜色的原理。

如图 1-3-6 所示，是一个很鲜艳的红色物体的颜色形成过程。照在红色物体上的光线中（白光）的一部分成分被吸收（青 C），而反射另一部分成分（红 R），因此，物体的反射光形成了红色的视觉外观。

CMY 减色三原色是通过各自吸收照射在印刷中使用的 CMY 三原色的色料，也就是油墨，通过减色法原理制造在印刷品上看到的五彩斑斓的颜色的。当然有一个前提，那就是光线必须照射在画面上，而且应该是白色的日光。如果是别的颜色的光线照射在印刷品上，那么就只能看到一个变了色的印刷品！如图 1-3-7 所示则表现了三原色油墨各自的选择性吸收的关系。图 1-3-8 所示是它们相混合后产生的效果。可以看出，原色油墨相混合以后，将会吸收光线中更多的成分，使得着色物体表面越“混”越暗，直到黑色为止。

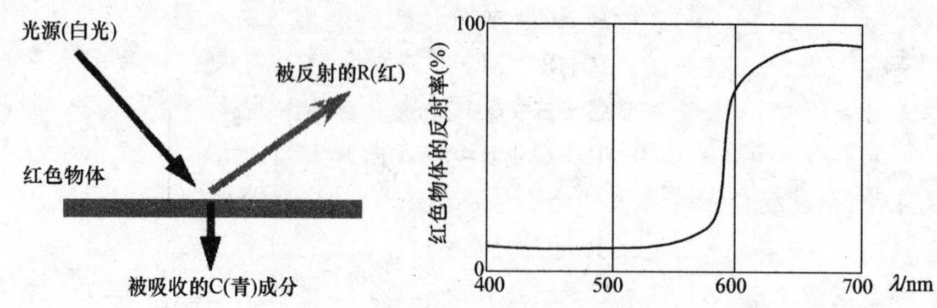

图 1-3-6　红色物体的呈色原理

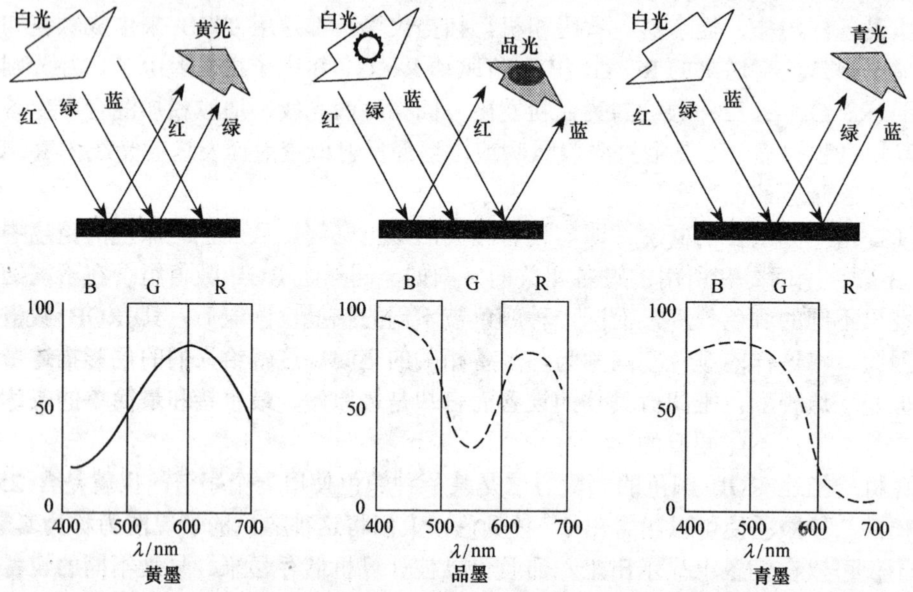

图 1-3-7　黄、品、青三原色油墨选择性吸收的呈色原理

其基本的混色规律如下：

（1）三原色等量混合

M＋C＝B

M＋Y＝R

C＋Y＝G

M＋Y＋C＝BK（黑）

（2）互补色

M＋G＝BK

Y＋B＝BK

C＋R＝BK

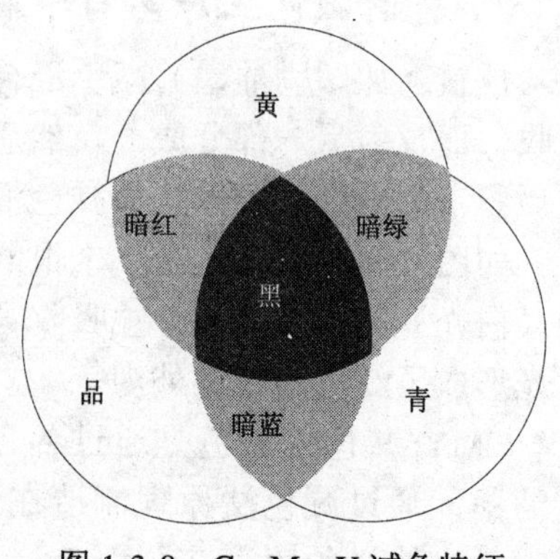

图 1-3-8　C、M、Y 减色特征

前面已经讲述了减色混合呈现颜色的原理，在此提出几个有趣的问题进一步明确一些基本概念：

（1）为什么在印刷中要使用 YMC（黄品青）油墨而不用 RGB（红绿蓝）油墨　如图 1-3-7 所示，如果将白色的日光看成是由红绿蓝相加而成的，它的黄品青三种基色各自只能从白色中吸收一种对应的红绿蓝成分，而反射出另外两种成分。例如，黄油墨将吸收白色中的蓝成分。而如果改用红、绿、蓝油墨，它将吸收白色中的红绿蓝成分中的其他两种成分，例如，红油墨将吸收白光中的绿蓝成分而只反射红成分。所以用黄品青做基色，则在重叠时可以有最大的反射光线的亮度范围，所以呈色色域较大。而用红绿蓝油墨做基色，由于其吸收性太强，白色光线将很快被吸收完，图像会很快变黑，所以呈色的色域非常小。因此，黄品青是减色法呈色系统的理想三原色，混合起来能产生最多的颜色组合。恰恰相反，在加色混合体系中，红绿蓝却能用最少的基本色产生最多的颜色组合。

（2）黄品青的减色空间中为什么又多了一个黑色（KB）　问题来自油墨本身。由于油墨要满足粘稠度、粘接性、风干速度的要求，所以不可能做得很纯。如图 1-3-7 所示，油墨的反射率光谱特性（图中的虚线）达不到理想的状态（图中的实线）。这样，把等量的青色、品红色和黄色油墨混合在一起产生的绝不是纯黑色，而是咖啡色，因此，在印刷中就必须使用第四种颜色，即黑色油墨增强印刷品黑色浓度、暗调层次和对比度。

CMYK 颜色空间是和设备或者是印刷过程相关的，同样的一组 CMYK 颜色值用不同的油墨、不同的印刷机、不同的纸张、甚至不同的给水和给墨量都会产生不同的颜色。另外，CMYK 具有多值性，也就是说对同一种具有相同绝对色度的颜色，在相同的印刷过程前提下，可以用多种 CMYK 数字组合来表示和印刷出来。这种特性给颜色管理带来很多麻烦，但同样也给颜色控制带来了很多的灵活性。

（3）分色的问题　所谓分色就是指将计算机中使用的 RGB 颜色转换成印刷使用的 CMYK 颜色。这个问题是彩色数字化电子出版中的一个关于颜色空间转换的经典问题。问题的复杂性有几个方面：

其一是分色的多值性：由于黑（K）版的存在，就可以使用黑墨来替代彩色成分中的公共成分和图像中的灰色部分，而这种替代的程度是可以任意选择的，因此造成了这种多值性。如何依据不同的印刷条件，以黑板和墨量作为调节因素，对同一个 RGB 文件形成不同的 CMYK 分色版本，这是一个下面在色彩管理章节中详细论述的问题。

其二是这两个颜色空间都是和具体的设备相关的，颜色本身没有绝对性。因此，如果要保证分色以后两个颜色空间的一致性，就必须在分色过程中将相关设备的和颜色相关的所有特性都考虑进去，这是一个十分复杂的过程，但随着软件技术的发展，其智能化和方便性将会逐步提高。其具体问题将在以后讨论。

其三是这两个颜色空间在表现颜色的范围上是有较大差别的，RGB 的色域较大而 CMYK 则较小，这样，RGB 中的一些颜色在 CMYK 中根本无法表示出来。因此，分色的过程就只能是一个权衡和将就的过程。或者在原稿的设计和校正时就根本不要使用超出色域的颜色，否则失真是不可避免的。

另外，需要注意两点：CMYK 颜色在计算机中的存储一般是一种颜色一个字节，一个 CMYK 颜色的像素需要四个字节，比 RGB 颜色多一个字节，所以有更大的存储容量。另外在输出制版中，每一种颜色的数据被分别发送到照排机，并分别制成 C、M、Y、K 印版。

四、色度色——人对色彩的感觉标准

色度空间是一种绝对颜色空间，它给颜色定义了一种与表现方式、表现设备、表现环境无关的唯一数值。由于这种对颜色的定义符合颜色的心理和物理双方面特性，又具有唯一性，从而成为了颜色度量的基准空间，它就是著名的 CIE 1931 RGB 色度系统标准。在此基础上，人们用各种映射算法将这种最初的以实验为基础的三维色度系统，变换成空间特性更加优良（如数域范围、分布均匀性等）的衍生色度空间。例如，目前常用的 CIE 1931 XYZ、Lab、Luv 等。它们都和前者有直接的变换关系，并且更加方便和实用。

1. 色度描述的基础数据—— CIE-RGB/XYZ 光谱三刺激值

色度学起源于人们对颜色描述的主要要求：

1）用一组有理数描述连续的（而不是分块的，如孟塞尔色块）颜色变化空间上的各种颜色，而不是用色块名称和代号进行识别的颜色描述。

2）颜色描述要基于通过人眼观察所获得的心理感受。

3）与生成颜色的物理系统无任何关系。

于是，在 1931 年人们建立了色度系统，它的实验系统如图 1-4-1 所示，其核心思想包括以下几个要点：

1）用红 R（波长为 700nm）、绿 G（波长为 546.1nm）、蓝 B（波长为 435.8nm）三个纯的单色光作为原色，按比例形成混色光源。作为比较的另一方，则是一个单色光源，它能够发出可见光谱上的任何一个单一波长的光线。

2）在颜色匹配实验中，R、G、B 三原色光的相对亮度比例为 1.0000:4.5907:0.0601 时就能匹配出等能白光，所以 CIE 选取这一比例作为红、绿、蓝三原色的单位量（1），即（R）:（G）:（B）=1:1:1。尽管这时三原色的亮度值并不相等，但 CIE 却把每一原色的亮度值作为一个单位看待。另外，在 2° 视角的条件下进行实验。

3）用许多人（观察者）进行实验，如图 1-3-9 所示，在图中的观察者视场内，在背景色中间的上下两半的视角内，对可见光谱内的所有不同波长的单色光用 R、G、B 混合色进行匹配，形成了对这些单色光谱色 R、G、B 混色的“匹配色”，这样，针对这个单色光就有了一个被称为色度的，由 R、G、B 三刺激值作为分量的描述。

实验时，能够匹配光谱每一特定波长的等能光谱色的红、绿、蓝三原色数量，称为光谱三刺激值，如果将其在整个光谱上的所有光谱三刺激值响应绘成曲线，则形成了 CIE-RGB 光谱三刺激值的基础数据，依照这个基础，用数学变换的方式进一步形成了如图 1-3-10 所示的 1931CIE-XYZ 光谱三刺激值（曲线）的实用系统，其中的 $\bar{x}(\lambda)$、$\bar{y}(\lambda)$、$\bar{z}(\lambda)$ 为针对某一波长（λ）单色光的光谱三刺激值。基于这个光谱响应的三条曲线规律，就可以形成各类主要的色度描述体系。

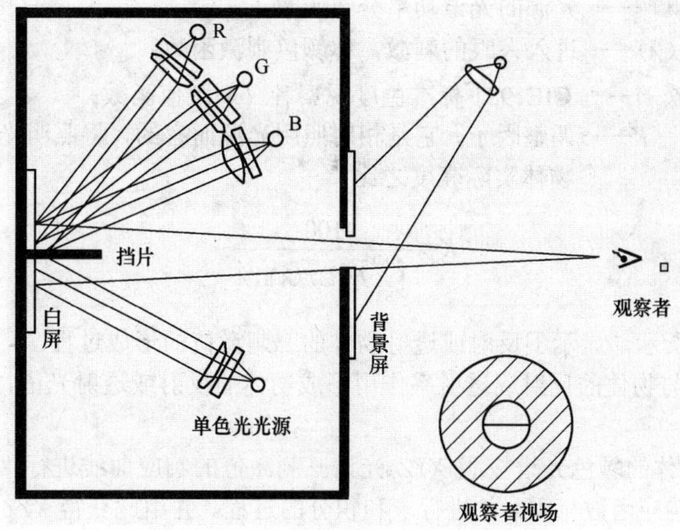

图 1-3-9 光谱三刺激值的生成实验原理

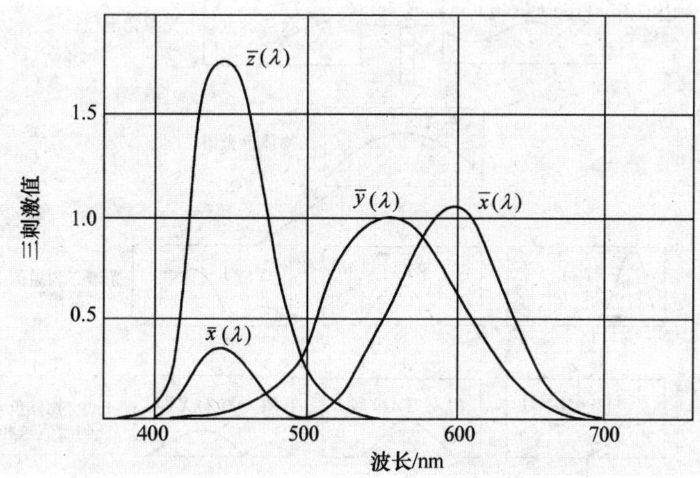

图 1-3-10 1931CIE-XYZ 光谱三刺激值响应曲线

2．色度系统的基础度量——色光与物体颜色的三刺激值 *XYZ*

图 1-3-10 中描述的是可见光谱带上每一个波长单色光的三刺激值，而实际的色光或者物体的光谱都是混合光谱，因此，对色光和物体的色度测量，实际上就成了这个混合光谱中每一个单色光的三刺激值的积分过程。这就是色光和物体的色度测量的基础。下式就是一个反射物体的三刺激值的光谱响应积分原理

$$\begin{cases} X = K\int_{380}^{780} E(\lambda)\varphi\lambda(\lambda)\overline{X}(\lambda)\,\mathrm{d}\,\lambda \\ Y = K\int_{380}^{780} E(\lambda)\varphi(\lambda)\overline{Y}(\lambda)\,\mathrm{d}\,\lambda \\ Z = K\int_{380}^{780} E(\lambda)\varphi(\lambda)\overline{Z}(\lambda)\,\mathrm{d}\,\lambda \end{cases}$$

式中 $E(\lambda)$—— 光源的光谱功率分布函数；

$\varphi(\lambda)$——进入人眼的刺激，称颜色刺激函数；

$\overline{X}(\lambda)$、$\overline{Y}(\lambda)$、$\overline{Z}(\lambda)$—— CIE1931 标准色度观察者三刺激值函数；

K——调整因子，它是相对照明光源而言的，将照明光源调到 100 时和物体实际亮度之比

$$K=\frac{100}{\int_{380}^{780}\overline{E}(\lambda)\overline{Y}(\lambda)\mathrm{d}\lambda}$$

如图 1-3-11 所示，显示了反射或透射物体的三刺激值的形成过程：

1）照射光源与物体的反射或透射率作用形成物体的反射或透射光谱，这就是物体的成色过程。

2）仪器对物体的颜色光谱按照 *XYZ* 光谱三刺激值的响应曲线进行“滤波”处理，也就是被测光谱与响应函数相乘，并进行求和积分的过程。并由此获得 *XYZ* 色光和物体的三刺激值。

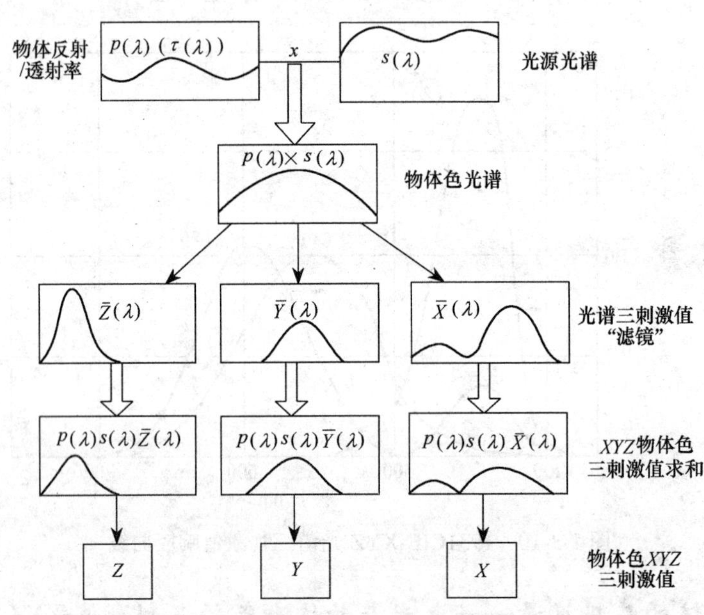

图 1-3-11　物体色（反射或透射）的色度测量的原理

在实际的色度计测量与计算过程中，有两种方式获得有复合光谱的颜色的色度三刺激值 *X*、*Y*、*Z*：

1）将色光和物体的光谱$\Delta\lambda$按 5nm、10nm、20nm 分段测量，再进行求和计算，获得总的色度三刺激值，公式如下

$$X=K\sum_{\lambda}\psi(\lambda)\ \overline{X}(\lambda)\ \Delta\lambda$$

$$Y=K\sum_{\lambda}\psi(\lambda)\ \overline{Y}(\lambda)\ \Delta\lambda$$

$$X=K\sum_{\lambda}\psi(\lambda)\ \overline{Z}(\lambda)\ \Delta\lambda$$

这种方式是现代精密色度计的工作原理。

2）用颜色传感器的光谱滤色片，该片能模拟 CIE-XYZ 光谱三刺激值响应曲线的通过特征，从而使直接获得颜色传感器对物体反射或透射光的整体响应的积分量，也就获得了物体色的色度三刺激值（X、Y、Z）。以这种方式构成的系统结构简单，但功能有限，无法获得光谱响应曲线，精度也不够。

作为色光和物体色的色度描述体系，三刺激值 XYZ 是最接近色度原始定义和最基本的色度描述方式。在此基础上，通过各种空间变换算法，形成了多种目前被广泛使用的其他色度坐标体系，然而无论如何变化，它们从测量方法到基本数据，都是来自于三刺激值 XYZ。下面就将基于三刺激值 XYZ 衍生出来的其他色度描述体系作一个简单的介绍。

3．色度坐标 xy、Yxy——CIE1931 Yxy 表色方法

由于物体的 XYZ 三刺激值描述颜色的三维空间与人们对颜色理解的色相、饱和度、亮度三维空间的描述方式相距甚远，因此，对三刺激值 XYZ 色度空间，首先将其转换成能够体现颜色三属性的空间形式。其最直接和简单的方法就是 CIE1931 Yxy 表色方法，其算法公式十分简单

$$Y=Y$$
$$x=X/(X+Y+Z)$$
$$y=Y/(X+Y+Z)$$

其中，X、Y、Z 为物体的 XYZ 三刺激值，x、y 为色度坐标，它构成的平面就是著名的马蹄形色度坐标系，如图 1-3-12a 所示。如果将光谱轨迹上表示不同色光波长点与色度图中心的白光点 E 相连，则可以将色度图划分为各种不同的颜色区域，而这条线上则反映了某一个特定光谱颜色的饱和度变化。如果能计算出某颜色的色度坐标 x、y，就可以在色度图中明确地标出位置。

色度坐标只规定了颜色的色度，而未规定颜色的亮度，所以若要唯一地确定某颜色，还必须指出其亮度特征，也即是 Y 的大小。既有表示颜色特征的色度坐标 x、y，又有表示颜色亮度特征的亮度因数 Y，则该颜色的外貌才能完全唯一地确定。因此，CIE1931 Yxy 色度体系的空间结构如图 1-3-12b 所示。

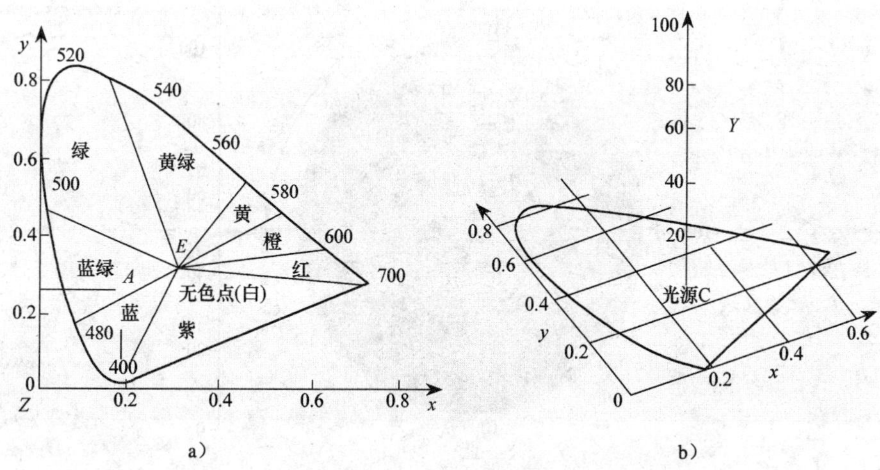

图 1-3-12　CIE1931 Yxy 色度体系的空间结构

4．均匀色度空间——CIE1976（L*a*b*）色度空间

上述 CIE1931 Yxy 色度空间由于在空间均匀性等方面无法满足现代色彩运用对色差的严格要求等问题，因此，产生了目前在色彩管理系统中作为标准色度空间的 CIE1976（L*a*b*）色度空间，该空间大大改善了视觉色差与实际色度值色差之间的不对称性，为色度描述的大规模工业应用提供了基础。色度空间生成算法公式如下

$$L^*=116(Y/Y_0)^{\frac{1}{3}}-16$$

$$a^*=500\left[(X/X_0)^{\frac{1}{3}}-(Y/Y_0)^{\frac{1}{3}}\right]$$

$$b^*=200\left[(Y/Y_0)^{\frac{1}{3}}-(Z/Z_0)^{\frac{1}{3}}\right]$$

$$Y/Y_0>0.01$$

式中 X、Y、Z——物体的三刺激值；

X_0、Y_0、Z_0——CIE 标准照明体的三刺激值；

L^*——心理明度；

a^*、b^*——心理色度。

由 X、Y、Z 变换为 L^*、a^*、b^*时包含有立方根的函数变换，经过这种非线形变换后，原来的马蹄形光谱轨迹不复保持。转换后的空间用笛卡儿直角坐标体系来表示，形成了对立色坐标表述的心理颜色空间，如图 1-3-13 所示。在这一坐标系中，$+a^*$表示红色，$-a^*$表示绿色，$+b^*$表示黄色，$-b^*$表示蓝色，颜色的明度由 L^*的百分数表示。这个空间的特点是它是一个匀色系统，便于使用色差进行质量控制。色差公式如下

$$\Delta E^*=\sqrt{(\Delta L^*)^2+(\Delta a^*)^2+(\Delta b^*)^2}$$

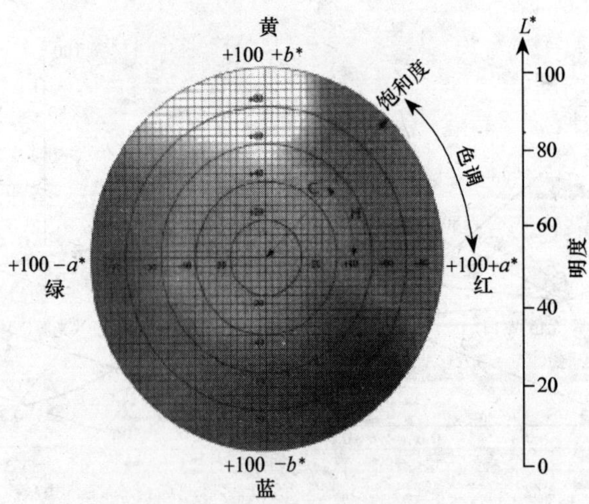

图 1-3-13　La*b*色度空间的坐标结构与色彩分布

5．均匀色度空间—— CIE1976L*u*v*及色差公式

色度坐标 u、v 是 CIE 1931xy 色度坐标的线性变换，色度图如图 1-3-14 所示，仍然保留马蹄形轨迹，与 xy 色度图比较，视觉上均匀性有很大的改善，计算公式如下

$$L^*=116(Y/Y_0)^{1/3}-16$$
$$u^*=13L^*(u'-u'_0)$$
$$v^*=13L^*(v'-v'_0)$$

$$u'=u=\frac{4x}{-2x+12y+3}=\frac{4X}{X+15Y+3Z}$$
$$v'=1.5v=\frac{9x}{-2x+12y+3}=\frac{9Y}{X+15Y+3Z}$$
$$u'_0=u_0=\frac{4x_0}{-2x_0+12y_0+3}=\frac{4X_0}{X_0+15Y_0+3Z_0}$$
$$v'_0=1.5v_0=\frac{9x_0}{-2x_0+12y_0+3}=\frac{9Y_0}{X_0+15Y_0+3Z_0}$$

式中　X、Y、Z—— 物体的三刺激值；

X_0、Y_0、Z_0—— CIE 标准照明体的三刺激值。

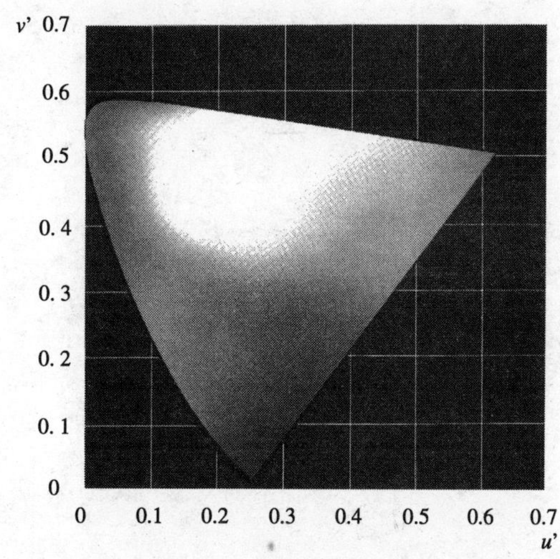

图 1-3-14　Lu*v*色度空间的坐标结构

复习思考题

1．静态平面设计中涉及的媒体有哪些？多媒体有哪些类型？简述它们的区别与联系。

2．试从界面操作特性上描述像素图像和矢量图形的典型编辑特征及其区别，并从运行时的数据结构与交互流程上分析原因。

3. Photoshop、CorelDRAD、PageMaker、RIP 各属于什么性质的软件，各主要用来处理什么类型的数据？

4. 什么是色度颜色空间？什么是设备颜色空间？常用的有哪些种类？两者的主要区别是什么？

5. 客观世界中呈现颜色的方法有加色法和减色法，其各自呈现颜色的原理是什么？显示器显示的颜色和印刷品呈现的颜色各使用何种方式？

6. 简述色度描述体系的形成原理？体系中有几种形式，各有何特点？

第二章 2

印刷复制原理与质量测控

彩色数字印前技术的最终目的是以最好的方式印出最好的印刷品。虽然印前技术的发展十分迅速，然而印刷过程、印刷工艺和印刷设备却保持了相对的稳定。本书中所研究和论述的印前技术与数字化流程问题，都是围绕着与印刷过程密切相关的概念、系统、参数和具体的操作进行的，因此，必须了解印刷过程和相关的印刷适性。

第一节　数字阶调的成像原理

一、数字输出设备的“机器点”

目前，几乎所有和计算机相连的图形图像输出设备，都是由各种设备的“机器点”采用点阵方式生成输出图像。可以将机器点分成以下几种：

1）二值机器点：只具有两种输出状态的设备成像点，例如，喷墨打印机的喷墨打印点、激光照排机上的曝光点等。

2）多值机器点：是在二值机器点的基础上，增加一级或两级以上的成像点的大小变化，例如，可以控制激光曝光点的大小由一级变成二级或三级，从而控制激光印字机和激光照排机成像曝光点的大小，可以使相同分辨率的设备输出更高分辨率的效果。

3）具有连续调表现能力的机器点：如显示器像素点，无论是 CRT 或 LCD（液晶），它们都是由RGB三色荧光点组合成一个像素点，由于三色荧光点的亮度直接受显示器RGB颜色驱动值的控制，其组合出来的色调和亮度都会发生变化。24 位真彩显示器像素点可以表达 2^{24} 种颜色和阶调。

输出分辨率是各种二值设备描述机器点大小的参数，例如，普通的喷墨打印机，一般输出分辨率在 300～600dpi（点/in），黑白二值点的大小在 80～40μm 之间。一台激光照排机的输出分辨率一般在 1200～3000dpi，机器点的尺寸大约在 9～20μm 之间。现在一些高档的激光印字机和照排机能够输出大小可变的二值点，这样在处理黑白边界、加网处理的过程中能够表现出更高的分辨率和做出更加专业的调频调幅网点。而显示器像素点的大小则直接由显示器显示模式中的分辨率组合（例如，1024×768、1280×1024、1600×1280等）与显示器尺寸（14in、18in、21in 等）共同决定。

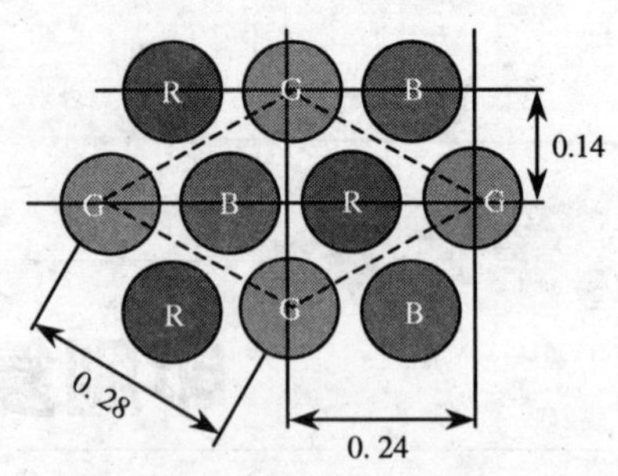

图 2-1-1 显示器的机器点与点距

点距是显像管最重要的技术参数之一，它的单位为 mm，它是指显像管两个最接近的同色荧光点之间的直线距离，点距越小越好，即点距越小，显示器显示图形越清晰。如图 2-1-1 所示，是以 14in，0.28mm 点距显示器为例的分布情况，由图还可以看到，点距有水平和垂直两种类型，本例中 0.28mm 点距相当于 0.24mm 的水平点距和 0.14mm 的垂直点距。另外，以显示区域的宽和高分别除以水平和垂直点距，即得到显示器在垂直和水平方向最高可以显示的点数。依此计算，14in，0.28mm 点距显示器在水平方向最多可以显示 1024 个点，在竖直方向最多可显示 768 个点，因此极限分辨率为 1024×768，超过这个模式，显示器上的相邻像素会互相干扰，反而使图像变动模糊不清。早期的 14in 显示器分为 0.28mm、0.31mm、0.39mm 几种规格，而目前显示器通常采用 0.28mm、0.27mm 的点距。另外，一般人们在描述显示器分辨率时习惯使用 72dpi 这个参数。

二、半色调阶调描述的原理

印刷数码阶调是由机器点（在打印机上可称为打印点，在激光照排机上称之为曝光点）的基本成像单位构成，而且还只有“黑白”两值。对机器的操作而言，黑和白实际就是打印或者不打印、曝光或者不曝光、着墨或不着墨两种状态。那么，如何由这些黑白机器点来产生中间调效果呢？在目前的印前处理中，使用“加网”的方法，它是用一定数量的黑白机器点组合成呈现明暗变化“网点”，以使之能够从宏观上体现连续中间调的效果，其过程如图 2-1-2 所示。这样，就能用一个二值过程去模拟一个连续色调的外观。半色调就是专指用黑白两值的机器点进行加网后形成的深浅调子。

半色调加网方法目前主要有两种：调幅加网和调频加网。

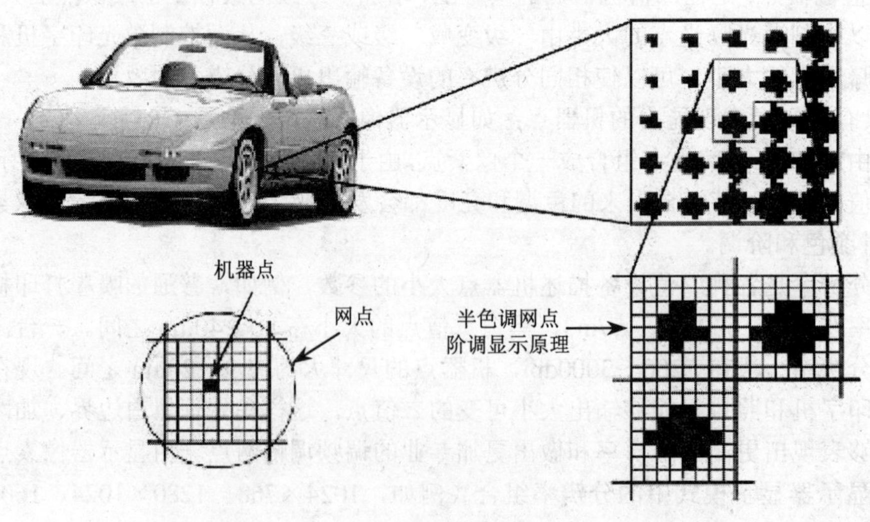

图 2-1-2 半色调成像的调幅网点结构与阶调变化原理

1．印刷调幅网点的阶调表现原理

与传统制版中用网屏照相加网方法相似的是调幅加网，它生成中间调的方法是用机器点阵列构造“网点”的呈现深浅明暗程度的基本单元。如图 2-1-3 所示，一个网点可以由不同大小阵列的机器点构成，如 6×6 或 12×12。其中包含以下几方面的半色调表现因素：

(1)网点大小　在图 2-1-3a 中用黑色轮廓线描绘出的激光打印点的集合就构成了网点的胞格形状。在一个网点中，聚集在一起的“黑色”机器点（打印点）越多，构成的调幅网点就越大，在用油墨进行印刷时反映的颜色就越深。相反，黑色打印点越少，调幅网点就越小，反映的油墨颜色就越浅，如图 2-1-4 所示为不同网点百分比的阶调表现效果。

（2）构成一个网点的机器点有多少　一个网点中所包含的机器点越多，这个网点所能体现的深浅层次的级数就越多。例如，比较常用的由 8×8 机器点阵列构成的网点能够体现出 64＋1 级灰度，而由 16×16 机器点阵列构成的网点，则能体现 256＋1 级灰度。灰度级越多，能够体现彩色图像层次和清晰度的能力就越强。

（3）机器点的大小　它是由输出设备的输出分辨率决定的。例如，激光照排机的输出分辨率为 1270dpi，则机器点的大小大约为 20μm，如果输出分辨率为 2540dpi，则机器点的大小大约为 10μm。而普通激光印字机的输出分辨率在 300～600dpi，机器点就大了许多。在图 2-1-3 中，b 图分辨率比 a 图的分辨率大一倍，相反，构成 b 图网点的机器点直径比 a 图小一倍。另外，在质量较好的印刷品中网点一般需要借助放大镜才能看清楚，而多数情况下，其中的机器打印点即使使用放大镜也看不到。

（4）网点中机器点的分布形状　它是指一个调幅网点中着墨机器点的形状，调幅网点有多种半色调网点形状用于印刷，网点形状的不同会带来印刷中的阶调变化和网点扩大等参数的不同，对印刷和打印效果有一定影响。

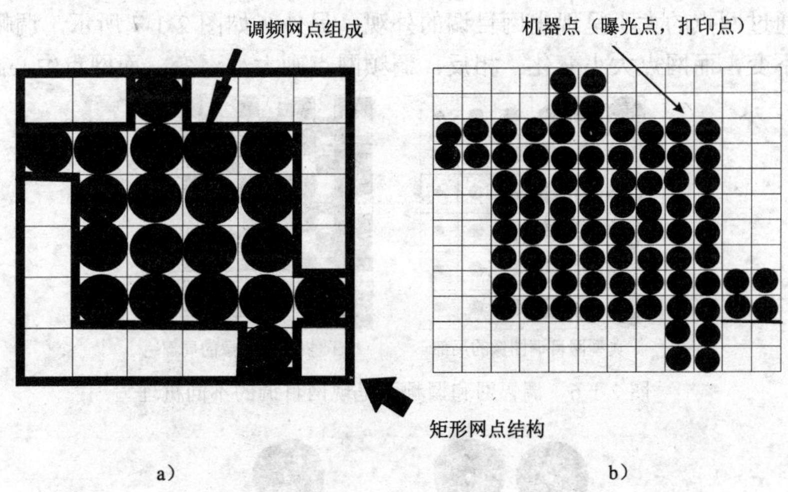

图 2-1-3　6×6 和 12×12 调幅网点的结构和组成元素

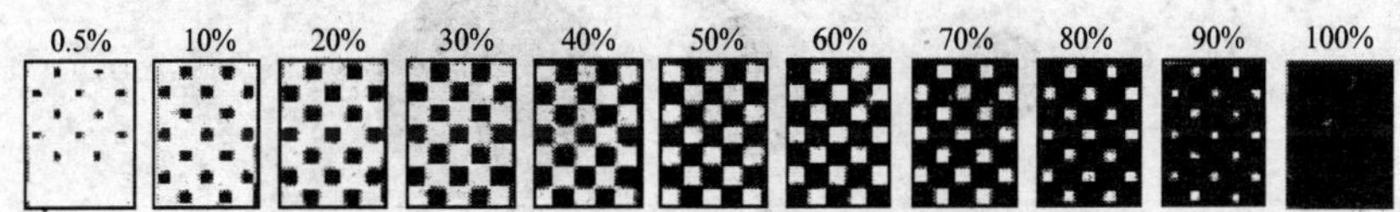

图 2-1-4　不同网点百分比的半色调外观（方形网点）

（5）网点的工艺呈现形态　如图 2-1-5 显示了网点在印刷后的显微结构。从图中可以看出，使用网点结构印刷文字、单色印刷、四色印刷时的网点分布特性以及同样的网点在不同纸张上所产生的具有差别的印刷效果。实际上，这些微观的效果决定了印刷品的整体质量。对印刷过程和印品质量的控制，一个重要的出发点就是要利用各种印刷条件，完美地生成和复制符合要求的网点。

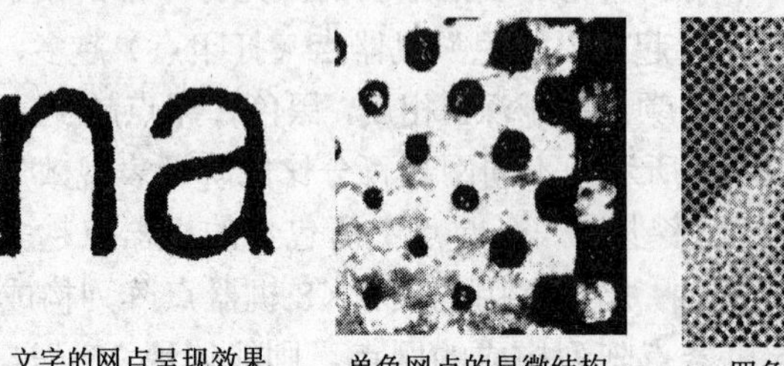

图 2-1-5　调幅网点的印刷显微效果

2. 印刷调频网点阶调呈色原理

如图 2-1-6 所示，调频加网使用的呈色单元要么直接就是由机器点组成，例如，彩色喷墨打印机的一个调频网点就是一个墨滴单元；要么就是由一定数量的机器点组成的，例如，用 2×2、3×3 的机器点方阵构成。但它们比调幅加网的网点还是要小得多，并且只有黑白两色，例如，由照排机发出的调频网点许多情况下就是这样构成的。调频网点除了单元较小和具有黑白两色的特点外，其最大的特点是网点是按照离散规律随机分布的。如图 2-1-7 所示就是这两种加网方法对一个明暗渐变过程的表现方式的微观区别，其中最明显之处是：调频网是通过对固定大小的“网点”进行分布密度和分布频率的变化呈现出网目调灰度外观，而调幅网是通过网点的大小呈现出网目调的外观。另外，如图 2-1-7 所示，调幅网点排列时网点中心距不变，而网点大小变化。相反，调频网点则大小不变，而网点中心距发生变化。

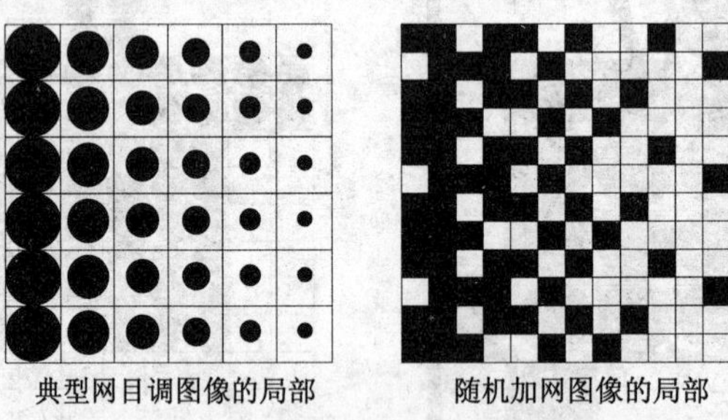

图 2-1-6　调幅网和调频网呈现网目调的不同机理

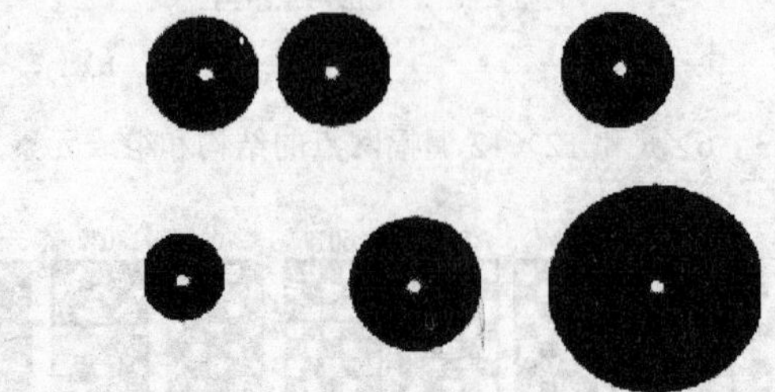

图 2-1-7　调频网点（上排，等大不等距）与调幅网点（等距不等大）的分布特点

用半色调调频网点和调幅加网的网点相比，可以看出调频网点有以下几个特点：

（1）网点尺寸非常小　一般来讲，每个调频网点与记录装置单个元素一样小，是图文照排机或打印机能产生的最小机器点。但在许多情况下，这些太小的网点在目前的印刷工艺下很难正确印刷出来，所以对照排机等高分辨率的输出设备，其发出的调频网点往往是曝光点的集合点。其具体的大小可以在光栅图像处理器（RIP）的参数界面中进行设置，例如，在北大方正 PSPNT RIP 中对方正调频网的网点大小设置为 2，其含义就是在网点横向和纵向各有两个设备机器点构成，也就是一个调幅网点有四个机器点组成。而对于喷墨打印机这些低分辨率设备，都是直接使用它的喷墨点作为调频网点。

调频加网的网点大小，取决于输出分辨率和加网参数，如输出分辨率为 2400dpi，加网参数为 2×2 个激光点作为一个网点，则加网点子直径为 21μm；加网参数为 3×3 个激光点作为一个网点，则点子直径为 32μm。

（2）网点尺寸大小一致　在有些情况下，为提高印刷调频网点的能力，会使用二三种不同大小的网点，称之为一阶调频网点，两阶调频网点等。

（3）只有两个阶调　也就是曝光点和非曝光点或者是喷墨点和非喷墨点。

另一方面，半色调调频网点的灰度形成机制有以下两个方面：

1）分布频率。分布频率就是指单位表面积中调频网点的平均数目，它随着复制色调值的不同而不同。色调较深的区域，分布的调频网点数目就比较多，相对密度较大。

2）分布方式。在分布方式上，调频加网基本都是用“误差扩散法”。误差扩散法的原理是将原图像上的每一个像素对应到每一个调频网点上。如果是 600dpi 的打印精度就可以对应 600dpi 的像素密度。如果能保证它的信息没有损失，就可以达到非常高的清晰度。在判断这个小点是否印出时要与一个域值比较，例如，用 0～255 的中间值 127，大于 127 的就印一个小点，小于或等于的就不印。可以看出这样做信息损失是非常大的。如果数据是 126，则被程序判为不印，就损失了 126/255＝49.4%的墨量。误差扩散法则将这一损失按距离加权的方法分散到还未印刷的点上去，令程序在印其他点时要考虑刚才的墨量损失，这样信息的损失就很小了。但很快可以发现该像素虽然墨量无损，但位置却发生了错动，结果是图像的边缘将被轻微柔化，它对表现文字不利。

还要明确的一个概念是网点大小，也就是网点分布的密度。从专业上讲就是加网的线数。人的视力是有“缺陷”的，其中之一就是对过于细小的东西无法看清。严格地讲，它们不能区分相距为 1 分弧度的两点。这相当于在正常阅读距离（12in）下的 1/250in（0.004in 或 100μm），相当于网线数为 125 线/in。也就是每英寸的线密度要求在 125 个网点。

另外，上述两种加网方法在印刷适性、呈色特点、适用设备等许多方面都各有特点。

第二节　调幅加网的参数与印刷适性

一、调幅加网的参数

目前，绝大部分胶印工艺还都是用经过调幅加网处理的半色调图文进行制版和印刷的。半色调图文是由大小不同的网点规则排列在一起形成的，它包含以下半色调加网参数。

1．加网线数

加网线数是指每英寸由网点构成的单相平行线的数目，在理想情况下所用的加网线数应足以使观察者在一定的观察距离看不到网点大小，但具体的网点大小还要根据纸张、油墨和印刷质量的要求来综合决定。

常用的加网线数有 80、100、120、133、150、175、200 等。网线数越大，则表示网线越细，单位面积内分解所得的网点越多，那么，印刷图像表现的清晰度就越高。反之，若线数越小，则表示网线越粗，单位面积内分解所得的网点越少，表现的清晰度就越差。

在实际制版时，选用多少加网线数，则要根据原稿类别、制版方法和印品的用途、印刷机的种类以及油墨、纸张或其他承印物的质量等多方面因素综合考虑。

例如，如果纸张表面较粗，印刷机转速较快，就可以选用比较低的 80～100 线/in。另外，一般很少使用 200 线以上的加网线数，一是因为受油墨、纸张、印刷机械等因素所限，二是由于这种超细的网点结构超出了一般的视觉感受范围。表 2-2-1 是不同印刷品所要求的加网线数。

表 2-2-1　不同印刷品适合的加网线数

加网线数/（线/in）	印　刷　品
80～100	全张宣传画，招贴画，电影海报（用招贴纸、新闻纸印刷）
100～133	对开年画，教育挂图（用胶版纸印刷）
150～175	日历，明信片，画报，画册，四开以下的画片，书刊封面（用铜版制，画报纸印刷）
175～200	精细画册，精致的科技插图（用铜版纸印刷）

2．灰度级

半色调是用来模拟灰度级的，灰度级越多，所描述的图像的层次就越丰富，颜色梯级变化越平滑。模拟灰度级的多少由半色调单元内所包含的机器点（也就是打印点或曝光点）的数量来决定的。例如，如果一个网点只是由一个激光打印点构成，那么这个“网点”就只能呈现黑白二级灰度。当然它不算半色调了。如果网点是由 3×3（9 个点）的打印点阵列构成，那么，这种网点可以打印出 0～9 共 10 级灰度。一般的彩色胶印中使用的网目调网点都是由 16×16 的打印点阵列构成，所以可呈现 256＋1 共 257 级灰度。这是 PostScript 页面所能产生的最多灰度级。

举一个实际输出的例子：

在铜版纸上印刷时，激光照排机一般采用 2400dpi（扫描点/in）的机器点密度和 150 网线/in 的加网线数。这时能产生的灰度是

灰度级＝（2400/150）2＋1＝16×16＋1＝256＋1＝257 级

显然，如果要保持 257 级灰度不变，但是要提高加网线数，就必须提高照排机的输出分辨率。如果照排机的输出分辨率就只有 2400dpi，要想提高加网线数，就必须牺牲灰度级。这就是它们之间的关系。

3. 加网角度

加网角度是半色调的一个重要方面，彩色印刷比黑白印刷的加网角度更重要。在四色印刷中，对四色网点的角度安排主要有以下两个方面的要点：

第一要点是角度设置须避免网点不同方向带来的相互干扰而产生的干涉条纹，也就是常说的龟纹。而干涉条纹的大小与不同颜色网点间的夹角有关。按照经验，角度差在 30° 和 60° 时龟纹最小，45° 时次之，其他角度差的龟纹都比较大，一般无法使用。

第二个方面是在不同网角上，网点的明显程度是不同的。在加网角度与水平方向呈 45° 角时，人眼对网点颗粒的敏感性最弱，因此，一般都将最深的颜色（或主色调）安排在 45° 角的网版上，以减少网点的明显性。例如，一般都将彩色印刷的黑板和单色印刷的加网角度设置成 45°。相反，另一个能让网点最显眼的角度是在水平和垂直方向上（即 0° 和 90°），因此，一般都将这个角度用在最浅的颜色上。在 C、M、Y、K 四个印刷原色中，黄是最浅的颜色，也就是当黄色油墨呈现 100%网点实地时，颜色的密度最小，最不显眼。所以将它安排在视觉最敏感的水平（或垂直）方向时，它比深颜色的网点有更好的隐蔽性，从而提高印品的质量。

根据上面两个方面的基本关系，可以方便地推导出印刷中合适的四色版的网角安排：一定要有 45°，而且给最深的颜色；一定要有 0°（或 90°），而且给最浅的颜色；其他两个颜色的角度自然要以 45° 角为基准，按最佳夹角 30° 进行左右安排，这样就形成了印刷上广泛使用的最佳四色夹角：0°（90°）、15°、45°、75°。

4. 网点形状

网点形状是在一个网点中的曝光点（着墨点）的分布形态。它所带来的印刷适性的变化，主要是由于这些不同条幅网点形状的边界长度和走向不同，因此会形成网点扩大和不同方向上阶调变化的不同，从而形成不同的整体印刷过程的网点扩大率、叠印率、阶调过渡等印刷参数的不同。由此便产生了不完全相同的特殊印刷效果。目前，常用的网点类型包括传统的圆形网点，其他经常使用的有椭圆、菱形、矩形等，另外，还有一些如领结形之类的特殊形状。各种不同网点在不同尺寸时其密度传递特性是变化的，它们都会在某一个特定的尺寸上产生油墨密度的跳变，从而造成层次阶调波动。

二、调幅网的复制特性与印前补偿

1. 胶印原理与特点

首先介绍胶印机的结构和工作原理。如图 2-2-1 所示，胶印机上共有三个滚筒，即印版滚筒、橡皮滚筒（转印滚筒）和压印滚筒。胶印印版安装在印版滚筒上，并通过两套小辊子分别对印版滚筒上的印版进行着墨处理和着水润湿处理。胶印印版的图像部分可以吸收油墨，而非图像部分如果先被水润湿，就可以排斥油墨，这样，印版上的图像部分就可以着墨，而非图像部分则干干净净。随后，图像部分的油墨转移到橡皮滚筒（转印滚筒）上，从橡皮滚筒再转移到承印材料上。由于橡皮滚筒包有富有弹性的的橡胶垫，可以用于各类纸张的印刷，因此，胶印便有了极为广泛的用途。

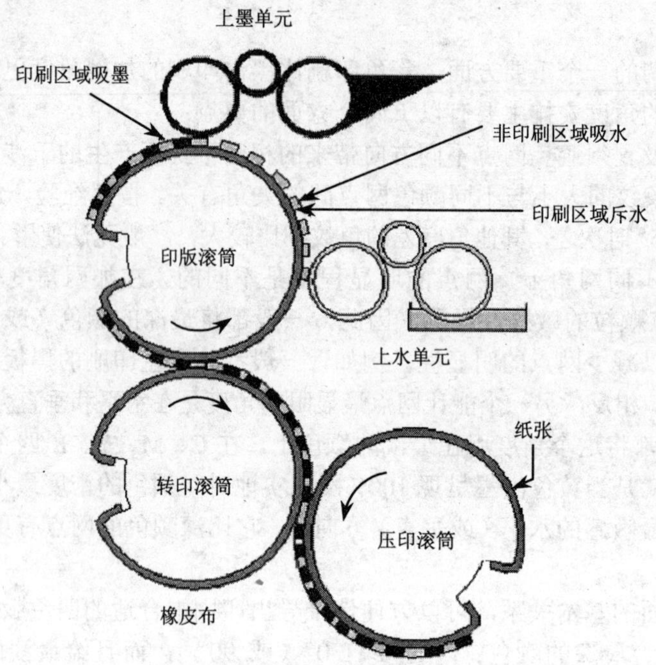

图 2-2-1　胶印机的结构与工作原理

胶印印刷的核心原理有两条：

（1）胶印印版的水墨相斥原理　如上所述，由于阳图型胶印印版的特殊材料特性，其曝光的部分可以吸收油墨，也就是有亲墨性。而没有曝光的部分则是亲水性的。在印刷时，首先将印版着水润湿，让亲水部分吸水，而亲墨部分会自动斥水；第二步是进行着墨。这样，在亲墨部分吸收油墨的同时，由于水墨本身是相互排斥的，因此油墨并不会沾脏亲水部分，从而就形成了由亲墨部分构成的印刷图文部分，并被转移到橡皮滚筒上。

（2）印刷过程的水墨平衡原理　这是胶印质量控制的核心之一。水墨是矛盾的两个方面，水多了就会影响印版的着墨能力，从而使图像变浅，像水洗过的一样，得不到清晰的色彩和阶调。而给墨量太大时，就会引起印刷图像太暗，并很容易引起图像“起脏”，“起脏”就是无墨区粘上油墨的现象。最后要强调一点：水墨平衡既是胶印中必须的条件，同时，它也给操作者提供了控制印刷的密度和颜色的基本手段。水墨平衡的最高目标是既要保持图文最大载墨量，使墨色鲜艳、饱和，网点清晰、光洁，又要保持空白区高度干净整洁。

在彩色胶印过程中，一般要用黄、品红、青、黑四种油墨及其对应的四个印版分四次进行印刷。可以使用四色胶印机一次印刷完成，也可以使用单色胶印机和双色胶印机分多次印刷完成。另外，为完成一个彩色胶印印品的印刷，还有套准、色序等许多工艺问题。

2．印刷纸墨的呈色特性

（1）印刷油墨的小色域特征　胶印过程并不能得到想要的一切颜色，实际上只能复制人们所能看到的颜色中的很小一部分。这是由于在印刷过程中油墨、纸张和印刷过程中的许多固有缺陷所造成的。

首先，黄、品红、青、黑四种油墨呈现颜色的范围是有缺陷的。理想的呈色范围，也就是它们吸收光线的范围应是如图 2-2-2 所示中呈现直角关系的凹处，而实际上油墨的吸收曲线在图中呈现出并非理想的曲线状态，并且可以看出随着墨量的不同曲线的形状也有所不同。从图 2-2-2 中可以看出，油墨的实际吸收区域和理想的吸收区域差别很大，也就是它们不仅吸收应该吸收的光谱区域内的光线，而且也吸收其他光谱区域内的光线，前者称为有益吸收，后者称为有害吸收。有害吸收造成的直接结果就是油墨的饱和度和色相与理想三原色的差距较大。而印刷品主要是用油墨来表现色调和层次的，因此，油墨呈色性能的优劣直接影响到原稿复制的逼真程度。用带有“额外”吸收的原色油墨来进行印刷，必然形成多余的“灰色”而大大压缩了印刷品的呈色区域（即饱和度或鲜艳度）。另外，造成油墨这种缺陷的原因主要是由于颜料和制造工艺等因素。一般情况下，按照油墨的普遍品质，黄墨的呈色性能最好，品红墨次之，青墨的呈色性能最差。

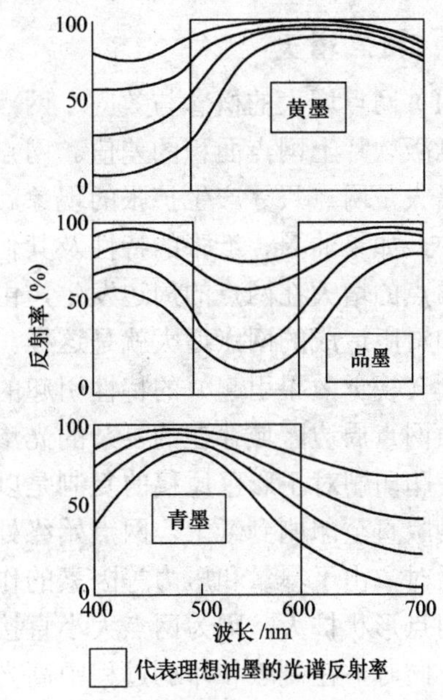

图 2-2-2　YMC 油墨的理想和实际光谱反射率差别（不同墨量）

（2）油墨的灰平衡问题　灰平衡是能够产生灰色的颜色组合。以 RGB 加色空间为例，将亮度相近的 RGB 三色混合时，就会产生灰色，亮度值为 200 的红绿蓝三色与 25%的灰相同。灰色又称为中性灰，它是不含彩色成分的灰色调。如果混合 210 的红，200 的绿，200 的蓝，结果会产生含有红色成分的较暖的灰色。它看上去像灰色，但不再是中性色。

在 RGB 加色空间中，三种颜色只需要等量相加就可产生中性灰，在进入 CMYK 印刷领域时，等量的青、黄、品红并不产生中性灰，它们产生较淡的、较浑浊的灰色，而不是真正的灰色。其原因是由于油墨对色光的不规则吸收，也就是由于所用的油墨不纯引起的。在 CMYK 空间中，要得到实地灰色，需提高青墨的量。这一点与洗涤剂中加蓝色可使其看上去更干净洁白的经验很相似。多余的青使其余两种颜色更干净。例如，25%青、16%品红和 16%黄混合产生 25%中性灰，对某一种类型的油墨产品，混合产生灰色的 CMY 值为常数。

有关 CMYK 灰平衡的问题在第四章中详细论述。

（3）纸张对印品质量的影响　纸张和油墨一样，是影响印品质量的重要因素之一，主要表现在两个方面：

1）纸张的白度：印刷品的高光部分是由纸张的颜色形成的，并不是印刷机和打印机对纸张作用的结果。如果纸张的白度不同，就会影响画面高亮处的颜色亮度和饱和度，进而影响画面的色彩对比度。

2）纸张的质地：例如，新闻纸为多孔性材料，油墨很容易被纤维吸收，使印刷表面产生高度的光线散射，使印刷密度降低，黑处不黑。而平滑的、涂布过的纸张，油墨吸附在

表面，并且光线散射极少，从而使暗调较黑。

3．网点增大

（1）网点增大的概念与效应　网点增大的概念一般是指印刷好的印刷图像中的网点面积和晒版软片上网点面积的差值。网点增大是由几何增大和光学增大两个效果叠加而成。几何增大是网点尺寸产生扩张的现象。在制作分色片中，在晒版中都会产生网点增大；在印刷中，如果油墨、纸张的特性及其他印刷条件发生变化也会引起网点增大。在印刷中，几何网点的增大在网点的周边发生，由于印刷故障造成的网点增大也可能是不规则的，如重影和滑版造成的网点增大就是这样。而光学增大则是由于眼睛观察的网点大小比实际尺寸要大（视觉效果引起）的特性引起的，只要纸上有油墨存在，光学网点增大就会发生，它是由网点周边区域存在的复杂的光渗现象所引起的。

胶印印刷对于彩色原稿的复制是以半色调网点为基本单元。由于网点本身很小，经照排、晒版直至印刷到纸上，网点始终处于变化之中。特别是当油墨在压力作用下转移到纸张表面时，由于墨量和压力等因素的作用会发生少量的扩展。一些油墨被纸张吸收，也会引起网点形状扩大。因为网点大小直接和阶调有关，所以网点增大会使整个图像变得更暗一些。同时，在制版和印刷过程中高光和暗调处由于网点扩大，极容易造成网点并级，也就是丢失高光细节（网点）和压实暗调（网点）。作为一种在印刷复制过程中不可避免的现象，需要在印前处理中将网点增大产生的影响进行补偿。这种补偿过程可以在图文处理过程中直接施加，也可以在处理过程中首先将补偿函数加入文件中，然后在打样和照排过程中通过驱动程序或 RIP 进行补偿。

网点增大的程度用“网点增大率”和“网点增大”两种概念表示：

1）网点增大率＝[（扩大后的网点大小－原始网点大小）/原始网点大小]%，这种定义比较科学、严格。

2）网点增大：它是直接用 50%网点被扩大后的绝对扩大量来定义的，这种直接反映网点增大量的方法简单直观，工艺性较好。Photoshop 的分色参数定制界面上就是用“网点增大”（DotGain）的概念来定义的。由于在实际工作中以上两个概念被经常混淆，因此在设计和输出的过程中要和印刷厂和输出中心取得统一的概念。

如图 2-2-3 所示是一个典型的不同条件（如不同墨量、墨质和纸张等因素）下胶印网点增大曲线。可以看出，网点增大是一个不等量的过程，网点扩大在原稿阶调为 50%的地方达到最大。

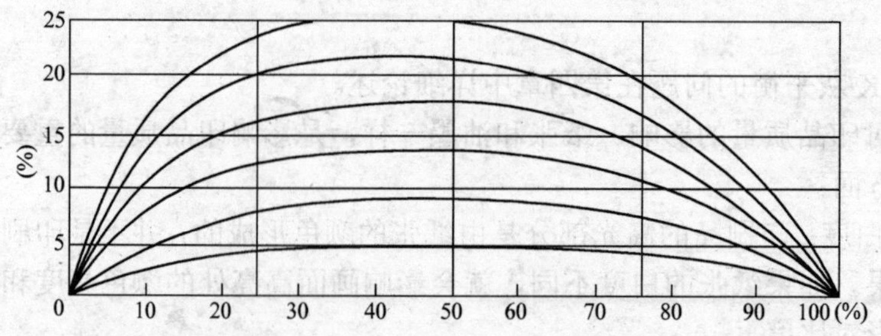

图 2-2-3　不同条件（墨量、墨质和纸张）下胶印网点的不同网点扩大曲线

如表 2-2-2 所示是不同印刷方式下在中间调处的网点增大及其得到 50%网点（扩大后）

所需原始网点大小。从中看出如果在印刷时预期网点增大为 10，则 41%的中间调网点大约产生 50%的网点；对于 15 的网点增大，需要 36%的网点已得到印刷时的中间调。这些数值对不同的印刷环境会有所不同。

表 2-2-2　不同印刷方式下中间调网点增大和 50%网点（扩大后）所需的原始网点大小

印刷方法	网点增大	原始网点大小
卷筒纸印刷机/铜版纸	15～25	36%～30%
单张纸印刷纸	10～15	41%～36%
单张纸印刷机/胶印纸	18～25	35%～30%
新闻纸印刷	30～40	28%～25%

（2）网形与网点增大的关系　由于网点形状不同，同样面积的网点，其边长是不一样的。网点增大的直接因素之一就是边长的长短，大家都知道，在相同面积下圆形网点的边长最短，而其他情况则要长一些，受此影响，它们在相同的条件下的网点增大的数值也不一样。如图 2-2-4 所示是一个圆形网点的网点扩大的数值。可以看出，网点增大值是随着网点大小的不同而不同的。在 50%处的网点增大的绝对值最大（15），这也是其他网形的共同特性之一。

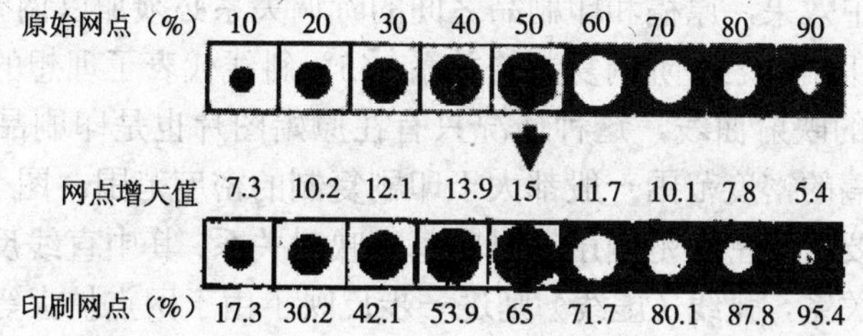

图 2-2-4　圆形网点的原始大小（上）、网点增大值（中）和印后大小（下）

（3）加网线数与网点增大的关系　加网线数对网点增大的影响，如图 2-2-5 所示。当半色调加网线数由 65 线/in 增加到 150 线/in 时，网点增大量逐渐增加，65 线/in 时网点增大仅 12%，120 线/in 时增大量为 15%，150 线/in 时达 30%。这说明随着加网线数的增加，网点增大量随之增加。

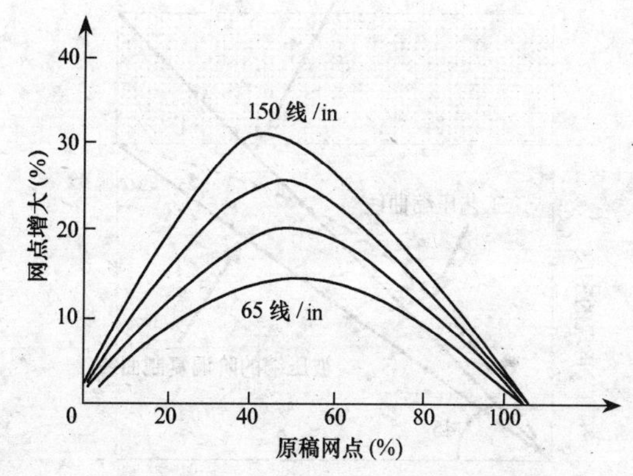

图 2-2-5　加网线数（即网点大小）与网点扩大的关系

由上述规律可以得出这样的结论：由于加网线数增加，网点增大量增大，会使色彩发生更大的变化。因此，采用太细的网线数无助于提高印刷质量。所以，加网线数的选择，必须在网点增大和表现细节间进行折中选择。

（4）油墨量与网点增大的关系　实地密度指网点 100%的密度。实地密度越高，在单色印刷中阶调范围越宽，则在印刷中色彩再现范围越宽；供墨量和实地密度的关系是当油墨量逐渐增大时，实地密度会趋于饱和状态，而在墨量较小的区域，两者之间呈现一种上凸的指数关系。因此，在某种程度上对特定的纸墨组合，实地密度可以表示应用到纸上的油墨量。

墨量是对网点增大影响最大的因素，墨量（实地密度）越高，网点扩大的越多，中间调密度增加越多，整个中间调普遍变暗。同样，复制曲线朝暗调隆起（移动），就会引起暗调丢失更多反差。

4．调幅网阶调复制特性与印前补偿

由于各种印刷复制中的“非线性”变化因素的影响，包括纸张、油墨因素和印刷过程的网点扩大，以及油墨叠印率、墨量变化等因素，用户几乎不可能使印刷品达到高质量原稿（胶片或 RGB 图像）相同的密度（即阶调）范围，即质量与色域都会被“压缩”。因此，为了使印刷品呈现最佳的折中效果，原稿和印刷品之间的阶调关系必须加以调整。如图 2-2-6 所示是一种典型的原稿与印刷品之间阶调复制的关系，45° 斜线代表了理想的印刷品和图片原稿之间的阶调完全复制的映射曲线，这种情况只有在原始图片也是印刷品的情况下才可能发生。一般情况下，原稿的密度范围一般都大于印刷复制的密度范围。图 2-2-6 中的其他两条复制曲线就反映了需要进行密度范围压缩时的基本映射关系，其中直线反映了印刷过程对原稿的理想阶调压缩的关系，弧线（虚线）则进一步反映了由于网点扩大等因素所引起的非线性阶调压缩的实际形态，这是印刷过程实际的阶调转移形式。另外，对四色印刷，由于灰平衡的关系，CMYK 各色的阶调复制曲线也会有所差异。

为了补偿印刷过程对原稿图像阶调的非线性压缩（如图 2-2-6 中虚线描述的情况），使印刷品真实地还原原稿的层次和色调，就必须对这条实际的印刷复制曲线进行“维护”。这种“维护”有两种形式：

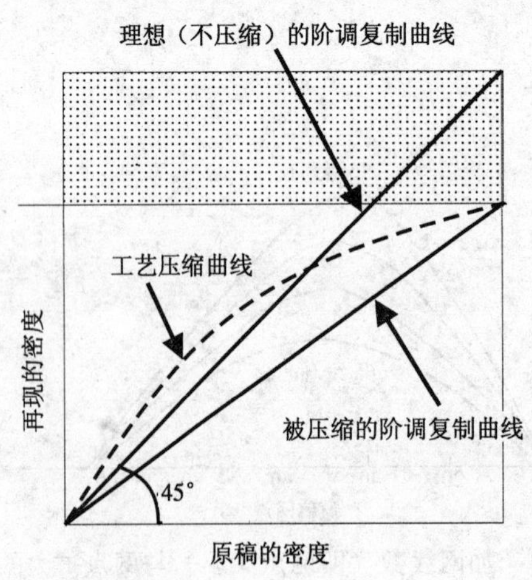

图 2-2-6　印刷过程的阶调转移形式（理想、理想压缩、带网点增大的实际状况）

（1）将“曲线”作为阶调复制的目标曲线　因为既然网点增大与复制阶调的“曲线”化是印刷的“自然”属性，那么就干脆将其中的一条作为“标准目标曲线”，并针对实际印刷复制流程的复制曲线与“标准目标曲线”的“差距”进行补偿，使所有的复制曲线都达到“标准目标曲线”的要求。这是目前印刷厂喜欢使用的方法，因为长期以来，印刷厂只能以带有网点增大的印刷样品作为“目标样张”。

（2）直接使用“理想线性压缩”直线作为目标曲线　这是在数字化流程中才可能使用的方式。它将理想的直线型阶调复制关系作为目标，针对复制中的非线性关系，对原稿进行相应的反向“预先”变化，这样在实际流程中，网点扩大后的阶调就只是“填平”了预先挖的“坑”，使最后的复制转移关系呈线性。而线性的阶调转移关系将更加有利于印刷厂的质量管理。

另一方面，目前进行上述阶调复制关系调整的方法有以下两种形式：

（1）使用色彩管理系统流程　在先进的色彩管理系统（CMS）流程中，油墨和印刷过程的阶调复制曲线会被嵌入到CMYK印刷流程特征文件（CMYK ICC Profiles）中。因此，在色彩管理流程中，在对大色域原稿进行输出时，会自动进行色域的压缩处理，以达到表现大色域原稿的最佳输出效果的目的。在应用软件中，例如，Photoshop中，可以用Color Setting功能中的分色控制设置选项来嵌入阶调补偿曲线，从而在将大色域原稿从RGB空间压缩到CMYK的小色域空间时，用阶调曲线帮助进行色空间的转换。

（2）使用印刷（也称印版）补偿曲线　在没有完整的色彩管理流程时，可以单独使用独立的阶调补偿调节环节。在一般的输出控制环节上，都会有补偿设置界面。另外，这种补偿曲线的设置点也有多种位置，主要有如下情况：

1）应用软件中：如Photoshop中，在对图像作印前校正时，直接对图像进行阶调的预压缩，如图片的黑白点设置操作和图像的Gamma曲线增大设置操作等，这种操作的特点是将补偿的数据变化直接反映到图像的原始数据中，但也破坏了原始图像的数据。

2）应用软件的输出环节中：在原稿文件进行封装时设置到PS、PDF等发排文件中嵌入该补偿曲线，并传递到RIP中使用。

3）在输出驱动程序或RIP输出程序中的输出控制参数中设置，并直接使用。

补偿曲线的流程是首先将一个线性的原稿在印刷过程中进行输出，然后测量它与标准的目标曲线的差别，并将差别反馈到补偿环节中去，通过反向补偿，最终将流程的复制曲线调整到与目标曲线一致为止。另外，这方面的应用实例，在后面的色彩管理、数码打样、CTP输出等章节中还有进一步的论述。

第三节　调频加网的参数与印刷适性

一、调频网的复制方式与加网参数

1．胶印方式的调频网复制

调频网点的大小和分布，其决定因素是胶印复制中可印的最小着墨点的尺寸，在好的

工艺环境和光滑的纸面上进行高质量的印刷，最小的印刷网点尺寸可达 8μm，而在粗糙的纸面上也可以印出 20～40μm 的点子。印刷网点的基础是印版表面的砂目，砂目越细，支撑网点的砂目越多，网点边缘越光滑，这样寿命和质量都会提高。例如，对于一个仅为 20μm 大小的调频网点，优质印版的砂目尺寸为 2.5μm，深度 3μm，这时可以有 60 左右的砂目来支撑这个调频网点。而在一般质量的印版上，同样的网点可能只能获得 15～16 个砂目，这样网点就很容易掉版。除了印版质量，晒版过程、油墨质量也都直接影响调频网点的印刷质量。

由于在小网点工艺处理上的困难，以及高调处的颗粒、均匀区域的斑点等缺陷的限制，目前调频加网在传统的胶印工艺上还未广泛使用。不过，随着 CTP 制版和加网算法的发展，今后调频加网的优点将会被充分利用在胶版印刷之中。例如，目前出现了一种混合加网新技术，它们将调频和调幅加网技术的优点结合起来，形成应用于同一张图像上的混合加网，在色调均匀的区域，尤其是在高光区，调幅加网能产生更平滑的外观。而对于高细节成分，调频网效果更好，从而使整体效果达到最佳。而 CTP 制版流程由于缩短了制版流程，对小网点的生成能力与质量得到了很大的提升，为调频网在胶印中的广泛应用提供了坚实的基础。

2．喷墨方式的调频网复制

彩色数码打样（或打印）和数码印刷是彩色印刷的一个重要发展方向，它可以替代部分四色胶印的功能，实现小批量彩色印刷；也可以完全取代彩色照片冲洗，实现家庭彩色制作。彩色打印和印刷的成像机制有多种，如喷墨、激光静电成像、热转印、热升华等，其中以彩色喷墨技术和激光静电成像技术发展最快，使用最广泛，商业应用价值最高。

目前，调频加网广泛应用在黑白与彩色喷墨打样机上，由于喷墨打印点可直接作为调频网点，又由于调频网的细节表现力较好，特别适合喷墨印刷这种中低分辨率的应用。也正是这种技术使喷墨印刷成为数字印刷的主要技术之一。

（1）喷墨打印（印刷）的原理　目前，不同工作原理的喷墨打印机种类很多，可以分为：

1）即时喷墨。即时喷墨是指在需要喷墨的地方才产生相应的喷射墨滴，并直接喷射到纸上。目前，常见的即时喷墨按工作原理不同，可分为压电喷墨结构、变相喷墨结构、热喷墨结构等。如图 2-3-1 所示是压电喷墨结构的工作原理，可以看出通过压电晶体的变形使墨腔内的墨水被挤射出来，这种结构广泛应用在一般的办公喷墨打印机中。为了提高喷墨速度，这种结构可以设置成多喷头阵列结构。

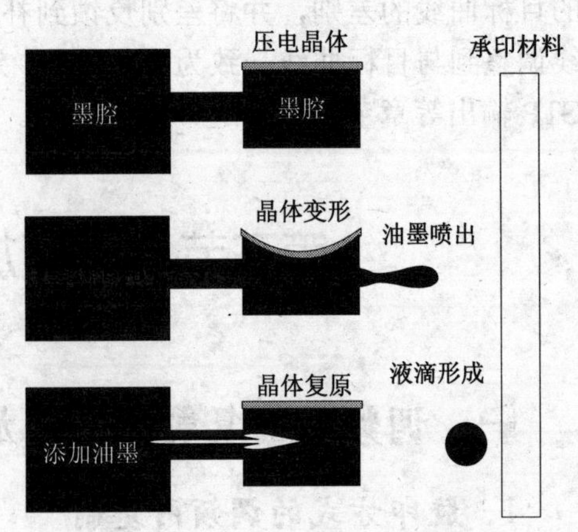

图 2-3-1　（即时）压电喷墨工作原理

2）连续式喷墨。连续式喷墨印刷已有 100 多年的历史。其工作原理如图 2-3-2 所示，从容器中喷射出一股细小的液流，受到高频振荡作用分解成均匀稳定的墨滴。在受到带电偏转板的控制后，就可以通过将液滴引导到表面特定的区域

的方式形成图像，其他墨滴则被回收。这种方式的特点是速度较快，但质量不高，主要用于进行高速工业用商标和日期等各种符号的印刷。

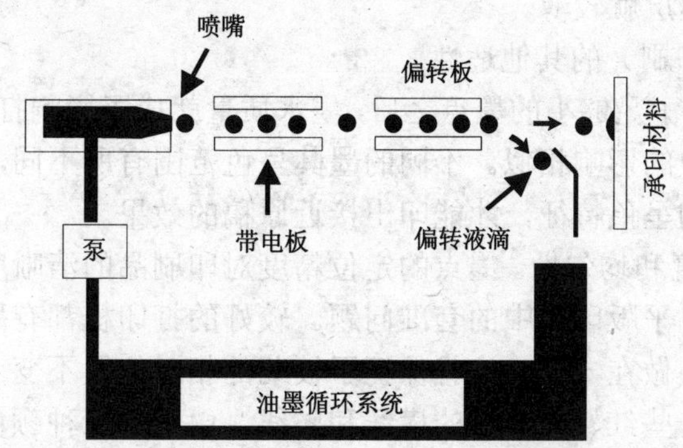

图 2-3-2 连续式喷墨工作原理

另外，由于喷射原理不同，墨水的形态和浓度会有所差别。例如，变相喷墨使用的是蜡基的颜料“油墨”，经加热后才能形成滴状形式喷射。而连续式喷墨使用水基的颜料“墨水”才能工作。无论是什么原理的喷墨结构，其目的都是为了使墨水能够以滴状形式喷射到打印介质上。

（2）墨点的尺寸和质量　在彩色喷墨打印中，对质量影响最大的是墨点的尺寸和质量，其中墨点的尺寸更为重要。彩色打印机上标注的 300dpi、600dpi 等打印精度的说明，但并不意味着数值越大打印质量就越好。一些不能相应缩小墨点的打印机，其打印质量甚至还不如一般分辨率的打印机。也就是说，墨点的绝对尺寸有时比分辨率更重要。一台 600dpi 但绝对墨点尺寸较小的打印机，其印出的质量可能比一台 720dpi 但墨点尺寸较大的打印机更好。那么，什么样的墨点尺寸才算合适呢？以分辩率计算，理想的墨点大小是分辨率大小的 1.414 倍。理想墨点大小如图 2-3-3 所示，小的墨点尺寸可以减少墨水之间的相融，色饱和度高，效果最好。如果尺寸过大，会造成先打印上去的墨水未能及时吸收而使几种墨水相互混合，最终因重叠部分太大而造成饱和度极低。另外，从印刷质量来讲，绝对墨点尺寸小于 50μm 的打印机，在使用调频加网的情况下，基本上达到了照片效果，其墨点的颗粒已很难看出。对于质量较好的 600～720dpi 的打印机是可以达到这个效果的。

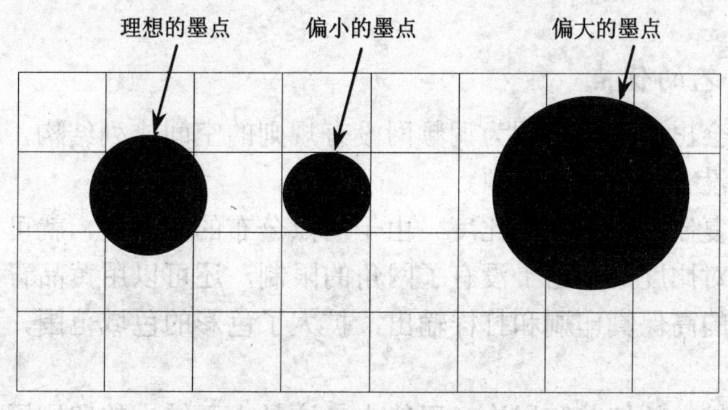

图 2-3-3 喷墨打印机理想墨点的大小

墨点质量是指墨点的墨层厚度。在同样的纸上，能达到墨层厚度较厚的打印效果较好。特别是在喷透射片的时候。这和墨滴喷出时的形状有关。只有一滴的，墨层就比较厚，许多滴并呈现散射状的墨层就较薄。

（3）喷墨打印（印刷）的其他适性

1）墨水的质量。有了足够小的墨点之后，墨水质量就成了影响打印质量的关键因素了。这一点和油墨在胶印中的影响相似。不同的墨其呈色范围有所不同，所以在印前分色处理过程中必须考虑墨水的呈色特征，才能印出接近原稿的效果。

2）墨点的定位精度和均匀性。墨点的定位精度对印刷品的清晰度和准确性有很大的影响，这一点类似于四色平版印刷中的套准问题。较好的打印机都有墨点定位校正操作，也有的打印机将四个墨头做在一起，这就保证了彼此的相对位置不变。检查定位精度的简单办法是用打印机打印一些红、绿、蓝的横线和竖线，由于这三种颜色都是有两种以上的墨色合成的，所以观察某两种墨水是否重合就可知道打印机的定位精度。

墨点的均匀性是指喷嘴喷出的每一个墨点的大小和墨量应该没有很大的差别。这一点对喷墨质量影响非常大。检查方法是喷深浅不同的几个大色块，如果在某个色块上出现了深浅不均匀的花斑，说明喷墨的墨点尺寸和墨量不稳定。

3）喷墨的次数和喷嘴数。如果喷墨印品上出现了均匀的水平条纹，这是因为某一次喷墨的衔接处纸张被洇湿，吸收油墨的状况发生了改变，减少这种不均匀条纹的最好方法是多遍喷墨。例如，将一色的墨量分四次喷射，由于每一条之间的墨量差别减少到原来的 1/4，衔接的痕迹基本可以消除。多遍喷墨的另一个好处是同时喷上去的墨距离较远，不会有相互融合的情况，有助于提高颜色的饱和度和清晰度。

其次，当墨点直径一定时，单位面积的着墨速度是一定的。要提高打印速度只有增加喷嘴的数量，所以现在喷墨打印机喷嘴数都很多。

另外，随机网点多数情况下是单个墨点，对于一些很难输出单个墨点的设备（如使用激光静电成像系统的激光印字机等）就不能使用随机网点。因此，彩色激光打印机都是使用调幅网点。目前，彩色激光打印机的分辨率可以达到 1000dpi 以上，因此，调幅加网的彩色图像效果相当不错，特别是仿真打样彩色调幅加网胶印的效果很理想，它是除彩色喷墨打印机以外被广泛使用的机型。

二、调频网的复制特性与印前补偿

1．调频网工艺的优点

（1）叠印后不会出现龟纹　因为调频网没有规则的空间排列结构，就不可能产生规则的干涉条纹，也就没有“龟纹”问题。

（2）增加阶调复制的范围和对比度　由于网点分布的随机性，就可以用较高的油墨密度增加色调范围和对比度。又由于没有了网角的限制，还可以用黄品青黑以外的颜色（印版）进行四色以上的高保真印刷和打样输出，扩大了色彩的色域范围，为高保真印刷奠定了基础。

（3）调频网有较高的细节和层次表现能力　这是由于较小的印刷网点可以创造较多的

图像细节的缘故。例如，在一个输出分辨率较低的数码打样机上，使用调频加网和调幅加网分别对同一幅灰阶图像进行打印，结果在灰阶和清晰度的效果上，调频比调幅好得多。因此，只具有中低档分辨率的喷墨打样机用调幅网点是天然的技术选择。近来，随着CTP系统的广泛使用，制版过程中省去了胶片冲洗与晒版等影响小网点可靠复制的工艺过程，也使得调频网在传统的胶印领域中得到逐步推广。

（4）其他高品质因素　对于网点增大的适性，在印刷时调频网的中间调不会因网点扩大而导致阶调跳变；又由于调频网的细部清晰度高，图像上一些细线不会因为加网而形成折射或产生毛刺；另外，由于印版上网点呈针点细微化，因此，润版液也细微散化，使胶印作业易稳定，而且使印张和橡皮布易分离，减小了印张的背面蹭脏。

2. 调频加网在印刷适性方面的局限之处

1）具有颗粒感，尤其是在高光部分和25%左右的阶调处，给人一种砂纸外观的不舒服感觉。目前，一些软件通过使用较小和较淡的随机网点以及柔化原稿减轻这种效果。

2）调频加网后打印的效果比调幅加网的效果要深一些，尤其是在中间调。这是由于调频网点比调幅网点小得多并离散存在，网点周长比调幅网点的周长大，网点增大的情况比较严重。因此，准备打印的数字图像必须补偿网点的扩大，而且要比常规调幅网的补偿程度更高。

3）调频网有时会在色彩和密度都很均匀的区域出现斑点，这种斑点是对图像总体质量的一种潜在破坏。

4）调频网点太小。由照排机输出的调频网点，由于还要进行打样、复制、晒版等过程，实现起来比较困难。而对于许多中低档的印刷机和普通纸张的印刷品，根本无法正确印刷出这些单个离散的小网点。

5）图像输出后不能进行修版，在进行拷贝时也有一定困难。

第四节　印品质量的控制参数与检测方法

在制版、印刷、装订的整个生产过程中，要保证产品的质量，有许多环节。印前技术就是要保证在完成印前的所有工序中都要符合质量要求。但是，质量控制因素是相互联系的，除了印前阶段的质量控制因素之外，对印刷过程中的质量控制因素也必须有所了解。因为，印刷过程中的许多质量问题需要通过印前阶段进行补偿和校正。本节的重点就是针对整个印刷过程的质量控制节点（关键点）、控制参数、控制手段进行讨论。

一、印刷复制中质量控制的关键参数

印刷复制过程是一个复杂的物理过程，它是油墨品质、墨量、纸张适性、水墨平衡等多种因素共同作用的结果。然而从过程控制的角度而言，需要的是几个即能反映影响印刷质量的关键因素，又能方便测量和过程控制的参数。图2-4-1描述了这种控制参数与控制效果三层结构的主要作用和流程关系。图中显示出以下主要内容：

1）控制参数层指出了可以用密度计和色度计直接测量的印刷效果检测参数和控制目标参数：实地密度、网点增大和叠印率。并可以计算出相对反差（*K* 值）等二次控制参数。这些参数是衡量和分析印刷流程状态的可测、可控的数值。

2）调节作用层代表与检测控制参数直接相关的、又对印刷效果呈直接因果关系的印刷要素，包括墨量大小、阶调复制特征、色序和印刷精度等。

3）印刷效果层表示质量控制要达到的外观目的，可以用密度范围、阶调再现、色彩再现、清晰度、分辨力、均匀性、光泽等质量参数进行评价。

4）从图 2-4-1 的箭头关系可以看出，实地密度主要用来检测和控制印刷的墨量大小，进而影响印刷效果；网点增大参数则是用来检测和控制阶调复制特征的，进而影响印品的层次与颜色；另外，油墨叠印率是用来描述和控制油墨及印刷流程的呈色效率及其稳定性的参数，进而影响颜色的色相和饱和度。

另一方面，质量控制参数实际上是多种因素综合作用的结果：

1）实地密度——墨质、墨量与纸张适性的综合作用的结果。

2）网点扩大——墨质、墨量、纸张类型、光学效应等的综合作用的结果。

3）叠印率——油墨叠印特性、色序、印刷压力、套准精度等的综合作用的结果。

下面从实地密度、网点扩大、叠印率三方面解剖印刷复制过程的质量控制的原理、方法和过程。

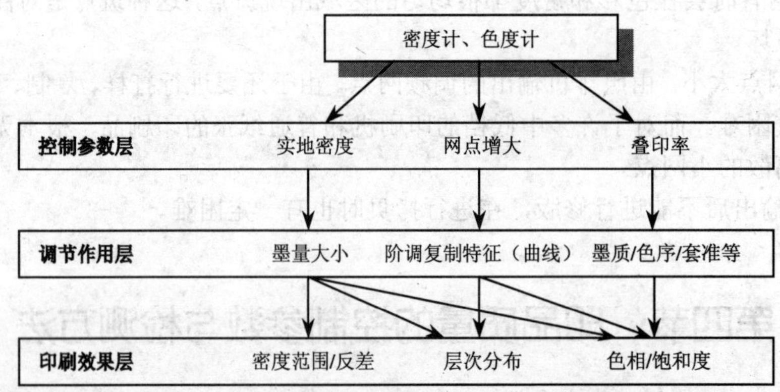

图 2-4-1　印品质量的控制与作用的主流程

1．实地密度——最佳墨量的控制参数

实地密度反映了印刷时油墨全部覆盖纸张的状态，实地密度越高，在单色印刷中阶调范围越宽，在彩色印刷中色彩再现的范围越宽。实地密度由以下三个因素确定：

1）纸张被油墨层遮盖的程度，称为实地覆盖率。

2）纸上的平均墨层厚度。

3）油墨层的表面状态。

如图 2-4-1 所示，在印刷质量控制中，实地密度可以作为印刷墨量的测量参数，通过实地密度监测印刷墨量是否合理与正确。下面解剖两者之间的内在关系。

（1）实地密度与墨层厚度（或供墨量）之间的对应关系　实地密度作为印刷过程控制与监测的主要数据之一，能够有效地反映印刷时的墨层厚度，也能有效反映印刷的供墨量

是否合适，即在实际印刷操作中，墨量一般通过测量印刷后的实地密度进行控制。常用的方法是在纸张的叼口或拖梢部位印刷实地色块作为测量标志，每隔 10cm 左右循环一次。实地密度的标准数据因所用的纸张、油墨及印刷条件不同而不同。一般参数数据是：黄墨 0.90～1.10、品红墨 1.30～1.60、青墨 1.50～2.00。

如图 2-4-2 所示，是胶印中四色油墨的墨层厚度（μm）和实地密度的关系，可以明显看出，在墨层较薄的部分，墨层厚度与密度基本呈线性关系。但从某一个墨层厚度开始，即使继续增加墨层厚度，油墨密度也不再有明显的提高。图中两根垂直虚线之间的墨层厚度，即 0.7～1.1μm 是胶印常用的墨层厚度，当墨层厚度很高时，密度开始变平，这时胶印就不再合适了。

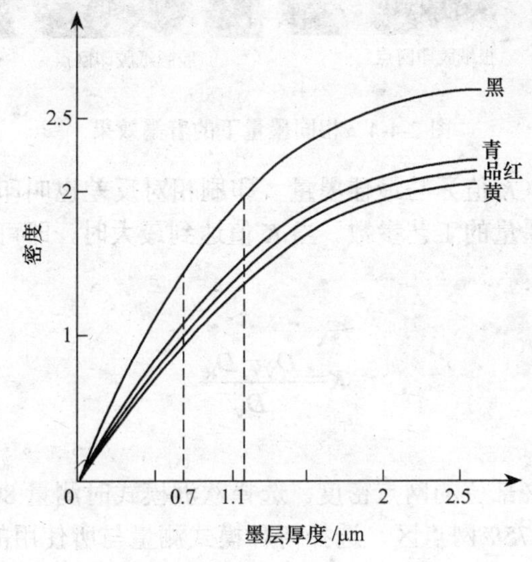

图 2-4-2　四色胶印的墨层厚度（μm）和实地密度的关系

图 2-4-3 所示是不同纸张的墨量与实地密度间的关系曲线，由比较可知，纸张表面的平滑度越高，密度上升的越快，达到饱和密度值越早，换言之，在较少油墨量的情况下达到饱和。这种变化顺序为铜版纸>非木浆纸>木浆纸。这种变化的原因，是由于平滑度越高，纸和油墨的接触面积就越大，实地覆盖率也就越大。铜版纸的实地密度比胶版纸、新闻纸大，可以认为是由于铜版纸的实地覆盖率大的缘故。图 2-4-4 中显示了新闻纸（左）和胶版纸（右）在相同墨量下的着墨效果（覆盖性和颜色深浅），显然同等效果下胶版纸的着墨密度要高一些。

另外，密度计的类型及测量时的墨层状况不同，测量数值也会不同。例如，用相同的油墨量印刷胶版纸和铜版纸，由于纸张的表面特性不同，在铜版纸上测得的密度值较高。即使是同一张纸，刚印刷出

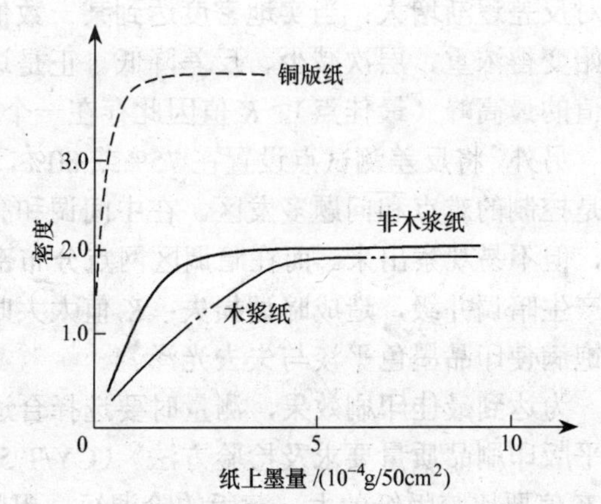

图 2-4-3　不同纸张的供墨量与实地密度之间的关系

来的样张密度较高，而经过数小时后的样张，随着油墨的干燥平滑度降低，密度值就会下降。这种在墨层干燥后测得的低密度通常称为“干退密度”，由于墨层干燥前后密度值不同，印刷图像呈现的色调值也不同。

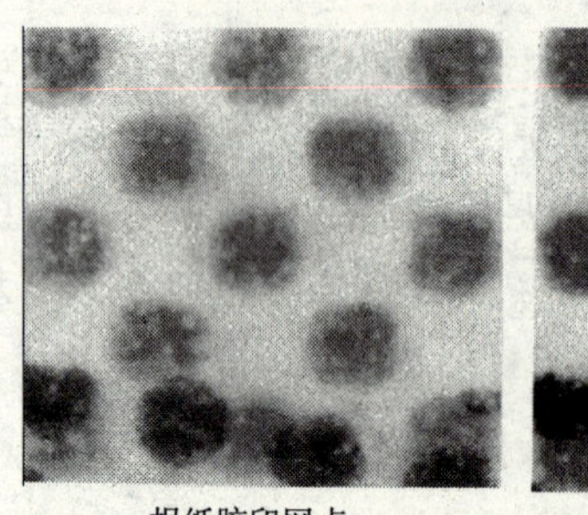
报纸胶印网点

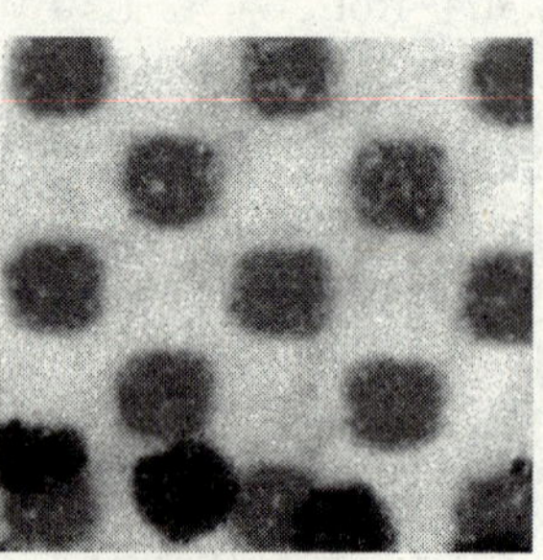
胶版纸胶印网点

图 2-4-4　相同墨量下的着墨效果

（2）印刷相对反差（K 值）与最佳墨量　印刷相对反差也叫印刷对比度，简称 K 值。它是一个用来衡量最佳墨量的工艺参数。当 K 值达到最大时，即可认为使用的墨量及其对应的印刷效果达到最佳。

K 值的定义如下

$$K=\frac{D_V-D_R}{D_V}$$

式中　D_V——实地密度；

D_R——75%或 80%部位的网点密度。选择欧洲模式时测量 80%网点区，选择美国模式时测量 75%网点区，选择何种模式测量与所使用的测控条有关。

用相对反差 K 寻找最佳墨量是基于网点扩大的规律：在印刷中总希望色彩饱和鲜明，这就必须印足墨量，但是墨量不允许无限制地增加。当油墨量达到一定厚度时，油墨即达到它的实地密度，再增加墨量，油墨的实地密度增加缓慢或几乎不再增加，但却会继续导致网点的不断增大，并造成图像的暗调部分的严重并级与视觉反差降低。上述物理过程可以用计算 K 值的公式量化描述，即在墨层较薄时，随着实地密度的增加 K 值渐增，图像的相对反差逐渐增大；当实地密度达到某一数值后，K 值就开始从某一峰值向下跌落，图像开始变得浓重、层次减少、反差降低。正是这种凸起形的相对反差变化，形成了具有衡量价值的最高峰（最佳点），K 值因此存在一个效果最好的极大值。

另外，将反差测试点设置在 75%或 80%，是由于将控制重点设置在图像的暗调层次上，这是控制的难点和问题多发区。在中间调和亮调处的网点分布稀疏，在印刷中虽有网点扩大，但不易观察出来。而在暗调区网点分布密集，当印刷中网点扩大时，如果 K 值太小就会产生暗调并级，造成暗调损失；K 值太大时，调子拉得太开，印张上的墨层太薄，墨色不饱满使印品墨色平淡与失去光泽。

为达到最佳印刷效果，测量时要选择合适的 K 值，表 2-4-1 所示为我国印刷行业标准《平版印刷品质量要求及检验方法》（CY/T 5—1999）推荐的 K 值。由表中看出，铜版纸的 K 值要比胶版纸的大，黄版的阶调短，黑版的阶调长。

表 2-4-1　印刷行业标准 CY/T 5-1999 推荐的 *K* 值

色　别	精细产品 *K* 值	一般产品 *K* 值
黄	0.25～0.35	0.20～0.30
品	0.35～0.45	0.30～0.40
青	0.35～0.45	0.30～0.40
黑	0.35～0.50	0.30～0.45

相对反差的概念和计算公式都很简单，但在质量检测和数据化管理中却是一个重要的参数，下面就最佳 *K* 值的意义与用途做一个小结：

1）当 *K* 值最大时，说明此时具有最佳实地密度，阶调转移也处于最佳状态。

在印刷过程中，不同的实地密度都有其对应的 *K* 值。当墨量过大时，实地密度不适当的增大，网点会增大过量，*K* 值下降，这时油墨本身的饱和度较好，但层次和清晰度受到损害。相反，如果墨量过小，实地密度不饱和，*K* 值同样下降，这时网点的增大率虽小，清晰度也不错，但油墨墨色欠饱和，整个图像显得没有精神，影响质量。另外，在确定生产中的最佳实地密度时，应首先测定最佳 *K* 值，然后反推出生产时应控制的最佳实地密度值。

2）最高 *K* 值时的实地密度值应该作为分色时建立灰平衡和阶调复制曲线的最佳测试靶的挑选依据。

印刷时的最高 *K* 值及有关色偏和色效率的测定数据，将反馈给分色工序作为制订中性灰平衡及三原色版网点复制曲线的信息依据。但最高 *K* 值时的三原色油墨实地密度值，可能并不是该三原色油墨最高效率（即最佳显色性）时的实地密度，前者是油墨在网点转移下的动态适性，后者是油墨自身的静态色度特性。对于这种矛盾的情况，理论与实践都证明，在最高 *K* 值下的实地密度值，不仅反映了网点最合理的增大率和最佳转移，同时也反映了该油墨在具体印刷转移条件下的最合理的显色效率。

3）*K* 值和实地密度是数据化管理和质量控制的主要数据标准。

在一定的印刷转移条件下，经测定制订出合理的 *K* 值和实地密度数据，这两个参数应该作为控制印刷质量的关键目标。出现印样达到实地密度而 *K* 值降低时，可能是由于原墨稀释过量、印刷压力过大、印版晒的过深等原因造成的；而如果在打样或印刷时的实地密度和 *K* 值正确，色调还原却发生问题，就可能需要修改原版的分色参数。

另外，*K* 值有两种数据表示形式：一种是绝对值表示形式，表示所测的数据包含纸张密度；另一种是不含纸张密度，此时可按菜单提示先测纸张密度值，然后依次测量，得到一个不含纸张密度的 *K* 值。

测定 CMYK 墨色的 *K*（相对）值需要三个密度：实地密度、75%或 80%的色调块的密度、纸张密度。

使用密度计测量网点扩大率的步骤如下：

1）首先选择测量的颜色与 *K* 值类型。

2）然后按照仪器提示，在印刷控制条上找出 CMYK 各个分色的纸张、实地和 75%色块，依纸张密度＞实地密度＞75%密度顺序测量，仪器自动计算并显示出 *K*（相对）值。

2. 网点增大——复制阶调的控制参数

网点增大是一个半色调网点从胶片发排到在纸上印刷出来的过程中在尺寸方面的增加。印刷中不可能没有网点增大，因为油墨转移的原因和光渗效应，使网点增大成为不可避免的现象。在印刷黑白或彩色半色调图像时，网点增大会改变画面的层次分布并引起图像细节与清晰度的损失。在多色印刷中，网点增大会导致层次反差丢失、图像变暗、网点糊死，并引起急剧的色彩变化。

在胶印印刷工艺中，网点增大对复制色相变化的影响比任何其他变量都大。例如，在多色印刷中，50%的品红网点变成60%，就会产生明显的色彩变化，如肉色可能变成红色、中性色可能变成淡红色、绿色可能变脏、蓝色天空可能变成淡红色。因此，网点增大的控制对控制色彩的色相是最有意义、最重要的。而掌握检测、控制和补偿网点增大的方法是印品质量测控与管理的基础工作。有关网点增大的基本属性在本章第二节中有详细的论述，这里不再赘述。

测定各油墨的网点增加需要一个白场、两个密度：纸张白点（场）、实地密度、50%色调密度。

测量网点增大的步骤如下：

1）首先根据所印活件选择测量密度的类型，如T密度，并校白。

2）然后按照仪器提示，在印刷控制条上找出CMYK各分色的实地和50%色块，依实地密度→50%密度顺序测量，仪器自动计算并显示出网点增大。

利用网点扩大的参数进行印刷控制，有以下需要认识的基本规律：

1）印刷压力和墨量都影响网点增大和网点变形，但对图像外观影响的表现形式不同。一般情况下，印刷压力的微小变化在整个印刷图像上都会产生明显反应，视觉上比较容易觉察，而油墨量的变化主要影响暗调反差的变化，中调次之，对高光部位的影响不明显，视觉上不易觉察。所以在印刷过程中，必须对供墨量（墨层厚度）加以控制。

2）为了控制网点增大，必须优化实地密度。在给定的一组印刷条件下，实地密度不合适会引起网点增大的增加。降低实地密度能够减少中间调的网点增大，但对暗调有较大影响，在一定程度上使饱和色和叠印色彩变弱。

3）加网线数的选取应在允许的网点增大和需要得到的细节之间进行折中，太细的网线会使暗调糊死。大多数胶印控制条是根据加网线数跟网点增大的关系设计的，它们采用的加网线数比印刷网线细，因此，印刷条件的任何改变都会在控制条上表现出来，在这种变化明显影响印刷图像质量之前加以纠正。

4）采用较差的纸张可能导致较低的实地密度，如果增加油墨量，网点增大却会随之增加。

5）网点增大受纸张类型、油墨类型和油墨实地密度的影响较大，而橡皮布的类型、压力、水斗溶液类型和印刷机的印刷速度对网点增大的影响并不大。

6）在分色阶段可以针对具体的印刷条件补偿这种网点增大，这样比在印刷时调节墨量的效果要好得多。特别是如果分色片在中调和亮调区印刷效果偏暗的情况下，采用网点扩大的印版补偿曲线方式进行网点扩大的修正是最有效的。这就是为什么在输出系统中都具有印版补偿曲线的控制环节的原因。在印刷条件稳定的情况下，可以绘出印刷复制转移曲线，并根据网点增大情况调整印版补偿曲线，可以审查中间调，使其有正确的密度和网点尺寸。

7）网点尺寸（即加网线数）的改变对图像阶调的影响远比油墨实地密度变化的影响大。

因此，在实际的操作控制中，用户可以控制加网线数等参数，使网点增大在一个相对大的范围内成为最小值。在此基础上，利用实地密度增加时，网点增大就有可能增加的变化特点，通过控制墨层厚度范围进行印刷时的效果微调（自然是利用网点扩大的机制）。

3．油墨叠印率——呈色质量的相对监控参数

叠印率是油墨对纸张与油墨对下层油墨的覆盖差异性的描述，是一种油墨粘附和覆盖到前一个印刷表面上的能力。在印刷中，第一色序油墨的粘附面是纸，但接着再印刷的油墨就不同了，它可能也被印到纸张表面上，但也可能完全粘附到先印的墨层上，或一部分印到纸面上，一部分印到先印的墨层上。如果这种不同的叠加效果存在差异，就需要考虑叠加面积的变化因素以及对印刷效果的影响。

四色网点在印刷中，暗调区和实地面的色彩总是以叠印为主。叠印的效果通常是以百分比描述的，100%的叠印率意味着后印油墨印在先印油墨层上的效果与顺序颠倒后的效果是一样的。油墨叠印率通常用下式确定

叠印率＝（叠印色密度－第一色色密度）/第二色色密度×100%

或

$$T_P=\frac{D_{OP}-D_1}{D_2}\times 100\%$$

式中　T_P——叠印率；

D_{OP}——叠印密度与纸张密度之差；

D_2——第二色油墨密度与纸张密度之差；

D_1——第一色油墨密度与纸张密度之差。

比起印在湿墨层上的情况，后印的油墨更容易粘附到纸上，所以网点的组态对油墨叠印有决定性的影响。同样，两种颜色的油墨，只要颠倒一下色序，叠印色的色相、明度、饱和度就可能不一样。

双色叠印时，油墨叠印的密度测定是以与彩色密度保持理想减色状态为基础的，但这只能是近似的。由于不能真正实现彩色密度值的加法规则。因此，用密度计测定的油墨叠印率不可能是绝对值，以至于不同厂商的油墨产品以及印在不同纸张上的油墨，原则上不可进行比较。只有在同一批印件中，也就是说在给定的油墨－纸张－印刷系统的条件下观察并完善油墨叠印，其密度测定对印刷者才是有用的。

用密度计测定油墨叠印率局限于由两个彩色油墨重叠产生的第一级混合色，在采取正式印刷所接受的色序：黑（BK）—青（C）—品红（M）—黄（Y）时，可用密度计测定三种油墨叠印值：品红与青（M/C）、黄与青（Y/C）、黄与品红（Y/M）

测定各油墨叠印率需要三个彩色密度：两个单色密度和一个双色重叠印刷密度。

测量叠印率的步骤如下：

1）首先根据所印活件选择测量叠印公式。

2）然后按照仪器提示，在印刷测控条上找出叠印段，依纸张密度→套色密度→第二色油墨实地密度→第一色油墨实地密度的顺序测量，密度计会自动计算并显示出叠印率。

印刷者必须认识到，密度计测定的油墨叠印率与彩色密度本身一样，很少直接反映印刷品的色彩质量。印刷者必须先得到一张经目视鉴定的参照印张，以后借此用比较法控制

正式印刷。该参照样张上用来控制着墨、网点增大和油墨叠印的测控条提供相应的额定值，以后用密度计按约定的公差范围进行测定。只有在这些前提下用密度计测量控制印刷质量，作为对视觉控制的补充，才是有意义的。

油墨叠印的质量可以用视觉检查和评判，其方法是观察较大的两色、三色叠印实地块或印刷控制条上的叠印块，如果两色叠印块能够得到说得过去的黑色和灰色，那么可以认为油墨叠印效果是良好的。

油墨叠印的客观评价只能用色度测量的办法，但用密度计可以比较容易地测量和计算叠印率，这是一个相对值。另外，在工艺上合理地确定印刷色序时，为了使套色作业顺利进行并取得较好的呈色效果，墨膜的厚度和粘度的大小是确定合理的印刷色序的主要依据。

另外，形成叠印率差别的主要原因有以下几方面：

（1）油墨的透明性是造成色序差别的主要原因　由于三原色油墨的吸收性的缺陷，理论上应该是完全透射和反射的光线却被部分地吸收了，因此，油墨具有了一定的覆盖能力，后印的墨层对先印的墨层产生了一定的遮盖作用，使叠印出来的混合色中后印的上层颜色（表面色）的成分相对更加明显，从而和理想状态产生了差别，并且会造成了印刷上的色偏问题。

（2）多色套印过程中叠印缺陷　先印刷的色版经过多次滚压作用，其网点的变形程度有所加强，层次损失更加严重和明显，清晰度受到更大的影响，色彩还原效果与后印的颜色相比效果较差。另外，如果套印时的套准精度出现漂移，也会发生叠印率的变化。

基于叠印率的印品质量控制需要注意以下方面：

1）覆盖性强（也就是透明性差）的墨色首先印刷，减少覆盖性对其他墨色的影响。

2）浅色墨放在后面印。因为浅色墨可见度较低，白纸上首先印浅色墨后不利于印刷过程中的校色调整的效果。正常情况下应该是将深颜色（如黑色）先印，以便于印刷过程中的校色、校版处理。另外，深颜色经多次叠盖后，虽然有较大的变形，但大多被上面的颜色所覆盖，不会有过度暴露。

3）提高印刷过程的稳定性，努力做到墨量、网点增大、印刷压力、套准精度等方面的最优控制。

二、印品质量的测控方法与特点

1. 印刷测控条的组成和功能

印刷控制条由实地块、不同的网点块及为了进行视觉检测用的信号元素组成，种类非常多。在欧洲，Brunner 系统和 FOGRA 系统应用最广，我国也出版了自己的系统。

不同类型的测控条设计的测量元素不尽相同，但它们的测量与控制原理都是相同的，任何一种印刷测控条，都是通过所设计的测量元素帮助监控生产过程的各个环节，以达到产品加工的过程控制。其常用的主要单元及其用途有：

1）测控条必须含有控制四色印刷各色墨量的实地测量单元。

2）含有控制印刷反差的 75%或 80%的网点区。

3）含有控制中间调网点扩大的 40%或 50%网点区。

4）含有检测和控制晒版质量的 1%～5%网点的亮调区。

5）含有检测叠印率的三原色油墨的相互叠印区和灰平衡区。

6）检测四色印刷的套印质量与测量网点增大和网点变形的图形单元。

如图 2-4-5 所示是一个简单的用于确定网点扩大与实地密度的测控条。其中 25%、50%和 75%的色块用于控制亮调、中间调和暗调的网点增大量。实地块可用于印刷反差的测控。50%方形粗网段由 1 线/mm 的 50%方形网点组成，观察其搭角情况，角搭不上说明晒版晒浅了或印刷中花版了；角搭多了则说明版晒深了或印刷中网点扩大过多。50%细网段既可以用于网点扩大的测控，也可以通过它的粗细结构来控制晒版及印刷品的其他指标。

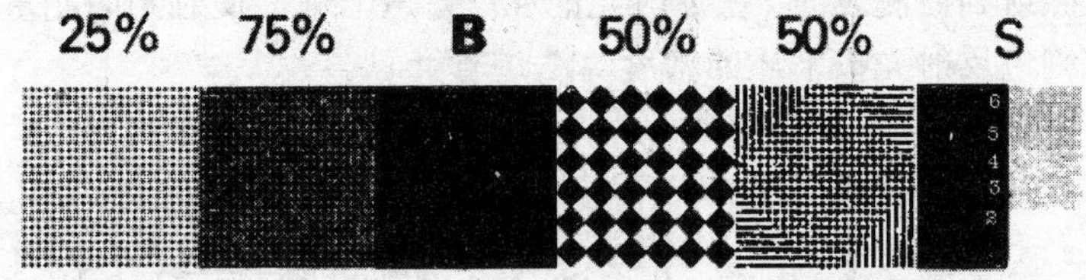

图 2-4-5 用于确定网点增大、*K* 值和实地密度的测控条

为了根据测量数据控制四色、五色、六色印刷，有更加复杂的测控条，如图 2-4-6 所示是德国海德堡公司出售 FOGRA OMS 和 Brunner 系统 CPC 印刷测控条。这些测控条与 CPC 系统的特殊要求相适应，专门应用于海德堡印刷机中的分割墨区的测试。

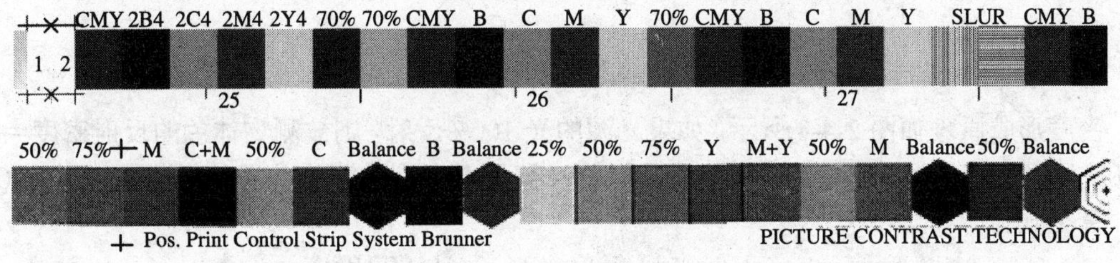

图 2-4-6 海德堡 CPC FOGRA（上）与 Brunner（下）印刷测控条（局部）

表 2-4-2 列出了上述两个基于密度测量原理的多色印刷测控条可以检测的内容。随着印刷色数的增加，可检测的项目相应地减少，这是因为除了测量主要的评判参数外，附加的颜色在测控条上也要占一定的位置。因此，所用的测控条必须与要印刷的色数正确对应。

表 2-4-2 测控条的检测项目

系统名称		CPC/FOGRA			CPC/Brunner		
色数		4	5	6	4	5	6
印版曝光	视觉检测	○	○	—	○	○*	○*
高光控制	视觉检测	○	○	○*	○	○	—
实地密度	测量	○	○	○	○	○	○
中间调网点增大	测量	○	○	○	○	○	○
3/4 调网点增大	测量	○	○	—	○	○	—
粗、细网比较	测量	—	—	—	○	○	—
3/4 调相对反差	测量	○	○	—	○	○	—
重影及滑版	测量	○	—	—	—	○	—
重影及滑版	视觉	○	○	—	○	○	○
灰平衡	视觉	○	○	—	○	○	—
叠印率	测量	○	—	—	○	—	—

○ 表示测控条具有的功能。 * 只适合于 Y、M、C、B 四色。

2. 密度测量原理与主要用途

在印品质量管理的过程中，密度检测起关键的作用。进行密度测量，除了可以监控网点的密度之外，还可以检测网点扩大率、油墨叠印率及其色差等。通过这些数据就能比较好的掌握印刷过程的特征，控制整个印刷过程的稳定性和一致性。

密度计是间接确定表面吸收光的量的仪器。密度计的工作原理是比较表面反射的光（或透射的光）的强度与照射在表面上的光强度。反射密度计的结构原理如图 2-4-7 所示，照射光源经过调理照射到被测表面，在反射光的 45º 夹角上进行反射光的测量，并将白场（即全反射光）与被测色反射光按下述的密度算法进行计算。

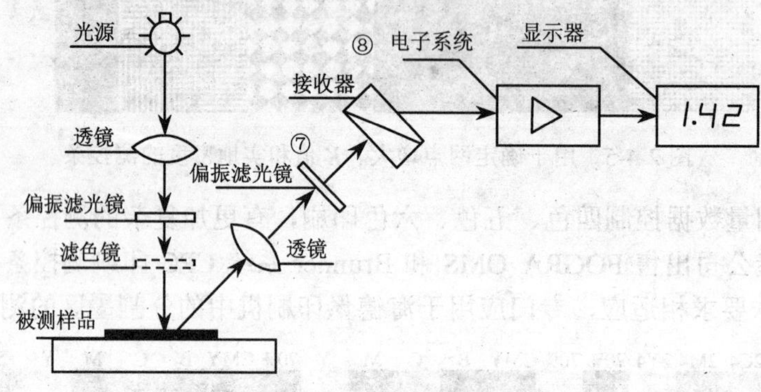

图 2-4-7　密度计检测原理图

密度形成原理如图 2-4-8 所示，如果光源的光 100%反射，则被测物体色的反射密度＝0；50%被反射，则被测物体色的密度＝0.30；10%被反射，则被测物体色的反射密度＝1.00。其计算公式为

$$\text{密度值}=\lg(\text{入射光强}/\text{反射光强})=\lg 1/\text{反射率}=\lg 1/R$$

$$R=\text{反射率}$$

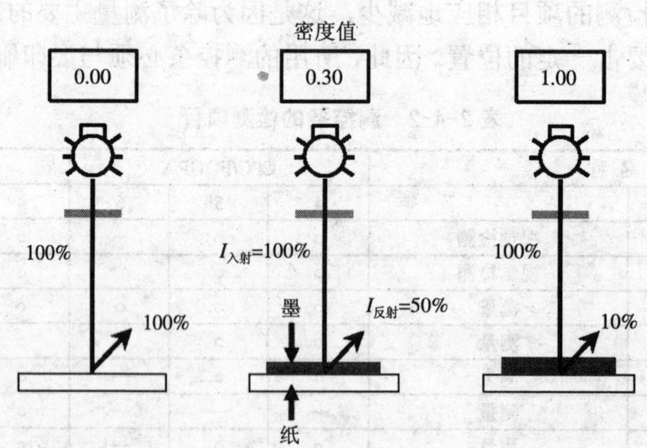

图 2-4-8　反射密度的形成与墨量的测量过程（I 为光强或光通量）

密度计分为透射和反射两大类，按检测系统光谱响应特征又可分成宽带和窄带等多种密度测量模式来对应标准定义的各种密度，例如，T 密度、A 密度等。

透射密度计主要用来测定胶片的密度和网点变化。目前，透射密度计使用最普遍的有美国 X-Rite 公司生产的 X-Rite341 型、瑞士 Gretag Macbeth 公司生产的 iCFilm 型等。iCFilm 透射密度计的外形如图 2-4-9 所示。

印版测量仪是近几年投入市场的新产品，如图 2-4-10 所示，它解决了以往制版工序测量印版质量靠放大镜观察的历史，也成功地解决了直接制版（CTP）工艺中进行快速精确的印版质量测量的难题。仪器通过内置的摄像机，能够测量出印版的网点百分比、加网线数、网点形状、加网角度等，并显示在液晶屏上。最典型的印版测量仪有瑞士 Gretag Macbeth 公司生产的 iCPlate II 和美国 X-Rite 公司生产的 X-Rite Dot（ccDot）。

图 2-4-9　透射密度计

图 2-4-10　印版测量仪

在实际工作中使用最多的是反射密度计，如图 2-4-13 所示是目前国内使用比较广泛的 X-Rite500 系列反射分光密度计，它们广泛用于印刷过程中对实地密度、网点扩大和叠印率等控制参数的测量，为在印刷过程中调节墨量大小、图像阶调和颜色提供参数和依据。下面是在印前和印刷部门密度计的各种用途：

1）在印前部门，透射与反射密度计可用于：

a. 透射密度计用于测量胶片的密度和线性，以便控制照排机的线性、冲洗过程的药水浓度与温度、晒版过程的曝光时间等。

b. 反射密度计用于测量准备用于半色调复制的照片和画稿在高光、中间调和暗调的密度。从而帮助确定复制该原稿时的阶调复制范围和方式，以达到与给定油墨、纸张、印刷机条件能达到的范围相匹配的图像的阶调范围。

c. 为要拍摄的物品指定颜色和照明范围。这个数据可作为版式绘制人员甚至是摄影室的摄影人员作为调整的依据，以改善最终的印刷品质量。

d. 分析打样样张的特性，测量样张的实地密度、网点增大和 K 值，以获得效果最佳的打印样张。

e. 分析购进的用于打样和脱机打样的材料（如油墨和纸张）。

2）在印刷车间，反射密度计的用途：

a. 分析所提供的脱机打样样张和印刷样张的各种质量参数（实地密度、网点增大和 K 值等），确定其是否符合标准或规格要求。

b. 分析印刷车间购入的印刷材料（如油墨和纸张）。

c. 评估印品的质量：如印张与印张之间颜色一致性，印张上从左到右的颜色一致性，网点增大和模糊的程度，有关油墨墨膜的厚度，打样样张或签样的颜色与生产印刷时匹配的程度。这些信息可用作印刷过程质量控制的调节及其查找质量问题的依据。

d．分析信号条上的实地密度、网点增大等信息，用以调整油墨的用量，监测油墨和润版液的一致性，以糊版和浮色的指标来检查印刷与印版的状况。

这里要强调指出，密度测量是和被测对象与印刷过程紧密相关的一种测量方法，甚至和具体的某一个密度计也相关。密度是一种设备相关量而不是绝对量，例如，在印刷和打样过程中，利用密度计测量到的网点增大、实地密度、*K* 值等都是和多种印刷材料和过程相关，这些参数也反映印刷过程的状态，也就便于操作者利用它进行反馈控制。例如，用C、M、Y、K 的实地密度和网点增大控制用墨量的大小等。因而，它也就能比较简单地广泛应用在印刷的各个环节中。

密度计可让印刷专业人员根据客观的数字和必要的主观表达沟通工艺信息，进而比较精确地控制生产过程的控制量，以达到提高印刷品质量和稳定性等目的。另外，由于密度具有多种类型（如 T 密度等），而密度本身的相对性特征，因此使用时需要进行设定，对同样的使用环境应该使用同一个密度计。

3．色度测量原理与主要用途

新型色度计和分光光度计已经使印刷工业认识到色度测量的潜力，这种测量跟人眼的光谱灵敏度密切相关，并提供 CIE 表色系统参数。色度测量方法及其仪器有两种类型：

（1）光电色度测色系统　光电色度计在原理上类似于密度计，其外观、操作方法及价格也跟密度计相近。光电色度计直接显示三刺激值 *x*、*y*、*z*，大多数还把三刺激值转换成匀色空间标度，例如，转换成为 CIELAB 标度，但大多数只有一或两种照明，所以用光电色度计测得的色彩并不总是表现视觉色彩。另外，CIELAB 色彩空间对印刷复制并不是最好的表色系统，因为它不能像 CIELUV 那样计算饱和度。光电色度计的精度确定色差是足够的，可以在印刷车间用作色差比较的测量。许多光电色度计的精度也高到足以进行绝对色彩和相对色差的测量，但是，一般情况下，人们更喜欢用分光光度计去完成上述各项任务。光电色度计可以看成是一个反射率计，或一个不带对数变换器，但带有一套专门滤色片的密度计。当然，这是一种能完成色度测量的方法。附加一套滤色片的目的是根据 CIE 光谱三刺激值在色度计的每个通道中给光谱的各个波长加权。但色度计不同于密度计，它主要涉及反射率问题，而不是对数问题，但反射率很容易转换成密度，反之也可以。色度计的光谱成分跟人的视觉灵敏度有良好的线性关系。但事实上是有差距的（涉及到卢瑟条件问题），因此，光电色度计在原理上存在误差。

如图 2-4-11 所示，显示器色度计是近年来由于显示器校准的需要而被广泛使用的一种色度计。通过与之匹配的显示器校正软件，可以对显示器的工作状态进行动态的调节，并生成对应工作状态的 Profile 文件。这种仪器是使用光电色度计，而不使用分光系统进行色谱测量，只是测量三刺激值，价格比较便宜。

图 2-4-11　显示器色度计

（2）分光光度测色系统　正像三滤色片光电色度计可以看成是一个专门的反射率测量仪器一样，分光光度计也可以看作反射率测量仪器，但它与光电色度计不同，分光光度计测量

的是一个物体的整个可见反射光谱，是在可见光谱域逐点测量，即在一些离散点上进行测量，其结构原理如图 2-4-12 所示，被检测到的色料色通过光栅的分光，形成色料色的光谱。然后通过光电二级管阵列对光谱进行检测。通常每隔 10mm 或 20nm 测量一个点，在 400～700mm 的范围内测量 16～31 个点。有些分光光度计是连续对光谱进行测量，而三滤色片光电色度计只对三个点进行测量，所以分光光度计能提供的信息要多得多，至少是对 16 个点进行测量。分光光度计把色彩作为一种不受观察者支配的物理现象进行测量。为了获得三刺激值，它可以对反射光谱进行积分，可以把色彩作为视觉响应加以解释，它是一种灵活的色彩测量仪器。

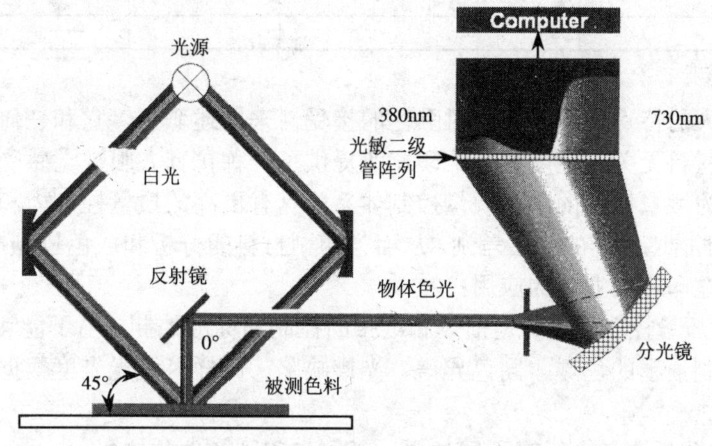

图 2-4-12　分光密度计的原理图

反射分光密度（色度）计主要适用于制版业和各类印刷，帮助实施从印前至印刷的综合性色彩控制，用以增加色稳定性和提高印刷品的质量。如图 2-4-13 所示，是目前普遍使用的 X-Rite500 系列分光密度（色度）计。它使用的就是如图 2-4-12 所示的光谱感应测量技术，能分别测量密度、密度差、网点面积、网点增大、叠印、印刷反差、色调误差、灰度、$L^*a^*b^*$及$L^*c^*h^*$、色彩比较、纸张偏色及亮度等不同的参数。表 2-3-3 所示为 X-Rite500 系列密度（色度）计的功能。

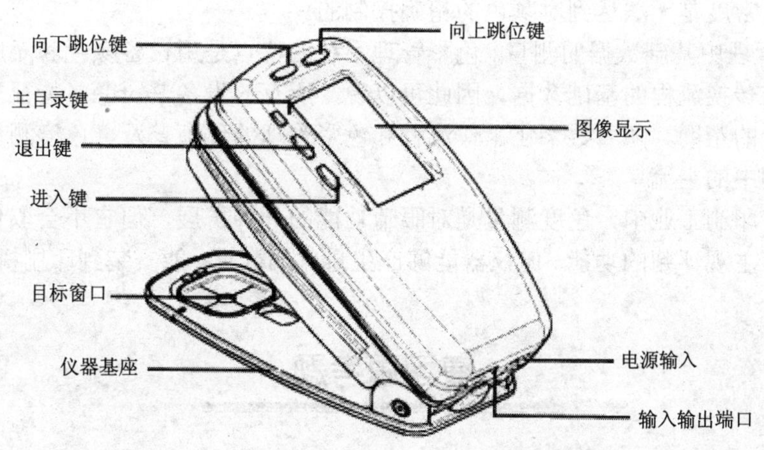

图 2-4-13　X-Rite500 系列分光密度（色度）计

表 2-4-3　X-Rite500 系列分光密度（色度）计的功能

功　能	504	508	518	520	528	530
密度	○	○	○	○	○	○
色度				○	○	○
网点		○	○	○	○	○
叠印			○		○	○
印刷反差			○		○	○
色调/灰度			○		○	○
纸张指数					○	
比较				○	○	○
自动选择功能			○		○	○

注：○　代表有此功能

色度测量最大的特点是按照眼睛对颜色的接受性来描述颜色，它和任何具体的颜色生成方式、过程、材料无关。色度测量给印刷业提供了一种仿真人眼视觉感受的数字度量方式。因此以色度为度量标准的印刷质量控制体系就具有更高的质量控制力和控制层次，例如，它可以有效地描述颜色的光谱差别，从而为印刷材料的分析和成色控制提供基础数据。下面是色度测量在印刷工业中的应用：

1）原材料的质量控制，尤其是油墨和纸张的控制和标准控制。由于能够分析光谱，因此，能有效地控制油墨的色域、同色异谱、光谱缺陷。同样，分光光度数据对纸张白度的测量也很有价值。

2）灰平衡的分析测量，针对不同油墨、纸张和印刷条件的校色。

3）分析打样张的色彩和印刷用纸的匹配情况，分析预打样工艺中所用颜料的色度特性。

4）印刷色彩的质量控制，也就是直接用色度测定印品的颜色以及与色样的色差。这种使用方式将会随着印刷品质量和颜色要求的提高，逐渐成为印品质量鉴定和签单的主要方式。

5）分析匹配专色的颜料的组成。随着包装印刷和各种特种印刷的广泛使用，专色的控制和颜色测量将会越来越多。而色度测量是对专色进行调墨质量控制与检验的必不可少的工具，因为用密度是无法达到对颜色的精确控制的。

6）色彩管理中基础数据的测量。色彩管理系统的特点是用设备颜色和对应的色度颜色作为颜色空间转换流程的基础数据。因此可以说，所有的设备 Profile（特征文件）的生成都需要色度计的帮助。随着数字化工作流程和色彩管理的逐渐普及，色度测量将成为现代印刷质量控制中的主流。

另外，在印刷工业中，色度测量是对眼睛功能的一种扩展，但它不会取代眼睛，因为只有眼睛具有主观评判的功能。但仪器能够产生量化的数据，能安装到印刷机上进行测量。

复习思考题

1. 二值设备的含义是什么？为什么用这类设备输出层次阶调要使用网点才能实现？

2. 调幅加网的半色调呈色机理是什么？机器点和网点是何关系？调幅加网的加网参数包括哪些？

3. 调频加网的半色调呈色机理是什么？与调幅加网的网点相比，其特点与优点有哪些？为什么目前在胶印中还较少使用调频加网？

4. 调幅网的最优网角和最优网角差为何？一般 CMYK 色版如何安排网角？不这样安排会有何现象？

5. 有一台照排机的输出分辨率为 3000dpi，如果现在的输出要求是在 256 级梯度的情况下按 200 线/in 的调幅加网进行，这台照排机的输出分辨率能否满足要求？

6. 设备输出分辨率与加网线数和灰度级之间是什么关系？一个要以 256 级灰度和 175 线/in 进行输出，需要多少输出分辨率的照排机？一个 800dpi 的印字机以加 751 线/in 的调幅网方式输出，还剩下多少灰度级的表现能力？

7. 简述胶版印刷的过程与两个基本核心原理。

8. 简述油墨与纸张的基本呈色特点。

9. 简述网点扩大的基本规律及其有哪些影响因素。

10. 简单总结调频网在胶印与喷墨两种实现方式中各自的实现方式、优点和存在的问题。

11. 试总结调幅网在阶调复制上的基本属性有哪些？目标阶调有哪些类型？

12. 影响喷墨印刷效果的因素有哪些？

13. 简述实地密度、网点增大、叠印率三种基本测控参数各自主要针对哪些印刷物理量的监控。这些物理量又影响哪些外观效果？

14. 印刷反差 K 的含义及检测方法是什么？用其来进行最佳印品质量控制的原理是什么？

15. 叠印率的含义、检测方法是什么？叠印率主要受哪些因素的影响？

16. 简述印刷测试条的基本组成单元和测试项目有哪些。

17. 简述密度测量的原理和在印前与印刷中的几种基本使用功能。

18. 简述色度测量的原理和在印前与印刷中的几种基本使用功能。

第三章 扫描与数码摄影

像素图像是彩色印刷的重要信息源，它的获取方式和获取质量将直接影响印刷的效果。目前，像素图像主要是用扫描设备和数码相机进行采集，再通过电子暗房技术进一步加工处理。作为像素的采集系统，不论是扫描仪还是数码相机，其核心都是由三部分组成：

1）像素采集传感器。如CCD、CMOS光耦合器件或传统的光电倍增管。

2）信号处理电路与系统。如模拟前端、嵌入式控制与计算系统。

3）光学成像系统。如扫描结构、摄影结构。

本章将从介绍基础性的传感器、信号处理、成像原理入手，了解采集系统主要的性能参数，讨论针对印刷输出方式所需要的工作参数和质量要求等问题，从而全面了解图像生成系统及采集质量。

第一节 像素采集器件与采集系统原理

随着半导体技术的发展，目前绝大部分的像素图像采集元件都是使用光耦合器件的CCD或CMOS，即使原来公认作为高端传感器的光电倍增管也有逐步被取代的可能。采集系统的核心性能参数（如灵敏度、光谱响应、动态范围和分辨率等）和关键控制功能（如电子快门、信号增益与偏置、同步控制等）都是由CCD和CMOS器件及其外围配套控制电路决定和完成的。它们也决定了各种应用采集系统（如扫描仪、数码相机、工业监控系统等）的基本性能和功能。了解这些图像采集芯片及其控制电路的工作原理和参数特性，将有助于读者从本质上理解图像采集系统的工作原理和各种系统参数的形成机制，从而更加有效、自觉和正确地使用它们。

一、CCD与CMOS的原理与模拟前端

1．单色线阵CCD的结构与工作原理

单色线阵CCD的工作原理如图3-1-1所示，它是由一系列并排排列的感光单元组成，每一个CCD感光单元都能将照射在其上面的光能转换成为电荷，光照强产生的电荷就多。然后在单位时间内将采集到的电荷传送到串行输出电荷寄存器，并以串行方式输出到放大器电路和模数转换电路，最后按一定的位深输出二进制数据编码。

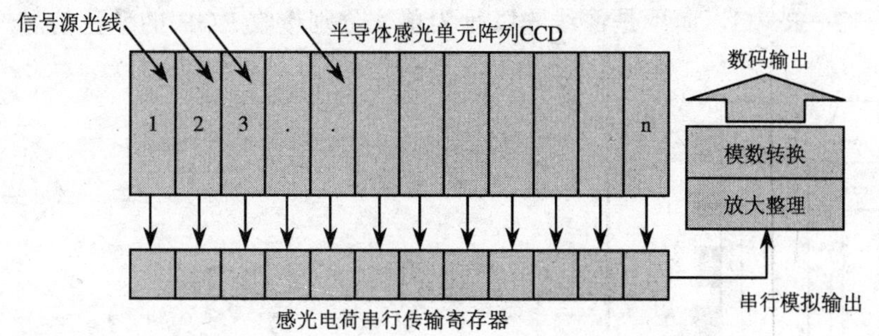

图 3-1-1　单色 CCD 的结构与工作原理

图 3-1-2 所示是单色线阵 CCD 的外形和引脚，这款 TCD1708D 单色 CCD 线阵 CCD 含有 7450 个像素传感单元，如果用它制成一个 A3 幅面的扫描仪，可以达到 24 线/mm（600dpi）光学分辨率要求。图 3-1-3 所示是不同型号的线阵 CCD 芯片。

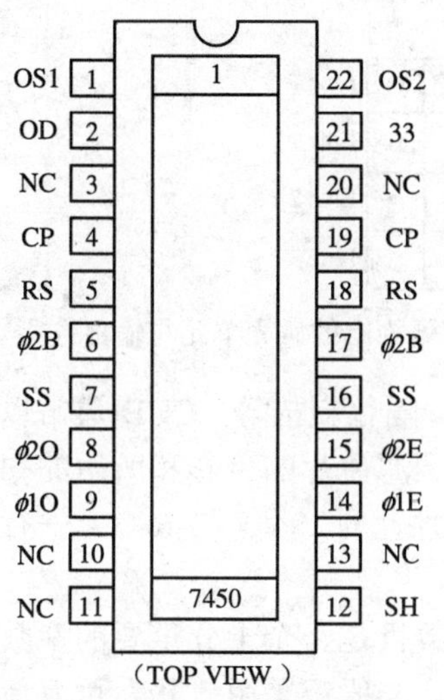

图 3-1-2　TCD1708D 单色线阵 CCD

图 3-1-3　不同型号的线阵 CCD 芯片

2．彩色线阵 CCD 的工作原理

彩色线阵 CCD/CMOS 的结构如图 3-1-4 所示，它由四组并排的线阵构成，每一条线阵分别用来采集照射在其表面的色光中的红、绿、蓝三色和黑白亮度的成分。图中是型号为 TCD2707D 的采集芯片，它每个颜色的 CCD 线阵包含 7450 个采集单元，如果将其用在一个 A3 幅面的平面扫描仪上，也同样能够获得 24 线/mm（600dpi）的光学扫描分辨率。

3．彩色面阵 CCD 的工作原理

面阵 CCD/CMOS 传感器件是数码相机和数码摄像机的图像采集器件，其光耦合单元的工作原理和线阵器件是一样的，但在排列结构和信息输出结构上有以下特点：

1）面阵结构。如图 3-1-5 所示，信息的输出结构仍然以行为单位进行，是“行数很多”的线阵。

2）光敏单元上是像马赛克一样排列的滤色片，每一行的感光单元交替接受不同的颜色

信息，如 R—G—R—G，而不是像线阵以行为单位分别接收 RGB 的颜色信息。

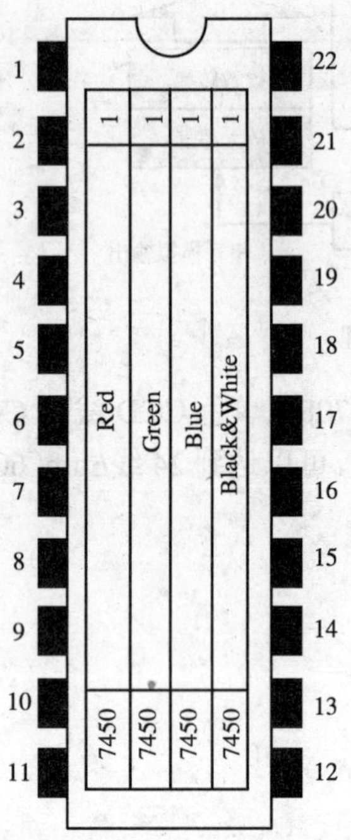

图 3-1-4　四色线阵 CCD

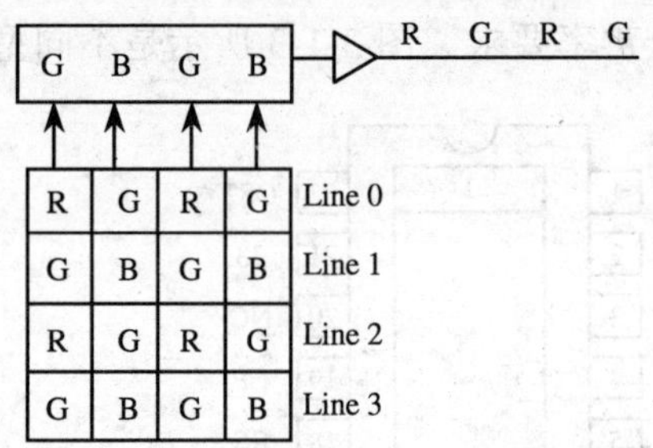

图 3-1-5　面阵结构上的感光单元与输出方式

信息输出可以采用多种扫描输出方式，如串行逐行扫描、隔行扫描等。CCD 通常以单通道串行的方式输出数据，CCD 输出的色彩信息的顺序取决于滤色片的色彩和所用的扫描方式，如按图 3-1-5 所示的结构串行逐行输出数据，则其顺序是行 0（R-G-R-G）→行 1（G-B-G-B）→...。

与线阵一样，单片面阵 CCD 和 CMOS 芯片的感光单元数目是一个十分重要的参数，它决定了采集图像的信息量，从而决定采集图像的精细程度。一般都是用“几”百万像素的单位来描述面阵 CCD 的采集能力。例如，用一个 130 万像素的彩色 CCD（1280×1024 面阵）采集出来的图像，按照一般的理解，应该包含 130 万像素的一幅彩色图像，而每一个彩色像素都包含 RGB 三色的颜色成分。实际物理结构则不是这样，在面阵结构上由于是在 CCD 器件的滤镜层涂上不同的颜色，滤镜上不同的色块按 G-R-G-B（绿-红-绿-蓝）的顺序像马赛克一样排列，使每一片“马赛克”下的像素只能感应一种颜色，也就是采样像素是单色的。例如，上面的这片 1280×1024 面阵的 130 万像素 CCD，各有 325000 个像素感应红色，325000 个像素感应蓝色，650000 个像素感应绿色。换一种说法，就是在一个使用这片 CCD 的分辨率为 1280×1024 的数码相机中，有 640×512 个红色像素、640×512 个蓝色像素和 640×1024 个绿色像素（绿色像素多一点，是因为人类眼睛对绿色的敏感性和对其他颜色不一样）。

由此可以看出，如果要按照 130 万个彩色像素输出，由于每个输出像素的输出都要包含 RGB 三色成分，而机器像素又都是单色的，因此输出像素就必须用和它相邻的机器像素的单色值来插值计算其他两个色成分。对专业人员而言，则可以用如 RAW 文件直接

获取原始的 CCD 的机器像素（单色的），然后自己处理。

Canon 生产的 CCD 使用了另一种排列方式的滤镜，其色彩是按 C-Y-G-M（青-黄-绿-品红）的顺序排列的，每个输出像素的最终颜色也是取其于周围像素的平均值，但这种算法更为复杂一些。在一个分辨率为 1280×1024 的使用了这种 CCD 的数码相机中，有 640×512 个青色像素、640×512 个黄色像素、640×512 个绿色像素以及 640×512 个洋红色像素。

总之，这些原始的、单色的 CCD/CMOS 机器像素在采集到数据后，还要进行一定的计算，形成与输出格式要求相适应的 RGB 输出像素，然后进一步形成一定分辨率下的 RGB 输出文件格式。

4．CMOS 的原理简述

CMOS 图像传感器与 CCD 采用相同的感光材料，光电转换的原理相同。但读取过程不同：CMOS 图像传感器（类似光敏二极管）经光电转换后直接产生电流（电压）信号，然后以类似静态 RAM 的方式读出信号，可以形象地认为是使用光电二极管作为“存储单元”的存储器。而 CCD 的光电感应结构是采用电荷结构对感应电荷进行存储和转移，是采用积分方式来感应和存储光信息的。

CMOS 器件的优点是由于采用了和其他通用半导体电路相同的材料和工艺，因此可以将 CMOS 的光敏管阵列与其他如信号读取电路、A/D 转换电路、图像处理电路和控制器集成到一个芯片上，从而形成单芯片的成像系统，并可以用单电源供电，功耗为 CCD 电路的 1/10，因此利于微型化。其缺点之一是光敏二极管的直接采样，不如 CCD 的电荷包积分采样的特性好，这一点可以从图 3-1-9 的光谱响应曲线上明显反映出来；另一个缺陷是由于电路集成在一起，各元件、电路之间距离很近，干扰比较严重，噪声对图像质量影响很大。因此，目前一般的 CMOS 图像传感系统质量都不如 CCD 好。

二、模拟前端（AFE）的结构与功能

作为一个完整的图像采集系统，无论它是采用线阵器件的平台扫描仪，还是采用面阵器件的数码相机，都有一个类似图 3-1-6 所示的采集系统结构，图中这个图像采集系统为三片式结构，即图像传感器、模拟前端和后端数字处理器。

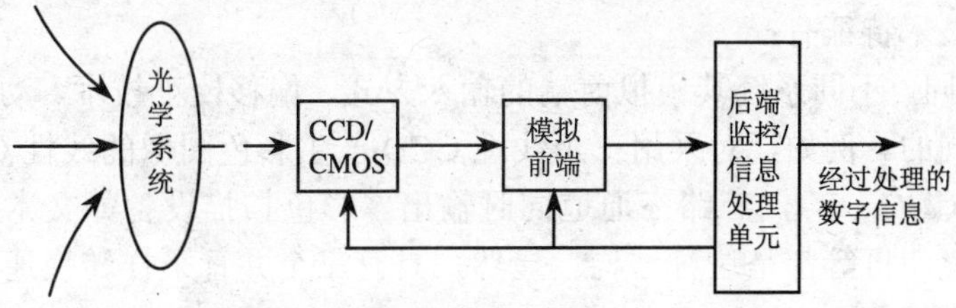

图 3-1-6　典型的图像采集处理系统

图像传感器输出的模拟图像信号需要经过信号调理和 A/D 转换，使之成为数字形式，这样才能传给后端处理器。模拟前端的作用就是将图像传感器输出的模拟图像信号嵌位和放大到 A/D 转换器所需要的电平，而后端处理单元含有图像处理系统和时序控制电路，它

可以用嵌入式DSP、FPGA、ARM这类的处理电路或处理器实现。

模拟前端系统的工作将直接影响各类应用采集系统的动态范围、分辨率、信噪比、线性度、速度等重要参数，它是提高系统采样范围及其采样位数的基础之一。各类图像应用系统如扫描仪、数码相机、专业图像系统、彩色复印机、传真机、条码阅读器等，对图像前端的要求相似，当然也各有特殊要求。如图 3-1-7 所示是具有共性的模拟前端系统的信号处理流程与处理环节，其主要部件及其信号处理技术包括以下方面。

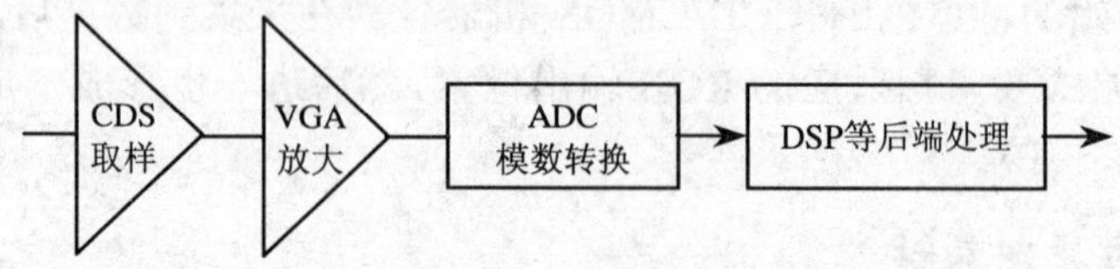

图 3-1-7　模拟前端的信号处理流程与处理环节

（1）钳位与采样电路（CDS）　模拟前端的第一级通常是输入钳位电路。图像传感器输出的信号中含有0～9V或更高的共模电压成分，与模拟前端之间必须采用交流耦合。输入箝位电路的作用是根据模拟前端供电电压的高低从信号中恢复出优化的信号直流分量。

输入钳位电路之后是取样函数电路。CCD器件的取样函数一般是相关双采样（CDS）的方式：即每个像素采样两次，一个对应于复位电平；另一个对应于信号电平，采样函数的输出是两次采样的差分。CDS具有抗CCD输出级相关噪声和低频漂移的特点，系统信噪比因此得以很大改善。

（2）程控增益放大器（VGA）和模数转换电路（ADC）　程控增益放大器（VGA）位于采样函数电路之后，采样信号需放大到A/D转换器要求的水平并应充分利用A/D转换器的动态范围。另外，还要配有黑电平偏移矫正电路以消除共模信号对放大范围的影响。

模数转换电路（ADC）用于将调理好了的模拟图像信号转换到二进制数码形式，以便由后面的数字信号处理器（DSP）对其作进一步处理。

另外，对于模拟前端的编程设定和控制，也是由DSP或其他后端处理系统进行。例如，对可编程增益放大器的增益寄存器、偏移校正寄存器以及取样方式等工作参数的设置，都是使用后端处理系统并经由串行接口进行设定的。这给应用系统的设置和控制提供了灵活的手段和方法。

（3）模拟前端的向前与向后通道　模拟前端的向前通道是指与图像传感器的接口部分，涉及的主要技术特征有：

1）通道数不同。不同系统其模拟前端的输入方式、偏移校正技术、动态范围、速度适应性等是不尽相同的。例如，对采用三个线性CCD产生彩色图像的线性CCD设备，每线包括一种颜色（R、G、B），三路三通道同时输出。彩色扫描设备如文本扫描器、多功能外设、数码彩色复印机等都是这种结构。显然，具有三个并行采样转换通道的模拟前端对这类应用是比较理想的。

2）偏移补偿控制。对于面阵系统，模拟前端（AFE）一般都要求用自动黑电平偏置校正闭环电路来跟踪信号的黑场。而由于线性CCD只有一行（几千点像素），因而模拟前端可以不用自动黑电平偏置校正环路，每次开始扫描时测试黑电平偏移量并作为 ADC 的输入编程到AFE，使得大面积黑电平偏移校正作用到全部的像素点。在电路实现上比自动黑

电平偏移校正环路简单得多。

3）信号幅度与信噪比。专业扫描设备会选用尽可能高档的 CCD，艺术图片或底片扫描仪甚至会用制冷器为 CCD 控温以获得最大的信噪比。为了使动态范围最大和信噪比最高，曝光积分时间要在合理的基础上尽可能长。一般这类应用中 CCD 信号的幅度约 4V 左右，可达到真 13/14 位的性能。对于任何图像系统的 AFE 都不应该成为限制性能的环节，对专业扫描设备这样的高端应用就需要使用能支撑真 14 位的 AFE。

关于模拟前端的向后通道，是指它与信号接收系统的接口，其主要涉及的技术问题是输出速度。以面阵 CCD 为例，CCD 通过滤色片获得彩色图像，像素值以单通道串行方式输出。在标准的模拟视频应用中，VGA（640×480）分辨率最为常见，它采用 30 万像素的 CCD。NTSC 制式每秒 30 帧隔行扫描时模拟前端处理像素的速率接近 10MHz。更高级的应用如数码电视，采用逐行扫描方式，模拟前端的运行速度将接近 20MHz。

安全防护和高速识别类应用中的模拟前端将需要更高的处理速度。这类系统使用每秒 100 帧 36 万像素的 CCD，要求 AFE 运行于 36MHz。多功能数码相机和便携式数码摄像机，如具有静拍功能的摄像机或具有摄像功能的数码相机，使用高分辨率（100 万像素或更高）的 CCD。对于 100 万像素每秒 30 帧逐行扫描的 CCD，要在拍照的同时完成帧数据传输，可用的 AFE 其速度将不低于 30MOPS。

三、后端数字处理

（1）一般结构　在整个处理系统中，除了传感器和模拟前端两个阶段，在获得数字信息后，都有如图 3-1-7 所示的后端数据处理平台。对于扫描仪、数码相机、图像传感器等系统，处理平台一般是使用嵌入式系统（如 DSP 或 ARM 等处理器）并与其他前端电路形成单板。也有一些工业系统采用专业的图像采集卡，并在 PC 平台上来架构应用。

（2）比较典型的后端处理功能

1）数码相机的输出模式控制。它是针对 CCD 和 CMOS 相机的输出可编程 LUT（查找表）映射功能，它能对原始的数据作出各种映射变换后再输出，以使数码相机能够适应用户对图片效果的初步调节与校正的需求。另外，如果采样信号的位深相对于输出的位深有冗余，则输出模式还帮助用户有选择地“挖掘”出冗余信息中需要的部分。这些模式包括线型模式、双斜率模式、对数模式和伽玛校正模式等，合理使用这些模式，可以提高系统的采样针对性，获得更好、更多、更有目的性的采样效果。

2）扫描系统的前端校正控制。在扫描流程中，各种扫描前端控制软件的采集输出效果控制，如黑白点、层次校正曲线、颜色校正曲线等，都是通过这种预先设定的 LUT，或通过采集界面的预扫和预调整而新生成的 LUT 来完成采样信息的输出映射，达到信息的优化处理或选择性输出。这里要强调的是，这是一个从高位深转到低位深的过程，转换过程中利用了高位中的冗余信息，是一个多中选少的过程，并未使用插值伪信息，例如，将 12 位的采集信息映射成 8 位输出，这时可以用可编程 LUT（查找表）进行各种映射控制，而其中的 4 位冗余可以使输出的各种映射全部使用真实的采样信息而不是进行插值。这些原理与数码相机的输出模式是一样的。

3）数字变焦。数字变焦技术有着与变焦透镜相似的作用，其目的是进行局部放大计算以看清细节部分，前提是 CCD 要有足够高的分辨率。如果分辨率不够，还可以采用图像内插法增加像素以提高分辨率。

以上只是一些基于扫描仪和数码相机的后端的基本处理功能，实际上可以进行上述类似处理的功能还有不少，例如，在工业平台上的机器视觉和智能控制的许多处理和计算等，这里就不再赘述了。

四、器件灵敏度与系统曝光控制

灵敏度是 CCD 或 CMOS 器件的最重要的参数之一，它有两种物理意义：

1）表示光电器件的光电转换能力（即响应度）。描述单位为安/勒克斯（A/lx）、伏/勒克斯（V/lx）等，其含义描述了单位曝光量（即单位光功率）所得到的有效信号电压或信号电流，它反映了图像传感器的灵敏度和输出级的电荷/电压（电流）转换能力。而勒克斯（lx）是照度单位。

2）表示器件所能传感的最低辐射功率或照度（即探测率），度量单位可用瓦（W）或勒克斯（lx）表示，它描述了采集系统对最低辐射的接受能力。

这里特别指出，灵敏度描述了器件和采集系统对整个响应光谱范围内所有能量的积分型的响应能力，是一种较粗糙和整体性的描述，它反映了整个采集系统的能量接受与转换能力。

另一方面，灵敏度与成像系统（扫描和摄影）的相关点包括以下方面：

1）曝光量的控制。它是由系统灵敏度作为基础进行调控的，其中探测率决定了针对某种应用的最低曝光量，而响应度决定了最高曝光量的限制。曝光量是否合适都将影响器件和系统对扫描和摄影对象的有效采集。

2）电子快门控制。电子快门不需要任何机械部件，它是电子感应芯片上用于控制 CCD 的累积时间的功能，电子快门开启时就进行光电荷的积累，关闭时则停止。一般速度可以从 1/60s 到 1/15000s。较高的电子快门速度配合高的曝光量就可以进行高速摄影（即有效地缩短单幅画面的采样时间），提高相机的动态分辨率，而其基础参数是感光单元的灵敏度。

五、器件光谱响应与系统色彩

如果灵敏度是采样器件和系统在整个响应光谱内的整体响应特征，那么光谱响应就可以理解为对不同波长光线的灵敏度的描述，它用与光谱波长相对应的响应曲线表示，表明了传感器件对不同波长的响应能力。波长灵敏度的描述单位常用的有：光谱响应率（Responsivity 单位 V/lx、A/W 等）、光谱相对灵敏度（Relative Sensitivity）、光谱量子效率（Quantum efficiency 单位%），这些都定性或定量地反映了光谱响应特征。

1．单色宽带 CCD 和 CMOS 的光谱响应特征

单色传感器的光谱响应特征表现为在视觉频谱（380～780nm 波长范围）内基本符合光学密度响应曲线的宽带积分特征，如图 3-1-8 所示是某型 CCD 的光谱响应特征，其中响应信号较大的曲线是背面（BACK-THINNED），也比较光滑。又如图 3-1-9 所示是两款 CMOS 线阵传感器的光谱响应特征，可以看出它们有明显的非线性波动。由此看出，目前 CCD

的响应特性是比较好的，而 CMOS 响应曲线波动较大，使得光谱积分的非线性因数增加，这就是目前 CMOS 的图像传感器还没有达到 CCD 档次的原因之一。

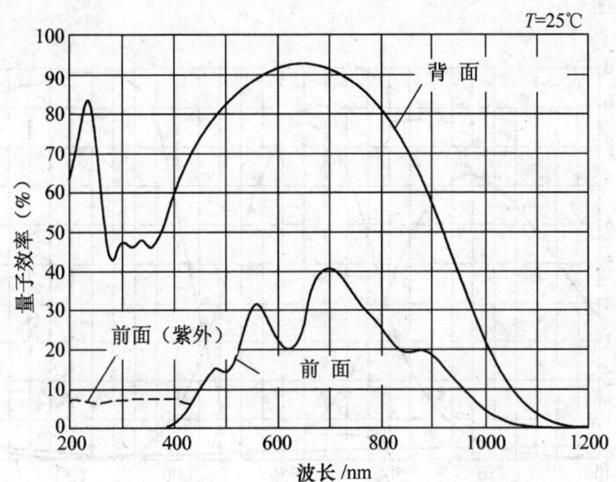

图 3-1-8　CCD 的光谱响应特征（使用量子效率）

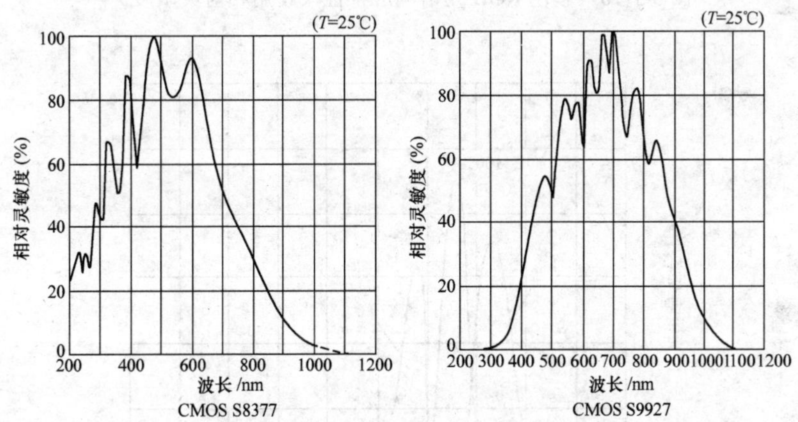

图 3-1-9　CMOS 的光谱响应特征（使用相对灵敏度）

2．彩色窄带 CCD 和 CMOS 的光谱响应特征

如图 3-1-10 和图 3-1-11 所示都是使用 RGB 滤色片的窄带彩色 CCD 的光谱响应曲线。可以看出，它们对可见光谱作出了选择性的吸收（滤色）。例如，红色感光单元上的滤色层将吸收掉色光中的绿色和蓝色成分，只留下红色成分通过，这样覆盖在红滤色片下的感光单元就是对红色成分的光通量进行积分采集。这种 RGB 模式的采集系统是目前一般扫描仪和摄影系统的颜色传感器的主要特征。

光谱响应特性直接影响传感器的颜色采集特性，单色响应特性一般都是和光学密度响应特性曲线相似，它的响应峰值一般都在 500nm 左右。而彩色响应曲线则是对 RGB 或 CMY 的光谱范围为中心进行选择性采样，这是形成 RGB 像素图像的颜色描述的基本原理。由此可以看出，作为计算机色彩的 RGB 颜色，实际上是各种不同 RGB 响应曲线组成的传感器的响应而已，因此，这种颜色描述就带来了它的一个最基本的属性：颜色的设备相关性。

即同样的一个颜色光谱，用不同的传感器测得的 RGB 三原色值将是不同的，可以将这种颜色称为设备色，而在后面的色彩管理章节中，将重点讨论如何解决不同设备相关性的颜色准确的相互传递问题。

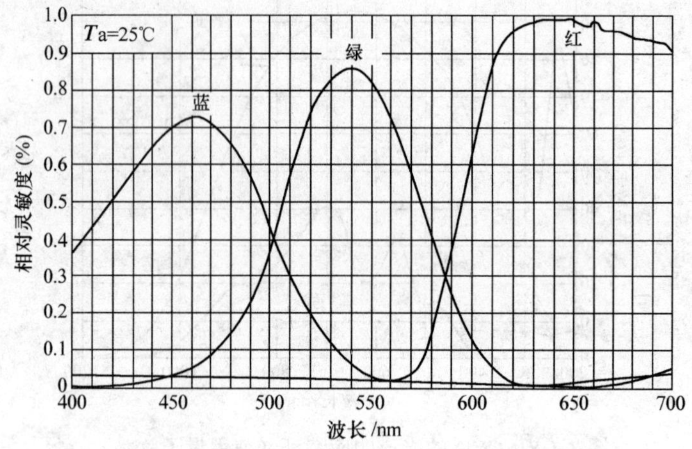

图 3-1-10　彩色 RGB 光谱响应特性（使用相对灵敏度）

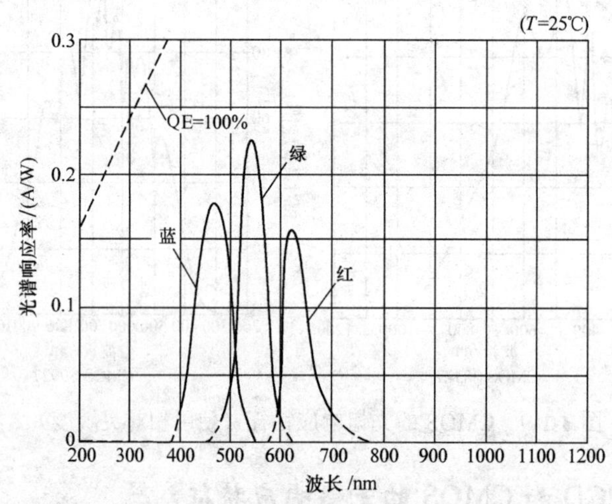

图 3-1-11　彩色 RGB 光谱响应特性（使用光谱响应率 A/W）

六、系统动态范围与采样位数

动态范围是表现器件或系统可以处理的最大信号和可恢复的最小信号的比值，也可以将它近似理解为器件和系统的最大信息和噪声的比（即信噪比）。动态范围（或信噪比）越高，说明能够清晰采集的最大信息和最小信息的比例越大，而它带来的直接效果就是能够用更高的采样位数（位深）来对输出的信息进行模数转换，并获得更多二进制位的有效信息。因此，系统的动态范围就从本质上决定了系统的采样精度（即位深）。

从原理和机制上讲，系统的动态范围就是由 CCD 或 CMOS 器件、模拟前端和输出计

算模式共同决定的，下面就这个问题作较详细的论述。

1．动态范围、信噪比、采样位数的原理与关系

CCD 图像传感器的动态范围由单个 CCD 感光单元的最大的电荷容量和噪声电荷之比决定的。例如，某型 CCD 的单元电荷容量为 50000 个电子，噪声电荷为 30 个电子，则理论动态范围为 50000:30＝1667:1（64dB）。而依此进行对应采样位数的计算，该图像传感器的输出信号就可以采用 10（1024 级）位的 A/D 转换器进行模数转换，因为，此时 10 位二进制的最小和最大之比 1024:1 大与 1667:1，故能够保证转换位数是 10 位的有效性。如果采用 11 位转换则 2048:1 大于 1667:1，最低位数的转换就会被噪声淹没，故超过大于信噪比的转换位数是没有意义的。

如图 3-1-12 所示为不同大小噪声对信号的影响。其中清楚地表现了两个相差不大的低亮度信号在两种传感器上的输出信号。可以看出，同样是 AB 两个信号，在低信噪比的 CCD 器件上输出信号的随机分布范围很大，这就造成了平面扫描仪在暗调处的采集图像层次模糊不清，或出现并级、花斑，影响了平面扫描仪的暗调采集性能。而高信噪比的 CCD 器件或光电倍增管上这种随机范围就较小。从而保证了 A/D 转换器能够用更高的转换位数并且其低位不会被噪声淹没，从而有效地提高了采集微小变化的能力。从视觉效果看，就是有效地提高了对采集的像素图像的细节层次和颜色微小变化的能力。

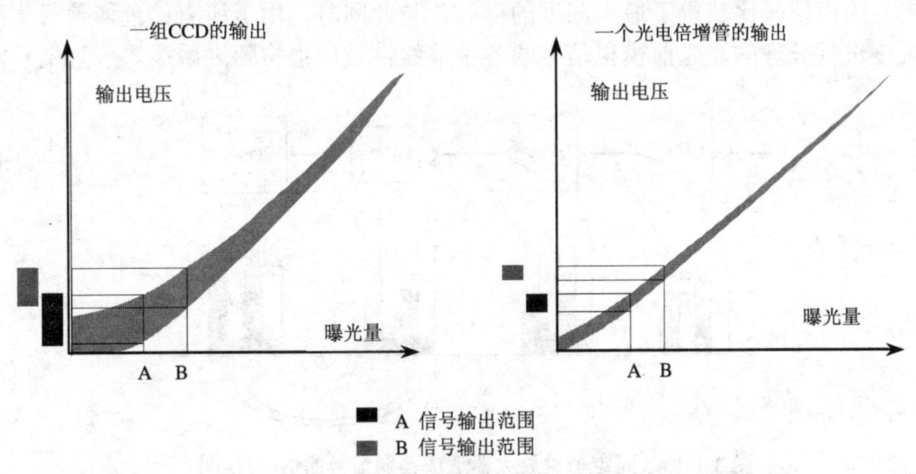

图 3-1-12　低信噪比（左）和高信噪比（右）的信号离散特征

如果从采集设备的性能方面来认识，采样位数（即位深）参数表示扫描或摄影设备采集信息量的多少。一个 8 位灰度的扫描仪，理论上可以在黑白之间检测 256 种不同的灰度级。一个 24 位的彩色扫描仪，可以采样 RGB 三个颜色通道中每个通道内的像素，每个像素 8 位，因而可以获得总数为 256×256×256＝16777216 种可能的颜色。而这种 8 位的位深，即 24 位的 RGB 或 32 位的 CMYK 模式，是目前标准的图像存储形式。

当位深度增加时，至少从理论上来说采样设备可以捕获的细节数量也会增加，然而设备的理论采样位深的最低 2 位一般是无用位，主要原因是由于 CCD 内部的噪声。目前扫描仪都可以进行 36 位和 48 位的 RGB 扫描，位深度为 12 和 16 位。而对于输出，目前扫描系统可以按 24 位真彩或 48 位高位深以 TIFF 等格式输出。照相机一般都是按 24 位的格式输出。

48 位高位深的采集和输出对后端以 24 位位深为处理结果的应用是较为有利的，因为目前普遍的彩色输出（显示、打样或印刷）一般都用 RGB 的 24（3×8）位和 CMYK 的 32（4×8）位，这样高位深的颜色信息的冗余将由能够有效抵销 CCD 芯片和采样系统的噪声，给后端的图像处理带来很大的方便和灵活性。

2. 模拟前端增益控制与动态范围

模拟前端的噪声直接影响图像系统的动态范围，这种噪声来自模拟信号处理电路的宽带噪声和模数转换过程所产生的量化噪声。对于固定增益放大器模式，用如图 3-1-13 所示的过程，其中，对于强信号可以充分利用 A/D 转换器的动态范围，因而信噪比良好；而弱信号将不能充分利用 A/D 转换器的动态范围，因为弱信号经过相同放大倍数的放大之后，幅值依然较小，并没有达到 A/D 转换器所能够接受的最大量程，而噪声不会因此减小，所以在 DSP 对各个颜色通道的最大幅值的等值化（如映射为 0～255 的范围）处理后，就会形成如图 3-1-13 右边直方图中所示的高低不等的噪声分量（黑色），原来弱信号的信噪比就会变差。

如图 3-1-14 和图 3-1-15 中显示了一种新型的像素速率程控增益的放大器（P×GA）。该技术允许用不同的增益系数以像素速率置入 VGA。仍以前节所述的采用逐行扫描的CCD为例，其红、绿、蓝像素采用各自的增益系数，每一种颜色都可以充分利用 A/D 转换器的动态范围，因而信噪比获得了最大限度的提高。与此同时，由于所有的色彩信号大致是按相同的幅度进行处理的，先前模拟信号的各种非线性效应也将随之减少。

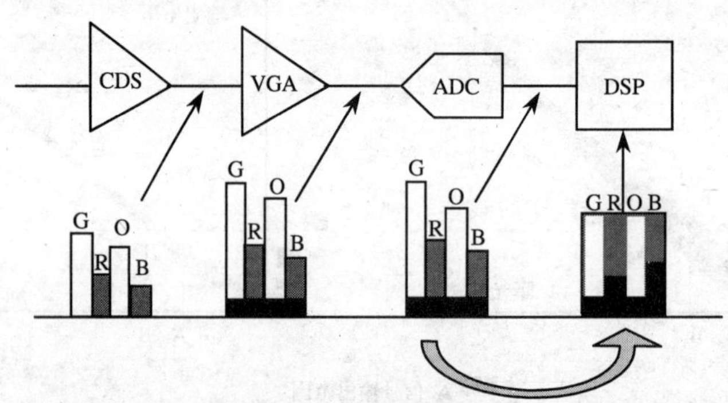

图 3-1-13　固定增益放大器造成强弱信号的信噪比不同

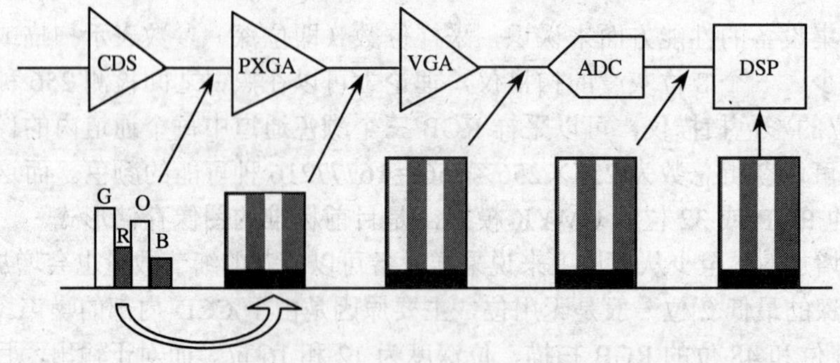

图 3-1-14　基于可变增益放大的 R、G、B 信号归一化与噪声一致化

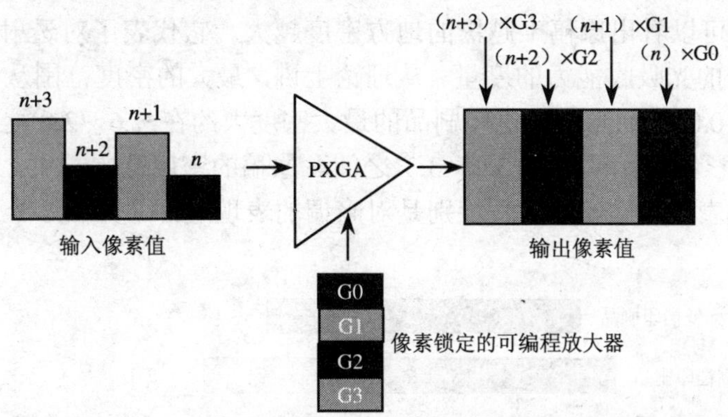

图 3-1-15　PxGA 对不同颜色用不同的放大倍数使得各颜色都达到满幅

3．输出计算模式与动态范围

扫描系统和 PC 平台工业摄像系统等，由于后端处理可以使用 PC 平台上的软件进行可视化的调节和设置，因此，可以做更加复杂的基于 LUT 表的映射输出控制，这一点在以下的扫描操作控制中可以看到。

CCD 和 CMOS 的相机，也可以借助其嵌入式计算系统进行各种模式的输出映射调节，达到充分利用图像传感器全部有效信息的目的，这些模式及其特点如下：

1）线型模式的输出和光强成正比，这种模式动态范围最小，在线性范围的最高端信噪比最大，效果最好；而在小信号时，因噪声的影响较大，信噪比很低，效果最差。

2）双斜率输出模式是一种扩大系统动态范围的方法。它采用两种曝光时间，当光线较弱时采用长曝光时间，输出信号曲线的斜率很大；当光线很强后，改用短时间曝光，曲线斜率便会下降，从而扩大了系统对信号的整体动态范围。

3）对数输出模式利用人眼对光线的响应接近对数的规律，在 CMOS 成像器件中可以方便地制出对数响应电路，来完成对采集信号的对数模式的对数变换，即有效地提高图像暗调部分的动态范围，以达到优化图像输出视觉效果的目的。

4．系统动态范围与印品颜色密度的比较

将系统动态范围与印品颜色密度进行比较，原因之一是在描述一个采样系统的检测能力时，两个概念经常混淆不清；另一个原因是为了进一步论述动态范围及其相关的概念。

如前所述，动态范围是一个描述传感器或者整个图像采集设备能够接受的最大检测量和最小检测量的比例。例如，CCD 图像传感器的动态范围由单个 CCD 感光单元最大的电荷容量和噪声电荷之比决定的。在最大量一定的情况下，信噪比越高，说明这个系统感受到更小的亮度，或者说能够感受更深的颜色以及它们之间的差别。就具体采集设备而言，动态范围越大，则表明其采集色调细微变化的能力，或者是区别相近颜色之间细微差别的能力就越强。可以捕捉的可视细节就越多，在阴影（颜色最深的面积）中更是如此。在阴影中要精确地采样细节是最困难的，因为阴影细节中反射和透射的光能量是有限的。

印刷中常用的颜色密度是用来表现原稿或印刷品在相同亮度照射情况下的“黑”的程度，其反射密度的定义在第二章有说明，即 $D=\lg(I/I_0)$，其中光源光强是 I_0，反射（透射）

光强为 I。从式中可以看出原稿上越黑的地方密度越大。它代表了对透射稿图像的光阻能力和对反射稿图像的光吸收能力的度量。从理论上讲，最大的密度范围从 0.0～4.0。4.0 是炭黑的理论密度，0.0 是纯光。彩色印刷品的最大密度大约在 1.6～2.0 之间，彩色照片大约可以达到 2.5，彩色正片可达到 3.0～3.3 之间。原稿的密度范围越大，说明其表现层次的能力越强，色域表现范围就越大，特别是对暗调的表现越好。如图 3-1-16 所示为各种材料的密度范围。

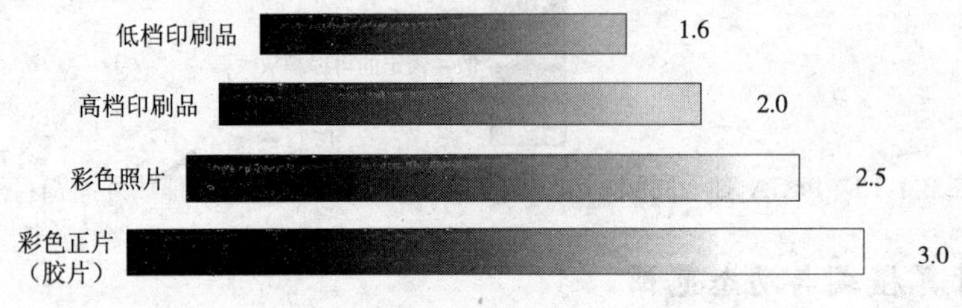

图 3-1-16　各种不同的密度范围示意图

由上面的定义可以看出，如果将这两个量的最大值固定下来，两者都表示一个相对的最小的量，动态范围表示器件相对于最大值所能接受的最小量，而密度范围则表示物体在最大照射量的条件下反射（或透射）的最小量。因此，有时在描述设备时，印刷行业常将扫描设备的动态范围直接用能够扫描的原稿最大密度值表示。例如，在说某一种扫描仪的动态范围是多少“密度”。这种说法不很严格，因为，很多扫描仪都可以通过调整曝光时间，以获得足够的曝光量，这实际上是平移了原稿的密度范围（图 3-2-5），用以达到扫描高密度区域的目的，但这并不能说明它可以扫描密度范围更宽的原稿。因此，如果用可采集密度描述一个采集设备的动态范围，也应该是可采集密度的“密度范围”。

另外，扫描设备有时要人为设置采集原稿的密度范围，但要注意这个“密度范围”和设备的动态范围不能完全等同。它更侧重于代表扫描设置中对扫描密度范围的调节设置的含义，是一种工艺上的参数，是由人为设定的。通过对最大密度 D_{max} 到最小密度 D_{min} 之间的范围调整，并结合扫描仪的曝光量调整、黑白点设置等工艺操作，就可以充分利用扫描仪动态范围中最有效的和线性度最好的感应区间来接收原稿信息，以获得更多更加真实和丰富的层次和色调信息。

第二节　扫描系统的结构与使用

一、扫描仪的结构与光学分辨率

1. 平台扫描仪的结构

平台扫描仪的结构原理如图 3-2-1 所示，它的一个最大特点是以行扫描的方式对原稿上的信息进行扫描输入，由条形光源并行发光，通过条形对称的光学成像系统形成扫描行

的成像，并将之投射到单色或四色线阵 CCD 上。

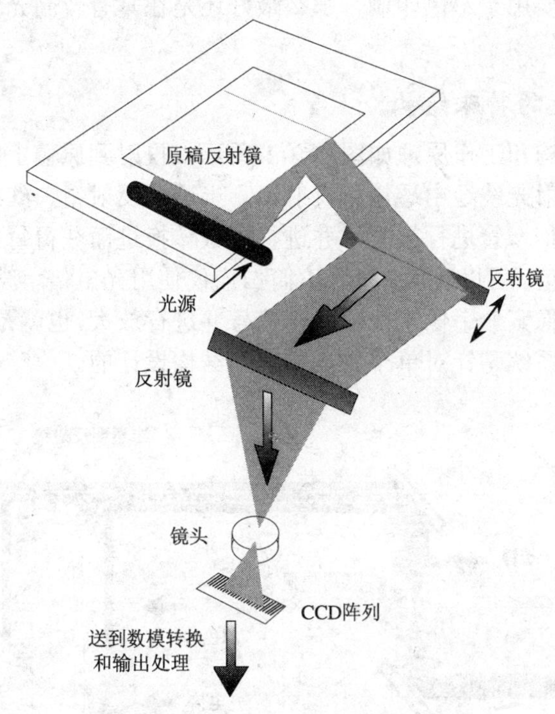

图 3-2-1　平台扫描仪的结构和工作原理

2．像素与光学分辨率

光学分辨率是指一个扫描系统在扫描方向上的实际采样密度，也就是在单位长度上的采样点数，其中包括扫描行方向的分辨率（水平光学分辨率）和扫描行进方向的分辨率（垂直分辨率），其单位是 dpi（点/in）。

平台扫描仪水平光学分辨率的计算是由 CCD 光学器件中的采集单元的数目和扫描幅面相除而算出的。以前面介绍的 TCD2707D 四色线阵 CCD 为例，如果用它制作一个扫描幅面为 A3 的平台扫描仪，以 A3 的宽度（310mm）为扫描宽度，而 TCD2707D 每一色的采集像素为 7450，该扫描仪的光学分辨率为：

水平光学分辨率＝扫描宽度/线阵像素＝7450/310 点/mm＝24 点/mm＝600 点/in＝600dpi

另外，垂直光学分辨率是由每条行扫描线之间的步进距离决定的，它可以由驱动和传动来调节。

谈到光学分辨率就有必要提“内插分辨率”。内插分辨率是指在光学分辨率的基础上，在软件算法的帮助下，在两个光学像素之间增加新的像素，并由此产生的一种伪分辨率。内插算法不会增加新的细节，只是在相邻像素间求出颜色和灰度数据的平均值。在性能上还有一定的欺骗性。实际上目前光学分辨率都在 600～1200dpi 之间，如果超出这个范围，可以基本上肯定使用的是内插分辨率了。

内插法增加的“伪”信息可以适用于要求不高的出版物，但不适合要作大面积输出（即需要作大比例放大）的彩色图像的原稿扫描，这些图像中错综复杂的真实细节和广泛的色调范围是非常重要的。内插法还使得图像比较柔和，因而，有时还要做一些必要的锐化工作，即如果扫描结果主要用于彩色印刷，那么最好还是在具有较高光学分辨率的扫描仪上进行扫描。

3．滚筒式扫描仪的特殊结构

滚筒式扫描仪的结构和工作原理如图 3-2-2 所示，投射到原稿上的光线逐点对原稿进行扫描，并将透射和反射光线经由透镜、反射镜、半透明反射镜、红绿蓝滤色片所构成的光路将光线引导到光电倍增管进行放大，并进行模数转换进而获得每一个扫描像素点的黄品青三原色的分色颜色值。可以看出，由于滚筒扫描仪使用光电倍增管作为光电转换器件，而这种器件只能是一个像素一个像素地输入光信号并进行放大，也就是工作在串行方式下，所以滚筒扫描仪的光学系统是针对单个像素扫描的结构设计的。

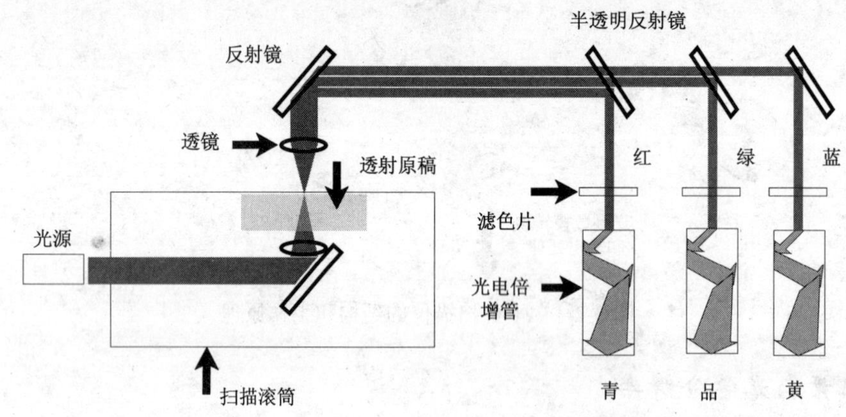

图 3-2-2　滚筒式扫描仪的结构和工作原理

比较这两种扫描设备，滚筒扫描仪的性能要优于平台式扫描仪的性能，其主要原因有：

1）滚筒扫描仪使用单个光电转换器件，因此，它的一致性必然很好。

2）采用了光电倍增管，它的光学特性（包括信噪比、灵敏度、感光密度范围等方面）目前要好于光电耦合器件 CCD。

3）滚筒式扫描仪的光学系统是针对单个像素设计的，其光学分辨率远高于要满足在一条线上同时准确聚焦的平台扫描仪的光学系统。

4．扫描系统清晰度

一个图像清晰与否的差别可以表现在能够看清的黑白线对的数目。主要有以下几方面的因素共同构成综合效果：

1）光学分辨率，也就是采样密度，它是清晰度的底线，按照采样定义，最大清晰度应该是光学分辨率的 1/2 以下。

2）扫描仪是一种光学成像系统，其光学系统的清晰度与聚焦精度、镜深及镜头的分辨率有关，这一点与照相机相似。适当的镜深可以使扫描仪进行实物扫描，聚焦精度和扫描仪机械系统相关紧密，而镜头的分辨率则由其档次来决定。

3）适当的曝光量。用清晰度较高的扫描仪扫描的图像在显示时，边界更加清晰。对清

晰度的评价一般是用不同粗细的黑白线条阵列所构成的扫描靶进行测量。能够识别的最细黑白线对的线条数（线/in 即 lpi）就是其分辨率。扫描靶的形式可以参见后面将要谈到的摄影分辨率测试靶。

二、扫描软件界面及其设置参数含义

扫描过程是通过扫描软件的操作界面进行控制的，为了全面了解扫描的过程和涉及的参数及其含义，下面以Agfa公司的FotoLook扫描软件为例论述。如图3-2-3所示是FotoLook的操作界面，左边是参数设置菜单，右边是扫描监视窗口；图3-2-4是FotoLook参数细节调整对话框汇总。它们各自的功能如下。

1．扫描监视窗口功能

1）显示预扫描图像的初步效果。

2）显示设定各种调整参数后的显示效果，并获得最终扫描时的扫描参数。

3）可以通过选择工具定位局部扫描。

另外，通过扫描监视窗口上方的Size对话框可以设置窗口的不同显示范围。

2．扫描参数设置菜单的各项含义

（1）原稿类型（Original）　扫描仪一般都具有扫描反射稿和透射稿的能力，有些扫描仪还具有实物扫描的能力，例如，可以扫描一条活鱼。

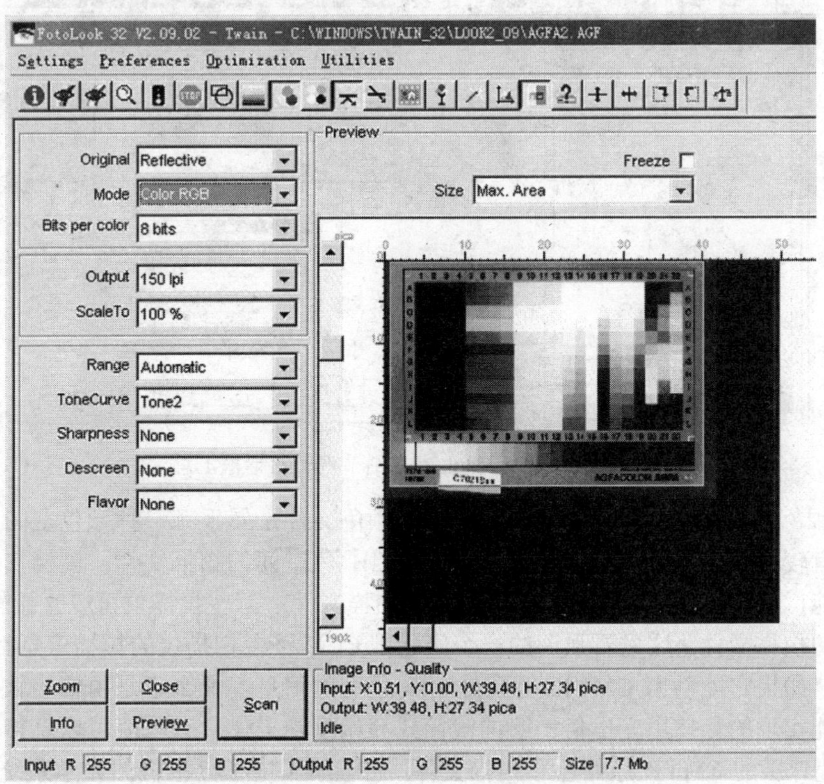

图3-2-3　FotoLook扫描软件操作界面

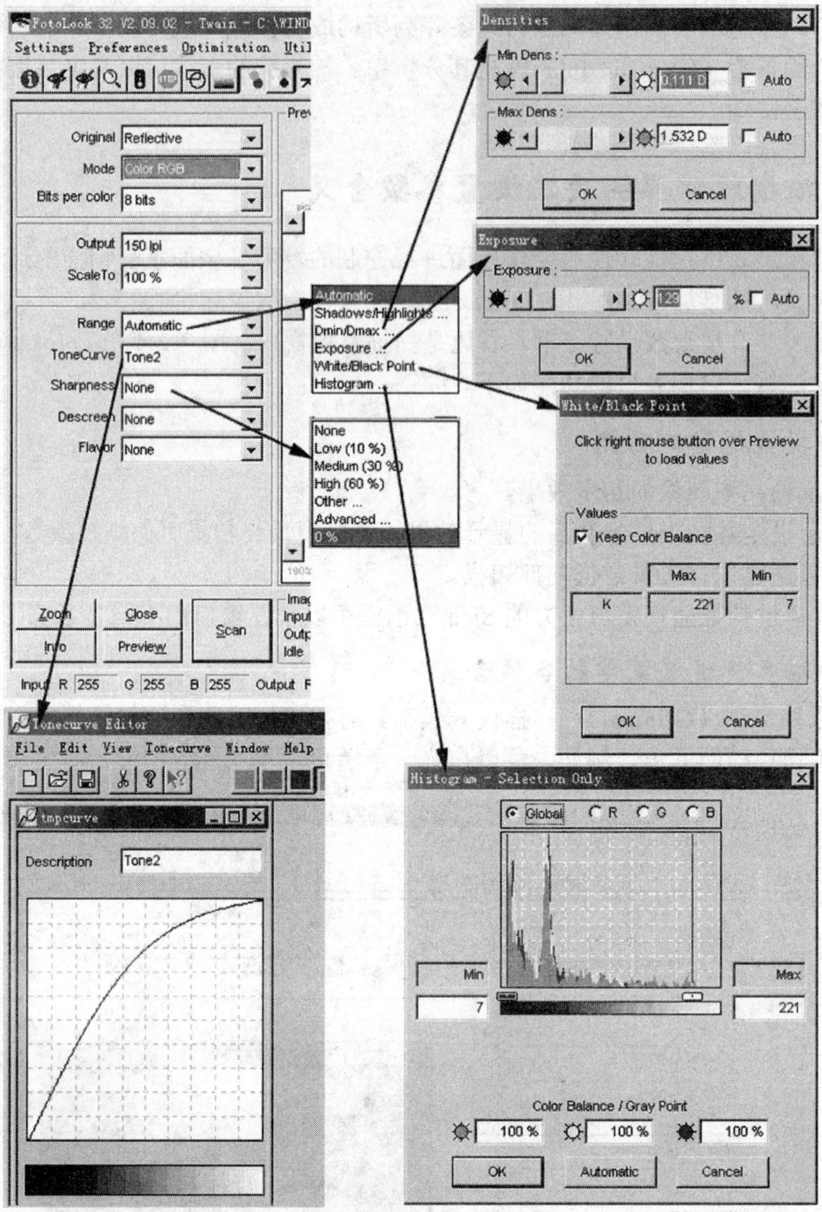

图 3-2-4　FotoLook 参数细节调整对话框汇总

（2）颜色空间（Mode）　用来指明生成的颜色文件是属于哪一种颜色空间，不同档次的扫描仪有较大差异。一般扫描仪只能生成 RGB 色空间的扫描文件；高档扫描仪可以具有分色功能，能直接生成 CMYK 色彩空间的扫描文件；有些扫描仪可以直接输出 Lab 等色度空间的扫描文件。这里要强调的一个问题是 CCD 平台扫描仪的扫描信息都是 RGB 色空间信息，如果它能输出 CMYK 甚至是 Lab 色空间信息，那么它是由扫描软件的颜色空间转换功能实现的。使用光电倍增管的滚筒式高精度扫描仪，有些就可以直接生成物理级（非转换得来）的 CMYK 原始色彩扫描文件，它继承了电子分色机的光学系统特征，直接将透射和反射光线分色成 CMYK 光线，并进行采集。

（3）位深（Bit per color） 反映了扫描仪转换一种颜色的精度。目前，一般每个单色都能达到 12～16 位，如果是 RGB 色空间，一共就是 36～48 位的描述。正如前面所述，位深的有效性取决于像素采集系统的动态范围及信噪比等因素。

（4）扫描分辨率/输出（Input/Output）和放大倍数（Scale To） Input/Output 选项可以通过双击标题进行切换。其中 Input 用来直接设立扫描仪的扫描输入线数，而 Output 则是用来设定扫描图像进行印刷输出时的加网线数，并用它间接设定 Input 中所包含的扫描分辨率。Input 和 Output 相互关系如下

Input＝Output×放大倍数×加网系数

其中，放大倍数＝印刷输出稿尺寸/原稿尺寸，它在 Scale To 选项中进行设定。加网系数在这里默认为 2。

由以上两个选项可以进行两种工作方式的扫描输入分辨率的设定：

1）直接输入计算好的扫描输入分辨率。需要将 Scale To 选项设定为 100%，也就是 1:1 的放大倍数，然后，在 Input 选项中输入扫描分辨率即可。这时输入多少就按多少扫描。这时 Input:Output＝2:1，因为加网系数等于 2 的缘故。

2）直接输入印前工艺参数。在进行印前图像扫描工作时，最直接的扫描工艺参数并不是扫描输入分辨率，而是和输出密切相关的两个参数，一个是印刷稿和原稿的放大比例，也就是放大倍数；另一个就是扫描原稿进行印刷时所用的网目调加网线数。所以可以用 Output 输入网目调加网线数，用 Scale TO 输入放大倍数，就可以间接获得需要的扫描输入线数。在工厂一般都用这种方法来设定扫描分辨率。

（5）范围（Range） 它是调节扫描工作参数的比较专业的重要设置项目，如图 3-2-4 所示是本项目的各个分项的设置对话框，其中包括：

1）曝光量的调节（Exposure）。用来调节扫描仪照明光源的强弱，通过对曝光量的调节，可以使原稿（无论是反射稿还是透射稿）整体变亮。

2）密度范围（Dmin/Dmax）。用来调整扫描仪接收信息的密度范围，在密度范围以外的信息就按照最大和最小值处理。利用这个功能可以针对不同的原稿设置不同的密度范围，以最大限度地接收原稿信息。

3）白点和黑点设置（White/Black Point）。它是扫描仪前端校正中进行图像映像关系调整的重要工具，它和后面的直方图及其阶调曲线一样都是用来调整原始的接收信息和扫描仪正式输出信息的，可以是线性的和非线性的映射关系。而这里的白场和黑场设置是针对黑白两个起点位置的设置。有关黑白场设置的具体工艺方法将在第五章论述。

4）直方图（Histogam）。它提供了观察扫描图像不同亮度值的像素在不同亮度上的分布情况，从而提供了校正该图像的基本信息。同时，它也提供了一种基本的输入输出映射关系校正的基本手段。

5）自动（Automatic）。它是一种智能化的设置过程，它根据预扫描得到的图像信息，自动设置曝光量、密度范围以及黑白场等映射关系，从层次和颜色两方面最大限度地表现原稿的信息。这个功能对于进行一般的原稿扫描设置是非常有效的。

（6）阶调曲线（ToneCurve） 上面已经谈到扫描原始信息和输出信息之间的线性和非线性映射关系，这个选项就是专门用来进行这种工艺操作的。如图 3-2-4 所示，它包含一个映射曲线的编制对话框，可以进行任意形式的曲线编辑。除此以外，它已经内置了许多

具有各种形式的映射关系曲线以供直接调用。有关用映射曲线进行图像效果调整的原理和工艺过程在第四章中用 Photoshop 工具进行详细的论述。

（7）锐化处理（Sharpness） 大家都比较熟悉模糊化的效果，模糊图像的细节是无法看得很清楚的。而锐化处理就是模糊处理的相反过程，用来使得图像细节变得更容易辨认。锐化处理就是使相邻的图像细节之间（包括层次和颜色）增强对比度。锐化处理对于扫描图像是一个必要的处理过程，这是因为图像扫描过程本身是一个模糊化的过程。另外，这个处理过程可以在扫描软件中进行，也可以在图像处理软件中进行，它们之间没有本质上的区别。

（8）去网处理（Descreen） 这项参数是专门针对扫描印刷品原稿设置的图像效果处理算法。因为对于半色调网点的扫描将严重破坏原图像的效果，因此此项目可以针对不同加网线数的印刷品原稿设置加网线数，并利用图像处理算法对原稿扫描图像进行有效处理，以消除网点痕迹。要注意的是如果选择的加网数和原稿本身的加网数不一致，效果将大打折扣。

3．基本的操作按钮及其含义

从图 3-2-3 中可以看出在其左下方有一排按钮，它们的功能如下：

（1）预显（Preview） 更准确地讲应该是预扫描，也称为初扫（粗扫）。这个过程的作用是生成一个用于预显、调整和定位的低分辨率图像，并显示在预显窗口当中。由于是低分辨率图像，所以其扫描速度较快。

（2）扫描（Scan） 它是正式扫描的按钮。它将以预扫后操作人员对图像进行的各种处理和校正所形成的对图像的加工参数为依据，对图像进行“带有加工处理过程”的“扫描”。因为这个“扫描”过程除了光电采集器件采集原始信息的过程（这个过程和 Preview 的原理完全一样，只是分辨率不同）以外，还增加了曝光量调节以及对原始采样信息的映射处理等过程，其最终目的是有选择地、更加有效和充分利用原稿的图像信息。有关扫描中的调节校正的原理和特点将在下面的前端校正中进一步谈到。

（3）信息（Info） 包含了扫描工作的所有参数信息。

（4）放大（Zoom） 用来放大预显窗口中的图像。

三、扫描分辨率的计算

在数字成像领域中，分辨率是最重要的概念之一。它的基本功能就是说明数字信息的数量和密度。它是光栅图像和光栅输入输出设备如扫描仪、显示器、打印机、照排机等的基本性能参数。扫描分辨率是指在每英寸或每厘米原始图像上扫描仪能够俘获的信息量，对某个设备而言，扫描分辨率可以按不同的要求改变，它只受具体扫描设备所具有的最高光学分辨率和内插分辨率的限制。

在操作扫描仪对一张图像进行扫描时，首先要解决的就是以什么分辨率进行采样才是正确合理的。这个问题的答案来自于所扫描的图像再现时的用途和要求，也就是常说的“输出决定输入”。下面就针对印前处理流程中所涉及的不同输出方式，介绍一些常用的扫描分辨率的计算方法。

1．用于调幅加网输出的原图扫描

分辨率计算中有一个共同点，就是不论以何种方式输出，都必须考虑扫描原稿尺寸和

输出稿尺寸之间的放大倍数。放大倍数越大，要求对原稿的扫描分辨率越高。

调幅加网后的图像像素点实际就是网点，那么，现在的问题是一个网点需要几个扫描像素点来提供生成信息。最简单的想法自然是用一个扫描像素来生成一个印刷时的半色调网点。然而，实际情况要复杂一些，由于要考虑各个色版生成不同加网角度的信息量需求，一般就要用 4 个、3 个或者至少也要 2 个像素的信息来生成一个网点，才能保证半色调印刷品的质量。这种数量关系称为“加网系数”。考虑到扫描分辨率是一维的，这个系数一般取 1.5～2。这样就有了一个基本的扫描分辨率计算公式

扫描分辨率＝放大倍数×加网系数×加网线数

＝（印刷品尺寸/原稿尺寸）×（1.5～2）×加网线数

一般情况下，加网系数取值 1.5 就够用了，这样扫描分辨率可以设得低一些，图像文件也可以小许多。

2．用于调频加网输出的原图扫描

调频加网是一种广泛用于数码印刷与打样、CTP 高清晰度和高保真多色印刷的半色调输出技术，其网点大小和深浅不会变化，是用位置和分布密度呈现图像的明暗层次，也因而没有了网线数和网线角度的外观，但输出时的网点密度的概念还是有的。如果用照排机或 CTP 输出，调频网点的密度仍然用网线数表示，并用此来计算使用图像的扫描分辨率。而对于喷墨打印机、热升华打印机、彩色复印机等数码输出设备，一般直接用打印点作为调频网点，所以打印机分辨率实际就是加网线数。此外，调频加网由于没有了角度问题，其“加网系数”是 1，也就是用一个扫描像素点生成一个随机网点。这样就有了一个简单的公式

对照排机或 CTP 输出：扫描分辨率＝放大倍数×1×加网线数

＝（印刷品尺寸/原稿尺寸）×加网线数

说明：调频网的“加网线数”实际就是调频网点大小与单位长度（英寸）之比。而在 RIP 中，对调频网点的大小是用其机器点的多少定义的，如 2×2、3×3 等，对应的网点大小则是 2 倍、3 倍等的机器点大小。

对打印机输出：扫描分辨率＝放大倍数×1×加网线数

＝（印刷品尺寸/原稿尺寸）×打印机分辨率

3．线条图的扫描分辨率

线条稿是指只有黑白两色的原稿，如工程技术图样、黑白文字版面等。扫描时要将扫描模式设成线条稿方式，生成的图像只有一位深度，即黑白两色。扫描线描图比较复杂，因为要将扫描图像中的边缘都刚好对准 CCD 的光学采样点是不可能的，因此，边沿就会出现毛刺。解决的办法只有提高采集分辨率，以使毛刺不能被察觉。因此，对线条稿件的扫描一般都是用扫描仪的最高光学分辨率进行，印刷行业的标准值是 1200dpi。决定线条扫描分辨率的公式是

扫描分辨率＝放大倍数×打印机分辨率

可以看出，它是一个扫描点决定一个打印点。至少在打印机的分辨率低于 1200dpi 时应是如此。

同样，在输出打印线条图的时候，如果打印机的分辨率太低，线条的边缘也不会光滑。解决办法就是使用高分辨率的打印机，实际上使用 400dpi 的激光打印机输出黑白线条文字

稿，其效果就已经相当不错了。

4. 充分用好分辨率

（1）量原稿而行　这里提出一个观念，就是“分辨率不是越高越好”，关键是要合适和有效。前面的论述只提到要根据输出来决定扫描分辨率，但如果原稿上没有那么多的信息可以采集呢？这就有一个原稿信息量的问题。如果超过了这个量，分辨率越高，在计算机上占据的无用资源就越多，只有坏处没有好处。下面以传统的胶片相机为例分析原稿信息量的状况。

用普通的 135 胶片（分辨率 160 线/mm）和最好的 135 照相镜头（中心分辨率 160 线/mm）来计算，其综合分辨率为 80 线/mm。即分辨率＝25.4 mm/in×80 线/mm＝2000dpi。又由于相机镜头的缺陷和拍摄时的振动，多数底片原稿分辨率不足 1200dpi。也就是说，在扫描彩色反转片或负片的原稿时，扫描机的分辨率最多设在 2000dpi（指光学分辨率）。而实际一般设在 1200dpi 时有用信息就已全部采回了。

对已经放大输出到相纸上的图片，由于光学损失、放大造成的分辨率降低等因素。一般街头冲洗店的 135 胶片扩印照片的分辨率不超过 300dpi，较好的也就在 400dpi 左右。至于数码相机的输出冲洗片，其信息分辨率也不会超过胶片的水平，其原因在于即使是目前最好的 CCD 芯片也远无法达到胶片的感光密度与分辨率。

另外，如果是用印刷品进行扫描输入，无论是调幅加网还是调频加网的原稿，绝大多数图片的像素精度不会超过 300dpi，只有极少数特别制作的印刷品可以达到 600dpi。由此看出，在实际扫描中什么样的原稿能够扫到多大的分辨率是应该考虑的问题之一。超过原稿本身信息容量的扫描分辨率对提高质量没有益处。

（2）不要使用内插分辨率　扫描时不要使用高于扫描设备最大光学分辨率的输入分辨率进行扫描，否则扫描仪就会自动进行内插算法在图像上添加新的非采样数据。虽然某些算法的质量不错，但不可能通过内插获得新的细节，而且由于使用这种方法是对像素值取平均值，因而，实际上会降低图像的清晰度和反差。为了最后输出结果的质量，如果扫描仪光学分辨率不够扫描分辨率要求，可以寻找性能更高的扫描仪。

四、典型的扫描效果调节及其原理分析

1. 硬调节与软调节

在扫描系统中，调节参数和扫描效果有两种操作：

（1）硬调节　这类调节和控制是直接针对 CCD、CMOS 芯片上的采集控制（如扫描频率、电子快门等）。有一些是针对模拟前端电路的控制（如放大增益、偏置等）；还有一些是针对设备的控制调节，例如，曝光量、步进距离等。这些控制是对设置界面上的某种工作模式和输出效果进行设置实现的。具体的控制形式，以曝光量的控制为例，它由扫描速度或信号检测控制来实现，光学扫描分辨率的设置也直接影响垂直方向的步进距离等。

（2）软调节　这类调节是针对图像传感器输出的原始数据进行的再加工，以便达到更好的效果。例如，扫描软件中的各项图像校正处理，如扫描层次曲线调整、色彩调整、锐化、去网等，还有各类相机的输出模式，如线型模式、双斜率模式、对数模式等。这些都是在后端嵌入式计算与控制平台上完成的。这些处理的共性是它们都是对模拟前端输出的

原始高位深图像信息进行再加工的过程，都是一个从冗余的位深信息中按照多中取少的方式重新取样的过程，都是按输出的参数要求进行文件生成的过程。

实际上对扫描和摄影系统的控制，不能完全归类为硬调节和软调节，很多情况下是两者结合形成的。另外，对不同的机型其控制方式也不完全相同。

2．曝光量（Exposure）的调节

扫描时，如果环境太暗，就要加一点光线以使画面清楚、明亮一些。对曝光量的控制就是为了达到这样的效果。

多数扫描仪都具有曝光量控制的功能。由于 CCD 或 CMOS 器件的响应度是固定的，对曝光量的调节可以用两种方式：一是通过调节模拟前端的可变增益放大器的放大倍数，提高对光强的输出响应，从而提高采样信号的幅度（也就是亮度）；二是通过改变扫描速度，借以改变曝光时间，从而提高采样图像的亮度。另外，好的扫描仪还能单独调节 R、G、B 通道的曝光量，到达校正图像色偏的目的。

实际上，数码相机与扫描仪在这方面的原理是一样的，只是实现的方式有区别，例如，对信号增益的调节是通过如感光度、夜光模式、晴天模式等来设置的，而直接的曝光设置则是通过曝光时间、光圈大小和光照强度来实现的。

此外，合理地使用曝光量可以整体地移动原稿的密度范围，这将能够帮助扫描和摄影系统更好地捕捉重点的亮度层次。如图 3-2-5 显示了一个对暗调层次进行采集的曝光控制：它是通过加大曝光量，将原稿的密度范围调整到扫描仪密度动态范围中线性度较好、信噪比较低的区段。或者将最有用的密度层次区调整到上面的区段中，以便更好地表现图像中的重点层次。

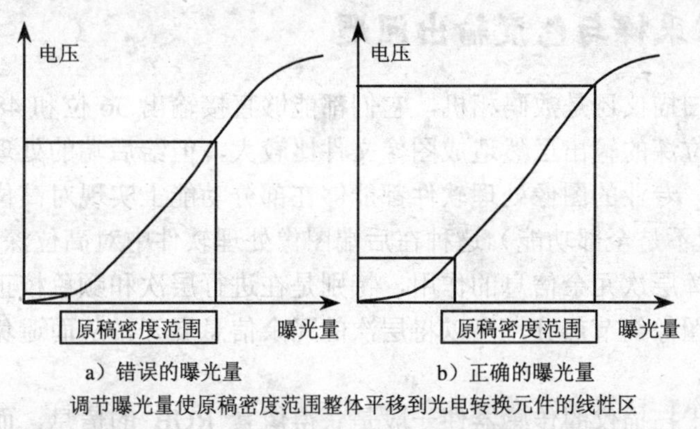

图 3-2-5　用增加曝光量来调整原稿的密度范围

3．密度范围（D_{min}/D_{max}）控制

这种控制是通过对模拟前端芯片的参数设置，控制模拟前端运放的黑场偏置与放大倍数，从而对设置在密度范围窗口内的 CCD/CMOS 输出电压信号进行满量程放大，其效果是提高了对密度窗口内的信号处理的信噪比，提高了对采样信号的分辨率，这也是一种硬调节。

相对于密度范围，动态范围可以形象地认为是系统最大范围的密度测量范围，是系统的一个性能指标。而密度范围则是人们确定的一个工艺性的检测范围，是可以根据原稿的情况进行调整的，目的是更好地对某一个范围的密度信息（即层次与颜色信息）进行扫描输入。

4. 扫描软件的图像预校正及其原理

如图 3-2-4 所示，在和扫描仪相配的扫描控制软件中，都具有类似直方图、曲线、色相/饱和度的图像预调节工具，能够进行类似于 Photoshop 的图像黑白点设置、层次校正和颜色校正的操作功能。另外，扫描软件中还包括已经定制好的各类效果的采集曲线。

这类预校正处理在操作上是对预扫图像进行的，校正完后还要再次进行精确扫描后才能获得结果。在信息处理的流程中，它首先通过对预扫图像的校正操作并获得图像调节的映射曲线，在精扫时，将对原始的高位深采样信号进行依据映射曲线的重新采样，并按照输出要求生成各种颜色模式和位数的文件格式。预扫描的最重要的处理是对模拟前端输出的原始高位深信息进行低位数的再采样，是对原始信息的一种多中选少的加工过程。

例如，如果要从单色 12 位（彩色 RGB 为 36 位）的采集通道中获得的原始信息进行加工处理，并生成单色 8 位（RGB 为 24 位）的输出结果，在这样条件下进行各种层次和颜色的预扫描映射调整时，就可以充分利用某一区段层次的冗余信息量（12−8＝4 位）进行真实信息的重新采样。例如，要求图像在某一层次区段上充分展现图像层次，这就需要从原始信息中的冗余信息中获得更深的位深信息，以“挖掘”出原来被 8 位输出所忽略的更加细微的图像层次，并将之放大凸显出来。相反，如果输出要求的位数和系统自身的原始信息位数相同，例如，要求进行单色 12 位（RGB 为 36 位）的输出，而系统模拟前端也是 12 位的，则预处理就没有更多的冗余信息作支撑，图像的质量就会下降。在这种情况下，直接将输出信息定位到输出设备所普遍使用的单色 8 位（RGB 为 24 位）的结构上，或者不经过加工直接输出作为高位深的文件，然后转到图像处理软件中进行进一步的加工。

五、高位深采样与色度输出问题

目前，无论是扫描仪还是数码相机，它们都能够直接输出 36 位和 48 位的 RGB TIFF 图像文件，这种高位深的输出虽然造成图像文件比较大，但给后端的处理带来了很大的方便和灵活性。目前，专业的图像处理软件都能够在部分功能上实现对高位深图像的打开和部分功能的处理(但不是全部功能)。这种在后端图像处理软件中对高位深图像的处理加工，能够最大限度地发挥层次冗余信息的作用，特别是在进行层次和颜色校正的过程中，对需要放大层次关系的图像细节部分，可以将层次的冗余信息展开，从而避免了因层次展开而产生伪层次的情况。

另一方面，由于扫描仪的传感器件一般是获得像素 RGB 的信息，而随着色彩转换和管理技术的提高，对于一个校准过的扫描仪，可以支持其直接输出 LAB 色度空间的颜色值，这是一种新的应用趋势。它的优点是将原稿信息输入色彩管理系统时不用再考虑输入设备的设备特征，提高了原稿信息在色彩管理系统中的通用程度。

第三节　数码相机的原理与使用

由于使用数码相机越来越普遍，未来数码相机及其生成的数码原稿将取代传统扫描仪而成为主流，从而改变图像输入和印前领域的工作方式。但由于数码相机的种类繁多，功

能档次差别较大，而摄影环境又不固定，因此，最终得到的文件和效果十分复杂。从这一点来讲，基于数码相机的 RGB 图像输入流程的印前管理和校正调节工作将更加复杂。

基于这样的应用现实，本节主要从数码相机的结构、性能参数与效果生成方面对数码摄像系统进行讲解，提高读者对这方面知识的整体认识，以便更好地对数码相片进行印前处理。

图 3-3-1 所示是数码相机结构与功能的关系图，概括描述了数码相机的硬件、调节参数与效果及它们之间的相互关系。从图中可以看出：

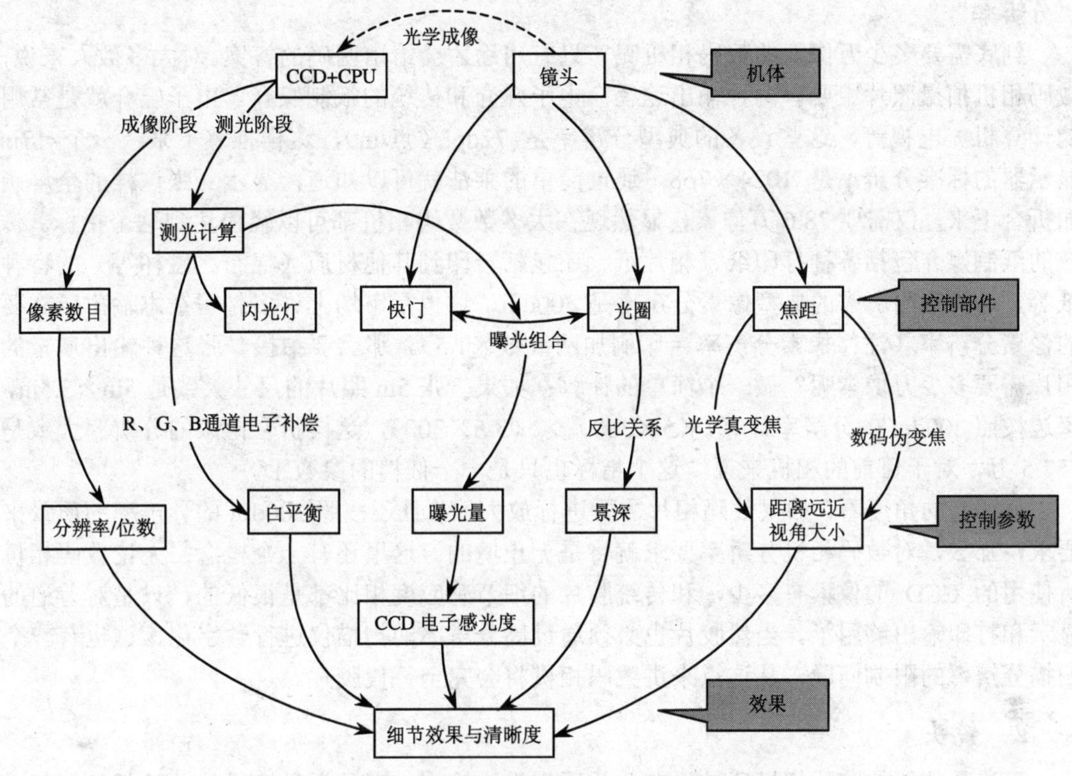

图 3-3-1　数码相机的硬件、调节参数关系图

1）由镜头、机背（由 CCD 和控制 CPU 构成）为核心构成了数码相机的成像系统。

2）镜头包含的快门、光圈机构和焦距参数，直接控制和影响曝光量、景深和视角的摄影效果。

3）CCD 和控制计算机能够对测光阶段的检测图像进行分析并产生曝光量、白平衡、CCD 电子感应度和自动对焦的控制。

4）焦距控制视角的大小，光圈控制景深，由快门和光圈构成的曝光组合决定了曝光量的大小，相机的分辨率与像素位深是由 CCD 芯片的感光单元的数量和采样信号的动态范围决定的。

一、数码相机部件与功能

1．像素

像素是由相机的面阵 CCD 或 CMOS 传感器上的光敏元件数目所决定的，一个光敏元

件对应一个像素。像素数越多，意味着光敏元件越多，也就意味着拍摄出来的相片越细腻。目前市场上主流的数码相机一般都以百万为单位，从 200 万到 500 万、600 万，专业数码相机能够达到 2000 万以上，足以满足在计算机上欣赏、彩色打印机输出或者是进行印前处理并进行印刷等多方面的需求。

可以形象地把“100 万像素”看成是感光芯片 CCD 的长宽有 1000 个以上的像素点。因此，所拍摄出来的影像也是由 1000×1000 个像素点组成的，这也就是通常所说的照片的“分辨率”。

到底需要多少万像素的数码相机呢？只有用途才会给出明确的答案。对大多数人来说，数码相机拍摄照片主要有两种输出途径：电子媒介和传统的纸制媒介。电子媒介就是常用的计算机、电视等，这些设备的典型分辨率是 72dpi（点/in），这样推算下来，一个 17in 显示器的标准分辨率是 1024×768，通过简单的乘法就可以知道，显示一张这样的全屏画面折合下来，仅需要 78.6 万像素，显然现在大多数数码相机都可以轻松达到这个指标。传统的纸制媒介包括各种打印纸、相片纸、还包括转印到其他材质（棉布、磁杯等）的特种纸等，这类输出所需的典型像素分辨率是 300dpi，这也是市场上许多精美杂志输出所需要的像素分辨率（注：像素分辨率＝印刷加网线数×1.5）。那么要拍摄一张这种输出质量的相片需要多少万像素呢？做一个简单的计算：如果一张 5in 照片的尺寸大致是 5in×3.5in，每边按照 300dpi 的分辨率计算，（5×300）×（3.5×300），这样折合出来的分辨率大致是 157.5 万，对于目前的相机来说，这个指标也只是一个低档的参数了。

从印前的角度看，如果数码相片需要进行放大，并且还按照 300dpi 的分辨率的质量来要求，那么，对数码相机分辨率要求就将是无止境的。这里还有一个概念：无论数码相机所使用的 CCD 的像素有多少，和传统胶片的细节感应度相比都是很低的，只是对普通的显示和打印输出够用了。当然胶片也必须通过高分辨率的扫描仪进行数字化，这也有一个扫描分辨率的限制问题，从这点来讲数码相机将会完全替代胶片。

2．镜头

无论是传统的胶片相机还是目前的数码相机，镜头一直是举足轻重的关键部件。其实摄影技术的运用很大的部分都在镜头上，难点也在镜头上。现在不用太多考虑镜头各项参数的“傻瓜”相机大行其道，使得普通用户似乎忘记了数码相机也是相机，把所有的注意力集中到像素这个指标上，而忽略了镜头这个关键部件。一些非常著名的如蔡斯镜头、施奈德镜头也只是出现在中高档的相机的宣传说明上，低档的产品很难见到它们的身影。

由于 CCD 的尺寸比胶片小，因此，数码相机的镜头的成像焦距较短，镜头尺寸和传统单反相机镜头比起来小了不少，但是它的结构复杂程度却一点也不比后者低。它主要是由多组透镜组成，不同品牌的相机拥有各自知识产权的、带有不同特殊功能的镜片，最常见的是非球面镜片。传统研磨镜片的方法是把镜片的一面或两面磨成有一定曲率的球形。但是近十几年来，随着人们对成像质量的要求越来越高，要制造满足一定规格的镜头，镜片数会大幅度的增加，镜头的体积和重量就超过了人们所能承受的限度。非球面镜片正好解决了这个矛盾，它可以把几个镜片的作用集中到一个镜片上，并且成像质量并没有下降。目前，大部分的变焦数码相机都会包含非球面镜片。

镜头有以下几个重要的参数，这也是决定镜头的质量和价格的重要依据。

3．焦距

相对于传统的135相机，几乎所有的数码相机镜头的焦距都比较短，在观察数码相机镜头上的标识时会有类似“f=6mm”的字样，其实这些都只是数据而已，要关心的是它的拍摄效果。在传统相机中，50mm是一支标准镜头的焦距。一般来说小于50mm的称之为广角镜头，大于50mm的称之为长焦镜头，鱼眼镜头的焦距一般都小于17mm。广角镜头主要用来拍摄大的场景，例如，故宫、天安门城楼等，它可以收纳很大范围的景物；长焦镜头可以拍到距离较远的景物或者用来做特写，而鱼眼镜头可以拍摄更大范围的景物，不过图像会发生很严重的变形，使用鱼眼镜头可以拍摄一些具有特殊效果的图片。所以，只需要明确用相机拍什么样的场面，就可以确定要买什么范围的镜头了。

传统135相机成像尺寸是24mm×36mm（胶片面积），而普通民用级数码相机中CCD的成像尺寸大部分的尺寸在1/1.8～1/2.7in之间，面积小了好几倍。这就造成了传统相机和数码相机之间的焦距大小不同，所以上面所提到的“f=6mm”就要换算成传统相机的焦距，也就是说在使用者并不用关心数码相机的焦距是多少，而是要看它相当于传统相机的焦距，只有这个数字才是真正有意义的。

和焦距相关的另一个常用概念就是变焦倍数，相机的变焦能够引起成像的远近距离感的变化。数码相机的变焦分为光学变焦和数码变焦两种。

（1）光学变焦　它是指相机通过改变光学镜头中镜片组的相对位置来达到变换其焦距的一种方式，大家熟悉的伸缩镜头就是起这种作用。光学变焦是对实景的真实放大与缩小，而CCD传感器也都是记录的“实在”像素。

（2）数码变焦　它是指相机通过截取其感光元件上影像的一部分，然后通过对“实在”像素作插值放大，并由此获得变焦的距离变化感。它通过特定的算法“凭空捏造”出一些不存在的像素，虽然优秀的算法可以有效避免画面的生硬，但这毕竟是“空想”出来的像素，与记录同样像素的光学方式效果相比差距很远，画面的锐利度下降不少。另外，这种效果完全可以用图像处理软件Photoshop等通过电子暗房加工产生，而且控制方式要更灵活多样。

数码相机的镜头上一般都标明镜头的光学变焦范围，同时机身上也标注着数码变焦的倍率。几乎所有数码相机的变焦方式都是以光学变焦为先导，待光学变焦达到其最大值时，才以数码变焦为辅助变焦的方式，继续增加变焦的倍率。

4．光圈

光圈是镜头中间的一组金属叶片，在镜头内安置成可以调节的一个圆形或接近圆形的限制入射光束的小孔。它有三种基本的用途：

1）帮助获得正确投影。

2）控制曝光量。通过缩小或放大光圈调节镜头通光量的多少，以达到控制感光材料的曝光度的目的。光圈大小会对通光量、景深、清晰度、镜头眩光和反差等造成影响，其单位通常用小写的“f”表示。一般来说，f的数值越小，镜头的通光率也就越大，拍摄弱光环境的能力也就越强；反之，则镜头的通光率也就越小，拍摄弱光环境的能力也就越弱。

3）控制景深。它是光圈的另一个重要作用，因为其他方式同样可以控制曝光量，而景深则只能由光圈控制。成像最清晰的点是焦点，但是，在焦点前后的一段距离内成像也比

较清晰，这个范围就叫景深。光圈大，景深小；光圈小，景深大。景深是表达创作意图的有力工具。景深小，则只有在焦点前后很小的范围内成像才清晰，这样可以有效的突出主体，虚化背景；景深大，则整个画面都很清晰，这对于表现广阔的视野有很大的帮助。

光圈的范围越大越好，因为这可以给使用者更大的发挥空间。不过可惜的是，做这样的镜头，就不是这么简单了。光圈过小，光线会发生严重的衍射现象，明显的条纹会大大地降低画面的质量；而过大的光圈又很容易导致像差，同样严重影响画面质量。所以选购数码相机的一个简单标准，就是看它光圈的范围，或者简单地看光圈的最大值，越大就越好。

另外，通过光圈与快门的组合，数码相机可以得到一个曝光值。过曝，进入的光线太多，画面发亮；欠曝，进入的光线不足，画面又显得发暗。对于同样的一个曝光值，可以通过小光圈与慢快门的组合达到，也可以通过大光圈与高速快门的组合得到。

二、数码摄影的质量控制参数、控制方法和评价标准

在图 3-3-1 中的第三层上显示了与上层部件相关的控制参数，了解这些参数的基本概念、控制原理和评价标准，才能真正驾驭手上的器材，才能实现想要得到的、符合印前处理要求的像素图像。

1．景深

景深是指在一次镜头聚焦调节中，所成影像最远部分和最近部分之间的距离，而这部分画面应该具有可以接受的清晰细节。光圈越大，景深越小；光圈越小，景深越大。

在拍照的时候，人为地控制景深，合理地利用它，就会有很好的效果。选取小的景深，可以从距离不同的很多物体中突显主体，如图 3-3-2 所示，从而起到强调的作用，此时，对于周围的环境则只是稍加提示，那么，照片的主题就会非常的鲜明。这种调焦方法叫做“差视聚焦”。应该注意的是，减小景深和使用大光圈也就同时意味着聚焦必须十分准确，因为误差容限非常小。另外，如果在光线明亮的条件下选取大光圈拍照，或者选用高速胶片（感光度高的胶片），或者为了产生模糊效果而选用慢速拍摄，还可能出现曝光过度的现象。然而，使用大的景深，照片中就会体现最大量的信息。这样的照片可以让欣赏照片的人更加自由地选择兴趣中心，也就是拍摄的主体，而不是由拍摄人定。用这种方法拍照的时候需要小心留意，尽量避免前景和后景杂乱的情况，可能的话，可以用和实际拍摄时相同的光圈观察实际的聚焦画面。

图 3-3-2　景深效果

2．白平衡

照片中什么最重要？答案应该是真实、自然。一张好的作品是可以把拍照时候的情景

鲜活地记录下来的。尽管现在用数码相机和电子暗房可以随意制造出各种各样的效果，但多数情况下，还是需要真实自然地表现事物的。从这一点考虑，在用数码相机拍照的时候，调节白平衡就是关键的一环了，你一定不想看到一个绿色的青椒拍下来就变成黄色的吧。

白平衡调节功能的作用和在传统彩色摄影时加色温转换滤色镜的作用是类似的，目的是达到准确的色彩还原，只是数码相机的色温不需要在镜头上加滤镜，而是采用电路调整方式，靠电子线路改变红、绿、蓝三基色的混合比例，把光线中偏多的颜色成分修正掉。例如，荧光灯下的人看起来是白色的，但是用数码相机拍摄出来却有些偏绿。人的眼睛之所以把他们都看成是白色的，是因为人眼进行了修正。但是 CCD 本身没有这种修正的功能，因此，就有必要把它的输出信号进行修正，这种修正就叫做白平衡调整。这样经过调整以后，照片上的颜色和人眼看到的就会是一致的了。

3．测光及其方式

测光是数码相机进行自动设置的前提和条件，作用十分关键。目前，几乎所有的数码相机测光方式都采用镜头测光（Through the lens, TTL），如图 3-3-1 所示，自动测光（Auto Exposure）系统经过镜头来测光。通过镜头测光的好处是物体的光线可以直接反射，光线经过镜头投射在 CCD 上，CCD 将光信号传送给数码相机的 CPU 作分析，CPU 根据被摄物的反射率（如银是 96%，绘图白纸 75%，人脸是 16%～20%，纯黑是 3%等）调整应有的曝光值。专业摄影人士会利用灰阶卡，测光器等实际核对应有的曝光值。

高端相机允许使用者指定测光模式，常见的测光模式有三种：

1）多区域评价测光（Multi-zone evaluative metering）。测光系统将整个画面分成多个区域（不同的相机划分的形状、方式不同），并参照主体的位置，决定每个区域的测光加权比重，全部衡量后，决定曝光值。

2）中央重点式测光（Centerweighted averaging metering）。测光偏重中央，其余画面平均测光。较适用于人像写真。至于中央面积的多少，因相机不同而异，约占全画面的 20%～30%。以 NikonCP995 为例，测光范围约占全画面的 25%。

3）点测光（Spot Metering）。测光区域限定于画面中央或小的局部位置，如图 3-3-3 所示，光面积约占整个画面的 1/32。点测光适合于背景非常明亮或非常暗的情况。

4．感光度

感光度值（即 ISO 值）是标明感光材料（单元）对光线敏感程度的单位，基本上与传统摄影胶片所标注的 ISO 值相同。这是控制曝光量的一个重要参数。

图 3-3-3　使用点测光的例子

一般来说，民用级数码相机的 ISO 值都在 ISO 50～ISO 400 之间，专业级数码相机的 ISO 值的变化范围则扩大至 ISO 50～ISO 1600 之间。在相同的快门和光圈值下，ISO 值越大，表明其感光能力越强，反之则弱。但 ISO 值越大，拍摄出的影像的图像噪声（图

像中有较均匀的白点）及颗粒感也越大，清晰度也越差。

与传统相机不同，数码相机的 ISO 值是可调的，其物理原理就是 CCD 或 CMOS 器件对光线作电荷积分的灵敏度。因此，数码相机在拍摄时就较传统相机更加灵活机动，可应对不同明暗程度的拍摄环境。例如，当使用数码相机时，可用 ISO100 拍摄第一张照片，用 ISO400 来拍摄第二张照片。传统相机则不行，只能将一个 ISO100 的 36 张胶片全部拍完后，才能换上 ISO400 的胶卷进行拍摄。

5. 闪光灯

目前，几乎所有的数码相机都可以使用电子闪光灯。与普通闪光灯相比，电子闪光灯具有：发光强度大，能够提供足够的亮度；发光持续时间短（在人们的感觉中，闪光总是一闪而过，实际上闪光灯每次闪亮的时间通常只有几百或几千分之一秒）；色温约为 5500K 左右，与标准日光的色温差不多；发光的性质为冷光等特点。这些特点使得电子闪光灯成为拍摄时不可缺少的工具之一。

闪光灯的种类很多，有多种分类方法。从它与相机的关系来看，可以分为内置式和独立式。内置式闪光灯与相机结合在一起，不能卸下来使用。有的内置式闪光灯可以藏起来，使用时可以弹出，有些则固定在某个部位。不管哪一种，效果都差不多。内置式闪光灯的好处是轻巧方便，随处可用，缺点是功率不够，而且无法调整闪光角度，使得应用的范围和效果都有限。独立式闪光灯则是独立于相机的，使用时利用各种方式与相机连接并进行同步控制，连接方式包括控制线、无线电波、直接插入相机的插口等。因为独立于相机，所以独立式闪光灯功能强大，种类繁多，适合各种场合和效果，但使用相对麻烦，携带不便。对于普通数码相机来说，内置式电子闪光灯是标准配置。有少数的数码相机提供了外接独立式闪光灯的接口，但需要自行购买独立式闪光灯。

6. 曝光和曝光组合

摄影是用光描绘生活的艺术，它的原理就是利用感光材料或感光器件捕捉外界的各种光线，然后成像。那么，外界的各种光线塑造的物体能否正确地还原到感光材料上或得到正确的 CCD 采集，就成了一个很重要的问题。经常会看到有些照片中本来是黑色或者白色的物体拍出来变成了灰色，这就是由于曝光不准确的缘故。黑色拍成了灰色是由于曝光过度，而白色拍成了灰色是由于曝光不足。曝光的值是由两个参数组合起来的—— 光圈和快门。胶片的曝光量受照相机快门速度的快慢和光圈大小的影响。其中，快门速度影响记录在胶片上的物体动态效果，光圈大小影响照片的清晰度和景深，所以，必须正确地使用快门速度和光圈的组合，以便获得更理想的拍摄效果。通常需要记住两者与曝光量之间的如下关系：

1）快门速度不变时：光圈越小，焦距越短，景深越大，曝光量越少；光圈越大，焦距越长，景深越小，曝光量越大。

2）光圈不变时：快门速度越快，曝光量越小；快门速度越慢，曝光量越大。

利用合理的曝光组合不但可以使照片正确地表现外界事物，还可以产生一些特殊效果。有类似这样的作品，所要拍的主题景物是清晰细腻的，而其他背景则是模糊的，主体看上去突出、鲜明。这就需要调节光圈和焦距，原则就是使用大光圈、长焦，就可以将景深变小。如果在拍照的时候将速度调节成慢速，那么相机将记录物体运动的过程，可以将运动的物体拍成虚的，流水就会成了棉花状，如果是汽车，就会拉成线，看上去很有动感。但是要注

意，不能单纯改变速度而不考虑照片的曝光量。快门速度调慢，光圈就要变小以保证曝光的正确。还需要注意，如果要改变照片的整体曝光量，可以同时改变光圈和速度。例如，想用慢速拍一辆车的行使过程，但是又不想由于速度变慢而使得照片曝光过度，这时就需要在调慢速度的同时，减小光圈（减速和减小光圈的档数应该一样多），以保证照片的曝光正常。

为了使照片的曝光正常，必须使快门速度和光圈的调整协调一致。为了精确地调整快门速度和光圈，首先应当测量被摄体的亮度。目前的数码相机本身都具备自动测光功能，从而使测光变得简单了。另外，曝光组合以及闪光灯、白平衡的设置与调节都是由自动测光环节决定的。

7. 清晰度和分辨率的评价标准与测定

在摄影行业有镜头质量标准 MTF，全称 Modular Transfer Function，它是瑞典哈苏公司制定的反映镜头成像质量的测试参数，反映的是镜头对现实世界的再现能力。这是一个复杂的测试体系，是对镜头的锐度、反差和分辨率进行综合评价的数值。对于一个平面黑（白）色物体，它的线对频率是 0，此时，任何一个最简易的镜头都可以完整地体现出这一反差，即 MTF 值等于 1。而对于纯黑和纯白相间的线条（反差为 100%），随着线对频率的提高，通过镜头表现的反差就相应减少（反差小于 100%）。当线对频率达到一个很高的数值时（例如，1000 线对/mm），则任何镜头也只能把它们记录成一片灰色。这时镜头的 MTF 值就接近 0。因此，MTF 值是一个介于 0～1 之间的数值。这个数值越大（越接近 1），说明这个镜头还原真实的能力越强。这个数值常用来比较镜头的成像质量，虽然被几大镜头生产商所采纳，也常被媒体用来作为对比镜头质量的依据，但并不是国际标准。

由于数码相机是光电一体化的产品，尤其是非专业机型，镜头是不可更换的。尤其重要的是，其成像质量不仅反映了镜头的成像性能，还受 CCD 特性甚至运算方法的影响，这些影响甚至大于镜头本身性能的影响，因此，过于专业的 MTF 数值在非专业数码相机的测试中并没有太多的实际意义。而 ISO 12233 分辨率测试标板是目前唯一的反映数码相机成像性能的国际标准，其测试结果也可以表示为类似 MTF 数据的 SFR 值。它用来测试非专业数码相机比较直观，容易理解，比较有参考价值。图 3-3-4 是 ISO 12233 标准的局部，图 3-3-5 和图 3-3-6 显示了该标准的分辨率检测线对在不同分辨率（400dpi 和 100dpi）相机的测试状态下的模拟效果。

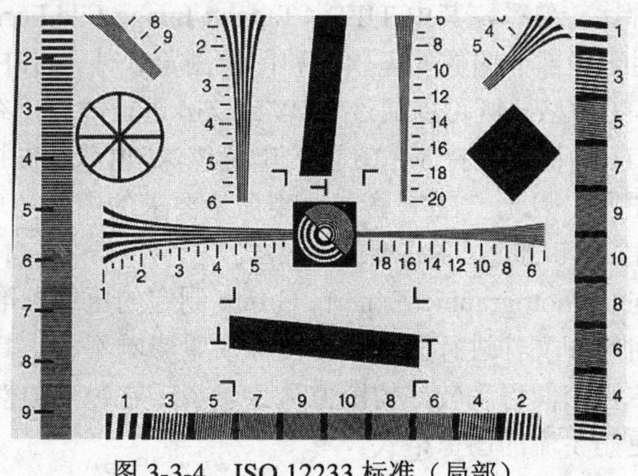

图 3-3-4　ISO 12233 标准（局部）

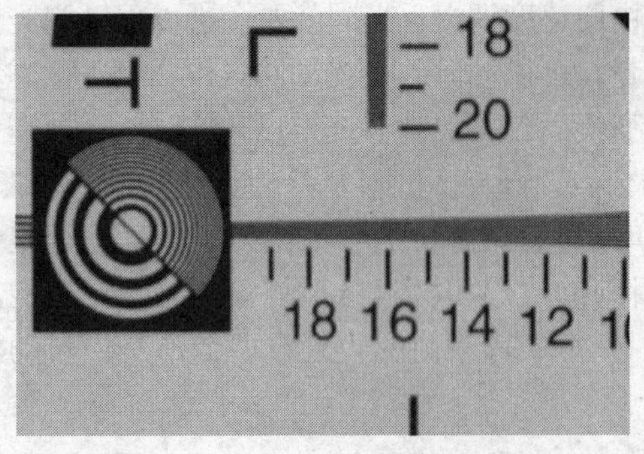

图 3-3-5　400dpi 分辨率下的效果

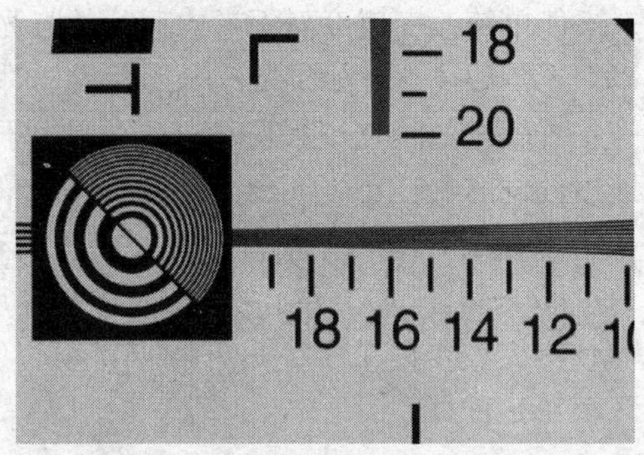

图 3-3-6　100dpi 分辨率下的效果

三、输出文件

数码相机有三大存储格式：RAW、TIFF 和 JPEP，以下分别介绍它们的特点。

1．RAW——原始记录格式

普通数码相机用户平时接触的都是 TIFF 格式或者 JPEG 格式数码照片，很少接触到 RAW 格式的照片，专业数码摄影人士最喜欢的正是 RAW 格式，其原因在于 RAW 格式是直接读取传感器（CCD 或者 CMOS）上的原始记录数据。如前所述，这些信息是按串行方式的各单色像素按顺序输出的，并且这些数据尚未经过曝光补偿、色彩平衡、Gamma 调校等处理，因此，专业摄影人士可以在后期通过专业的软件，如 Photoshop，对照片进行曝光补偿、色彩平衡、Gamma 调整等操作。不过 RAW 文档需要相应的配套软件读取，不能用一般的图像处理软件识别和编辑。

RAW 是非压缩非破坏性的格式，但 RAW 格式的照片要比 TIFF 格式的照片占用的容量还要小，这是因为 RAW 的原始单位（像素）数据只需 8～12 位的储存，而不像 RGB 格式的单像素 24～48 位的储存。这使得 RAW 文档比 TIFF 文档小了许多。在高品质要求下拍摄，选取 RAW 格式存储的优势，一方面它能节省存储空间（相对 TIFF），另一方面可提高拍摄效率（存储时间、单张拍摄间隔时间等）。

2．TIFF 与 JPEG 格式

这两种格式大家都比较熟悉，其中 TIFF（Tagged Image File Format）格式是一种国际性的图像格式，它适用于大部分图像处理软件和图像浏览软件。TIFF 格式的最大特点就是它可以进行无损压缩，TIFF 格式既可以通过 LZW 或 Zip 进行内部压缩，又可以通过 WinZip 等软件进行外部压缩。TIFF 格式支持 8～16 位的单色位深，也就是支持最高达 48 位的 RGB 图像或 64 位 CMYK 图像。因此，TIFF 格式对高质量要求的图像处理来说是首选，同时，TIFF 格式通常用作打样和印刷输出的图像最终格式。

JPEG 格式是按 Joint Photographic Experts Group 制定的压缩标准产生的压缩格式。可以用不同的压缩比例对这种文件进行压缩，对图像质量影响不大，其压缩技术十分先进。因此，可以用最少的磁盘空间得到较好的图像质量。由于它优异的性能，所以应用非常广泛，在互联网上，它更是主流的图像格式。

复习思考题

1. 简述线阵和面阵 CCD 的基本结构和工作原理。

2. 彩色 CCD 的颜色采集特性和像素分布是何规律？

3. 模拟前端中包括哪些处理环节？哪些因素能够有效地提高系统的信噪比？

4. 器件与系统的动态范围的含义是什么？它与采样位数之间是什么关系？

5. 简述平台扫描仪的结构与光学分辨率的形成原理。

6. 滚筒扫描仪比平台扫描仪性能高的主要原因是什么？

7. 简述平台式扫描仪进行扫描时的操作过程和基本参数。

8. 试述基于调幅网、调频网、线条稿输出的图片扫描分辨率如何来设置？原理是什么？

9. 扫描设备的“动态范围”与扫描设置参数中的“密度范围”的区别是什么？

10. 图像在扫描软件中进行的前端校正（在预扫和最终扫描之间的层次和颜色校正）和在图像处理软件中进行的后端校正处理有什么区别？数码相机的输出模式设置的含义和使用意义有哪些？

11. 扫描生成高位深图像或色度图像的好处有哪些？

12. 简述数码相机的主要机体部件及其功能。

13. 简述数码摄影的主要质量控制参数和控制方法。

14. 简述数码摄影清晰度和分辨率的评价方法与标准。

15. 数码相机输出模式的工作原理与主要作用是什么？有哪些常用的模式？

16. 简述数码相机基本的输出文件格式与特点。

17. 调幅加网输出的图像的扫描分辨率计算：

（1）写出完整的计算公式。

（2）如果有一幅图像需要以 175lpi（线/in）加网线数进行输出和印刷，原稿尺寸大小为 12mm×12mm，印刷尺寸 30mm×30mm，试计算扫描分辨率设置为多少？

第四章 电子暗房

第一节　层次与颜色的结构与描述

数字图像，无论它是由 RGB、CMYK 原色组成，或者由 Lab 色度来描述，都可以将图像的外观分解成亮度层次与颜色两个层面来看待和分析。

（1）亮度层次　也就是在中性灰色的成分上表现图像。它反映了一个图像的明暗细节，构成了图像的结构骨架，是层次的基础。在数值上，RGB、CMY 原色的灰色成分表现为三种颜色共同成分上，而 Lab 色度则用亮度分量代表灰度成分。

（2）颜色　在上述的共同分量所构筑成的层次结构上，颜色分量的差值形成了色相，而差值与共同量的比例关系形成了颜色的饱和度（也就是颜色的鲜艳度）。在数值上，RGB、CMY 原色的颜色分量表现为它们颜色之间的差值，而 Lab 色度则是由 *a*、*b* 两个分量表示。

例如，如图 4-1-1 所示为用 RGB 加色形成的某一颜色的成分组成原理。其中公共部分构成了它的灰度层次的成分，而其他部分决定了该颜色的色相，灰成分和彩色成分之比决定了该颜色的饱和度。

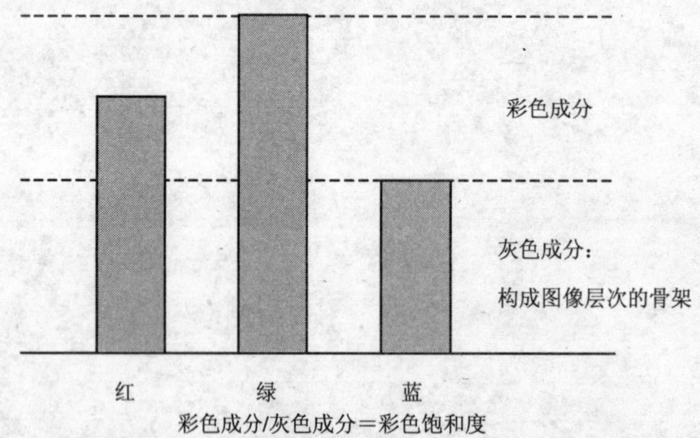

图 4-1-1　用 RGB 加色形成颜色成分的组成原理

可以将层次和颜色看成是一个总量守恒的统一体，但颜色和层次是互相矛盾的关系。从上面的观点可以清楚看出，对于一个亮度一定的图像而言，色彩鲜艳度（由颜色差异产生）与灰度层次（由颜色共同分量产生）之间呈反比关系。在实际处理时，这种色彩的饱

和鲜艳与色彩中的层次丰富性两者很难兼顾，若要保全色彩中的明暗层次，就要用互补色来增加灰成分，而增加了灰成分，自然色彩的鲜艳度就会降低；若要使色彩鲜艳，就要少加互补色，这样色彩中的明暗层次又会受到影响。一般来讲，要使一个图像获得较好的效果，应该符合以下要求：

1）图像要有较宽的黑白层次上明暗色调的范围（密度范围）和彩色层次上最大的色彩张开度（饱和度）。

2）图像的黑白层次和颜色层次有一个较合理的统筹分布，既较好地反映图像的层次关系，又能照顾到图像颜色饱和度的要求，以期最大限度地表现图像中最重要的细节。

3）针对不同的印品要求，对层次和颜色进行有效的强调和取舍。例如，对时效性及包装类产品，应强调色彩的饱和鲜艳为主，牺牲一些色彩的层次感。这样最终印品图像的色彩感强，视觉效果好。因此，关键在于掌握一个“度”，而“度”的把握是操作人员审美水平的表现，直接关系图像的艺术效果。

初学者易犯的毛病，就是过分注重色彩而忽略层次。其实，图片是否有表现力，层次往往是关键要素。

第二节　层次校正原理与工具

一、色阶、曲线与滴管工具

1．色阶工具

Photoshop 中的直方图工具是 Level，如图 4-2-1 所示。其中，左边是它的图像，右边是它的直方图工具。在工具图画面中看到的就是被称为直方图的图，它是由图像阶调组成的柱状图表，从白到黑的所有阶调通过沿着直方图底部的阶调灰级轴依次显示，在哪一阶调上面的条柱越高，图像中该阶调的像素就越多。如果像素的分布区域偏向暗调，如图 4-2-1 所示，说明原图像属于暗调图像。同样，如图 4-2-2 和图 4-2-3 所示，分别是中间调图像和高亮图像及直方图的分布情况。利用直方图分析图像的层次分布和明暗关系是非常直观有效的，它为进一步调整和校正图像提供了直观的依据。

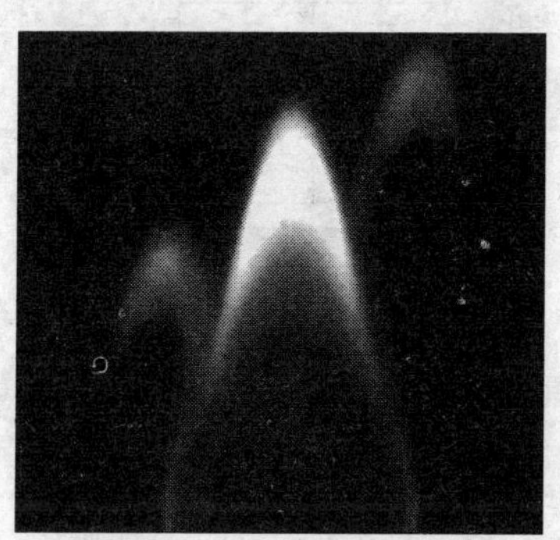

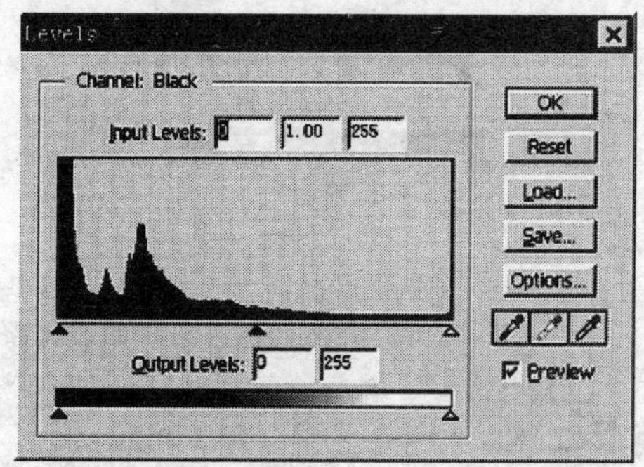

图 4-2-1　暗调图像及其直方图的分布情况

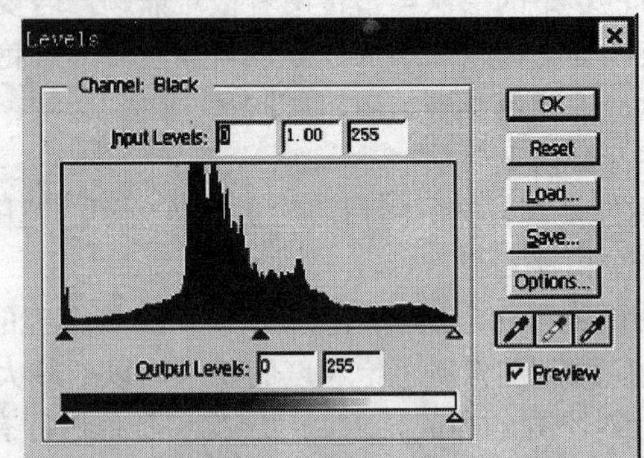

图 4-2-2　中间调图像及其直方图的分布情况

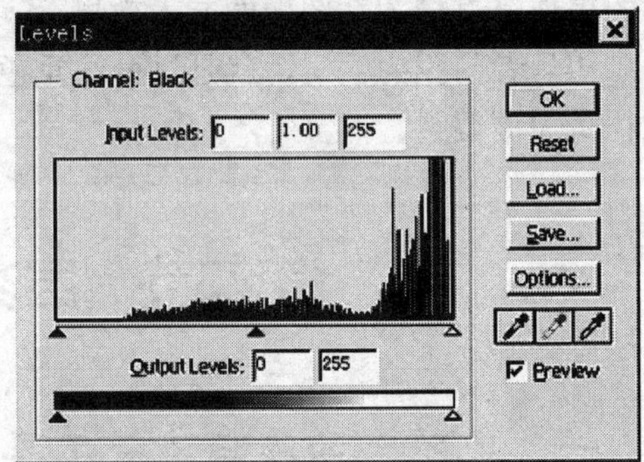

图 4-2-3　亮调图像及其直方图的分布情况

在 Level 工具中，除了直方图以外，还带有调整图像明暗极点和中间调的调整按钮（小三角形）。利用它可以直接改变极点位置，而通过对中间调按钮的调整，实际上是改变了图像的 Gamma 值。其原理如图 4-2-4 所示，它和曲线调整工具有内在的统一性，只是它没有曲线工具直观而已。和曲线工具一样它也带有内含的滴管工具，可利用它来重新设定黑白极点和中间调的位置。

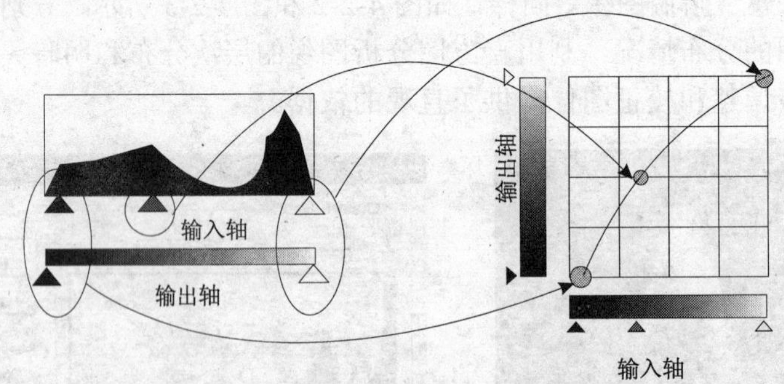

图 4-2-4　直方图和曲线调整工具有内在的统一性

2. 滴管工具

如前所述，滴管（Eyedropper）工具是包含在 Cruves 和 Lever 工具中当作极点和中

点的设置工具使用。以 Cruves 中的滴管工具为例，其调整原理如图 4-2-5 所示，它调整 Cruves 中映射曲线的黑白场的极点位置，而极点之间的映射关系按极点之间连线形成的线性关系进行调整。

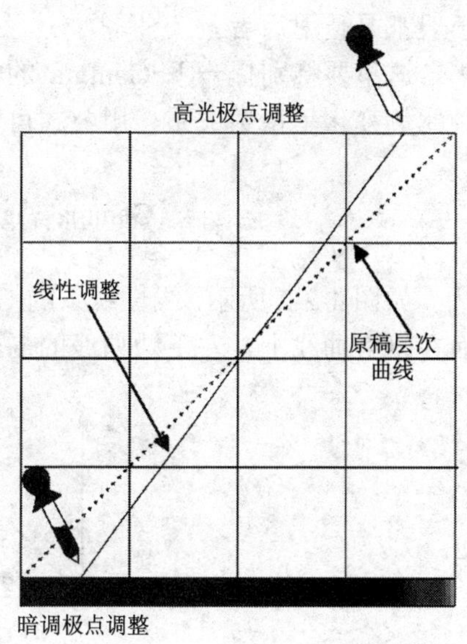

图 4-2-5 滴管工具的调整原理

在使用滴管工具时，首先是对明暗滴管定义颜色值，其方法是双击滴管按钮弹出颜色选择工具框，然后输入高光极点或者暗调极点的颜色值。再用定义颜色后的滴管点击图像中重新选定的极点的像素区域。这时被选像素原来的颜色值就会被滴管颜色值所取代，而图像中其他颜色值作为按上述的调整原理进行整体的线性变换。如果用 Info 工具（在屏密度计）观察图像，就会显示出变化前后的值。如 23/33，说明变换前是 23，变换后是 33。

使用滴管工具的原因之一是它能较合理地影响图像的整体效果，并比其他形式的校正（线性的）更安全。之所以安全，是由于它每次的图像改变都是以原始值为基础进行的改变，产生不理想的效果后，可以很容易恢复到原来状态，而不会产生操作效果叠加的现象。当然，在获得某一效果并保存以后，图像的改变就不可恢复了。

滴管工具频繁地使用于设置印刷用图像的黑白场、修改密度范围、进行图像校色等工作，这些将在下面的内容中详细介绍。

3. 曲线工具

可编辑的输入输出映射关系的曲线调整工具，是最灵活和最完善的一种映射关系调整工具。在 Photoshop 中此工具称为 Curves，如图 4-2-6 所示。

在曲线框中，下方的横线代表原始数据轴，左边的纵线代表映射转换后的数据轴。由它的结构看出，它允许对任何原始图像数据作任何方式的映射处理，而不像其他类型的工具只能对两个端点和中间色调进行映射关系控制。实际上，绝大多数的图像处理工作都可以用此工具完成。在此工具中，对映射曲线的控制有两种方式：自由曲线方式和 Gamma 曲线方式。自由曲线方式使用手绘工具画出映射曲线，并利用平滑按钮 Smooth 去掉毛刺，使用它特别灵活自由。Gamma 曲线方式使用曲线上的控制点控制按指数规律变化的曲线，这种曲线的特点是过渡平滑，符合对图像印刷出版物的一般处理要求，并能较方便地对印刷适性进行补偿操作。所以，在印前处理中

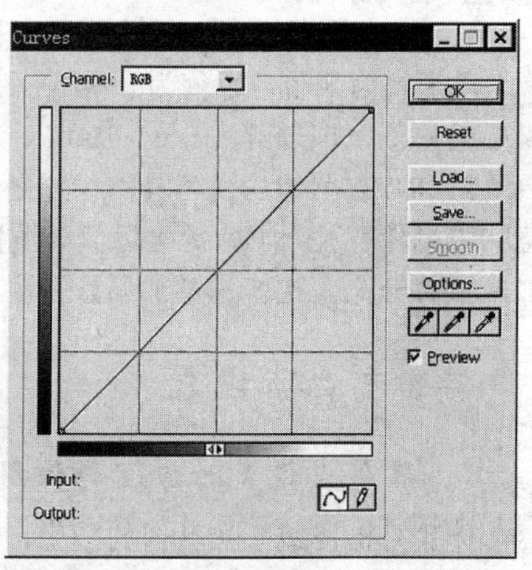

图 4-2-6 曲线调整工具 Curves

一般都是使用后者。

这里要特别提一下 Gamma 的概念，它代表着输入和输出量之间的一种比例变化，这种比例变化呈指数关系，用公式可以表示为

$$\text{Gamma} = \lg\frac{输出}{输入} \qquad 输出=输入\times 10^{\text{Gamma}}$$

如图 4-2-7 所示，线性线条的 Gamma＝1，上凸线条 Gamma＞1，下凹线条 Gamma＜1。而在复合曲线上，左下边曲线的 Gamma＝0.8 而右上边则是 Gamma＝1.8。

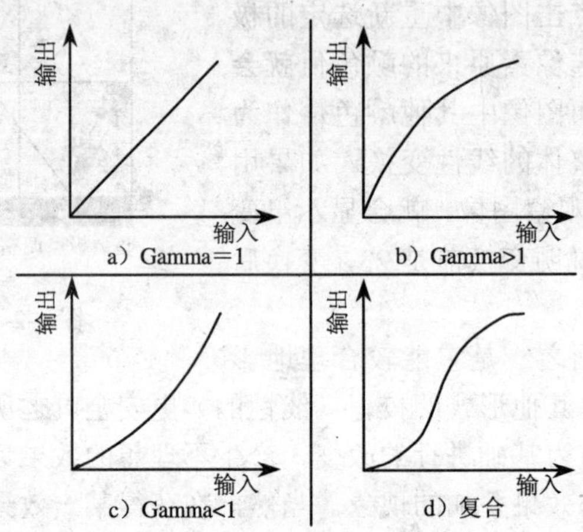

图 4-2-7　各种情况的 Gamma 曲线

用指数的映射调整关系对图像进行明暗、对比度和层次的变化调整效果较好。其原因是和人们肉眼接受亮度的非线性方式（实际上就是指数关系）有关。也就是说，如果加亮中间调，需要按指数关系加亮图像中较暗和较亮的其他部分，这样才会有较好的整体效果。同样，如果使中间调变暗，也应该使图像中较暗和较亮的部分按指数的关系作相应的变化，以达到最好的整体效果。

最后要特别强调用曲线工具进行 RGB 与 CMYK 图像处理时容易混淆的问题：

1）RGB 图像曲线工具的阶调坐标用图像的单通道位数描述，如一个 24 位的 RGB 图像，单通道为 8 位，数值为 0～255，这也就是曲线工具的坐标。CMYK 图的曲线工具，其坐标的单位应该理解为 0%～100%，对应 C、M、Y、K 着墨量的网点百分比。

2）RGB 图像曲线工具的调整是加色方式，增加色光的强度（也就是增加坐标值）就意味着图像变亮，也就是坐标值与图像亮度值成正比。而 CMYK 图像曲线工具的调整，增加网点百分比（也就是增加墨量）就意味着图像变暗，是使用减色方式。

二、黑白点设置

1．黑白点设置的原理与作用

无论是摄影或扫描获得的图像，都有其色调的表现范围和分布，而这种色调是用数字描述的，如 24 位的 RGB 三色，各自的色调范围为 0～255。又如 CMYK 印刷四色的数字

化描述，则是使用网点百分比，各色这个范围为 0%～100%。

黑白点的设置，就是针对某一个颜色空间（RGB 或 CMYK）所描述的图像，确定或调整它的中性的最亮点（白点）和最暗点的过程。设置黑白点是进行图像印前处理的一个重要步骤，它主要实现以下几个方面的功能：

（1）对图像进行基于印刷适性的最大输出范围的调节　在扫描原图像的层次为全色调范围（0%～100%）时，一般都要求将图像中的层次压缩到小于全色调的范围内后，再进行输出。其原因是印刷适性的需要：

1）在印刷图像的高亮处，一般 3%～5%的高亮区域是印不出来的，也就是说 3%～5%的灰度变成了 0%的“纯”白色，也就是纸张的颜色。这样图像高亮度区域的细节就会丢失。

2）在印刷图像的暗调处，由于网点扩大的原因，90%左右的暗调区域以上都会被印成 100%的实地色，这样，暗调细节就会丢失。

为了补偿这种印刷适性对再现图像层次的影响，就应该对印刷用的图像进行层次压缩，例如，将 0%的白色压缩到 5%的灰白色，而将 100%的黑色压缩到 90%的暗灰色调。

（2）图像自身的层次扩展或压缩　这种处理和印刷适性无关，实际上是层次校正的一部分，其作用是将色调范围较窄的图像展开到全色调的范围内；或者相反，屏蔽掉最亮或最暗部分的一些层次，以扩大中间调的层次范围。例如，对于非印刷类型的电子出版，图像的层次范围应该包括从黑到白的整个色调范围，也就是最亮的点设置成为 0（或 0%），将黑场设置成 255（或 100%），或者采用自动调整选项强制将色调分布在整个色谱上。

（3）灰平衡控制　由于白场和黑场是一幅图像上的最亮和最暗的中性灰色点的色调值，如果这两个点的颜色不是中性灰，就说明图像有色偏。关于基于黑白场的中性灰校色方法将在颜色校正章节中详细论述。

2．黑白点设置的环节、工具、方法和参数

黑白场的设置主要通过两个环节实现：

1）直接在图像采集系统上（扫描仪、相机）进行黑白场设置。例如，对于扫描仪而言，则是根据预扫的结果，再用扫描软件进行前端设置；而对于数码相机，则可以通过机器内部自动测光完成曝光量和光圈大小的组合设置，以达到最佳（大）的阶调范围。这部分的设置原理和方法在第三章中已经有了详细的论述。

2）使用图像的后端处理软件进行黑白场设置：如在 Photoshop 中进行的黑白点设置，它是电子暗房处理的一个基本操作。下面针对 Photoshop 平台中进行的黑白点处理进行论述。

黑白点设置的第一步是正确确定被处理图像的印刷极点，其中高光极点可分成两种：

a．镜面高光点，是图片中没有信息的中性点，纯白纸。

b．散射高光点，是一种携带最少细节和具有最少信息的高光点中性点，如图 4-2-8 所示的闪亮点。

这两种高光都很重要，但作为标定用的印刷高光极点，应该用带有最少中性信息的散射高光点，而不是镜面高光点。

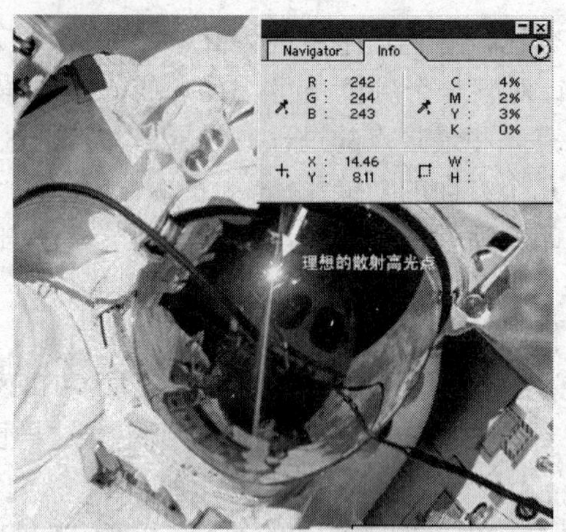

图 4-2-8 理想的散射高光点（注：CMYK 没有全部为 0%）

检测和识别散射高光点可以用在屏密度计（Info 框），检查重要的散射高光候选点的颜色值，看它是否位于可印刷的范围内，如果在范围内就不用进行调整，否则就用极点调整工具把它压缩设置到能够印刷的最小网点百分比上（如 2%～6%范围内），以使它能被印刷出来。同样原理，对暗调中性点，则选用需要呈现暗调层次的最适当区域，并检查其值，如果超出可呈现的暗调层次的最深颜色的值，则用极点调整工具将它向亮调处压缩，使之可呈现出细节和层次。具体的设置方法有两种：

1）用高光和暗调滴管——针对图像中能够找到正确的中性黑白点的情况。在 Photoshop 的 Cruves 和 Levels 工具中都有滴管工具，它们专门用于设置极点，并对极点之间的色调按极点之间的范围进行线性映射。极点颜色值的设置要依照具体的印刷条件而定，一般是用 C、M、Y、K 颜色值设置。大多数情况下，在白纸上打印时，较常用的一组 CMYK 和 RGB 的极点值如表 4-2-1 所示。

表 4-2-1 CMYK 和 RGB 的典型极点值

	暗 调 极 点	高 光 极 点
CMYK（%）	5、3、3、0 或 4、2、2、0	65、53、51、95
RGB（0～255）	10、10、10	244、244、244
灰度等量值（%）	96	4

如图 4-2-9 所示的彩色图像，可以首先用眼睛观察图像中中性灰的高光极点和暗调极点，如果无法确定，则可以用 Levels 工具中的黑点滑块将整个图片“拉”黑，从中发现最亮的中性白点；同样可以用白点滑块将整个图片“拉”白，从中发现最黑的中性黑点。

2）色阶工具中的黑白点滑块——针对图像中无法找到合适中性黑白点的情况。如图 4-2-10 所示是一个用 Levels 工具进行黑白场设置的例子，从图中看出，虽然图像上很难找到明确的黑白点，但通过直方图可以看出这张图像明显的暗调和亮调的边界点，将亮调和暗调滑块调到这些边界点上，但要注意向明暗的各自方向保留一个印刷适性“距离”，亮的方向加 2%～3%的网点，暗的方向减 2%～3%的网点值。这样就完成了黑白极点的设置过程，显然这是一次层次展开的过程。

作为相反的过程，如果扫描原图像的层次在全阶调上分布饱满，就需要强行将亮调和

暗调滑块各自向内调节到 3%～4%和 96%～97%的印刷适性“位置”上，虽然这是一次层次压缩的过程。

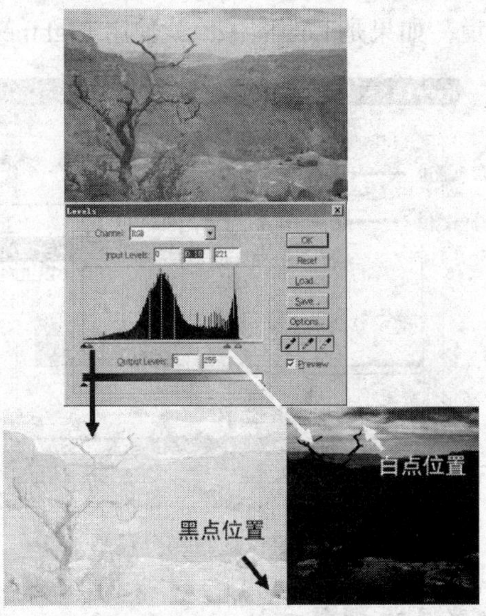

图 4-2-9　通过调节黑/白滑块来寻找白/黑中性极点

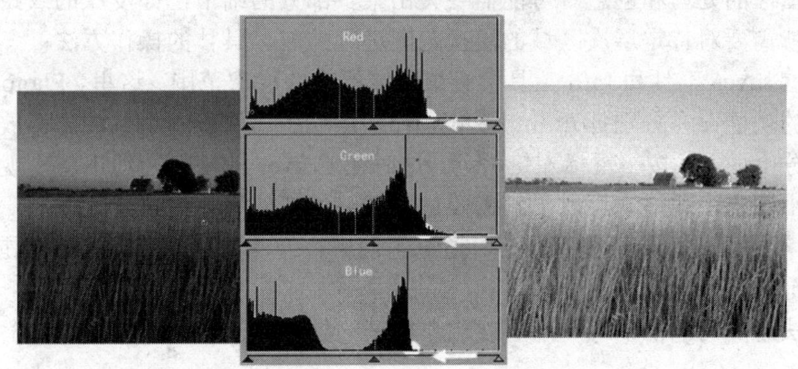

图 4-2-10　图像中无中性极点时的黑白点设置方法

三、整体和局部层次校正的方法

1．整体层次校正方法

在这里首先明确“整体”的含义，它是针对层次或颜色校正的整体性而言的。也就是在改变原图的层次和颜色的过程中，使用的工具或功能只能对层次和颜色作整体性的变化。例如，色阶工具，虽然具有 gamma 调节、黑白点设置等功能，但都是针对所有的层次联动变化的。并不具备针对某一个特定层次的特定改变。除了色阶工具，亮度/对比度工具、色平衡工具都是只能进行整体校正的工具。而最灵活的曲线工具，在只有一个调节点的状况下也具有整体变化的特点。

层次校正中的“层次”概念，按照颜色成分的理解，它是指所有颜色成分的公共成分，它体现为一个灰度，是构成图像细节中的中性亮度的区别与变化。对于层次的校正和改变，其前提是必须在使用的工具中选择“复合”通道，复合通道实际就是整个颜色光谱范围的概念，如图 4-2-11 所示，如果调整的图像是 RGB 图像，就选择 RGB 复合通道；如果是 CMYK 图像，就是 CMYK 复合通道；如果是 Lab 图像，就使用 Lightness 通道进行层次校正。

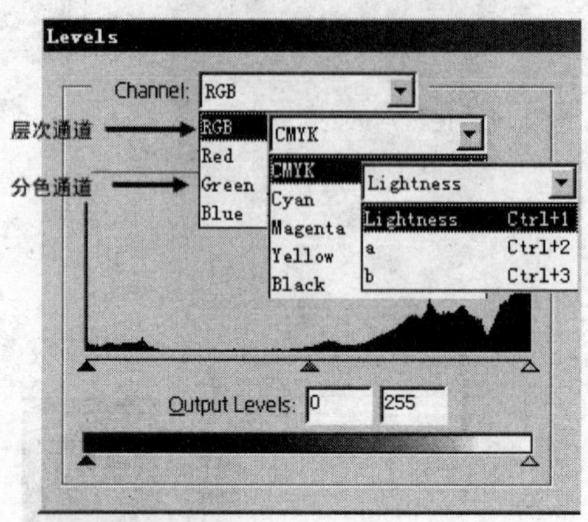

图 4-2-11　层次通道与分色通道

2．用曲线工具的局部层次调整方法

在有些图像的处理和创意时可能需要突出某一部分的细节，如皮肤的纹路、头发的层次感等，这就需要对特定层次区域的层次范围进行扩展。具体的操作方法：

1）使用 Cruves 工具和 Info 工具检查该区域所在的层次范围。这里，Photoshop 提供了一个很有用的功能：在分别打开 Info 和 Cruves 工具后，将 Info 工具的光标放在要调整层次的图像部分上面，并按下鼠标左键滑动，这时在 Cruves 的映射曲线上就出现了反映层次所在位置的小圆点，通过它可以了解需要进行调整的部分所在的层次区域。

2）在映射曲线上设置一些工具点，通过它们来拉伸需要强调的层次的范围，适当压缩其他层次的范围，这样效果就出来了。

这个方法的实例，请参考局部层次色彩校正的处理实例，过程如图 4-3-3 所示，这里不再赘述。

3．典型的原稿层次处理方法

理想的印前图像在层次表现上，应该具有令人满意的反差，原稿上的重要细节得到表现，层次过渡平稳，整个画面平衡。如果一个图像表现出细节不清晰，缺乏应有的自然光泽，亮调不亮或缺乏反差，重要部位给人以“平”的感觉等问题时，就应该进行有针对性的层次校正了。

层次校正的主要作用包括整体调整图像的密度范围，其经典的方式是用黑白点设置和整体的 Gamma 调整。另一种调节就是对图像中某一亮度层次上的细节加大反差，以突出其层次细节，并以牺牲其他部分的反差与细节表现能力为代价（在许多情况下这种牺牲是值得的）。下面就以 Photoshop 为例，讨论常用的图像原稿的层次校正方法。

（1）剪掉亮调——曝光不足（厚闷原稿）的校正　厚闷是指原稿主体部分偏暗偏深，高光密度在 0.5 以上，甚至超过 1.0。多因拍摄时曝光不足或显影不足所致。层次压缩在暗调范围没有展开，亮调层次少，中暗调层次丰富而级差平软，而且面积比度很大，因此，

无法较好地表现画面中主要物体的效果。处理的方法可以使用高光滴管工具，选择图像中相对较亮的灰调高光部分重新设置高光极点，从而将图像的层次扩展到整个色调范围，图像亮度整体按线性关系提升。昏暗中的细节明显起来。其效果如图 4-2-13 所示。如果使用曲线工具，就可以通过设置如图 4-2-12 所示的阶调曲线，“剪掉”一部分亮调，但这种方法不如在色阶工具中直接看着直方图的亮调起始点调整暗调滑块来的好用，当然最好的方法是采用暗调滴管。

图 4-2-12 曝光不足的亮调“剪除”校正　　图 4-2-13 调整后的效果

（2）剪掉暗调——曝光过度的校正　这种图像整体偏亮，层次主要集中在亮调部分，而暗调部分过亮，浪费了部分暗调层次。对它的优化校正方法是：使用暗调滴管点击合适的图像暗处，将它映射到更暗处，从而拉开图像的层次，增强图像对比度。如果使用曲线工具就可如图 4-2-14 所示“剪掉”一部分暗调，也可以在色阶工具中直接看着直方图的暗调起始点，调整暗调滑块进行调整。

（3）剪掉两端——处理低反差原稿　低反差是指阶调反差在 1.7 以下，高光密度在 0.3 以下的色调淡薄的原稿，其主体部分偏亮偏薄，亮调层次丰富，但密度级差都很小，且占面积比例大。处理方式可以是（1）和（2）的组合。

（4）增强中间调层次、压缩明暗两端的层次——处理色调平衡的低反差原稿　这种处理一般应用于色调平衡的图像，增强中间调的细节表现力，因为人的视觉对中间调最敏感。因此，经过这样处理的印刷图像效果都比较理想。它们的映射曲线是 S 形的，如图 4-2-15 所示。可以看出亮调和暗调处的层次范围都被减少了，而中间

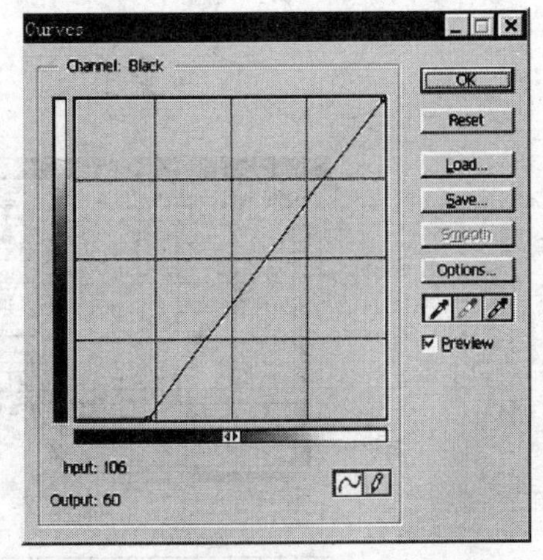

图 4-2-14 曝光过度的暗调“剪除”校正

调范围增加了。其操作过程是分别在 1/4 处和 3/4 处设置控制点，并且分别将两点向亮调和暗调方向拉动到合适的位置即可。这时的曲线将按指数算法平滑过渡，其效果如图 4-2-16 所示。

图 4-2-15　增强中间调层次、压缩明暗两端的层次　图 4-2-16　调整后的效果

（5）增强亮调层次、压缩暗调层次——处理亮调为主的平衡图像　这种处理的典型方法就是在映射曲线的中点位置设置控制点，并向暗调处拉动，使直线变成弧形，如图 4-2-17 所示。这种处理一般用在亮调层次为主的图像中，效果是增强了亮调部分的反差和对比度。也同时使是整个图像变暗，其效果如图 4-2-18 所示。

图 4-2-17　增强亮调层次、压缩暗调层次　　图 4-2-18　调整后的效果

（6）增强暗调层次、压缩亮调层次 —— 处理暗调为主的平衡图像 主要用来处理暗调为主的图片，用以达到提高暗调部分表现力的目的，这种处理方法和上述的方法正好相反，如图 4-2-19 所示，就是在映射曲线的中点位置设置控制点，并向亮调处拉动，用来扩展暗调层次的对比度，同时压缩了亮调的层次，并使整个图像变亮，其效果如图 4-2-20 所示。

图 4-2-19 增强暗调、压缩亮调　　图 4-2-20 调整后的效果

四、基于印刷复制特性的图像层次补偿

对于使用半色调（调幅加网和调频加网）的印刷图像，由于半色调网点的网点扩大等印刷适性的影响，使得数字原稿和印刷图像之间产生一定的差异。这一点从第二章的阶调复制曲线中已有清楚的描述，在这里将进一步对网点扩大等适性以及在图像的处理过程中进行适当的反向补偿，以达到数字原稿和印刷图像之间的复制准确性的问题进行探讨。

网点扩大的补偿通常使用三种方法：

1）在层次和颜色校正中对原稿进行反向补偿。这种方式比较灵活，可以进行比较有针对性的网点扩大补偿调节，也不用输出系统的补偿机制，但容易对图片原稿造成破坏。

2）各类应用软件输出系统中，一般都具有输出印版补偿机制设定反向补偿的曲线，并将它嵌入到输出文件中，以便后端的 RIP 进行补偿计算和输出。

3）在各种输出 RIP 的控制界面上直接设定印版补偿参数。

下面介绍前两者的补偿方法：

（1）在 Photoshop 中对图像进行反向层次补偿 网点增大的直接效果就是使得印刷和打印的图像变得层次较暗和颜色较深，特别是中间调的这种效果最为明显。因此，网点增大的补偿就变得十分重要了。

用 Photoshop 中的 Cruves 工具直接校正改变图像中的数据是最快和最容易的方法。同样也可以用扫描软件中类似的工具设定扫描采集映射曲线以获得经过补偿的数据。其补偿方法如图 4-2-21 所示。例如，假设网点增大为 10，则对色调曲线上 50%的点设置一个控制点，并将该点拉到 40%的调子处，这时的阶调补偿曲线是呈现指数弧度的伽玛曲线。这时，扫描或校正图像在中色调时看起来比原图要亮一些，但在印刷（或打印时）时，40%的点将被扩大到 50%，也就是回到了原稿的状态。用这种方法扫描或校正后的图像应在文件名中反映出来，如 grip/10.tif，以便输出和管理。

（2）将网点增大补偿曲线嵌入到输出文件中　这种补偿方法是以 EPS 格式存储输出传递曲线，并在输出时由 RIP 作出校正处理。在 Photoshop 中选择“文件/页面设置（File/Page Setup）”，再选择“传递函数（Transfer Function）”按钮，则有如图 4-2-22 所示的类似 Cruces 的曲线映射工具，并可按不同色调将校正要求的网点百分比填入修改方框中，然后选择 EPS 存储格式并点击“包括传递函数（Incluse Transfer Function）”按钮，以 EPS 格式存储。在这种校正中，图像信息不会改变，但文件中嵌入了传递函数，以供 RIP 软件在输出时与上述同样的方式对网点增大进行补偿。

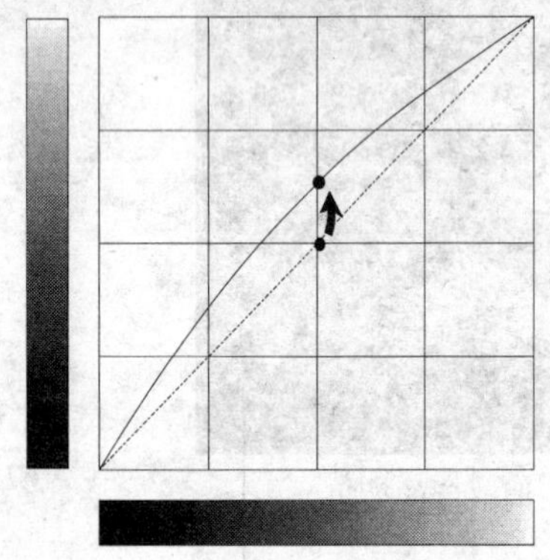

图 4-2-21　使用映射曲线来补偿网点增大对图像的影响

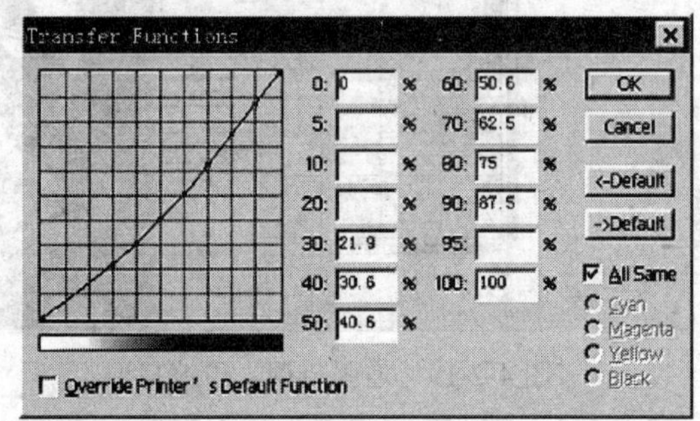

图 4-2-22　Photoshop 中的传递函数设置界面

第三节　颜色校正原理与工具

一、颜色校正的前期要求

1．确定客户对颜色要求的精度级别

在调整图像中需要表现的重点层次和颜色时，了解客户的要求是十分重要的。客户对彩色精度级别的要求相差很大，有些客户只需颜色明亮和放置的位置正确即可，有些则要反复打样以求颜色和自己要求的一样。另外，客户也会提出对图像的局部要求，如“衬衫需要蓝一些”等。这些都是进行图像校正操作的重要依据，没有这些信息，就只能猜测客户的需求。这样，反复和浪费是不可避免的。

2．首先进行层次校正

也就是首先对印刷极点进行检查和调整，以及对图像层次分布进行调整。因为从呈色机制的原理看，可以说色彩是在中性灰层次基础上呈现效果的，所以，应该先将基础性质

的灰色层次校正完毕后再进行颜色调整。否则，如果先调整色彩，那么在进行层次校正时色彩又会发生变化，因为层次的分布改变至少也会破坏色彩原有的饱和度，而由于灰平衡关系，在图像中灰成分的比例发生变化后，色彩的改变也会很大。

3．色彩校正时对颜色空间的选择

色彩校正时选择哪一个颜色空间是很有讲究的，因为不同颜色空间的色域范围有一定差别，同时也和输出介质有关。在印前处理中使用的两个色空间是显示器、扫描仪、数码相机的 RGB 空间与印刷、打样使用的 CMYK 色空间。用 RGB 空间进行校正的优点是有较大的色域范围。但在，这个空间中处理的图像用于印刷输出时必须转换到 CMYK 空间，这时会有部分颜色无法在 CMYK 色域中显示出来，也就是 RGB 颜色超出了 CMYK 印刷色域。关于两个空间相互转换问题将在色彩管理一章中作详细论述。在 CMYK 空间中作颜色校正的主要优点是校正后的图像可以直接用于印刷输出，因此也就不会产生颜色偏移。另外，CMYK 色空间是较容易由人直接感受的颜色空间，在表示某一种颜色及其变化的时候，这个空间更容易被人们接受，特别是对以前从事印前处理的人员更是如此。因此，目前印前处理的一般流程是首先将图像在 RGB 空间中作整体的层次与颜色校正，而在 CMYK 空间中，则是对图像中的关键色及域外色作细节的调整。这样既充分利用了 RGB 的优点，也利用 CMYK 的优点。

与设备无关的 L*a*b*模式也具有很好的前端图像处理特性，因而被越来越多地作为校色空间。L*a*b*模式可以编辑处理任何一种模式的图像（包括灰度图），在色彩管理系统的支撑下，可以保证色彩模式转换时色彩的正确传递，且速度与RGB模式同样快，比CMYK模式快好几倍。另外，如果用于扫描的原图像是彩色图像，而该图像又用于灰度版面时，不要将原图像直接输入为灰度图，应该在 RGB 模式下输入图像，处理好后将其先转换为 Lab 模式，再通过通道分离命令，选取 L 通道的图像作为印刷用灰度图。

二、图像的色偏判断与灰平衡

1．RGB、CMY 混色空间的灰平衡

从原理上讲，RGB、CMY 混色空间中的等量成分混合后应该生成中性灰，其中，加色空间的 R、G、B 分量等量相加后应该生成一个比原色要亮的中心灰色，显示器上的中性灰就是这样生成的；同样，一定量的 C、M、Y 色料减色三原色相结合就可以得到中性灰的效果，而这时的灰色亮度比原色要暗一些。

RGB 色空间是使用电子方式进行平衡的，并具有色温等衡量因素，因此，它具有本质上的可调性，典型的显示器校正处理可以使 RGB 色的生成设备达到理想的工作状态，这方面在色彩管理一章中另有详述。

对于 CMY 空间，理论上等量的 CMY 油墨可混合产生中性灰色(即如 50C＋50M＋50Y 可产生 50%的灰色）。但是实际上作为减色剂的油墨受其工业生产的条件限制，CMY 的显色能力并不相同，其中，品红的显色力最强，青的显色力最弱，因此，等量 CMY 油墨是不会产生中性灰色的，而是产生偏红的灰。要得到中性灰色，必须增加青墨的比重，这就是印刷灰平衡（GreyBalance）的基本原理。

在具体数值上，要产生 50%的中性灰，青的份量要比品红多 13%，而品红与黄色油墨

的份量约可以相等，若要产生 30%的中性灰，则要求青比品红多 9%。可以看出，不同程度的中性灰，品红和青的混合比例也会不同。在浅灰部分，尤其要小心，因为人眼对浅色的偏色最为敏感。不同情况下 C、M、Y 的比例可参考表 4-3-1，也可以简单地记住表 4-3-2 所示的不同阶调的 C 的多余量。注意这里的数字只是一个参考值，实际上不同品牌油墨，网点比例会有 2%～5%的差别。用户最好与印刷厂商量，并由他们提供不同的青、品混合中性灰的比例表以作参考，这样判断会更为准确。

表 4-3-1　典型的灰平衡关系

中性灰密度	青（%）	品红/黄（%）
0.20	4	2
0.30	10	6
0.43	20	13
0.60	30	21
0.78	40	29
0.98	50	37
1.25	60	46
1.58	70	57
2.10	90	71
2.68	90	82
2.80	95	87

表 4-3-2　多出的青的含量

阶　调	额外的青（%）
高光	2～3
1/4 阶调	7～10
中阶调	12～15
3/4 阶调	8～12
暗调	7～10

2．色偏判别法

图像校色之前，首先应该做出正确的色彩判断，判断的基础是墨色的灰平衡关系。在显示器上看来属于中性灰色的部分，如果印刷出来不是灰色，就表示这是一幅偏了色的图片。

如何在图片校正之前就能作出是否色偏和偏向什么颜色的判断呢？在有了中性灰的网点数据后，就等于有了一把参考色尺，判断图像偏色就很方便了。只要找出图像中属于中性灰的部分，在 Photoshop 的在屏密度计工具（如 Photoshop 中的 info 工具）上测量和显示其 CMYK 的网点百分比，如果得出的读数与标准一致，则可断定该图没有偏色，否则便要根据超出或低过标准的读数，判断它是偏向何种颜色，并可以对图像作出相应的修正。

散射高光区域是检查中性灰的最好区域。高光区不一定都是中性灰，但相对其他亮度颜色区域其灰色成分要多一些。所以最好从这里开始检查，这样不但可以查色偏，还可以同时检查散射高光极点处是否过亮，如果过亮，就会造成印刷半色调网点太小，印刷时就会被丢失而呈现纸白。

当然图像的其他应该呈现中性灰的部分都可以用来检查色偏，并用作校正的作用点。如果图像中缺少中性灰，也可以在扫描和摄像时夹带一条灰梯尺，以便作中性灰检查和校

正时使用。

看起来自然的图片，往往是经过设计师精心处理后的结果。一些色彩大师，甚至可以用黑白显示器修正彩色图片。在学习修色的过程中，掌握印刷墨色的灰平衡关系，是色彩校正的入门基本功之一。

三、中性灰校色法与工具

中性灰校正是整体色彩校正的基本方法，它主要针对有色偏的原稿。其校正的最有效方法是使用高光、暗调和中间调滴管工具。前面已经讨论了用它来标定印刷极点，并进行层次范围调整的方法。这里把它当作色彩校正的工具进行深一步的讨论。

1．定义滴管颜色的方法

双击滴管图标，激活它的颜色定义窗口。然后向各个滴管输入目标值，在用滴管工具校正色偏时，高光、暗调和中间调滴管应该输入与图像中需要去除色偏区域的亮度接近的中性灰颜色值，要注意图像中较亮区域的校正应使用高光滴管，暗调区应使用暗调滴管。

2．校正操作的方法

将定义好中性值的滴管移动到图像中带有色偏的灰度区域，并点击之即可。这样，原来含有色偏的灰色区域的像素颜色值改变为滴管的颜色值，于是，这个色调范围左右的色偏一般即可被消除。

3．联合校正方法

这种方法是指在进行中性灰校色时，一般都是和印刷极点设置同时进行的。也就是说将图像中散射高光区既作为印刷极点的设置点，同时又作为亮调区中性化校正的校正点。而对于暗调区域也可将暗调极点设置与暗调中性化操作同时同点进行。

下面是一个联合校正的实例：

设有一个图像，它的散射高光区的值是（4C、1M、1Y、0K），可以看出它的值太小而无法印出其网点，同时带有色偏，颜色偏青。校正的方法是首先打开 Cruves 工具，双击高光滴管，并输入目标值（5C、3M、3Y、0K），它是许多铜版纸印刷时的散射高光区极点值和中性灰值的常用值。然后，使用定义了极点/中性目标值的滴管点击图像上可辨认出的散射高光点，即将该点设置到定义的颜色值上。这样，在印刷极点设置完成的同时，亮调区域中多余的青也被去掉了，图像获得了中性平衡，也就完成了颜色校正。

四、基于原色 RGB—CMY 的颜色调节

1．RGB—CMY 调节通道与原理

在前面所述的色阶、曲线和色平衡工具都具有针对 RGB 图像的独立的 R、G、B 颜色调节通道，同样，对于 CMY 和 Lab 色空间描述的图像文件，也同样可以显示出其独立的颜色通道。如果用这些独立的颜色通道进行调节，就会在一个较宽的范围内对图像进行粗糙的颜色调整，这里的“粗糙”是源于它只是将可见光谱分成了 R、G、B 三个频段进行调节，似乎有些粗了。

进行这类调节的基本原理，就是必须搞清楚 RGB—CMY 互补效果的调节原理，也就是 RGB 的调节并不是单纯的三个颜色的调节，而是按照 R-C、G-M、B-Y 的互补效果进行的调节。以 R-C 调节的互补为例，如果一个物体呈现出青色 C，说明和它的互补色 R 相比成分较少，而如果降低 R-C 中的 R 亮度，C 的颜色成分就会更加明显（饱和度提高）；反之，如果增加 R 的成分，则 C 的颜色就会弱化（饱和度下降），甚至可以将色相转到 R 的色相上，这就是互补调节的效果。

2．用 RGB—CMY 的大通道进行颜色校正

1）首先必须对图像的色偏作出正确的判断，这一点可以通过颜色值读取工具（Info）完成。

2）根据 R-C、G-M、B-Y 的相互关系对调节方向作出正确的判断。

3）将调节通道从复合通道切换到相应的单色通道上。

4）按上面的判断调节滑块（色阶工具）、曲线（曲线工具）、平衡块（平衡工具）的方向和幅度，并用 Info 对目标颜色进行监视。

3．Lab 空间的调节

Lab 作为色度空间，其特点是 L 完全代表图像的亮度关系，而 a、b 两轴则完全代表颜色。这个空间的调节的优势在于首先是色度空间的设备无关性，这使得经过校正后的图像能够准确地转化到输出设备的色空间中；另一个优势是它的颜色和亮度的独立性，这一点和色度/饱和度调节空间很相似。但它的缺点是目前大多数印前操作人员对 ab 色度平面的颜色关系不熟悉。

五、基于精确频道锁定的色相与色调调节

如图 4-3-1 所示的色相/饱和度工具是在颜色自然属性的空间中进行颜色校正的工具，其调节功能是由以下两个功能共同完成的。

1．色相的调节频道锁定功能

颜色的某一个特定色相，物理上都可以等效为光谱在某一个特定的可见光频段上的综合效果，因此，色相的选择和锁定可以等效为对光谱的带宽的范围大小和位置的控制。在色相/饱和度工具中，这个控制达到了非常精细的程度，包括以下两种形式：

1）工具上默认的整体（master）和分区（包括 R、G、B、Y、M、C 六个分区）模式，如果选择了其中的一种，则色相/饱和度/亮度的调节功能将在整体（master）范围内或各个分区频道内发挥作用。

2）自由设置颜色调节波段的位置和大小。该功能形成了针对某一个目标颜色的精确锁定功能，由它构成了功能强大的基于颜色频段锁定的校正调节的基础。

2．色相与色调（亮度＋饱和度）的调节控制

在锁定目标色的频道之后，就可以使用饱和度工具中的色相滑块进行色相调节。整个色谱带宽上的颜色都可以用来替换当前的色相，甚至可以将色相变成互补色，如红色变成青色、绿色变成品红色，这种大范围调节特别适合进行颜色替换等着色处理。当然，多数情况还是用来作小范围的调节的。

在对锁定频道的色相调节之后，就可以用饱和度和亮度滑块对目标颜色的色调进行校正和调节，所谓“色调”就是“饱和度＋亮度”的效果。这里要强调，上述的饱和度与亮度调节只是对锁定频道的色相起作用，例如，某种衬衫的蓝色、向日葵的金黄色等，而同时又能保证其他频道的颜色不会发生变化。这种局部操作的特性相当重要，有选择性的层次与颜色校正在许多情况下比整体校正要有益得多。

在饱和度校正方面要注意以下问题：

1）处理好鲜艳程度和层次丰富之间的矛盾关系。从颜色信息的角度讲，饱和度是色相频段内的纯色与灰度成分的比例，增加饱和度就意味着要减小灰成分。而灰成分是图像层次的骨架和基础，因此可以说，图像鲜艳度的增加就意味着图像层次的减少。

2）饱和度的调整要防止“饱和溢出”现象。饱和溢出就是形成了成片的没有层次感的饱和色堆积，这是因为增加饱和度而造成颜色成分在高端（亮调端）并级，使得层次尽失。因此，要尽可能将饱和度控制在一定范围内，以免造成饱和色的堆积。

下面以一个实例说明上述调节的过程和方法。对象是如图 4-3-2 所示的宇航员图片，要求对其中的某个特定颜色进行锁定调整，不能改变其他颜色，具体步骤如下：

1）初步设定调节频道。根据需要调节的颜色，首先确定工具中默认的频道，进行初选设定。

2）视觉＋手动锁定待调目标色。用手工移动的方法调节图 4-3-1 所示的通道锁定滑块，滑块分核心部分和相关部分两个区域。通过视觉的判断，将核心部分对准要调节的颜色，而范围大小决定了它调节的相似颜色的范围。本方法的缺点是不够准确。

3）用吸管锁定待调目标色。如图 4-3-1 所示的选定工具，包括正常吸管（吸管有正常、加色、减色三种），并放在待锁定的目标色区域上，就可自动锁定目标色的大致区域，如果合适即可进行调节。如果调节范围不合要求，则可以用加色吸管“划过”未被锁定的目标颜色，即可将该色划归锁定区域。或者相反，用减色吸管“划过”需要剔除的已被锁定的颜色，锁定的目标颜色区域就会变小。这种方法锁定准确，但范围设定可以施加人工影响，这将更加准确。如图 4-3-2 所示为颜色锁定的例子，其中上部的锁定频道指向了地球背景的蓝色频道，而下部则锁定了 NASA 的图标的颜色。

4）色相调节。用饱和度工具中的色相滑快，选取光谱范围大小一致的、光谱上连续的另一个区域作为替换色，并观察效果是否满意即可。

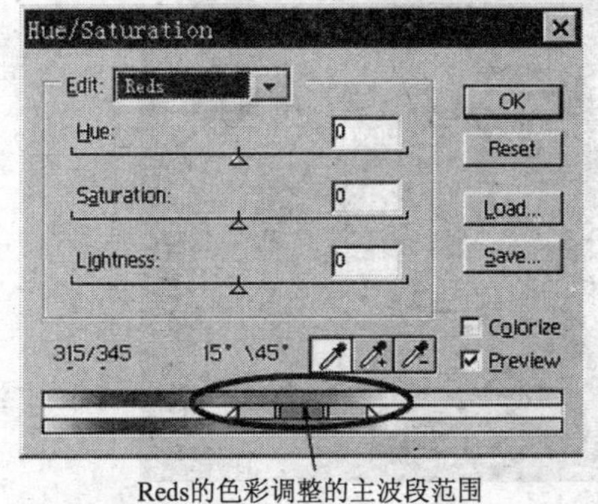

图 4-3-1　色相/饱和度工具与频道锁定工具（椭圆内）

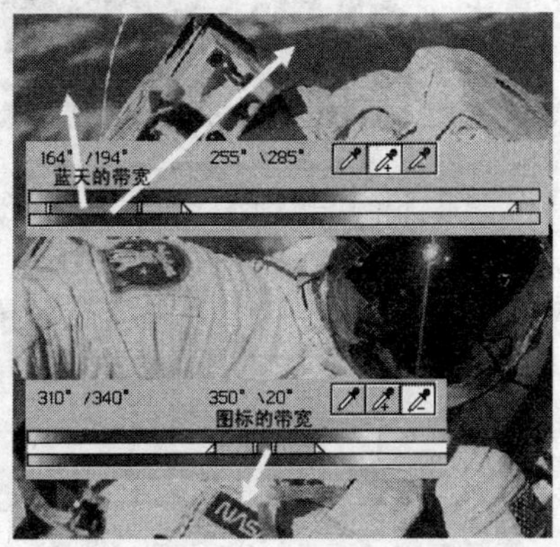

图 4-3-2　蓝天和图标的带宽

六、针对局部层次的颜色校正

在图像的调整中，经常需要在某个亮度层次上进行颜色校正，这与在色阶工具中用自由曲线进行局部层次调整的情况十分相似，只是这里使用了分色通道而不是复合通道，调整的是 R、G、B 或 C、M、Y、K 中的一种颜色的局部层次。例如，对绿色色相成分中的亮调绿色（不是全阶调的绿色）部分进行锁定，并在不影响其他阶调绿色的情况下进行颜色层次的调整，下面是操作方法：

1）首先打开 Cruves 工具，将光标移到需要进行颜色调整的图像区域，并按下鼠标左键以测量其亮度区域。然后打开需要调整颜色的通道，在相应的映射曲线上，在上面所测的亮度区设置控制点，并上下拉动用以增加或减少这种亮度范围上的颜色量。

2）进行调整时适当地小步调整比大步调整要好，如 5%的调整后观察效果，而不是大幅变化。

下面举一个对皮肤颜色进行局部颜色校正的例子，它是使用曲线工具对 CMYK 各个分色通道的局部层次控制能力，对某一个亮度层次上的局部的分色成分进行优化。在 CMYK 空间中，肤色的基本色成分通常是黄色，品红也是主要颜色，一般比黄色少 10%以上。青是第三色，其值一般为品红的 1/2 到 1/3。首先对图 4-3-3 中的肤色用 Info 工具进行测量，发现 M 的成分为 82%，肤色偏红。校正的方法是打开 Curves 工具，测量肤色的色调范围，然后打开品红色通道，在品红色映射曲线上的肤色所在的色调范围上设置控制点，并向暗调方向（也就是减少品红色的方向）拉动曲线。注意映射曲线改变的局部性，并以适当的小步进行调整，最终将脸部的中间调区域的 M 减少了 12%。

图 4-3-3　局部层次上的颜色校正之测色工具、调节通道与调节曲线

七、基于 CMYK 关键色的校正

关键色也就是常说的记忆色，因为人们对这些颜色十分熟悉，如蓝色的天空、绿色的草地、黄色的土地、人的肤色等。因此，如果图像中这些颜色表现不准确，就很容易被人们发现。所以这些记忆色的准确表现是一幅图像中最基本和最关键的质量要素之一。对记忆色的调整不能依靠没有作色彩管理的显示器上显示的颜色，其最基本的办法就是记住常用记忆色的 CMYK 四色印刷的颜色值，并将图像中的相应记忆色调整到这个颜色值的附近。

另一方面，彩色图像从生成（扫描和摄影）到校正处理，都是在 RGB 空间进行，而进行印刷时都必须经过分色过程生成 CMYK 模式，才能进行出片、制版和印刷。由于 RGB 色空间比 CMYK 空间大，因此，RGB 模式的图片总比 CMYK 模式的图片鲜亮。也就是说，从 RGB 分色为 CMYK 后的图像，必然会引起部分颜色的改变。因此，就应该在 CMYK 空间中作一次“标定”级的颜色校正以控制 CMYK 色的准确性，而这其中的关键是对图像中“关键色”的校正。下面就对这种 CMYK 标定式的校正及其所使用的工具、方法进行详细论述。

1．选择工具（Select Color）的 CMYK 关键色校正

由于目前普遍使用的印前系统不具备色彩管理的全套功能，因此，对关键色的校正大都基于 CMYK 数值而不是显示器显示效果。从操作员的角度来讲，就是要使用标准或自制的 CMYK 色靶手册（CMYK 数值和外观的对照表册），并配合自己对一些常用颜色的记忆调整 CMYK 色，使它达到理想的，或者客户需要的色彩。

在 Photoshop 中对 CMYK 关键色进行精细校正时，主要使用以下两个十分得力的工具：

（1）色彩选择（Select Color）工具　其界面如图 4-3-4 所示下方，它是针对 CMYK 的专用调节工具，最大特点是将可视光谱分成 R、G、B、C、M、Y、K、W、Gray 共九个“频道”，并且只能针对被选频道内的颜色进行 C、M、Y、K 成分的独立调节。而频道外颜色色相及其 C、M、Y、K 成分都不会发生改变。也就是具有对指定色相进行 C、M、Y、K 单独调节的能力。

（2）色彩采样工具　它可以为操作者“锁定”多个目标色，被锁定位置上有如图 4-3-4 所示的小标志，并将锁定位置上的 CMYK 成分（包括调节前后的 CMYK 值）显示在信息（Info）窗中，如图 4-3-4 所示上方。

下面是使用色彩选择（Selective Color）工具进行关键色校正的一个实例。在图 4-3-4 中有一片 CMYK 的蓝天，希望对它进行标定性的校准，其方法和步骤如下：

1）首先用采样工具测量它的颜色成分和设置采样观测点，在与色靶数值比较后，发现原图的蓝天有些发红，需要添加一些 C 的成分，以使蓝天更加明快一些。

2）打开色彩选择工具，并根据采样色中最大的成分去挑选工具中的调节频道，本例中 C 的成分最高，M 次之，故选择 C 通道作为调节频道。如果两个最高颜色成分差不多，则可根据 C＋Y＝G、Y＋M＝R、M＋C＝B 选择 R、G、B 频道。

3）接下来只要将 M 成分适当增加即可，可以选择绝对增加和相对增加模式，并结合观察信息板上采样点的成分变化。从它上面已可以清楚了解采样色的 CMYK 成分和改变后的成分变化。本例中将 C 的成分由 58%提高到 69%，蓝天明显清爽多了。

另外，从 CMYK 的数值变化可以明显看出，一是在调节 C 时，M、Y、K 成分丝毫未

变，二是除了选定通道上的颜色色相（蓝天）随着C成分的增加而发生变化之外，其他范围的色相也均未发生变化，也就是达到了针对特定颜色的特定成分的有效调节，可以看出，这个环境是为CMYK关键色校正量身定做的。

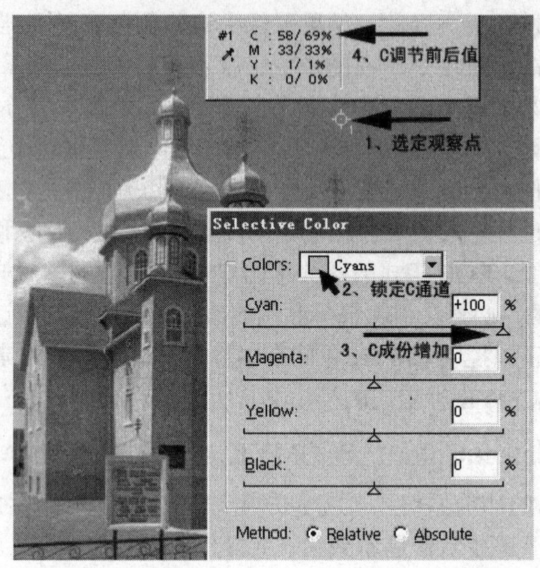

图4-3-4　用色彩选择工具调节蓝天中的C成分（含步骤1、2、3、4）

2．典型的关键色及其处理特点

从上面的例子可以看出，要准确校正关键色，就要不断记录和熟悉所看到的常用颜色及其它们的CMYK颜色值。另外，不同的打样与印刷条件对这些值有一定影响。在积累一些经验后，不但能理解印刷时能实际得到的颜色，也知道了如何去改变它们。在刚开始从事色彩校正时，很容易看出某个颜色不正确，但很难把它翻译成“在蓝天中，黄多了10%”。如果熟悉了这些颜色组成，这种“翻译”工作就不难了。下面就对重要的关键色的CMYK数值及其校准特点进行讨论，希望达到举一反三的效果。

（1）蓝天　蓝天中的基本色成分是青，其次是品红，并尽可能减少蓝天中的黄色，黄使蓝天趋于褐色。如果需要加深蓝天，最好增加黑色而不是增加黄色。蓝天的典型值如表4-3-3所示。从表中可以看出青和品红的关系决定蓝天的阶调和色相。品红越多蓝天越趋于暖色，在冷色调的蓝天中，品红色大约是青色的30%～40%。

表4-3-3　蓝天的典型值

名称	天蓝（%）	偏暖（%）	偏冷（%）
青	60	60	60
品红	23	45	15
黄	0	0	0
黑	0	0	0

（2）人物肤色的CMYK处理要点　人物原稿在处理时，对于不同肤色的人种有一定差异：

1）黄色人种：黄色人种的肤色主要以黄、品红版为主，黄版略高于品红版，在中间调部分，品红版不得超过黄版10%，最好是黄版大于品红版10%为佳。青版应为品红版的一

半以下，是作为层次版的，黑版通常应只在中暗调出现，作为暗调的骨架版。

2）黑色人种：黑色人种的肤色主要是青版和黑版较重，品红版和黄版基本处于平衡状态，肤色呈现灰色略偏红。

3）白色人种：白色人种的肤色品红版与黄版的网点百分比基本相同，青版为层次版，黑版与黄色人种相同，只在暗调部分出现。

表 4-3-4 所示为各人种在中间调部分的网点百分比情况。

表 4-3-4　典型的肤色颜色值

名　称	非洲人（%）	亚洲人（%）	高加索人（%）
青	35	15	18
品红	45	43	45
黄	50	53	30
黑	30 以上	0	0

另一方面，对于不同年龄的人物，在网点百分比的处理上是也有一些差别：

1）儿童：一般儿童肤质细腻柔软，在处理时，品红版和黄版应在 30%以下的部分多些（多于整个肤色面积的 2/3）为佳，品红版与黄版网点百分比保持基本相同，青版尽量控制在 10%以下，作为层次版，尽量不要有黑版出现（黑种人和逆光、侧光的暗面除外），这样儿童的肤色呈现粉红色，看起来细腻、健康。

2）年轻人：皮肤一般品红版和黄版的网点百分比在 45%以下的部分多些（多于整个肤色面积的 2/3）为宜，青版控制在 15%以下，黑版只在暗部出现，中间调和亮调尽量不要出现。

3）老年人：皮肤比较粗糙，肤色也比较深，因此，在处理过程中应注意，各色版网点百分比相应的会有所增加，尤其是青版和黑版的增加量会大些，但青版最好控制在 30%以下，黑版也应只在中间调和暗调位置出现为好，也不可太高。

（3）常用的典型记忆色的处理　对于大量的常用色，使用色标手册和样品作为校准参考是必要的。表 4-3-5 所示为一些典型记忆色和它们的 CMYK 颜色值。

表 4-3-5　典型记忆色和它们的 CMYK 颜色值

名　称	青（%）	品　红（%）	黄（%）	黑（%）
银	20	15	14	0
金	5	15	65	0
半色	5	5	15	0
高光	5	3	3	0
25%灰	25	16	16	0
50%灰	50	37	37	0
深紫	100	68	10	25
深紫红	85	95	10	0
海水色	60	0	25	0
绿	100	0	100	0
柠檬黄	5	18	75	0
暗红	20	100	80	5
桔红	5	100	100	5
橙色	5	50	100	0
深褐色	45	65	100	40
粉红色	5	40	5	0

（4）CMYK 校色时的技巧

1）如何做实地。对于报头字和标志图案色，或者不需要层次的深色实地，一般客户都要求浓重鲜艳。从理论上说，就是要充分发挥胶印油墨最大实地密度的效果来达到最大饱和度。虽然 95%的网点经印刷后会增大到 100%，但这与 100%实地印刷时产生的效果不一样，95%的网点只有在 95%的网点区域内密度达到实地，而增大的 5%区域虽然有油墨，但油墨密度较薄。95%的网点增大为 100%的油墨密度，没有 100%的实地密度厚实、鲜艳。

2）风景摄影图像中的蓝天、海洋、绿叶、草坪等色彩，因为在人们头脑中已形成固定概念，因此色彩处理时原则上 C 版的色量应在该色相需要色量的基础上加深一些，而绿叶、草坪等绿色中的 Y 版也可适当增加，使绿色饱和、鲜艳。对于需要层次的红、绿、蓝深度基本色，根据一般胶印油墨的色偏、带灰特性，其最佳饱和度配置为：

红色＝M95%＋Y85%

绿色＝Y95%＋C85%

蓝色＝C95%＋M80%

第四节　修版与锐化

一、修版问题

1．使用像素复制工具修版

修版的主要目的是去除彩色图像中的斑点和杂痕，使之更加平整和清洁。修版在流程中一般是在对原稿进行修饰的过程中，或者在图像进行了层次和色彩校正、CMYK 色彩空间转换以及锐化以后进行。

修版主要使用橡皮图章工具，它的基本功能就是将图像中某一个区域的局部图像像素复制到一个新的位置上，而将此位置上原来的内容覆盖掉，如果使用妥当，就能做到既修掉斑点和杂痕，又能使复制过来的的内容和周围图像相协调。下面举例说明在 Photoshop 中修版的过程和技巧。

如图 4-4-1 所示，左边原图下方中有树枝和黑白斑点需要清除，其方法如下：

（1）准备工作　选择好工作图层，设置合适的放大倍数（为了查看和操作方便至少放大到 100%～200%），然后选择橡皮图章工具，并设置参数卡片中的参数为对齐方式（Aligned），不透明度设置为 100%，混合模式设为 Normal（从 Option 选项板中选择 Reset Tool 即得到这一组默认设置），最后选择 5-pixel 画刷作为涂抹的宽度，并用 Caps Look 键将橡皮图章光标变成十字光标以便于查看操作点的情况。

（2）操作技巧　将十字光标移到需要覆盖的斑点附近（大约 1/4in 处），该处的颜色和纹理可以用来填充此斑点，按下 Alt 键（这时，十字光标变成了中间是圆圈的十字光标），并单击鼠标，即确定在清除斑点时到该处拾取图像细节。现在，把光标移到想修改点的上方，并单击鼠标，图像细节将从上面确定的采集点复制到当前光标位置，如果斑点没有完

全擦除，可以按住鼠标，拖动光标进行涂抹操作，这时的采集点呈现为一个圆圈光标，而复制点则呈现为十字光标，两个光标同步移动并进行成片的像素复制。

如图 4-4-1 所示左侧上方的直线划痕，清除方法如下：

1）准备工作。基本内容同上。另外，在决定画刷宽度时可以将图像缩小至划痕看不见为止。例如，缩放比例小于 25%划痕消失，则划痕宽度为 4 个像素左右，画刷的宽度可以设置成 4 或 5-pixel 画刷。

图 4-4-1 修版操作（修掉树枝、圆点和横线）实例

2）操作技巧。将十字光标移到划痕线条下方 1/8～1/4in 处，用“Alt＋单击”选定采样起始位置，然后将光标移到划痕线条左端并单击，再将光标移到划痕线条右端并用“Shift＋单击”，这样整个划痕线条将从下方平行线上复制过来的数据填充。另外，这个线条操作可以是针对任何角度的线条。

注意：清除斑点的另一种方法是用 Photoshop 滤镜（Filer）/噪声（Noise）中的 Dust and Scratch 滤镜。这一方法在云彩中和云彩区域效果更好，但它常把硬边模糊，所以不要对整幅图像使用。应该用索套工具选择部分区域，一般将羽化值设置为 4 左右，并进行试验。

2. 使用通道混合工具的修版

如图4-4-2所示下方显示了通道混合工具的界面，该工具的调节区域是RGB或CMYK的颜色频道（即各个色版）。工具能够对各个色版上的成分进行整体的相互混合（按照百分比）。例如，对某个图像的 R 通道（色版），将其中的 R 通道中的成分先减少 30%，然后再使用 G 通道中 30%的成分信息和 R 通道中的原有成分进行混合，形成新的 R 通道成分。利用这种功能，可以有效地修改在某个颜色频道上有明显缺陷的图片。下面用实例进一步说明：

如图 4-4-2 所示，小孩脸部有明显的红色斑点和色块，这些局部特征用普通方法（如选区或色频道锁定）都较难抓住，用橡皮擦则繁琐而又会破坏原有的层次关系。但是如果查看该图像的 R、G、B 三个通道色版并分别分析它们的成分，就会发现该图像的 R 通道的成分信息十分柔和，而 G、B 两个通道中的成分有明显的堆积和色素沉着，并形成了彩色图像上的这种斑点和色块。这时，就可以用通道混合器将 R 通道的成分部分替代 G 和 B 通道中的成分（注意：总量还是 100%左右）。具体操作如图 4-4-2 中所示。

1）先选中要被替换的 G 通道，然后将 G 通道中的成分通过图中的 G 成分滑块从原来的 100%减少到 70%，

2）相反，将 R 通道中的成分通过 R 成分滑块从原来的 0%增加到 30%，这个过程就是将 R 通道中的成分添加到了 G 通道中去，而两者之和仍然是 100%。

这种处理的优点是替代通道色版的层次关系相近，缺陷处被弱化，但能保持基本层次结构。该方法对无规则区域的色饱和偏差等缺陷的处理十分有效。另一方面，由于替代成

分提高了图像内的相同成分，就会降低图像的整体饱和度，这时可以用饱和度工具作补偿，并可用曲线工具再校色。

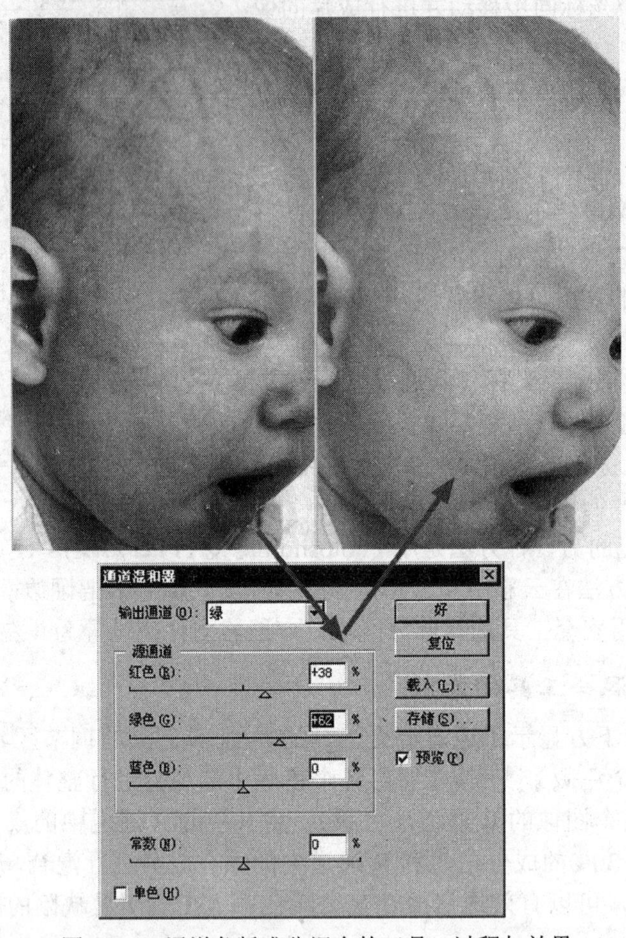

图 4-4-2　通道色版成分混合的工具、过程与效果

二、锐化处理

1. 锐化的原理与参数

锐化是增加图像细节边缘的对比度，这样有助于眼睛看清楚图像细节，从而使图像细节分明、画面清晰。所有质量好的摄影印刷作品必需经过锐化处理。用扫描仪直接复制的图像如果没有经过修整，看起来会有些单调和模糊不清，所以往往需要在对图像做完层次与颜色的处理后，再对它作适当的锐化处理。

专业的锐化处理方法是 Photoshop 中的模糊掩盖锐化处理（Unsharp masking，USM），它提供完善的图像细节强调的控制方法。如图 4-4-3 所示，反映了这个工具的基本调节原理和参数，图的左边显示了将一个阶梯过渡的亮度边界经过锐化后在边界处的反差得到加强的原理。可以看出得到加强的边界受三个参数的影响：

（1）半径（Radius） 它用来决定作边沿强调的像素点的宽度，如果半径值为 1，则从亮到暗的整个宽度是两个像素，如果半径值为 2，则边沿两边各有两个像素点，从亮到暗的整个宽度是 4 个像素。半径越大，细节的差别也越清晰，但同时会产生光晕。合理的半径应该设置为图像扫描分辨率除以 200。例如，对于 200dpi 的扫描图像，使用 1.0 的设置；对于 300dpi 图像，使用 1.5 的设置，这样可以在每一个边缘的附近产生 1/50～1/100in 的光晕，它足以提供理想的锐化效果。

（2）数量（Amount） 该参数可以理解为锐化的强度或振幅，对于一般的印前处理，设置为 200%是一个良好的开始，然后根据需要再作适当调节。数量值过大图像会变的虚假。

（3）阈值（Threshold） 它决定多大反差的相邻像素边界可以被锐化处理，低于此反差值就不作锐化。阈值的设置是避免因锐化处理而导致的斑点和麻点等问题，正确设置后就可以使图像既保持平滑的自然色调（例如，背景中纯蓝色的天空）的完美，又可以对变化细节的反差作出强调。在一般的印前处理中推荐值为 3～4，超过 10 是不可取的，它们会降低锐化处理效果，并使图像显得很难看。

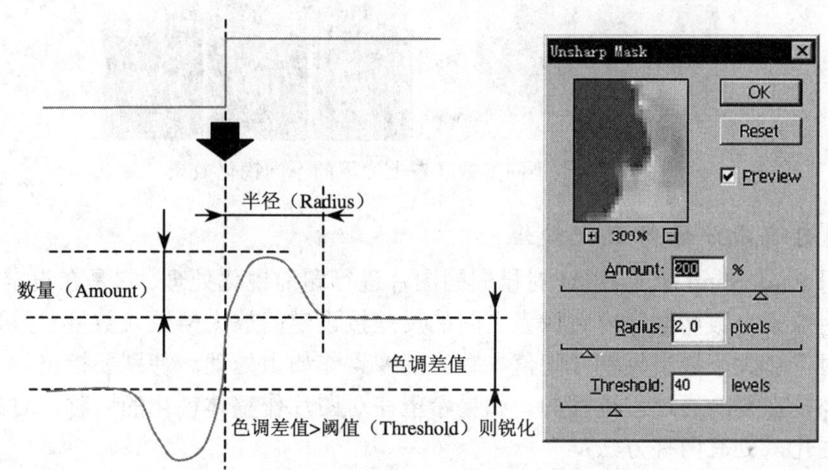

图 4-4-3 USM 锐化参数与原理

图 4-4-4 给出了一组不同的参数以及处理效果，其中左上角是一张参数表，用来标明其他两个示例图的对应位置所使用的锐化参数，共有九个参数组合，分别代表在其他两个参数不变的条件下，分别单独改变数量、半径和阈值后所带来的各自的效果。从左下角和右边的两幅图可以看出如下的变化规律：

1）半径＝2、阈值＝0 时，随着数量参数的增加锐化效果越发明显，但细节未变粗。

2）数量＝200、阈值＝0 时，随着半径的增加锐化效果也在加强，但锐化细节变粗。

3）数量＝200、半径＝2 时，随着阈值的增加，图像被模糊化了。但适当的阈值可以消除平滑连续调背景中的因前两个锐化参数所产生的斑点。

总之，锐化参数调节既要能比较好的再现图像细节，又要不至于产生新的麻烦，如斑点和麻点等。有经验的处理人员，还可以根据图像内容进行适当的局部锐化，以达到更好的艺术效果。

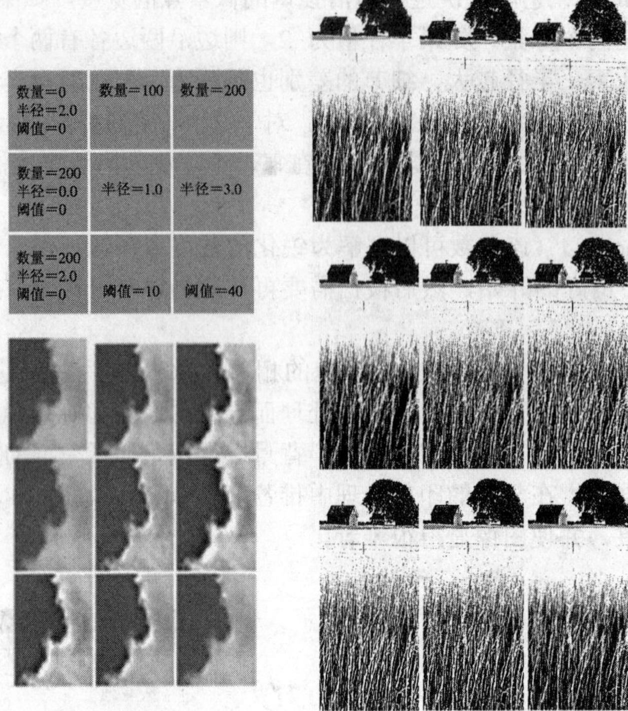

图 4-4-4　不同参数（左上）下的不同锐化效果

2．用通道成分进行锐化处理

一般用 PhotoShop 中的 USM 对模糊的图片进行印前锐化处理。它是在设定的范围（半径参数，用像素个数衡量）内对像素之间的反差按设定的放大倍数（数量参数）作强化放大，并只对符合大于最小反差（阈值参数）的像素作如上处理。特别要指出，一般情况下这种锐化都是在复合通道上进行的。如果希望在对图片作整体锐化的同时，对某些成分或区域不作强化，则有两种方法：

1）对图像平滑光洁部分作保护，避免被“锐化斑点”破坏。其方法是调整“阈值”的门槛，小于门槛的层次信息将不被强化而继续保持原有的“光滑”。而在“阈值”的另一面（既大于阈值反差的部分），正常的锐化可以不受影响。

2）只在特定的颜色通道作相应的锐化。这种方式特别适合对 RGB 或 CMYK 中某一色版的锐化，或相反保持某一色版不锐化。举例，如图 4-4-5 所示，小孩的脸上有许多红色斑点，如果进行整体锐化就能加强红色斑点，严重的情况还会出现大面积的红色小斑点。正如通道混合例子中的分析，图 4-4-5 中的小孩图形中 R 通道十分光滑和饱满，而 G 和 B 通道成分少，而且较“脏乱”，G、B 形成的脏乱的 C 图就形成了红色色斑和色块。针对这种情况，就可以对不同通道按照成分的优劣施加不同强度的锐化。这里，小孩的眼、嘴、鼻是锐化提神的重点，而 R 成分都较好，因此，就重点对 R 通道作较大幅度的锐化，对 G、B 通道不作或少作锐化，甚至可以利用模糊工具或高斯模糊滤镜“柔化”色斑小点之类的缺陷。图 4-4-5 所示对全通道和 R 通道所作的锐化效果进行了对比，从图 4-4-5 的左下图可以看出，对 R 通道色版作锐化处理后，眼、嘴、鼻清晰了，但杂乱的色斑并未加强。如

果配合前述的调节阈值的方法，效果将很漂亮。相反，全色领域的锐化效果就差了许多。

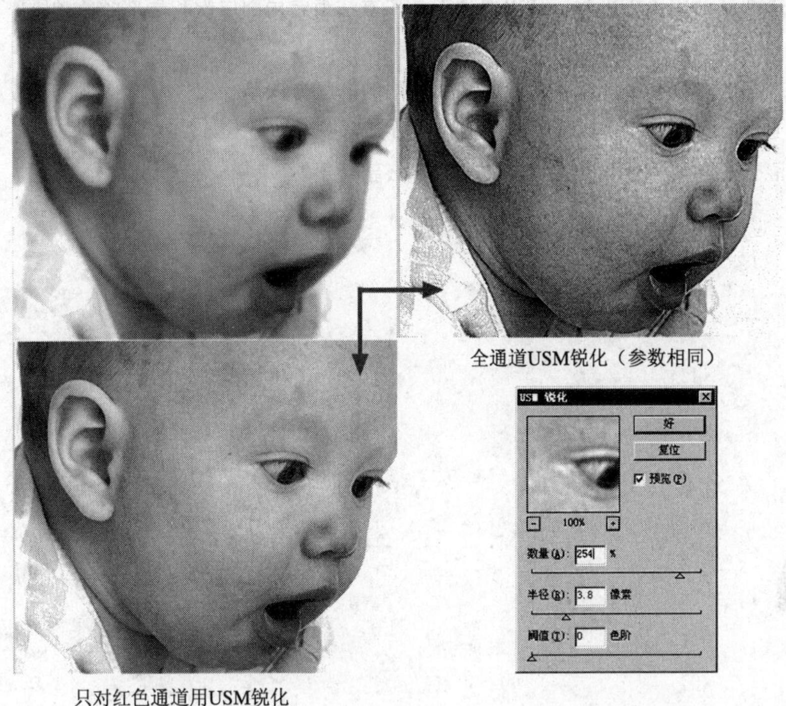

图 4-4-5　R 通道（左下）与复合通道（右）作 USM 锐化的不同效果

复习思考题

1. 对于图像效果的一般性评价中，图像可以看成由哪两个层面构成？相互关系为何？图像校正为什么是先层次校正后颜色校正？

2. 如何分析图像的黑白点、层次分布和色偏情况？

3. RGB 图像与 CMYK 图像在作处理时，各使用什么数值范围描述调节范围？数值增加时各自的亮度走向为何？

4. 黑白点设置的作用有哪些？使用什么工具？常用的黑白点值是什么？如何定黑白点？

5. 色阶工具的特点是什么？gamma 值的含义是什么？

6. 曲线工具的特点是什么？与色阶工具有何共性？

7. 整体层次校正使用什么通道进行？试举出 3 个典型的映射曲线，说明其效果是什么？层次守恒的内在逻辑含义是什么？

8. 进行局部层次校正使用何种工具最为合适？如何锁定调节范围？

9. 基于印刷复制特征的含义及其补偿的方法是什么？

10. 整体色彩校正的含义为何？使用的工具及其通道为何？“三个互补对子”的含义和意义是什么？

11. 色偏如何判别？最简单和有效的校色工具与方法为何？

12. 如果一个 RGB 图像偏 C，应如何消除这个色偏（使用两种方法）？

13．如果一个 CMYK 图像偏 G，应如何消除这个色偏（使用两种方法）？

14．简单总结局部颜色校正时，使用何种工具和方法锁定局部层次和局部颜色频段？

15．简述 CMYK 关键色校正的用途、工具与调节过程。

16．点和片状的区域缺陷和线条状态的区域缺陷的修版方法是什么？

17．简述 UMK 滤镜的各项参数的的含义和调节效果？

18．通道混合工具用来达到什么目的？会有什么副效果？

第五章 着色处理

着色是指对图形或图像对象施加一种或两种固定色相的颜色的处理过程。也就是对图形图像作上色处理。最经常使用的场合有：

1）对图形对象着色：如对各种线条着色、封闭区域填色、渐变色处理、透明化处理等。

2）对文字对象着色处理。

3）对灰度图像作着色处理。

下面将主要讲述着色操作所用的各种颜色的概念，及其对各种不同对象着色的具体处理方法。

第一节 着色处理中的颜色

说到颜色，一般的想法就是从调色板中选择一个色相合适的颜色，再通过着色工具给需要处理的图文对象加上颜色就可以了，而实际上没有这么简单。由于和输出特性相联系，颜色就具有了许多专业的特征，其中包括专色、原色、浅网色、压印和让空色以及颜色的设备特征等，由于这些性质的不同直接影响输出的效果，所以必须了解清楚。

如图 5-1-1 所示是软件 PageMaker 中，在成分>定义颜色>新建选项下可以弹出的颜色定义对话框。下面就结合此对话框说明其中包含的与着色处理相关的颜色概念及其特征。

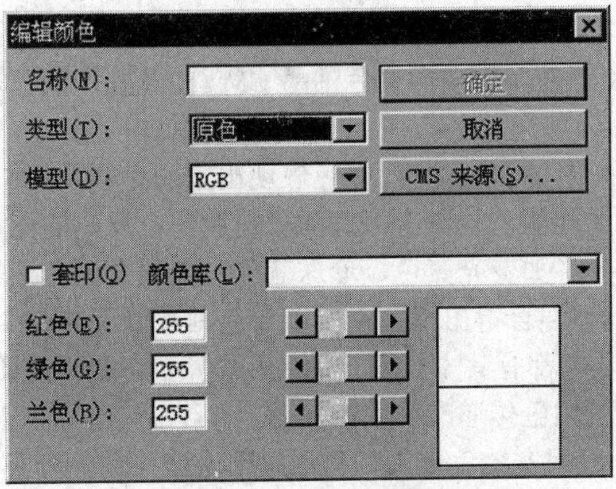

图 5-1-1 PageMaker 的颜色定义对话框

一、原色

原色（CMYK、RGB）是针对加色三原色 RGB 和减色三原色 CMY 而言的，其中 RGB 三原色是目前数字显示设备（显示器、投影仪等）颜色生成的基本色，其特点是 RGB 色素都是主动发光体，并经过色光混合来产生各种颜色。

而作为印刷输出用的 CMY（K）油墨（或者各种墨水）是通过颜色颜料混合产生各种颜色的基本色，由色彩学知道，其呈现颜色的原理：首先是对照射在油墨色料上的白光（日光）进行选择性的光谱吸收，然后剩余的反射或透射光的混合，这种呈色的过程称为减色法。由于 CMYK 各色油墨是由不同厂家生产，所以各种参数特性有一定差别（例如，光谱吸收、覆盖性、色相等）。

由于油墨的这些特性将直接影响印刷的效果，因此在整个印前流程中都有设置和控制油墨特性的参数，以便数字化流程在进行分色、色彩管理、输出控制时能够补偿这些油墨之间的不同，达到最佳的输出效果。目前，国际上比较成熟和使用广泛的油墨体系有三种：

1）亚洲标准（Japan Standard）。

2）美洲标准（SWOP Standard）。

3）欧洲标准（Eurpoe Standard）。

这三种油墨体系都更加符合当地人对颜色的感觉和爱好。

各种不同的颜色匹配体系中，比较常用的 CMYK 和 RGB 空间的颜色匹配色标库有 Pantone Process Color System、Focoltone Color System 等。这些标准的油墨参数体系和色标库，为各种不同的油墨体系的使用带来了标准化。

需要强调说明，除了输入和输出环节，在平面设计和印前处理的大部分过程中都是在计算机中完成的，因此，所有的桌面处理软件都内嵌这些标准和体系的“数字版本”，而我们都是使用这些数字版本在软件中进行设置和设计的。

二、专色

1．专色及其特点

专色是一种已经混合好的彩色油墨，它是由多种标准原色油墨按一定比例混合而成，在印刷中直接使用。它和普通印刷中的原色油墨 CMYK 及其印刷色彩的分色印刷体系是不同的。

作为预先混合好的特定的彩色油墨，专色表现出来的色彩要比 CMYK 各个分色的叠印效果更加均匀一致，更加艳丽，且具有很好的稳定性。在反白的图形或文字部分使用专色可以降低套准难度。另外，如荧光黄色、珍珠蓝色、金属金银色油墨等，它们中的许多颜色不是靠 CMYK 四色能够混合得出来的。所以专色具有以下的几个特点：

1）准确性。每一种专色都有其本身固定的色相，所以它能够保证印刷中颜色的准确性，从而在很大程度上解决了颜色传递准确性的问题。

2）实地性。专色一般用实地色定义颜色，而无论这种颜色有多浅。当然，也可以给专色加网（Tint），以呈现专色的任意深浅色调。

3）不透明性。专色油墨是一种覆盖性质的油墨，它是不透明的，可以进行实地的覆盖。

4）表现色域宽。专色色库中的颜色色域很宽，超过了普通 RGB 加色空间的表现色域，更不用说 CMYK 色料空间了。所以，有很大一部分颜色是用 CMYK 四色印刷油墨无法呈现的。

关于专色的颜色系统构成形式，以目前国际上普遍使用的美国 PANTONE（潘通）公司的 Pantone Matching System 专色系统为例来说明。目前这个系统使用了 15 种标准的基本色，配制出了 1000 种专色。这些专色被印制成专门的色谱手册，并有各种纸张效果的版本，每一个颜色都具有固定的基本色的配方，都具有固定的名称。实际上，目前国际上有多种类似的专色颜色系统可供使用。显然这种颜色系统扩大了传统的 CMYK 体系的颜色表现能力和质量，并且也是一个和印刷过程密切相关设备相关颜色体系。有关专色的内容将在后面章节中继续论述。

2．半色调网点印刷中使用专色的原因

在彩色网点印刷中，使用专色油墨一般有以下两种情形：

1）为在印刷品上能印出 CMYK 四色印刷油墨色域以外的鲜艳颜色。CMYK 四色印刷油墨的色域与可见光色域相比有明显不足，而专色油墨的色域则比 CMYK 四色印刷油墨色域宽，故可以表现 CMYK 四色油墨以外的许多颜色。

2）为弥补印刷技术的不足。由于印刷整体流程中各个工序的操作误差，设备维护、作业环境、人为疏漏与机械性磨损等问题，造成在印刷 150 lpi 以下小网点时，很难得到平整均匀的网点色彩，这时候可以用同样颜色的满版套色（即专色实地）取代小网点方式的半色调印刷，这样就能较容易地得到均匀平整的大面积色块。另外，有时为了能清楚地表现精细的图文，如笔画较细的混合色图文或反白线条等，也常采用专色来处理，以求精细线条能表现得足够实在和细腻。

3．印前流程中使用专色时应注意的一些问题

（1）专色名称的统一与命名　在不同的软件中，对完全相同的两种颜色，它们的名称可能会有所不同。例如，FreeHand 把 PANTONE 185 命名为 PANTONE 185 CVC 或 PANTONE 185 CVV，而在 PageMaker 中则命名为 PANTONE 185 CV。这样当 FreeHand 图形对象放入 PageMaker 中组版时，同样的颜色就有三种名称。

对专色而言，颜色名称不统一的真正问题发生在输出环节上，不同颜色名称的专色会输出到不同的分色版上。同样的专色如果名字不同就会分别产生不同的分色版，这就很容易造成输出错误。所以在设计时一定要设法保证不同的软件上定义的相同专色要使用统一的名称。统一颜色命名的方法是：对各类软件的调色板中常用的颜色，以页面排版软件颜色为准进行重新命名。这样当其他软件的对象输入到组版软件中进行组版和输出时就不会发生上述错误了。

对于颜色的命名，其名称应该反映颜色的特定含义。如果该颜色是从彩色匹配系统中选择的，则应保持其名称，如 PANTONE 185 CV。而如果该色是某个基色的浅网色，则可在名称中反映出来，如 PANTONE 185 CV 60%，说明它是 PANTONE 185 CV 专色的 60%浅网色。也可以给颜色起一个提示其用途的名称，如给某公司标志的红色起一个名字为

“COMP Red”,如果该色是一个标准匹配色,则可将它的编号作为名称的一部分,如“COMP Red（PAN 185）”。

（2）专色的调频加网角度问题　一般情况下专色都以实地方式印刷，很少做加网处理，所以一般很少提到专色加网的角度。但当使用套色的浅网色时，就会存在对专色网点加网角度的设计和修改问题。倘若有半色调的专色与其他网点印刷的颜色有叠印区域，就必须考虑专色加网的角度问题了。

按照加网原理，如果专色网点的加网角度与其他颜色加网角度形成的夹角小于 30°，会出现撞网并产生龟纹，如果角度相互重叠，则会导致油墨叠印问题（叠印率下降），这些都将造成印刷品颜色的严重失真。另外，专色的加网角度在软件中一般都会预设为 45°，若是一个双色调图像中既有印刷四色又有专色，或者是有两个以上专色时，撞网将不可避免。这时，就必须在分色输出时开启软件颜色设定或打印设定的对话框，对专色所加的调幅网角度进行修改。

三、颜色匹配系统

所谓“某某”颜色匹配系统，实际就是某一个标准的色标库。各类色标库系统的制定者，针对不同的原色和专色的色相特征与应用需要，按照一定的成分配比，针对特定应用的排列关系等因素，设计了各种不同的色标库。在载体上，它们都有严格标准化的纸制色标卡，这是所有使用某种颜色匹配体系的用户的必备品，另外，还有电子版色标库用在软件中进行设计和设置。

这些色标体系可以有以下的分类形式：

1）CMYK 四色系列。该系列是描述 CMYK 原色的色标系统，例如，PANTONE Process Color System、Trumatch 等。

2）专色系列。该系列是描述专色油墨的标准色标系统，例如，Pantone Formula Guide、DIC、ToyoInk 等，还可再细分为一般专色、荧光色及金属色等类型。

3）按色标系统的管理机构。最为常见的有 Pantone、Trumatch、Focoltone、DIC 及 ToyoInk 等。

这里需要强调，目前的大多数平面设计软件中，都配有一些常用的颜色匹配系统的电子调色板。但是在实际设计配色时，使用哪一个颜色系统是由印刷时采用的一系列油墨系统决定的。应该购买一本所选择配色系统的色彩印刷样本作为参考，因为在显示器上看到的颜色与实际的印刷样色都有一定的差别，而且也不稳定。下面概括介绍一些常用的颜色匹配系统及它们的特点。

1．PANTONE 系统

美国 PANTONE 公司，英文全名是 Pantone Matching System，简称为 PMS。它的 PANTONE 配色系统最初是为印刷设计的，如今已成为全球油墨行业色彩精确传播和再现的标准色彩语言。随着我国印刷包装行业的迅速发展，对颜色标准化的油墨及专色油墨品种的需求愈来愈多，PANTONE 配色系统作为全球使用最广泛的颜色系统，也逐渐被国内的平面设计和印刷行业所使用。下面介绍几个有代表性的子系统：

（1）专色系统——PANTONE Formula Guide 如图 5-1-2 所示，它是基于一本颜色样本（Pantone ColorFormula Guide1000）的系统，它用 12 种基本油墨配成了 1012 种 PMS 颜色，该公司的最新版本又增加到多达 1114 个专色。这套选色手册分别印有粉纸（Coated Paper）和书纸（Uncoated Paper）两种以供选择。对其中的每一个专色，均有符合 PANTONE 颜色基本色相要求的油墨配方，配方中标有相应的编号及其所配用油墨的百分比。

在具体使用时，每当出版商提出需要不同的专色油墨时，只要提供美国 PANTONE 配色系统中的编号，就可以按照 PANTONE 配色指南中给出的原墨百分比进行油墨调配。只要严格将配制的 PANTONE 专色墨样的印样与 PANTONE 配色指南的色样对比，直至印刷色样与标准色样完全一致为止，即可得到符合标准要求的油墨。当然，要想制造出达到 PANTONE 颜色标准的专色油墨，必须选用通过美国 PANTONE 认证特许的颜料或油墨制造商的基本原色油墨产品。

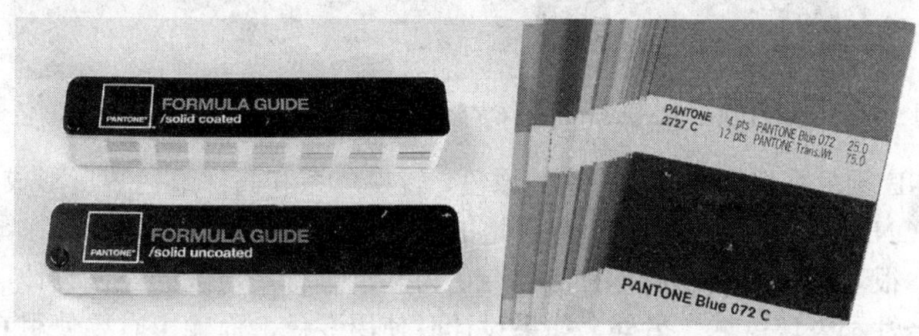

图 5-1-2 PANTONE Formula Guide（专色）色谱

（2）原色系统——PANTONE Process Color System 如图 5-1-3 所示，它是按 CMYK 的油墨百分比定义的 3000 多种颜色，前面的 2000 种是两色合成的色样，剩下的是三色和四色合成的色样，所有颜色都基于四色油墨所能产生的色彩去定义。目前，随着四色印刷流程的规范化要求，使用这个颜色系统从事设计与印刷生产的应用越来越多。

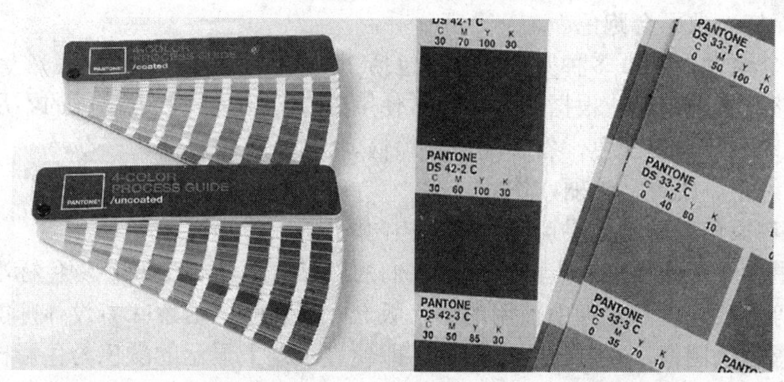

图 5-1-3 PANTONE Process Guide（CMYK 四色印刷）色谱

（3）转换系统——PANTONE Color Imaging Guide 如图 5-1-4 所示，由于在设计过程中经常使用 PANTONE 的专色系统进行颜色设定，而输出时很多情况都是转换成四色印刷，这时就会出现很多颜色不匹配（颜色无法实现）的问题。因为 Pantone 专色的组合中，只有约 50%的色样可以由 CMYK 去模拟，而有部分色彩是偏离很远的。针对这种情况，PANTONE 公司推出了这个系列，它的特点是在每种专色旁边附上用 CMYK 原色所能生成

的最接近的颜色样品，这本色彩样本对设计者非常重要，因为它实际显示了许多很难或根本不可能用 CMYK 四色模拟的专色，以及 CMYK 印刷所能达到的最接近的效果。

（4）高保真系统——PANTONE Hexachrome 如图 5-1-4 所示，它是为配合高保真色彩 Hi-FiColor 设计的配色系统，其基色是由 CMYK 四原色加入专色橙及专色绿共六个颜色，由此组合可产生的颜色系统能达到 95%Pantone 专色效果。过去需要用很多个专色才可达到的效果，现在只用六个色的组合便可做到。

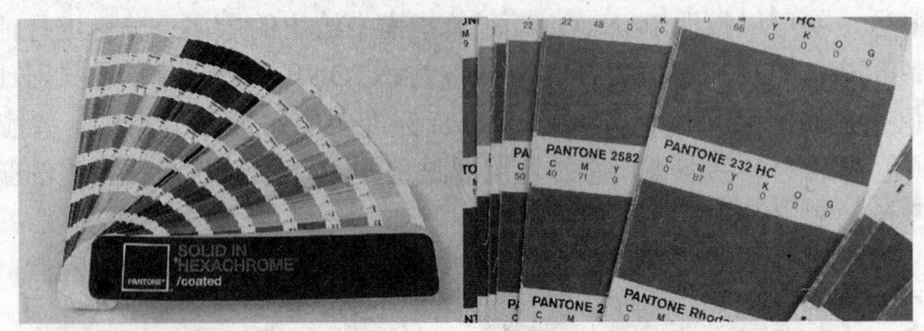

图 5-1-4 PANTONE Hexachrome（CYMKOG 六基色高保真印刷和打样）色谱

PANTONE 颜色系统构成了以专色、原色、转换体系和高保真色等所形成的完整体系。目前，PANTONE 颜色标准已经被世界各地的设计师、印刷界普遍采用。在国外的印刷品颜色设计中，很习惯使用 PANTONE 标准专色为基准进行高质量的颜色设计，以保证印刷品色彩的同一性和表现色域。另外，如果设计时使用专色，而输出时要使用 CMYK 原色，也可以方便地使用手册进行转换，一切都在控制当中。总之归纳起来，使用 PANTONE 标准的好处主要包括：

1）色彩表达、传递简单，只需说出 PANTONE 编号信息，对方就会唯一确定颜色色相，如 PANTONE288。

2）确保每次印刷的色相保持一致，无论是在同一印厂多次印刷，还是在不同印厂印同一专色都可保持一致不会跑色。

3）选择余地大。1300 多种专色（其中包括 204 种金属专色、14 种荧光专色），可以让设计师有足够的挑选余地。根据统计，经常使用的专色品种只接近总数的不足 20%。

4）无须印刷厂自已配色，省去配色之烦恼。

5）色相纯正、悦目、艳丽、饱和。

6）专色和原色的转换效果可以预知和控制

许多油墨生产厂商和软件生产商声称它们的产品遵循 PANTONE 颜色标准（按照油墨配方和色相等参数、以及软件中使用的数字版 PMS 色库），这意味着设计师能用印前处理软件创作一幅彩色图像，并且放心地知道，即使显示器上显示的颜色与色彩样本上的样品颜色可能不匹配，但如果采用适当的专色油墨印刷，印刷品上的颜色将必然会与所期望的颜色相当接近。

另外，有一点需要提醒，普通的彩色打样机仅仅能产生近似的 PMS 专色，因为 CMYK 油墨产生的颜色是有限的，而不像 PANTONE 配色系统，包含有超过 1000 种颜色的预调制的色彩样品。高档一些的六色高保真打样机则能更多地接近 PMS 专色的表现色域，有些声称已经能够打印出 95%的 PMS 专色，但是大部分打样机仍然差得较远。因此，设计师

在进行打样输出时，需要对这些软件设计中使用的PMS专色寻找一个最佳的替换墨色（自动或手工设置）。一般专业的色彩管理软件中都带有这类功能（如ProfileMaker中的ColorPicker），也有如变色龙之类的专用仪器来完成这类功能。

至于对CMYK的印刷输出，由于其表现色领域比PMS专色差得更远，因此，如果是使用专色库进行的设计，在转换为CMYK后的效果就不要指望了。所以，这类设计最好直接使用CMYK颜色体系为标准，如PANTONE Process Color System之类。

2. 其他常用的颜色匹配系统

（1）Trumatch系统　全称为Trumatch Swatching System，它是一个基于CMYK原色的色标系统，该系统最大的特点是其色标排列组合方式有以下几个特点：

1）小步距高精度设置。数码印前技术允许用1%网点值的增量来指定色彩，这使得设计者和绘图者能用更多的颜色来创作图片。Trumatch是为了上述原因而设计的配色系统，以小幅的CMYK增量来组织颜色。系统被专门设计用来提高色彩规范的精确度，共提供了超过2000种由计算机生成的颜色，每个颜色都指定了CMYK原色油墨的精确比例（按百分比）。

2）色相/饱和度/亮度的色标排列组织方式。其结构是首先是色度（沿着彩色光谱首先从红色开始），其次是饱和度（从深的、活泼的色调到浅色的色调），再次是亮度（增减黑色的强度）。这种组织方式特别适合那些习惯使用自然颜色描述方式的设计师们，提供了与他们的颜色思维方式一致的色标索引方式。

正是由于这些特点，它被以CMYK作为最终输出的颜色设计师们所广泛采用，在所有的印前处理软件中都有它的电子版。

（2）Focoltone系统　全称为Focoltone Color System，它的色标设计和排列方式很专业，其目标是为了方便查找能够满足陷印中原色过渡条件（概念见第十一章陷印处理）的相邻色。例如，对每个颜色相邻排列的其他颜色都含有按百分比递增或递减的共有成分。因此，可以依靠本色系提供的颜色CMYK之间的关系为引导，进行最少陷印需求的颜色设计。Focoltone的色域包括763种由四原色合成的颜色，四种原色油墨中每种色调从5%～85%变化。如果配合NoTrap软件在QuarkXPress中使用，则能使设计师更容易选出一些可以免除陷印设置的颜色组合。

（3）DIC及TOYOInk系统　这两套配色系统都是配合日本两家较为出名的油墨厂的油墨而设计的，两者都是专色的配色系统，在日本较为流行，在各种软件中也常见它们的数字版，由于在国内使用较少，这里不再赘述。

四、应用软件中的调色板和基本颜色

1. 调色板及其基本色

调色板是软件中一个用来存放常用颜色的快捷窗口，如图5-1-5所示的是PageMaker中的调色板。在日常的设计中可以方便地从中挑选颜色作为当前色。可以看出调色板将某种颜色的名称、颜色显示外貌、色模型（RGB或CMYK）、专色或原色都有明确标识。在调色板的最右边是一个表示下拉菜单的三角形，下面简要说明其中的几项。

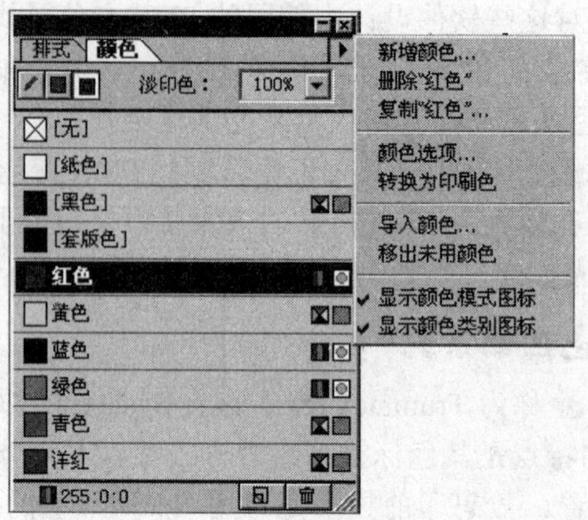

图 5-1-5 PageMaker 调色板中的设置菜单和基本颜色

（1）新增颜色（New Color...） 调色板中的颜色除了默认的几种以外，都需要用户自己用“新增颜色”项从某个颜色库中选择或者自己定义一个新的调色板上的颜色。颜色可以是专色、原色或者某种颜色的淡网色。淡网色在其名字的右边会显示%符号。

（2）导入颜色（Import Color...） 利用此项可以从其他软件的调色板上导入颜色，如果正在处理一个较大的作业，那么在组版时颜色的一致性是很关键的，使用这个选项可以直接将其他软件中的调色板中的颜色拷贝过来，避免重新定义的麻烦。另外，如果是在导入 EPS 之类的对象文件，只要没有重名，文件中的颜色会自动进入调色板，而在其颜色名称的右边还会有 PostScript 标志。

（3）转换成专色（Convert to Spot Color）/转换成印刷色（Convert to Process Color） 此项用来进行专色和印刷色的相互转换。

（4）移出未用颜色（Demove Unused Colors） 利用此项删除颜色，也可直接使用调色板上的垃圾桶。

另一方面，在调色板上有几个默认的颜色，这些颜色无法编辑和删除。下面对这几个颜色及其印刷适性作出说明：

1）无色（None）。这种颜色可以理解成“透明色”。用此色填充某一图形对象后，重叠在该对象后面的图形会显现出来。这种颜色的印刷适性是无油墨。

2）纸张色（Paper）。有些软件中称为白色（White），使用该颜色就意味着无油墨以及对重叠的背景色作让空处理。如图 5-1-6 所示是无色和纸张色的效果对比图。其印刷适性的效果就是呈现纸张色或其他承印物自身的颜色。如果某一图形对象使用了该色，其图形部分以及和它重叠的其他图形的部分都将按照不着墨的原则进行输出、制版和印刷。

3）黑色（Black）。它被定义成为压印的黑色，这种黑色是由 100%的黑色油墨生成。特别适合用来设置黑色的文字，大家知道黑色油墨并不是真正的纯黑，它可以和被压印的背景色一起形成所谓“更黑的黑色”。如果是大幅面的黑色，就能够看出黑色程度的变化。在小范围内则不明显。

4）套准色（Registration）。这种颜色是 CMYK 各成分都是 100%的一种黑色。这种颜色一般是用于四色印刷上标志四色版套准精度的十字线上的颜色。因为，用这种颜色设置的十字线在每个印刷分色片上都会有相应颜色的十字线，这样，如果套印不准，各色十字线就会在印品上错开。

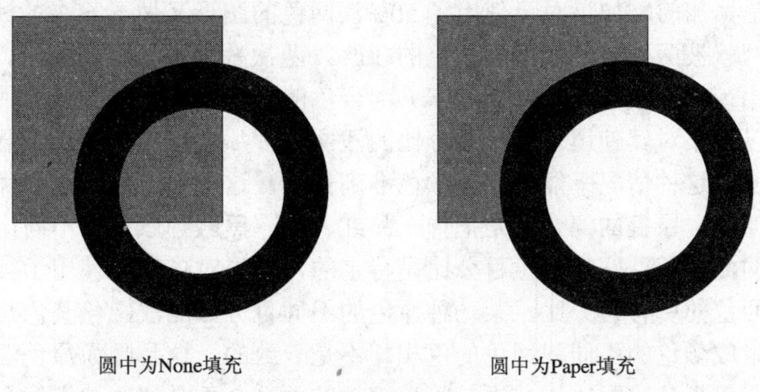

图 5-1-6　无色（None）和纸张色（Paper）的效果对比

5）调色板中其他默认颜色是印刷原色青（Cyan）、品（Magenta）、黄（Yellow）和二次色料色红（Red）、绿（Green）、蓝（Blue），其中 R＝100%M＋100%Y、G＝100%C＋100%Y、Y＝100%C＋100%M。

2．浅网色

浅网（Tint）就是对某一种实地的基本色加上半色调网的操作，所有的印前软件的颜色设置中都有这个设置项，如图 5-1-7 显示了 PageMaker 中生成浅网色的操作。它以基色的某个百分比存在，是这个基色的一种变化。每一种专色或实地的 CMYK 印刷四色，都可以在软件中加上这种按网点百分比的设置使基色变浅，从而增加了颜色设置的灵活性，因此经常被使用。

但是在使用这种特性设置颜色的色调时，需用注意以下几个问题：

（1）应避免使用很浅的浅网色和很微小的浅网变化　因为基色的 2%以下的浅网色即使能在发排胶片上很好地表现，也很难印刷出来。同时，印刷机几乎很难复制出 1%网点面积率的差别（即便是在显示器上能区分），这也是为什么在图形软件的浅网设置菜单中递增量为 5%的原因。

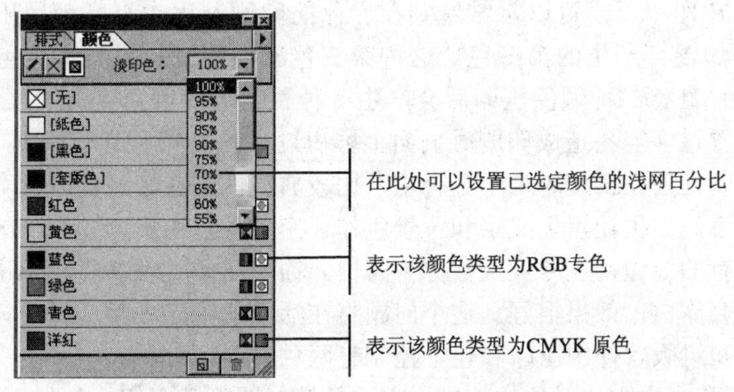

图 5-1-7　PageMaker 调色板中的浅网色（Tint）设定和标志含义

（2）避免在细线上使用浅网色　因为加过浅网的细线有漂浮感，显示和印刷时都很像是脏点和错印，非常影响图面效果。

（3）浅网是累加的　如果对已使用了50%浅网色的图形又做了60%的浅网处理，那么这种基色的浅网就被两次减色而成为基色的30%，两次叠加是相乘的关系。

（4）应慎用或避免使用原色（CMYK）混合色的浅网设置　由于每一种专色都有一种固定色相，所以如果对其使用了某一百分比的浅网色，那么该色的色相不会发生变化，变化的只是饱和度，这种情况下能够保证颜色准确传递，这也是专色的主要优势之一。而原色则没有这么简单，原色的混合色是把青、品红、黄、黑四种原色以不同比例配比而成，对于某种原色的混合色，它的四色百分比是特定的，如果对该颜色使用了某一浅网，则会等量缩放所含四色的所有百分比，某一种原色的不同百分比的浅网色其色相是一致的。但由四原色配比组成颜色的不同浅网色的色相却不是一致的，这是因为原色混合色的不同饱和度表现出的四色百分比配比，并不是等量缩放的关系，而是按照油墨混合的中性灰平衡的比例关系变化的。所以如果对原色混合色加上网线，颜色的色相必然会发生一些偏移，这在比较精细的印刷中是尤其要注意的。

3．压印与让空色

压印和让空是通过软件对某一个颜色进行设置的，它设置了这种颜色针对其下层颜色的覆盖属性，压印的英文名称是Overprint，中文也译成叠印，而让空（Keepaway）在印刷上又称为套印。

让空处理是指两种颜色重叠时，去除重叠部分的下层颜色，只留下上层颜色。这种处理方式是所有绘图和组版软件中处理颜色的默认方式。显示器上重叠颜色的显示效果也都是按照让空处理的效果模拟的。这是因为显示器上无法显示两种颜色直接混合后产生的第三种颜色，也就是压印处理的效果。

压印处理是指上层物体的颜色覆盖在下层物体颜色上，重叠部分的颜色是混合后的第三色。这种处理的主要问题有以下两点：

（1）叠加混合产生的第三色很难预料和把握　因为在作平面颜色设计时显示器上无法看到叠加后的效果，所以谁也不会有意使用叠印后才会生成的无法预料的颜色。因此，除非采取特殊的操作设置，否则一般的图形和组版软件在定义和使用颜色时都设置成让空方式。然而，在印刷厂，可以常常看到在专色的印刷过程中有意使用压印处理来产生人们需要的、叠加混合产生的第三色。这种第三色颜色饱满、厚实而沉重。比如，黄色上压印调制的专色红，二种颜色压印后会产生一种稳重的深红色，常用来作书的封面等。

（2）压印设置过多容易造成印刷时页面上堆积过多的油墨而造成糊版，所以压印设置要十分小心　压印处理在某些场合十分有用，比较典型的是在较浅的颜色背景上压印黑色文字，特别是小字。如果让黑色文字和背景色作让空处理，由于印刷套准的问题，在文字周围会留下不应有的白边，在专业上被称为露白。而用压印处理后黑色小字不会产生明显的第三色，也不会露白，效果很好。这个问题将在后面的陷印处理一章中详细论述。

一般在图形和组版软件中压印和让空控制有两种方式：

1）针对图形和文字实体对象的控制。方法是针对图形和文字个体做压印和让空设置。它的设置方法有多种形式，比如，在CorelDRAW中可以先选择对象，再单击右键，从中

选择压印填充和压印轮廓，这两项设置即为对轮廓和填充的压印设置。

2）针对某种颜色的控制。对颜色的控制是指在定义某种颜色时将它定义成压印色或是让空色，如图 5-1-1 所示颜色定义对话框（Color Options）中有套印（让空）项，如果选择该项就将该颜色定义成套印（让空）色，否则就是压印色。甚至可以把同一种颜色定义成为它的压印版和套印（让空）版两种，这样图形和文字将根据颜色的不同决定是否压印或套印（让空）。

第二节　图形与文字的着色处理

1．图形着色的形式和方法

平面图形对象由两种最基本的元素构成，即对象的边框和由边框形成的填充区域。所以图形对象的着色方式就是对边框和填充区域进行上色处理。如图 5-2-1 所示，反映了对边框的不同“着色”和对边框所形成的封闭区间的填充处理。在图形和组版软件中，这类着色功能都是相似的。在 PageMaker 中可使用 Color 面板上的填充和边框（Fill and Stroke）对话框对着色处理进行设置。如图 5-2-2 所示，从中看出可以对颜色、填充类型、淡网以及是否作压印和让空处理等项目作出设置。

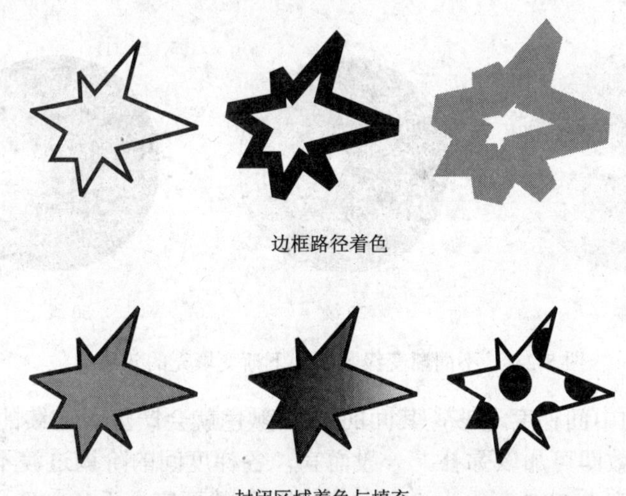

图 5-2-1　轮廓着色与区间填充

图 5-2-2　PageMaker 中的填充和边框对话框

在这里特别强调压印的印刷适性问题。如果将某种颜色设置为压印，它就会和重叠颜色产生第三色。另外，压印也会带来油墨堆积的问题而影响印刷质量。所以在一般情况下都是使用让空而不是压印。

2. 渐变色填充的“等高线”缺陷原因及处理方法

在做填充处理时有一种图形方式的渐变色填充模式。所谓渐变色是由两种颜色在一定的距离内逐渐过渡而形成的。在图形方式下的这种颜色过渡有直线型和放射线型等，它们是通过两个端点间生成一系列中间体图形，以渐变梯度方式改变填充颜色而形成最后的渐变效果。如图 5-2-3 所示为在不同渐变级数条件下渐变填充的效果，可以看出如果级数太少就会产生不能平滑过渡渐变的所谓“等高线”效果。因此，在进行设计和输出控制时要注意以下产生“等高线”缺陷的原因及解决方法。

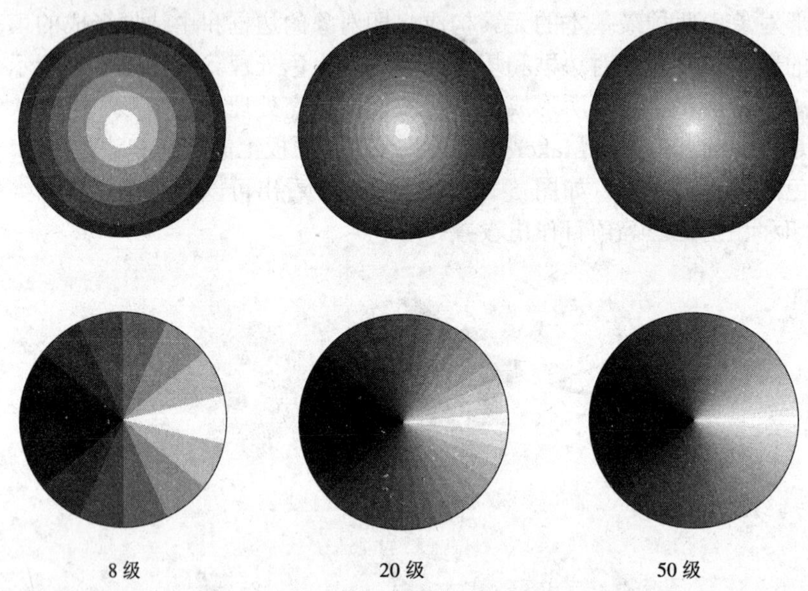

图 5-2-3　不同渐变级数条件下渐变填充的效果

1）设计者选择的中间梯度不够，其间的层次/颜色就会产生不连续的跳跃。这只要通过选择较高的中间级数即可加以弥补。一般而言，各梯度间的阶调过渡不要大于 1%。例如，一幅渐变图明暗度由 30%变化为 80%，其中间级数不应少于 49 级。渐变级数在图形设计软件的填充控制项中都有相关的设置，如图 5-2-4 所示就是 CorelDRAW 中的渐变填充设置对话框，其中包含渐变级数、渐变方式、渐变色彩等参数。

2）打印机和其他光栅输出设备的输出分辨率不足。大家知道，对于调幅网的半色调输出，具有以下的的基本关系

光栅输出分辨率＝层次级数×加网线数

由此可见，调幅网线数和可能呈现的层次级数是反比关系，在保持一定网线数的情况下层次级数是一定的。这时无论设计中渐变图采用多少级数的过渡，层次都会产生等高线效果。而图像也一样会有这种效果。相反，如果增加层次级数，则网点就会变大，网点结

构会变得更为明显。

不过这种技术局限性正在被逐渐克服，主要的方式：一是在低分辨率的打印机上使用调频加网的半色调技术，它呈现的效果比按调幅加网的效果要好了许多；另一个是输出系统的高分辨率化，如 RIP 输出系统和数码印刷或打样系统的分辨率的提高。

另外一个问题是由于对矢量图形的“连续调”填充，是由复杂与细小的图形对象构成的。因此，一个复杂多变的连续调填充可能会包含巨大数量的图形对象，其文件描述量与处理时间（如图形显示刷新、输出 RIP 解释等）都会剧烈加大。因此，一些图形软件会有不同显示精度的方式选择以提高图形对象的显示速度。由此也可以反衬出，以像素图像方式描述和处理复杂、连续调效果的媒体是最合理和效果最好的。

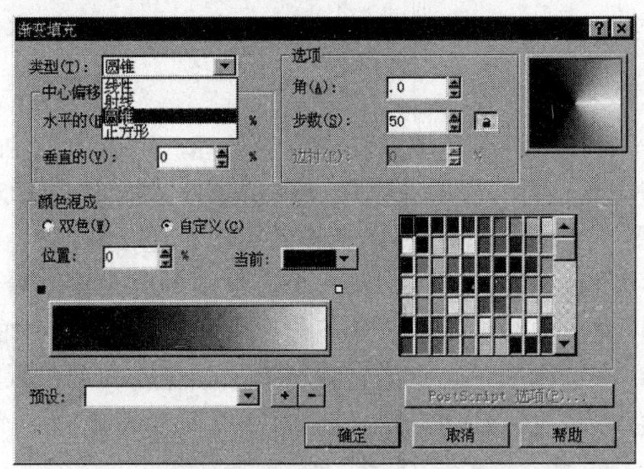

图 5-2-4　CorelDRAW 中的渐变填充设置对话框

3．文字着色的清晰性问题

从颜色组合的效果来看，将彩色文本置入彩色背景时会有很大的危险，甚至在白纸上置入彩色文字也要考虑一些问题。设计彩色文字时应注意以下原则：

1）文字和背景颜色的对比度越大越好，这样文字才能看得清楚。要避免使用近似的亮度和颜色，即使是红色和绿色配合也会给人的感觉有些暗和难以识别。检验两种颜色对比度的简单方法，就是将显示方式转换到灰度显示，如果文字颜色和背景色的结合效果看起来很好，那么在彩色情况下也会不错。

2）给文字加边框。在绘图软件中可以将文字转换成路径，然后分别指定边框颜色和填充颜色即可产生带边框的文字。在图像软件中可用边缘滤镜等给文字产生边框效果。

3）避免共鸣的颜色并置。例如，黄色和红色的组合在肉眼看来是非常刺激的，它对人们观看文字是一种干扰。

4）注意陷印效果。前面讲过对黑色文字都设置成压印方式，但彩色文字有时需要让背景色让空才能保证颜色的准确性。但这样必然会带来露白问题。如果对浅色文字（相对背景）使用向外扩张的陷印方法会导致文字变粗和笔划阻塞，对深色文字（相对背景）使用背景扩张的陷印方法又会导致文字过细而无法阅读。有关陷印的更多问题将在以后详细论述。

5）避免使用浅网色着色。

第三节　像素图像的着色处理

图像上色主要是针对灰度或彩色图像使用单色、双色或三色进行重新着色处理。对于灰度图像而言，可以通过第二次着色的处理来扩大图像的色调范围，因为颜色形成的层次感比单纯灰色的亮度所组成的层次感要丰富得多。而对于彩色图像与印刷品，其中的许多种类实际上不一定都要使用四色印刷来达到全部彩色的效果，实际上只要巧妙地使用双色和三色设计，也一样能够达到相当好的“彩色”效果，而且节约了成本。

正是基于这样的应用需求，下面将这方面的处理技术作一个基本的论述。

1. 灰度图的着色处理

对灰度图像施加一种或多种颜色以及渐变色的处理，可以使用 Photoshop 中双色模式（Duotone）这类处理工具进行。工具是从模式（Mode）菜单中选择双色模式（Duotone）中打开，具体形式如图 5-3-1 所示。这种着色模式可以上色 1～4 种，每一种颜色使用一栏来定义其墨色与着色用阶调曲线。其中，第一个方框图标用来设置着色油墨的阶调曲线，只需要点击该图标就可弹出曲线编辑框，其工作原理和 Photoshop 中的 Curves 工具相同。第二个方框图标则是用来选择颜色，点击它就可弹出颜色库和调色板，并从中选择某个将用于着色的专色和原色，也可以使用自定义的颜色。

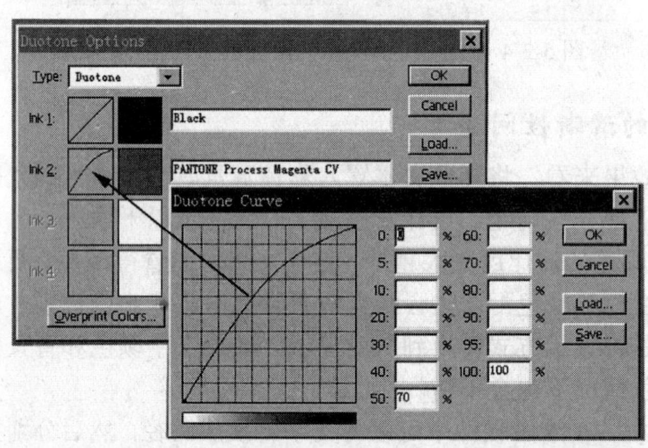

图 5-3-1　Photoshop 中双色模式工具的着色对话框与阶调曲线

着色的阶调曲线设置对增加着色效果是很重要的，这就类似于前一章中的图像层次校正。如果在一个灰度图上直接进行着色处理，有可能会因为油墨量的线性叠加而使图像的整体过黑。这样，不但不能增加原图像的层次范围和增强图像质量，反而会破坏完美的黑白图像效果。因此，要根据原图的层次分布特点对层次曲线进行合理的设置，以在保持整个图像的亮度、对比度的基础上尽可能增强图像的层次感。

下面介绍一个实例，如图 5-3-2 所示中的原稿图像中的信息相当不错，但整体偏暗，明暗对比过强。现在要对这个海天一色的黑白图像着上蓝色，为了达到清新明快的整体效果，应该用双色模式处理。如图先应该在黑版通道中用下凹的 Gamma 曲线对原来的灰度

图像去掉部分灰色层次，提高图像的亮度，增强图像的活力。然后，对蓝色通道线性映射曲线上拉成上凸的 Gamma 曲线，以提高蓝色在中间调的感染力，并补充灰色减弱对层次感的影响。经过这样处理后的效果比不处理的要好不少。

另外，在做此项工作时，要注意图像的印刷适性，即太亮的高光和太暗的暗调在印刷机上都无法正确再现，所以在切换到双色模式之前可以对图像数据做黑白极点设置。

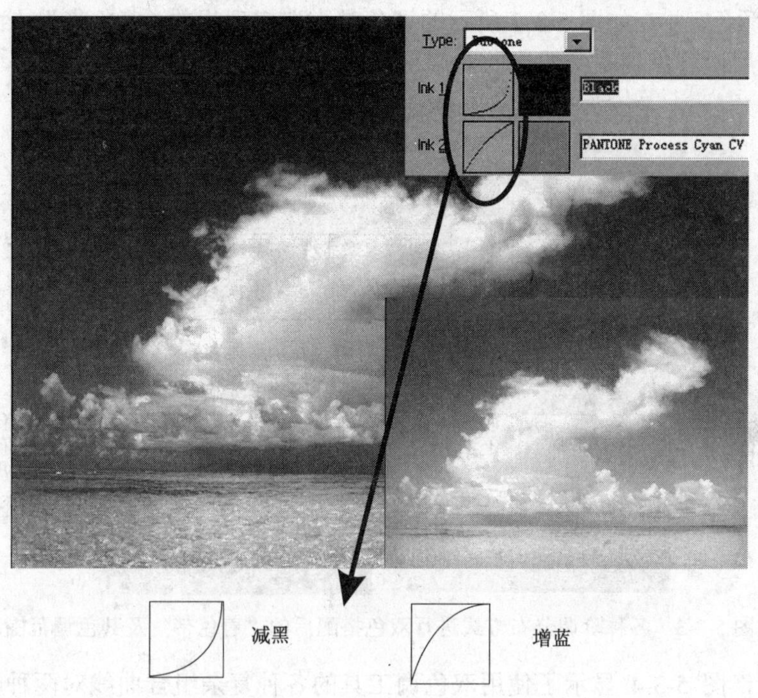

图 5-3-2 对灰度图像的着色阶调处理

2．对彩色图像灰度化处理

将全色域彩色图像转换成单色、双色或三色的着色图像的处理，首先就是要将彩色图像的颜色成分去掉，只保留其能够反映图像层次关系的亮度成分。提取有效灰度信息的较好方法包括：

1）直接使用 Photoshop 软件中的“图像/模式/灰度”功能将彩色图像转化为灰度图像。

2）将彩色图像用同上的“图像/模式/Lab”将 RGB 转换为 Lab 图像，然后在通道窗口中删除 a*和 b*通道，单独留取 L 通道作为灰度图像的成分。

特别要指出，许多单色或双色设计者直接使用彩色图像的某一个颜色通道作为灰度图像，这种方法会牺牲其他通道的层次信息，使图像失真。正确的方法应该是先将彩色图像转成灰度图，它能最全面地保留图像的层次关系。然后再用双色工具做单、双或多色着色设计。另外注意，饱和度工具的着色模式虽然可以对灰度图作着色，但只能生成 RGB 或 CMYK 成分而不是双色的图像。

3．双色、三色设计中基于阶调曲线的调色处理

在一般的双色或三色印品设计中，最实用和简单的方法就是使用 CMYK 四色油墨中的

两种或三种。如图 5-3-3 所示，其中显示了使用 Photoshop 中的双色调工具中的墨色曲线进行“调色”处理，并根据不同的阶调分布进行组合搭配，可以看出它们具有相当大的颜色和色调变化的张力，其中 K—C/M/Y 组合色调对比度较大，而 C—M、C—Y、M—Y 组合的颜色范围较大。在设计中首先要认识到双色（或三色）组合所具备的基于阶调曲线变化能引起的色相与色调的变化范围，这就要预先使用适当的如 Photoshop 中的双色调工具来“调出”这些颜色，并在如图 5-3-3 所示的调色带上选定理想的“着色带”，然后将这个“着色带”按亮度层次着色到灰度图像的对应层次上。

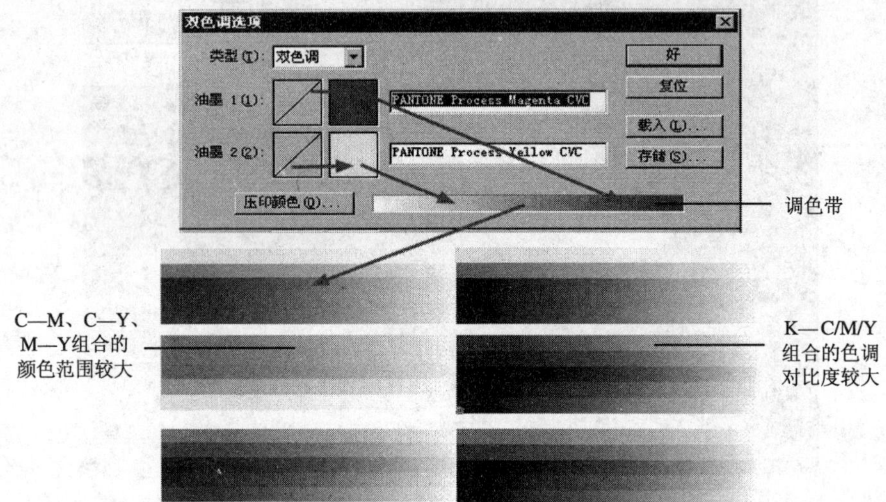

图 5-3-3　各种阶调分布方式进行双色搭配后的“着色带”及其色调范围

作为实例，图 5-3-4 显示了使用双色调工具的各种复杂组合曲线对两种颜色进行组合的情况。其典型形式可以分为直线方式、凹凸曲线方式和曲线分离方式三种：

1）直线方式是让两个颜色等比例搭配形成的效果，图 5-3-3 和图 5-3-4 的左图所示就是这种情况。这时的各个层次上色相不变（是两个颜色的组合中间色），只是色调（即亮度）发生变化。

2）凹凸曲线进行组合的特点是图像在各个层次上，依照亮大暗小使得色相朝一个颜色方向偏移，曲线分布情况如图 5-3-4 所示的中间两个图。特点是两条曲线在各个层次上的相加量与前述直线方式的相加量相当，以保证图像的整体对比度关系。这种处理既保存了图像原有层次过渡的平滑性，又可以依照凹凸程度不同来改变图像的颜色和层次，同时由于在暗调处的颜色充分叠加，可以充分保持图像原有的对比度，从而达到比较好的加工效果。

3）曲线分离方式将在亮调处和暗调处分别重点用其中的一种颜色进行着色处理，着色曲线如图 5-3-4 中的右图所示。这种方式可以将颜色充分展开，但会减少图像对比度效果，可以作为一种手段来产生特殊的效果。

另外，为了达到最大的色调对比度效果，最好是采用黑色＋C/M/Y 之一组成配合色，在暗调处充分利用黑色以增强图像的对比度，而在亮调处则可减弱黑色而增强彩色，这样增加了彩色效果，使得层次变化和色彩变化叠加在一起，进一步增强了图像层次的变化感。如果为了追求颜色更加丰富，则可采用 CMY 进行三选二的组合。这种组合的特点是暗调

处色调较淡，整体对比度不够，但在中间调和清明色调范围内颜色较为丰富，

图 5-3-4　C、M 墨色在不同双色曲线下的调色效果（直线、凹凸、分离）

复习思考题

1．试举出一个着色用的颜色可能或可以具有的各种属性（4 个以上）。

2．专色的特点为何？和原色相比的主要优点有哪些？进行专色设计与输出时有何注意点？

3．简述颜色匹配系统的含义是什么？简述 PANTONE 系统的四个系统（如专色系统 PANTONE Formula Guide 等）是如何构成的。

4．Trumatch 系统和 Focoltone 系统在色标设计和排列上有何特点与用途？

5．简述四种基本颜色：纸色、白色、黑色和套印色含义和区别。

6．为什么在图形重叠中存在压印和让空两种处理方法？

7．彩色文字的设计原则是什么？

8．渐变等高线的产生原因和避免方法是什么？

9．图像着色的前提是什么？如何从彩色图像获得最好的灰度图像？

10．用 Photoshop 的双色调模式着色处理时如何进行调色？

第六章 色彩管理

彩色印刷就是要使色彩能够准确复制，但是，颜色传递或复制的过程是复杂的，这种复杂性表现在以下几方面：

1）设备颜色空间的多样性（包括类型、色域范围和形状）。如图 6-1-1 所示为不同大小的色空间实例：sRGB 代表显示器色空间，US Newspaper 代表报纸印刷色空间，另一个代表涂料纸印刷的色空间。

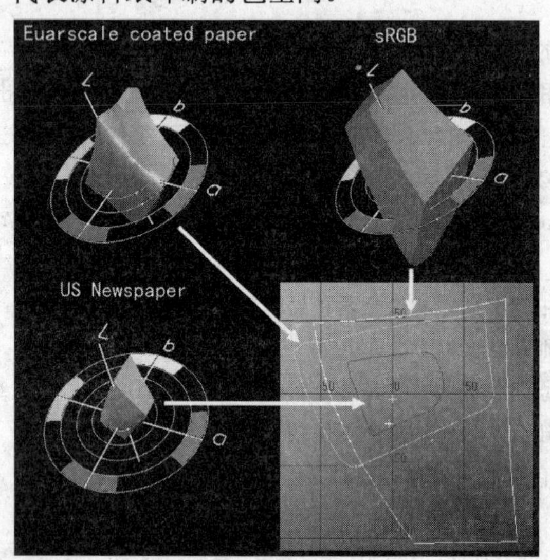

图 6-1-1 显示器、胶印、报纸印刷的色域的差别很大

2）设备颜色空间的变动性（同一设备不同工作状态、状态迁移、不确定变化等）。

3）颜色转换的多样性和相对性（ICC 标准强行规定了四种转换方式及正反八个方向）。

可以看出，色彩从输入设备进入显示设备和输出环节的过程中，有许多变化因素。若要使输入原稿的色彩令人满意地进行显示和印刷输出，必须做出很大努力。

那么，色彩管理是什么？它要完成什么使命？下面给出几个与色彩管理相关的命题：

1）同一个原稿，使用不同扫描仪（或扫描仪的不同状态）获得的彩色图像文件，能否在同一个显示器上显示出接近的外观？

2）对于同一个 RGB 彩色图像文件，在两个不同显示外观的显示器上能否显示相同的效果？

3）对于同一个 RGB 彩色图像文件，使用不同的打样机（包括不同的纸张和墨水），能否打印出一致的外观？

4）对一个 RGB 彩色图像文件或扫描原稿，能否在印刷品上真实地复制出来？

5）同一个 CMYK 图像文件，能否使用不同的印刷方式印出相同的效果？

这类命题还可以举出许多，但都是在谈论一件事情：色彩在不同系统的正确或准确地传递。这就是色彩管理的目标和使命。

第一节　传统非数字化封闭系统的色彩控制

非数字化封闭系统彩色印刷的生产工艺流程如下：

1）印刷厂有独立的制版中心，能够完成从原稿输入、打样和制版输出的全过程。

2）可以外接各种原稿（扫描输入稿和电子稿），将其输入到制版中心的系统进行重新校正和组版操作。

3）客户通过打样确认颜色的准确性和目标效果。

4）印刷厂主要印刷设备工作平稳，有基本的质量控制手段（如打样，印品和胶片的密度检测，高档印刷机的 CPC 控制系统等）。

在这种环境下，印刷厂印刷质量和颜色传递的准确性是采用生产中积累的经验参数（如扫描、分色、晒版、墨量等），通过粗放的控制，将各种设备和工艺过程稳定在这些参数的正常范围内。另一方面，外来的彩色文件，其颜色都必须经过制版中心的再校正，校正过的效果还要获得用户的确认方可使用。

这种方式控制色彩的关键是在进行彩色设计和色彩校正时使用 CMYK 颜色。即用 CMYK 原色对图形和文字进行着色处理，而对彩色图像则用 CMYK 空间进行颜色校正。

这种方式是将各种 CMYK 数值的颜色，组合成具有代表性的、特定条件下的印刷色标，并作为整个色彩系统的颜色基准。在这个颜色系统中，所有的颜色都必须是 CMYK 颜色或者必须转换到这个空间。然后，对颜色的设计、校正和判断就都以 CMYK 印刷色标的颜色外观及其相应的 CMYK 数值为标准。

在具体的操作上有两种形式：

1）针对图形和文字排版色彩的控制，只需要在 CMYK 印刷色标册上选定需要的颜色，并对要着色的图文对象直接使用选定颜色的 CMYK 数值组合进行设定。这样，无论显示器上显示的是什么颜色外观，也不管输出过程是多么复杂，这些图文对象在印刷输出时的颜色外观就有了基本保证。

2）针对彩色摄影和扫描图像，由于它们是由数量巨大的像素组成，而像素的处理难以控制操作边界和范围，不可能象对待图形对象那样方便地进行对象着色。又因为图像的原始描述都是 RGB 空间的，印刷输出时必须经过分色处理，将 RGB 像素转换成 CMYK 像素。

为了保证 CMYK 印刷色彩的准确性和用户认可度，需要使用以下两个过程：

（1）选用合适的分色参数进行分色　因为一个 RGB 颜色可以使用不同的分色参数生成多种 CMYK 颜色，而这些 CMYK 的印刷适性与外观效果是有区别的。因此，分色参数的选择具有针对性，要能够符合特定印刷厂的使用习惯或特定设备的需要。为了保证特定的分色参数被使用，可以直接将该参数提供给客户，让其自行分色。也可以将客户的 RGB 图像在厂内分色。

（2）依靠在 CMYK 色空间中的关键色校正　就是针对彩色图像中的某些关键色，按照标准的 CMYK 数值及其对应的颜色外观进行“数值”校正（注意：不是基于色外观的），其具体的操作方法在第四章中关于关键色校正的段落中有详细论述，这里不再赘述。

这里我们已经可以体会到“CMYK 印刷色标册”这种“特殊”印刷品的重要作用了。如果是要进行四色印刷的印前处理，并且是使用面向输出的色彩控制方案，那么这个小册子就成了所有设计和制作人员用来判断 CMYK 颜色“是非”的唯一标准。设计和处理成什么颜色？这些颜色印刷后是否准确？就都以小册子上的色标及其对应的 CMYK 颜色值为准。目前，国内大多数印刷厂和各种出版单位还是全部或局部地使用这种面向输出的色彩控制方法使用颜色。可以在广告设计人员、印前处理人员、美术编辑等许多从事色彩工作的人的手上发现这种“CMYK 印刷色标册”，他们都在使用这种 CMYK 印刷色标来定义和控制颜色。

那么，这种 CMYK 印刷色标是否准确呢？大家知道 CMYK 颜色是一种与设备相关的颜色，也就是对同一组 CMYK 颜色，由于使用的纸张、油墨、印刷设备及其印刷控制参数的不同，必然会呈现离散性的颜色外观。因此，严格地讲，对于某一种颜色样本，其上的 CMYK 颜色只是针对样本的纸张和它特定印刷条件的颜色特征外观，所以，如果脱离了这个“设备特征”的条件范围，就无法得到准确的颜色匹配。目前使用的 CMYK 印刷色标都是使用标准铜版纸，并且使用的是国内通用的油墨标准，在国内比较普遍采用的印刷条件下进行印刷的。因此，虽然具有一定的代表性，但它的准确匹配范围应该是针对铜版纸而言的。因此，用这种颜色样本来控制在其他纸张和其他不规范油墨上印刷的颜色，自然会有较大的误差。

提高这种系统的工作精度有以下方法：

一种方法是可以买一本含有各种纸张的色靶手册，熟练的色彩操作人员也许没有必要，因为，他们可以合理估计不同纸张对色彩的影响程度，并适当改变选中颜色的 CMYK 值。

另一种方法是根据自己的印刷输出设备印刷出自己的 CMYK 样本色标，并以此来选择所使用的颜色，这是最准确的。如果是使用在书店里购买的样本书并适当地校准系统，一般也可以保证色度误差在 10%以内。而这个精度对于目前国内普通的彩色印刷品来讲，是一个可以接受的范围，这也是目前国内这种彩色控制方法广泛存在的理由。另外，这种色彩控制方法的另一个注意点就是最终印刷输出的效果是由 CMYK 成分比例来决定的，与显示器上所见到的颜色无关，显示器色只是代表该成分的 CMYK 颜色的一个“代号”。当然，颜色管理系统可以将这些颜色在显示器上的显示尽量接近实际印刷的颜色，这是本章下面要讲的内容。

第二节　开放环境下的数字色彩管理与系统

一、组成要素与流程结构

理想的彩色管理系统（Color Manage System，CMS）就是使彩色扫描原稿、显示器显示效果以及打样和印刷输出的样张尽可能保持颜色的一致。要完成这种跨越不同色空间、不同设备、不同流程的色彩传递，CMS 采用了如图 6-2-1 所示的色彩转换流程与结构。可以看出，通过一个核心的色彩转换引擎，系统将各种带有不同设备特征文件（Profile）的扫描输入 RGB 信息、显示器 RGB 信息和打印输出 CMYK 信息进行相互的转换。

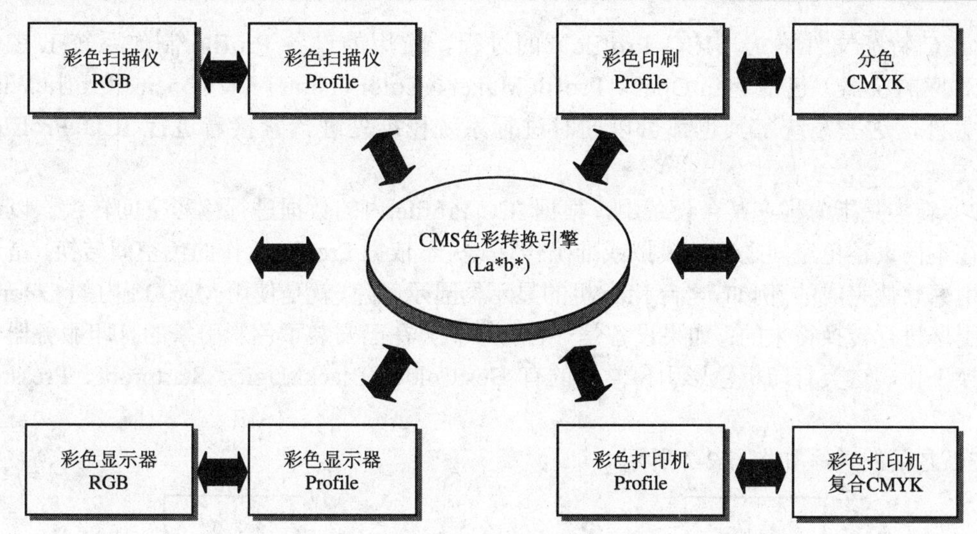

图 6-2-1 开放结构下基于设备特征文件（Profile）的色彩转换流程与结构

这种管理体系的核心是建立了设备的 ICC Profile 标准的设备颜色身份证机制。所有参与到色彩流程中的终端设备都将根据它的呈色机制与性能，建立起针对该设备的设备色空间的色度学描述，这种称为设备特征文件（ICC Profile）的设备颜色“身份证”，代表了特定设备的设备颜色空间与标准色度空间之间的双向转换关系。这样在如图 6-2-1 所示的色彩流程中，所有的设备颜色都可以转换成色度颜色并进行交流，从而实现了与设备无关的色彩转换流程，实现了开放结构下不同设备之间颜色的仿真传递。

这种体系的另一个关键是 Profile 连接空间（Profile Connection Space，PCS）。即所有不同的设备色彩数据（如 RGB、CMYK 等）都能够使用 PCS（也称为参考色空间）作为交换中介色空间实现相互转换。ICC 组织将这种连接空间定于为：白点为 D50（5000K）、视角为 2° 的 CIEXYZ 或 CIELAB 标准色度观察者空间。这两种模式在相同白点定义的情况下能够进行没有数据损失的相互转换，它们本质是相同的。例如，如果色彩管理模块（CMM）提供一个源 Profile，它的参考系统用 CIEXYZ，另一个目的 Profile 使用 CIELAB 进行色彩变换，则 CMM 能够自动将 XYZ 转换到 CIELAB。

二、3C 控制要素

要实现整个色彩管理流程的正确运行，就需要完成以下三个必要环节的控制，也就是 3C 控制要素：校准（Calibration）、描述（Characterization）和转换（Conversion）。下面分别介绍其含义和作用。

1）校准是指将设备的运行状况调整到一个稳定的（一般也要求是最佳的）状态，它是建立设备色彩身份证（即设备特征文件，或设备 Profile）的前提条件。显示器、扫描仪、数码相机、打样机、数码印刷和传统印刷过程等都有复杂程度不同的系统状态调节和稳定的问题，如果状态不稳定，设备颜色空间以及它的标准化描述将不能正确使用。不同设备都有相应的硬件和软件来完成系统的校准，如显示器就可以进行软件和硬件的校准。

2）描述是指怎样记录输入设备和打印设备的色彩表现能力，以及如何把这些纪录

变成 ICC 特征文件格式（ICC Profile）的过程，常用的设备 Profile 制作系统工具（软件和对应的仪器）包括 PrintOpen、ProfileMaker、ColorVision、Viewopen、ProfileWizard 等。另外，这些系统工具也都可以同时进行系统校准处理，紧接着进行 ICC Profile 文件的生成。

3）转换是指怎样在某台设备上，根据 ICC Profile 内的数据进行色彩空间转换，以达到颜色在不同设备色空间之间的模拟或准确传递。关于依据 Profile 所作的色空间转换，是通过转换引擎软件完成的。例如，一台 Mac 机的显示器显示颜色，就是使用 Mac OS 内的 Colorsync 色彩引擎进行转换得来的；如果设备是一台打印机，在已安装了色彩引擎的打印服务器中进行转换工作，这类打印机色彩引擎常见的有 BestColor、BlackMagic、Startproof、Pressready 等。

3C 之间的关系如图 6-2-2 所示。

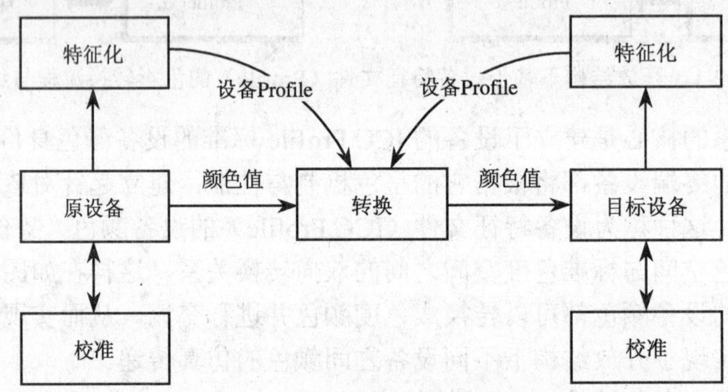

图 6-2-2 校准、描述、转换（即 3C）之间的关系

三、色彩管理系统的组成

色彩管理系统的主要功能是能够在设备颜色系统之间进行准确的色度转换。图 6-2-3 所示为完成这个功能所建立的系统运行平台、组件和工作流程及其基本关系。具体内容有以下方面：

1）能够创建输入和输出设备 Profile 的应用软件（例如，ProfileMaker、PrintOpen 等）及其色度计等颜色测量设备。

2）设备的 ICC Profiles：它描述特定输入输出设备或者特定复制过程（例如，针对传统印刷过程的 Profiles）的色彩复制特征，其实质是色度色与特定设备色的转换关系。

3）色彩管理模块（CMM，又称为色彩引擎）：它能在设备 Profiles 的帮助下完成色彩数据从一个色空间转换到另一个色空间的工作。

4）应用程序（例如，Photoshop，Best Screenproof）：提供应用色彩管理功能的实际应用环境和色彩转换的平台。

另外，图 6-2-3 所示为色彩管理系统的层次结构和运行路线，应用软件调用 CMS 到返回结果共有 4 个步骤。可以看出，色彩转换引擎一般作为操作系统的一部分，它向应用程序提供色彩空间转换的 API 接口，而色彩转换 API 必须使用标准的 ICC Profile。使用的 Profile 一般是在操作系统或应用程序中预先设置。

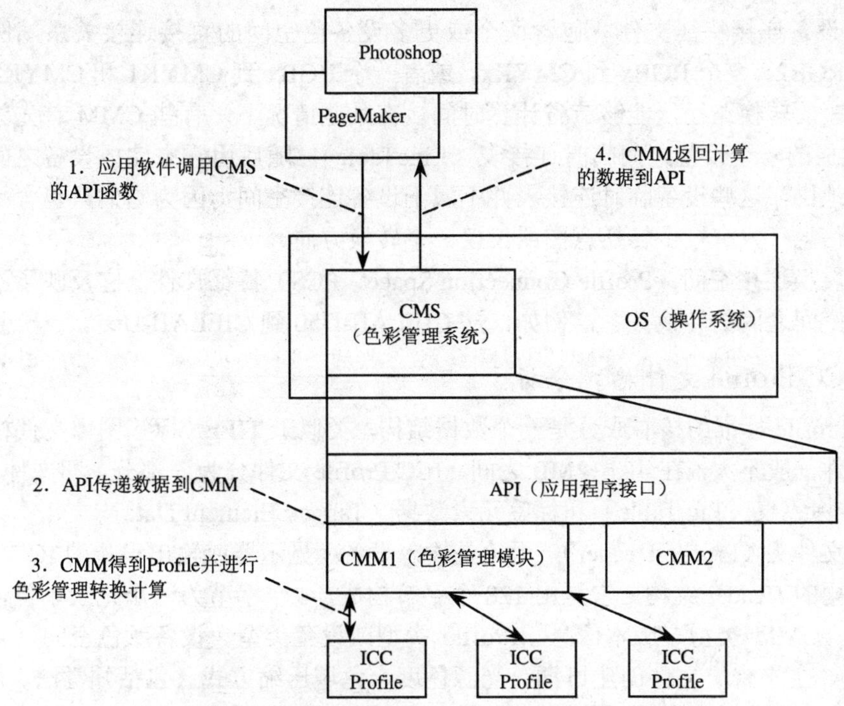

图 6-2-3　色彩管理系统的层次结构与运行路线

四、ICC Profile 的结构与内容

1．ICC 标准

1993 年，全球最大的出版业操作系统、应用程序和外围设备开发厂商成立了国际色彩协会（ICC：International Color Consortium），它的目标是在全世界建立一个色彩管理的开放平台，从而达到所有的色彩管理数据依照 ICC 的标准，以使不同系统之间能够进行自动的色彩转换和调节。

目前，在出版工业中有多种色彩特征文件格式在使用，例如，ICC Profile、PS 字典、Photoshop Table 等，今后将统一为 ICC Profile 标准。

一个特征文件描述一个设备色空间的彩色复制特征，例如，扫描仪、显示器和输出设备等，并且用色度空间作为参考。同时，彩色特征文件也能够反映整个复制过程的顺序和适性对色彩的影响因素。

一个符合 ICC 标准的特征文件，包括进行数学运算的参数（如：生成曲线、矩阵、表格），它描述了相关的两个色空间（源色空间与目的色空间）的关系，应用于色彩管理模块（CMM），并用来进行源色空间和目标色空间之间的相互转换。

目前，有三种不同类型的 ICC 特征文件，用来反映独立的色空间之间的不同关联：

（1）设备特征文件　即设备 Profile，它是使用最多的一种类型，用来描述一个设备色空间（例如，扫描仪 RGB 或印刷过程的 CMYK）与一个设备无关的 CIE 参考色度空间（即 PCS 空间）之间的关系。在 ICC 中定义 CIEXYZ 和 CIELAB 色度系统作为 PCS。

（2）设备连接特征文件　包含两个或更多设备色空间的直接连接关系，例如，一个RGB1 到 RGB2、一个 RGBx 到 CMYKx，或者一个 RGBx 到 CMYK1 和 CMYK2 等。这种连接有最短的转换路径，能够节省计算时间。在某些情况下，有些 CMM 首先生成由设备 Profile 生成的一个设备之间临时连接表（LineTable），随后用它来完成设备之间的直接转换。严格地讲，这些设备临时连接表并不属于设备连接空间，因为它们只包含了当前转换所需要的信息（只有一个转换意图或仅仅一个转换方向）。

（3）转换连接空间（Profile Connection Space，PCS）特征文件　它反映了不同条件下的参考色空间之间的转换关系，例如，从 CIELAB-D50 到 CIELAB-D65。

2. ICC Profile 文件格式分析

ICC Profile 标准的核心成分是一个数据结构，类似于 TIFF（标签图像文件格式），ICC Profile 文件一般不大，在 4K～2MB 之间。ICC Profile 文件分为三部分，即文件头（Profile Header）、标签表（Tag Table）和标签元素数据（Tagged Element Data）

（1）文件头（Profile Header）　无论是输入设备、显示器或输出设备的 ICC Profile，它们都有相同的 Header 结构。它是由 128 个字节构成，4 个字节为一个记录单位，依次记录文件尺寸、CMM 类型、版本信息、Profile 类型或设备类型、设备颜色空间、转换连接空间（PCS）、主平台、文件创建日期、光源色度、色域压缩方式（包括知觉法、相对色度、绝对色度和饱和度法）等专业标签。下面列出部分典型的文件头参数：

1）CMM Type。即色彩管理模块（或色彩引擎）的类型。例如，Appl 是苹果引擎、ADBE 是 Adobe 引擎、Lino 是 Linotype-Hell、KCMS 是 Kodak、HDM 是 Heidelberg 等。

2）CVersion。ICC Profile 的版本。目前一般是 2.4.0 版本。OX02000000 是版本 2.0.0。如果是 2.4.0 版本，应该是 OX02400000。

3）Profile Class。ICC Profile 的类别。例如，scnr 是输入设备、mntr 是显示器、prtr 是输出设备、spac 是色域、link 是设备连结 Profile（Device Link Profile）。

4）Data Color Space。设备色空间类型。例如，CMYK 是 CMYK 色空间、RGB 是 RGB、GRAY 是 Gray、MCH6 是 6 色 Hi-Fi Color、3CLR 是 3 种颜色的色彩 Model 等。

5）Interchange Space。就是 PCS（Profile Connection Space），一般都是 LAB，但显示器 ICC Profile 会使用 XYZ 空间。所以 Lab 代表 LAB、XYZ 代表 XYZ。

6）Creation Date。这是 ICC Profile 的制作日期。

7）Prim-Platform。ICC Profile 主要使用的计算机系统平台，也是 ICC Profile 生成和运行平台的标识。例如，APPL 是 Apple、MSFT 是 Microsoft、SUNW 是 Sun Microsystems。

8）Device Manufacturer。这是设备的制造商，有部分 ICC Profile 制作软件会把自己的标签（Signature）加到这里，一般这里会空置。例如：KODA 是 Kodak、CMBx 是 Color Blind。

9）Device Model。这是设备的型号，一般这里会是 0，代表空置。

10）Rendering Intent。这是色彩空间转换时的映射算法。ICC Profile 首选使用的知觉法（Rendering Intent），其值是 0，1 是相对色度法（Relative Colorimetric），2 是饱和度法（Saturation），3 是绝对色度法（Absolute Colorimetric）。

11）White XYZ。这是 ICC Profile 中的白点（White Point），以 XYZ 值来表示。

（2）标签表（Tag Table） 主要记录文件中包含的标签信息，类似索引目录的功能，前 4 个字节是该文件所包含的目录总数，后面依次是每个标签的描述，各占 12 个字节，包括标签名称和标签元素区的位置和尺寸。

ICC Profile 标准中定义了 48 个标签，共 30 种类型。每个标签都有一定的标签类型。对于每个 ICC Profile 文件来说，它们所包含的标签组合不尽相同，下面介绍一些常用的标签，以帮助读者感性地认识 ICC Profile 主要的内部成分：

ProfileDescriptionTag：特征文件的一般性描述。

CopyrightTag：特征文件的拷贝权信息。

MediaWhitePointTag：介质白场三刺激值。

GrayTRCTag：灰色基调再现曲线，一般只用于单色输出设备上，例如照排机。

RedTRCTag：红色阶调复制曲线。

GreenTRCTag：绿色借调复制曲线。

BlueTRCTag：蓝色基调复制曲线。

RedMatrixColumnTag：红色磷粉的三刺激时（XYZ）。

GreenMatrixColumnTag：绿色磷粉的三刺激时（XYZ）。

BlueMatrixColumnTag：蓝色磷粉的三刺激时（XYZ）。

AtoB0Tag：由设备色域到 PCS 色域的转换参数，压缩方式为感觉方式。

AtoB1Tag：由设备色域到 PCS 色域的转换参数，压缩方式为相对色度方式。

AtoB2Tag：由设备色域到 PCS 色域的转换参数，压缩方式为饱和度方式。

BtoA0Tag：由 PCS 色域到设备色域的转换参数，压缩方式为感觉方式。

BtoA1Tag：由 PCS 色域到设备色域的转换参数，压缩方式为相对色度方式。

BtoA2Tag：由 PCS 色域到设备色域的转换参数，压缩方式为饱和度方式。

GamutTag：检测输入颜色是否在色域外。

其中要特别说明，TRCTag 和 MatrixColumnTag 是用针对 RGB 显示设备和输入设备（如扫描仪）色域特征的专有标签；另一点是由于绝对比色的色域压缩方法可以根据 AtoB1（相对比色压缩方法）和 mediaWhitePointTag 计算出来，所以没有专门设置绝对比色法的描述标签。一个 ICC Profile 中可以根据不同的算法要求使用不同的标签。标签数目越多，文件越大。

另外，ICC Profile 色彩标准已经得到广泛的认可，大多数硬件设备在出厂时都经过校正并带有各自的 ICC Profile。但随着使用时间的延续以及环境的改变，硬件参数会发生漂移，所以用户需要经常校正设备，并重新建立符合设备当时状态的新的 ICC Profile，这样才能充分和正确地发挥设备的性能。

（3）标签元素数据（Tagged Element Data） 这一部分将按照标签表内的各个标签项目依次记录每个标签的全部信息，每个标签内容的前四个字节都是标签类型，后面的格式根据标签类型的不同而不同，尺寸也不一样。

对于不同类型的设备，其相应的 ICC Profile 中所包含的必要标签也不同，而且即使同一种设备，由于生成 ICC Profile 的算法模型不同，也会要求使用不同的标签组合。色彩管理系统制造商也会加入一些各自的私有标签。色彩管理系统在转换颜色时会根据所需要的标签名称从标签表内找到标签数据的读取位置，并用这些标签数据进行色彩转换的计算。

五、ICC Profile 的色彩数据模型与转换方式

1. 转换的模型与方法

在ICC Profile标准中定义有不同的数学模型描述颜色空间之间的对应关系，而在CMM中就可以使用相应的转换算法实施色空间的转换。可以将ICC Profile标准中的这个内容总结为三类特征描述模型与两类转换方法：

1）用 TRC（色调复制曲线）。

2）Matrix（3×3 矩阵）的 Profile 描述模型。

3）用查找表（LUT）方式的 Profile 描述模型。

不同设备类别的ICC Profiles，依据设备的不同色空间特征，将用不同的数学模型来表现转换关系。具体使用特点如下：

（1）用矩阵 Matrix 功能和色调复制曲线 TRCs（Tone Reproduction Curves）描述与转换　这两者适用于纯粹的加色系统之间的简单转换，例如在 Photoshop 中显示器 RGB 与工作空间 RGB 之间的转换。这时，ICC Profiles 的矩阵和阶调曲线模式能够产生足够的精度，同时有一个相对较小的彩色 Profile。

这种方式的优点是参数设置简洁，但是，它们难以适应不同色彩空间之间的复杂映射关系的精确描述，例如，RGB 与 LAB 之间或 CMYK 与 LAB 之间等。

传统的 CRT 显示器由于系统的标准性和线性比较好，所以一般都使用 TRC 和 3×3 矩阵进行转换。

（2）用查找表 LUTs（Look Up Tables）描述与转换　如果是一个复杂的色彩系统，例如，涉及到维数变化、空间变化以及被描述为非线性的色彩空间，就必须用 LUTs 描述转换关系。表格能满足无限的精度要求和无限的维数，当然也会产生不受限制的尺寸大小。

进一步分析，在一个描述单向的扫描仪 Profile 中，从扫描仪 RGB 到 LAB 的转换方向上使用了三维 LUTs。通常，每一种意图（映射方式）都应在创建一个分立的 LUT，所以应该有四个这样的三维 LUTs。然而，由于绝对和相对的转换意图能够使用相同的 LUT，所以只需要三个 LUTs。另一种情况，在输出的 Profiles 中，每个 LUT 有两个转换方向需要描述。这时如果一个描述 CMYK 与 LAB 之间的 Profile，则应该包含有三个四维 LUTs 来描述从 CMYK 到 LAB 的转换方向，另有三个三维 LUTs 用来描述从 LAB 到 CMYK 的转换方向。

2. 转换的结构与流程

如图 6-2-4 所示为 CMM 系统的转换过程与 ICC 的结构，可以看出，针对不同类型的 Porfile，分别通过不同的 PCS 空间进行颜色转换。如图 6-2-5 所示为用矩阵进行转换的流程，转换之前首先要通过色调复制曲线 TRCs（Tone Reproduction Curves）将输入色通道的明暗调分布进行均匀等距的调整，并对各色通道之间的灰平衡进行调节。然后再用 3×3

矩阵将经过线形化和灰平衡预处理的 RGB 转换成 XYZ 色度空间。

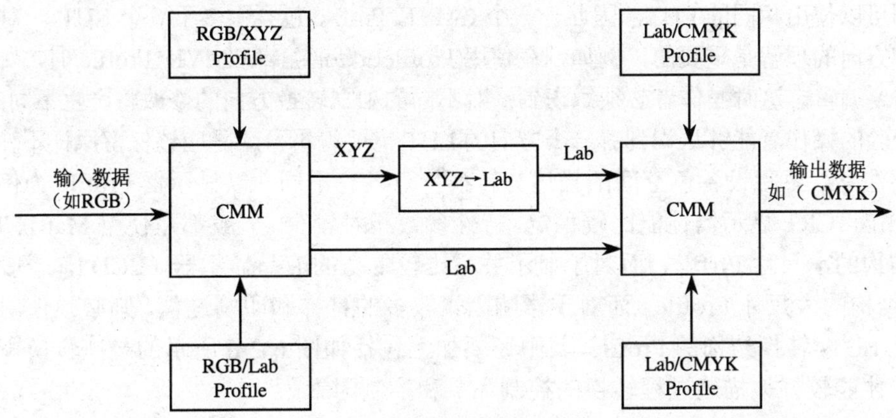

图 6-2-4　CMM 系统的转换过程与 ICC 的结构

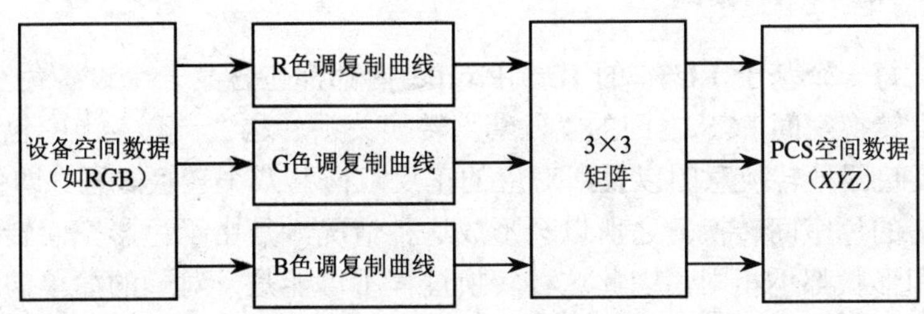

图 6-2-5　基于 TRCs 和 Matrix 的 RGB 到 XYZ 的转换流程

非线性的输出特征文件应该用 LUTs 表格来构建和定义，如图 6-2-6 所示为一个基于 LUTs 表格的计算通道，是一个从 PCS 到 CMY 的转换过程的例子。从图中可以看出以下的转换要点：

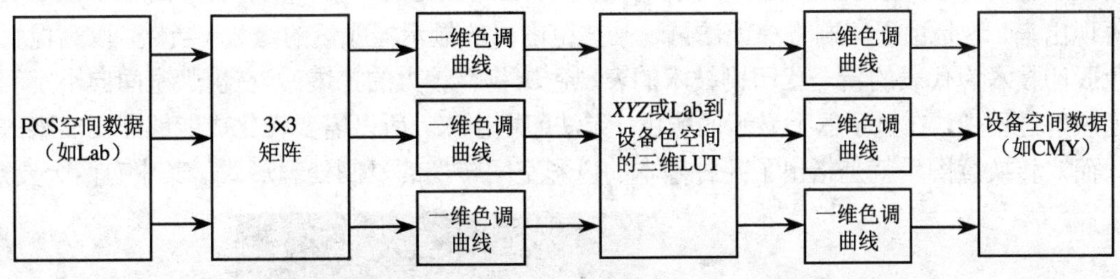

图 6-2-6　基于 Matrix、TRCs 和 LUTs 的 Lab 到 CMY 的转换流程

1）首先是 PCS 色空间用矩阵 Matrix 和色调曲线 TRC 做 PCS 色空间之间的转换（如 D50 的 Lab 到 D65 的 Lab）。同时，这个转换模型也提供了由三个一维色调曲线（如图 6-2-6 中靠左的一维曲线）构成的对三维颜色的独立校正接口。以供系统应对各种复杂的单维调节和设定之用。

2）通过三维 LUT 表进行色度色空间到设备色空间的转换。

3）进入 CMY 设备色空间的时候还可以借助一维色调曲线进行一次色调曲线的调整，以满足印版补偿等功能的转换。

另一方面，一个 Profile 中，必须为某每一个映射意图和它的转换方向建立一个独立的

LUT，这就意味着一个输出文件头通常将必须有 8 个 LUTs。但是，由于绝对比色和相对比色两种意图可以使用相同的 LUT，因此，一个 CMYK Profile 包含不多于 6 个 LUTs。对于 LUT 的个数和方向的理解是重要的，例如，在使用 ProfileEditor 编辑 CMYK Profile 时，如果输出 Profile 需要编辑，这时操作者必须意识到：对不同的独立转换方向的修改将产生不同的效果。一个有经验的操作者能够认识到哪一个方向的 LUT 需要编辑，或是应该保留原样不变。

还要注意，各种设备色空间的描述与转换特点各有不同。以显示器 Profile 为例：默认情况下，由于 CRT 显示器性能比较稳定，特性参数相对较少，一般都是使用 Matrix TRC 或 Matrix 结构的小尺寸 Prrfile，而对于显示关系比较复杂的液晶显示器（LCD），一般都是使用 LUT 结构的大尺寸 Profile。而对于影响因素较多的打样和印刷过程，则必须使用基于三维或四维 LUTs 转换结构的 Profile，其中还要加上包括如图 6-2-6 所示的一些转换矩阵和色调曲线，才能较好地描述过程转换的控制环节和控制因素。

六、ICC 的转换意图

前面讲到，每一个基于 LUTs 的 ICC Profile 内部都包含某一个设备色空间（RGB 或 CMYK）与色度转换空间 PCS 之间的“一套”转换关系。这“一套”当中包含了六个转换数据表，可以反映四种转换意图以及所对应的正反双向共八个转换过程。即借助 Profile 可以实现多种风格的色空间转换。之所以会形成这种情况，是由于色彩空间转换过程中，转换空间的大小和形状都不相同，因此这种转换过程不可能是一对一的简单的转换，必然是一种有多种转换选择可能性的、带有各种处理特点的转换过程。

从印刷的色彩复制过程中，必须看到这种复杂转换的客观必然性。如图 6-2-7 所示为一个 sRGB 显示器空间和新闻纸（NewsPaper）的标准印刷色域空间。可以看出，印刷色域明显小于显示器的色域。因此，在进行色彩传递和复制的过程中要有一个清醒的认识：即使使用了先进的色彩管理方法，也无法保证原稿图像和显示器上的颜色能够在印刷和打印过程中全部真实地再现出来！这是由于印刷方法无法再现某些范围内的显示器颜色的缘故（当然，以高保真的彩色胶印技术为代表的新一代印刷技术的表现色域将有较大的扩展）。在由大空间向小空间的传递映射过程中，在显示器上显示的颜色，无法印刷出来，所以需要转化成能够印刷出来的颜色。而“转换意图”就是指出了几种基本的色彩空间转换的复制处理形式，其中有两个要点：

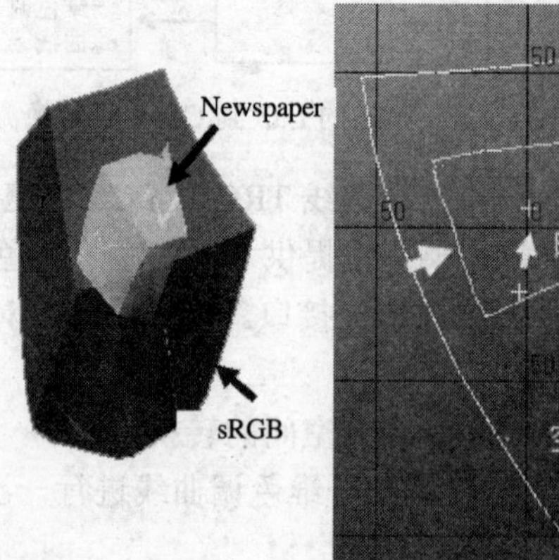

图 6-2-7　转换意图的基本问题

1）如何处理空间大小不同时的空间压缩关系。

2）如何处理白点（和黑点）位置形成的对于灰度轴的映射转换关系。

基于这两个要点，形成了目前 ICC 标准中所使用的四种基本色彩空间转换模式，即知觉方式（Perceptually oriented or Photographic）、绝对色度方式（Absolute colorimetric）、相对色度方式（Relative colorimetric）和饱和度方式（Saturation-preserving）。

1．知觉转换算法（摄影法）

该方法的核心在于大空间向小空间转换时，如何达到将原稿从源空间转移到目标色空间时，能够最大程度地获得接近原稿的视觉感受，它并不追求最小的色度误差。它的算法的基本思想是进行层次和色调的整体压缩，并尽量保留原有的层次和色调间的关系。下面就从压缩方式和灰轴处理两个方面说明它的处理特性。

如图 6-2-8a 所示，其中在 Yxy 色度马蹄空间中标出了一个标准的 Adobe RGB（1998）显示器空间，另一个是 SWOP（Coaded）涂料纸的标准印刷色域空间。如果用知觉法将显示器空间上的 RGB 颜色描述转换到涂料纸胶印的 CMYK 空间中，就必须将 Adobe RGB（1998）三角形大区域内的颜色整体压缩到六边形的 SWOP（Coaded）小范围内部，而在颜色空间相对应的各点上，要求保持原稿的颜色之间相对差异（相对位置关系），按图例也就是保持原来的三角形形状，但将被压缩到六边形的内部。

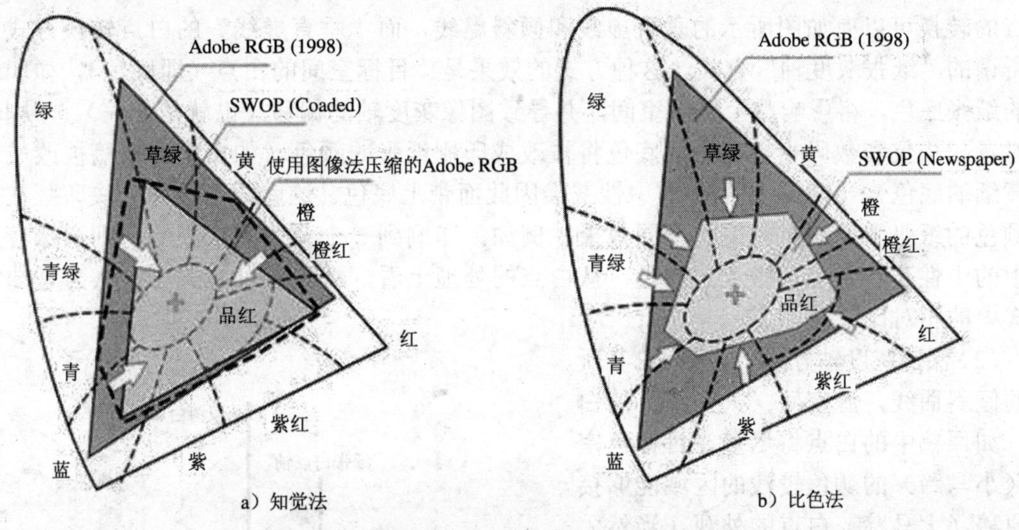

图 6-2-8　知觉法与比色法的空间压缩方法比较

这里要特别指出的是，这种压缩是整体性的，压缩是沿着白点（图中小十字处）到马蹄形边沿的方向进行（每一个方向反映了某一个色相从白点到最饱和点的变化）。用这种方法压缩后每一个原来的 RGB 颜色的色相将保持不变（沿白点到边界的连线方向不变），但饱和度下降，即图像偏淡了一些（颜色的色度位置向白点处移动）。另一特点是 RGB 空间被整体缩小到 CMYK 空间中去，并保持原有 RGB 空间的形状，因此原图中的颜色和层次之间的相互关系被较好地保留了下来。虽然整体效果肯定是下降的，但和真实效果比较接近，失真较少。用这种方法处理后的效果类似于前面讲过的基于 gamma 曲线的阶调压缩和色彩覆盖范围压缩。它对于彩色照片之类的连续调图像的处理最为合适，因为它不会影响

整个色彩之间的微妙细节过渡和层次差别。而如果采用比色法，由于色彩的并级和替换，就会使原稿的细节变得平淡，在某些局部产生卡通式效果。

在黑白点（也就是中性灰度轴）的处理方面，首先要说明一点，知觉算法本身并没有对转换前后白点的映射关系作出规定，而比色法则针对灰轴的转换关系设置了绝对和相对两种独立的算法。实践证明，用知觉转换法对中性调的处理也是有需求的。

例如，如果使用标准的知觉方式，将一个白点偏黄的显示文件（如从普通报纸上扫描下来的图像）转到一个具有中性白点的印刷过程的色彩空间（如高档铜版纸胶印）中时，相对于源白点（即报纸白点）的知觉调整效果也必须被施加到新的铜版纸白点上。作为结果，发黄的“报纸白点”在目标空间上将变为接近纸张的中性白，而源图中中性灰阶在目标色空间中将不再是中性灰了，这就影响了复制的真实性。这种效果在高亮处不能避免，而对于中间和 3/4 暗调区域，则可以使用特殊的色彩转换来减少对原稿的偏离。

针对这种效果的调节需要，专业的特征文件制作系统都设置了针对知觉意图算法的灰度轴处理的不同方式，并将这种设置嵌入到所生成的扫描仪、显示器和打印机的 Profile 当中。以 ProfileMaker 软件为例，它在生成特征文件时，提供了针对知觉法的纸张灰度轴（Paper Gray Axis）和保持灰度轴（Preserve Gray Axis）两种基本处理方式。

（1）纸张灰度轴方式　如图 6-2-9 所示，其中大的 Yxy 色度马蹄为源色空间，如 RGB 摄像空间。小马蹄是目标色空间，如报纸印刷的色空间。在由大马蹄向小马蹄的转换中，白点的转换可以有如图所示的垂直虚线和倾斜虚线，而“垂直虚线”的白点转换方式就是所谓的“纸张灰度轴”方式。这种方式的效果是：目标空间的白点（即底色），如印刷中的纸张底色，将影响整个颜色空间，并导致图像灰度轴的偏移（也就是色偏）。印刷输出时，扫描仪和数码相机的原稿底色将被改成印刷纸张的颜色（如白底的原稿被改成印刷黄纸的底色）。这时，原稿中的中性灰会因此而带上底色。这就相当于同一块印版在不同颜色的纸张上印刷所获得的不同效果，例如，印刷到一个黄色的纸张上，则意味着原稿中的中性灰将带有纸张上的黄色。从白点的处理上看，纸张灰轴方式可以认为是知觉方式中的相对比色法。

（2）保持灰度轴方式　如图 6-2-9 所示的倾斜曲线，源空间（大马蹄）的白点，如原稿中的白点将尽量在目标色空间（小马蹄）的颜色较浅的区域能够接近原稿（大马蹄）白点的外观（当然，接近不了也没办法），而在颜色较深的区域，就顺其自然地让其接近目标灰轴，即本例中的纸张底色。这种方式的目的是：使目标的白点和灰度轴被尽量保持在原稿或源空间（大马蹄）的原来状态，尽量减少目标底色的影响。它的效果可以形象地被看成在高亮区域使用相对比色的白点映射方式，而在暗处则使用绝对比色的白点映射方式。

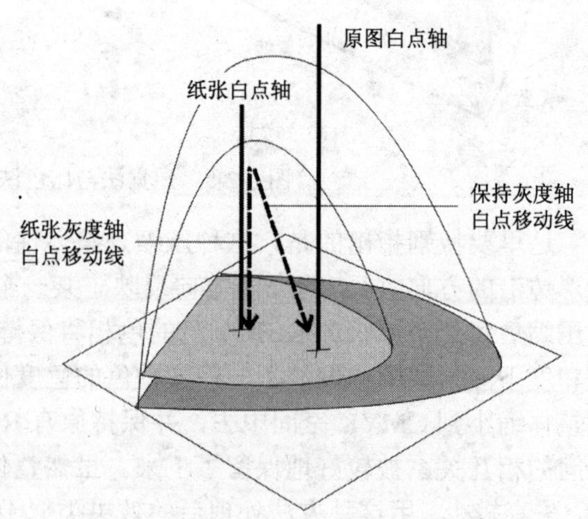

图 6-2-9　知觉法的灰度轴处理方式

2. 比色法——绝对比色与相对比色

比色法的基本原则是尽可能多和尽可能真实地在输出系统中表现输入系统中的颜色，也就是尽量追求一个精确的色度转移。如果色彩无法复制再现，则应该尽可能地换成相近的颜色。在整个转换体系中包括了空间范围和白点位置两个基本要素。

以空间范围来看，如图 6-2-8b 所示，它表现了印前处理中将 Adobe RGB（1998）显示器色空间用比色法转换到 SWOP（Newspaper）标准印刷色域空间的过程，其处理特点是将 CMYK 空间以外的 RGB 颜色通过在色域范围之内寻找最为接近的颜色（即最小的色度差）进行替代，一般情况下，都是转变为离它们最近的 CMYK 边界色，也就是用边界色替代域外色。而可复制范围内的颜色并无大的改变。

这样处理后的效果表现为超出 CMYK 色域的比较鲜艳的不同 RGB 色被大量转变为相同的 CMYK 色，因此，图像中饱和鲜亮部分会大大变平（层次和颜色并级）。但这种方法却完全保持了两个空间重叠区域颜色传递的准确性。笔者对该方法的总体评价是其主要部分保持最高的逼真度，总体效果不错；超色域的部分有些淡出，但整体效果比用知觉法调整过的图像更明亮、更鲜艳一些。另外，由于它是以色度的最小变化为原则的转换，其效果是否成功可以借助分光色度计和下面将要介绍的色块颜色分析软件进行检验和测量。

比色法除了上述的色空间区域的压缩变化之外，还有一个重要的因素，就是源与目标空间白点的转换方法。由于不同空间的白点都不一样，因此它将牵动源与目标两个色彩空间的对应关系，并直接影响比色法基于最小色差的转换结果。按照 ICC 的标准，使用两种基于白点的转换方法：

（1）绝对比色　它是以从源到目标的颜色数据转换中实现最小色差（Delta E）为转换目标的，在这个过程，最明显的特点是源色空间中的白点被目标色空间采用，或者说源白点被直接仿真映射成为目标白点。这种映射方式的一个典型应用就是在数码打样机上使用标准的打样纸墨来仿真打样报纸印刷效果的应用，就是报纸的色彩和白点效果（它的色领域较小而白点发青或发黄等）被传递到色域和白度比它大得多的打样色空间上，白点传递过程如图 6-2-10 所示。

（2）相对比色　和绝对比色的区别是在白点的处理上，相对比色法在转换结果上不是使用源白点而是使用目标白点，如图 6-2-10 所示。如果接着上面的例子说下去，和绝对比色相比，转换的色度效果将是相似的，但是新闻纸的白点将会被打印机自身的白点所替代，也就是说无法模拟报纸的白点效果（外观上没有了报纸的底色）。

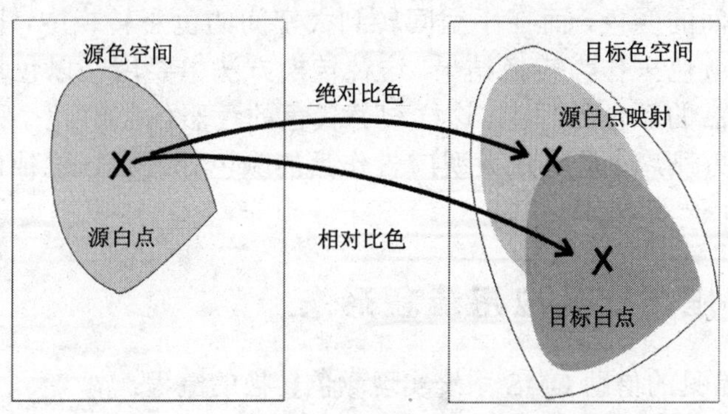

图 6-2-10　绝对与相对比色的白点转移关系

绝对比色与相对比色转换的例子：

实例 1：

一个用于商业平版胶印的CMYK图像文件，要求转换到用于新闻纸轮转胶印的CMYK色空间时，平版胶印机的白点（由平版胶印对应的 Profile 携带和描述）需要转换到新闻纸印刷的白点上（由新闻纸印刷 Profile 描述）。这时，该图像的颜色转换意图应该是相对比色。

实例 2：

如果要将新闻纸轮转胶印的 CMYK 色空间图像，仿真打样到数码打样机的样张上，用于实际印刷的纸张底色就需要在打样机所使用的白纸上模拟出来，以仿真新闻纸轮转胶印的实际效果。这时的转换意图应该是绝对比色。

实例 3：

显示器软打样（要在显示器上仿真显示报纸印刷的效果）的流程如图 6-2-11 所示，如果输出使用报纸的 Profile，则在 RGB 工作空间中的彩色 RGB 源图像首先要经过相对比色的方法转换到报纸的 CMYK 空间中，这时 RGB 空间中的白点就被变换成为 CMYK 空间中的“报纸的白点”，同时空间也被压缩。然后，按照软打样的流程，这时的 CMYK 报纸空间的图像则应该使用绝对比色方法转换到软打样显示器所对应的 RGB 色空间中，这时 CMYK 报纸空间的白点将被仿真复制到显示器上，从而出现报纸效果的底色和色域。

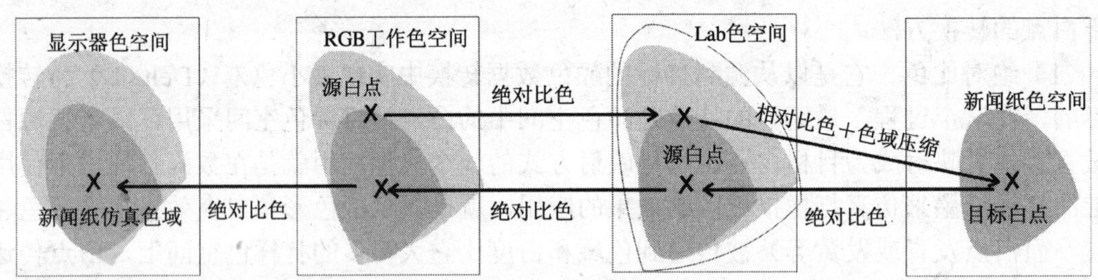

图 6-2-11　显示器软打样流程与白点变化及意图设置

3．饱和度法

这种方式的特点是色彩空间转换时，更加侧重保护和加强原稿的饱和度（即鲜艳程度），因此这种处理方法在空间压缩的情况下，一般都是使用最鲜艳的边界色来替代原稿中超出目标色空间的颜色，而在小空间转到大空间的色彩转换中，则同样会使用大空间中尽可能饱和的颜色来作为转换结果。这种转换方法主要用在以色块和线条为主的图标图形类的艺术作品的颜色处理上，这样被替代色的色彩偏差对整个画面效果的影响较容易被人们接受。另外，就是用在大型广告作品的颜色处理上，这种作品更强调发扬原稿的鲜艳度。

七、色彩管理系统的应用流程形态

下面列出一些常见的借助 CMS 系统实现颜色转换的流程：

1）扫描仪 RGB 空间到显示器 RGB 空间之间转换管理。其功能是达到显示器上的显

示效果比较接近彩色扫描原稿。

2）显示器 RGB 空间到 CMYK 印刷色空间。俗称“分色”。其功能是将显示器上显示的 RGB 色彩“分色”到 CMYK 空间，并保证印刷及打印的结果和显示效果接近。

3）CMYK 印刷色空间到显示器 RGB 空间。其功能是“CMYK 软打样”，也就是用显示器仿真显示实际印刷后的效果，这种功能给进行图像校正处理的人员带来很大的所见即所得的方便性，但它的前提是显示文件必须是经过分色处理后的 CMYK TIFF 文件。

4）扫描仪 RGB 空间到 CMYK 印刷色空间。它的功能是不经过显示器直接实现将扫描或摄像 RGB 分色到 CMYK 空间。许多扫描软件中带有直接生成 CMYK 分色文件的功能就是这种类型的功能。

5）显示器软打样流程功能。与上述的第 3 点相比，该流程可以称为“RGB 软打样”，其过程与原理如图 6-2-11 所示。系统首先将 RGB 转换到 CMYK，再将经过色域压缩过的 CMYK 返回转换到 RGB，这时的 RGB 已经是经过 CMYK 空间“过滤”过的 RGB 了。

虽然 CMS 转换流程的形态还有很多，但是其基本的转换环节还是基于 Profile 的设备色空间与色度空间之间的正反八条基本线路。另外，在具体使用某一个 CMS 系统时，可以根据实际需要设定某些色彩管理流程功能起作用，而另一些流程被关闭。例如，在使用要求不高的情况下，只需要使用色彩管理中的分色功能用于生成 CMYK 分色文件。而在使用要求较高的情况下，则可能需要打开 CMYK 软打样功能，以便使显示器能够仿真显示印刷的效果等。

第三节　系统校准与 ICC Profiles 的生成综述

一、校准与特征化（Profiles 生成）

对所有色彩管理系统中的颜色设备，制作它在最佳或特定工作状态下 Profile，将是色彩管理系统（CMS）进行工作的基础。进入 CMS 中的所有颜色文件都应该配备产生这个颜色文件的设备 Profiles，这就好比每个人都应该有一张身份证才能进入社会管理系统一样。

设备的特征文件生成过程称为设备的“特征化”过程。而这个过程是和设备的特定工作状态相关，如果这个设备具有多种工作状态，那么每一种工作状态就应该单独进行一次特征化并生成相应的特征文件。

校准是指设备被设置到一个标准的、理想的、特定的工作状态的过程。理想的 ICC Profiles 是基于校准状况的。ICC Profiles 要求一个一致的色度行为。因此，不同的设备设置或者更改状况要求使用不同的色彩 Profiles。校准用在复制过程的各种设备有两个明显的好处：

1）达到过程的一致性、可证实性和重复性的结果。

2）生成的 ICC Profiles 的有效性和正确性是稳定的。

如果设备与流程的校正过程不认真进行，那么接下来的复杂耗时的特征化过程将不得不频繁的重复进行。

一个设备的色域特征是由某一个特定的工作状态和描述这个工作状态的Profile共同决定的。建立这种概念有利于用户对于设备特征文件的理解。实际上，Profile 只是描述了设备色与色度色之间的转换关系，也只能在色空间转换时使用。而和这个设备 Profile 对应的设备的工作状态才是实现这个 Profile 的基础。要实现有效地色彩管理，对这些设备的工作参数的设置、调节和校准才是问题的关键。

例如，在数码打样系统的色彩管理中，要生成打样系统的 Profile，必须首先确定和调整好打样机的各种工作参数，包括分辨率、使用墨水和纸张、基本线性、总墨量、打印质量等，然后才能制作出合适的打样机 Profile。而在使用这个 Profile 时，就必须设置打印机，使其工作于对应的工作状态，在此基础上进行的色彩转换才有意义。

制版和印刷过程的校准和特征化是十分麻烦的，要想做好色彩管理，前提是必须对整个印刷过程进行规范化和数据化的管理，使每一个受管理的环节和工序都具有可以调控和校准的工作状态和对应的数据参数，只有这样才能做到系统的稳定和可重复性，而这正是色彩管理的前提条件。

另外，有些设备（如相机和扫描仪等）虽然能够进行各种设定和调节，但对设定的状态无法进行校准，即无法进行标准状态的偏移归位，因此只能在设备状态出现飘移的时候，对其现在的状态制作新的 Profile。

二、扫描仪与数码相机的 Profile 生成

无论是专门的 CMS 软件还是应用软件中的 CMS 功能模块，用来生成扫描仪特征文件的方法都是相似的。具体过程是首先扫描一张标准色标，目前常用的色标系列是 IT8 系列。

色标由 264 个色块组成，代表整个 CIE Lab 色彩空间的采样，还在底部带有 23 级中性灰梯尺。如图 6-3-1 所示即是 IT8 色标。不同厂家生产的色标以及同一厂家生产的各种色标之间会有微小的差异，但这些差异能分析出来，而且不影响使用色标的彩色管理系统的精度。

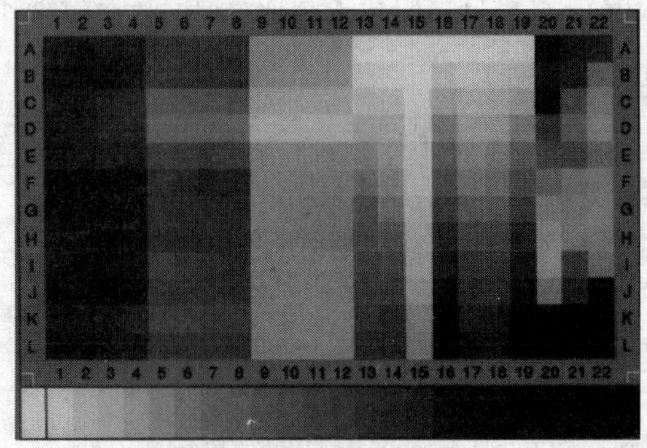

图 6-3-1 IT8.7/2 扫描色靶

如图 6-3-2 所示为生成特征文件的过程。色标上的色块首先由已校准的分光光度计测量其色度值 Lab，从而生成色标的 Lab 参数表。这个参数表一般在提供色标时由厂家提供。当要建立某个扫描仪的特征文件时，用该扫描仪扫描色标并获得色标上每一个色块的 RGB 值。这样，彩色管理系统就可以建立起 ICC Profiles 所需要的 RGB 和 Lab 之间的 LUT 转换表，并结合如黑白点和灰轴处理方式等构成一个特定状态下的扫描仪 ICC Profile。

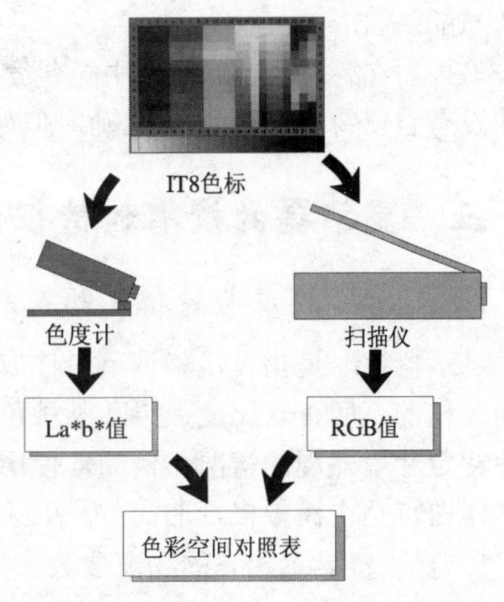

图 6-3-2　建立扫描仪 Profile 的工作过程

如图 6-3-3 所示为专业色彩管理软件 ProfileMaker 中用来建立扫描仪 Profile 的操作界面。它能够对 IT8.7/2 之类的扫描色标在某个扫描仪上生成的 RGB TIFF 扫描文件进行分析，计算出各个色块的 RGB 值，然后和 Lab 色度数据文件一起形成该扫描仪的 Profile。

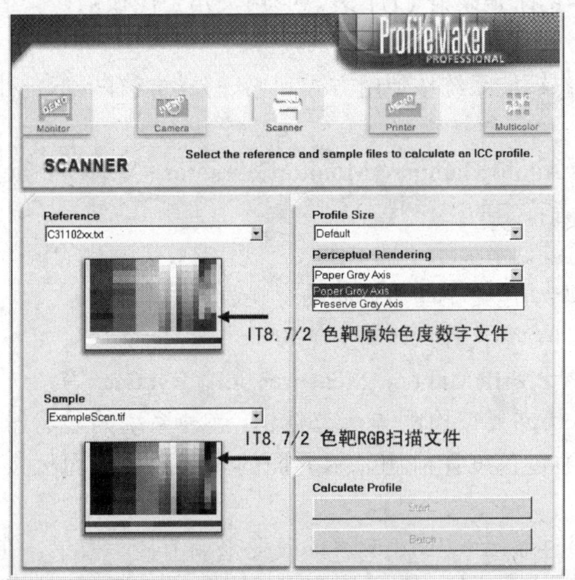

图 6-3-3　ProfileMaker 中建立扫描仪 Profile 的操作界面

由此生成的特征文件只能适用于该台扫描仪，因为即使是同一种型号的扫描仪，由于器件参数的离散型，也不会得到完全相同的设备特征。

即使是同一台扫描仪或数字相机，一般也可能有多种特定的工作方式，这时的设备特征参数也不会相同。另外，扫描仪本身也会随着使用时间的变化而有参数上的漂移等。扫描仪设备 Profile 的这种随条件而变的局限性给色彩管理带来了很大的离散性。解决这一问题的最好方法是：

1）经常使用 IT8 色标来校准扫描仪，这里所说的校准实际就是生成新的 Profile 来替换旧 Profile，这样就可以反映扫描仪最新的工作状态。

2）确定扫描设置的种类，并为每一种设置建立独立的 Profile。例如，可能经常使用 3 种不同的扫描设置，分别用于暗调、中间调和亮调图像，因此，应当为扫描仪建立 3 种工作状态的 Profile。

另外，在各种 CMS 系统中会包含许多厂家按产品型号给定的 Profile，直接使用这种文件没有自己特制的 Profile 准确，但如果精度要求不高是完全可以使用的。

三、显示器的校准和特征化过程

1．显示器校准与特征化的基本原理

显示器校准是指设定和调节最佳或者特定的显示状态的过程。最佳状态就是通过调节达到最佳的亮度、对比度效果和某种色温相匹配的中性无色偏状态。而特定状态是指模仿某种特定环境外观的情况，例如，使用显示器的白点和伽玛值模仿报纸显示效果，这时的显示器白点是在模拟报纸的底色。上述显示状态是由两种因素决定的：

1）显示器显示状态的物理参数（如亮度、对比度、色温、磷粉等），它们是由驱动电路决定的。

2）显示驱动卡中的阶调映射 LUT 表。它用来决定图像的像素值和驱动电路驱动值的映射关系。

如果将显示器状态调校系统按使用方式和原理分类，有以下三种类型：

（1）纯软件

1）使用方式。如 Adobe Gamma、MonitorCalibrator 等软件，通过状态观察和手工设定来达到某种理想的或者特定的工作状态。

2）工作原理。通过调节显示卡的 LUT 表来完成效果变化的调节。LUT 表就是显示图像的像素值和显示器驱动电路驱动值之间的变换表。

（2）软硬件配合（含色度计或者分光光度计）

1）使用方式。如 ProfileMaker、MeasureTool、EyeOne 等系统，它们都具有以显示器色度计构成的目标状态反馈检测与调节结构，这种系统的显示器面板按钮能够调节亮度、对比度和色温，通过色度计检测显示界面的显示数据和面板按钮的互动调节达到某个目标状态。

2）工作原理。通过显示卡内 LUT 表的改变来调节显示效果，在达到设定的目标状态后，需要固化显示卡中校准后的映射关系表。如图 6-3-4b 所示为软硬结合方式的调节原理图，特点是在设置某个特定状态后，其校准的变化是通过显示卡查找表的映射方式来获得。这种系统的缺点是对于显示器的性能衰减没有直接的恢复补偿能力。而基于显示卡 LUT 的校准补偿只是在现有显示能力下的一种映射变化。

（3）专业的自校准显示器　如 Barco Colibrator（巴可）显示器等，使用和显示器驱动系统相连的内置色度测量系统，实现基于硬件调节能力的特定工作状态校准调节系统。如图 6-3-4a 所示，这种系统的显示器驱动电路，可以实现对显示驱动量的直接改变来达到校准显示器显示效果的目的，而不是通过显示卡的 LUT 表。例如，Barco Calibrator 显示器就具有这种调节通道。如图 6-3-5 所示为显示卡 LUT 调节与自校准调

节的效果对比，最明显的区别是在显示器性能下降（如老化）时，显示卡 LUT 只能在下降的性能范围内优化调节效果，但无法提高性能。而自校准系统的调节是基于驱动电路的闭环结构，它的调节目标是显示器的原始状态（或初始状态），因此系统能更加精密地显示颜色，色域范围也大一些。

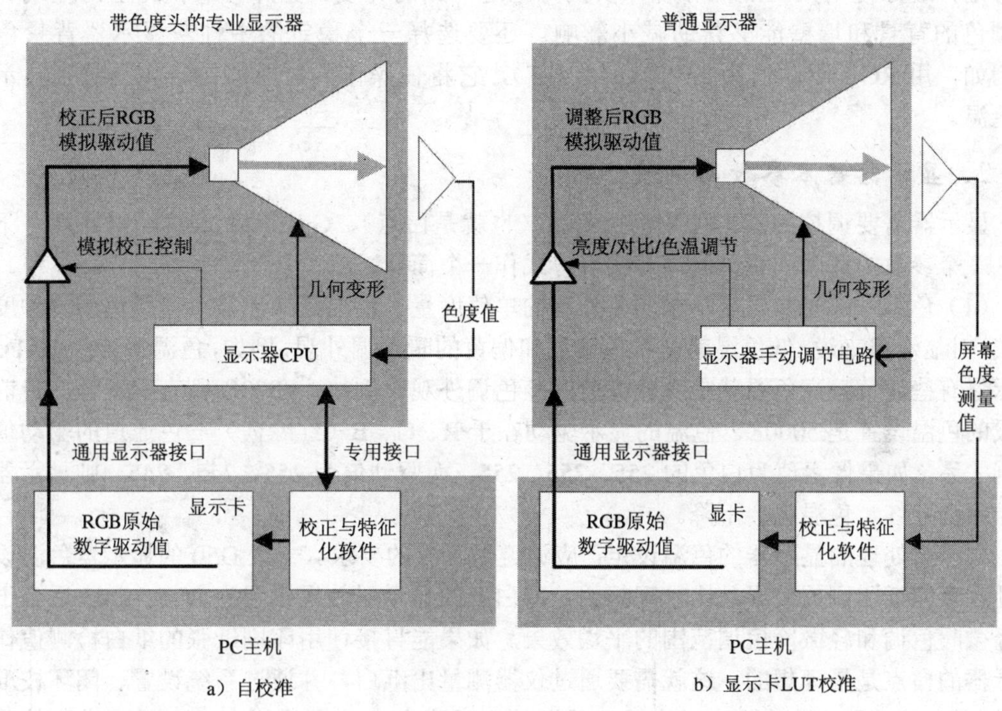

图 6-3-4　自校准与显示卡 LUT 校准的显示系统（用显示器色度计）

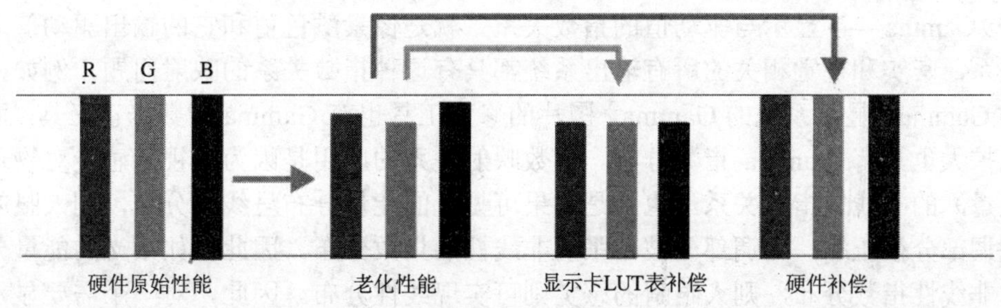

图 6-3-5　自校准（右 1）与显示卡 LUT 校准（右 2）的调节性能区别

显示器校准完毕后，便可以作相应显示模式下的 ICC Profile，这个过程称为特征化。由于 CRT 显示器的显示参数比较稳定，所以它的 ICC Profile 结构也比较简单，包括如下三组数据：色温、Gamma、显示器磷粉[即 RGB 最大驱动值（255，0，0）（0，255，0）（0，0，255）的三个极点的 XYZ 色度坐标]，并将它们提供给 CMM（色彩管理模块/引擎）作矩阵换算。其中，对于有显示器色度计的显示器校准系统，就可以比较准确地测量显示器的上述三组数据，而免费校正软件则是用眼睛来作效果调节，所以对于色温和显示器磷粉

就不能进行准确设定，最终也就限制了 Profile 的精度。另一方面，对与目前使用的越来越多的液晶显示器，其线性不如 CRT，所以在建立 Profile 时，其 Profile 参数是使用简化了的 LUT 数据。

最后要提醒一点，显示器显示效果受环境光的影响较大。因此，首先要保证环境光的稳定，最好使用人工照明环境，以获得稳定一致的亮度；另外，柔和的室内光线和中性颜色的背景和墙壁能够帮助减小影响。还要选择一个稳定的中性灰显示器背景色调（例如，用 RGB 驱动值为 127、127、127），它将使操作人员能够比较容易辨别显示器的色温。

2. 显示器基本参数与调节

显示器需要调校的基本参数包括色温（也就是白点）、Gamma、亮度、对比度，下面将这三个参数的概念和相关的调节实现方式作一个简介。

（1）色温——光源与显示器颜色外观的单值度量　色温是描述显示器颜色的一种度量形式。对显示器来说，低色温就是颜色偏红和偏黄的暖色调外观，例如，色温为 5000K（D50）显示器有些微黄；高色温就是颜色偏蓝的冷色调外观，例如，9000K 则有些发蓝。目前，一般的色温设置是 5000K。色温的显示驱动在于 R、G、B（红绿蓝）三色通道的驱动值的比例关系，如果像素值为白色的 255、255、255，而驱动值为 255、245、245，则显示器的白点就会发红，色温就会下降。

作印前处理的显示器的色温设定，应该遵循工作的要求。一个 D50 的显示器色温设置对处理新闻纸印刷的效果是比较理想的，冷白纸的显示器效果设置为 D75。D65 适合于匹配轻微暖色调和轻微冷色调范围的平均效果。如果能直接使用印刷纸张的纸白检测值作为显示器的白点是最理想的。这就需要通过仪器测量出纸白，并通过系统设置、闭环校准系统进行测量和手工逼近调节，将显示器调整到纸张白点的显示状态。在后面讲到的使用 ProfileMaker 工具进行的显示器校正就可以达到这样的目的。

（2）Gamma——显示与驱动值的指数关系　就是像素颜色值和它的输出驱动值之间的指数关系，其实和视觉相关的所有输出系统都具有这种指数关系的映射问题，例如，扫描系统的 Gamma，显示系统的 Gamma，图片的修正工具也有 Gamma 指数修正工具，而印刷品网点扩大也具有 Gamma 指数分布。指数映射关系的应用是因为人视觉感受对物理亮度值（能量）的非线性指数关系。也就是如果可见光的能量分布呈线性分布，则人眼的感受呈现亮调部分被压缩，暗调部分被夸张的非线性的指数分布。因此，如果光的能量分布呈相反的非线性指数分布，则人眼睛的感觉则可实现线性分布。因此，对一个需要显示的呈线性分布的像素值，进行 Gamma 的非线性校正后，感觉上则会是线性的分布关系，否则就会出现非线性的效果。所以，Gamma 值协调了色光采集物理器件的线性采集性能与人的视觉的非线性采集性能之间的问题。苹果机平台的显示器 gamma 的典型设置为 1.8，而 PC 机的显示器 gamma 的典型设置为 2.2。

（3）亮度和对比度——显示的极值与范围　可以分为直接使用显示器调节按钮的硬件调节方式，另一种是在软件中对亮度对比度调整的软件调节方式。硬件调节方式是直接调节显示器的驱动电路而形成的效果，软件调节则是通过某个软件（如 Adobe Gamma）来调节显卡的 LUT 映射表，从而调节像素值的驱动值，进而形成显示效果的变化。一般在进行

显示器校正和特征化的过程中，首先将显示器的硬件亮度和对比度关系调到最佳状态，这样能获得最宽的显示色域。

3．基于 Adobe Gamma 校正软件的显示器校准与特征化过程

Photoshop 中的 Adobe Gamma 免费的显示器校正软件放在系统的控制面板上，在使用它进行显示器校准过程中，一般是首先选择一个需要或者理想的色温，并使用视觉方式建立比较理想的亮度、对比度和灰平衡，并将这种状态保存为显示卡 LUT，并产生这种状态下的 ICC Profiles。这种方式只能提供关于色彩空间描述的简化版，它是基于 RGB 磷粉的 TRC（色调复制曲线）和 Matrix（3×3 矩阵）的描述参数。由于不是基于精确的测量，很难生成高质量的 Profiles。进行这种类型的校准需要以下条件：

1）打开显示器半小时以上，确保显示器稳定显示。

2）将屋内光线调到平时常用的照明条件下，显示器背景和墙面背景为中性灰白色调。

Adobe Gamma 的校正过程分 6 个步骤，如图 6-3-6 所示：

1）起始 Profile 的设置，如图 6-3-6 所示的步骤 1，打开显示器设备特征文件选择对话框，选取用作基准的显示器 ICC Profile。该步骤有两点需要特别说明：

a．Adobe Gamma 的显示器校正与 Profile 生成，是以某个显示器 Profile 为起点的。在进行了最佳效果和特定效果的调节后，即可通过保存方式生成相应的新的 Profile，这时需要重新设置名称并加以保存。

b．起点 Profile 可以是当前操作系统使用的默认显示器 Profile，它放在控制面板/设置/高级/色彩管理的对话框中。也可以使用 Windows\system32\spool\drivers\color 目录中的各种显示器 Profile，如图 6-3-6 所示。

2）显示器的亮度和对比度调节。其目标是使显示器的亮度和对比度效果达到最佳，用如图 6-3-6 中的步骤 2 完成调节。首先使用显示器上的对比度调节功能将对比度调至最大，然后使用显示器的亮度调节功能，并使亮度和对比框中的上部尽可能黑的同时保持下部为亮白色，这样即达到较好（视觉上比较舒服）的亮度和对比度状态。

3）调整显示器萤光剂参数值。如图 6-3-6 所示第 3 步，可以使用已经定义的萤光剂标准，它们在色相外观（如偏红或偏蓝）和颜色表现范围（如色度范围大或较小）上有所不同。也可以直接使用如图中自定义萤光剂的基本定义参数，即 R、G、B 三原色的最大色度坐标（x，y）来直接定义其萤光剂。

4）调整显示器整体和各个颜色的 Gamma 值（即映射关系曲线）。如图 6-3-6 所示第 4 步，其中包括复合通道（灰度）Gamma 值，也可以分别调节 R、G、B 三个 Gamma 值。通过调节滑动条使得中心框的灰度或 R、G、B 分色逐渐隐入对应的背景线条图案中，并使两部分的远视效果一致，也就达到了最佳 Gamma 效果。

5）调整显示器的白点。如图 6-3-6 所示的第 5、6 步，是用来调整显示色调的冷暖的，也就是显示器最亮的白色的色相，第 5 步是直接设置显示器的色温或白点的色度坐标（x，y）。也可以用第 6 步所示的方法，即先用测量按钮进入黑屏，在上面有图 6-3-6 所示的箭头 6 所指的定标色块。其中，通过点击左边色块可以使所有色块向冷色调（偏蓝和偏青）转移。反之，点击右边色块则使所有色块向暖色调转移。这样，就可以调节出符合冷暖色调要求的中间色块，而中间色块代表了显示器的当前色温。

另外，要强调说明，通过上述步骤生成的Profile是针对当前显示器的显示状态的。如果状态改变，则原来的 Profile 就无法描述改变后的显示器的特征，需要重新进行 Profile 的生成工作。

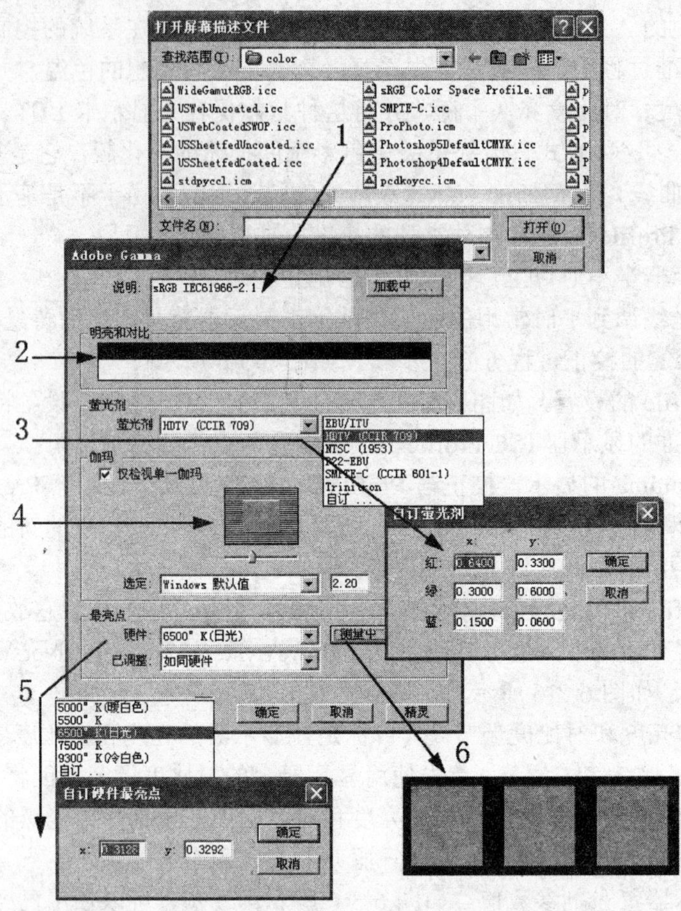

图 6-3-6　Photoshop 的显示器软件校准软件 Adobe Gamma 及其操作过程

4．基于专业闭环结构的显示器校准系统 ProfileMaker

如图 6-3-7 所示为 ProfileMaker 系统的显示器校准与 Profile 文件生成系统的工作过程。

首先设置显示器调节目标参数。以白点的设置为例，既可以用经验参数确定需要的白点值，也可以直接通过色度计测量背景色来取得白点值。例如，如果需要设置一个用于报纸校色的显示器，就可以通过分光度计直接测量报纸的白点，并作为显示器的白点设置目标。

进一步就是采用闭环校准的方式，可以通过调整界面明显看到显示器当前状态（由显示器色度计测得）和目标状态的的差别，并通过调节显示器的手动调节功能，达到和目标状态最接近的机器工作状态（可能达不到）。状态调节完毕后，可以通过计算产生针对显示卡的映射查找表 LUT 的数据，并固化在显示卡上。

完成上述目标状态的“校准”之后，就可以进入对当前显示器显示状态的特征文件制作阶段，这时系统会在色靶测试区域按顺序自动显示一组数字色靶（RGB 值），并测出它

对应的色度值，形成检测文件。然后用图 6-3-7 下方显示的生成界面，打开数字色靶和测量设备两个文件，设置好 Profile 文件尺寸和嵌入的默认白点，最后启动生成按钮即可生成显示器当前状态的设备 Profile。

如前所述，在显示器的 ICC Profile 中包含了两个转换方向：

1）LAB 到 RGB 的方向。用于如扫描仪 RGB→LAB→显示器 RGB 的流程上，达到真实显示扫描或摄影的原稿效果的目的。

2）RGB 到 LAB 的方向。用于如显示器 RGB→LAB→CMYKx 的流程上，达到正确输出基于显示效果的 CMYK 印刷品或打样效果的目的。

除了系统校准和 Profile 生成功能外，上述闭环校准系统还能方便地进行多台显示器的一致性调节。当用户将显示器放在一起比较时，能够发现每一个显示器的白点都有差别。一致性调节时，首先对显示器的亮度和对比度进行最佳设置，然后使用上述系统单独对显示器的白点和 gamma 进行统一的检测和调节，以达到多台显示器显示效果的理想匹配。

1．设置显示器的调节目标参数
包括：白点：常用6500、5000等
　　Gamma：1.8、2.2等
　　亮度：100%等

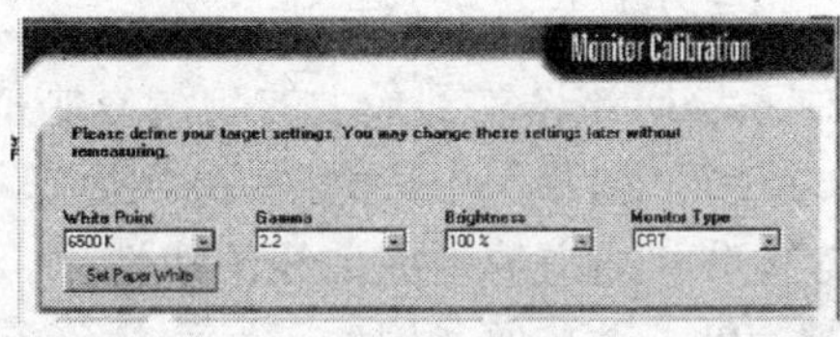

2．使用显示器色度计作为反馈，用手工调整显示器的色温、亮度对比度，以尽量达到目标参数设定的状态（目标箭头与测量箭头尽量靠近）

3．进行显示卡显示LUT表的计算与调整

4．进行色靶测量，获得当前状态的色域参数

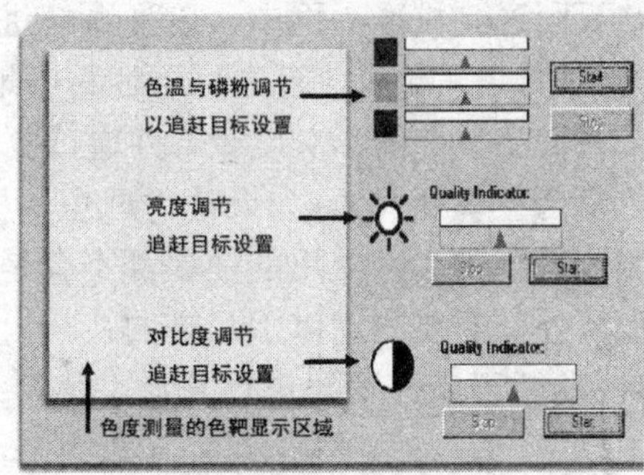

5．在ProfileMaker/Monitor中使用色靶测量文件与色靶的数字文件进行比较，获得显示器当前校准状态下的Profile文件

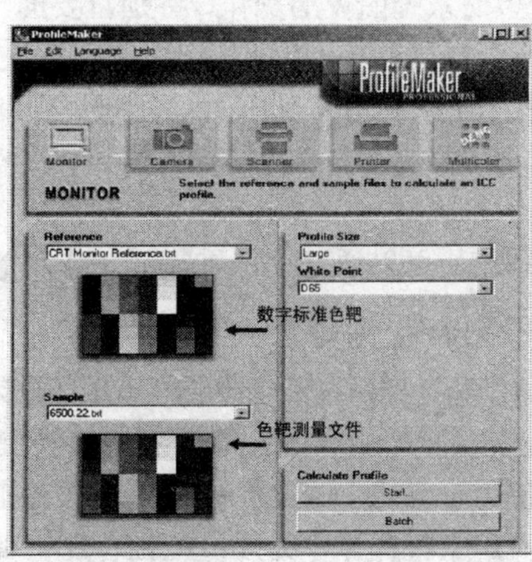

图 6-3-7　基于 ProfileMaker 系统的显示器校准与 Profile 生成过程

四、数字印刷与打样系统的校准

为了使色彩数字印刷与打样系统能够正常运行，也为了色彩管理系统能够成功运作，彩色印刷（打样）系统的操作必须可靠和稳定。这既是系统校准的目的，也是进行色彩管理的基础。

一个仔细校准过的系统将能够优化色彩复制的可预见性，并延长该彩色复制系统的ICC Profiles使用周期。实际上，许多不同的数字印刷系统用于短版活或者打样输出。例如，激光印字机、热升华打印、喷墨打印等。在这些过程中，色彩复制特性受到多种因素的影响，包括环境因素的影响（温度、湿度），变化的彩色颜料（例如，干粉、彩色薄膜、油墨）和老化过程（例如，成像设备）等。如果工厂具备颜色系统校正软件，可以按如下的建议进行工作。

1. 系统校准

彩色数字印刷系统与打样系统校准步骤如下：

1）彩色印刷系统应该设置到最大的阶调复制范围状态。这意味着它应该具有一个很深的黑色（最大的实地密度）和一个理想的白点（恰好不能着墨的CMYK各通道的最少墨量）。

2）对CMYK分色通道的生成曲线的线性化。进行这项工作之前，首先需要对每一个单独的颜色通道输出一个灰梯（例如，每个颜色色块按5%的梯度设置），然后用密度计测量，并将检测结果回送到校准界面中，以便系统进行补偿性计算。

3）打印机色彩的灰平衡应该事先尽可能精确地设置好。灰平衡是原色CMY混合成中性灰的平衡比，它贯穿整个色彩灰度级，并通过复合成分灰梯来校验平衡性（例如，5%步长的CMY原色复合色块梯尺）。如果是“理想油墨”，它的相等数量的CMY油墨应该产生中性灰。在印刷系统中实际使用的油墨都不会是理想的。

除了上述步骤外，还要注意以下几方面：

a. 上述的校准循环最好重复进行几次，这样才能创建数字印刷与打样系统的准确的ICC Profile。

b. 可以调整的系统的校准操作，特别重要的一点是校准状态的可再现性，即一旦系统状态改变了，通过相同的校准操作与标准参数，与ICC Profile对应的标准状态可以校正回来。这样就能使ICC Profile长期使用。而要达到这个目的，就要建立规范详尽的校准操作文档，以便相同的校准过程和参数能够在下一次校准过程中使用。

c. 如果数字印刷与打样系统的色彩特征发生变化，需要重新制作Profile。特别是对无法进行校正的系统，可以通过经常重复地制作新的Profile来达到更新系统描述的目的。

2. 数字印刷和打样的质量监控

对于数字印刷和打样系统，应该通过定期印刷或打印合适的测试色靶来对系统进行监控。应该用测试色靶与最近印刷产品的同样的测试色靶进行比较，从而获得系统质量的基本判断。

在欧洲是使用著名的FOGRA标准系统（德国）的模拟和数字测控条（用于印刷）以及媒体测控条（用于打样）作为质量监控色靶。如图6-3-8所示是海德堡数字印刷机的测控条。如果要对系统作更加细致的检测，则可以用如图6-3-9所示的LOGO TC2.9 CMYK.tif

的测试色靶，这类色靶能够进行印刷系统的阶调与灰平衡分级曲线的测试，如果发生背离现象，应该联系有经验的技术人员重新调试印刷系统。

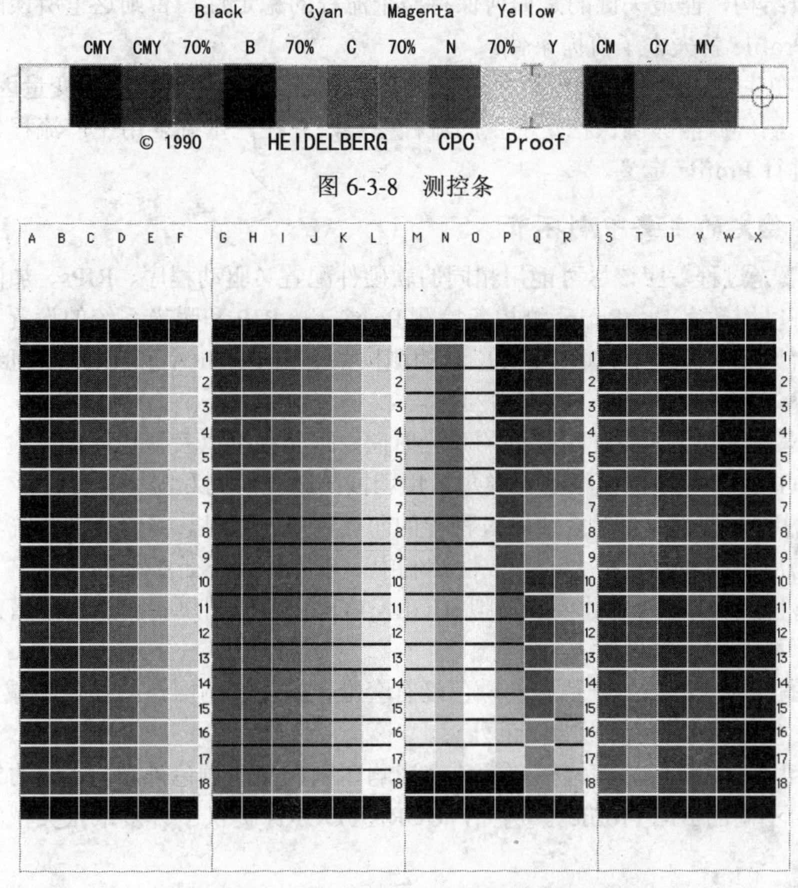

图 6-3-8　测控条

图 6-3-9　TC2.9 CMYK 分级曲线测试色靶

另外，也可以用自行设计的测控条，该测控条包括一个彩色的灰梯用来检查灰平衡，还有针对 CMYK 各色独立的色梯，以及理想的 CMYK 实地和数个半色调色块(例如，50%、70%、80%等）来决定印刷生产中的网点扩大关系。

3．ICC Profiles 的创建与编辑修改

数字印刷与打样系统 ICC Profile 的创建方法与下面所述的方法相似，这类 Profile 的编辑将在下一节详细论述。在第十章（专业数码打样）还将对这部分内容进行实例化论述。

五、传统印刷流程的标准化与特征化

与一般的扫描仪、数码相机、显示器、数字彩色印刷机的 ICC Profiles 相比，用来描述传统印刷流程（包含制版与印刷过程）的 ICC Profiles 就比较复杂了。因为制版与印刷过程的色彩复制受到了多种模拟和数字过程加工参数的影响。主要因素包括：生产过程自身的因素，如胶片图像、模拟和数字制版、印刷材料（纸张和油墨）、印刷过程等，还有操作人员的操作水平，如墨量、水墨平衡控制等，它们都对成品外观产生影响。

依照 Profile 的描述原理，所有影响因素都被封装在针对传统印刷流程的 ICC Profiles 中。因此，这种描述整个流程的 Profile 与前面所述的针对具体设备的 Profile 有许多不同之处，包括参数结构，但最关键的是如何保持整个流程的稳定性，否则这里所谈的描述传统印刷流程的 Profile 就失去了前提条件。

因此，要在生产流程中成功使用色彩管理系统，就必须能将流程中的变量因素标准化。至少在一个印刷厂内能够确保稳定的生产流程参数，并在此基础上用生产流程参数变化范围的平均值进行 Profile 定义。

1．需要稳定的主要印刷环节

1）数字曝光过程。应该尽可能用相同的软硬件配置（驱动程序、RIPs、加网设置等）。检查方式：可以用数字 PostScript 测控条检测 PostScript RIP 和曝光系统的设置（例如激光的聚焦、分辨率和灰度级等），使用较广泛的测控条是由 FOGRA 和 UGRA 组织建立的测控条系统。

2）模拟曝光过程。尽量使用相同的曝光时间、曝光强度以及显影时间。检查方式：使用 UGRA/FOGRA 等类型的模拟曝光梯尺，用相同的曝光时间和曝光强度。

3）印刷过程一致性。为保持印刷过程中的印品色彩一致性，需要协调和统一油墨应用参数，包括密度范围和网点扩大。一致性控制中，压力控制不是必须的。

4）检查油墨特征。使用数字和模拟 UGRA/FOGRA 印刷质量测控条，用密度计和色度计检查灰平衡、实地密度等。

5）精确的印刷套准。如果单独的颜色没有套准，就会影响网点的加色和减色行为（即油墨叠印率产生变化），从而影响颜色外观。

6）印刷用纸。纸张的表面特性和颜色会影响印刷产品的颜色外观。不同的纸张类型应该生成和使用不同的 ICC Profiles。例如，UGRA/FOGRA 提供了许多纸张类型的标准的胶印 Profile。

2．印刷过程波动的影响因素及其校准

在传统的印刷（和数字印刷）中，印刷效果的变化能归结为与材料、技术、环境等相关。由于影响因素的多元性和不稳定性，所以印刷过程中的波动现象是必然的，即使在标准化了的工作流程中也无法避免。影响变化的因素有气候、印刷过程的温度控制、纸张的适性（如纸张湿度、吸收性）、油墨的粘接牢固度等。许多数字印刷系统，如彩色激光打印机和热升华打印机，其受温度影响大；其他数字印刷过程，如喷墨打印机等，则对使用的纸张极为敏感。

由于不同的印刷过程中造成波动的原因不同，因此就有不同的校正方法与系统。这里还要强调，对印刷波动的校准并不意味着可以放松印刷过程中对标准化和线性化的控制要求，它是对标准化和线性化的强化而不是代替。一个没有进行标准化的印刷系统是谈不上任何管理的。

下面就印刷过程的主要波动及其处理方式作示例性的论述。

（1）墨道级别的色彩波动与处理　印刷中不同墨道的色彩变化可以使用专用的横跨整个幅面的单条色靶，也可以使用扩展的检测色靶进行检测和校正。其中扩展色靶用于特征化系统的同时可以进行系统的校准数据的测量。例如，如图 6-3-10 所示是 ProfileMaker 中的 MeasureTool 专用的 TC3.5 CMYK.tif 测试靶，测试靶中包含校准色块和控制色块，其中

的校准色块是由原色和灰色测试色块按照各自30%的成分（CMYK）梯度组合构成。控制色块放在围绕测试靶周围的位置。

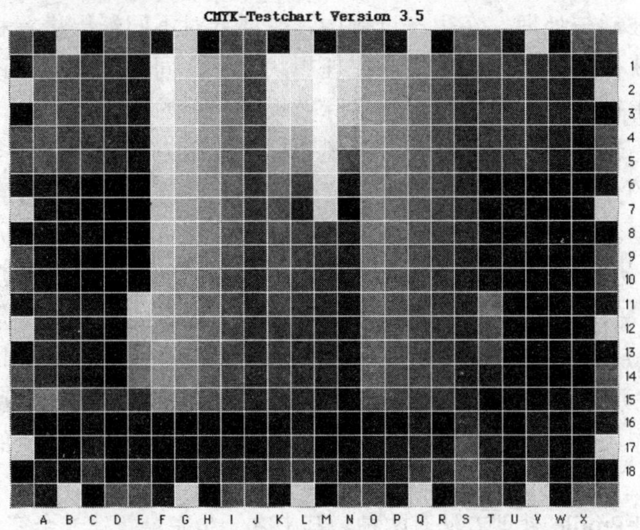

图 6-3-10　TC3.5 CMYK.tif 周边的控制色块可以用来控制墨道的波动

ProfileMaker 中可以用该色靶的校准色块生成印刷过程的 Profiles，而 ProfileMaker 中的 MeasureTool 包括了测量校正功能。它使用围绕在色靶周围的控制色块的检测数据鉴别油墨的变化，分析出整个印刷宽度上每一个墨道位置上的油墨用量是否比其他位置薄一些，是否需要在某个墨道上增加墨量，并指导操作人员或直接控制设备（通过墨量传票接口）进行必要的纠正。在校正以后，可以进行再次的检测，并能显示出校正后测量值和测量变化的情况。这些功能能够保证校准的颜色密度的变化范围大约是10%以下。

（2）印刷过程中颜色波动与处理　针对印刷过程中多种变化因素影响的情况，可以用 ProfileMaker 的 MeasureTool 工具的平均处理功能监测和分析印刷过程，并获得平均和有效的数据来制作 Profile。

在印刷过程中，色彩自始至终都在频繁地发生变化。当创建一个 Profile 时，必须将输出检测色靶与印刷产品一起印刷，并获得整个印刷过程各个阶段印刷状况的测试色靶。

如果平均值计算来自多于两次以上的测量，并采用多次平均的方法，这样能够确保最大限度地避免极端情况的影响。平均出来的测量文件（称为用于简单目的主测量文件）随后能够用在 ProfileMaker 制作生产过程的 Profile。

最后需要强调，使用这种方法获得的检测文件和计算结果，并不能理所当然地成为最优化的结果，除非印刷过程是在得到良好控制及在标准化运行的状态下。

（3）印刷过程趋势波动与处理　如果一个印刷过程能够在较长的时间内保持在基本稳定的印刷状况和指标范围，将会有助于跟踪系统的各种运行数据随时间的波动规律。进而有助于确定系统检查和校准的周期和频率。进行这样的分析，应该在每天的生产过程中印刷相同的测试靶，并由此生成印刷过程的 Profile。然后使用 MeasureTool 的比较功能，每天新的测量值将能用来与生成正在使用的 Profile 的原始数据进行比较。比较功能自动生成统计报表，从而显示印刷过程是否稳定，色彩范围是否发生变化。

在处理过程中，当前生产过程的 Profile 和每天新生成的监测数据将联合使用，以形成

新的主测量文件。这种方式生成的测量文件的统计学特征，将能避免大的偏离情况发生。用这种方法，能够统计分析出生产过程长周期的变化，以帮助用户进行调节。

（4）印刷压力波动与处理　在生产过程中，需要针对不同纸墨进行相应的印刷压力调节，只有这样才能获得最佳的印刷效果。在理想状况下，同样的压力应该具有相似的复制特性，但是，实际上每一种压力的设置和实际效果有一定的偏离。因此，为了获得平均效果，就需要对测试色靶使用相同的纸张、油墨和标准的压力状况，进行多次生成过程，并使用 MeasureTool 的分析工具对每个过程所产生的色靶与测量数据进行合并和平均，并由此生成稳定检测数据。另外，每个印刷单元的平均数据还可以和其他单元进行比较（通过 MeasureTool 的比较功能），以确定线性化和匹配印刷压力的尝试是否成功。

通过上述过程，就可以用平均数据针对某一个压力测量值建立主测量文件。这个主测量文件用 ProfileMaker 针对某一种印刷压力建立相应的印刷过程的 Profile。

（5）灰级（线性）变化与处理　一些数字印刷过程对环境和操作温度的变化十分敏感。在印刷行业中，操作人员一般都必须针对不同印刷要素的变化进行相应的调节，而且这种调节相当频繁。

适应这种变化的 Profile 处理方法有两种，其中之一是完全新建一个完整的 Profile，另一种方法是更新现存的 Profile 中的线性表（并不改变核心的 LUT 查找表）以适应当前的设备状况，这种方法能够在生产过程中更迅速、更简单地操作和实施。ProfileEditor 中就具有这样的功能。它只要求输出包含较少的一组色块的简单色靶，类似如图 6-3-11 所示的形式。在用测量仪器测量后，就可以用 ProfileEditor 中的更新 Profile 功能修改现有的 Profile，从而达到用简单的操作就能够保持输出 Profile 的不断更新的目的，而不用完全生成一个新的 Profile。

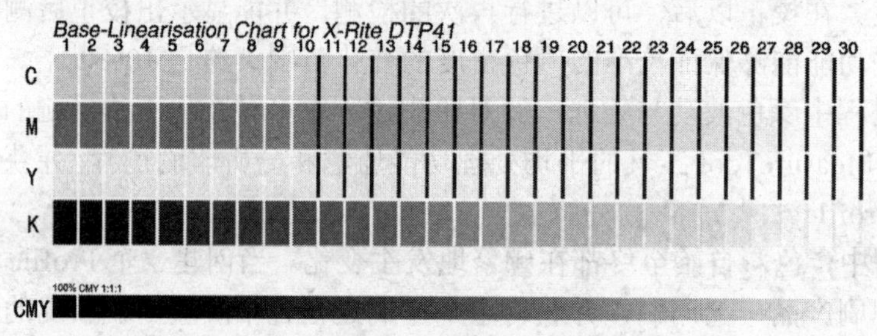

图 6-3-11　对 Profile 作线性化微调的检测色靶

（包含 C、M、Y、K 和 CMY 灰梯）

重建线性的 Profile 修改方式在印刷机的色彩变化比较显著时其效果是有限的，这时就应该创建新的 Profile。例如，在用新的纸张或者用另一台印刷机时，就应该新建 Profiles。另外，在更换印刷耗材，如油墨、蜡或调色剂时，数字印刷机将产生明显的灰级与色调方面的变化，这时也最好新建 Profiles。

3．创建印刷系统的特征文件

创建印刷系统 Profile 的过程与分色设置，如图 6-3-12 所示，其中，上图的界面是印刷系统 Profile 的生成界面，其使用的测试色靶文件为数字色靶（如 IT8.7/3），它是一个 CMYK 的 TIFF 文件。它需要创建印刷系统 Profile 的系统输出，并用分光色度计测量，而分光计测量的 LAB 值与数字色靶上的 CMYK 就提供了生成印刷系统设备 Profile 的基本数据。它

精确地反映了整个 CMYK 印刷系统或流程的整体色彩表现特征。

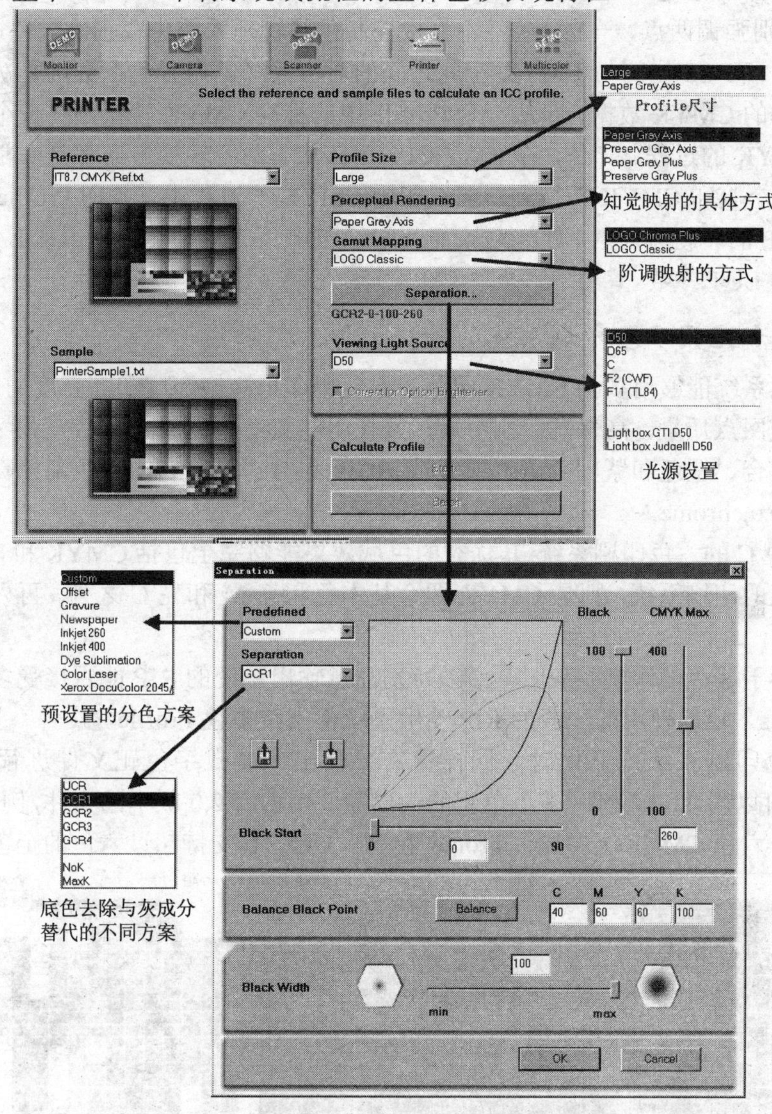

图 6-3-12 印刷系统 Profiles 的创建与分色设置

具体生成时，只要将 CMYK 数字色靶与它的 LAB 值测量文件放入 Profile 生成界面，并设置好如图 6-3-12 所示的附属的一些其他相关参数，如 Profile 文件尺寸、色空间转换的映射方式的具体形式、阶调的映射方式、光源类型等，然后即可点击 Profile 生成按钮。

如图 6-3-12 所示下方是分色设置界面，由分色原理可知，每一个 LAB 色度值能被无数个 CMYK 组合所创建。因此，确保一个明确的从 LAB 到 CMYK 的定义，就必须有能够唯一确定某一个 CMYK 组合的规则及其相关参数，这个规则称为“分色”，分色参数必须在计算前首先定义。

在图 6-3-12 下方的分色参数中，包括各种分色方案和相关参数的选项，其原理和含义与 Photoshop 中的分色设置很相似，主要参数包括底色去除 UCR 和灰成分替代 GCR 模式的选择、黑色用量大小和总墨量大小、中间调灰平衡等。这些参数的含义和设置方法将在本章第五节中详细论述。

另外，特别强调两点，一是分色并不直接控制色彩管理系统生成正确颜色，因为 Profile 数据只是描述了 PCS 空间与 CMYK 空间之间的对应关系，而分色参数则是决定了如何生成某一个具体的 CMYK 数据，即从一个 Profile 中的标准 CMYK 转换到另一个符合分色参数要求的 CMYK 的过程。二是，在 CMYK Profiles 中，两个转换方向都是非常重要和独立的。例如，一个胶印 CMYK 转换到新闻纸印刷 CMYK 的过程中，胶印 Profile 需要使用从 CMYK 到 LAB 的转换方向的 LUT 参数，而新闻纸印刷 Profile 则要求使用从 LAB 到 CMYK 的转换方向的 LUT 参数。

4．创建和应用多色印刷系统的特征文件

多色印刷系统能够用多于 CMYK 四色的原色墨印出高饱和度和高亮度的印刷结果，但是它并不改变网点质量。高保真印刷中最频繁使用的新的原色成分包括亮 M 和亮 C 组合、橙色和绿色组合、橙色和紫罗兰组合或者是 RGB 组合。最著名的六色高保真输出系统是 PANTONE Hexachrome。

亮 M 和亮 C 的六色印刷系统，其优秀的色域效果能够完全包括 CMYK 和 RGB 的色域。对于多达八色的印刷系统，则是 CMYK 四个基本色和亮 M 和亮 C 之外，再外加两个定制通道。

当选择多于四色的印刷系统时，必须特别注意输出系统的 RIP 能否接受多于四色通道的 ICC Profiles。目前使用的一般的 RIP 输出系统不支持多色 Profile。

一个多色印刷系统特征化时，同样也需要输出一个数字色靶文件进行打样。不像 CMYK 系统可以用 TIFF 文件，多色色靶的输出需要用 DCS2.0 版本的文件，例如，图 6-3-13 所示就是一个六色 CMYKOG-Hexachrome 色靶。DCS2.0 支持超过六色的全色调通道。

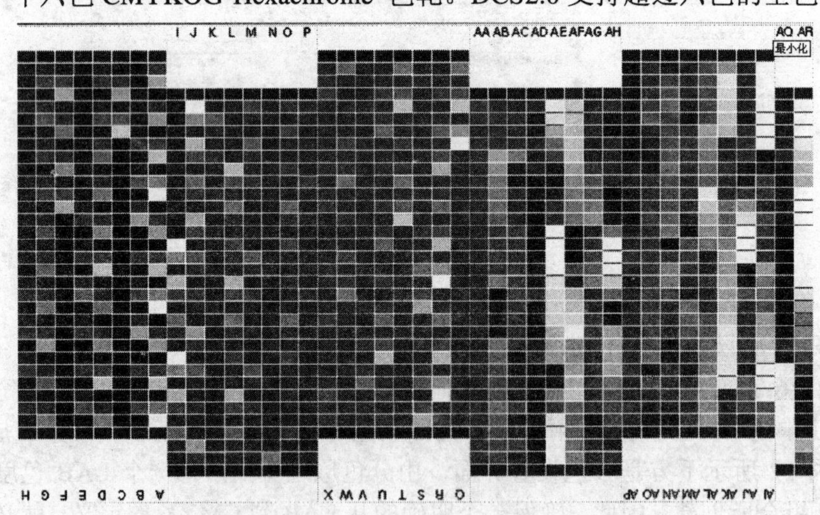

图 6-3-13　六色 CMYKOG-Hexachrome 色靶

用 ProfileMaker 创建多色 Profiles 和创建 CMYK Profiles 没有多大区别。分光光度计测量，输出色靶并以此为基础生成多色印刷系统的 Profiles。而该多色 Profiles 又可以用于 ColorPicker 和 ProfileEditor。例如，ColorPicker 能帮助使用者计算多色印刷系统中的使用颜色的颜色处方。ProfileEditor 不仅能够编辑多色 Profiles，而且可以在显示器上显示多色

Profile 的显示效果。

相比之下，Photoshop 6 仍然不能直接处理多色 Profile 和提供对多色通道图像的真实显示，如果使用六色 Profile 的方式，可以通过六色 PANTONE HexImage 插件完成。在这种方式下，RGB 图像和 CMYK 图像能够被分色为多色（Hexachrome）图像。另外，在具有 PANTONE Hex 的矢量软件中，矢量元素能够使用多色 Profile 进行颜色转换（如在 QuarkXPress 中）。

在输出系统中，有些驱动大幅面印刷机和照排机的 RIP 能够处理多色 Profiles。例如，Onyx PosterShop、Wasatch RIP、Heidelberg-CreoScitex Prinergy 等。另外，在这种输出中，由于依靠 RIP 输出，应该确保颜色通道名称的一贯性。特别是针对不同的分色图形和图像。而在调幅加网（AM）的情况下，5、6、7 三色的加网角度应该尽量避免干涉条纹，但最佳角度已经用完，这就是为什么推荐使用调频加网（FM）的原因所在。

第四节　专业 CMS 软件的色彩管理功能

以 ProfileMaker 为例。ProfileMaker 软件是由 ProfileMaker、ProfileEditer、MeasureTool、ColorPicker 等多个模块构成，主要功能如下所述。

一、各种单一设备的 Profile 的制作功能

这是所有专业色彩管理软件的基本功能，其生成功能包括以下方面：

1）显示器 Profile 的生成过程。在本章的第三节中已有详细的论述。

2）扫描仪与数码相机的 Profile 的生成过程。在本章的第三节中已有详细的论述。

3）数码打样系统 Profile 的生成过程。在第十章中有详细的纸张 Profile 的生成原理与过程。

4）印刷过程 Profile 的生成过程。在本章的第三节中已有详细的论述。

具体的生成方法，在色彩管理和数码打样所对应的章节中会针对具体的问题进行论述，在这里不再赘述。

二、多环节 ICC Profile 仿真工作流程的设置与编辑原理

以 ProfileEditor 为例。ProfileMaker 这类专业的 CMS 工具软件，一个重要的功能就是能够建立针对实际印刷生产的色彩流程的离线仿真流程。并通过离线仿真的方法对实际生产中色彩问题进行模拟和分析，进而通过对 Profile 的编辑、修改和对生产流程上对应的 Profile 的更新，达到控制印刷复制中对色彩的正确传递的目的。

1．Profile 仿真工作流程的结构与元素

如图 6-4-1 所示为 ProfileEditor 色彩管理工作流程的编辑窗口，在这个窗口中能够根据印刷流程中实际的色彩转换流程，通过设置相应的 ICC Profiles 和映射方式建立相应的仿真流程，并可以在这个仿真流程上针对其中的某个 Profile 进行编辑修改，也可以生成反映整个过程的 ICC Profile，还可以完成许多其他工作。以下就这个仿真流程的功能与使用方法。

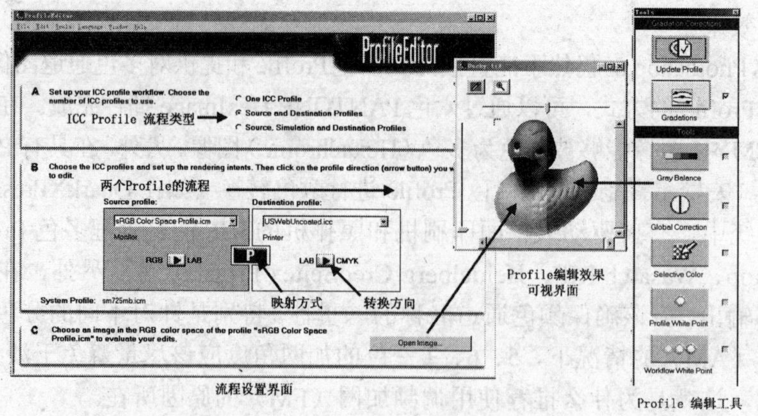

图 6-4-1　ProfileEditor 色彩管理仿真流程与编辑控制界面

（1）仿真流程的类型

1）单个 profile 流程类型。如图 6-4-2（下）所示，主要用来构造和编辑修改一个独立的 ICC Profile。通过对它两个映射方向的设置和修改，达到对某个独立 Profile 的变动。

2）两个 Profile 流程类型。如图 6-4-2（上）所示，包含源 Profile 与目的 Profile。这个流程能够用来描述印刷分色之类的具有两个转化环节的复杂色彩流程。

3）三个 Profile 流程类型。如图 6-4-3（上）所示，包含源、模拟和目的 Profiles。这种流通能够描述数码仿真打样及显示器软打样之类的复杂色彩空间转换流程。

总之，Profile 仿真工作流程中 Profiles 数量的多少取决于用户实际的色彩流程中转换环节的多少。例如，颜色的分色处理，通常需要两个 Profiles，而数码打样之类的用于模拟某种印刷效果的输出过程，则至少需要三个 Profiles 的转换环节。

（2）仿真流程中的转换环节与对应的 Profile（三 Profile 流程为例）

1）源 Profile。用于描述仿真流程起始的输入特征，一般用来描述扫描和采样文件生成设备（如扫描仪、数码相机）的设备 Profile，或者流程输入文件自身的内嵌 Profile。

2）模拟 Profile。位于仿真流程的中部位置，用来描述仿真流程需要模拟的某个过程的颜色特征（如在数码打样流程中模拟印刷过程实际效果时，就要可以用该模拟 Profile 来代表印刷过程）。

3）目的 Profile。用于描述仿真流程的输出特征，一般用来描述用户需要使用的输出过程的颜色特征（例如，数码打样、显示器或印刷过程）。一般普通印刷工艺流程的仿真流程，其目的 Profile 是使用印刷过程的 Profile。对于数码打样输出，目的 Profile 则是使用打样机的 Profile。

（3）ICC Profile 的映射方式与转换方向　如图 6-4-1 所示，从一个 Profiles 到另一个 Profiles 的过程中必须激活相应映射方式，用两个 Profile 中间的按钮来表示，正在使用的映射方式按钮呈高亮度方式，共有如下四种映射方式的选择：

P＝Photographic（＝Perceptual），即摄影法（知觉法）

R＝Relative Colorimetric，相对比色

A＝Absolute Colorimetric，绝对比色

S＝Saturation，饱和度法

转换方向要用如图 6-4-1 所示箭头按钮，它可以选择某个 Profile 中的正反两个转换方

向。并能在（也只能在）所选的方向上单独进行 ICC Profile 的编辑和修改。

注意：如果要在仿真流程中对某个 ICC Profile 进行编辑与修改，其前提是用户必须确定某一个被激活的 Profile 映射方向（由箭头按钮确定），而所作的编辑修改就是针对这个方向上的转换关系。如前面对 Profile 结构中所述，Profile 实际包含了四种映射方式的共八个方向的转换关系，编辑和修改只能针对其中的一个方向。

可以用显示预览功能来观察修改 ICC Profile 后的效果。方法是在如图 6-4-1 所示的界面中点击“打开图像”，可以打开一个测试图像，这里要求测试图像的颜色空间必须与流程中定义为源 Profile 的颜色空间一致。在显示框中，左边显示未转换前的显示效果，右边则是经过流程仿真后的输出效果。这种显示预览功能多数是针对分色输出和打样输出流程的预期效果进行仿真，还要注意，有四种映射方式会带来有区别的效果。

2．Profile 仿真工作流程的创建与实例

如果要用 ProfileEditor 对 Profile 进行编辑、修改与完善，其前提条件之一是 Profile 仿真工作流程应该与实际的印刷工作流程相匹配。使用者应该在 ProfileEditor 中选择正确的 ICC Profile、Profile 映射方式、Profile 转换方向。而 Profiles 的数量取决于用户的色彩流程中的转换环节的多少。系统也能够使用校正过的显示器进行基于测试图像视觉效果的 Profile 编辑与修改。下面是两个 Profile 仿真工作流程实例：

（1）一个或两个 ICC Profiles 的分色工作流程的仿真形态　在创建仿真实际印刷流程的分色（RGB→CMYK）过程的流程时，仿真流程总是需要至少两个 ICC Profiles。源 Profiles 使用色彩的原始 RGB 颜色空间的 Profile（如 RGB 输入文件中的嵌入 Profile），而目的 Profile 应该使用将被转换到的 CMYK 目标色空间的 Profile。

例如：对于一个扫描或摄影图像文件的印刷复制过程，其仿真流程的源 Profile 应该使用扫描仪或者数码相机的 Profile，而目标 Profile 使用一个特定的 CMYK 印刷过程的 Profile。其流程如图 6-4-2（上）所示。

特例：如果源文件是一个 Lab 模式的文件，则不需要使用源 Profile，只需要一个目的 Profile 就可以进行分色（Lab→CMYK）。用 ProfileEditor 设置这样的工作流程，则需要使用如图 6-4-2（下）所示的单 Profile 结构，并设置转换的映射方式与分色方向即可。

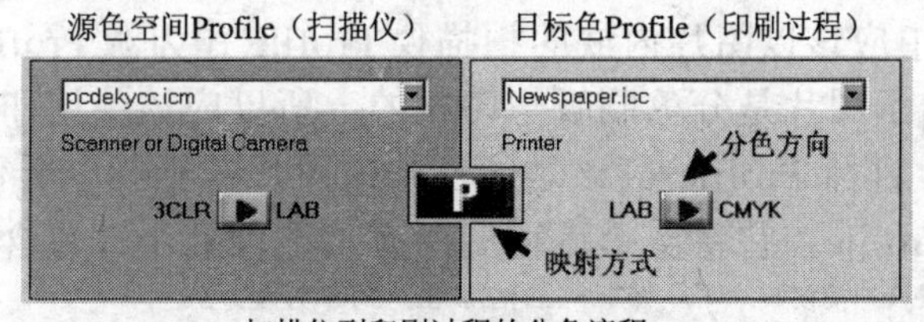

扫描仪到印刷过程的分色流程

Lab色空间到印刷过程的分色流程

图 6-4-2　分色流程的仿真设置实例

（2）三个 ICC Profiles 的显示器软打样流程的仿真形态　如果用户想通过显示器软打样或在打样机上模拟出印刷的效果，就需要使用三个 ICC Profiles 所构成的色彩转换流程，如图 6-4-3 所示。

图 6-4-3　报纸印刷效果的显示器预览流程的 ProfileEditor 仿真流程

1）左边的源 Profile 用来指定为描述输入源文件的设备 Profile，如图中的扫描与数码相机的 Profile。

2）右边的目标色 Profile 用来描述用作显示器软打样的 CRT 的 Profil 或打样机的 Profile。

3）中间的模拟色 Profile 的功能是用来描述需要模拟出的输出效果（如模拟的报纸印刷流程）的 Profile。

3．基于仿真流程的 Profile 编辑校正处理与实例

在印刷生产流程中，客户已经签单的样张是印刷效果的目标，然而印品往往追不上样张的要求。如果要追上样张，就必须调节印刷生产流程中的某一个环节，如制版分色参数或印刷过程参数。那么如何才能获得这些参数的正确调节量呢？

对于具有数字化流程的印刷企业而言，可以借助 Profile 仿真流程构建一个与实际生产流程相匹配的仿真流程，该仿真流程中使用的 Profile 与生产流程中的一致。实际生产中发生问题时，就可以借助仿真流程进行解决问题的方案模拟和 Profile 参数的实验性调节与测试，并通过图 6-4-1 所示的图像效果显示窗观察调节效果。并将修改后的 Profile 重新嵌入到实际生产流程的环节中。下面就以两个实例来说明这种流程模拟的方法。

（1）扫描、分色、印刷生产的流程仿真与 Profile 调节示例

1）首先用 Profile 仿真流程模拟实际彩色图片的分色与印刷生产流程。其流程结构如图 6-4-4 所示。其中应该以图片内嵌的扫描仪 Profile 作为源 Profile，因为彩色图片是由扫描仪产生，又由于图片是分色制版与印刷的，所以应该使用印刷过程 Profile 作为目标 Profile。当然，目标 Profile 应该是能反映该图片在复制中所使用的制版、印刷流程实际情况的复合 Profile，它将整个流程的所有工艺因素全部包含在 Profile 之中。

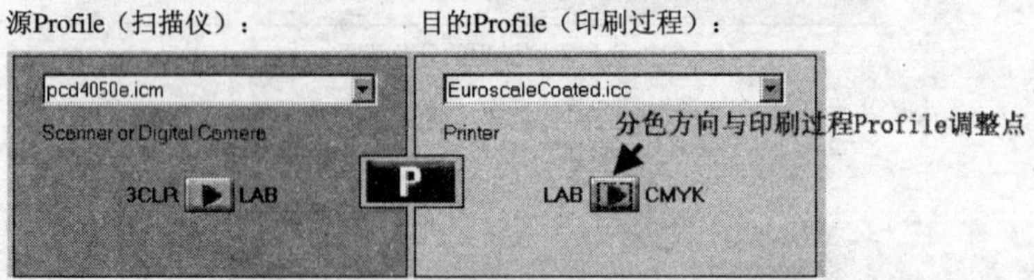

图 6-4-4　扫描、分色与印刷生产的 Profile 仿真流程示例

2）设置仿真流程中的转换与校正环节。本例中的色空间转换流程为：

RGB（3CLR）＞Lab＞CMYK

对应的实际生产流程为：

扫描 RGB 图片的输入（RGB＞Lab）＞分色与印刷过程（Lab＞CMYK）。

仿真流程的控制点及其设置：

a．映射方式设置。RGB＞CMYK 的映射方式可以选用 P、R、C、S 四种，如图 6-4-4 中使用了 P 模式。

b．Profile 调整控制点设置。本流程中有 3CLR＞Lab 与 Lab＞CMYK 两个方向（用黑色箭头表示），本例中设置 Lab＞CMYK 方向为击活状态（浅色背景），就意味着选定目的 Profile 输出方向的 Profile 参数表作为调整控制点了。

Profile 控制点的选择与设置十分重要，它决定了实际生产中的印刷效果调节控制点。这个点应该在实际生产中存在，并能在实际生产中方便地进行置换。仿真流程中的目标 Profile（Lab＞CMYK）调节点一般都对应原稿分色管理流程中的 CMYK 输出 Profile，而源 Profile（3CLR＞Lab）对应于扫描或摄影输入的设备 Profile。

c．实际的流程仿真与优化调节方法。首先对比目标样张与实际印刷样，分析两者之间的差距与调节方向，同时对比目标样张与仿真流程中的模拟显示效果间的差距。然后通过“相对参照”与“相对差距”的相互关系，在仿真流程的模拟显示效果的引导下，调节本例的目标 Profile（Lab＞CMYK 方向）。

如果模拟显示的“相对”效果满意了，就可以将这个经过编辑调节的 Profile 替换实际生产流程使用的 Profile。并对新的输出效果（即印刷样张）与目标样张进行比较。如果还不满意，重新进入仿真流程对调节点 Profile 按偏差方向进行进一步的调节。

可以看出，仿真和调整出一个较满意的流程 Profile 是需要一定的代价和经验的。色彩不是太容易处理的！

最后要强调一点，如果用来作模拟显示的显示器是经过色彩管理的，那么对上述印刷效果的模拟显示才是靠得住的，否则显示和调节就都不靠谱了。这个条件很重要。

（2）模拟印刷效果的数码打样流程与参数优化实例　顾名思义，该打样输出流程是用来模拟印刷效果的，如铜版纸胶印、新闻纸印刷等。这个流程的色空间转换流程如下：

扫描（RGB＞Lab）＞被模拟的印刷过程（Lab＞CMYK＞Lab）＞数码打样（Lab＞CMYK）

可以将上述的流程设置成如图 6-4-5 所示的三个 Profile 结构：其中源 Profile 使用扫描仪输入 Profile（3CLR＞LAB），目标 Profile 使用数码打样机的 Profile（Lab＞CMYK），被模拟的印刷过程 Profile（Lab＞CMYK＞Lab）放置在流程的中部。

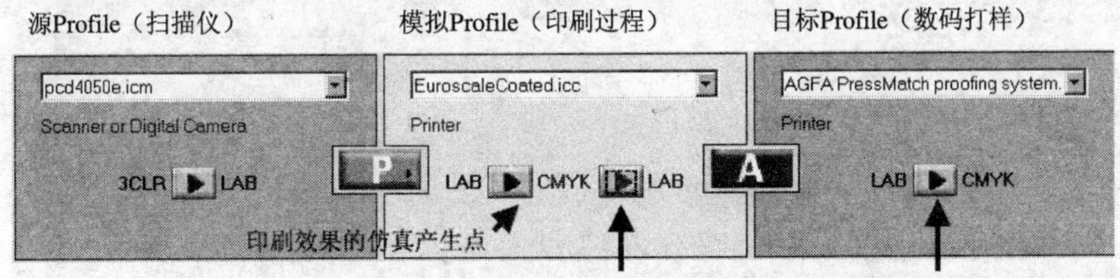

图 6-4-5　数码仿真打样流程与 Priofile 的校正和编辑

在这个流程中，用图 6-4-5 中所标定的多个 Profile 调节点进行调节，可以达到数码仿真打样的优化调节的目的。例如，最后一个调节环节（Lab＞CMYK），它是直接在数码打样机 Profile 的输出方向上作参数修改，并通过模拟显示效果来交互，以期通过仿真的调整来优化打样机 Profile 的目的。如果仿真的效果满意了，就可以用调整过的 Profile 替换实际打样系统中色彩管理模拟流程上对应的 Profile。

注意：实际的模拟打样流程，如 Best 打样系统，具有与图 6-4-5 所示流程结构完全一样的内部流程结构，所以仿真优化后的 Profile 可以直接放入实际流程中的对应位置上。

另外，也可以用其他的 Profile 调节点来达到同样的优化模拟打样效果的目的。如图 6-4-5 所示，通过对被模拟的印刷 Profile 的 CMYK>Lab 方向的参数调节，一样可以达到优化模拟打样的目的。只是对打样机的调节与变动放在了印刷 Profile 中实现，感觉有些别扭，但谁让它们是在一个流程上的呢！和上面一样，如果仿真的效果满意了，就可以用这个调整过的印刷 Profile 替换实际打样系统中用于模拟印刷效果的 Profile。

三、Profile 的编辑、修改和保存功能

前面讨论了基于 ICC Profile 的仿真工作流程的设置与基本用途，用这些仿真流程进行各类基本操作就是用 Profile 的编辑与修改功能。下面就对如图 6-4-6 所示的 ProfileEditor 中 ICC Profile 的各项编辑修改功能进行全面的论述。

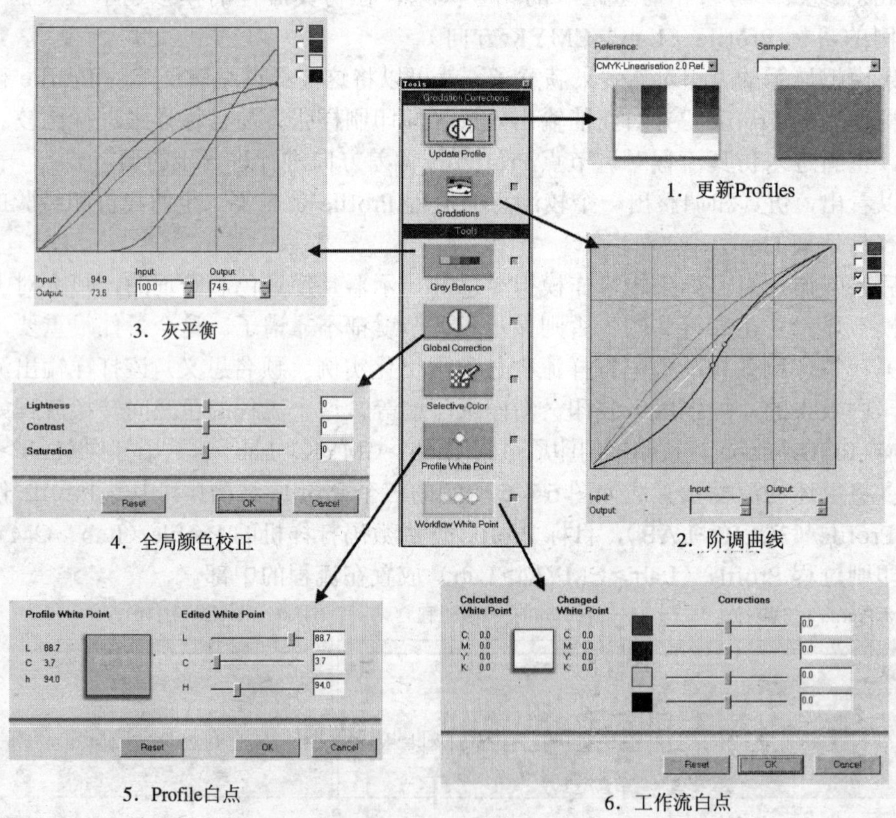

图 6-4-6　Profile 编辑修改功能界面

1. 阶调修正（Gradation Corrections）

阶调是输入和输出值之间的关系。也就是输入的颜色值将按照阶调关系转换为相应

的输出值。如果一个输入值未经过任何改变而成为输出值，则说明输入输出之间呈线性关系。

在前面的ICC Profiles的介绍中提到，其标准的六表结构中还包含了图6-2-6所示的各个单色通道的阶调复制曲线，而阶调修正就是针对这些阶调复制曲线来进行的。因此，如果一个Profiles中的阶调曲线发生变化，则与某个输入值对应的输出值将会发生变化。从而达到有效控制ICC Profile的调节的目的。在ProfileEditor中，有以下两种方式影响Profiles中的阶调曲线：

（1）更新Profiles　通过包含主要原色色阶的测试色靶，使用更新Profiles功能，就可以将一个CMYK输出Profile进行简易版的阶调线性关系的调整设置，而免去了重新计算一个新的颜色Profile的麻烦。它的过程仅仅是重新测试线性色靶，并以此修正原来的Profiles。这种处理特别适合彩色打印机发生参数变化（如气候、重新换墨等情况）后，对Profiles的少量的重新调整处理。

准备工作：

打印CMYK Linearisation 2.0.TIFF格式的线性色靶，然后用MeasureTool进行测量，并将其测量数据保存。

更新Profiles的步骤如下：

1）ProfileEditor窗口中，打开需要编辑的ICC Profile，指定需要调节的方向和相应的映射方式。

2）点击ProfileEditor工具条中的更新Profiles按钮，有如图6-4-6所示1号设置界面工具。

3）选择专用测试色靶的测试参考文件（如CMYK Linearisation 2.0等）。

4）通过选择已经保存的色靶CMYK Linearisation 2.0测试文件，并将它打开。

5）点击OK，即完成更新，测试图像效果也会发生变化。

（2）阶调曲线　对于被设置的Profiles，用户能对Gray、RGB、CMY、CMYK、MultiColor等模式的阶调曲线进行修正，其结构如图6-4-6中的2号界面，各种颜色通道的曲线显示在检查对话框右边的窗口中。各个颜色通道的曲线能独立编辑或组合在一起编辑。默认的状态是所有通道被激活，阶调曲线都呈线性状态。

调节步骤如下：

1）ProfileEditor窗口中，打开需要编辑的Profiles，设置转换方向和映射方式。

2）点击工具栏中的阶调曲线选项。

3）修正相应的曲线，并通过测试图像评估修改的效果，所有的修正处理立即更新。

4）点击OK确认修正。

5）保存编辑后的Profiles。

2．灰平衡（Gray Balance）

如图6-4-6所示的3号灰平衡窗口显示了每一个颜色通道的Lab亮度轴L的变化曲线，变化范围为0～100。曲线描绘了被编辑的Profiles的灰平衡关系。用户可以对Gray、RGB、CMY、CMYK、MultiColor各种模式的灰平衡曲线进行修正处理。也能单通道和多通道地进行修正，其设置方法与调节步骤与阶调曲线基本相同。

这里要特别强调，所有的编辑和修正只是针对颜色流程中指定的方向和映射关系，而不是全部流程的。

注意：输入 Profile 和小模式的显示器 Profile 不能进行灰平衡编辑。

3．全局校正（Global Color Corrections）

如图 6-4-6 所示的 4 号界面，全局校正可以用来修正 Profile 中的亮度、对比度和饱和度参数，全局校正的特点是应用到整个色彩空间。

操作步骤如下：

1）ProfileEditor 窗口中打开用户需要编辑的 Profile，指定 Profile 方向和映射方式。

2）选取全局修正工具并进行调节，同样只是对当时所选定的 Profile 方向起作用。同时可以通过测试图像检查效果，并点击 OK 确认，然后保存为新的 Profile 即可。

注意：这个修正处理对 CRT 小模式 Profile 不起作用

4．白点调节

白点复制是 Profile 的重要功能，ProfileEditor 提供了两种白点调节的操作：

（1）Profile 白点　当 ICC Profile 生成时，生成系统会记录和保存测色靶在输出媒体上的白点。用如图 6-4-6 所示的 5 号界面 Profile 白点调节功能，用户就能够在 Lch（亮度、饱和度和色度）空间中编辑输入和输出 Profile 中的白点。

对于 Profile 白点调节功能，只要激活针对某个 Profile 激活白点编辑窗口，相应的映射方式自动设置为绝对色度，这是因为只有绝对色度映射方式能够允许对检测图像的白点进行调整，并能够对测试图像产生调节效果，而其他方式映射效果不大。

一般情况下不要用编辑 Profile 的原始白点这个调节功能，除非用户有明确的原因需要改变 Profile 的原始白点。

（2）工作流白点　工作流白点的概念和功能有以下几个要点：

1）工作流白点是输出白点。也就是这个白点是整个色彩流程最后的白点。它表现在流程的最后输出节点上，也就是目的 Profile 所在的色彩空间上。

2）对工作流白点自动计算生成的结果是由整个色彩流程中所有 ICC Profiles 以及相应的映射方式共同决定的。同时它也受其他 ProfileEditor 所进行的 Profile 编辑项目的影响。

3）这个白点设置和调节功能只是对 2 或 3 个 Profile 所构成的工作流程起作用，用户通过它设置最合适打样等输出白点。

4）对工作流白点的设置和调节必须是针对流程的最后输出节点（别的节点无法调节）。并可以进行如图 6-4-6 所示的 6 号界面各种修正处理。

另外，不同于 Profile 白点的功能，工作流白点的调节功能并不会改变 Profile 中原始的 Profile 白点。由于纸张的白度导致输出 Profile 的色偏，在用户生成输出 Profile 时能够被 ProfileMaker 自动检测和计算出来，并用于对工作流白点的设置。

5．Profile 编辑结果的保存（Saving Edits and Saving ICC Profiles）

各种针对 Profile 的编辑与校正结果可用两种方式进行存储：

1）当前激活的 Profile（针对某一映射方式及方向）的调整结果的存储——ICC Profile。

2）整个流程的源与目标的设备连接的存储—— CC Device Link Profile。

在 ProfileEditor 中，用户能够保存针对 Profile 所做的单步或多步的编辑与修正处理结果，而且保存的编辑结果能够被重新设置和做进一步校正。ProfileEditor 中提供了多种不

同的 Profile 存储格式，用户可以根据实际的需要来设定。

（1）ICC Profiles 编辑和修正的结果将保存在色彩流程中，选择保存在 ICC Profile 的内部，其要点如下：

1）菜单中选择 File/Save As.../ICC Profile...进行存储。

2）在存储时，最好是针对目前已经在 ProfileEditor 窗口中正在编辑的某一个具体的 Profile 方向进行单独的存储，而不要将很多操作放在一起。这样，在使用这个存储时，在工作流上也就可以清晰地只在这个转换方向和映射方式上起到效果。

3）在存储时，可以为 Profile 设置一个新的文件名，默认状态下这个文件将被存储到 ColorSync (Mac)的 Profiles 文件夹中，或 Windows 下的系统文件夹 Color 之中。

（2）存储为设备连接（Device Link）Profile 所谓设备连接 Profile 是指用来描述两个设备色空间的直接转换关系的 Profile。例如，一个 RGB1 到 RGB2，一个 RGBx 到 CMYKx，或一个 RGBx 到 CMYK1 再到 CMYK2。这种 Profile 的特点是描述了两个转换设备间的最短的转换关系，从而可以减少颜色转换的时间。

色彩管理引擎 CMM 在使用设备连接 Profile 时，将用这个连接 Profile 直接进行设备之间的颜色转换，而不再通过 Lab 的中转。严格讲，这个设备连接表并不是真正意义上的设备连接 Profile，因为它只包含了当前颜色传递操作所需要的局部的信息（即只有一种映射方式和仅有的一个转换方向的数据）。

对于某一个基于 Profile 工作流程的设备连接 Profile，可以基于一个已经定义的 ICC Profile 工作流程来进行定义。也就是说，可以在 ProfileEditor 环境中，针对某种映射方式和转换方向生成当前流程的一个特定的设备连接 Profile，并且可以对它进行编辑和修改，并重新存储为另一个设备连接 Profile。

生成一个设备连接 Profile 的过程如下：

1）打开菜单 File/Save As.../ICC Device Link-Profile...。

2）命名存储文件和存储位置。

注意：确保在当前的 Profile 工作流程中设置所需要的 ICC Profiles 和映射方式。并激活一个 Profile 及其转换方向。另外，上述操作只是针对具有 2 或 3 个 Profile 的 Profile 工作流程。

（3）另外两种方式

1）Save ICC Profile（Gray）：用来贮存灰度工作流程的参数。

2）Save Photoshop Table：存储为 Photoshop 内置的作用色彩管理格式，这里不再赘述。

另外注意：有些调整并不是都能存储下来的，例如，对于小模式的显示器和工作空间 Profile 就没有多种不同的映射方式的参数，而典型的扫描仪 Profile 只有一个相关的 Profile 转换方向（即只有 RGB＞Lab 方向的转换关系而没有 Lab＞RGB 的转换表）。

四、基于 Profile 的专色和检测色的匹配功能

以 ColorPicker 为例。ColorPicker 是用 ICC Profiles 将专色转换为设备色的工具软件。并且能支持 Gray、CMYK、RGB 或 MultiColor（5、6、7、8 通道）多种模式的输出 Profile。其基本功能就是对目标色在不同的输出系统中能够复制的最佳颜色作出指引数值。如图 6-4-7 所示，其具体要点有：

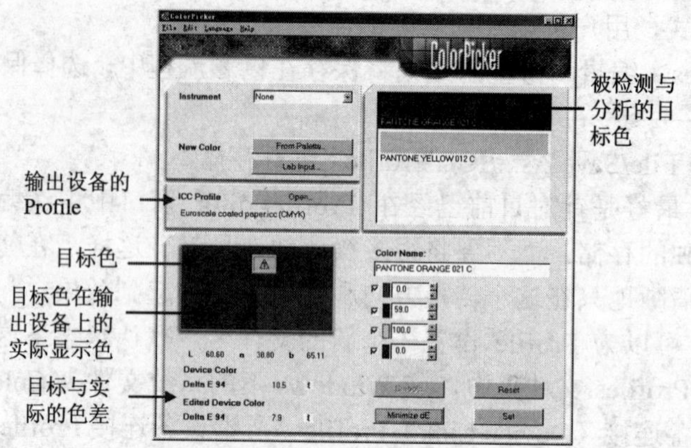

图 6-4-7　ColorPicker 的目标色匹配功能

1）通过选择来自 PANTONE 色靶（包括涂料纸、非涂料纸、粉纸等）定制的颜色获得目标色，或者通过与系统相连的色度设备测量具体目标色靶的 CIELAB 值或手工输入来获得目标色。

2）ColorPicker 软件能够提供针对上述色靶目标色解出最接近输出系统（由输出 Profile 所描述）的颜色，其中包括针对不同类型的输出 Profile 的 CMYK、RGB 或 MultiColor 的多种颜色模式的最接近值。用户能够优化计算所得到的设备色，并且可以进行适当调整，也可以以最小色差 delta E 为目标进行自动计算。

3）对于某个 CIELAB 目标色和用户输出系统的设备颜色，无论是否编辑过，都将在 ColorPicker 作真彩色显示，并用警告标志表示所测的定制色与输出设备色存在差距。

4）ColorPicker 颜色表用来保存上述的最佳匹配转换关系。这种关系可以输出到 Adobe PageMaker、Adobe Illustrator、Adobe Photoshop、Adobe InDesign、or Macromedia FreeHand 等软件中使用。

ColorPicker 软件的主要功能有：

1）输入定制专色。

a．基于色彩管理的设备色。

b．装载 PANTONE 色。

c．输入或测量 LAB 色值。

d．装载颜色测量文件。

2）转换专色为设备颜色，用 ICC 设备色 Profile 进行，包括 CMYK、RGB 或 MultiColor 等多种颜色模式。

3）定制设备色。

a．格式化编辑。

b．自动优化（按最小色差 Delta E）。

c．自动平滑（颜色通道的 2%到 0%和 98%到 100%进行处理）。

4）用显示器和设备色的 Profile 显示定制的颜色（包括其 CIELAB 值和设备色值），对于超出输出设备色和显示器颜色空间的专色用警告色替代。

5）用色度色差公式计算 Delta E、Delta E 94、Delta E CMC 表示颜色在转换前后的变

化大小。

6）输出专色所对应的设备色的颜色对应表：这种对应表可以传递给 Adobe Photoshop、Adobe Illustrator、Adobe PageMaker、Adobe InDesign、Macromedia FreeHand 等软件使用。并可以保存为 ICC Profile。

7）支持色彩交换格式 Color Exchange Format (CxF)，这样就可以支持远程打样等功能。

第五节　印前处理软件中的色彩管理与流程

一、Photoshop 中的色彩管理功能与应用特点

作为彩色图像处理软件的代表，Adobe Photoshop 软件中的色彩流程结构与操作管理功能具有典型意义，其主要的操作功能有：

1）提供了功能较强的显示器 RGB 与 CMYK 色空间之间的相互转换功能，也就是分色功能和软打样功能，具有对这种流程的完善的控制和设置功能。

2）提供了完善的基于 Profile 文件输入输出色彩管理控制。

3）具有内置和简化的显示器校准和特征文件生成功能，具有基于胶印过程参数的特征文件制作功能。

下面论述 Photoshop 色彩管理系统及其功能。

1．内部色彩流程结构与控制

如图 6-5-1 所示为 Photoshop 色彩管理系统的流程框架与设置，主要有：

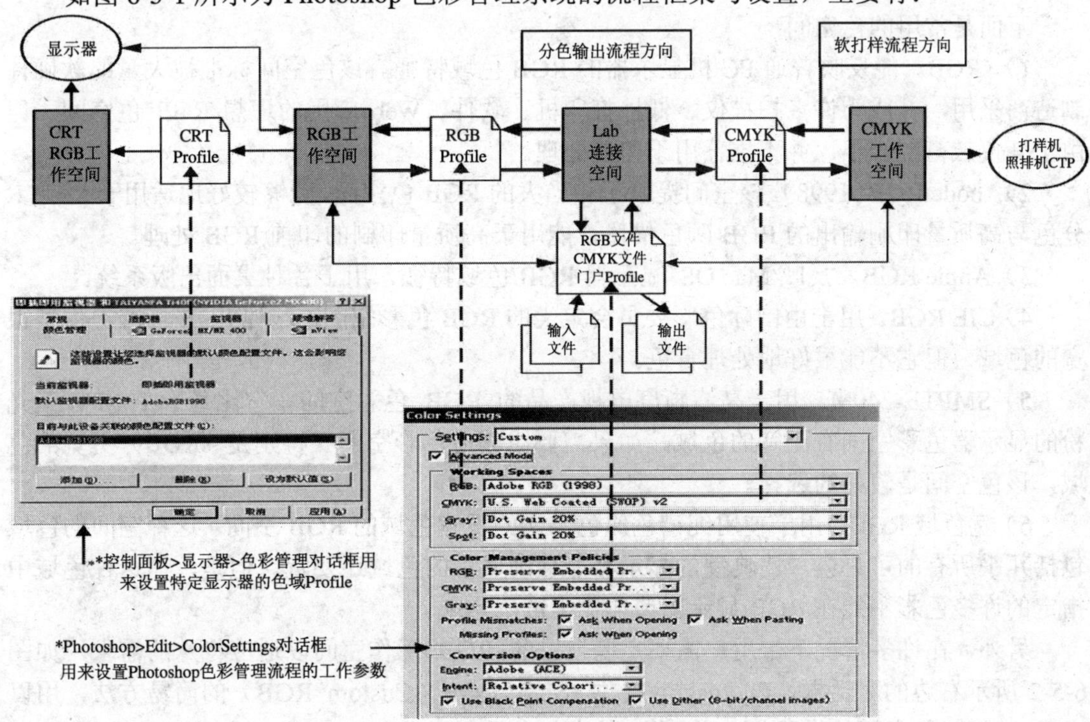

图 6-5-1　Photoshop 色彩管理流程框架与主要设置

1）整个流程中以色彩连接空间 PCS（Lab 或 XYZ）为核心，另由 RGB 工作空间、RGB 显示器空间、CMYK 空间构成了系统的色彩空间。

2）以色彩连接空间 PCS（Lab 或 XYZ）为核心构成了从左到右的分色流程与从右到左的软打样流程（粗黑箭头表示）。而从显示器 RGB 空间向 CMYK 空间转换的过程属于分色过程。设备颜色值首先使用设备 Profile 将设备相关的颜色值转换成色度值，然后再用目的设备的 Profile 将该色度值转换成目的设备的色空间颜色值，这种转换是双向的。

3）针对文件的输入输出。在流程中文件的输入输出由如图 6-5-1 所示的“门户 Profile”来控制。可以看出在 Photoshop 中打开文件时，可以通过 Profile 的管理和转换环节先进入 PCS 空间，也可以不作任何转换，直接进入色彩流程中 RGB 工作空间和 CMYK 空间。保存文件时，既可以只是直接存储 RGB 和 CMYK 空间中的颜色值，也可以选择在生成的文件中嵌入其生成空间的 Profile。

另外，流程中的工作空间和管理方式的设置，需要通过 Photoshop 中的 ColorSetting 对话框和一些其他匹配的对话框进行，详细的内容将在下面论述。

2．工作空间及其设置

工作空间及其设备特征的设置功能是在 Edit（编辑）/ Color Setting（彩色设置）/Working space（工作空间）对话框中进行。其中包括 RGB 和 CMYK 两个空间的设置。

（1）RGB 工作空间　该菜单中设有“RGB ”设置项目，如图 6-5-2 所示右边。其中包含推荐的常用标准 RGB 色空间，在 Photoshop 中将设备特征抽象为几种厂家公认的标准文件而不再使用具体的显示器设备名称。使用标准化 RGB 工作空间能够统一 RGB 显示器显示和校正操作的工作环境和参数，给用户统一显示器的显示效果提供了标准。

下面是常用的色空间：

1）sRGB。能反映普通 PC 机显示器的 RGB 色域特征。该色空间标准被大量的软硬件制造商采用，并成为许多扫描仪、低档打印机、软件、Web 应用的理想 RGB 色空间。但由于其色域范围较小，并不推荐用于印前处理。

2）Abode RGB（1998）。该空间提供了相当大的 RGB 色空间，能够较好地适用于 CMYK 分色与高质量印刷输出的 RGB 颜色描述，能用于高质量印刷的印前 RGB 处理。

3）Apple RGB。反映 Mac OS 显示器 RGB 色域特征，用于各种桌面出版系统。

4）CIE RGB。用于由国际色彩委员会定义的 RGB 色彩空间。这种 RGB 标准提供了很宽的色域，但它不能很好地处理青色。

5）SMPTE-240M。用于高清晰度电视产品的 RGB 色彩空间。它比基于 HDTV 荧光粉的显示器色彩空间有更宽的色域。如果需要比其他色彩空间（特别是 sRGB）更宽的色域，该色空间是较好的选择。

6）宽色域 RGB。用于使用纯谱色原色定义的很宽色域的 RGB 空间。这种空间的色域包括几乎所有的可见色，比典型的显示器能准确显示的色域还要宽。但是，在这种色域中指定的许多色彩不能在 RGB 显示器或印刷上准确重现。

另外，在许多情况下，用户需要定制自己的 RGB 工作空间以适应特殊的需求，如图 6-5-2 所示右边的对话框，Photoshop 提供了定制 RGB（Custom RGB）的简易方法，用以完成 RGB 工作空间的描述与定义功能。其中包含显示器定制 RGB 的三个基本参数：Gamma

（伽玛）、White Point（白点）、Phosphors（荧光粉）的设置，由此形成一个简化版的 RGB 工作空间 Profile。

通过装载（Load RGB）和保存（Save）功能，能够完成当前 RGB 工作空间的保存，或者导入任何外部的 RGB Profile 作为当前的工作空间使用。

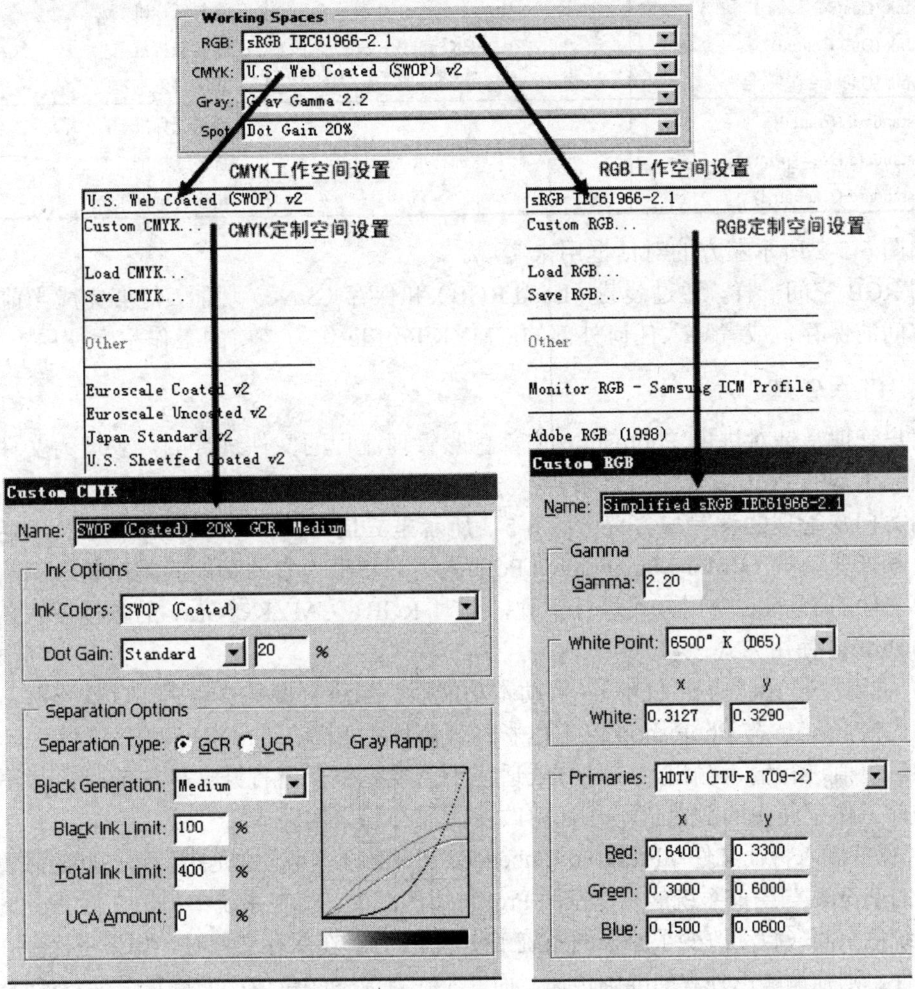

图 6-5-2　RGB（右）与 CMYK（左）的自定义（定制）Profile 的设置界面与参数

（2）显示器 RGB 空间　它和 RGB 工作空间是有区别的。显示器 RGB 空间可以更加具体的针对某一个特定显示器及其特定的显示状态来设定，而 RGB 工作空间一般是用标准的 RGB 色空间。使用两个 RGB 空间结构的最大特点是可以充分利用标准化的 RGB 空间，该空间色域相对较大。将彩色图像文件放在工作色空间中进行加工处理，以期获得最大的色域和最佳的效果，减少对显示器性能的依赖。也可以将结果更好地输出到 CMYK 等其他的色空间中去。而显示器 RGB 空间则可以更加精确地描述显示器个体特征，使色彩管理流程中显示器的显示效果更加准确。

（3）CMYK 色空间　CMYK 色空间用 CMYK ICC Profile 描述数码打样和印刷输出的色域空间特征。表 6-5-1 所示是几种主要的 CMYK ICC Profile。

表 6-5-1 CMYK ICC Profile

SWOP (Coated) SWOP (Newsprint) SWOP (Uncoated)	美国标准	SWOP 涂料纸标准 新闻纸标准 非涂料纸标准
ToyoInk (Coated) ToyoInk (Dull Coated) ToyoInk (Uncoated)	日本标准	涂料纸标准 新闻纸标准 非涂料纸标准
Eurostandard (Coated) Eurostandard (Newsprint) Eurostandard (Uncoated)	欧洲标准	涂料纸标准 新闻纸标准 非涂料纸标准

如图 6-5-2 所示左方的对话框用来实现。

同 RGB 空间一样，通过装载（Load RGB）和保存（Save）功能，能够完成当前 CMYK 工作空间的保存，或者导入任何外部的 CMYK Profile 作为当前的工作空间使用。

3. 门户管理

门户管理是针对进出 Photoshop 内部色彩管理流程的文件进行的，表现为文件 I/O 操作时相应进行的 Profile 管理与色彩转换方式选择。

（1）门户管理的设置与含义　图 6-5-3 所示是 Edit（编辑）/Color Setting（彩色设置）中的色彩管理策略（Color Management Policies）对话框。它的功能就是对输入和输出的彩色图像文件的 Profile 使用方式进行管理，针对 RGB、CMYK、Gray 的颜色模式分别设置如下的 Profile 使用方式：

1）关闭色彩管理功能（Off）。启动本功能后，当进行图像文件的 I/O 操作时，将不考虑文件内嵌 Profile 与 Photoshop 内部色彩管理流程中 RGB、CMYK 工作空间是否一致，一律只将颜色值进行输入输出。这种方式适应于需要完整保留打开文件中的颜色值不变，或者将当前工作空间中的颜色值不作任何改变而保存起来的要求。

2）保持嵌入特征文件（Preserve Embedded Profiles）。其含义是指当新打开的颜色文件中所嵌入的 Profile 与当前系统的工作空间 Profile 不匹配时，将在系统中使用文件 Profile 作为当前的系统色空间（自动改变了原来的系统工作色空间）。在保存文件时，如果是保存 RGB 或灰度文件，则强调颜色外观的准确传递，而并不在意改变颜色值；如果是保存 CMYK 颜色文件，强调尽量不改变颜色值（这是由于一般 CMYK 值是分色的结果和流程最终需要的输出），而并不在意颜色外观的改变（分色本身就是在改变颜色以适应 CMYK 印刷的需要）。

3）转换到工作空间（Convsert to Working RGB/CMYK/Gray）。其含义是指当新打开的颜色文件中所嵌入的 Profile 与当前系统的工作空间 Profile 不匹配时，会自动将该文件的颜色值转换到系统当前的工作色空间上（RGB/CMYK/Gray），这时颜色值会发生改变。同样在保存文件时，如果保存空间与工作空间不一致，也要作转换，也就是强调颜色的准确传递，并不在意文件颜色数值的改变。

另一方面，如图 6-5-3 所示下方的 Pofile 不匹配处理对话框，它是当系统打开一个文件时的提问框，当打开文件的内嵌 Profile 与系统 Profile 不匹配（Profile Mismatches）或输入文件没有 Profile（Missing Profiles）时弹出的。用来提示用户选择文件导入时的色彩

管理方法，它是上述策略设置的外在形式，其处理方式：

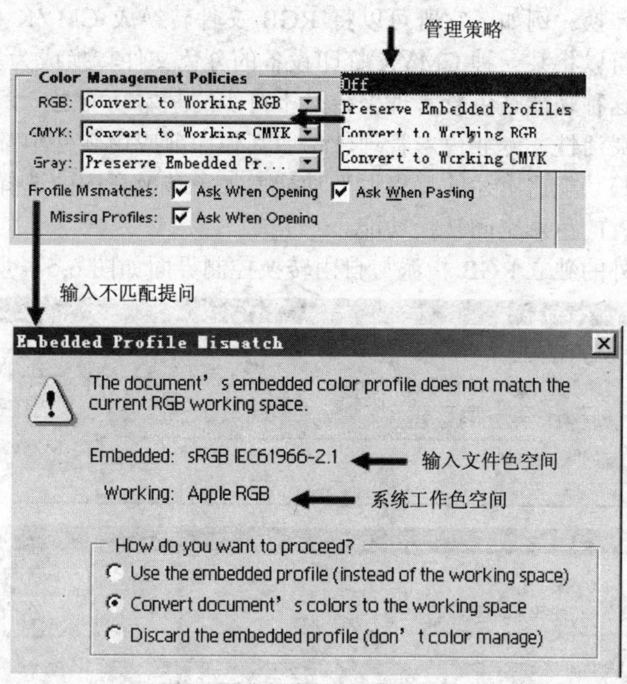

图 6-5-3 Profile 门户管理策略设置（上）与实际输入不匹配时的操作设置（下）

1）使用嵌入的 Profile（Use the embedded profile）。使用文件中嵌入的 Profile 作为系统 Profile。与 Colorsetting 对话框中的 Preserve Embedded Profiles 的功能一致。

2）转换到工作空间（Convert document is colors to the working space）。将颜色数据从输入文件的颜色空间转换到系统的工作空间。与 Convsert to Working RGB/CMYK/Gray 的功能一致。

3）不作色彩管理（Don't color manage）。不作色彩空间转换，直接将文件中的颜色数据转入到系统工作空间去。与 Colorsetting 对话框中的 off 设置的功能一致。

4．现场转换控制

这个功能是指在不改变系统流程上的 RGB、CMYK 工作空间（通过上述 Colorseting 对话框设置）的情况下，直接将当前工作 Profile 空间中的颜色（运行时文件）转换到指定的目标 Profile 空间中，并可将转换后的颜色值和转换使用的目标 Profile 一并保存。这个功能给工作在 Photoshop 色彩流程上的用户提供流程外的单独的色空间转换的操作能力（即并不局限于 Colorseting 所设定的内部流程上的空间之间），该功能有以下两个操作形态：

（1）图像>模式>指派 Profile（Image>Mode>Assign to Profile）对话框　其特点：

1）不改变当前的系统工作色空间。

2）只对 RGB 色空间进行“指派”转换处理，当前 RGB 工作空间中的颜色临时转到指派的 RGB 色空间状态。

3）可以在保存 RGB 文件时，将上述指派的 RGB Profile 嵌入到使用指派输出的 RGB 文件中。

（2）图像>模式>转换 Profile（Image>Mode>Convert to Profile）对话框　与上述指

派 Profile 功能相比，该功能并不局限于 RGB 色空间之间的“指派”，而是可以实现任意两种设备之间的直接转换。例如，它既可以将 RGB 文件转换成 CMYK 的某个特定 CMYK Profile 色空间，也可以将某一种 CMYK 打印设备的分色文件转换成为另一种 CMYK 打印设备的分色文件。这种功能是色彩管理平台必不可少的基本功能之一，该功能可以增加用户处理色彩管理的灵活性。专业色彩管理软件或其他印前应用软件中都有类似的功能。另外，这里的自由转换功能比上述的“指派”功能增加了转换意图的选择和黑点压缩的选择项，能够完成较完善的色彩空间转换功能。

系统色彩流程外的独立 RGB 指派与自由转换控制界面如图 6-5-4 所示。

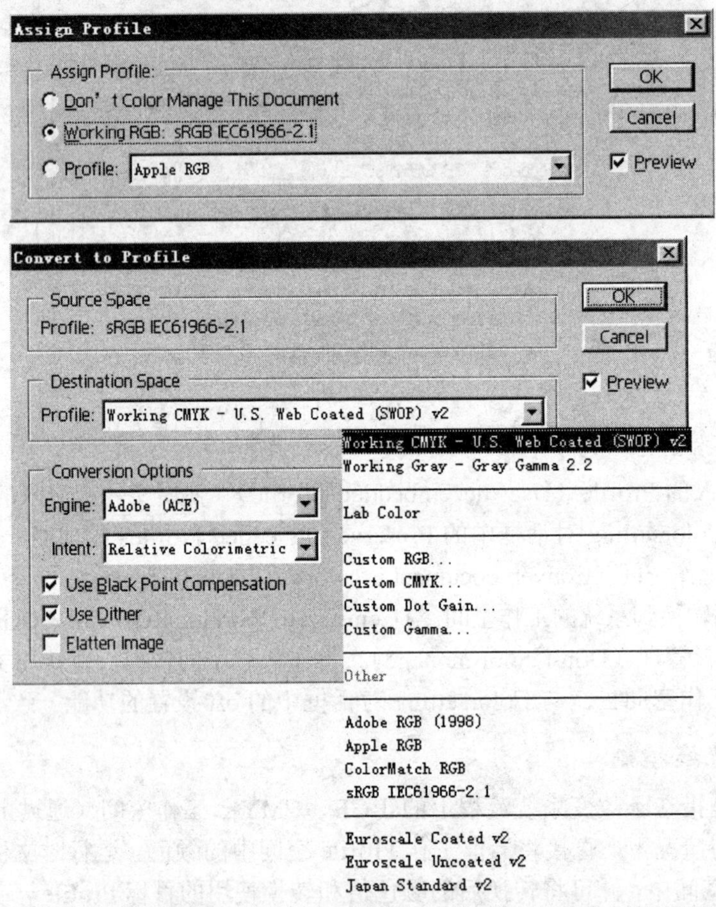

图 6-5-4 系统色彩流程外的独立 RGB 指派（上）与自由转换（下）控制界面

5. 软打样的控制与调节

（1）软打样的基本概念和流程形态 Photoshop 中的分色与软打样处理是两个十分出色的功能组件，其核心的工作原理如图 6-5-5 所示，主要功能是实现 RGB 和 CMYK 空间的相互转换。从 RGB 到 CMYK 色空间的转换处理称为分色过程，而相反的转换过程称为软打样。可以看出，完成上述两个过程的前提条件是要有适合专业打样显示器的 RGB Profile 和适合印刷和打样过程的 CMYK Profile，可以通过显示器和印刷（打样）过程的校准以及 Profile 生成的过程来完成。

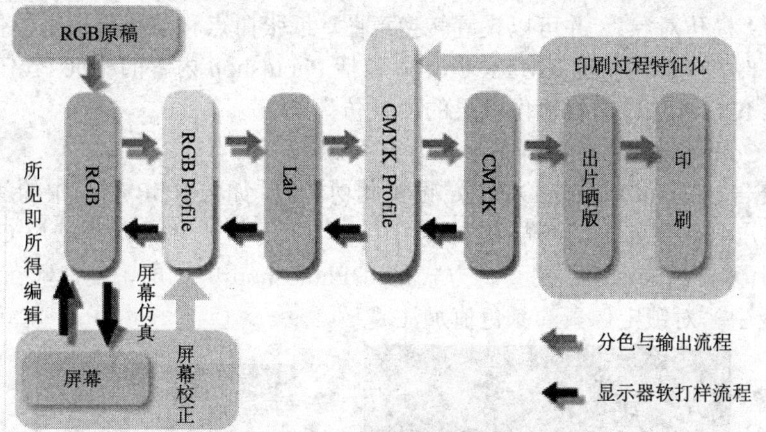

图 6-5-5　分色与软打样流程的工作原理

软打样功能就是在显示器上模仿印刷和打样的输出外观。软打样包括两种流程形态：

1）CMYK-RGB 形态。它是一个直接从 CMYK 色空间转换到 RGB 色空间的过程，在打开和显示 CMYK 图像文件时就是使用这种形态的软打样流程。该流程会将 CMYK 较小的色域描述真实地传递到 RGB Profile，从而在显示器上仿真出印刷和打样的实际效果。

2）RGB-CMYK-RGB 形态。该流程的起点是一个在系统 RGB 工作空间中运行的 RGB 文件。流程首先经过分色过程将颜色转换成为与印刷（打样）系统 Profile 相对应的 CMYK 颜色，这个过程将原来的 RGB 大色域描述形态压缩成输出系统的小色域形态（具体的压缩和白点转移方式见前面的转换意图）。然后，再将 CMYK 颜色返转到 RGB 显示色域中，这时显示器上显示的就是 RGB 图像的软打样效果。显然，RGB 范围大于 CMYK 范围意味着从 RGB 到 CMYK 方向的转换是一个信息压缩和丢失的必然过程。这样，再从 CMYK 转回 RGB 后，则图像中许多像素不会复原到原有的 RGB 数值中，但却达到了对印刷效果的所见即所得的显示器仿真要求，用户也可以在这个操作环境下进行所见即所得的图像编辑与校正处理了。

（2）软打样的设置和效果　在分色处理等过程中，存在一个基本问题就是 RGB 的色域范围比 CMKY 范围广，因而 RGB 空间中的某些颜色无法用 CMYK 油墨印刷出来。如果不加以控制，将会产生令人失望的印刷和打印结果。而作为软打样的功能，就是能够预先看到这种不理想的结果，并可以用颜色校准工具进行基于输出效果的最优化调整。

如图 6-5-6 所示是在 Photoshop / View 中的与软打样相关的功能及其设置。

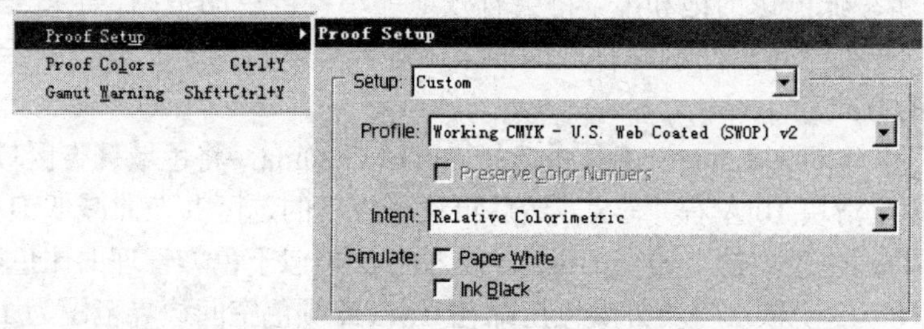

图 6-5-6　软打样的目标 Profile 及映射意图、黑白点的设置

1）软打样设置（Proof Setup）对话框：用来设置 CMYK 印刷或打样设备的 Profile。

它是软打样的“模仿对象”，并可以设置转换意图、纸张白点和油墨黑点来模仿不同的印刷和打样外观条件。能够模仿的 CMYK Profile 包括 Photoshop 内置的标准 Profile，也可以载入外来的标准 ICC Profile 进行输出效果的“模仿”。

2）Proof Colors 设置：软打样效果显示开关。

3）色域警告（Gamut Warning）设置：设置此功能后，如果 RGB 空间中的颜色在 CMYK 中再现，则用户将受到警告。警告的方式如图 6-5-7 所示：一种是对无法用 CMYK 描述的 RGB 颜色涂上警告色来示警；另一种方式是用 Photoshop 的在屏密度计（在 Color Picker 和 Info 调色板中）对锁定像素的颜色值加注“！”。

图 6-5-7　超出色域范围的颜色受到警告

（3）软打样环境下手工图像校正的思路与方法　在图像的印前校正处理中，可以启动软打样功能（包括警告色），然后用手工控制的方法，在效果可视化的环境下，对受到警告的颜色进行适当的处理，它比直接使用系统配置的四种 ICC 标准转换意图进行的黑匣子压缩处理方式具有更大的灵活性，下面以一个操作实例来说明这种手工校正的基本方法：

1）Proof setup 中设置目标 Profile 及其意图方式和纸张白点，并启动色域警告功能。

2）整体逐步减低图像的饱和度，将会有效地缩小警告色的范围，也就是通过人为的色领域压缩，来预先处理超出印刷和打样的效果。这种整体的压缩处理类似于 ICC 色彩管理的知觉转换意图方式。

3）色彩范围（Color Range）工具中选择 Out of Gamma，将色域警告区域作成选区，然后逐步减低饱和度滑块 10 左右并 OK，然后再次形成新的选区并在此减低饱和度滑块 10 左右并 OK，直到将超色领域的上述全部压缩。这种方法类似于色彩管理的比色和饱和度方式。这种操作是以 10 为距，依次将域外颜色压缩在 CMYK 颜色空间边界范围为 10 的区间以内，当然步距大小可以根据需要调节。如果小一些，压缩的范围就更靠近边界一些。

4）修改颜色范围也可以适当使用亮度变化，而且很有效，只要不在意图像的亮度整体上产生变化。

6．基于过程参数的分色控制与特征文件

分色处理就是将 RGB 颜色转换成 CMYK 的过程，这是一个一对多的过程，如何设置 CMYK Profile 将决定分色的结果。Photoshop 中使用了两种形式的 CMYK Profile：

1）使用标准的 ICC Profile。它可以来自某一个特定的印刷和打样输出过程，使用如 ProfileMaker 中的方法定制标准格式的 ICC Profile，它是基于色靶检测数据的 LUT 体系，并以装载方式设置为系统的 CMYK Profile。

2）使用 Photoshop 自定义的基于过程参数的 Profile。这种 Profile 的特点是将印刷胶印过程中的许多印刷适性参数直接作为定制 Profile 的原始参数，这样就可以针对某个具体的印刷过程。

与基于如 IT8/3 色靶的 ICC Profile 相比，自定义形式的、基于胶印过程参数的 Profile 是一种 Profile 简化版本，它对于不具备 ICC Profile 制作能力的用户，简单地测量少数关键色块和色梯尺就能够达到制作 Profile 的目的。

另外，在 Photoshop 中，提供一些标准的基于过程参数的 Profile 模式的 Profile 及其相应的过程参数，如 SWOP (Coated)、ToyoInk (Coated)、Eurostandard (Newsprint) 等。这些标准的过程参数 Profile 能给用户提供一个可以遵守的标准，以便生产过程按照这个标准进行调整和设置，也便于用户间的交流。同时也作为生成新的过程参数 Profile 的起点。

虽然内置的过程 Profile 是针对四色胶印系统的设备特征设立的，但是，它也可以用于建立其他输出模式（如彩色喷墨输出等）的输出 Profile，并模拟胶印过程进行分色处理，所以它的用途十分灵活和广泛。

如图 6-5-8 所示是基于过程参数的自定义 Profile 的参数设置界面。下面介绍参数设置过程：

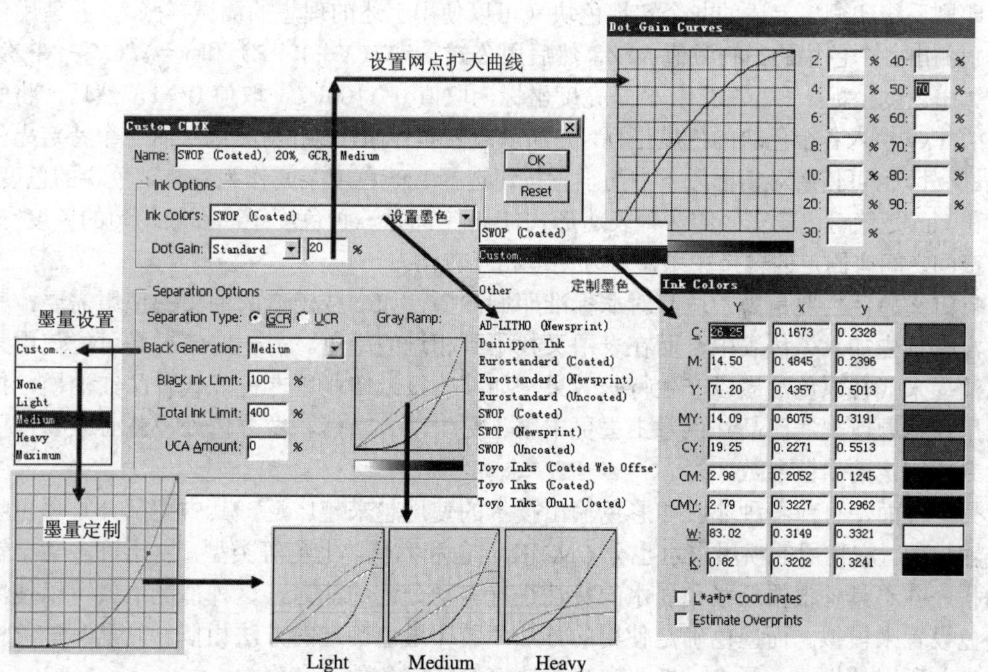

图 6-5-8　基于过程参数的自定义 Profile 的参数设置

(1) 油墨选项（Ink Options） 包含以下两项：

1）油墨颜色（Ink Color）。这个选项给 Photoshop 提供了使用油墨的颜色外观特性，在所提供的选项中包括 Custom（自定义）和一些普遍使用的胶印墨色标准。其中标准胶印墨色有如图 6-5-8 所示的“设置墨色”箭头所指的种类，如 SWOP（代表 Specifications for Web Offset Printing，卷筒纸胶版印刷规范）在美国是最常见的油墨集，并按照印刷纸张，如铜版纸（Coated）、胶版纸（Uncoated）和新闻纸（Newsprint）有不同的标准。另外，Toyo 油墨在日本是最常用的，Eurostandard 在欧洲常用。用户应了解自己的印刷机是否使用这些油墨，或者比较接近哪种油墨。如果使用的油墨偏离所设定的墨色标准太远，就必须制定自己的墨色标准。另外，打样机使用的墨色也要和印刷油墨的效果一致，否则就会出现较大的偏差。

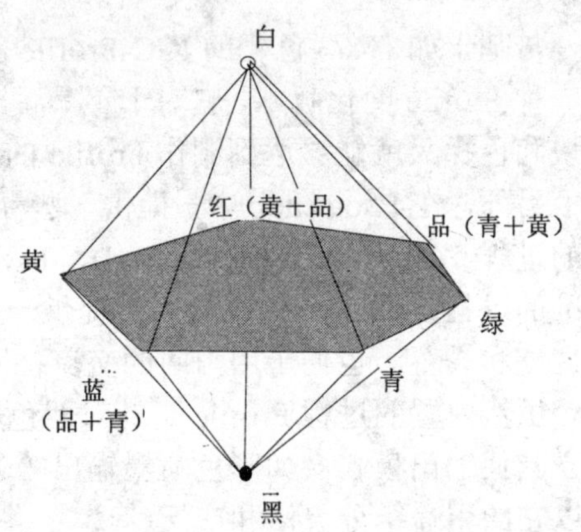

图 6-5-9 定制墨色的 CMYK 简易色空间

自定义（Custom）选项是用户制作自己的墨色标准的工具，点击此项，其结构如图 6-5-8 所示“定制墨色”箭头所指。可以看出其中包含了 9 个定标色块，其中黄、品、青、红、绿、蓝（Y、M、C、MY（R）、CY（G）、CM（B））6 种颜色对墨色描述的作用最大，它们分别代表了如图 6-5-9 所示的 CMYK 墨色空间的最大色域截面的六个角（图中深色区域），而白、黑（W、K）则描述了空间的白场与黑场。自定义专用墨色的基本方法就是使用客户的油墨，在客户特定的印刷系统印刷出上述的九个实地色块（可以使用上述的理想的测试样张），并使用色度计分别测出各个色块的三刺激值 *XYZ*，然后用公式 $x=X/(X+Y+Z)$ 和 $y=Y/(X+Y+Z)$ 分别计算出色度坐标 *x* 和 *y*。其中 *Y* 是亮度坐标，取值 0～100，*xy* 取值 0～1。然后，将所测算到的 Yxy 填入各个色块的色度坐标，并加以命名和存储，这样就完成了对一个特定墨色的制作。另外，也可使用对话框最下方的设置按钮选择 Lab 色度空间作为各测试色块的色度值。Yxy 和 Lab 是绝对色度空间的两种表达形式，Lab 空间是一种色度距离比较均匀的色度空间，两个空间之间有固定的转换关系，可方便地相互转化。

自定义墨色主要是为了适应对非标准印刷油墨，如一些国产的油墨的使用需要，其墨色并没有预先加入墨色表中，而在表中又找不到相近的墨色。另一些情况是可能使用某种专色油墨来代替原色油墨以产生特殊效果，如某些报纸印刷用专色红代替品红油墨，把专色红用作标题或规线比品红色看上去更丰富、更生动。当然，做分色处理就必须要使用为此而专门制定的墨色参数才行。

另一方面，目前各种非胶印彩色输出技术的使用越来越广泛，其中大部分是彩色喷墨方式输出的，它使用的喷墨墨水也分 CMYK 四色和六色、七色等类型。由于许多喷墨输出驱动程序并不具备根据纸张和墨水的特性进行自动分色的能力，这种情况下就可以使用胶印分色设置来模拟。而墨色确定使用的方法和胶印墨色确定的方法相似，只是测试色标必须在当前所用的机器、墨水、纸张和喷墨速度等特定条件下产生。

2）网点增大（Dot Gain）。在 Photoshop 中网点增大的设置有两种方式：

a．标准模式（Standard）。由于网点增大对中间调效果影响最大，在标准模式下设定的网点增大值直接参照中间调网点，即50%网点的扩大值。例如，设置20%的网点增大是指中间调网点将印刷成70%(50%＋20%)。10%的网点增大是指设置50%的网点将印刷成60%的网点。另外，在彩色打印机输出方式下，网点增大对颜色的影响也同样很大，不同的纸张、喷墨速度和打印机型号都会带来不同的网点增大。这种模式在一般情况下能够达到足够的精度。

b．曲线模式（Curves）。该模式下的设置对话框如图6-5-8所示的“设置网点扩大曲线”的箭头所指。从中看出，可以用复合通道和CMYK四色通道两种方式设定网点增大，它可以对最多13个层次设定相应的网点增大，其精度比标准模式高。复合通道是如图6-5-8所示的All Same（全部相同）工作方式选中的情况，这时CMYK各个通道的扩大率取值被强行一致，它实际上是标准模式的扩展，将网点增大参数从50%一个点扩大到整个灰度梯尺范围。这种设置需要用测试样张中所具有的灰度梯尺，并且使用密度计测出各灰色梯度上的网点增大后的网点大小值，并分别填入表格中。如灰梯尺上20%的灰度块，在经过印刷输出后，实测网点密度为30%，则在对话框20%一栏中填入30即可。

如果分别使用CMYK 4个墨色通道设定各自的网点增大（All Same不选中），则它不但能给出各色油墨的网点增大参数，还可以同时用来补偿油墨的灰平衡特性。油墨的灰平衡就是指印刷原色相互作用产生中性灰的原色油墨比例，该比例并不是简单的相等关系。要获得这种网点增大参数就必须逐个测量测试样张中的CMYK四色梯度尺，并将参数填入表格。

（2）分色选项（Separation Options）　分色选项是一组十分重要的胶印过程特征参数，它主要用于设置黑墨，并对印刷墨量进行设置，这些参数对得到一个合格的印刷颜色至关重要。下面就从黑色油墨和彩色油墨相互替代的原理及其印刷适性特征入手，分析讲解这组参数的含义及设定方法。

1）黑墨和CMY替代原理。一定比例的CMY油墨叠加可以产生黑色（由于彩色油墨自身的缺陷，所产生的黑色不是很黑，密度不高）。如图6-5-10所示为两种黑色替代的例子，第一个说明50%C、37%M和37%Y可以被50%K替代，这样在印刷时就可以不必使用总墨量达124%的CMY墨（50%＋37%＋37%），而只需使用50%的黑墨，显然后者节省了油墨。另一组颜色组合是60%C、40%M和37%Y，将其中的公共成分全部用黑色替代后得到同样颜色的另一组组合，即10%C、3%M和50%K。可以看出总墨量由137%下降到63%。这种替代中的彩色成分比例遵从油墨的灰平衡比例关系。

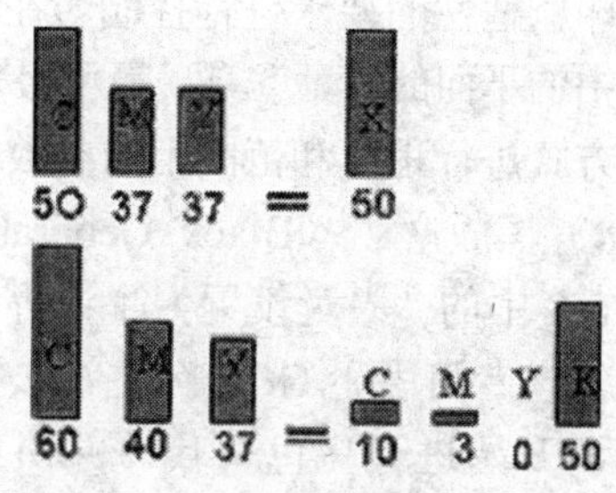

图6-5-10　两个黑色替代的实例

2）黑色替代的优缺点。

a．黑色替代的优点。用黑色油墨替代彩色成分中的公共灰色成分，能有效减少印刷时的油墨总量。在印刷过程中有一个十分重要的适性问题，即油墨覆盖特性。它表示在一定的印刷条件下，只能允许纸张上覆盖一定量的油墨。如果油墨过量，则在印刷时，油墨不能正常干燥，会使纸张粘在一起或者油墨飞出滚筒。总的油墨覆盖量范围为0%～400%。

四色油墨都以100%印刷时就得到400%的油墨覆盖量。然而，无论什么情况下，印刷机都没有必要印出400%的油墨覆盖量。通常，这个数值介于260%（新闻纸）～350%（高质量单张纸印刷机）之间。而用黑墨替代彩色油墨中的公共灰成分可以减少彩色油墨的用墨量，进而减少总的墨量。

b. 黑色替代的缺点和局限性。能不能将所有的彩色成分中的灰色调全部分色到黑版上，并用黑色油墨来印刷呢？回答是否定的!这是因为经过分色后的CMYK图像图形文件可能还需要对它作色彩的校正工作，如果将所有的色彩中的公共成分全部用黑色替代，那么就无法对彩色成分进行修正了。因为黑色不会生出彩色来，而由彩色成分形成的“黑色”，其中的彩色成分依然存在，所以仍属于可调节的色彩成分。同样在印刷时也需要进行适量的墨量调整，这是印刷过程中进行墨色调节的基本机制。如果彩色油墨使用的很少，就无法进行印刷时所必须的调整工作。所以，黑色替代时一定要保留一定比例的彩色油墨以备校正和调整之用。

另外，黑色油墨的效果与彩色油墨叠加后的“黑色”效果是有差别的，黑墨替代过多会造成深色调部分平而生硬，而浅色调部分过于单薄。因此，由于一般浅色和中间调部分是表现颜色的最主要区域，因此，彩色成分要留得更多一些，而深色调部分则可相应增加黑墨使用的比例。

3）分色类型（Separation Type）。该选项用来设定黑版的生成方式，共有两种类型：

a. 底色去除（UCR：Under Color Removal）：这种方法是只对图像中中性灰区域所含有的CMY颜色成分才用黑色来替代，而保留图像中彩色区域部分的彩色成分不变。这样就几乎去除了暗调部分的大部分油墨，而其余部分则几乎全部保留了原有的CMY颜色成分。

b. 灰色成分替代，又称为非彩色结构（GCR：Gray Component Replacement）：这种方法则是用黑色替代彩色成分中所有的灰色成分（也就是其中的符合灰平衡比例关系的所有“公共”成分），它对原图彩色结构的改变是巨大的和根本性的。因此，对这种替代的程度和范围必须按照印刷适性的要求进行控制。在这个参数序列中的下面的其他几项，都可用来对GCR工作方式进行程度和范围上的参数设定。

4）黑版产生（Black Generation）。如图6-5-8中的“墨量设置”箭头所示的设置路径，它专门用于GCR分色法，控制从什么阶调开始进行黑色替代，并决定了黑色替代曲线。在这里黑色替代的阶调起点称为黑高光点，黑色替代的范围是从黑高光点到最深的阶调处。在此项中有已经设定好的替代方法和供用户定制的设置界面。在图6-5-8中的墨量定制箭头所指的3个曲线图以及图6-5-11所示的“黑版产生”框中的分布曲线都显示了常用的黑版墨色的分布形态。

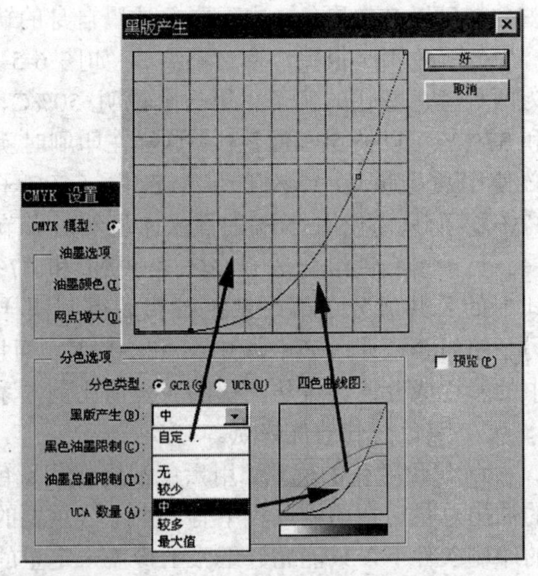

图6-5-11　定制黑墨曲线的交互界面

设定好的替代方法及其替代范围如下：

无（None...）　　　　　　　　无黑色，产生 CMY 图像

较少（Light）　　　　　　　　40%

中（Medium）　　　　　　　　20%

较多（Heavy）　　　　　　　　10%

最大值（Maximum）Maximum　　全部进行黑替代

以中等（Medium）参数为例，它的黑高光点为 20%，则阶调值低于 20%的部分不进行黑替代。为了更直接地了解颜色变化的过程，可以进行一个有趣的测试，具体步骤是先建立一个长方形 RGB Photoshop 文件，然后将前景色和背景色分别设置成黑色和白色，再用梯度（Gradient）工具在上述文件中拉动一个由黑到白的渐变效果，如图 6-5-12 所示，最后用 Info 工具查看不同阶调处的 CMYK 值。可以看出直到大约 20%的亮度区域才能看到 CMYK 分色值中的黑色成分，而更亮的地方 CMKY 中是没有黑色的。另外，如果选择 Light，则黑色的范围会被收缩，而 Leavy、Maximum，则黑色的范围就越向亮调处延伸，并且黑成分比例更大。

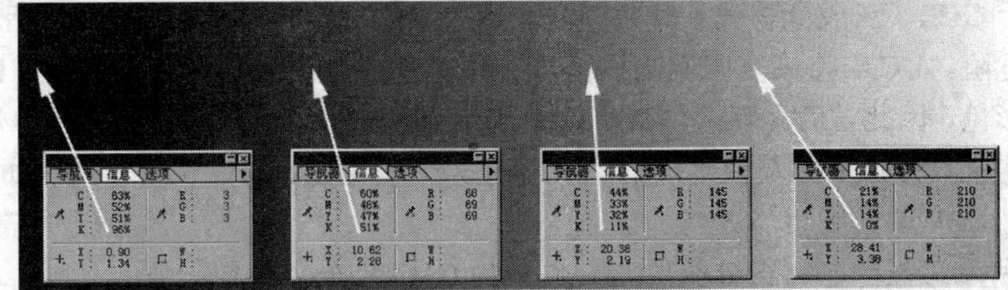

图 6-5-12　中等程度黑色替代的灰梯渐变中的黑色成分变化

自定义黑版生成曲线用 Custom 按钮弹出如图 6-5-11 所示的 Gamma 曲线设置坐标图，分别以输入和输出作为坐标，其中黑色产生量为竖直轴，原始阶调为水平轴，一般以青为代表。利用这个映射关系编辑图，可以自定义许多有特殊用途的黑版生成方法。例如，如果打印机要求只是对轮廓黑使用黑版，就可创建一个产生的黑比 Light 设置还要少的黑曲线，将黑版生成范围集中在暗调处即可。较常见的是用黑版产生控制优化极亮或极暗的图像。极暗图像，如黑夜里的黑猫，这类图像极易产生大量的黑，结果是进一步暗化了图像的阶调，这时在自定义曲线上适当减少黑色的产生范围和生成量。如可先选择 Light 生成曲线，然后将其黑色曝光点缩减到 50%～55%，然后对中点进行调整，再去除 10%左右的生成量，如图 6-5-13（左）所示。并以此来帮助极暗调图像的正常化。同样，对极亮图像，如暴风雪中的北极熊，则在自定义曲线上要适当增加黑色生成的范围和生成量。如可先选择中等（Medium）生成曲线，然后适当提高生成量，如图 6-5-13（右）所示。通过这些自定义曲线，可以比较精细地改进图像印刷时的适性和效果。

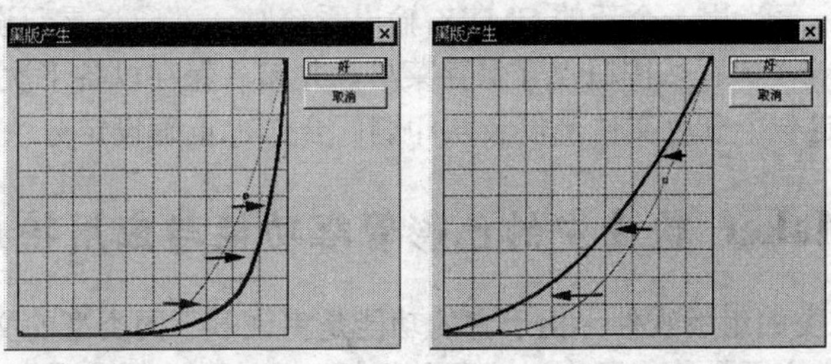

图 6-5-13　调整 Light（左）、Medium（右）的生成曲线实例

（5）黑墨极限（Black Ink Limit） 影响黑版生成曲线形状的另一个方面就是黑墨极限。简单地说，它是暗调部分允许的黑墨最大量。正如黑版产生（Black Generation）项是用来建立黑色替代的高亮阶调点一样，该项是用来设置暗调区黑墨用量的极点。它决定了黑版产生时最黑处（100%实地黑）是否使用100%黑墨来生成，或者是使用80%的黑加其他颜色以形成100%黑色效果。多数情况这个参数设置在85%～95%之间。

（6）总墨量极限（Total Ink Limit） 此项参数设定了印刷机所使用的CMYK油墨总量的上限。其值是由所用的印刷机的种类和所用的承印物决定的。原则上，所用油墨越多，产生的图像越好。但过量的油墨也会带来一些问题。油墨陷印和干燥就是问题之一。一般情况下大多数印刷厂都知道自己所用的印刷机能使用多大的油墨量，如果不是很清楚，则可采用平均和常用的设置，如 280%的总墨量。另外，在限制总墨量的情况下，黑墨极限设在90%左右是比较常用的。

（7）底色增益（UCA：Under Color Addition） 它和黑版产生（Black Generation）一样，只适用于GCR（灰成分替代）分色模式。用大量的黑取代彩色以后，将有平淡暗调和丢失细节的危险。UCA 将恢复中性暗调区域一些彩色成分以弥补上述的不足。UCR 处理只加入少量彩色，因此，仍具有总体减少油墨的优点。另外，这种处理只影响中性色部分，其最大的设置量只是影响到灰色部分的暗调部分。一般 UCA 的设置量不大，如 10%左右即可。

表6-5-2所示为按印刷材料分类的几种典型的CMYK分色参数设置。

表6-5-2 按印刷材料分类的几种典型的CMYK分色参数设置

分色类型（Separation Type）	铜版纸（Coated Stock）GCR	胶版纸（Uncoated Stock）GCR	新闻纸或凸版纸（Newsprint）	
			方法1 GCR	方法2 UCR
黑产生（Black Generation）	Light	Light	Medium	Medium
黑极限（Black Limit）	90%～100%	90%～100%	90%～100%	70%～80%
总墨量（Total Ink）	290%～340%	270%～300%	290%～340%	290%～340%
底色增益（UCA）	0%～10%（一般为0%）	0%～10%（一般为0%）	0%～10%（一般为0%）	0%～10%（一般为0%）
油墨颜色（Ink color）	SWOP Coated	SWOP Coated	SWOP Coated	SWOP Newsprint
网点增大（Dot Gain）	12%～25%	19%～29%	30%～35%	30%～35%

注：卷筒纸印刷机较低，单张纸印刷机较高。

最后提醒读者，每当用一个新的CMYK输出系统时，都应当重新设置整个CMYK生成参数。然后用Save（保存）按钮点开保存菜单，并起名保存以备下次调用，最好根据经验为每一个客户制定一个分色文件，以及与印刷厂合作，正确设定分色所需要的数值。

二、PageMaker 软件中的色彩管理功能与应用特点

PageMaker这类的组版软件，由于它的功能是将许多不同类型的文档对象进行组合，因此，其色彩管理的主要操作表现在：对各种组版元素查证和设定其与“出生地”相匹配

的 Profile，也就是确认或设置每一个组版对象的"颜色身份"。其中包括自身生成的和从其他软件导入的文字、图形及其图像对象。只要"颜色身份"正确，那么无论什么版面对象，在进入 PageMaker 的色彩管理机制后就可以保证颜色的可控及正确的传递。在组版软件中，色彩的准确传递主要是针对打印和印刷输出结果而不是显示软打样，因为对于组版而言，显示器软打样没有图像处理那样重要。另外，许多组版元素在其生成的软件中就已经对颜色进行过处理。组版软件主要是对版面元素起定位作用。

1. 色彩流程的整体控制

PageMaker 是一个组版软件，它的色彩管理是使用 Kodak CMS 系统，其总体控制的操作对话框如图 6-5-14 所示。其中有以下项目需要解释：

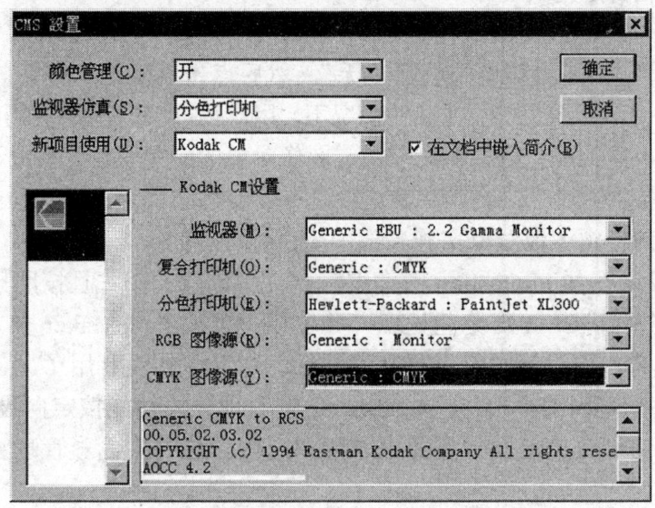

图 6-5-14 色彩流程的 Kodak CMS 设置界面

1）颜色管理。此项用来决定该色彩管理系统是打开还是关闭。如果在使用 PageMaker 时将 Kodak CMS 打开，系统就会在输入、显示、分色和打印等各个环节中对传递的色彩信息进行相应的空间变化和传递，以尽量减少颜色失真。这里有一个特别提示，如果 Kodak CMS 被打开，就必须保证没有其他 CMS 系统处于工作状态，否则会出现混乱结果。

2）显示器仿真。此项用来打开色彩管理中的软打样功能，使在显示器上能够仿真显示分色文件输出后的效果，原理与 Photoshop 中的软打样流程一致。

3）Kodak CM。此项用来对某一特定系统显示器 RGB 的 Profile、复合和分色打印机的 CMYK 的 Profile 进行默认值的设定，并且从 RGB 和 CMYK 图像源两项中设定默认的 RGB 和 CMYK 两种彩色文件的 Profile。在这里设定的 Profile 将作为 PageMaker 色彩管理流程的默认设置而被自动应用于 PageMaker 创建的所有图文对象。

2. 色彩管理功能的打开和关闭控制

通常情况下，PageMaker 可以不使用色彩的全程管理，而只是在特定的时间与特定的流程上使用其中的某个局部转换功能。这样做的一个理由是当 CMS 关闭其全部或部分功能时，显示器显示和打印输出的速度可以快一些，毕竟经由色彩管理系统（CMS）来显示、调整和输出就必须频繁地将颜色从一个色空间映射到另一个色空间。所以在 PageMaker 中可以用整体关闭和局部关闭两种方式对色彩流程进行启动与关闭处理。

（1）整体关闭色彩管理系统　用户在以下情况下可以整体关闭色彩管理系统：

1）用户不在出版物中使用彩色图像而只使用专色。

2）用户只使用经过分色处理的 CMYK 彩色图像，或者在输出时将使用 OPI 服务器将低分辨率代表图像用高分辨率源图像取代。

3）用户导入仅包括 DCS 文件和 EPS 文件方式的图形，这些文件中的相关颜色描述只包括专色。

4）用户将使用一个专门的后处理应用程序来创建出版物的分色打印文件。

整体关闭颜色管理的步骤：

a．选择“文件/自定格式/通用”命令。

b．点击“CMS 设定”按钮。

c．从“颜色管理”弹出菜单中选择“无”，然后点击“确定”按钮。

（2）局部关闭色彩管理系统　在某些情况下，用户可能要管理出版物的颜色，但并不要管理某个特定图像对象的颜色。关闭某个特定图像对象的颜色管理，将允许该图像对象的颜色信息不经改变直接“通过”CMS，并将这种没有改变的颜色信息直接传递到输出设备。这种只对排版版面上的特定图像对象实施局部关闭色彩管理的操作，主要有以下几种情况：

1）该图像对象是在如 Photoshop 图像编辑软件中创建的，并且按照已经定向的正式输出设备的 Profile 进行了 CMYK 分色处理，并生成了可被 PageMaker 导入的 CMYK TIFF 组版对象文件。这时，再对该图像对象文件进行色彩管理就没有用了。

2）用户的彩色图像组版对象被 PageMaker 中的预分色功能按定向设备的 Profile 进行了分色，并且仅使用低分辨率图像对象来布局和定位。这时，色彩管理流程对该对象的管理也就没有意义了。

局部关闭图像对象颜色管理的步骤如下：

a．选择图像。

b．选择“成分/图像/CMS 源”命令。

c．从“该项目使用” 弹出菜单中选择“无”。

3．对不同版面元素的颜色身份的管理与转换

如前所述，PageMake 提供的色彩管理功能主要是针对文字、图形和彩色图像的页面组版对象的 Profile 身份管理及其对彩色图像对象的分色处理。它的 CMS 系统的使用方式在组版和绘图软件中具有一定的代表性。可以将 CMS 系统的管理与处理功能分为以下三方面：

（1）对着色用颜色定义其 Profile　包括两个方面：

1）人工为新的颜色设定 Profile。

a．先选择颜色，用图 6-5-15 所示界面

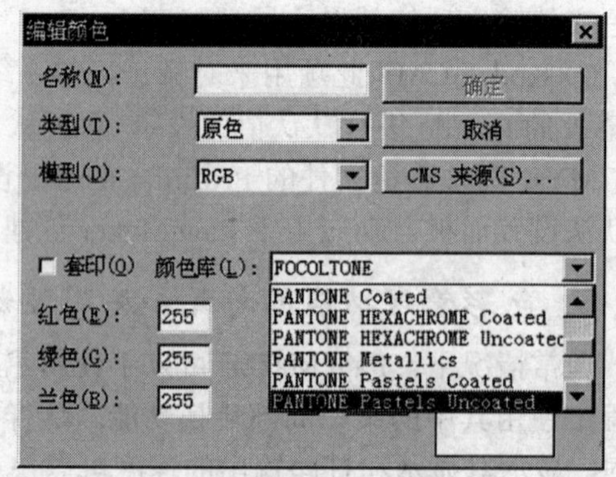

图 6-5-15　PageMaker 中的颜色定义对话框

选择颜色：通过为颜色选取“类型”、“模型”和颜色值来选择用户需要的着色用颜色。从预定义颜色库（调色板）中选取一种颜色。

b．再编辑颜色，在图 6-5-15 对话框中点击“CMS 来源”。

c．基于以下准则选择颜色 Profile：如果用户打算创建一种 RGB 颜色，那么该颜色所选取的 Profile 就应该和用户显示器的 Profile 保持一致。

如果用户打算创建一种 CMYK 颜色，那么该颜色所选取的 Profile 就应该和用户的“分色打印机”的 Profile 保持一致。

这样就完成了对着色用颜色定义其 Profile 的过程。

2）让 CMS 自动地为新建颜色分配 Profile。

a．选择“文件/自定格式/通用”，然后单击“CMS 设定”。

b．从“新项目使用”中选取 CMS 和为新建色自动设定的默认 Profile。

（2）对彩色图像定义 Profile　色彩管理系统的主要优点在于能够正确传递彩色图像的颜色。图像可以由不同的系统产生，例如，绘图程序、扫描仪、数码相机等。如果它是用一个带有 CMS 功能的应用软件创建的，则该图像内部就可以嵌入生成系统的 Profile。例如，如果是在绘图软件中以显示器交互方式创作或编辑过的像素图像，则可以保存该显示器或工作空间的 Profile 作为该图像对象的 Profile。另一方面，对没有嵌入 Profile 或需要在使用中修改 Profile 的情况，PageMaker 提供了相应的控制，下面对这些功能进行总结：

1）对导入图像的 Profile 的使用原则：

a. 如果图像是使用任何支持 Kodak CMS 的应用程序创建的，PageMaker 将使用 Kodak CMS 及其相应的 Profile。

b．如果图像文件中指定的 Profile 不可用，PageMaker 将使用默认的 CMS，并选择默认的 Profiole（在 Kodak CMS 主界面上设定的默认 Profile）。

c．如果图像文件中没有嵌入图像生成系统的 Profile，PageMaker 使用默认的 CMS，并从“RGB 图像来源”和“CMYK 图像来源”中选择与图像颜色模式匹配的 Profile。

2）在导入图像时设定 Profile 的方法：

a．选择“文件/置入”。

b．选择要导入的图像，然后选择“CMS 来源”。

c．从“来源描述文件”弹出菜单中选择一个相应的 Profile。

d．“确定”。

3）在组版页面上直接为图像对象设定 Profile。

a．选择位图图像，用户也可以通过在点击每个图像时按住 Shift 键来选择共享同一个 Prifile 的多个图像。

b．选择“成分/图像/CMS 来源”，用户也可以为图像选取一个不同的 CMS 或关闭颜色管理。

c．从“来源简介”弹出菜单中选择一个 Profile。

d．“确定”。

（3）对彩色图像的预分色功能　在 PageMaker 中，提供了一个独立于 PageMaker 自动色彩管理流程之外的分色转换功能，有了这种功能，用户就可以在 PageMaker 中进行与当前流程默认设置无关的各种图像分色处理，而不必转到其他的软件（如 Photoshop）

中进行此类工作了，下面就对这类功能所涉及的操作类型和 PageMaker 中的具体操作方法进行小结：

1）操作类型 1。对组版文件中的 RGB 图像文件，按照自己设置的 CMYK Profile 转换成 CMYK 文件。这类操作可以使用户将一个面向 CMS 的 RGB 工作流程改变为一个面向输出的 CMYK 工作流程。

下面列出需要对组版图像进行这种预分色处理的几种情况：

a．用户打算进行 CMYK 分色打样输出。

b．如果对组版文件的进一步处理（如补漏白、拼大版或打印工作等）将不支持色彩管理，就必须在组版阶段对 RGB 彩色图像进行分色处理，将它转换成面向输出过程的 CMYK 分色文件。

c．用户打算创建 CMYK 图像并将其保持在 OPI 服务器上。

d．用户不打算对位图图像做任何 RGB 色彩空间的校正处理。

e．将组版流程上的 RGB 图像全部按厂家要求预先转换为 CMYK 像，并全部使用 CMYK 分色图像对象进行组版，以适应无开放色彩管理的传统封闭色彩生产复制流程。

2）操作类型 2。用户可以重新将一个 CMYK TIFF 图像定位到另一个 CMYK 输出设备。例如，将一个用于高档胶印输出的 CMYK 分色文件转换为适合报纸轮转胶印的 CMYK 分色文件。

3）建立预分色图像的具体操作方法：

a．选择用户想要分色的位图图像。

b．选取“成分/图像/为分色存储图像”。

c．键入一个分色文件的名称，选取保存该文件的文件夹。

d．选择“显示器预视”，也就是建立低分辨率代表像的设置，包括下列选择：

不保存：将不会产生图像的低分辨率显示器预视代表像。

最好：将产生一个 72 dpi 的原图像的显示器预视代表像。

草稿：将产生一个低分辨率（36 dpi）的原图像的显示器预视代表像。

e．点击“重新链接到新建图像” 用来将新建的分色文件取代出版物中的原稿位图图像。

f．点击“好”。

4）预分色操作时需要注意以下几点：

a. 在作预分色文件的处理时，PageMaker 会创建一个原稿图像新的高品质 CMYK TIFF 文件。TIFF 图像中会包含一个可以进行颜色管理的低分辨率代表像，用户可以使用该代表像进行组版操作。PageMaker 可以将重新分色的图像自动连接到原图像文件的链接关系上，以替换原来的分色。当然也可以保留原图像分色的链接关系不变。

b．PageMaker 使用“文件/自定格式”中指定的“分色打印机”Profile 给图像分色。如果 TIFF 图像的内嵌 Profile 与“分色打印机”的 Profile 相同，就不会再启动创建预分色图像的操作了。

c．如图 6-5-16 所示，“分色存储”对话框中的“源空间”和“分色空间” 提供关于原图像的 Profile 和将用来创建分色图像 Profile 的提示信息。为了得到最好的结果，在用户创建预分色图像前要检验 Profile 是否设置正确。

d. 用户可以选择创建一个与预分色图像文件一起存储的低分辨率代表像。当预分色时，如果没有创建一个代表像，PageMaker 也会在导入一个预分色图像时分析整个图像并自动创建一个代表像。所以，一个有代表像的预分色图像比没有代表像的图像显示与处理得更快。另外，如果用户使用高保真印刷色系（如 Hexachrome 色系）进行分色处理，没有生成显示器预视代表像，那么，当用户导入该预分色图像时，显示器预视将是一个灰盒子。

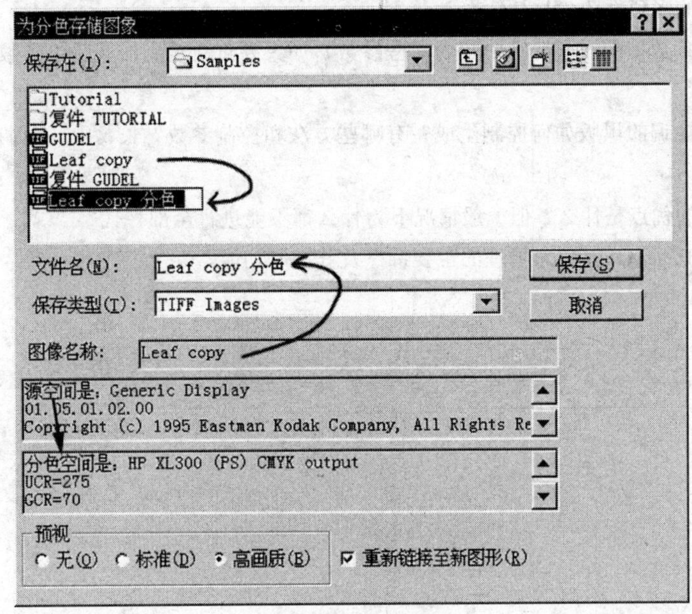

图 6-5-16　预分色文件的生成操作与源/目标 Profile 信息显示的界面

复习思考题

1. 在传统封闭的色彩管理体系中，保证图形中着色颜色输出准确性的方法是什么？对于 CMYK 彩色图像，保证输出的关键色基本准确的校正方法是什么？如何获得报纸的关键色效果及其对应 CMYK 色值的对应关系？

2. 现代色彩管理的基本原理要点是什么？要达到什么效果？三 C 的含义是什么？

3. ICC Profile 的主要构成成分是什么？简述 Profiles 的数据类型及其相应的色空间转换算法。

4. Profile 所包含的四种转换意图和六种转换数据的含义是什么？

5. 简述绝对比色和相对比色的区别，各举一个使用例子。

6. 简述使用 ProfileMaker 生成扫描仪 Profile 的生成过程。

7. 简述使用 ProfileMaker 生成显示器 Profile 的生成过程。

8. 简述使用 ProfileMaker 生成印刷过程 Profile 的生成过程，数据采集有哪些复杂之处？

9. 简述使用 ProfileEditor 构建色彩管理仿真流程的意义与作用是什么？其基本结构与组成元素有哪些？

10. 设计一个针对印刷流程的 ProfileEditor 过程仿真流程，设定调节点、调节方向、实际生产流程中的 Profile 置换点。

11．ProfileEditor 中对 ICC Profile 的编辑和修改有哪些主要的调节项目？是何含义？

12．简述 Photoshop 色彩管理流程结构和其中包含的色空间及其作用。

13．进入 Photoshop 处理的文件，如果内嵌与系统不同的 Profiles, Photoshop 有几种处理方法？

14．软打样的含义为何？色域警告功能的含义和意义？

15．数码分色的多值性的含义是什么？

16．印刷过程参数型的设备特征中包含哪些参数？如果要重新定制油墨颜色参数和网点增大率，曲线应如何进行？

17．长、中、短调的黑版如何控制生成？有哪些方法和控制参数？长、中、短调的黑版各有何效果和适用性？

18．黑墨替代的优点是什么？但一般情况下为什么都不能进行全部替代？

19．简单总结 PageMaker 色彩管理的主要特点及其控制功能。

第七章 印前常用文件的构成、转换与管理

第一节 常用文件格式及其分类与特点

文件格式是以电子方式保存数据的规定和规范，每一种文件格式都有各自的特点和使用范围。从事电子出版的专业人员必须对这些文件及其特征非常了解，只有这样才能自如而有效地使用各种信息格式文件来进行设计、制作和出版工作。

文件格式按照它的技术特点可以有多种分类方式。

一、按照文件描述的媒体对象的性质分类

1．点阵图像文件格式

点阵图像又称为扫描图像，它是由严格按照行列关系排列的像素阵列构成，在对应的文件中，实际记录了每个像素的位置关系和亮度值，以及总尺寸等几何参数。这种文件格式相对比较简单，常见格式有：

1）TIFF：标签图像文件格式，是一种使用最多的点阵格式，具有很强的通用性和多用性，有几百种不同模板。

2）BMP：Windows 程序中固有的点阵格式，适用于各种以 Windows 为基础的程序。

3）JPEG：一种具有跨平台能力的点阵图像压缩格式。JPEG 作为一种广泛使用的压缩标准，主要用于压缩静态图像，可在一定压缩比内作无损压缩。当压缩比调整到一定大小后，就会变成有损压缩。其最大压缩比可达 100:1。

另外，还有 PNG、GIF、PCX、IFF、Scitex（SCT）等数十种常用的点阵格式，这里就不一一介绍了。

2．矢量图形文件格式

矢量图形又称为面向对象的图形，它是由一组数学公式描述的，其文件格式包容了有关的数学公式、参数及其运算等信息。常见的典型矢量图形文件格式是 DXF，它是 AutoCAD 软件的专用三维矢量纯图形格式。

3．混合文件格式

混合文件格式兼有点阵和矢量描述能力，其文件结构相对比较复杂，但描述能力强。

所有文件格式最终都会演变成混合文件格式。目前混合文件典型的格式有：

1）PostScript（PS）：PostScript 原格式文件，电子印前系统的标准交换格式。详细内容将在后面叙述。

2）EPS：封装的 PostScript 文件格式，同样作为印前系统的标准交换格式，被广泛采用。详细内容将在后面叙述。

3）PDF：将会被广泛使用的跨媒体标准交换格式、详细内容将在后面叙述。

4）AI：EPS 格式的 Adobe Illustrator 软件版本。

5）Windows GDI（Graphical Device Interface，图形设备接口）：Windows 源文件格式，是使用 Windows 系统的图形设备接口的页面描述格式，也是功能强大的混合文件格式。

6）PICT：苹果计算机适用的图像文件格式，兼有点阵和矢量描述能力，其基础是苹果计算机的 QuickDraw 图形描述语言，它也是苹果操作系统剪贴板的标准文件格式。

7）WMF：Windows 环境下使用的图像文件格式，也是窗口环境中剪贴板的标准文件格式。

与点阵格式一样，混合格式还有许多种类，这里不再一一叙述了。

二、按照文件通用性分类

1．应用软件专用格式

专用格式的最大优点是能够以最优化的结构和格式描述该软件所产生的所有信息。每种专业应用软件都有用于表现其操作对象的特殊数据结构和操作命令。例如，PSD 专用格式可以保存 Photoshop 所产生的层、路径、选区、通道和蒙版这类特征信息。用其他格式或转换成其他格式都无法保留以上信息。另外，组版软件必须带有描述页面中各种对象的相互位置关系的信息和结构，而三维图形软件中则必须带有大量的立体结构的数据描述信息等。因此，为了完美地保存操作对象的信息，每种专用软件都设计有自己的特殊保存格式。所以无论是平面设计软件，还是三维图形或者是视频动画软件等，都带有系统默认的专用文件格式，并可以直接打开和保存。其他软件若需要打开和保存，就需要调用特殊的转换软件才能完成。并且在这种转换过程中，由于再现环境的不同，会丢失许多原文件中所具有的特殊信息。例如，如果将 AutoCAD 中建立的立体图形用 PS 平面图形的文件格式保存，而不是用它的专用 DXF 格式，那么如果再将 PS 格式转换成 PSD 格式，并重新在 AutoCAD 中打开，就会发现原来的立体图形中的三维信息将不复存在。

下面是一些专用软件中的专用文件格式：

Photoshop 的 PSD 格式，CorelDRAW 的 CDR 和 CDX 格式，PageMaker 的 6.0C 格式，AutoCAD 的 DXF 格式，Dersigner 的 DSF 格式等。

2．通用格式

通用格式是指描述能力强，被某一专业领域内的软件广泛认可，并广泛用于传递和交换用途的、通用性较强的文件格式。这些通用格式的形成有两种途径：

一是事实标准，也就是在专业领域内，某种软件取得了领导地位，因此它的“专用格式”就成为通用格式，其他软件都必须能够准确地解读和保存这种格式。目前广泛使用的许

多通用性较好的文件格式都是这样产生的，如 PostScript 语言为基础的系列文件格式等。

二是由国际标准化组织按不同类型和用途制定的文件格式标准，这种格式往往也是对某种软件的专用格式的认可和改进而产生的。

目前，印前系统普遍使用的通用交换格式是 TIFF、JPEG 图像格式，PS、EPS、DCS、PDF 等页面描述格式，大部分专业软件都可以处理这些格式。通用格式的存在给文件交换带来了很大的方便。下面重点讨论在印前处理的文件交换和输出中的标准交换文件格式 PS、EPS、DCS、PDF。

第二节　PostScript 页面描述语言

一、页面描述语言

页面描述语言是指制作的电子页面的描述语言。如果将它的概念推广，可以认为任何一种信息记录格式，也就是文件格式都可以是一种广义的“页面”描述语言，只是这种“页面”不是用于电子出版。页面描述语言在其语言系统的构成上有两种基本的语法结构：一是命令型和程序设计型，二是线性结构和非线性结构。下面分别介绍两种结构的特点。

1. 命令型语言结构和程序设计型语言结构

命令型语言结构是比较老的一种页面描述方式，其特点是对页面的每种描述，包括从每种几何图形到对文字的字体、字型和字号以及页面的特殊安排，对其中的每一个操作都需要设计一个专门的命令来完成。这种结构的语言特别适合小型简单的页面描述，命令也不会太多，在早期简单的办公打印系统中广泛采用。如 DOS 版本的 WPS 和早期专业的北大方正排版软件都是采用这种自己设计的基于命令型的页面描述格式保存输出文件。这种类型的语言结构的最大弱点是它的扩展性和灵活性较差，对于任何一个扩展的页面描述功能都需要设计新的命令。随着页面描述的复杂程度不断提高，它的版本越来越多，命令集也越来越大，所以当它描述的页面复杂程度超过一定限度时，这种语言结构就只有被淘汰了。

这种类型语言最有代表性的是著名打印机生产厂商惠普公司为其打印机输出系统设计的页面描述语言 PCL，它有七八种扩展的版本，目前仍被广泛采用。只是它的后期版本已经带有了程序设计的语言结构。

程序设计型语言结构的特点是使用小而精的基本描述命令，并用程序设计的方式用基本命令的有机组合完成对大型对象的描述。也就是一个大型的描述对象不用专门的命令描述，而是用一个包含基本元素描述命令的“程序”描述。它的使用特点和命令型的使用特点相反，越是复杂大型的描述系统，这种结构的性能就显得越优越。这其中包括描述能力、文件精炼程度和灵活性等。这类语言的典型代表就是 PostScript 页面描述语言。

无论是哪种类型的页面描述语言，只要它足够正规，并具有 ASCII 编码的保存格式，就能和算法语言一样用手工编程方法完成对一个页面的描述。例如，PLC 和 PostScript。另一种形成页面描述的方法是页面生成应用软件，按照用户的操作自动生成描述文件，实际上也是绝大部分页面描述的生成方式。这时可以将应用程序看成是用使用图形交互界面及其操作完成页面描述编程的“编程器”。

2．线性结构和非线性结构

页面描述语言中的一个重要功能是描述页面上的对象之间相互关联的能力，这种能力越强，这种语言在表述页面信息时就越灵活。目前的页面描述语言可以分成线性结构和非线性结构两大类。

线性结构的基本特点是描述以页面为单位，页面上的对象按先后顺序叠加罗列，并形成最终页面的“最上层的表现特征”的显示外观。而页面和页面之间按前后顺序的线性结构排列，这就类似于书本的以页面为基础的信息组织结构。这种结构完全可以满足作为印刷前端处理的电子出版的功能要求。它的典型代表是 PostScript。

非线性结构的代表是超文本页面描述语言 HTML，它是目前以 3W 为代表的网络电子出版的页面描述语言标准。这种页面描述的特点是无论页面如何，描述对象之间通过超链接的关系描述形成对象和对象之间的转向和调用关系。这样所有的描述内容之间就可以形成一种超越页面线性浏览关系的、内容之间的非线性浏览关系。这种结构给页面描述带来了极大的灵活性，特别适合于通过计算机显示器浏览内容的新型阅读方式。同时这种结构灵活的链接关系可以形成完整的数据结构模型，形成更复杂的描述方式，如数据库支持等。如图 7-2-1 所示就是这种结构的示意图。

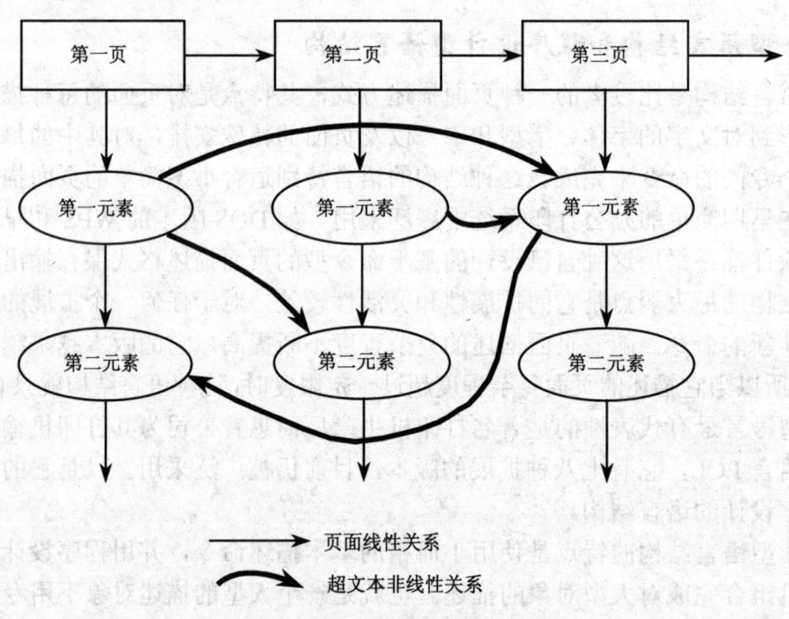

图 7-2-1　非线性语言结构

PostScript 是页面成像模型，不是内容数据模型。它不适用于数据库应用软件，不具备描述自身数据结构的能力。以 PostScript 格式存储文档，也会给以后转换成其他传输文档（如 HTML 超文本的非线性结构文档）带来麻烦。

以 HTML 为代表的非线性描述却具有描述数据结构的能力，而且 HTML 出版物仍然可以存储成 PostScript 形式的格式。HTML 用于可操作形式的文档，而 PostScript 用于表现

可再现形式的文档。

PostScript 和 HTML 分别是线性复杂页面的描述结构和非线性简单页面操作结构的典型代表。目前，随着页面描述要求的发展，一种新型的页面描述语言 PDF 正在逐步为用户采用，它集 PostScript 的复杂页面描述优势和 HTML 的非线性操作结构于一体，将会成为继 PostScript 之后出版打印类新的页面描述标准，同时，它也作为电子传输并在远距离进行网络阅读的电子出版的重要的文件标准。如图 7-2-2 所示，反映了不同类型语言的页面描述能力、可移植性和非线性操作能力的坐标关系。

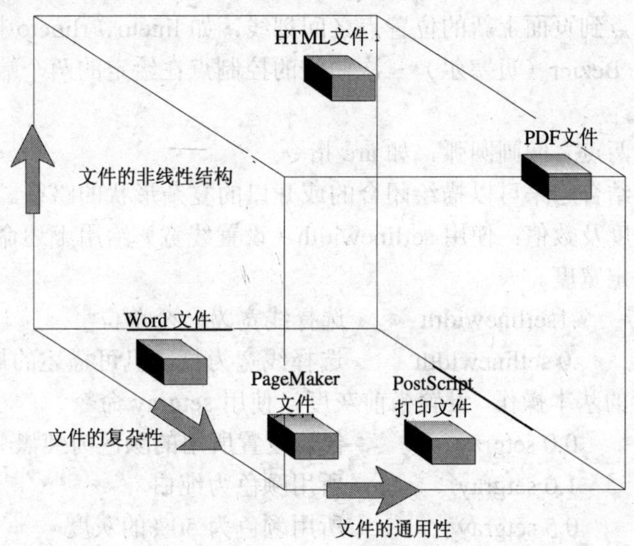

图 7-2-2　各种常用语言的描述能力、通用性和非线性操作能力坐标关系

下面就页面描述的基础标准作解析性的论述，因为它的页面描述方法和内容是 PS、EPS、DCS，特别是 PDF 平面多媒体通用文件格式的基本描述方式（即 PDF 继承于 PostScript）。而对于 HTML，由于其语言简单在这里就不专门介绍了。

二、PostScript 页面描述语言

PostScript 语言可以描述一系列的像素图像、矢量图形、文字及其这些对象之间的相互关系，而且这种描述是与设备无关的。自从 Adobe 公司（Photoshop 的创作者）开发出这种用于打印输出的信息交换文件格式及其这种语言的解释器后，随着这种语言的普及和完善，逐渐发展成为彩色桌面出版系统的标准输出打印文件格式，从而解决了数字打样、激光照排等输出设备和印前制作系统之间的信息传递标准化问题。

PostScript 语言之所以会成为一种标准的描述格式，其主要原因之一就是它的描述能力较强，语言结构简单。下面简单叙述这种语言的结构和特点。

1．PostScript 的页面描述模式

每个页面均为长方形，尺寸任意。默认的坐标系是页面左下角为坐标原点，坐标度量单位为 1/72in。一张标准的 8in×11in 的页面为 792 个单位高和 612 个单位宽。PostScript

的坐标系统可以平移或旋转，原点可置于任意点。在 PostScript 页面上的信息是按照先后顺序“叠放”在一起的一系列图形对象。所有这些 PostScript 图形对象都是不透明的。在页面上，首先描述的对象会被后面叠加上去的对象所遮盖。

2．PostScript 图形对象的组成

矢量图形对象是通过描绘轮廓和对内部进行填充来进行如下表述的：

（1）轮廓线的描绘包括以下基本操作

移动：把给定的点移动到页面上指定的位置，如 moveto、rmoveto 指令。

连线：在给定点到页面上新的位置点之间划线，如 lineto、rlineto 指令。

画曲线：使用 Bezier（贝塞尔）三次曲线的控制点在给定的两个端点之间画曲线，如 curveto 指令。

画弧：在上述两点之间画圆弧，如 arc 指令。

以上这些操作结合起来可以描绘闭合的或开口的复杂形状的路径。

定义轮廓的宽度及数值：使用 setlinewidth（设置线宽）给用上述命令构成的路径所形成的物体轮廓线设定宽度。

例如：	.1setlinewidth	选择线宽为一个单位
	.0 setlinewidth	选择线宽为打印机可描述的最细宽度

（2）填充设置的基本操作　设置当前灰度：使用 setgray 命令。

例如：	0.0 setgray	代表设置所用的颜色为纯黑
	1.0 setgray	所用颜色为纯白
	0.5 setgray	所用颜色为 50%的灰度

设置当前色彩：允许将颜色设置到指定的 RGB 或 CMYK。使用 setRGB 和 setCMYK 命令。

填充区域：就是用当前颜色填充当前路径所构成的区域，如 fill 命令。

填充路径：就是用当前颜色及线宽画当前路径，如 stroke 命令。

（3）PostScript 图像对象　PostScript 像素图像对象的描述方法是首先描述图像的长方形边界，然后在边界内填充图像数据来完成。如果图像在二值输出设备上输出，如激光印字机或者胶印机，则应确定加网线数、加网角度以及网点形状等参数。这些参数的设置在 PostScript 语言中都有相应的命令。另一个重要的特性是图像可以在页面上剪裁为所需的任何形状，并生成任何蒙版效果。

（4）PostScript 的文字描述　PostScript 对文字的处理和字处理软件十分相似。为了在页面上排列文字，应先确定字体及其尺寸。可使用 findfont（字体），scalefont（字号）和 setfont（设置有效）等命令来完成。下述一系列的命令用来确定 24 点的 Helvetica 作为给定的字体：

/ Helvetica findfont	确定使用何种字体
24 scalefont	确定使用何种字号
setfont	设置有效

字体随后可以定义到页面上的任何位置以构成页面上的文本或是文字图形。由于文本或文字图形可以和其他对象一样处理，因而可以缩放或旋转，以产生更为广泛的图形效果。

PostScript 强有力的功能之一就是可以非常精确地描述所有复杂的字体与其他页面元素的组合，实现了真正的图文合一。因为，在这里文字被认为是一种特殊的图形。

PostScript 语言所构成的文件使用纯文本和二进制两种方式对页面进行描述语言、编码。而对于纯文本编码存储的 PostScript 文件则可以使用文字处理器打开，并修改它（如果能读懂 PostScript 语言的话）。而许多应用软件则可以被形象地看成是使用可视化图形界面和图形化操作的“PostScript 页面描述语言编程器”。

下面以一个简单的 PostScript 文件，说明它的程序涵义及其对应的页面描述图形。

如图 7-2-3 所示是下面的一段 PostScript 语句所描述的图形的形状，它是一个由并列矩形线框构成的，其中分别用不同的灰度进行了填充。

图 7-2-3　PS 程序描述的原图

```
% PS
newpath
210 360 moveto       % 创建左边的矩形
210 407 lineto
230 407 lineto
230 360 lineto
closepath
gsave
. 80 setgray         % 给左边的矩形填充灰度
fill
grestore
0 setgray
1 setlinewidth
stroke
230 360 moveto       % 创建右边的矩形
230 407 lineto
250 407 lineto
250 360 lineto
closepath
gsave
. 50 setgray         % 给右边的矩形填充灰度
fill
grestore
0 setgray
1 setlinewidth
stroke
```

```
}repeat
/Time-Arial        % 设置文字的字形、字号、内容与起始坐标位置
findfont
24 scalefont
setfont
210 450 moveto
（Example）
show               % 显示图形
showpage           % 显示 PS 页面
```

3. PostScript 页面描述语言的弱点与发展

PostScript 页面描述的主要弱点有两个方面：

1）PostScript 页面描述在结构上存在缺陷。从前面的例子可以看出，整个文件从头到尾是按线性结构在页面上堆放一系列的图形对象。因此，在文件从头至尾被完全处理之前，处理者无法确切知道文件的内容。这就好比一本书在没有从头到尾仔细看过之前就无法完整地知道所有的内容一样，因为书籍的内容也是按线性结构排列的。特别是由于没有限制在一个 PostScript 页面上处理对象的数量，因此很困难，甚至不可能在一个很长的 PostScript 文件中确定一页的结束和另一页的开始，因此也就无法预计处理某一个单独页面的时间。但一般说来，包含较少对象的页面耗时较短，而包含较多对象的页面耗时较长。这也就是为什么又发展了 PS 格式的衍生格式 EPS、DCS 的原因。

2）PostScript 的设备依赖性。一般认为，PostScript 是独立于输出设备的。许多打印机、数码打样机、激光照排机、CTP 系统，都可直接处理 PostScript 文件，并得到和该设备质量相当的输出效果。一些无意义的信息（例如，RGB 色彩不可能在单色打印机上处理）会自动失效。然而，在 PostScript 打印文件中，往往会包含许多只是和特定输出设备有关的信息。这些信息是从打印机驱动程序中的 PostScript Printer Description（PPD）参数文件中抽取出来，添加到要传给这个输出设备的 PostScript 打印文件中。PPD 可以包含页面尺寸、打印区域、纸张的两面性和打印分辨率及其媒体种类等信息。一个已经包含了从 PPD 中抽取信息的 PostScript 输出文件，就不便于移植到其他设备上使用了。

尽管 PostScript 长期以来是印前出版的核心技术，但现在的印前正在朝着采用 Acrobat PDF 作为标准成像语言的方向发展。然而，历史悠久的 PostScript 语言仍然还有顽强的生命力，这是因为 Adobe 公司最初是把 PDF 功能特性设计在 PostScript 语言基础上的。PostScript 语言知识对理解 Acrobat PDF 如何工作仍然很有帮助。即使到了大多数成像设备能够阅读 PDF 文件的程度，PDF 仍旧需要将文件解释（一般是通过打印机或成像设备的驱动程序）成为 PostScript 文件。显而易见，PostScript 是不会过时的。

三、EPS 和 DCS 格式的特点

1. EPS 格式

EPS 格式是“扩展”的 PS 文件，它主要是针对 PS 格式文件的缺点与使用局限性所作

出的一种衍生的PS。主要有两个特点：

1）切断了PS文件中页面之间的交叉联系描述，可以形成对单独页面的独立的PS描述，也就是它不再以页面关联为约束条件了。实际上它可以对页面中的某一个局部页面区域单独制作尺寸任意的EPS文件封装。而这种局部的EPS又可以再次被嵌套到其他的PS页面描述中去。同时，这种EPS也可以单独进行打印输出（当然是PS打印机的解释性输出，而不是下述的代表像输出）。

2）EPS另一个特点是克服了PS文件无法预视的缺陷，增加了一个低分辨率的EPS文件代表像的功能。这样就可以在对这个EPS文件进行重新拼版等加工过程中看到其实际效果。

2. DCS格式

DCS格式是PS文件的CMYK分色版本，它主要是为了方便对PS文件分色输出时进行文件的控制和管理。它将一个PS文件变为五个分文件，以便输出分色版时能够有效的管理。关于DCS格式的详细使用特点在本章第四节的图像代换技术中有详细论述，这里不再赘述。

第三节　PDF文件的功能与特点

一、PDF的跨媒体特征

1. 跨媒体的概念与特点

跨媒体出版的基本任务可归纳为：数据文件的处理、使用和存储能适应任何种类的输出。这个基本任务也可作为跨媒体概念的定义来使用。

跨媒体出版要求设计和制作完成后，作业结果能用于多种出版目的，即一次制作，多次使用。跨媒体出版还要求制作内容具有能够针对不同出版方式输出不同的“版型”，如印刷媒体版本、网络发布版本等。

跨媒体出版要求用户设计好的内容具备如下基本特点：

（1）内容的适应性处理特征　内容在制作好后需进行完稿处理。电子出版系统的面世降低了对操作人员的专业知识要求，从事出版物内容制作的人越来越多，但在制作和完稿间存在明显差异这一问题上，许多人有误解。设计和制作只是完成传播内容的前期工作，在此期间或许没有必要顾及内容的使用目标和记录介质，但因此而忽略了完稿的重要性是不应该的。设计和制作完成后，应针对特定的传播方法，并根据将要使用的记录技术和记录介质作针对性的处理，这一过程称为完稿。跨媒体概念提出后，完稿变得更重要了。

以用于印刷作业的制作内容为例，页面内容完成后，应该具有针对纸张、油墨、印刷机、特定印刷工艺等方面的适应性处理。例如，当前页面在其他颜色空间转换到CMYK颜色空间（这一过程在数字印前工艺中也称为分色）时，为补偿印刷机和印版精度不够而产

生套印不准，就需要对页面内容作陷印处理。又如，针对印刷品的质量要求和复制要求需选择不同的加网参数，在有关页面上加咬口标记，裁剪标记、信号条等以利印版安装、裁切和控制印刷质量等。

（2）修改　客户要求可能有改变。此外，设计和制作好的内容不可能没有错误。例如，文字输入时产生的错误，图形表达上的错误等。为此，跨媒体出版要求制作好的内容在输出前能进行编辑和纠错处理，以降低损失，为跨媒体出版创造良好条件。

（3）数据格式转换　对采用数字设备和数字技术的出版物内容制作流程时，出版方式不同，对数字文件格式也有不同的要求，这取决于出版物的记录介质特性和传播方式。因此，内容制作完成后应该按需要进行数据格式转换。例如，用于印刷出版的文件转换为PostScript、EPS或PDF格式，用于网络出版的文件转为HTML格式等。

2. PDF文件的跨媒体特性及其生成特点

PDF是能够满足跨媒体出版要求的新型通用文件。从对跨媒体的基本要求出发，跨媒体的有效执行只靠传统的输出技术是不够的，它需要新的输出技术，例如，Adobe公司在PostScript Level3和PDF技术基础上开发成功的 SUPRA结构。PDF格式既植根于PostScript技术，继承了该技术的所有优点，又考虑了电子出版的需要和技术特点。此外，在PDF中还集成了显示PostScript技术，以求打样和印刷输出的效果与显示器显示的效果一致。

Adobe把PDF档案的主要用途分三种方式：

1）下载。即文档从在线资源中下载时以PDF格式下载。

2）分发。文档以CD方式分发。

3）直接输出到输出设备。即把PDF文档直接传送到喷墨、激光打印机和CTP、CFP、数码印刷机上。

上述三种用途应用在PostScript和PDF生成时要根据不同的应用作出不同的设置选项，比如分辨率、色空间选取和内置字体等设置。用于印刷的PDF文档必须正确无误，而且应用于出版和印刷行业的PDF文档比在线浏览应用在PDF文档要复杂而且大得多。

PDF的产生可以总结为以下几种方式：

1）使用Acrobat Distiller，这是PDF文件生成的主要方法。

2）在不同的应用软件中直接生成PDF文件，其本质仍然是使用捆绑在应用程序中的Acrobat Distiller做后台运行。

3）如果用户系统上安装了Acrobat 5.0或6.0，就可以使用能嵌入到Microsoft Word、Excel等软件中的PDF Maker将当前文档转换为PDF格式。

用Acrobat Distiller软件生成PDF文档，通常是用以下两个显式或隐含的操作完成：

1）生成PostScript文档，这是所有桌面应用软件均支持的功能。

2）把PostScript文档“蒸馏”（也有称“浓缩”或“精炼”的）成PDF文档。

Acrobat Distiller有四种标准的PDF生成设定，有显示器用、电子书用、打印机用和印刷用等。对于生成印刷用途的PDF文档，如果使用标准设定时，一定要选择印刷用的设定。在许多流程中，只使用预设的印刷设定是不够的，需要另外再做其他手动设定，使产生的PDF文件能制作高品质的印刷品。这些设定包括产生的PDF文件的版本（1.2，1.3或是1.5）、图像和文字的压缩率、嵌入的色彩管理信息，甚至是JDF工作传

票的信息、OPI的设定等。然后就可以用它们输出到PostScript Level2或PostScript Level3的激光照排机和CTP上。

用于电子出版和网络出版的PDF文档做生成处理时，其多媒体特征表现在多个方面，下面介绍一些主要的标志性特征：

（1）压缩技术（对电子出版和网络出版是必要的） PDF采用了符合工业标准的压缩算法，例如，JPEG、LZW、CCITTGroup3、CCITTGroup4、Flate和行程长度编码等，甚至可以压缩嵌入的音频数据等。用户在利用Distiller生成PDF文件时，可以针对页面上的不同对象指定采用不同的压缩方法，从而保证了PDF文件总是轻巧灵活和便于移植。PDF对文件存储量要求的降低反映了它既适合刻录在光盘上，也适合通过网络传送。

（2）超文本链接功能　PDF支持超文本和超媒体链接，页面上的某一对象可按需要链接到另一个对象上。超文本链接是多媒体电子出版物的基本特征之一，因此是衡量PDF是否具有电子出版功能的主要指标。超文本链接或超媒体链接保证了PDF文件在计算机显示器上显示时可采用非线性方法阅读，使用者只要点击带超文本链接或超媒体链接标记的文字或其他对象就能访问相关内容，并能随时返回原处。

（3）对象描述与设备无关　每个PDF文件均采用与设备无关的方法描述。这样，每个PDF文件就可以在不同的计算机平台（PC机、MAC机）和不同的计算机操作系统（例如，Windows、Mac OS和Linux操作系统）上显示，且显示结果是一致的，这也是对电子出版的基本要求。

（4）书签和注解　可以在PDF文件中加书签、注解和批注等，这为在计算机显示器上阅读PDF的使用者提供了方便，意味着读者可随时停止阅读，在需要时又可以及时返回原处。此外，读者也能随时了解与当前阅读内容相关的信息，并及时记录阅读心得。

（5）与分辨率无关　页面内容的分辨率与设备无关，即无论是图形、文字还是图像，在描述它们的时候无需考虑分辨率，只有当输出时才需要确定。这一特点为电子出版和网络出版提供了支持，意味着PDF文件可以在任何显示设备上输出。

（6）对多媒体内容的支持　支持在页面中置入音频、视频和动画等多媒体对象，且多媒体对象也可采用合理的压缩算法压缩。因此，PDF格式同样适用于多媒体电子出版物，而不局限于传统印刷出版物。PDF可以将多媒体对象嵌入文档，也可以不嵌入文档而建立指向多媒体素材源文件的URL（Uniform Resource Location，统一资源定位符）链接。此时，当读者要播放多媒体对象时，才启动多媒体应用程序调用多媒体素材播放。

（7）鼠标事件　PDF文档格式支持对鼠标事件的反应，当电子出版物或网络出版物的读者在鼠标上产生一个动作时，PDF技术的应用软件就截获该动作表示的事件，并启动与多媒体素材有链接关系的、适合于该多媒体素材的软件播放器来播放PDF中的多媒体内容。

（8）PDF文档的阅读　为了推广PDF文档格式，Adobe公司采用了合理的策略，该公司向PDF文档的使用者免费提供PDF文档阅读软件Acrobat Reader，使用者可通过互联网从该公司的Web站点上下载该软件的最新版本。使用时，读者可直接在显示器上阅读PDF文件，需要时还可以通过计算机连接的普通的台式打印机上将PDF文件打印出来，而无需使用昂贵的PostScript输出系统。

二、PDF 的印前特征与应用

对 PDF 的理解，可以从 PDF 与 PostScript 的区别与联系入手。PDF 是一种文档格式，不是页面描述语言，尽管它也描述对象，但由于不存在编程结构，因而页面与页面是不相关的。因此，经过生成 PDF 文件的应用程序 Acrobat Distille 对 PS 文件的“蒸馏”后，页面与页面的相关性被切断。由此可见，PDF 的页面描述的不相关特性使它具备了符合跨媒体出版的基础功能，无需额外的处理，就能用于印刷出版、电子出版或网络出版。

注意：上面所述的页面描述的不相关特性与超文本、超媒体的连接是两个概念，PS 文件的页面关联是指由于 PostScript 程序对不同页面的程序结构的关联性，这种关联使得如有 100 个页面的 PS 文件是一个整体，无法单独提出一个页面来修改，因为可能其中包含了一个会影响 100 个页面的整体编程结构。而超链接只是供翻页或调用资源的指针描述。

1．PDF 的印刷出版功能

下面列出 PDF 格式对印刷工艺的一些主要的描述支持：

1）PDF 与 PostScript 一样，采用与印刷工艺相似的方法（模板着色）产生对象，这是 PDF 最根本的属性。

2）从 1.2 版本开始，PDF 开始支持 CMYK 颜色空间，这些颜色空间是为实现印刷复制所必需的。

3）每一个 PostScript 文件或 EPS 文件总是与页面有关的，这是以 PS 或 EPS 文件为基础的工作流程经常产生极限检验出错或溢出错误的主要原因，但当 PS 文件或 EPS 文件转换成了 PDF 文件后（被 Acrobat Distiller“蒸馏”），页面的相关性被切断，可保证每一个 PDF 页面能稳定地输出。

4）支持开放印前界面 OPI（Open Prepress interface），以实现高分辨率图像代换，这是因为用于印刷目的的数字图像通常有较高的空间分辨率和色调分辨率，因而图像文件的存储量相当大，为了减轻“搬运”的负担，需要在排版时采用低分辨率的代表像，到输出时才代换为高分辨率图像。

5）支持复合字体技术，出版物中所有需要的字体均能在页面上表示出来。

6）支持陷印（补漏白），以解决现有印刷设备因套印不准而可能在对象边缘出现“露白”。

7）内置数字加网算法，从而允许针对不同的出版要求和印刷质量指定网点形态、加网线数和加网角度等参数。

8）支持裁剪路径，从而可以将印前处理软件中输出的裁剪路径用作文字绕排或图像裁切的边界。

9）支持分色颜色空间，以利于实现从其他图像模式到 CMYK 模式的转换。

10）提供在某些页面上放置咬口标志、裁剪标记、信号条或灰梯尺等，这有利于印刷前的印版安装、检查套印精度和检查印刷品质量等操作。

2．PDF 印前格式的特点

PDF 文件格式已经被印刷业接受，并广泛应用在生产中。在 PDF 工作流程中，大家会

看到 PDF / X，PDF / X－1，PDF / X－1a，PDF / X－3 等多种文件标准，这些文件标准各代表什么含义？有什么不同？如何正确地进行使用等，下面将进行介绍。

PDF 文件格式具有跨平台的特性，作为印前领域通用的、便捷的文件格式，PDF 文件应该安全可靠，并且应该包括对专业的制版和印刷生产的有效控制信息，如陷印、拼入版、分色等。

但是，PDF 文件并非仅仅应用于印刷领域，不同用途的 PDF 文件可能包含不同的信息。例如，某些用于网络传递信息的 PDF 文件，可能采用 RGB 的方式记录色彩；有的 PDF 文件不嵌入字体，而采用下载为位图的方式等。如果印前工作者所得到的 PDF 文件出现此类情况，则输出就会产生错误，或不能进行正常的输出。PDF 文件的多样性给专业的印前工作者带来了许多的麻烦，在实际生产领域中经常会出现以下情况：设计人员将设计后的文件打包成 PDF 并转交给输出中心，希望将该文件进行高精度的印刷复制。在此过程中，如果输出中心将该文件不作任何检查就进行输出与印刷，则最终的印刷结果可能出现字体、色彩、精度出错的情况，甚至不能输出。

为了解决此类情况，某些系统集成商或印前公司会让客户采用 1－bit Tiff 文件来进行定稿。1-bit Tiff 文件是一种 RIP 解释后的光栅位图文件格式，称为电子胶片，包含分色、加网等信息。1-bit Tiff 文件格式虽然可保证使用人员准确的进行印刷输出，但是与 PDF 文件相比较，在使用时存在一些不便。如 1-bit Tiff 文件是以点阵方式记录信息的文件格式，文件的数据量十分大；很难进行数据的压缩；也不能通过常用的应用软件（如 PageMaker、Photoshop 等）产生。相反，PDF 文件中可同时包含点阵与矢量信息，数据量要小许多，可以进行压缩，并可以由多种应用程序生成。

综上所述，PDF 文件具有的优越性使得众多印前集成厂家把基于 PDF 的工作流程作为发展的方向，但又要避免 PDF 文件的多样性给印前带来的麻烦。PDF / X 文件格式正是为解决这些问题而制定的标准。

3．PDF / X 各版本的基本功能

PDF / X 文件格式是由 PDF 文件格式演化而来的，它比 PDF 文件格式更加完善，而且该格式是印刷系统专用的标准格式。PDF / X 为印刷流程提供了一种标准的 PDF 文件格式，印前制作人员或设计师在完成文件制作时，将文件保存为 PDF 格式时只要选择 PDF / X 文件标准，就可得到符合印刷标准的 PDF/X 文件。

（1）PDF / X－1　PDF / X 文件格式是由美国标准委员会（ANSI）与印刷技术标准委员会（CGATS）应报业出版与广告商的要求而发展起来的。在此基础上，CGATS 推出了 PDF / X－1 的文件，该文件格式以 PDF 文件格式为基础，仅对 PDF 文件的内容进行了限定，如不支持 RGB 图像、注解或其他一些可能影响最终分色输出或成品质量的因素。PDF / X－1 文件格式限定了图像所采用的色彩模式只能为 CYMK 模式、灰度模式和专色模式；同时该文件格式还要求所有的字体进行嵌入。如果一个版面文件中含有一幅 RGB 图像，则该版面文件将不允许被保存为 PDF / X－1 的格式，即用户在产生 PDF / X 文件过程中执行软件会自动报错，并终止 PDF / X 文件的生成。

通过对 PDF 文件的限定，PDF / X－1 文件标准可以为印刷者与设计公司提供一个相对封闭的工作流程系统，使其产品在工作流程中得到稳定的输出。通过 PDF / X－1 文件

标准的使用，设计公司可将一个简单的文件轻松而快速地提供给各个不同的印刷出版商，而每一个出版商都能为其印刷出其所期望的印刷品。

PDF / X－1 有三个不同的版本，第一版为 PDF / X－1.1999，该文件版本由 1999 年提出，基于 PDF1.2 专业版，此文件版本不能处理双色调图像。第二版为 PDF / X－1.2001，该版本基于 PDF1.3 专业版。第三版为 PDF / X－1a.2001，该版本禁用 OPI（Open Press Initiative）与文件隐藏技术。

（2）RDF / X－2 和 PDF / X－3　并非所有的印刷生产流程都是一样的，同时各种文件的传送与转换不可能仅仅依据 PDF / X－1 的文件标准进行。包装印刷就与广告书刊出版完全不同。因此 CGATS 又建立了一种新的 PDF / X 的文件标准用于包装印刷领域，即 PDF / X－2。

PDF / X－2 文件同样遵循 PDF 文件标准，但它比 PDF / X－1 文件格式灵活。例如，它并不将文件限制于 CMYK 的图像模式。它同样支持 LAB 色彩模式与 ICC 色彩管理技术，支持 OPI 工作流程，它不要求字体的完全嵌入。同时，由于产生的较晚，PDF / X－2 文件格式是基于 PDF1.4 专业版的文件格式，该专业版支持文件中的透明层效果。因此，PDF / X－2 的文件格式较 PDF / X－1 的文件格式更加灵活与开放。但是使用该文件格式时，需要设计师与输出中心充分交流，以确保尽可能减少输出错误的产生。例如，输出中心应提供所有字体的副本，以便设计部门将所用的字体在完成文件时将其嵌入。

此外，PDF / X 标准还有一个用于输出的重要格式，即 PDF / X－3。PDF / X 一 3 虽然在名称上接近 PDF / X－2，但事实上它与 PDF / X－1 更加近似。PDF / X－3 基于 PDF1.3，其同样是针对书刊出版与广告印刷领域，但它并不与 PDF / X－1 完全相同。该文件标准不仅仅限于 CMYK 与专色色彩空间，它支持 LAB 色彩空间，支持 ICC 彩色管理技术。换言之，PDF / X－3 的文件标准相对 PDF / X－1 更适用于较新的印刷色彩管理工作流程。

如此多的 PDF 文件格式标准，在印刷实际生产领域中到底应该选择哪一个呢？

事实上，在美国如果从事广告发行或书刊出版的印刷工作，通常采用 PDF / X－1a 的文件标准，在欧洲则可能采用 PDF / X－la 或 PDF / X－3。从事商业出版，或包装印刷领域则采用 PDF / X－2 的文件标准。从事数字印刷或者为数字印刷制作稿件的用户，则多采用 PDF / X－3 的文件标准。在欧洲，特别是德国，PDF / X－3 的文件标准在传统印刷和数字印刷领域都得到了大范围的推广。PDF / X 文件标准使我们可以得到安全的供印刷生产的文件。如后面第九章谈到的海德堡印通（Prinergy）输出流程就能支持 PDF / X－3 文件的输出，但是并不是所有的输出系统都支持最新的 PDF / X－3 的文件标准。

三、基于 Acrobat 平台的 PDF / X 印前处理

如今，印刷领域已经渐渐接受 PDF / X 的文件标准，越来越多的印刷者使用 PDF / X 文件进行输出。如前所述，PDF 文件的生成可以通过 Acrobat Distiller、应用软件和嵌入式 PDF Maker 来完成。然而，如果要获得一个 PDF / X 标准的文件，则都是通过 Distiller 或应用软件以直接和后台两种方式来完成。

1．基于 Acrobat 平台的 PDF / X 基本处理功能

作为 Adobe 公司对 PDF 格式的通用支持平台软件，Acrobat 程序是由 Acrobat Distiller、

Acrobat Professional 和一个免费发布的 PDF 文档阅读器 Acrobat Reader 构成的。而 Acrobat Distiller 的功能就是用来完成将 PS、EPS、DCS 这些通用的印前出版输出格式转换成 PDF 标准格式。

Acrobat Distiller 作为创建 PDF 文件的执行软件。在启动 Distiller 后，用户可以看到如图 7-3-1 所示的类似于 RIP 软件的窗口。Adobe 的 CPSI（PostScript 解释器）是它的基础，虽然它不能栅格化，却能创建 PDF 文件。

Acrobat Distiller 这一阶段起的作用非常重要，因为每一个不同软件中的 PostScript 输出程序工作时，都有各自的描述特点。通过 Distiller“蒸馏或精炼”这些按各自风格编写的 PostScript 程序文件后，统一了 PostScript 描述的混乱和页面的复杂关联，并按规范、精炼和安全的风格生成 PDF。

使用如图 7-3-1 所示的缺省设置（Default Settings:）项，Acrobat Distiller 可以将 PostScript 文件转换成各种用途的标准的 PDF 格式，如 PDF/X－1a、PDF/X－3、Standard 等，以用于各种用途。而由 Distiller 生成的 PDF 是比原来的 PostScript 源文件更可信，更稳定。这种经 PDF 格式化的 PostScript 描述与原始的 PostScript 文件描述相比，其稳定性和可靠性更好。

另外，使用时用户必须对 Distiller 软件中如图 7-3-1 右边的对话框中的每一个选项（一般/图像/字体/色彩/高级/PDF/X）都十分熟悉，并正确地对其进行设定，才能得到一个符合 PDF / X 标准的 PDF 文件。在通过 Distiller 软件制作 PDF 文件时，必须对 Distiller 中的作业选项进行正确的指定。例如，应选择“Press”或“Print”的作业选项，其中设定了文件格式的兼容性，输出分辨率，压缩方式，字体的嵌入，色彩管理信息以及其他对印刷流程生产控制具有重要意义的许多选项。

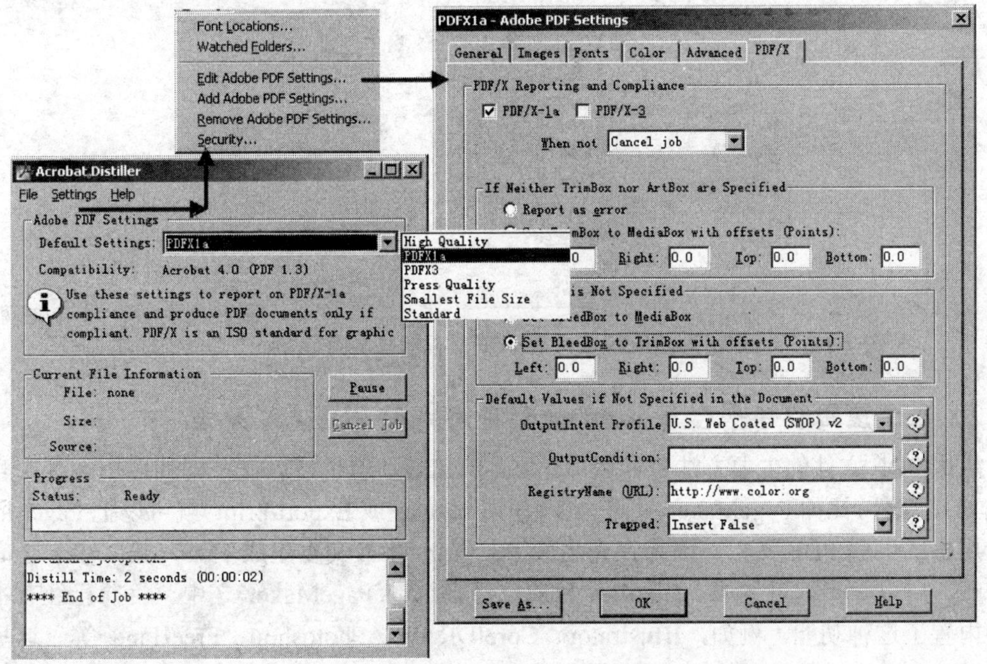

图 7-3-1　Acrobat Distiller 对 PS 文件的蒸馏（精炼）设置界面

Acrobat Professional 作为 Adobe 公司对 PDF 格式的通用支持平台软件，有针对 PDF 文件的生成、编辑修改、多媒体特征设置等强大和完备的功能。而对于基于 PS 和 PDF/X 为特征的 PDF 印前数字化流程，基于 Acrobat Professional 的 PDF 编辑修改是印前处理的专业与非专业系统的基本处理平台。

在 Acrobat Professional 中，能够对所有源于不同应用程序文件格式而转换获得的 PDF 或已经打开的并经“蒸馏器 Distiller”蒸馏的 PS 文件（已经是 PDF 文件了）作如下的基本编辑修改处理：

1）复制和粘贴正文、表格、图形与图像。

2）使用润色正文工具（TouchUP Text）编辑与修改正文。

3）使用润色对象工具（TouchUP Object tool）进行少量的图形与图像的编辑与修改，以方便输出时的小改动。如果改动较大，最好还是返回到生成该文件的应用程序中进行修改。

4）裁剪与旋转页面。

5）摘录、移动、复制、删除页面。

6）合并 PDF 文档。

7）页面编号等。

如图 7-3-2 所示是 Acrobat Professional 中主菜单工具单（Tools）下的进一步编辑功能的选项。

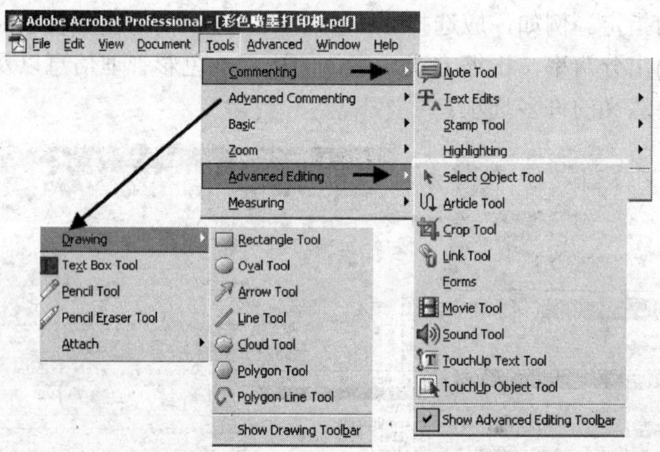

图 7-3-2　Acrobat Professional 中对 PDF 文件的基本编辑与标注功能的选项

2．基于应用程序平台与 Acrobat 插件形式的 PDF / X 处理

生成 PDF 文件的主要方法是利用 Acrobat Dstiller，但也可以在不同的应用软件中直接生成 PDF 文件，比如 PageMaker 只需一步（使用 save as 或 Export/print）就可以把 PageMaker 的专用格式生成 PDF 文档，因为在先生成 PS（第一步）和再生成 PDF（第二步）之间无需停顿，所以一步就可生成。Distiller 目前已经捆绑在 PageMaker 之中。目前已经有不少软件内置了这种功能，例如，IIlustrator、CorelDRAW、Photoshop、FreeHand 等。这里需要强调：此时完成 PDF 文件生成的实质其实还是在使用 Distiller 程序完成 PDF 文件生成，只不过在生成过程中利用后台设置自动打开 Distiller 程序而已。正因为如此，就必须在生

成 PDF 文件前，对 Distiller 的选项正确的加以设定。

除了如上所述的 Acrobat Distiller 和应用程序的 PDF/X 生成平台之外，许多支持 CTP 数字化印前流程的系统都是以 PDF 作为其内部工作文件的，由于采用 Distiller 程序生成 PDF 文件有许多不方便的地方，因此一些软件开发商为生成 PDF/X 文件和进行各类专业的印前 PDF 特殊编辑功能而设计了专用的 PDF 生成器和 Acrobat 插件。例如，将在第十三章中介绍的印能捷 CTP 系统，其中包含有类似于 Acrobat Dstiller 的专用的 PDF 生成器组件（称为 PDF 精炼器），内部含有各种预检功能等，功能十分强大。系统还包括陷印处理、印版补偿、半色调加网等多种功能的 Acrobat 插件，能对 PDF 文件作进一步的加工处理。由它们构成的 PDF 处理通道的生产通过能力与专业性是 Acrobat Distiller 系统所不及的。这些 PDF 处理软件与插件，将与拼大版软件、流程控制软件、RIP 软件组合在一起，构成如印能捷 CTP 系统这样的印前数字化流程的核心部分。

总之，基于 PDF 的数字工作流程已成为印刷工艺的发展趋势，印前工作者只有清楚地认识 PDF 文件格式的各种标准，掌握正确的生成、检测、修改 PDF 文件的方法，才能适应全新的印刷数字工作流程的作业方式。

第四节　文件格式转换与传递管理

文件格式可以分成像素文件、图形文件和混合型文件，各种文件格式之间的相互转换可以归纳成四种基本转换方式，它们分别是点阵到点阵、点阵到矢量、矢量到矢量以及矢量到点阵。下面就这四种方式进行详细的讨论。这将有助于读者深入理解文字、图形、图像的媒体形态进行各类加工时的特点，特别是它们之间进行转换的本质和相互利用时的注意问题。

一、点阵到点阵的文件转换

点阵文件格式的互换是一种相对比较简单和安全的转换。点阵文件是用一种方法组织起来的一大堆像元数据，这种文件在转换时，只要从原来的点阵图中读出像元的数据，换一个新的格式重新写入即可，不同的像素文件格式仅仅是组织像元的方法不同而已。但是，有一些特殊的转换过程需要注意：

1. 点阵文件的压缩问题

一种像素文件往往会有一些存储格式选项，从而形成许多“不同风味”的子格式，其中压缩问题是非常重要的一个“风味”。压缩可按有无失真来分类，如 TIFF 格式中的 LZW 压缩法就是一种无失真的压缩法，无失真压缩一般压缩比较小，但能保证解压后完全还原原始信息。又如 JPEG 文件格式中，使用的 JPEG 压缩法是一种压缩比可调的有失真压缩，如图 7-4-1 所示是在 Photoshop 中以 JPEG 格式存储文件时的选项框，其中图像质量可以设成不同的 8 个级别。级别越低，压缩比越高，图像的还原质量就越差。如图 7-4-2 所示就是对一幅图像（左边）进行中等程度 JPEG 压缩后生成的新图像（右边）。可以看出右边压缩过的图像变得模糊了一些，并呈现块状分布。

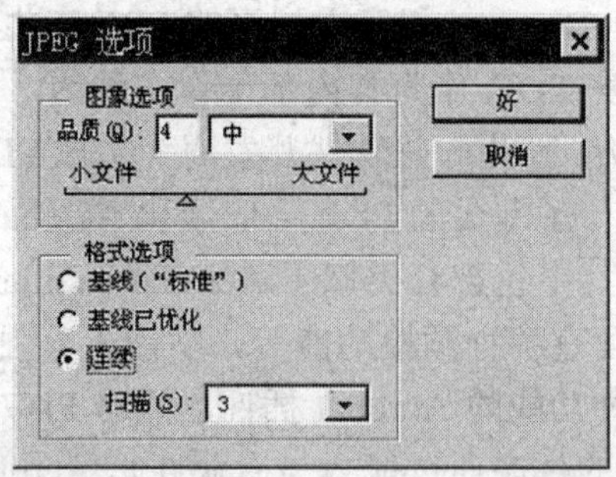

图 7-4-1 Photoshop 中 JPEG 格式存储选项框

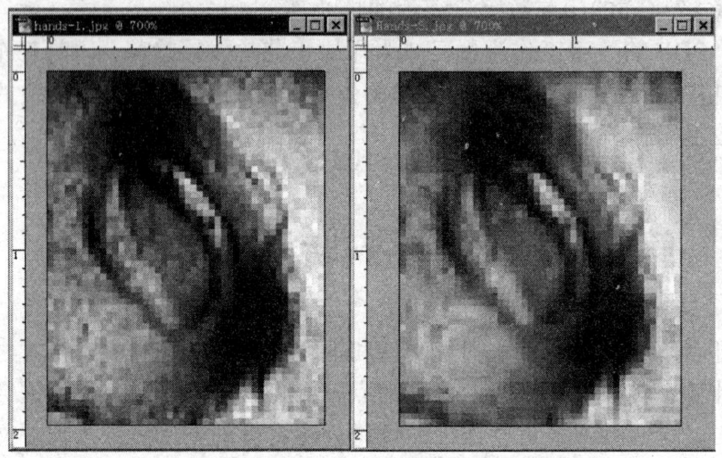

图 7-4-2 JPEG 压缩效果（左边是原图右边是压缩图）

2. 图像的重新采样

在图像处理及其相应的输出控制中，对图像重新采样是一种重要和基本的操作。一个点阵图像文件要包含以下图像参数：图像的长宽尺寸、分辨率和颜色位深。当需要将以上的图像参数进行改变时，例如，在对原始图像文件按照印刷输出的需要对图像的尺寸和分辨率重新调整时，就需要在原有图像信息的基础上，按照一定的算法进行重新采样，从而形成"新的"图像文件。

采样就是在原有像素的基础上消除、加进和改变一些像素，其中的算法有两种：

(1)简单的比例变换，即简单地按照比例复制和消除像元 如图 7-4-3 和图 7-4-4 所示，是点阵图按相同比例和不同比例（即图的高度和宽度方向上按不同的比例改变时）进行抽样放大后的效果。可以看出按不同比例放大时，图像会出现"畸形"。而这种"畸形"情况在对原图像进行非整数倍数的放大时也同样会出现。这些都会使图像的质量变差。

(2) 使用内插法增加和改变像素 增加和改变的像素值可采用从简单的一次线性插值法（由两个相邻像素求平均值以获得中间增加的像素的颜色值）到复杂的三次插值法计算取得。如图 7-4-5 所示是图像按照线性和非线性插值法来创建新的像元的原理效果图。可以看出，插值算法的次数越多，增加像素的颜色过渡越平滑，层次越丰富。如图 7-4-6 所

示是对实际图像进行一次和三次缩减采样以后的不同效果。如图 7-4-7 所示则是对文字进行一次和三次采样后的不同效果。由此看出，采样并不是一个简单的增加像素和减少像素的过程，同时它也是一个仿真原始图像的算法过程，并由于各种算法的不同而产生不同的效果，因此，要善于使用这种技术。

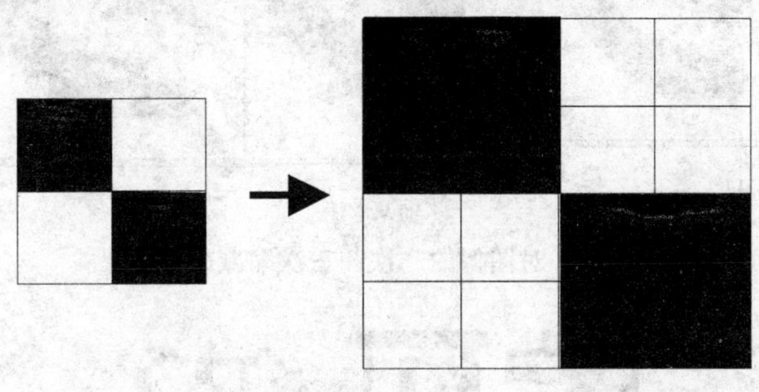

同比例地放大了点阵图

图 7-4-3　同比例抽样放大效果

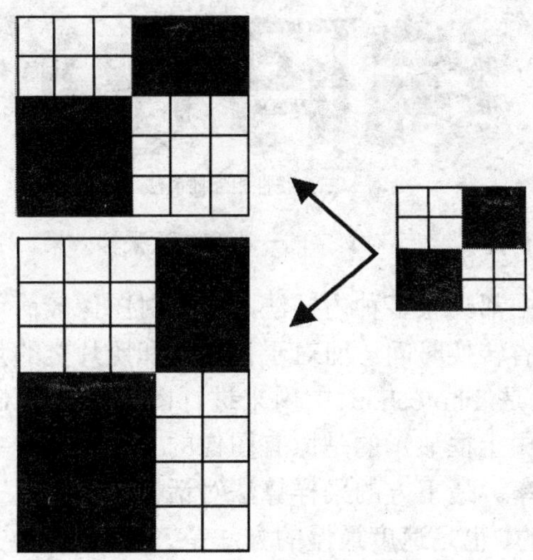

图 7-4-4　不同比例放大效果

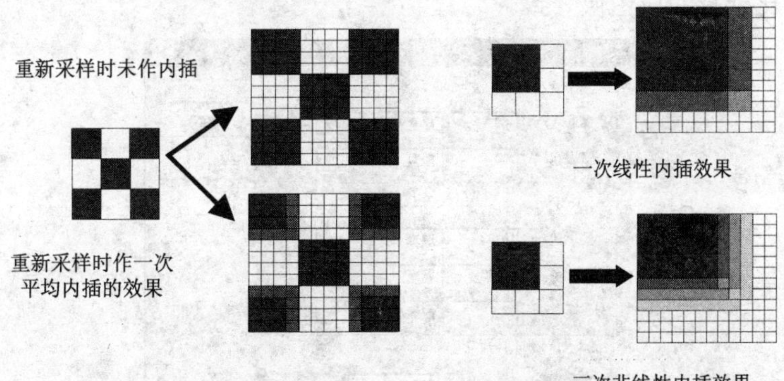

图 7-4-5　线性和非线性插值的原理效果图

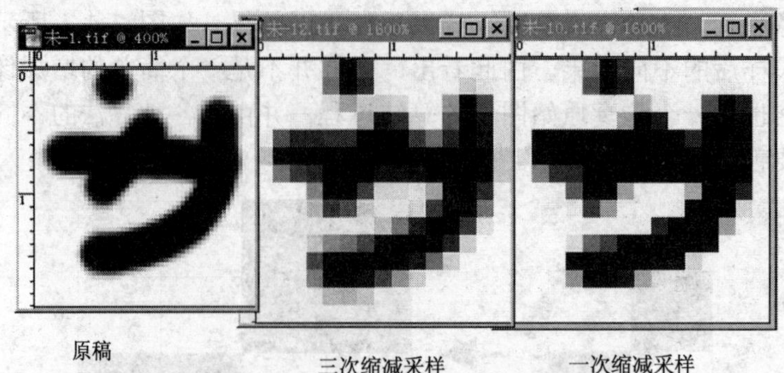

原稿　　三次缩减采样　　一次缩减采样

图 7-4-6　对图像的一次和三次缩减采样效果

一次线性相邻插值法

三次线性相邻插值法

图 7-4-7　对文字的一次和三次采样效果

一般的图像编辑软件中都具有多种内插法，其中对图像较简单的图及文本，一般用线性内插法就够了，也可节省转换时间。而对于扫描图和照片类的点阵图，最好使用三次内插法。如图 7-4-8 所示就是 Photoshop 中用来进行图像采样的对话框（图像>图像大小）（Image>Image Size），其中上框显示的是原有图像的尺寸和分辨率，下方显示重新采样后生成的图像的尺寸和分辨率。最下方的采样算法对话框中提出了三种像素的内插算法以供选择使用，其中质量最高的、也是速度最慢的方法是三次插值法（Bicubic）。图中的 Nearest Neighbor 就是一次线性内插法。保持比例复选框（Constrain Proportions）用来保持采样后新图像的长宽比保持和原图像一致。

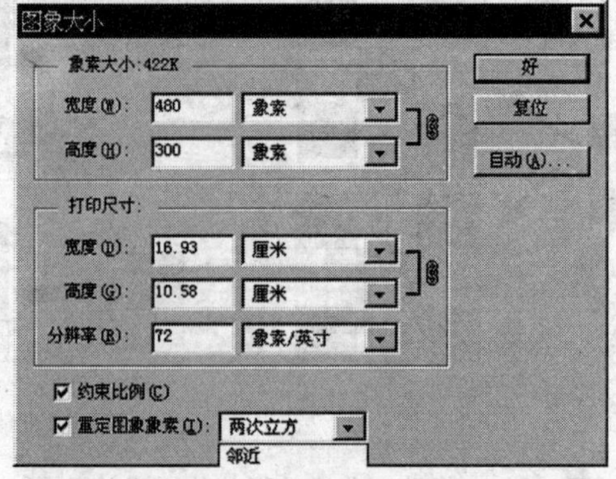

图 7-4-8　Photoshop 图像采样对话框

二、点阵到矢量的文件转换

这种转换使用两种完全不同的方法：

1. 将点阵文件中的像素过渡到矢量文件中的像素

举一个实例：将 TIFF 格式转换成 EPS 格式就属于这种转化。从原理上讲，这种转换比较简单，因为大多数矢量描述语言中都包含对图像像素数据格式的描述和处理命令，如 EPS、PICT、WMF 等矢量文件格式都可直接包容点阵图像的信息。所以在文件格式的转换中，将保持完整的原有像素信息结构。故它类似于点阵文件的互换。因此，同样也会存在信息变化和丢失的问题。这种变化和丢失主要来自矢量格式不能保持原有点阵格式的分辨率、颜色位数等因素。另外，一幅像素图像的矢量文件会大于点阵文件，这是因为矢量文件中都会包含一个低分辨率的点阵预示图的缘故。

2. 跟踪点阵图创建矢量物体

在数字处理领域，这种转化称为矢量化过程。例如，将一个线条工程图扫描生成的点阵文件，再使用矢量化软件转换成矢量格式的文件，以便在矢量绘图软件中进行编辑和修改。这种转换是很专业的，只有在特定需要时才做这种处理。

在 CorelDRAW 中有一个矢量化的组件 CorelTRACE，该程序能自动跟踪一组颜色相同相似的像元，然后建立起相同颜色像元的矢量轮廓线。这样就能用矢量编辑软件进行编辑了。又如许多地图出版软件中就有一个对扫描图像进行矢量化处理的功能，它可以跟踪扫描图像的边界。

三、矢量到矢量的文件转换

矢量格式之间的相互转换问题较多，矢量格式是由对各矢量物体的描述构成的，有直线、曲线、填充及文本等。问题在于不同的格式在描述矢量物体时，甚至对最简单的图形的描述方法都会完全不同。

当一个程序作矢量格式转换时，很像一般的语言翻译，将源矢量文件中的矢量命令所描述的矢量物体，重新用目标矢量文件中的描述命令加以描述，并形成新的矢量文件。然而，这种翻译过程会产生许多毛病。例如，若源文件对物体的描述在目标文件中没有对应的描述命令，程序就会放弃该物体，也许会选用新的矢量命令来模拟原命令中描述的物体。例如，翻译程序读出一个圆的描述，但新的格式中却没有对圆的描述，翻译程序就会设法用许多短折线的多边形来描述这个圆，如图 7-4-9 所示。

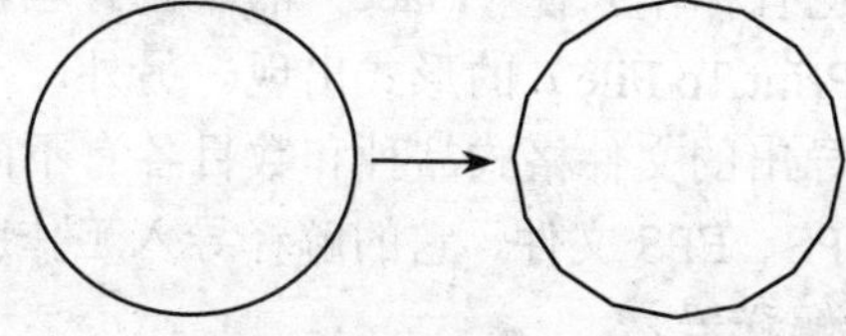

图 7-4-9　将一个圆描述成有许多短边构成的的多边形

无论何时，一种矢量格式转换成另一种矢量格式时，包括同一种软件的高版本图形文件转换成低版本的格式（反之则没有问题）时，总有部分图形改变了，图形越复杂，物体被丢弃或被改变的就越多。唯一的解决办法是使用矢量编辑程序对从其他文件格式转化生成的新矢量文件进行必要的查错、校正和修复。

不同的矢量格式其描述能力的高低是有差别的，在目前的平面矢量描述中，PostScript系列格式是能力最强的。

四、矢量到点阵的文件转换

这种转换就是常说的光栅化处理。这是所有图形图像文件通过显示器、各种打印机和照排机进行输出时必须要做的工作。因为这些输出设备都是使用机器扫描点来描述形状的，所以任何描述格式的文件，在输出前都必须转换成和特定输出设备相关的“机器像素点格式”。这种解释和转换工作的复杂程度和工作量，不仅和矢量物体本身的复杂程度有关，而且还和所需生成的点阵文件的分辨率有关。根据工作量和转换速度的要求，在输出系统中，光栅化处理系统可以是各种形式。例如，简单的打印机驱动程序、专业的软 RIP 形式和高性能的硬 RIP 等。

当然，除了直接用于输出外，也可以将矢量图转换成为点阵图文件，这时应规定好点阵图分辨率，这种分辨率应该和将来需要输出时的输出设备分辨率匹配，具体的计算方法在前面已有论述。

第五节　文件管理与图像代换

一、文件的普通管理

1．文件的打开（Open）与保存（Save、Save as）

这是所有的应用程序必须具有的标准功能，它一般定义的功能是用来完成对本应用程序的专用文件格式的打开和保存之用。

2．文件的导入与导出

在一般的应用程序中，导入和导出是作为文件格式转换器的入口和出口定义的。它用来输入本程序专用格式以外的其他文件格式，或者是将本应用程序的结果保存为其他格式。导入又有置入等叫法，导出也有称作放置（Place）的，在有些软件中还放在打印输出控制项中，并作为打印到文件（Print To File）的形式出现。另外，不同应用程序的文件格式转换功能，也就是可以导入和导出的文件格式品种和数目各有不同。有些“品种”的文件，例如，通用性较强的 TIFF、PS、EPS 文件，它的解释导入工作就十分复杂，翻译器模块很大，故许多软件不带有 EPS 解释器。

3．文件的链接

文件链接是具有组版功能的软件中进行文件管理的一种基本方法。其特点是不将组版

中所调用到的各种文件和对象实体直接全部嵌入组版文件中，而只是将这些文件和对象的放置位置（也就是链接信息）及其代表像保存在组版文件中，文件和对象本身并未移动或拷贝。如果需要输出，就可根据这些链接信息对它们进行直接调用而不管组版文件在何处（只要该位置能够搜索到文件中标示的链接原文件的存放地址即可）。这种管理方式的最大好处就是各种性质的文件仍然各归各处，并且不会有不必要的文件拷贝占用硬盘空间和网络带宽。这对于大型的图形图像组版操作和输出管理是最好的选择。如图 7-5-1 所示是有 PageMaker>文件>链接...下的链接信息框，可以通过此框查看、添加和删除当前组版文件中的链接信息。

文件链接具有多种操作形式。例如，PageMaker 自身带有的默认链接登记管理模式，它可以对导入的所有文件和对象进行管理。又如和具体应用软件无关的 OPI 模式和 DCS 模式的链接管理方式，它们的特点：① 是针对 Postscript 类型的文件 EPS 和 DCS 的链接管理登记方式；② 主要是针对区域网的大型分色图像的管理。

PageMaker 和 CorelDRAW 这类具有组版功能的软件，上述的多种文件链接模式可以同时使用，例如，在 PageMaker 中既可以对普通的文件和对象进行默认链接方式的处理，又可以打开或解除 OPI 或者 DCS 链接方式以管理 EPS 文件和 DCS 分色图像文件。如图 7-5-1 所示，是对 OPI 或者 DCS 链接方式的开关按钮。有关 OPI 和 DCS 管理模式在下面还有论述。

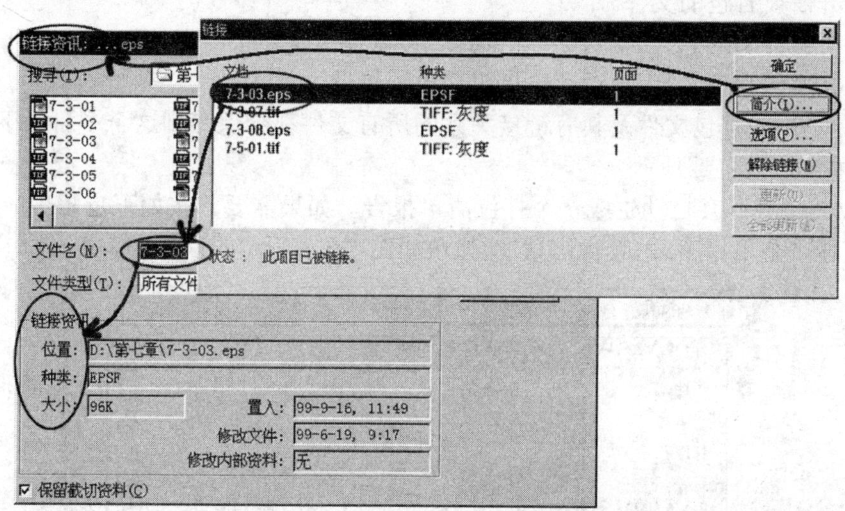

图 7-5-1　PageMaker 的链接信息框

二、面向输出的文件管理

在 CorelDRAW 和 PageMaker 等带有组版功能的软件中，都具有面向输出的文件管理功能：一种是将文件中有链接关系的所有文件组织和打包在一起的功能；另一种是产生带有附加说明文件的直接面向输出中心的发排文件，又称为“服务中心提供文件的功能”。如图 7-5-2 所示就是 PageMaker 中“文件>存储为”对话框的一部分，可以看出它提供了存储 PageMaker 专用文件的上述两种方法的选项。另外一种默认的方法是“无附加文件”，它是在一般情况下，在本机操作时使用的存储方法。下面进一步论述这两种方式。

1. 文件打包

文件打包就是将和组版文件具有链接关系的所有文件和对象全部组织到一个文件夹（子目录）中，并且可以包括所使用的相关字体的字库。总之，是和该组版文件相关的所有相关信息。这种处理提供了一种将出版物的原始组版文件，特别是各个独立的和组版文件链接的各类组版元素对象文件（如 TIFF、CDR 和 EPS 等）存放到一个子目录下面的功能，并通过可交换媒介，如活动硬盘、光盘等，传送到输出中心。这种包装方法对需要将组版中用到的各种原文件提供给出版中心以便修改和编辑，以及给作者提供文件汇总管理提供了方便的操作。

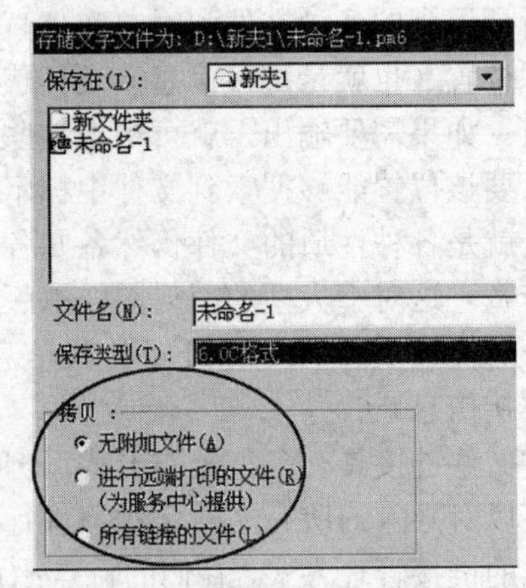

图 7-5-2　PageMaker 中文件>存储为对话框

在 PageMaker 中打包操作的过程：

1）新建一个存放用的子目录。

2）打开需要打包的文件。

3）在“文件>存储为…”对话框中选择“拷贝>所有连接的文件”。

4）选择“保存”，用引导对话框指明存放子目录。

操作完毕后，打包文件及其有链接关系的所有文件都会保存到这个子目录下，包括所使用的字体（如果需要）。

PageMaker 并不会自动生成一个打包清单报告，如果需要，按如下步骤生成：

1）选择“公用程序>出版物信息”，弹出如图 7-5-3 所示的信息窗。

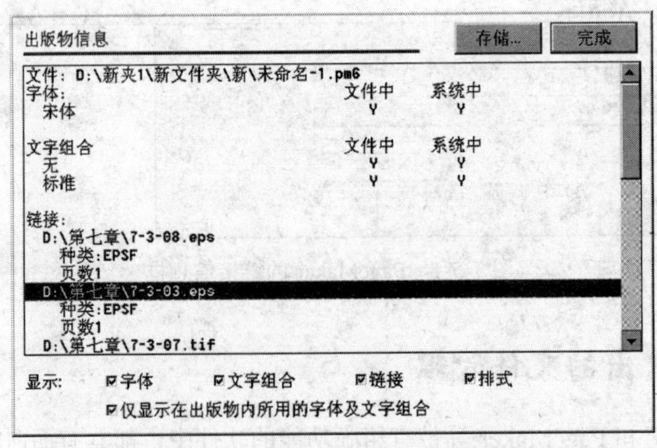

图 7-5-3　PageMaker 中“公用程序>出版物信息”对话框

2）在显示控制区选择需要的信息，包括概述、字体、链接和风格。

3）点击“保存”按钮，用引导对话框把总结报告放入工作子目录。

4）点击“完成”按钮。

2．为服务中心提供文件

就是在按常规存储其专用文件格式的同时，还可以生成一个可以提供给服务中心的、关于这个文件所有相关管理信息的文本文件。在 CorelDRAW 和 PageMaker 等带有组版性质的软件中都有称之为“为服务中心提供文件”的专用文件存储选项。执行这种功能后，程序将生成一个独立的原文件，同时还附有一个说明信息文本文件，以供输出和发排该文件的出版单位使用。

在 PageMaker 中操作步骤如下：

1）打开需要保存的文件。

2）在“文件>存储为...”对话框中选择“拷贝>为服务中心提供文件”。

3）选择“保存”，用引导对话框指明存放子目录。

还有以下几点需要注意：

1）项目移交给输出中心时，由于不在同一个网络上，原有的链接关系无法使用，因此一般都需要进行文件打包处理。另外，还需要所有的激光打印合成和分色样张。

2）注意使用输出中心认可的可交换媒介设备。

3）注意不要使用压缩格式，以免产生不必要的麻烦。

三、图像代换技术

图像代换技术是为了减少大容量的彩色图像文件在各种出版系统中的保存、传递和速度上的巨大开销而使用的管理方法。

目前常用的解决方案有两种：OPI 和 DCS。这两种方案的共同之处是：

1）将原图像文件保存在系统的一个固定位置上，不作任何真正意义上的传输和搬运，只使用原图像的代表像来作为传输和加工的实体。这样，如果处理软件需要使用图像，就可以通过网络和其他媒介来使用它的小巧的代表像，并不用将庞大的原图像通过网络和其他媒介进行传送。组版软件和其他处理软件对图像的加工处理就变成对代表像的象征性的“处理”。这时，代表像将按照操作要求作所见即所得的实时改变，以作为进一步操作的依据。但这时真正的原图像并未发生任何改变。而这时“象征性的操作”将会在结果文件中留下一系列操作的命令记录。原图像的改变是在需要输出的时候：首先是对结果文件中的代表像用原图像进行代换，然后再将结果文件（其中包含对图像的操作命令序列）一并送入 RIP，并在 RIP 中对原图像进行再次处理。

2）OPI 方式是针对基于 Postscript 的 EPS 文件、PDF/X-1 文件格式的图像代换管理形式，而 DCS 是针对 DCS 分色文件的图像代换管理形式。由于上述格式是印前处理系统中的通用格式，因此这种代换管理方式被许多通用的应用软件所支持，成为其页面元素链接管理的基本方式之一。

下面分别介绍 OPI 和 DCS 两种解决方案的特点。

1．OPI 方案管理图像的特点

OPI 方案主要应用于以局域网为基础的高端印前处理系统中，使用 OPI 方案的系统特点是必须有一个专用的 OPI 服务器作为网络的中心，以对系统中的图像资源进行集中统一

管理，并实施对整个系统的输入输出集中控制。

OPI（Open Press Interface）实际上是一种以PostScript语言为基础的注解命令。这些注解能够指明高分辨率图像文件的有关几何参数、目前文件所处的网络位置及其他们和网络通信有关的参数。实施OPI管理的流程如图7-5-4所示，从扫描仪取得的TIFF文件，在收入OPI服务器（这个过程称为注册，英文称之为login，即将高分辨率图像文件存入OPI数据库）时，服务器相应地生成一个带有OPI注解的低分辨率代表像的EPS文件，以供网络系统传输给组版软件使用。有PostScript写作能力的应用软件在对代表像进行加工处理时，可以将操作过程的PS命令序列写入结果文件中。在工作站进行文件输出时，将必须再次通过OPI服务器。这时，服务器将解读和代表像相关的OPI，以获得原图像的存储位置，并对代表像进行代换，然后将包含有对代表像的PS操作命令的结果文件和相应的原图像一起，送入由OPI服务器管理的输出系统的RIP中进行解释。

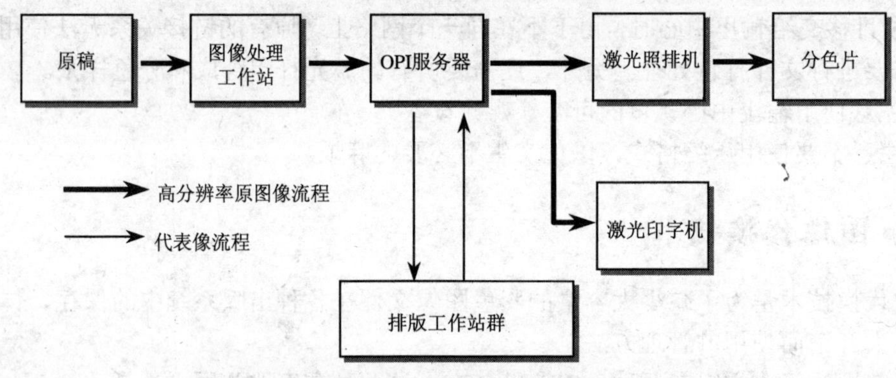

图7-5-4　OPI管理流程

许多印前处理软件都具有对OPI工作方式的支持能力，它们可以从OPI服务器中获得图像并进行组版和加工，并可将结果文件通过OPI服务器进行输出。如图7-5-5所示就是CorelDRAW中的OPI输出选项。

2. DCS方案管理图像的特点

DCS是一种PostScript文件格式，它包含由原图像的CMYK分色文件（DCS 2.0支持更多的分色）组成的主文件和该图像的代表像。

DCS方案主要应用于以局域网为基础的中小规模桌面出版系统，其系统流程结构如图7-5-6所示。和OPI方案相比，它不需要专用的OPI服务器进行集中控制。Photoshop图像处理工作站（也可认为是服务器，因为它给别的工作站提供代表像服务了）就可以作为大型图像文件的保存地，并直接兼作打印输出控制工作站，两站合一可

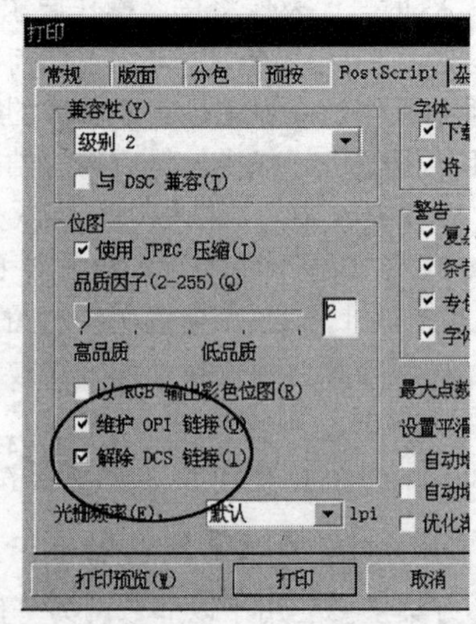

图7-5-5　CorelDRAW中的OPI和DCS链接选项

以减去网络传输的开销，特别适合小型系统。而组版用的图像只是 DCS 文件中的代表像。

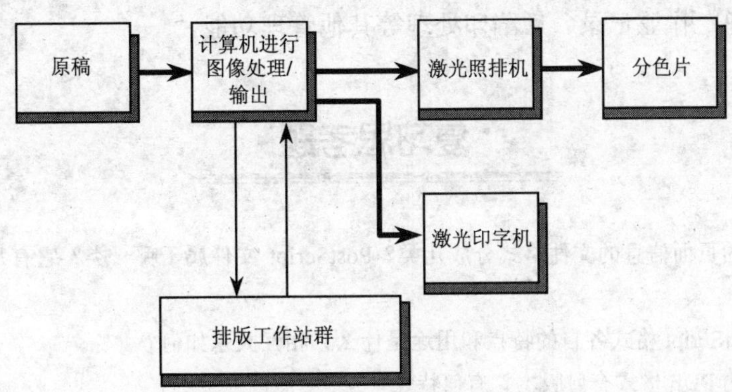

图 7-5-6　DCS 方案的系统工作流程图

由于 DCS 是以文件为基础的管理模式，所以它是通过具体软件中（如 PageMaker）文件调用的链接关系来定位原图像的位置。组版文件输出时，输出控制系统将根据链接关系自动替换代表像，并随同包含有对代表像的 PS 格式的处理加工命令的组版文件一起，被送往 RIP 进行解释输出。

目前所有的高档组版软件，如 PageMaker、QuarkXpress 等，都支持 DCS 文件格式的调用机制。而图像处理软件 Photoshop，则可以在生成 CMYK 分色文件时将图像文件保存成 DCS 格式。如图 7-5-7 所示就是在 Photoshop>文件>存储为（File>Save as）下的 DCS 格式存储操作对话框。

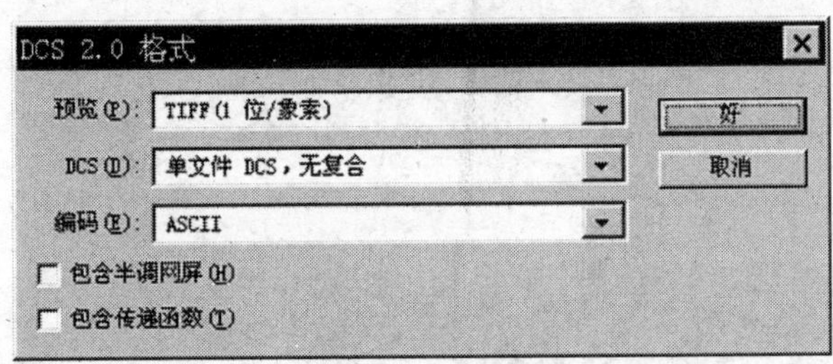

图 7-5-7　DCS 格式存储操作对话框

OPI/DCS 服务器的主要功能，无论是真正的带有 OPI 图像管理功能的服务器还是 DCS 图像处理工作站（服务器）都应有以下几种主要的服务项目：

1）生成图像代表像的功能：如 OPI 方式的代表像生成，DCS 文件的生成。以及代表像的压缩等。

2）图像管理功能：对注册的大量图像文件，可以在网络范围内进行管理，有关的图像文件可以存在网络上的任何一台工作站上。并可利用图像数据库软件进行管理、查询和索引等。

3）输出排队管理：服务器可以同时管理多个 Postscript 输出设备，包括 CTPJ 机、激光照排机，激光黑白或彩色打印机等，可设置多种 PPD 参数，还可实现输出作业的批处理。

4）图像代换：对已收到的 Postscript 输出文件，将自动进行搜索，并对保存有高分辨率图像的代表像的文件实施输出代换。也可在此处对排版时代表像被施加的移动、旋转、尺寸改变、倾斜等操作，实际作用到真实文件上。

5）色彩管理、作业记录、后陷印处理等其他管理功能。

复习思考题

1．平面设计的页面信息的文件格式分成几类？PostScript 文件属于哪一类？它有几种派生出来的格式？各有何特点？

2．JDF 和 PostScript 格式各自的特点和用途是什么？相互关系如何？

3．用于印刷的 PDF 格式有何版本？有何特点？

4．PDF 格式的文件有哪些产生方式？其中 Distiller 的功能是什么？它起作用的形式有哪些？

5. 文件格式转换的四种基本类型是什么？图像重新采样的常用插值算法是什么？光栅化处理是属于哪一种类型的转换？矢量化处理是属于哪一种类型的转换？

6．文件链接管理的优点是什么？文件打包的功能是什么？

7．图像代换技术的工作原理是什么？OPI 管理模式和 DCS 管理模式的主要区别在哪里？

第八章 页面排版与校样输出

页面排版是指对录入的文字、采集（扫描和摄像）与加工好的像素图像以及创作完的失量图形进行图文合一的排版，形成符合书刊、杂志、报纸和其他出版印品的基本页面或报纸版面。这些页面用来进一步完成拼大版的任务。本章将针对基于页面的排版技术、页面样张的输出打样以及文件输出问题进行较全面的讨论。

第一节 排版概述

一、排版方法

排版是将页面所需要的元素（图像、图形、文字等）按照版式设计的要求组成规定页面的工艺过程。

拼版按工艺不同分为拼小版和拼大版两种。

拼小版是指将页面三要素：图形、图像、文字按照版式设计的要求，编排在某一固定规格的页面上的工艺过程。小版页面的尺寸与成品书刊及成品画页的尺寸相同，如图 8-1-1 所示。

拼大版则是指将多个小版页面按一定的折手形式，排列在供印刷机印刷用的幅面内的工艺过程。大版页面的尺寸由印刷机的幅面尺寸决定，而小版页面的摆放位置以及页面间的距离则是由后工序的折页、裁切、装订形式等因素决定的。图 8-1-2 为 4 开版面，采用骑马订的装订方式，书帖是天头规矩。

图 8-1-1 小版页面（16 开）

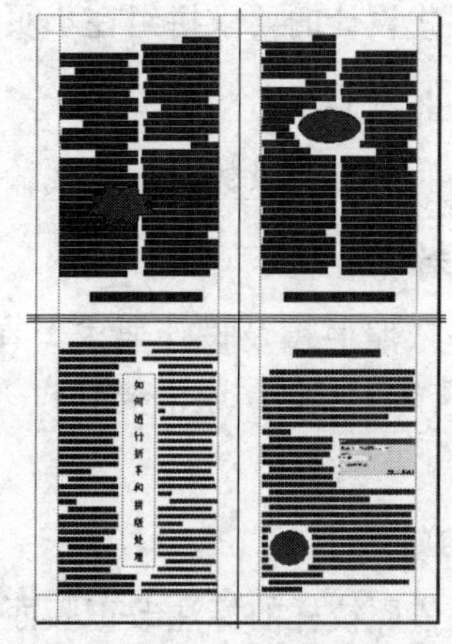

图 8-1-2 大版页面（4 开）

二、印前排版流程与工序简述

印前排版流程如图 8-1-3 所示，各环节的基本含义如下：

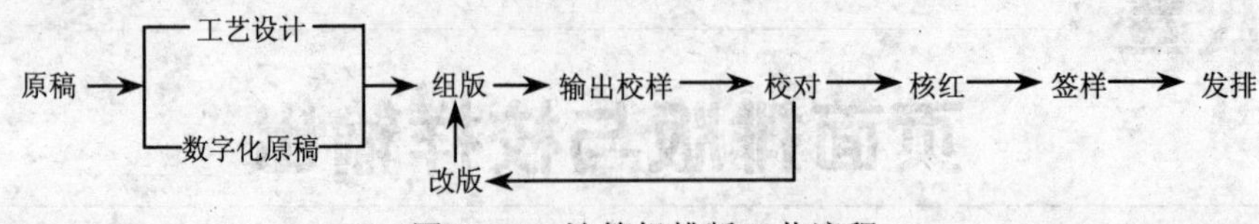

图 8-1-3　计算机排版工艺流程

1．工艺设计

为排版施工提供具体要求的工作，就是排版工艺设计。它一般包括以下几个方面：

1）检查原稿中有无不符合排版要求的地方。

2）解决出版单位在版面设计中遗留的问题。

3）处理在排版中可能遇到的问题。

4）全书格式的总体考虑。

5）对图片、表格尺寸进行计算。

6）分稿处理。

7）确定组版文件。

8）版面中特殊要求的规定。

2．原稿的数字化处理

计算机印前处理系统将各类原稿进行数字化处理，将彩色图片（或照片）用扫描仪或数码相机转成数字化图像，并在扫描分色中或 Photoshop 程序中处理成满足印刷要求的形式。文字则通过计算机录入，图形则通过图形处理软件如 CorelDRAW 或 Illustrator 等软件制作出来。

3．拼小页面

按照成品尺寸及版心版面的尺寸要求，运用拼版软件，如 PakerMaker，将文字、图形、图像按照版式设计的要求拼组在小页面规定的幅面内。

4．输出数码样

将拼好的小页面以数码样形式输出，为校对提供样张。

5．校对

校对是依照原稿及设计要求，在校样上检查、标注排版差错，校对是影响出版物质量的重要环节，因此，通常要经过多次校对：初校、一校、二校、三校等，以确保出版物的准确性。

6．改版

改版是依照校样的标注改正版面差错。

7．核红

核红是将最后一次校对的红样与改版后打出的清样进行核对，确保出版物准确无误。

8．签样

在确保准确无误的情况下，由出版单位负责人或责任校对在校样上签署“付印”的字样，同时签署本人姓名及签字时间。如有个别错误仍需要改正，则签“改正后付印”字样。

9．拼大版页面

拼大版页面就是根据印刷机的印刷幅面，结合印后装订的形式（或裁切、折页方法），运用专业的组版软件（如后面将详细论述的克里奥拼大版系统，方正文合或 Barc 的 Pakege 拼大版系统等，或者 PageMaker、CorelDRAW 等软件也同样可以拼大版），将拼好的小页面按一定折手规则组合在供印刷用的幅面内。

拼大版通常是在确认小版准确无误的情况下进行的。但也有组版后仍有个别改动的情况，这时只需改动小版页面，改动结果会随小版页面一同灌到大页面文件中。

10．发排

发排就是将拼好的大版页面文件，通过局域网或广域网传送到输出环节，利用 RIP 对页面进行解释，并转化成为可以控制激光照排系统的光栅点阵信息，并输出 CMYK 四色分色片。

三、排版的禁则

排版中对版面和文字的排列有一些基本的原则和要求，不能违反，称为排版禁则。

1．标点符号排版禁则

1）句号、问号、感叹号、逗号、顿号、分号、冒号等不允许出现在一行之首。

2）引号、括号、书名号的前一半不允许出现在一行之末，后一半不许出现在一行之首。

3）破折号、省略号占两个字的位置，允许出现在行首或行末，但不得中间断开，连接号和间隔号一般占一个字位置，这四种符号都要上下居中。

4）横排时，着重号、专名号和波浪线式书名号标在字的下方。

2．字行排版禁则

（1）单字不占行　即一行中不能只有一个字，数字和外文字母不允许出现单个字符占一行的现象，一行只有一个汉字，但后面跟随一个标点符号的情况是允许的。

（2）单行不占页　即不允许一面中只有一行文字。一般要求至少有三行才能占一页，出现单行时可以用缩行的方法，将多出的一两行挤到上一版，或用扩行或强制换页的方法将上一版的部分内容排到下一版。

3．转行排版禁则

（1）数字　转行时不允许从一组数码中间断开转行。

（2）外文　转行时要符合该语种的折行要求，转行后不能在行首或行末留一个字母（一个字母的单词例外）。

（3）公式　不应出现在页末处转行。

4．标题排版禁则

排版中不允许出现背题，报纸、期刊排版不允许出现对题、叠题或并题。

（1）背题　背题是指标题与正文背离。背题现象就是标题出现在版面的最下一行，题下无正文，这是排版中不允许的。

背题是有条件的，不是所有的标题都有背题的忌讳，只有字号较大、居中排的标题才要防止背题。与正文字号相同、随正文排、不居中的小标题不存在背题的问题。

排版中遇到背题的情况，最简单的方法是在标题前面提前换面，将标题排到下一页去；其次也可以采用版面的缩行或伸行的调整方法解决。

（2）对题　对题是指期刊杂志的对版处，两个版面上的标题按同一种排法，排在同一个位置上。通常可以通过调整标题排列方式来解决。如一个标题横排，另一个标题竖排。

（3）并题和叠题　并题和叠题的现象主要发生在报纸版面排版中，当相同排列格式的标题左右重复出现时叫并题，上下出现时叫叠题。解决并题和叠题的方法是调整标题的排列结构（如横排改竖排），也可以通过调整文章的结构排列顺序来解决。

第二节　页面排版的概念、规则与方法

一、图书排版的概念与规则

1．正文排版

（1）版心尺寸　普通书刊正文为5号字，版心尺寸与图书的开本规格有关，普通书刊的规格有国家标准，见表8-2-1。

表8-2-1　普通书刊的规格

开　本	成品规格/mm	正 文 字 号	版心尺寸/mm	行　距
16K	184×260	五	144×213	小四号字的1/2高
大16K	215×290	五	175×242	同上
32K	130×184	五	100×148	五号字的1/2高
大32K	142×210	五	105×170	同上

注：16K全张纸规格787×1092，大16K全张纸规格889×1194（单位：mm）。

（2）通栏与分栏　正文每行字数与版心宽相等，称通栏或长栏。正文每行字数如按版心宽度分成相等的若干栏，称分栏。从视觉效果上看，横排过长容易视觉疲劳，因此，对于开本比较大的书，多采用多栏排的方式，正文分栏形式，如图8-2-1所示。

（3）行页的伸缩　将本版面上的图文、表格、公式等挤到前一版面里，减少一版面，称缩面，将本行上的字挤到前一行里去，减少一行，称缩行。

在排版禁则中，有“单字不成行，单行不成面”的规定，对于单字行和单行面应采用缩行、缩页的处理方法，实在没办法缩字、缩页的，则采用伸字、伸行。

通栏

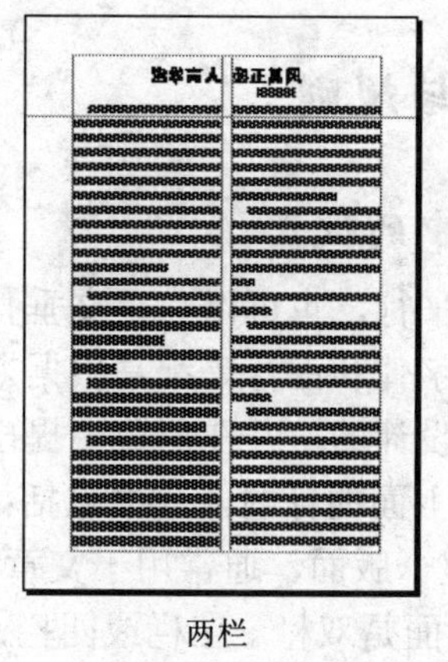

两栏

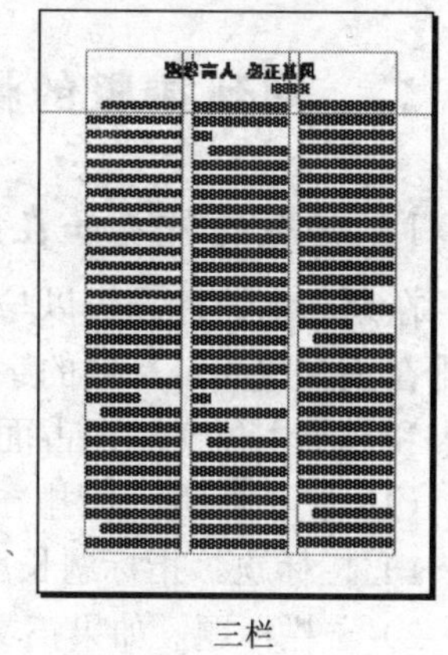

三栏

图 8-2-1　正文分栏形式

2．标题排版

（1）标题的分段和字体字号的选择　一本书中，往往有大小不同的标题，以显示文章的层次关系。为区分所处层次，一般将书中最大的标题称为一级标题，依次称为二级标题，三级标题。同一标题要用相同的字体、字号和相同的排版格式。

（2）题的字距和序码处理　标题必须美观、紧凑、大方。一般标题用的字体、字号以及占行都是由版面设计人员决定，但长度不一定标明，要由排版人员自行掌握。一般占版心的 1/2～2/3。

（3）标题的占行　为了使标题匀称、醒目，它的行距要大于正文的行距。标题占行一般受版面的大小、字号的大小、版面风格的影响。版面越大，字号越大，标题占行越多。

（4）标题排版时注意事项

1）另页起、另面起排。另页起排是指某一级标题必须从单页码版上部起排的排版格式。另面起排，是指某一级标题必须从下一版（无论是单、双页面）上部起排的排版格式。大标题的排版有另页起、另面起的排版格式。

2）标题中的标点符号处理。一般标题中除书名号、引号等表示专用名的符号外，不应出现标点，如要表示停顿，可用空格键表示。

3）避免背题。背题是指图书标题排于版末，题下无正文。背题会给阅读者带来很大的不便，应在排版时避免出现。

3．页码、书眉的排版

（1）页码的位置　一般页码的位置不占版心，而是排在距版心一个行距高、靠切口的一侧，而且距版口一个字距宽的位置上。

（2）暗页码　在页面上不显示，但计入页码数的页码为暗页码。通常出现在另页起、另面起排的篇名页、章名页、空白页和没有文字的插图页上。

（3）书眉的位置及内容　对横排书的页眉，一般可排标题、页码、书名（或篇名）等，一般书眉的文字比正文字号小，所以，书眉线与正文间的行距应等于或略大于正文行距。

二、期刊排版的概念与规则

1．标题的种类和在版面中的位置

在期刊中，标题可以与正文平行，也可以与正文垂直；有的标题排在正文前，有的标题排在正文中间。标题的字号、字体和占行等都是根据期刊的性质、内容、风格、版面的大小和作品主体文字所占面积而设计的，并在原稿中提出要求。

（1）文前标题　指排在文章上面的标题，其中包括：

1）栏标题。指标题长度占整个版面，通常用于文章大标题的排版。

2）一栏标题。如果正文的版面是双栏、三栏或四栏，标题只占一栏的宽度，这种排法多用于文章中小标题的排版。

3）跨栏标题。如果正文的版面是两栏以上，标题的长度长于一栏，短于版面的排版方式叫跨栏标题。

4）跨版标题。标题的排版从双页码版面跨页排到单页码版面的排版方式。多用于标题文字比较多的长篇文章。

各种文前标题形式如图 8-2-2 所示。

图 8-2-2　各种文前标题形式

（2）文内插题　标题不独立于文章之上，而是以各种形式插在文章之内的各种式样的标题称为文内插题。它是报纸、期刊多用的一种排版方式，这种标题多见于横文竖题较多。正文多采用双栏排，题文必须排在一页内，不能转页排，因此，这种排版方式关键是计算好版面的面积，要求排好后基本达到两栏均衡，不多行，也不少行。文内插题形式，如图 8-2-3 所示。

（3）串文标题　指标题的一边或两边有正文的排版方式，串文标题也可排成跨栏或跨版的形式，如图 8-2-4 所示。

（4）段首标题　指排在一段文章之前的小标题，常见的有单排式、单列式和窗口式等多种形式，如图 8-2-5 所示。

（5）对角标题　对角标题形式，如图 8-2-6 所示。

（6）注意　期刊标题的排版，形式多样，但要注意避免出现并题和叠题。

并题是指在一个版面或一对合页中，两个标题对称并列排版，叠题是指文章中两个以上的标题上下重叠，排版时应注意避免出现这种现象，这会使版面显得呆板，而且无法区分文章之间有无关系，如图 8-2-7 所示。

防止出现并题或叠题，可采用错开标题位置来解决，如图 8-2-8 所示。

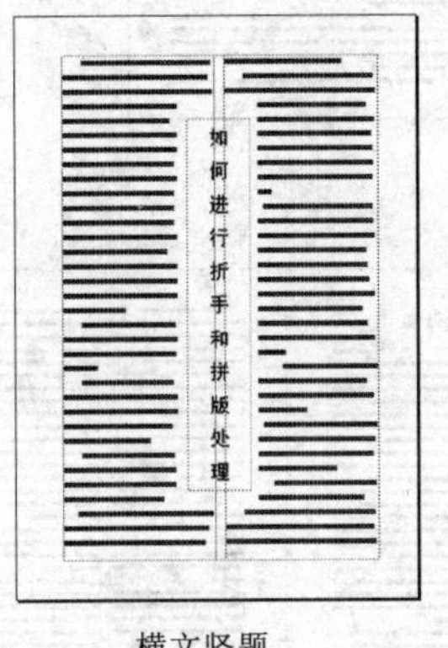

横文竖题

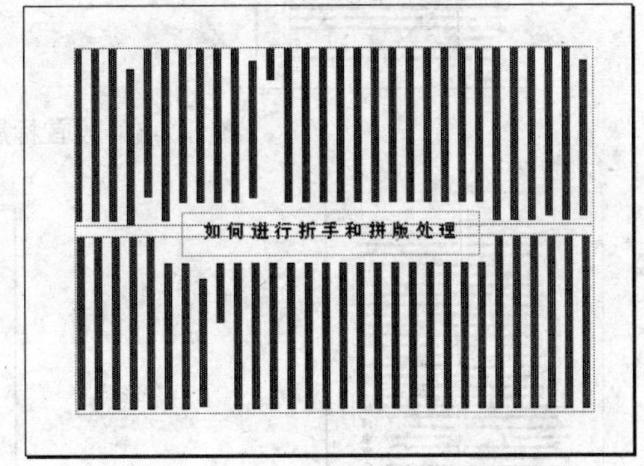

竖文横题

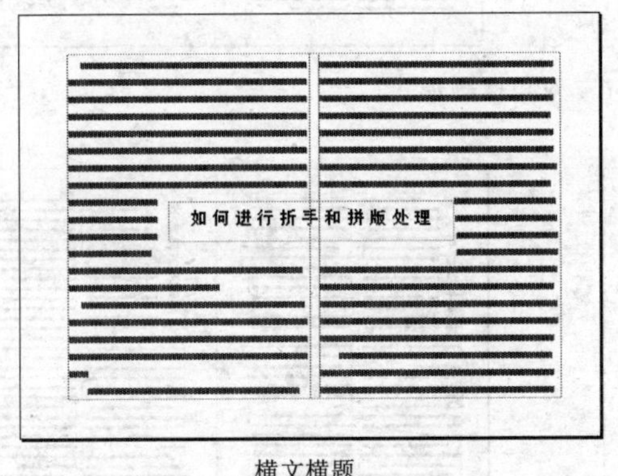

横文横题

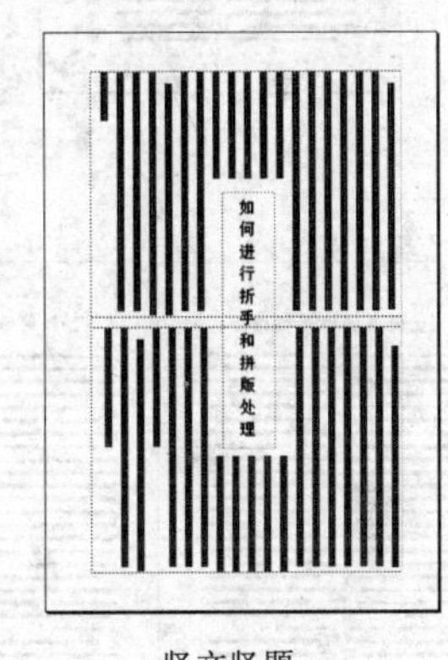

竖文竖题

图 8-2-3　文内插题形式

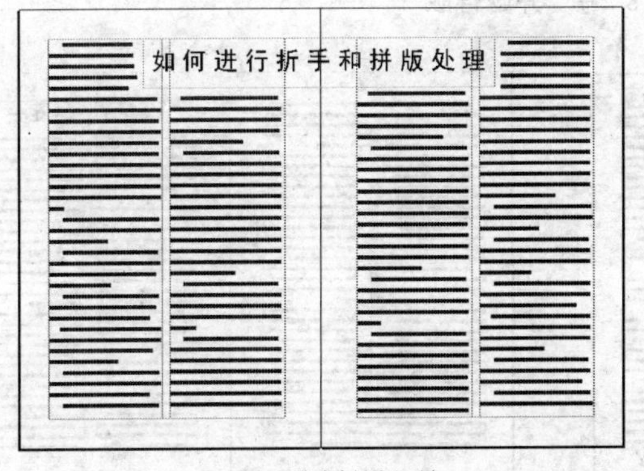

中心页跨版眉心题

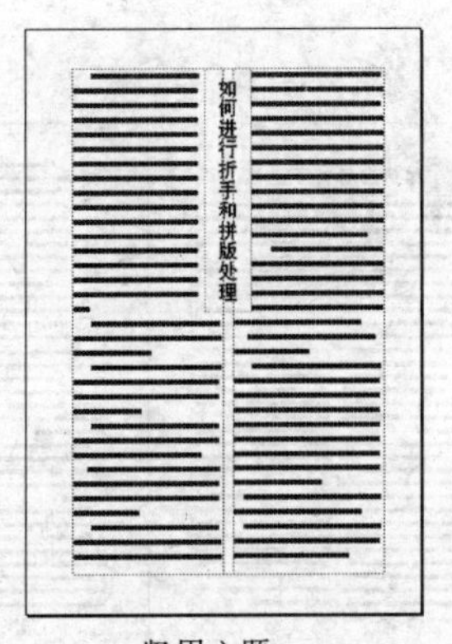

竖眉心题

图 8-2-4　串文标题形式

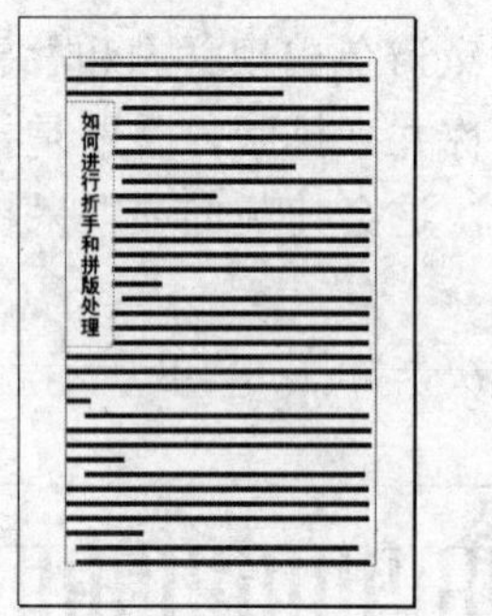

图 8-2-5　段首标题形式

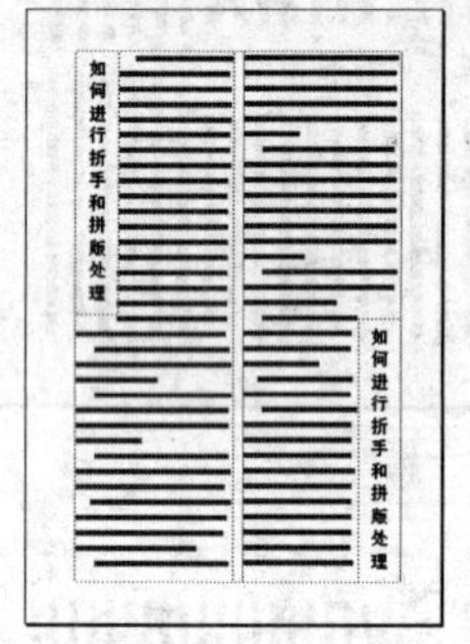

图 8-2-6　对角标题形式

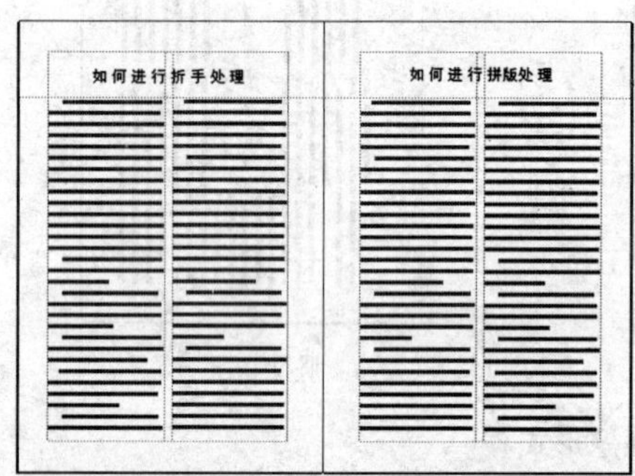

图 8-2-7　并题排版

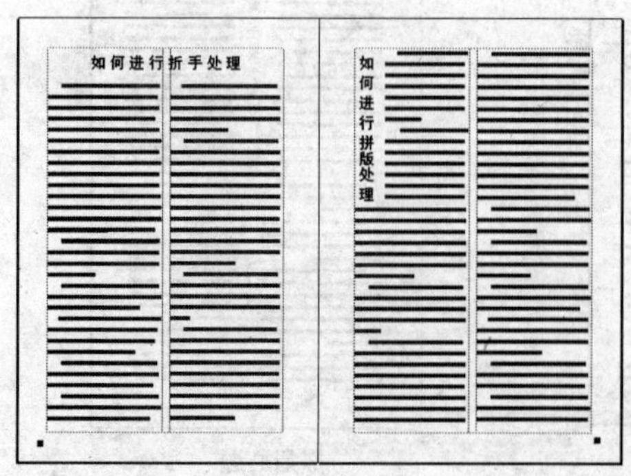

横竖题解决法

中心题解决法

图 8-2-8　并题解决办法

2．正文内容排版

（1）字体、字号　期刊正文一般用小五号字排版，也有用五号或六号字的，字体可根据内容选择宋体、楷体等。

（2）分栏　期刊版面一般采用分栏的排版方法，以方便阅读，减少视觉疲劳，还可以节省版面。

16K 期刊通常正文字如果是五号字排，一般采用通栏或双栏排版；采用小五号字，则有双栏（栏宽 23 字，栏距 2 字符），三栏排（栏宽 15 个字，栏距 1.5）和四栏排（栏宽 11 个字，栏距 3/4 个字）多种。

（3）期刊书眉　大多数期刊都有固定的栏目（专栏），因此，期刊的书眉多用作栏目的题目。总的来说有如下特点：

1）一般来说，期刊的书眉多在天头，页码排在地脚。

2）一种期刊的书眉风格一致。

3）书眉文字可加装饰，可居中，也可靠版口。

（4）期刊页码　期刊页码字体字号一般无太多限制，以美观大方为宜，多放在地脚中心或靠外版口。

3．插图

排版原则：图随文走，先见文，后见图，图文紧排在一起。若两者发生矛盾时，应考虑阅读的方便。阅读效果中第一要做到图文呼应，而艺术效果则在其次。

插图排版位置通常要考虑到美观及排版原则，常见的有以下几种排图方式：

（1）串文图　图的一侧或两侧排正文，该插图叫串文图。

排串文图时，图与正文之间的空白不应小于一个字宽，如果页面内只有一个图，则应遵循“先外后内”的顺序，将图排在外版口比较醒目。

（2）通栏图　当插图的宽度超过版心的 2/3 时，图居中排通栏，叫通栏图。

通栏图一般要排在一段文字结束之后，不要插在一段文字中间，这样会影响阅读，最好排在版面偏上一些好看。

图 8-2-9　串文图

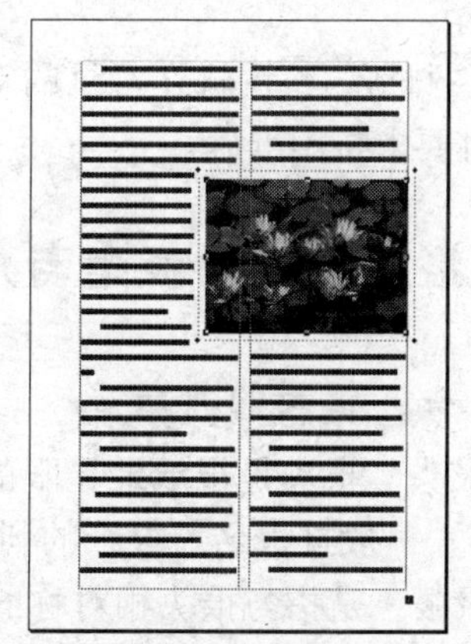

图 8-2-10　通栏图

（3）出血图　将插图的一边或多边排在超出版面的成品尺寸，成品裁切时会将插图的一部分一同裁切掉，这种图叫出血图。

这种排版方式可以有效地使版面放大、美观，便于欣赏，同时，可避免版面呆板，提高读者阅读兴趣。为了裁切后不露白边，一般出血尺寸为3mm。

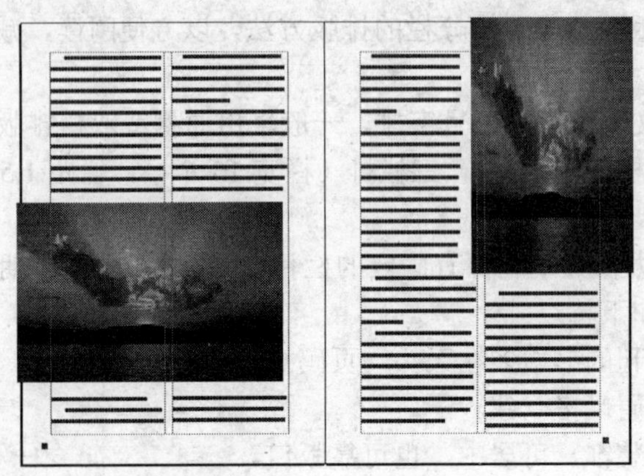

图 8-2-11　出血图

（4）超版心图　插图的边缘超出版心尺寸，但又小于成品尺寸的插图叫超版心图。

这种排图方法是为了美化版面，也适合插图尺寸较大的情况，一般来说，超版心图排在切口一边上角或下角。

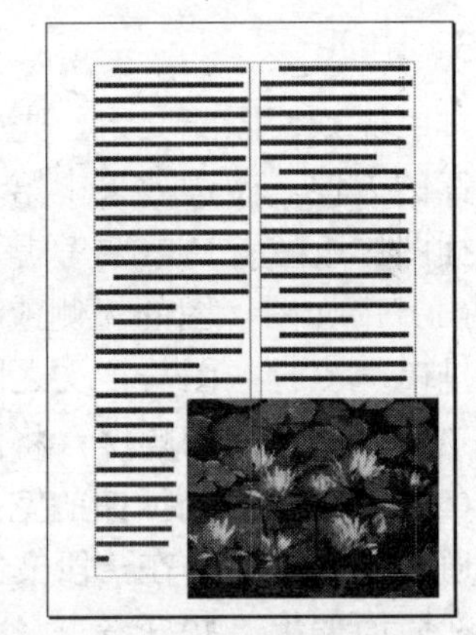

图 8-2-12　超版心图

（5）其他排法

1）旋转一定的角度。为了使较大幅面图在一版上能排下，或者为了使版面活泼，将图旋转一定的角度排版。

2）剪切图。为了突出画面的主体轮廓，将插图的次要背景剪切掉，而保留主体轮廓，同时，正文排版以文字环绕的方式排在插图的不规则轮廓外，以形成特殊的风格。

3）跨图排版。将图排在对页的双单两页上的排版方式。多见于大幅底图的排版。这种图在排版时要求接图准确。

三、报纸排版的概念与规则

1．报头、报眉的排版

（1）报头　报头是报纸最显眼的位置，一般放在第一版左上方的“黄金区”，占版面的1/8左右，一般排报名。报纸的刊号及其他信息在报头之下。

（2）报眼　是指与报头相对称的右上角的位置，排版时，略高于报名的顶端，一般将重要的新闻标题列于此处。

（3）报眉　除第一版外，报纸其余各版均有报眉，一般在上版口上方用与版心同宽的

反线作报眉线，线上方多排版次、日期、版名等内容，也有用方框线围住的形式。

（4）中缝　中缝宽一般为 11 个小五号字，高同版心高，内容以短小文章、广告为主。中缝正文一般用小五号或六号报宋排版。

（5）报尾　最后一版的版心缩进两行，在下版口排一条与版心同宽的反线，线下排报尾的内容。

2．报纸标题排版

（1）标题是文章的主题，一般字号较大，且用变形体，重要新闻和文章，多用黑体或大号标宋，以显其重要性。

（2）为保证版面美观，报纸中标题排版同样要注意避免出现对题、重题和背题。

3．报纸正文排版

（1）正文字体字号的选用　目前省级报纸和地市级报纸的正文多用小五号字，少数中央一级报纸用五号字。一张报纸的基本字号是固定不动的。但也有特殊，在遇到重大新闻时，正文字可增一号，叫提号，也有一些注释说明需减小一号，叫缩号。

报纸基本字体有宋体、黑体、报宋体和楷体，使用最多的是报宋体。

（2）报纸的分栏　为了保证和提高阅读效果，报纸的版面一般都为若干栏。横排报纸一般以竖为栏，以横为行；竖排报纸一般以横为栏，以竖为行。

1）基本栏。横排报每一栏的宽度相同，并相对固定，这就是基本栏。一般对开横排报基本栏为八个，四开多采用六个，用六号字排可排七个。

2）变栏。为了版面美观和区别不同文章，报刊排版中还出现了变栏的排版方式。变栏有两种形式，一是短栏变长栏，将两个短栏合成一个通长栏；二是破栏，即打破基本栏的界线，把三个基本栏变成两栏的叫三破二，把四个基本栏变成三个栏的叫四破三。如图 8-2-13 所示。

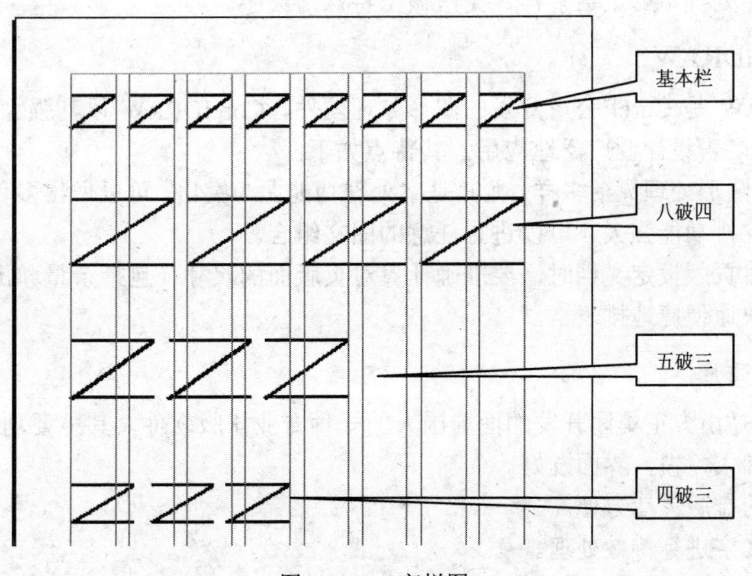

图 8-2-13　变栏图

第三节　常用排版软件及其基本排版操作

一、常用的页面排版软件与特点

在小页面排版中，常用到PageMaker、CorelDRAW、方正飞腾等排版软件，下面介绍这三种排版软件的主要特点。

1．PageMaker

PageMaker是美国Adobe公司开发的一种专业排版软件，其界面友好，功能强大，具有以下特点：

1）快速便捷地排出对页版面。对于对页版面的排版，只需要设置成品尺寸，不需要进行版面计算。

2）文本的排版多样灵活。可以方便地调整文本的尺寸及位置，还可以利用不同形状的文本框排出版面各异的文本。

3）对大型出版物的排序及合订成册操作简便。可根据需要便捷地调整版面顺序，方便快速查找版面内容。

4）利用Adobe Table3.0能够快速排出所需要的表格。

5）利用主页功能可将出版物中的相同要素快速排版，并保持整个出版物排版风格的统一。

6）可以快速地生成目录。

7）不能排数学公式。

8）对文字处理不够灵活多样，无法做出特殊效果字。

2．CorelDRAW

CorelDRAW是Corel公司开发的图形处理软件，CorelDRAW以其强大的文字、图形处理功能而在广告设计业广泛地应用。其特点如下：

1）文字、图形处理灵活多样。尤其是字处理功能尤为突出，可以做出多种效果的文字。

2）图文混排功能强大。可以进行任意的图文组合。

3）在组对页版设定文档时，要准确计算对页版面的尺寸（包括余量和出血）。

4）不能快速便捷地排表格。

3．方正飞腾

方正飞腾是由方正集团开发的面向国人的一种专业排版软件，其主要功能为：

1）尊重国人习惯，界面友好。

2）文本的排版灵活方便。

3）可对文字进行特效处理。

4）有排数学公式、表格的功能。

二、页面排版流程及其基本操作

页面小版的组版工艺流程包括以下步骤：

确定小版版式⟶新建文档⟶导入文本⟶处理文本文件⟶导入并处理图像⟶图形处理⟶生成页眉页脚⟶存储文件与页面打样。

下面分别论述各个基本步骤在上述各个软件中的实现工艺与特点。

1．确定版式

（1）成品尺寸的确定　出版物的成品尺寸要根据出版物内容的多少、读者对象、印刷版面的合理安排等多种因素来决定。

（2）版心大小的确定　如果是印刷宣传画、招贴、标识等，版心大小的安排则比较灵活，无论是满版，还是留有大部分空白，都能达到满意的视觉效果。

如果是书刊版面，则需要遵循一些原则，版心的大小可以参考表 8-2-1。

无论何种出版物，一定要注意，要想保留图文的完整，成品尺寸线以内 3mm 不能排图文；如果是出血图，则该图的出血部分必须超出成品尺寸线 3mm，以保证成品裁切时不露白边。

2．新建文档

在新建文档时，每种软件的设置不太相同。

（1）PageMaker　在如图 8-3-1 所示的对话框中，版面尺寸的大小应设置为成品尺寸，如：正度 16K 书籍，成品尺寸应给成 185mm×260mm。然后，确定纸张的方向、文件的页数、起始页码以及是否双面对页，“双面”是指两面打印页面的装订方式，只有勾选“双面”，才能使“对页”选项有效；勾选“对页”排版，可以使排版时左右两页同时显示。最后还要确定页面的页边距，以确定版心在版面上的尺寸与位置。

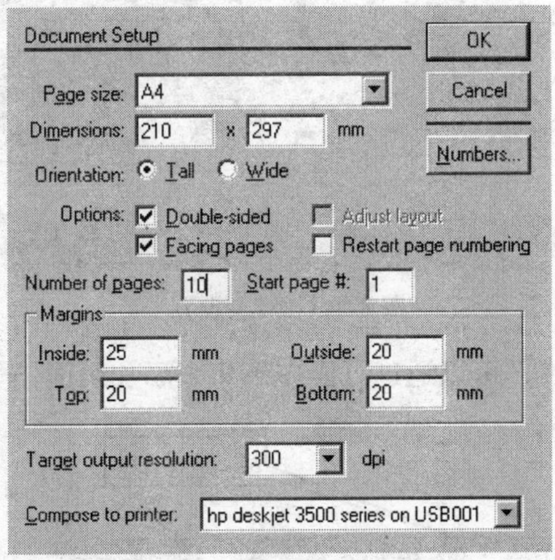

图 8-3-1　PageMaker 版面设置

（2）CorelDRAW　CorelDRAW 设置页面比 PageMaker 稍复杂，因为页面设置的内容并未出现在对话框中，页面的大小和方向要通过“版面”菜单下的“页面设置”命令实现，

如图 8-3-2 所示，对话框中可以通过“大小”设置页面的尺寸、方向等要素。图 8-3-3 所示可通过“版面”选项来设置版面是否对页。

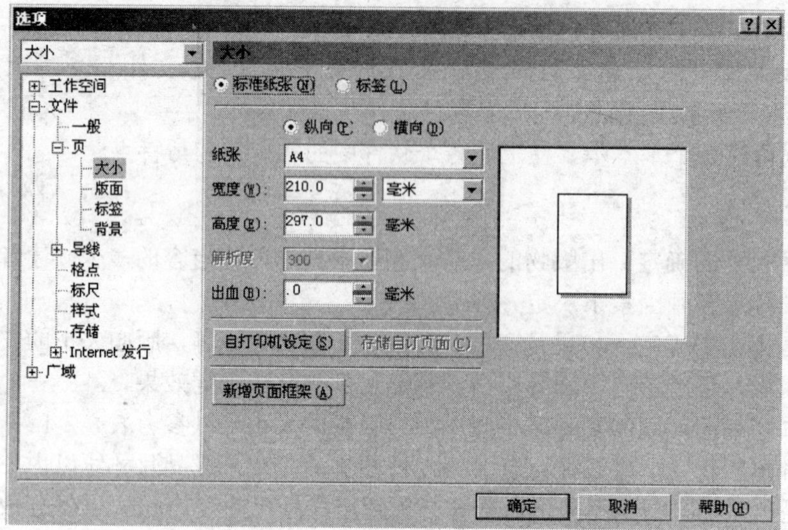

图 8-3-2　CorelDRAW 页面设置

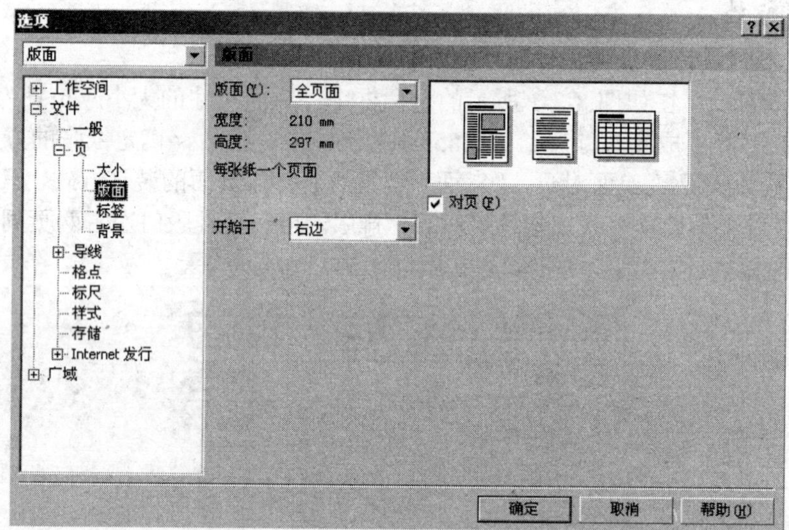

图 8-3-3　对页设置

如果需要生成多页文件，可以通过页面左下角来添加页面，如图 8-3-4 所示。

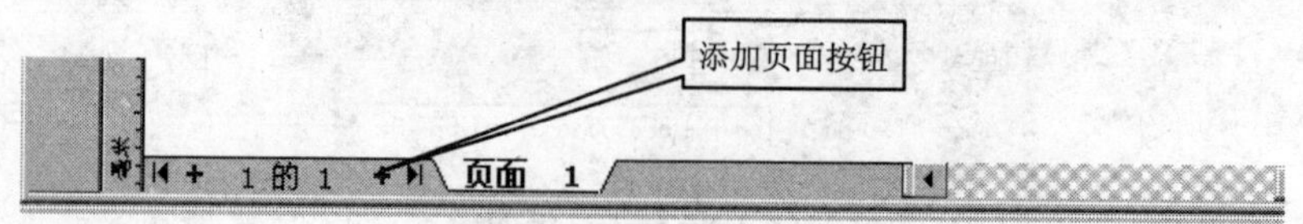

图 8-3-4　添加页面

也可以通过打开“插入页面”对话框来实现，如图 8-3-5 所示。

使用 CorelDRAW 与使用 PageMaker 的不同之处：

1）页面尺寸。PageMaker 是指不包括出血的实际成品尺寸，而 CorelDRAW 是指包括出血的成品尺寸。

2）页边距离。PageMaker 可以设置版心的位置与大小，而 CorelDRAW 要确定版心必须通过拉辅助线完成。

(3)方正飞腾　方正飞腾排版软件在建立文件时与 PageMaker 相似，进入程序后首先打开版面设置对话框，如图 8-3-6 所示。

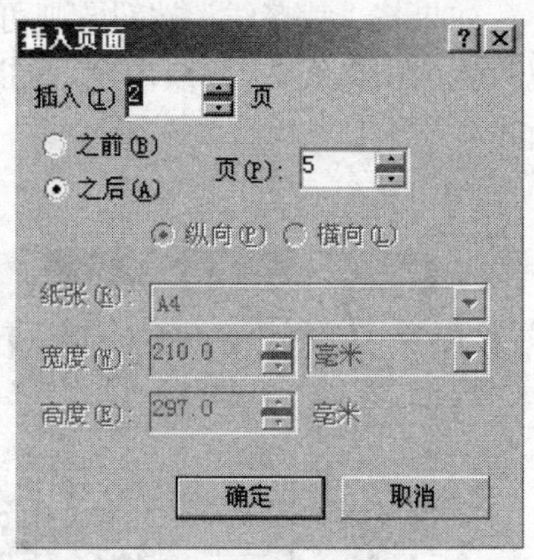

图 8-3-5　插入页面

从对话框中可以看出，版面设置的内容要更丰富些。方正飞腾排版软件设置版心尺寸和位置是按“设置边空版心”按钮来实现的，如图 8-3-7 所示。在该对话框中，还可以设置版心栏数、行距等参数。

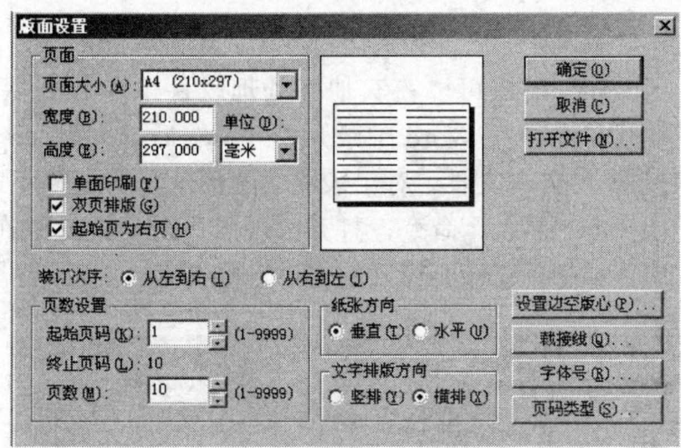

图 8-3-6　方正飞腾排版软件版面设置对话框

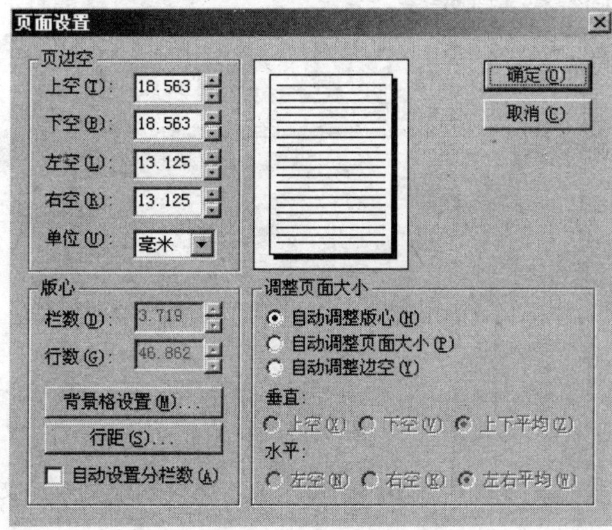

图 8-3-7　页面设置对话框

如果按“裁接线”按钮，则可定义“裁口外空”与“警戒内空”尺寸。“裁口外空”可以设置成出血线，“警戒内空”是指在版面以内的某个范围内不能排图文的位置，如图 8-3-8 所示。

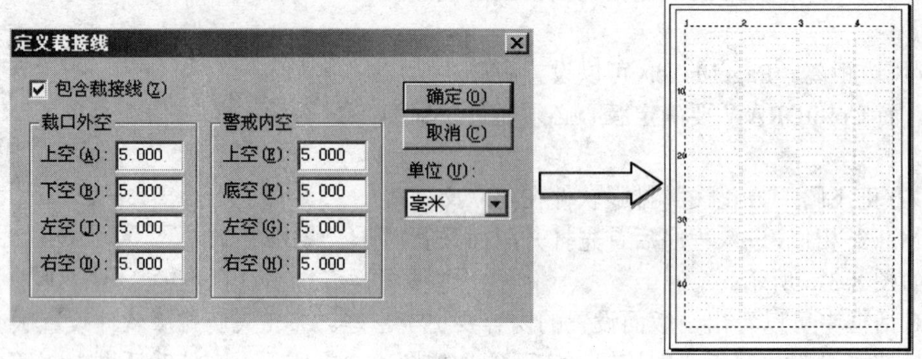

图 8-3-8　定义裁接线

3. 导入文本

（1）PageMaker　通常，用户可以在其他字处理软件下输入并保存好文件，然后置入到 PageMaker 编辑页面。例如在 Word 中录入文字，然后导入到 PageMaker 编辑页面。注意 PageMaker 中只能导入文本文件，对于表格、图形、剪贴画等不能导入。步骤如下：

选择“文件”菜单中的“置入”命令，打开“置入”对话框，并在“搜寻”中确定文件的地址，在弹出的下拉列表中选择要导入的文件，如图 8-3-9 所示。

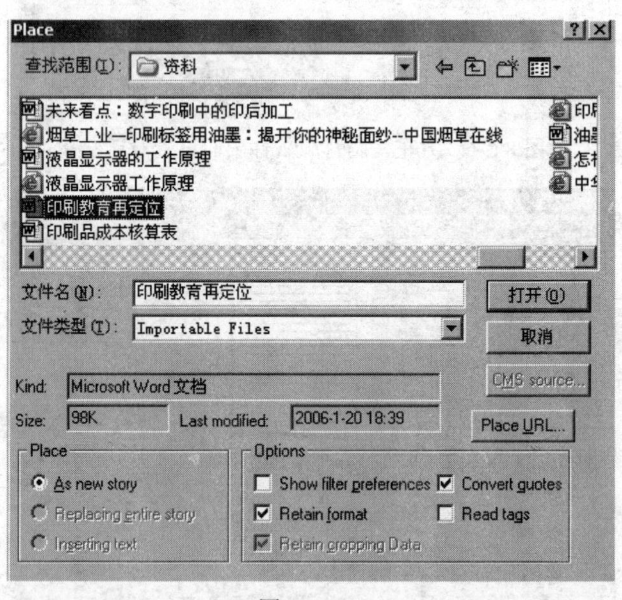

图　8-3-9

单击“打开”按钮，返回到 PageMaker 窗口中，此时鼠标变成排文图标，如图 8-3-10 所示。

图 8-3-10 各种排文图标

用鼠标在页面需要排文的位置上点击并拖动鼠标，文本就会出现在鼠标拖动后形成的文本块中，排文后，页面如图 8-3-11 所示。

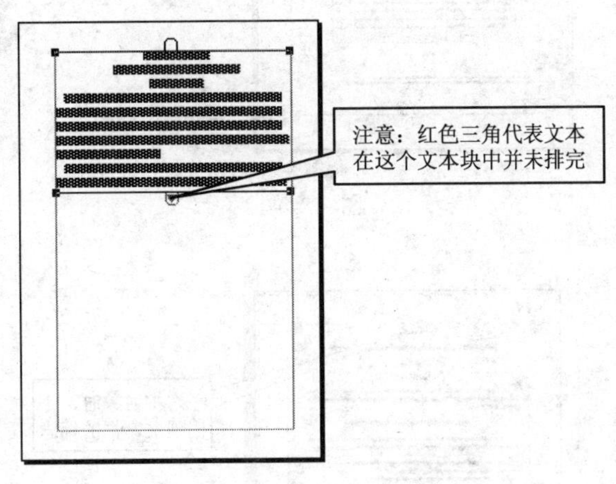

图 8-3-11 排文后的页面

三种排文方式的特点各不相同：手动排文速度最慢，当文本比较长，一个页面排不下时，需要另外添加页面，并用鼠标点文本框下方红色三角，此时鼠标又变成手动排文图标，在新的页面上再一次点鼠标，继续排文直到红色三角不再出现为止。虽然手动排文速度慢，但这种排文方式可以比较灵活地生成大小不同、位置不同的文本块，适合版面规格多样化的出版物排版。

自动排文的速度最快，当文本比较长，一个页面排不下时，这种排文方式会自动添加页面，继续排文，直到文本全部排完为止。自动排文速度虽快，但它是严格按照页面设置的栏的宽度及顺序来排文的，缺乏一定的灵活性。适合于版面规格统一的书刊排版。

半自动排文介于以上两种排文中间，与手动排文相同，当一个页面排不完时，要另外添加页面，但有所不同的是不用重新点红色三角就可以直接排文。

（2）CorelDRAW　CorelDRAW 在导入文本时，不能将 Word 文档通过“文件”菜单中的“输入”命令导入，但可以将要在 CroelDRAW 编辑的文档拷贝下来，粘贴在页面中已生成的文本框中，此时的文本可以进行编辑，如图 8-3-12 所示。

如果将拷贝下来的文档直接粘贴在页面中，则文档中的文字就会被当成图形，不能进行文字编辑修改，如图 8-3-13 所示。

（3）方正飞腾　方正飞腾排版软件可以导入文本（txt）格式的文件，导入后鼠标会变成排文图标，重新回到页面后单击鼠标，就可以形成按照默认大小设置的文本块，如图 8-3-14 所示。

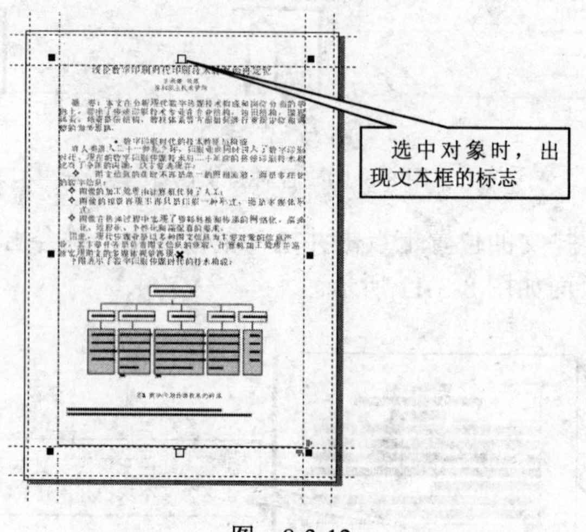

图 8-3-12

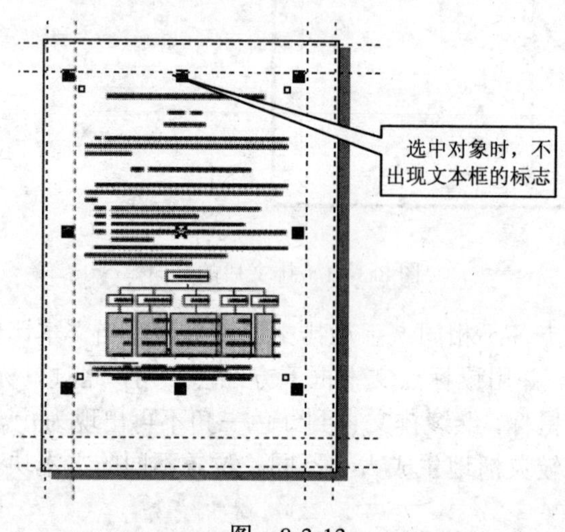

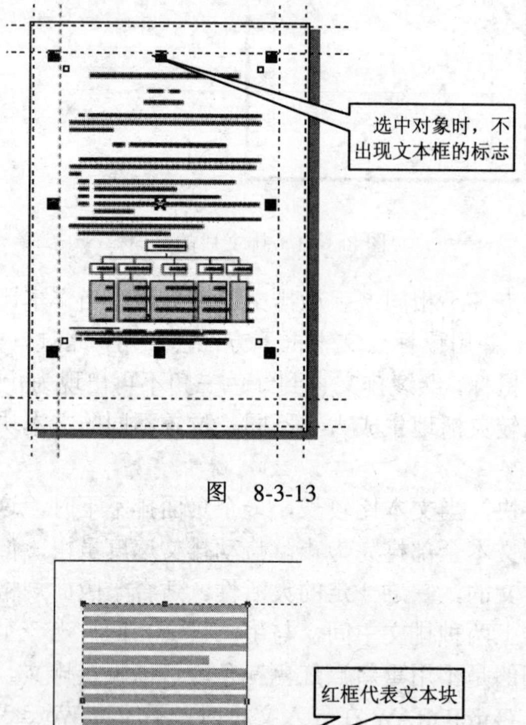

图 8-3-13

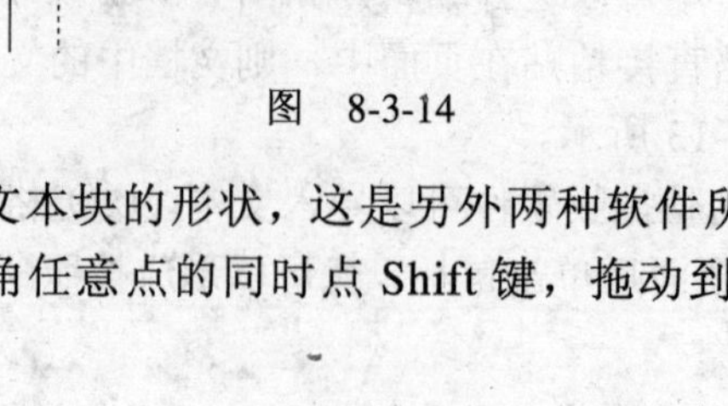

红框代表文本块

图 8-3-14

置入文本后可以改变文本块的形状，这是另外两种软件所不具备的特点。选中要调整的文本框，鼠标点击四角任意点的同时点 Shift 键，拖动到满意为止，如图 8-3-15 所示。

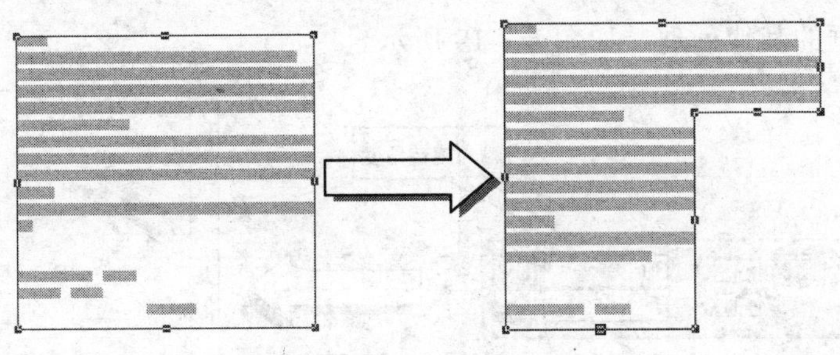

图　8-3-15

4．处理文本文件

（1）PageMaker　在 PageMaker 中，处理文本文件包括格式化文本、调整文本块的大小和位置等。

1）格式化文本。一般包括格式化字符和格式化段落。

格式化字符是指改变字符的字体、字号和字形，一般是通过控制面板上的相关按钮实现的，用工具箱中的文字工具时，控制面板如图 8-3-16 所示

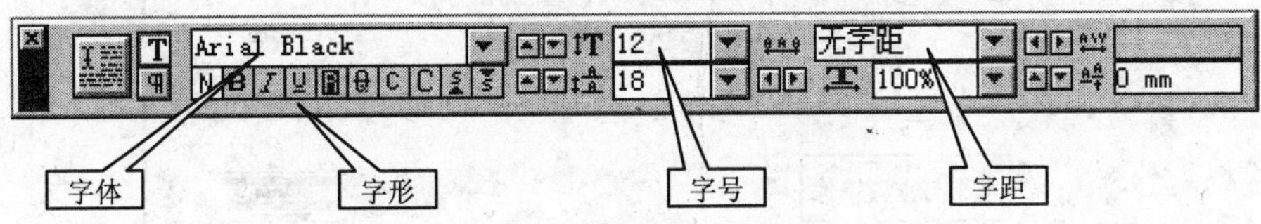

图 8-3-16　利用控制面板格式化文本

2）格式化段落是指段落的对齐和缩排，可以通过控制面板上的相关按钮实现，也可以通过对话框实现对段落的设置，如图 8-3-17 和图 8-3-18 所示。

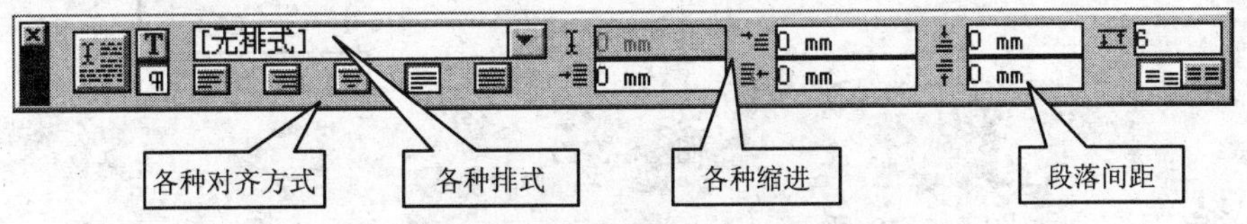

图 8-3-17　利用控制面板格式化段落

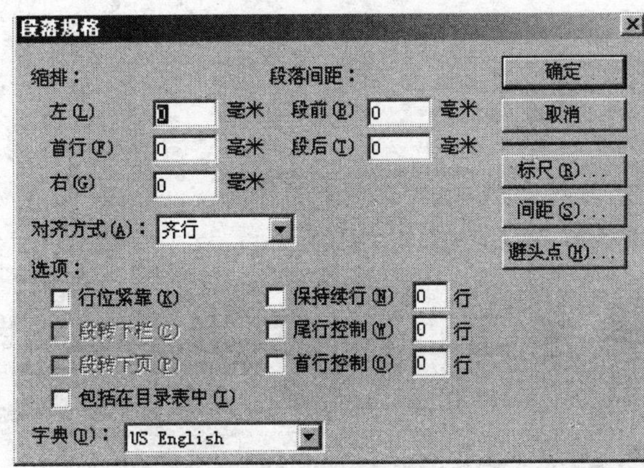

图 8-3-18　利用段落规格对话框格式化段落

3）对文本框的其他处理，如图 8-3-19 所示。

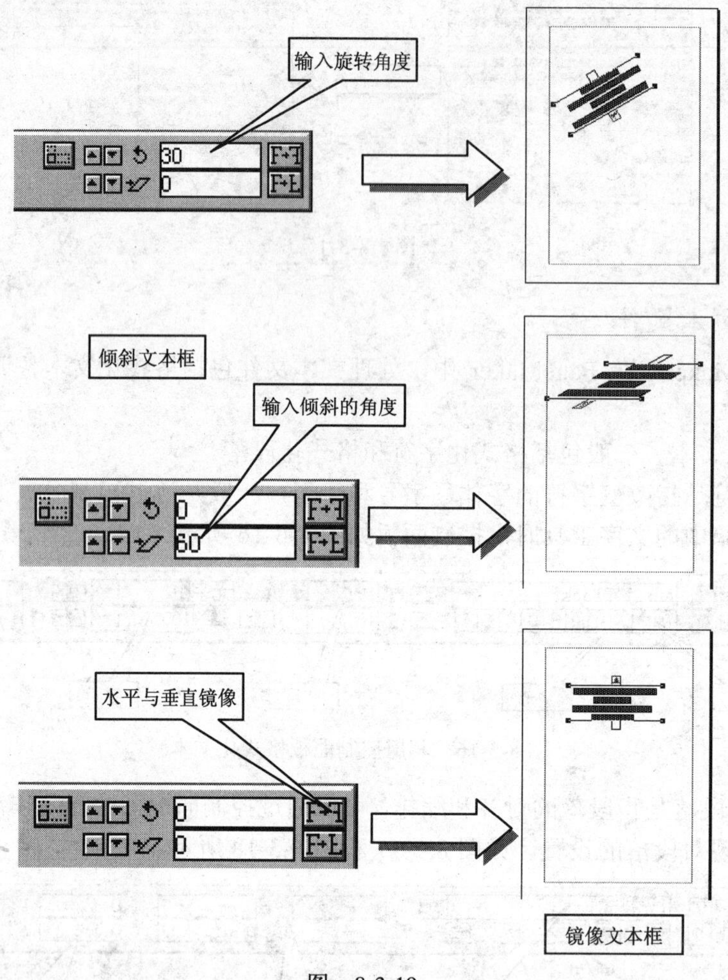

图 8-3-19

4）首字下沉，如图 8-3-20 所示。

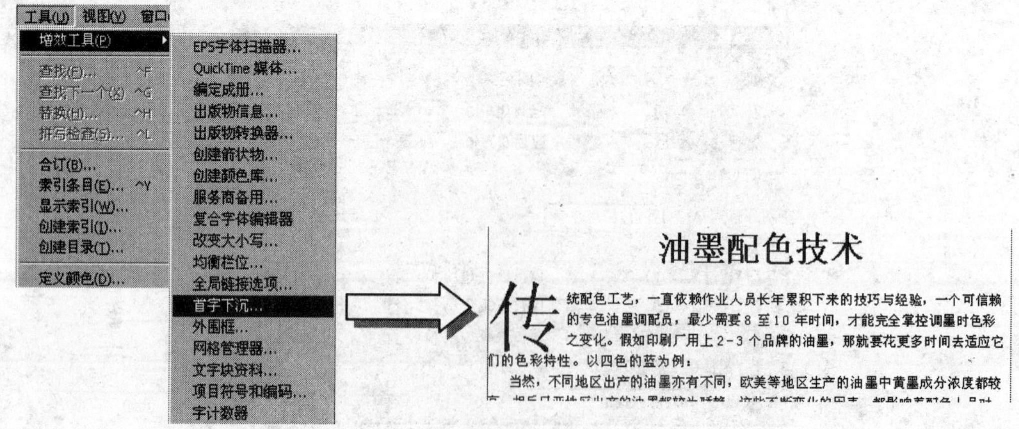

图 8-3-20

5）文本绕图，如图 8-3-21 所示。

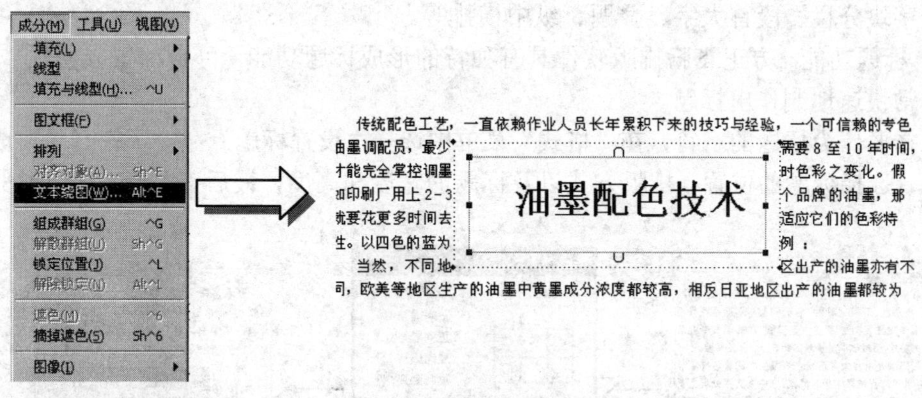

图 8-3-21

（2）CorelDRAW　CorelDRAW 处理文本的功能非常强大，除了可以像 PageMaker 一样格式化字符和段落，该软件对文字特殊效果的处理非常简便。下面列举几个功能。

1）沿线排文

a．生成一定的路径。在 CroelDRAW 中用工具箱中的曲线工具或图形工具建立一定的路径，这一路径可以是封闭的，也可以是开放的，如图 8-3-22 所示。

图 8-3-22

b．用文字工具在路径上方找起始点，当鼠标的形状变成IA或I字时，点鼠标，确定起始点。

c．输入字符，沿线排文，如图 8-3-23 所示。

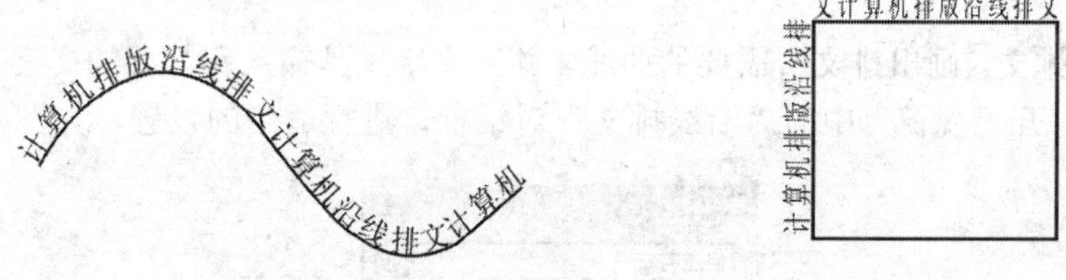

图 8-3-23

2）制作艺术字。可以做各种形式的填充，如渐变、添加阴影等，如图 8-3-24 和图 8-3-25 所示。

方正飞腾排版　计算机排版

图 8-3-24 　　图 8-3-25

（3）方正飞腾　方正飞腾具有强大的字处理功能，如标题功能、变体字效果、沿线排文、文字块分栏、段首大字、叠题、纵中横排等。

1）标题功能。方正飞腾排版软件具有独特的形成标题功能，可自动生成通栏、通篇标题，非常快速地制作出标题。

选择要作为标题的字符，在“格式”菜单中选择“设置标题”命令，打开“形成标题”对话框，选择标题的位置、排版方式以及标题的宽度和高度，最后点“确定”，如图 8-3-26 所示。

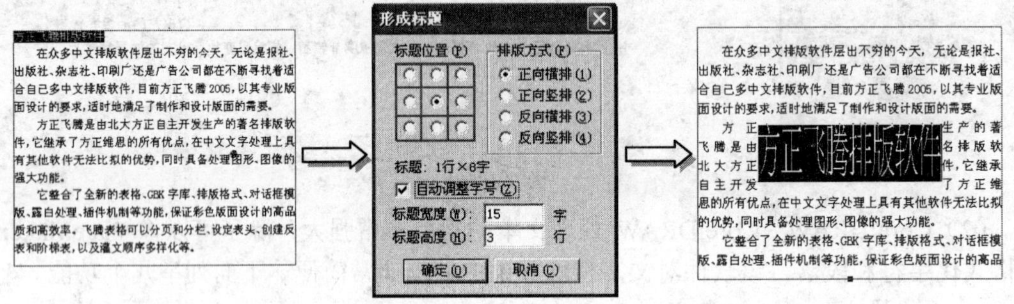

图　8-3-26

2）变体字效果。对所有文字均可以做立体、立体渐变、重影、钩边、粗细、空心、倾斜、旋转等变体效果，如图 8-3-27 所示。

立体

方正排版软件

钩边

方正排版软件

空心字

方正排版软件

倾斜

图 8-3-27　各种变体字效果

3）沿线排文。画出排文所需要的曲线，并用文字工具输入所需要的文字，同时选中文字与曲线，打开“视窗”中的“沿线排文”对话框，进行适当的设置，如图 8-3-28 所示。

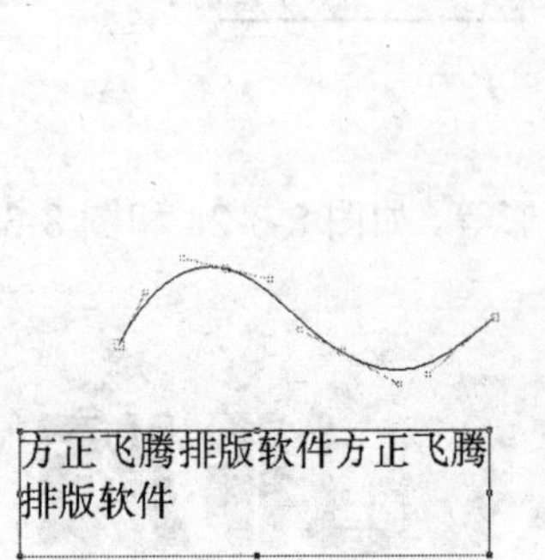

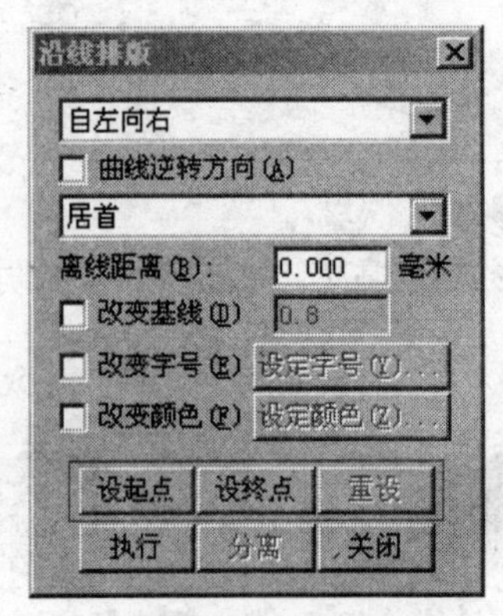

图 8-3-28　沿线排文

4）文字块分栏，如图 8-3-29 所示。

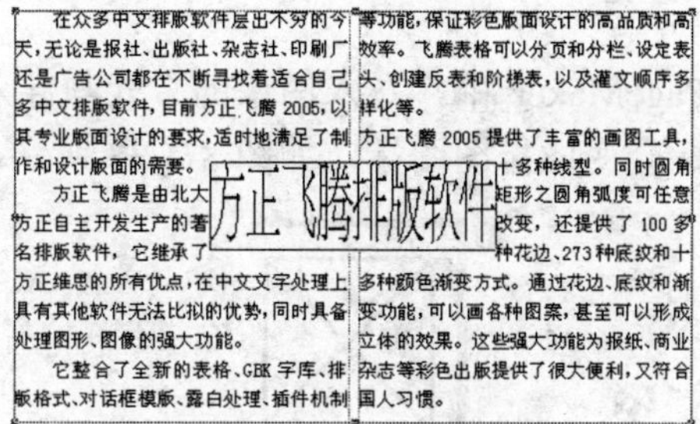

图 8-3-29 文字块分栏

5）段首大字，如图 8-3-30 所示。

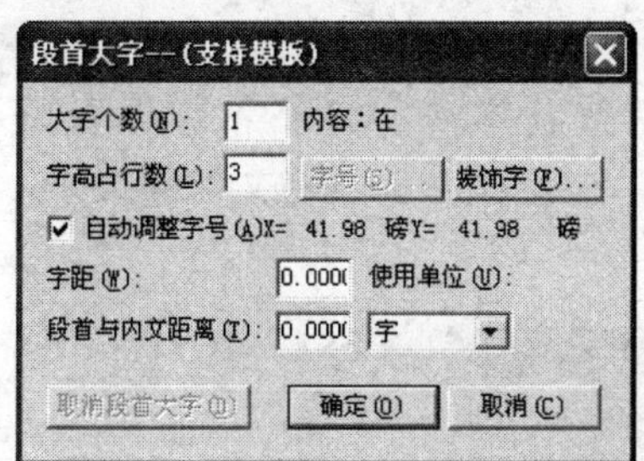

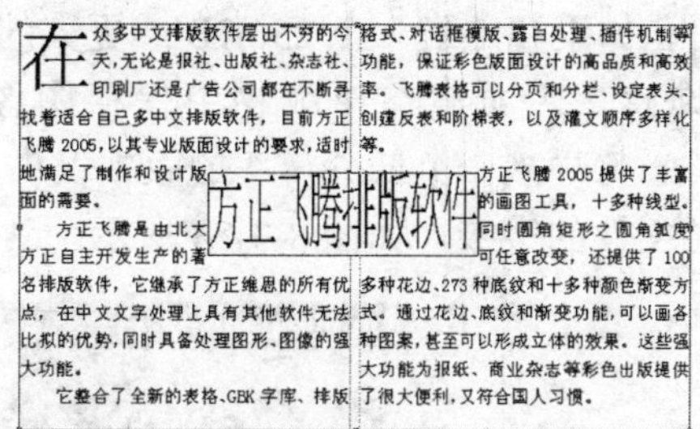

图 8-3-30 段首大字

6）叠题，如图 8-3-31 所示。

方正飞腾方正飞腾排版软件

图 8-3-31 叠题

7）纵中横排，如图 8-3-32 所示。

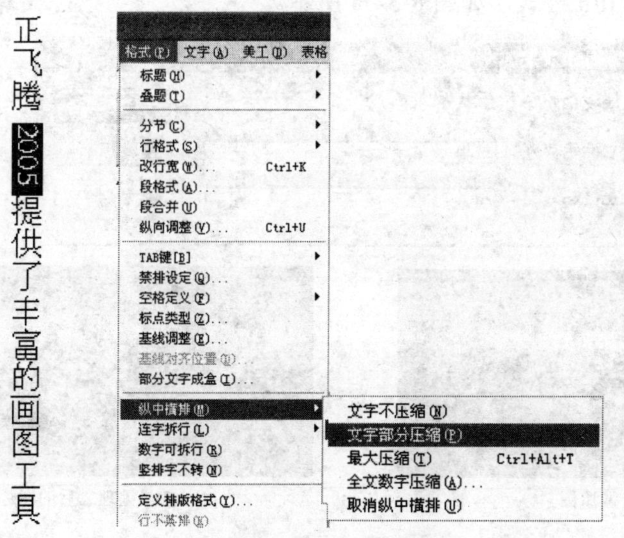

正飞腾2005提供了丰富的画图工具

图 8-3-32 纵中横排

三、导入并处理图像

（1）PageMaker　在 PageMaker 中，导入图像的方式与导入文本的方式完全一样，只是在点击“打开”时，鼠标会变成排图图标，如图 8-3-33 所示。

BMP 格式

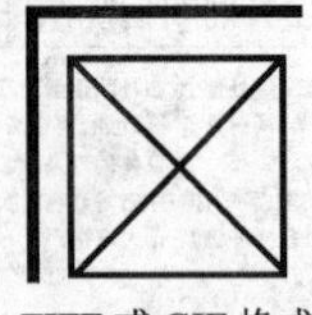

TIFF 或 GIF 格式

EPS 格式

图 8-3-33　导入图像

另外，如果置入了一个 256KB 或更大的图像文件，PageMaker 会显示一个下图的提示窗口，询问是否希望在出版物中保存图像的完整副本。如果不希望保存整个图像，PageMaker 将导入一个低分辨率的版本仅供显示，这将减少出版物文件的大小，并建立一个到原始文件的链接，如图 8-3-34 所示。

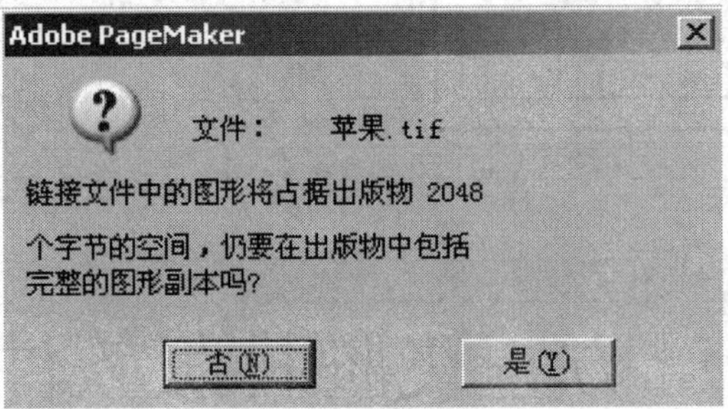

图　8-3-34

对导入的图片可以设置 Photoshop 效果，以达到类似 Photoshop 中滤镜的效果。但要注意，此时图片必须是 TIFF 格式，如图 8-3-35 所示。

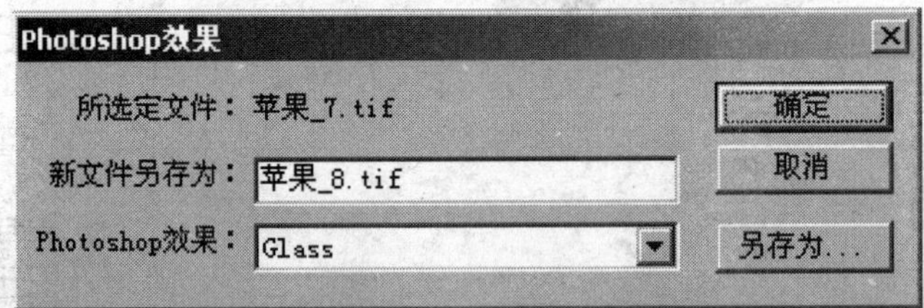

原图

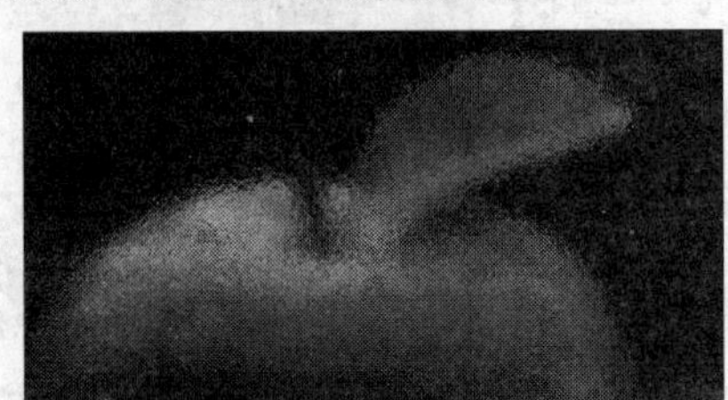

Glass 效果处理之后的图片

图　8-3-35

（2）CorelDRAW　导入图像：单击文件菜单中的“输入”命令，在打开的“输入”对话框中选择适当的文件，单击“Import”按钮，在页面中选择导入位置，拖动鼠标放入位图，如图 8-3-36 所示。

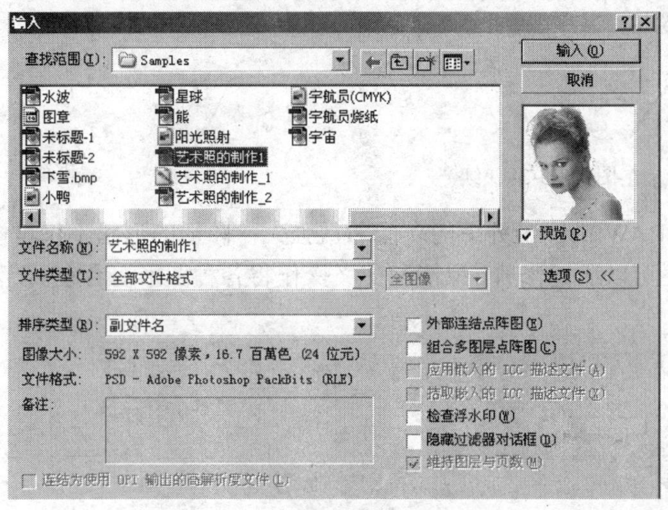

图　8-3-36

（3）方正飞腾　方正飞腾可以接受 TIF、EPS、JPG、BMP、GIF、PCX、PIC、GRH 等格式的图像。还可以对图像进行钩边，对黑白图像上色等处理，如图 8-3-37 所示。

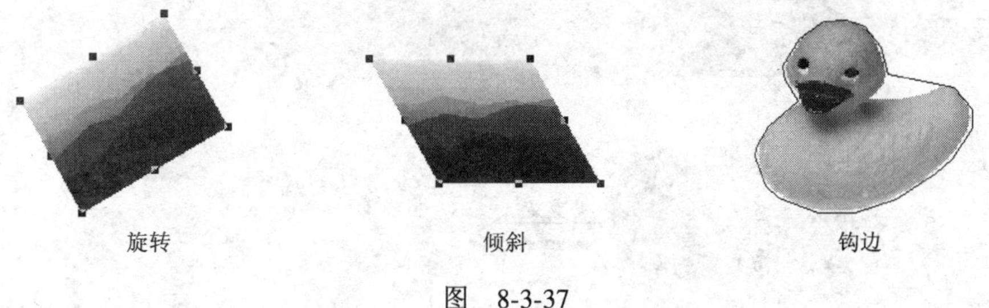

图　8-3-37

四、图形处理

（1）PageMaker　PageMaker 中，可以利用工具箱中的图形工具生成简单的图形。对多边形可以设置其边数和星形内缩，双击已画出的多边形，还可以设置任意形状，如图 8-3-38 所示。

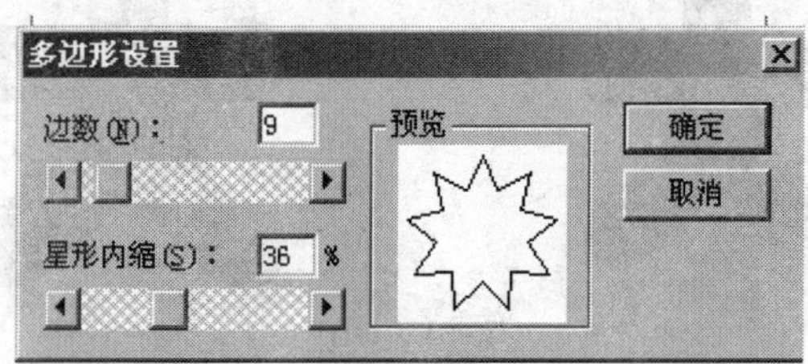

图　8-3-38

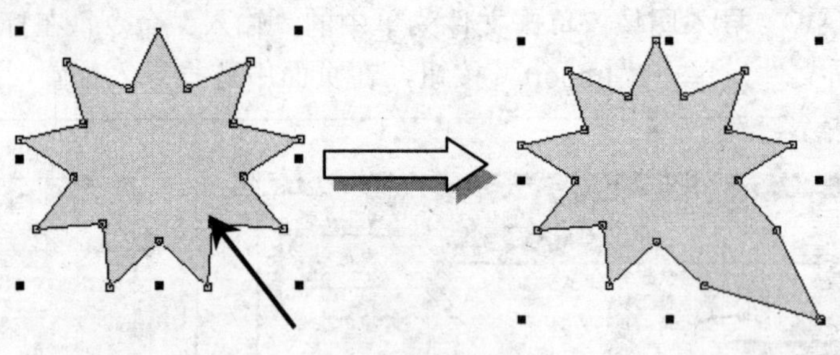

图 8-3-38（续）

（2）CorelDRAW 在 CorelDRAW 中图形处理的功能非常强大，图形的形状不仅可以通过工具箱中的工具生成，而且还可以通过修剪、焊接和交叉操作将各种图形组合在一起，如图 8-3-39 所示。

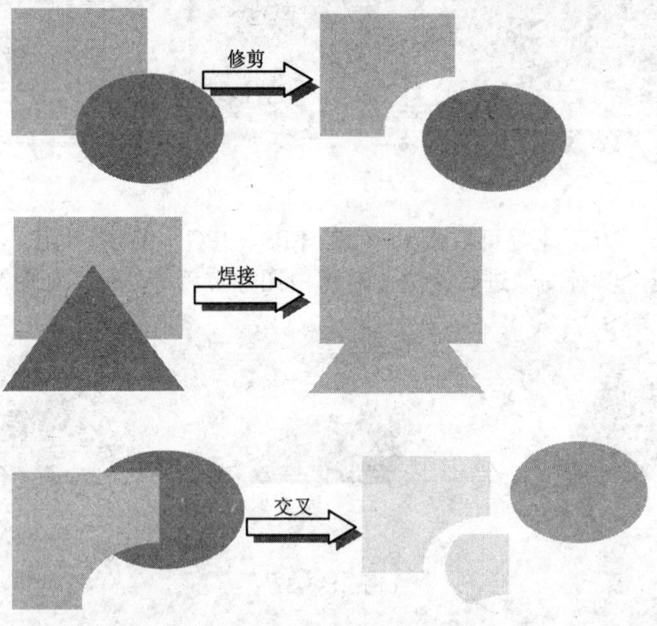

图 8-3-39

在图形中的填充也非常灵活多样，比如可以填充单色、渐变色、图案、底纹等。

另外，在 CorelDRAW 中，文本块中的字符也被当成图形，可以以任意比例缩放字符，也可以在字符中填充颜色、图案和给字符加边，如图 8-3-40 所示。

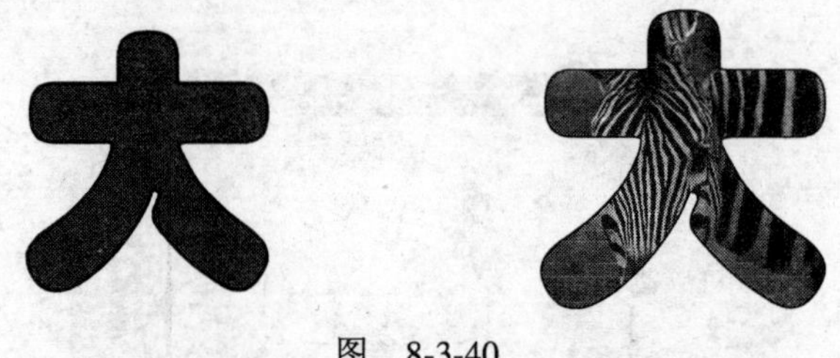

图 8-3-40

（3）方正飞腾 对图形的处理灵活多样，可以设置图形的线型、花边、底纹和立体底

纹、图形钩边，还可以通过设置路径属性，在图形中输入文字，如图 8-3-41 所示。

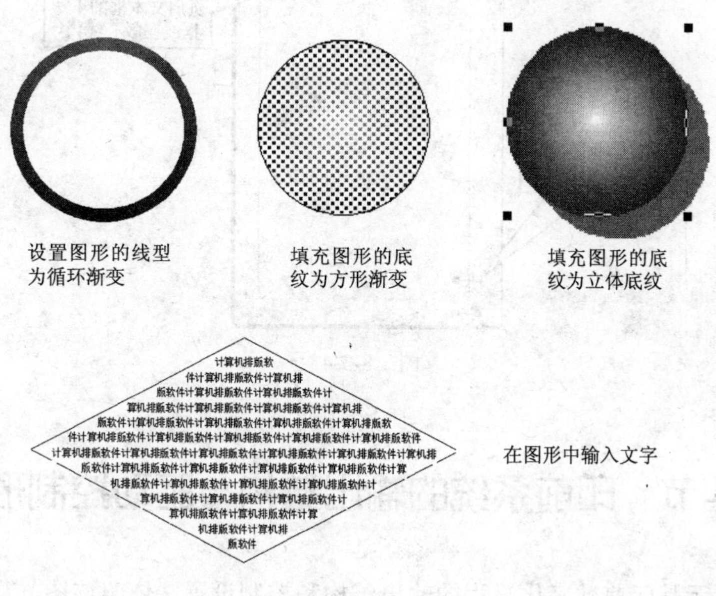

图　8-3-41

五、生成页眉页脚

（1）PageMaker　PageMaker 中，如果页眉、页脚都固定不变，就可以利用主页设置，这样就会非常快捷方便地在所应用的页面中同样位置上出现同样所需要的内容，如果要生成页码，只要按下组合键 Alt＋Ctrl＋P 就会在页面相应的位置上出现 LM（或 RM）字样，页面应用该主页后，页码就会在相应的位置上自动按顺序排，如图 8-3-42 所示。

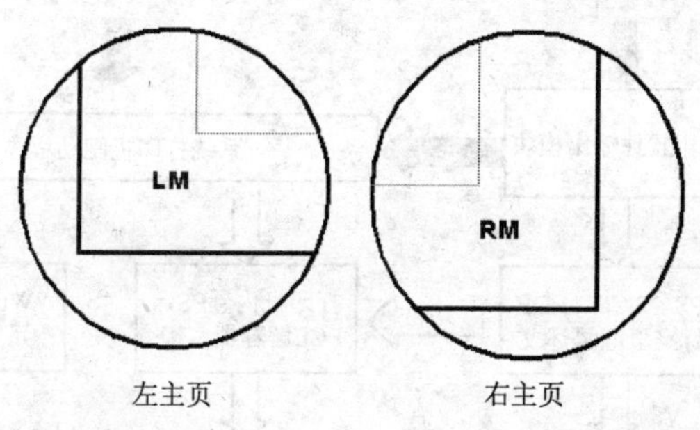

图　8-3-42

如果不用主页生成页眉、页脚，则要注意必须要让版心外的文本框的上框线或下框线进入到版心线内，否则版心外的图文不能被打印出来，如图 8-3-43 所示。

（2）CorelDRAW　由于在 CorelDRAW 中，页眉页脚都是在页面内由辅助线围出来的，页面内的所有对象都会包含在页面文件中，不用像 PageMaker 那样担心打印不出来。其位置、内容、大小都与处理其他文本一样。

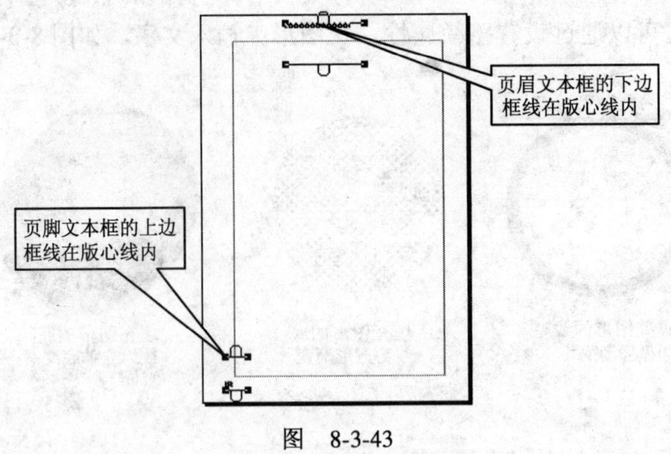

图 8-3-43

第四节 印前系统的输出结构与驱动控制形态

图 8-4-1 所示是印前数字化流程的输出结构和控制设置。依照该图，从交换与输出通道、输出设置控制两方面论述本节的主题。

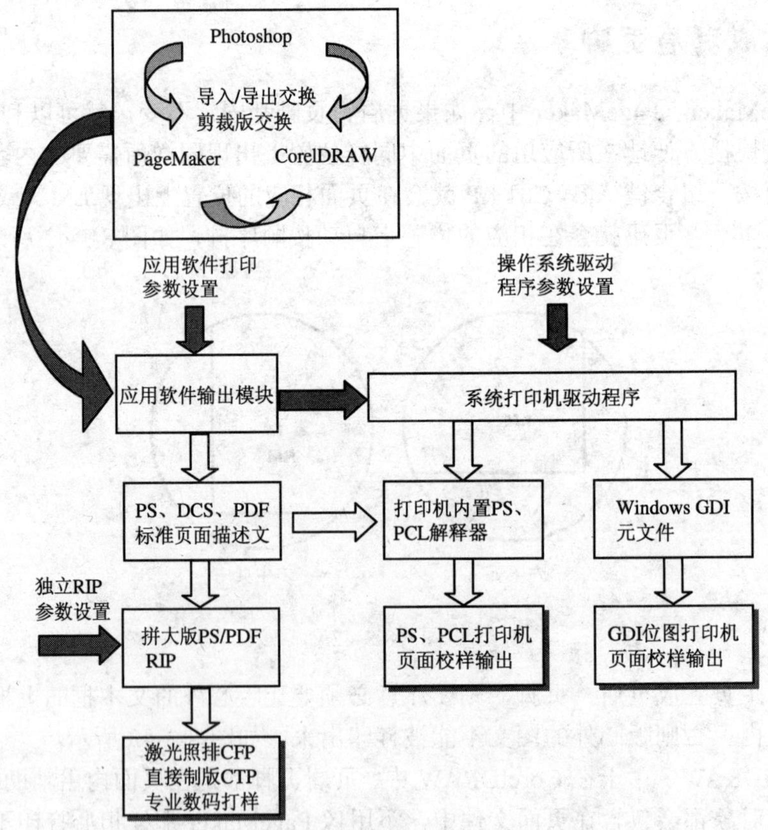

图 8-4-1 印前数字化流程的输出结构与控制设置

一、印前系统的输出结构

1．印前软件的文件交换与输出

数字印前所使用的前端处理软件分别是图像处理软件、图形处理软件和组版软件。它们的典型代表是 Photoshop、CorelDraw 和 PageMaker，如图 8-4-1 左上方所示。这些软件可以通过各自的“导出”或“另存为”功能形成通用交换文件的输出功能，如生成 EPS、TIFF 等。相反，也可以通过各自的“导入”功能来接收这些通用交换文件格式，以达到相互使用的目的。当然，也可以通过操作系统平台上提供的剪裁板来实现交换，但不适用于有严格颜色传递要求和复杂的数据格式传递的对象。

另一方面，对需要进行 PS 打样、CTF/CTP 输出的文档，则需要使用专用的 PDF、PS、DCS 或 TIFF 格式进行输出，一般这类输出的控制界面还可以设置一些如加网参数、分色设置等印刷参数并嵌入到其中。然后整体输出到拼大版软件或各类 PS/PDF 解释器（RIP）中。

2．基于普通打印机与 PS 打印机的校样输出

如图 8-4-1 右下方所示，目前的激光和喷墨打印机产品主要有两种控制方式：采用标准页面描述语言（Post Script、PCL）的打印机和 Windows GDI（Graphical Device Interface，图形设备接口）位图打印机。一般中端以上的激光打印机均会支持 PCL 和 PostScript 语言，而中低端打印机通常大多采用的是 Windows GDI 语言。

如前所述，PostScript（和 PCL）是标准化的页面描述语言，其工作流程是首先在计算机端将打印内容解释成标准的页面描述文件，然后传送到打印机控制器，打印控制器再将页面描述文件解释成可以打印的光栅图像。从其工作流程看，此种方式对打印机的打印控制器有很高的要求，同时需要打印机内部有足够的内存。但其优点是处理过程标准化和与设备无关性，页面描述能力强大，能直接输出与高端输出一样的 PS 页面文档，更加便于校对，因此对于打印质量和系统接口独立性要求较高的输出系统，大都采用此两类语言的解释器为核心的校样打印机。

GDI 打印方式能够充分利用计算机的计算能力和资源，计算机承担了大部分本来需要打印机控制器完成的工作。此种解释方式减少了 PostScript 打印机将打印内容解释成页面描述文件，再将页面描述文件解释成光栅图像的过程，在计算机中直接将打印内容（即 Windows GDI 元文件）解释成了可以直接打印的光栅位图，因此大大降低了对打印控制器性能和内存的要求。GDI 是基于 Windows 的非标准的方式，目前更多的应用在一些中低端的打印机上，是印前校样输出的性价比较好的机型。

3．专业的印前 PostScript 和 PDF 输出

如图 8-4-1 左下方所示，这个通道就是印前系统的核心输出流程，也就是目前所说的数字化工作流程的核心。其中包括拼大版软件系统、专业 RIP（光栅图像处理器）驱动系统以及专业数码打样、激光照排（CFT）、直接制版（CPF）和数码印刷等输出系统。这部分内容将是后面讨论的重点。

二、输出控制的结构与参数

在图 8-4-1 中，可以看到有三个黑色箭头标出的三个不同的印前输出控制环节，下面分别论述。

1. 应用软件打印参数设置环节

在 Photoshop、CorelDraw 和 PageMaker 等典型的平面出版软件中，都具有自己独立的输出模块，而且功能十分强大，能够进行从页面设置到分色处理等各种输出参数的设置及其生成相应的打印中间文件，下面一节中将详细讨论。

2. 操作系统驱动程序参数设置环节

首先要明确图 8-4-1 所示的输出结构的工作原理。从本质上讲，在 Photoshop、CorelDraw 和 PageMaker 这些典型的平面出版软件中，软件本身只能进行打印参数的设定并生成打印中间文件（如 Windows GDI 原文件输出格式或 PS/PDF 通用页面描述格式），而不能直接对打印机进行驱动控制。直接控制打印机输出的是打印机驱动程序，这些驱动程序通过操作系统级的打印控制界面，进行针对打印机的具体工作参数设定，然后直接对设备进行物理驱动和输出。系统级设备驱动程序这种驱动形式主要是用来挂接激光印字机、彩色喷墨打印机等普通的输出设备的。当然也可以以此方式来挂接激光照排机等，只是对高端的输出系统，一般都使用以专用输出软件形式出现的 RIP 控制形式。

另一点要注意，在“应用软件打印参数设置环节”中所述的应用软件中的打印控制参数，它们将被嵌入到 Windows GDI 原文件或 PS/PDF 页面描述文件中，然后送往各种类型的打印机驱动程序或 RIP 中。而打印驱动程序的设置参数的优先权要高于应用软件参数，这样如果两个设置环节上的参数发生冲突，将使用驱动程序设置界面上设置的数值。

设备驱动程序一般都是由输出设备厂家编写的，目前大部分流行的输出设备的驱动程序都作为操作系统的一部分，需要时可以方便地安装。这种软件的功能主要是对打印文件进行打印机的直接控制、光栅化处理、半色调加网等，对彩色输出具有色彩校正等功能。

3. RIP 后端参数设置

对激光照排机、直接制版（CTP）系统、数字式彩色印刷机这样大幅面的高速输出设备，它的驱动系统往往形成一种独立的软硬件实体，并被称为光栅图形处理器（RIP），它可以是驱动程序及其专用的硬件运行平台的结合体，称之为硬 RIP，也可以是运行在计算机平台上的纯软件，称为软 RIP。这条输出通道的特点是专门针对各种应用软件产生的标准 PostScript、PDF 输出文件进行专业的、高效率的输出控制，它是一个专业的高端输出系统。对于同样一个输出参数，RIP 后端参数设置的参数将屏蔽前端应用软件设置的输出参数。

本章主要对应用软件的打印参数设置环节和操作系统级打印参数控制环节进行探讨，RIP 后端参数的设置将在后面的章节中进行论述。

第五节　印前软件的校样输出与控制

从前面所述的输出体系结构上知道，各种软件都有自己的输出控制参数的设定界面，在专业级的出版软件中，虽然界面外观形式有些差别，但核心参数都是相似的。下面以PageMaker界面为基础，结合CorelDraw、Photoshop，综合论述这些参数的含义和使用方法。

一、PageMaker组版软件的校样输出界面及其参数

如图8-5-1所示是PageMaker的输出控制界面，下面论述主要的输出参数。

图8-5-1　PageMaker文档选项

1．文档选项中的参数及含义

（1）打印机及其PPD

1）“打印机”项显示出当前选定的打印机的名称，使用所安装的最新的可兼容驱动程序，PageMaker可以输出到任何直接连接或者通过网络连接的PostScript打印机上，也可打印输出到一个非PostScript打印机，包括QuickDraw（Macintosh）打印机及PCL打印机（Windows）。

2）“PPD”选项，是仅对PostScript打印机而言的，它用来指定PageMaker（其他软件都是相似的）将要用于打印的PostScript打印机描述文件。当在一台PostScript打印机上打印时，PageMaker必须使用PostScript打印机描述（PPD）文件，它为PageMaker提供了PostScript打印机的有关信息，其中包括打印机自带字体、纸张大小、优化的半色调加网线数和输出分辨率。这些信息由打印机制造商提供，它反映了这种设备的最为通用的配置。

在打印一个出版物时，PageMaker使用PPD文件中的信息来判断把哪些PostScript信息发送给打印机。例如，PageMaker假定PPD文件中列出的字体是驻留在打印机中的，因此打印时字库不会下载到打印机。PageMaker还使用PPD中的信息来判断在用户选取了“文件>打印”，并点击“特性”时，用户可以控制打印机特定的特性。

在Windows中，PPD有一个文件名称并有一个别名，它是该PPD文件的一个更长的名称。例如，“Linotronic 330 v52.3”是用在带有PostScript52.3版解释器的Linotronic 330激光照排机的PPD文件的别名，但在Windows中其文件名称是“L330_523.PPD”。PageMaker

可以在“打印文档”对话框中按别名或文件名称列出 PPD。默认设置是 PageMaker 用别名列出 PPD 文件。

（2）打印页数和页面种类

1）“份数”选项指示用户要打印的份数。对于某些非 PostScript 打印机，点击“设置”来设置打印份数。

2）“分套输出”选项在打印下一份副本前将打印该出版物或者合订本（在合订本列表中指定的出版物）的一个完整副本。当选定了该选项时打印较慢。

3）“反序”选项将改变页面在该打印机上的通常打印顺序。例如，如果一个打印机通常是首先打印出版物的第一页，则当选中“反序”时它将把第一页放在最后打印。

4）“全部”选项将打印当前出版物的所有页面，或者如果“打印合订本中的所有出版物”被选定，将打印所有合订的出版物。

5）“范围”选项允许用户指定当前出版物中用户想要打印的页面范围。在一个数字之前或之后键入一个连字符，就可分别代表将打印到该页为止并含该页的所有页面，或者是从该页向后并含该页的所有页面。在两个数字间键入一个连字符是告诉 PageMaker 打印在此范围内的所有页面。用户必须按升序键入由连字符分隔的数字（是 2-4，而非 4-2）。

在使用逗号来分隔用户指定的单独页面或者页面范围时，页面号无需按某一顺序键入。例如，用户可以键入“1-5，19，10-11”来打印页面 1 到 5，此后是页面 19，最后是页面 10 和 11。用户可以在该编辑框中输入多达 64 个字符。

6）“打印页面”选项允许用户在指定的范围内选取要打印的页面。选择“所有页面”将使 PageMaker 打印指定页面范围内的所有页面。选择“偶数页面”或者“奇数页面”，仅打印出版物或合订出版物的指定页面范围内的所有偶数或者奇数页面。

7）“打印空白页面”选项在出版物中的合适位置打印空白的页面。

8）“忽略非打印设置”选项允许用户打印指定为非打印的对象。

9）“校稿”选项把所有的导入图形不打印出来，只打印一个矩形图框。当选中该选项时，页面打印更为迅速。

（3）打印方式　“打印方式”设置：点击“打印方向”的直式图标，将按肖像模式打印用户的出版物（纸张的较短边是水平的）。点击横式图标将按横式模式打印（纸张的较长边是水平的）。为获得最好的结果，当用户在“文档设置”对话框为出版物页面进行设定时，选择相同的打印方向；否则，页面的某些部分可能无法打印在纸张上。

2. 纸张选项中的参数及含义

纸张选项中的参数如图 8-5-2 所示。

1）“大小”选项指定一个纸张的大小。列出的大小在选定的 PPD 中定义。

2）“来源”选项决定将要用于打印出版物的纸架。列出的选项在选定的 PPD 中指定。

3）“打印机标记”选项打印在用户出版物的分色打印或复合打印中的裁剪标记、注册标记、密度控制条和色彩控制条。这些标记有助于用户的数码打样机和照排机用来对齐打印或发排的分色片，并作为在制版和印刷过程中调整颜色精度的重要测试数据。另外，要注意“打印机标记”选项要求输出的文档在其边缘有 0.875in（22.2mm）的区域放置这些

测试条和各种标记。

图 8-5-2 PageMaker 纸张选项

4）“页面信息”选项将在每张纸或胶片的左下角以 8 点大小的 Helvetica 字体（Macintosh）或 8 点的 Arial 字体（Windows）打印出文件名称、页面号、当前日期以及原色或专色分色版名称。另外，“页面信息”选项要求沿水平边缘有 0.5in（13mm）的摆放区域，该区域可以和“打印机标记”区域合用。

5）“页面置于打印区中央”选项把出版物页面放在可打印区域的中央。要注意某些输出设备本身是一个不对称的可打印区域，这时，如果点击该选项，就会把用户的出版物放在可打印区域的中央（但不在纸张的正中央）。而不选取该选项，则将把用户的出版物放在选定纸张的中央。

注意：要确保为用户的出版物、打印机标记以及页面信息选择一个足够大的纸张。“打印机标记”和“页面信息”选项共需要 0.875in（22.2mm）的区域。如果出版物、打印机标记或者页面信息没有调整到 PPD 中定义的可打印区域中，“调整”部分中的偏移量将显示为红色。

6）“E”图标。双击页面调整图标（大的 E）来访问“偏移量计算”选项。“偏移量计算”可以对通用的桌面打印机的非打印区域进行补偿。其中“使用纸张大小”选项是在一个激光照排机上成像时使用的设置，用来假定整个纸张大小都是可打印区域。“使用可打印区域”选项是一个在桌面打印机上打印时使用的设置，它从 PPD 中获取偏移量信息（纸张边缘离可打印区域有多远）并调整可打印区域，对打印机的非打印区域进行补偿。

7）“拼贴”选项。

a．拼贴概念：在 PageMaker 中，用户可以创建并打印大至 42in×42in 的 PageMaker 出版物（1066.8mm×1066.8mm）。但是，大多数打印机不能打印如此大的页面。如果用户想在打印机上打印一个超大的出版物，可以分块打印出版物，然后再修剪并组装这些块，我们把这种操作叫做拼贴处理。

b．重叠概念：它是指拼贴处理时，各个分块为输出后重新拼接方便而在各页面边界部分打印的拼贴过渡带。

c．自动拼贴：PageMaker 计算包括“重叠”在内所需的页面数，并自动将带有重叠的打印区域放置在打印页面中央。“重叠”的设置要按照用户出版物指定的度量单位，键入希望的拼贴重叠的最小数。该值应当大于用于打印机的最小页边距。用户可以指定最大为出版物页面最短边的一半大小的重叠量。例如，用于大小为 11in×17in（279.4mm×431.8mm）的拼贴可以重叠多达 5.5in（139.7mm）。

d．手工拼贴：允许用户使用重设出版物零点的方式来控制拼贴的精确尺度。

8）“缩放”选项允许用户在输出时用一个指定的比例缩放出版物，其中的“缩图”选项允许用户创建一个页面的缩影版本以便用户能回顾出版物的总体设计。如果用户在进行缩图打印时指定了页面范围，则每个范围开始一个新的缩图页面。例如，如果用户指定了一个页面范围为“1，3-5”，则页面 1 的缩图将打印在一个页面上，而页面 3-5 的缩图将打印在另一个页面上。

3．打印控制选项中的参数及含义

PageMaker 打印控制选项中的参数如图 8-5-3 所示。

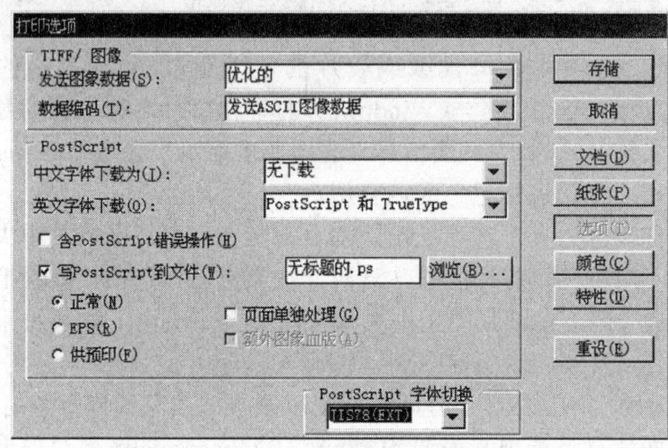

图 8-5-3　PageMaker 打印控制选项

（1）TIFF/图像　“发送图像数据”弹出菜单作用与选项功能：在使用高分辨率的 TIFF 图像和复合型图形工作时，用户可以通过选取像素图像如何打印来节省打印清样的时间和成本。PageMaker 提供了按正常分辨率、优化分辨率、低分辨率以及使用占位符四种方式打印导入的位图图像，而这些图像和符号都被链接在该图像的高分辨率版本上。

菜单中选项的功能如下：

1）“正常”选项将发送所有的位图图像数据到打印机。一般在打印线条艺术作品或黑白灰度位图图像时使用该设置。

2）“优化”选项使用在以下情况：如果用户的出版物包含高分辨率图像，而用户是在一台低分辨率打印机上进行清样工作时，这时显然图像数据超出了打印机对加网线数（对于彩色和灰度图像）或者打印机分辨率（对于黑白图像）的需要。使用该设置以后，PageMaker 将以用户打印机上尽可能好的分辨率来打印图像，而忽略用户输出设备无法使用的图像数据。

3）选择“低分辨率”按每英寸 72 点（dpi）　打印位图图像，减少了打印时间。

4）如果用户不想打印位图图像，可选择“忽略图像”。打印时图像将被一个带叉的线框代替。该选项在打印分色文件到磁盘时是很有用的，这样用户可用一个支持 OPI 管理的

出版软件链接到该图像的高分辨率版本上。

“数据编码”菜单选项：它包含有二进制编码和 ASCII 编码两种选择。用于选择在 PostScript 文件中存储 TIFF 图像或者复合型图形的编码格式。数据编码会影响文件大小，一个二进制图像文件大小是一个 ASCII 图像文件大小的一半。这样，存储容量可以减少一半，而网络传输速度可以提高一倍。在 Macintosh 上，AppleTalk 和以太网都支持二进制传输。当在 Macintosh 上由用户存储 PostScript 文件时，PageMaker 默认按二进制格式存储 TIFF 图像和复合型图形。另外，许多 PC 网络不支持二进制数据传输，因此在 PageMaker for Windows 上数据编码默认为 ASCII。当前打印驱动程序支持二进制数据传输，并且用户要求打印成为磁盘文件时，二进制选项是可用的。

（2）PostScript 输出控制

1）“中文字体下载”和“英文字体下载”选项。常用的字体：两种主要的字体标准是 PostScript 和 TrueType。

PostScript 字体是一种用三次曲线描述的高精度字体，它是在 PostScript 输出设备上进行高质量打印和照排输出的打印工业标准。这种字体也可用在非 PostScript 打印机上进行打印，并可用于显示器显示，只是使用时必须用字体管理程序（如 Adobe 字体管理程序 ATM）软件把 PostScript 打印机字体从平滑的可缩放空心轮廓矢量转换为用于在显示器上显示和在非 PostScript 打印机上打印的点阵字模。这些点阵字模可以根据需要以不同的分辨率实时产生并用于输出。

TrueType 是一种用二次曲线描述的字体，在大多数的 PostScript 和非 PostScript 输出设备上都工作得很好。在 PostScript 打印机上使用 TrueType 的不利之处是这种字体在使用时必须转换为 PostScript 轮廓描述，这样，最终字体的质量将取决于转换精度。所以不如 PostScript 字体质量高。

另一种字体标准是 PLC 位图字体和 PCL-5 轮廓字。PCL 位图字体，包括 HP LaserJet II 和兼容打印机所使用的字体，只能按预定大小打印且不能转换。但它的轮廓字可以支持缩放等特性，但不支持 PageMaker 的所有印刷特性。另外，还有一些可缩放字体，如 Intellifonts 和 Fontware 字体（仅用于 Windows）等，这里不再赘述。

2）字体的传递和驻留。一种字体驻留在何处以及在何处进行光栅化，都会影响到文字成像的时间和输出质量。打印机中驻留的字体（字体保存在打印机存储器中）在打印机内被转换为位图。带有驻留字体的打印机有 PostScript 打印机和一些非 PostScript 打印机。而对于 TrueType，则不论是在 Windows 还是在 Macintosh 中（Macintosh 和 Windows 都有内置的 TrueType 字型管理程序），都是被保存在用户的计算机中，并需要由操作系统转换为位图或 PostScript 轮廓。

当用户在其出版物中使用了一种对于自己的打印机而言是不可用的字体时，字体必须从计算机传送到打印机。当用户打印的一个出版物中包含了非驻留字体时，该字体必须由操作系统或者字体管理程序创建并由 PageMaker 下载。只要它们已安装在用户的计算机硬盘上，PageMaker 将根据需求下载字体到用户的打印机。PostScript 打印机带有内置打印机字体，它们列在用户的打印机 PPD 文件中。PageMaker 读取 PPD，并不下载此处列出的字体。如果 PageMaker 无法查找到打印机字体，或者用户的打印机不包含列在 PPD 文件中的字体，打印机将用 Courier 字体替代，这样，缺失的字体可很容易标识并修正。

这里要说明的一个概念是上面提到的打印机既可以是普通打印机也可以是照排机。另外，打印机也不一定是封装在一起的结构形式，例如照排机的主机部分和光栅处理器（RIP）部分是分开的，而字体就是放在运行 RIP 软件的计算机上。

3）写 PostScript 到文件选项。它的含义是将出版物保存成一个 PostScript 文件，用户可以把一个制作成功的出版物以 PageMaker 文件形式或者 PostScript 文件形式提供给输出中心，这两种格式作为提交格式各有其特点：

a. PageMaker 文件提交方式的特点。当用户希望出版中心能够对其文件做出校正和改动时，PageMaker 文件就可以在输出中心相同版本的 PageMaker 软件中重新打开，由于这种文件属于 PageMaker 软件的专用文件（其他的出版软件也同样有它们的专用文件），因此所有的排版版面特性都被完全保存。这样输出中心就可以对它重新进行编辑、修改、打印设置等工作，以确保正确的输出。另外，相对于 PostScript 文件，它的文件较小。然而正是这个特点，就很容易造成出版物被别人改动，PageMaker 的版面非常脆弱。任何轻微的改动都会影响版面的布局和定位。

b. PostScript 文件提交方式的特点。如果用户只是让输出中心提供照排机发排，而不需要提供更多的服务，用户则可能需要把出版物以“写 PS 到文件”的方式生成 PostScript 或 PDF 格式文件，而不是提交一个 PageMaker 出版物。PostScript 和 PDF 文件包含对用户出版物一切信息的描述，包括有关链接文件和服务于输出设备的打印参数。一个 PostScript/PDF 文件通常较原稿 PageMaker 文档大。一旦用户创建了该 PostScript/PDF 文件，就可以把它拷贝到一个外置存储媒体或使用网络远程传输把它发送给输出中心。然后，输出中心可以不作任何处理，直接将该文件发送给激光照排机输出胶片。也可以进入到 CTP 系统进行拼大版后再输出。

总之，以写 PS 到文件的方式来生成 PostScript/PDF 文件并提交输出中心，对用户有以下几项好处：

a）文件的所有内容和参数都被封锁住了，使得出版物不容易受外界的干扰。

b）用户不必与输出中心有相同的 PageMaker 版本、平台或者系统软件的版本。因 PostScript/PDF 是高端和桌面出版系统的标准打印机输出语言。

c）PostScript/PDF 文件可以包含 OPI 备注和 DCS 格式，它允许用户从 PostScript 文件中省略庞大的 TIFF 图像，而让输出中心使用图像代换机制（OPC）在成像前把它们结合进用户的出版物。

d）PostScript/PDF 文件可包含在用户出版物中的可下载字体。这样，即使输出中心没有用户所使用的字体，用户的字体也可正确地成像。但如果输出中心有用户所需的字体时，则不必将字体包括进 PostScript/PDF 文件，因为这将增加成像时间。

e）当用户提交一个 PostScript/PDF 文件时，用户拥有对正式输出的更多的参数控制权，因为 PostScrip/PDF 文件中可嵌入针对特定输出的打印机和高分辨率照排机的 PPD 文件。当然，用户这时就必须对其作业的正确打印担负责任。因此，在生成正式的 PostScrip/PDF 提交文件之前，要和输出中心联系，确保用户在 PostScript/PDF 文件中设置的 PPD 文件和输出中心的一致。

综上所述，一个好的折中的办法是同时交给输出中心 PostScript/PDF 文件和 PageMaker 文件，这样，文件可以保持其不受外界干扰的特性，并且如果出现问题还有源程序可以校正。

4）“含 PostScript 错误操作”选项。当用户打印一个文件到磁盘或者在任何 PostScript 设备打印时，把 PageMaker 的“含 PostScript 错误操作”选定后，如果出现了一个打印问题，就可以打印出包含有错误信息的出错页面，以帮助用户或者出版中心查找该问题。出错信息包括 PostScript 错误以及该错误通常的起因和纠正该问题的方法。

4．颜色选项的参数及含义

如图 8-5-4 所示是颜色控制界面，其中包括以下方面。

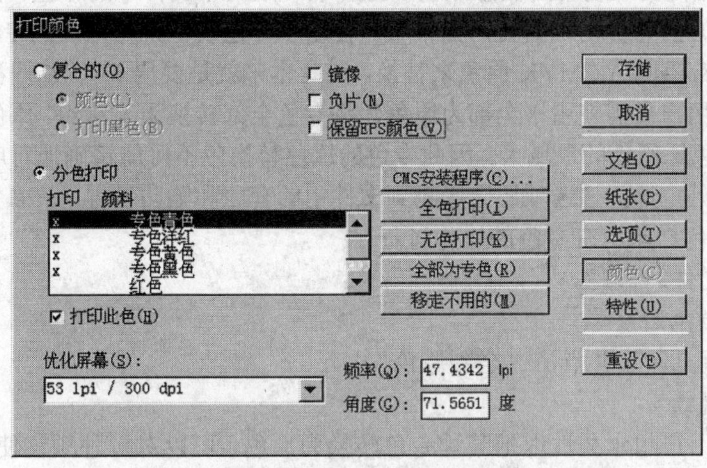

图 8-5-4　PageMaker 颜色选项

（注：图中的专色 CMYK 就是普通的 CMYK 印刷原色，其他则是专色）

（1）“复合的”选项　其中“颜色”和“打印黑色”两种选择分别代表进行彩色复合打印和灰度打印。

1）彩色复合打印是指使用复合打印文件（例如 PostScript 复合文件和 PageMaker 文件）在彩色打印机上直接输出彩色样张。用户可以通过这种彩色样张来检验应用于对象的颜色正确与否，并获得对正式的产品样张的外观的大致感觉。有关彩色样张的详细问题在第七节中叙述。

2）灰度复合打印是指将一幅灰度图像，特别是将一幅彩色图像打印成一幅灰度图。其中主要有一个将彩色图映射成灰色图的算法。一般都是以颜色的亮度（也就是密度），而不是颜色的百分比作为灰度图的值。在 PageMaker 中，某种色彩所对应的灰度将以该颜色输出到胶片上所获得的灰度值为准。例如，在模拟 20%黄色的灰度时，它比 20%黑色的灰度要淡，因为黄色看起来要比黑色亮。一个 20%的黑色和一个 20%的绿色原色打印出来将是不一样的灰度。

（2）“分色打印”选项　其功能就是对各种原色或专色分别进行打印输出。

1）“频率”和“角度”参数。用来显示和修改各个分色颜色的半色调加网角度和加网线数，其中常用的规则有：

a．专色通常按在 PPD 中为“自定义颜色”指定的加网角度打印，一般是 45°。为获得最好结果，可使用 PPD 中的默认设置。若要以一个不是 45°的网屏角度打印专色（例如，为创建一个特殊效果），选择专色并键入一个新的加网角度值。对要打印的每一种专色都可重复该过程。

b．对于原色，选择原色的名称，而后对“优化”屏幕检验其值。对要打印的每种原色重复该过程。建议使用优化显示器设置。“优化屏幕”中的加网参数实际就是目前选定的打印机的 PPD 文件中的推荐设置。

2)“打印此色”。用来控制打印某一种颜色的 PostScript/PDF 分色文件或直接输出分色校样和分色片，使用前先选择要打印的每种颜色的名称。也可以连击要打印的每种颜色的名称。若要选择所有的颜色，点击“打印所有颜色”。

3)“全部为原色”/“复原为专色”。当用户在一台激光照排机上发排 CMYK 的各彩色分色片时，可以指定出版物中的任意专色（包括导入的 EPS 文件中的专色）暂时转换为它们的原色（CMYK）的等价物。例如，如果用户使用了专色设计，而生成的专色分色版太多，经济上不合算，希望使用 CMYK 原色来替换。或者本来就是要用 CMYK 四种原色进行彩色分色打印，那么用户只需使用“全部为原色”将专色全部转换为 CMYK 原色来输出。要强调的是，由于专色比原色的色域大，因此专色的原色替换色不可能精确地对应所有的原稿中的专色效果。另外，选择该选项还会影响到文件中的套印和陷印设置。

下面是用原色打印所有专色的操作过程：

a．选取“文件>打印”。

b．点击“颜色”。

c．择“分色打印”并点击“全到原色”。

d．点击“继续”。

另外，如果用户想永久性地把某种专色转换为原色，可以对每种颜色使用“定义颜色”命令。与“全到原色”选项不同的是，该转换保留陷印和套印设置。

(3) 胶片准备的选项：“镜像”和“负片” 当用户为分色图像打印准备文件时，可向输出中心了解有关胶片准备的特殊需求。例如，用户可询问输出的图像分色片应该是负片还是正片，胶片的感光乳剂面（感光乳剂是胶片表面的光敏物质）应当是朝上还是朝下。其答案取决于用户准备使用的印刷类型和使用胶片晒版时的操作方式。当用户交出 PostScript/PDF 文件而不是 PageMaker 出版物时，该设置是非常关键的。默认设置是 PageMaker 把页面作为正片图像打印，感光乳剂朝上。

下面是设置过程，要求发排的胶片是感光乳剂朝下的负片：

1) 选取“文件>打印”。

2) 点击“颜色”。

3) 点击“镜像”用感光乳剂朝下打印出版物。

4) 点击“负片”打印出版物的一个负片图像。

5) 根据要求设置其他打印设置，并点击“打印”。

二、CorelDraw 中功能较强的打印设置

CorelDraw 作为功能强大的图形软件，其输出设定系统中的参数和 PageMaker 相似，如图 8-5-5 所示是它的主要几个设置界面，其中：

1) 预设界面。主要包括各种页面控制和页面符号，如页码安排、页面印刷信号条（如密度灰色梯尺、套准信号条）的安排以及剪裁标记的安排等。

2) PostScript/PDF 参数设置界面。PostScript/PDF 输出有许多高级专业特征的控制，例

如不同的版本、OPI 与 DCS 链接控制开关、字体选择、PostScript 矢量图形复杂性警告以及矢量平滑控制等。

3）分色设置界面。可以看出这个分色界面中所包含内容很全面，例如，是四色分色还是高精度六色分色、各种加网参数和网点形状选择、采用压印还是套印方法以及陷印参数（在自动捕捉中的各项设置）等。

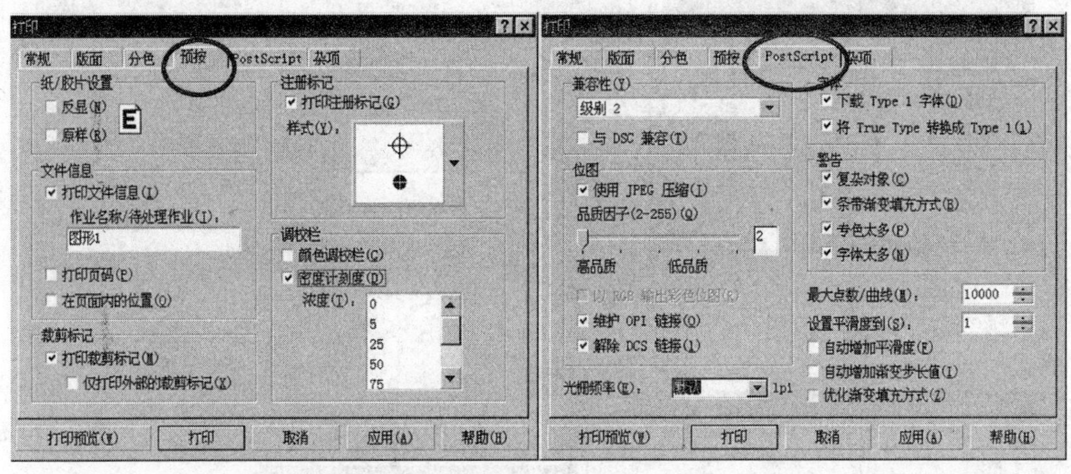

a）　　b）

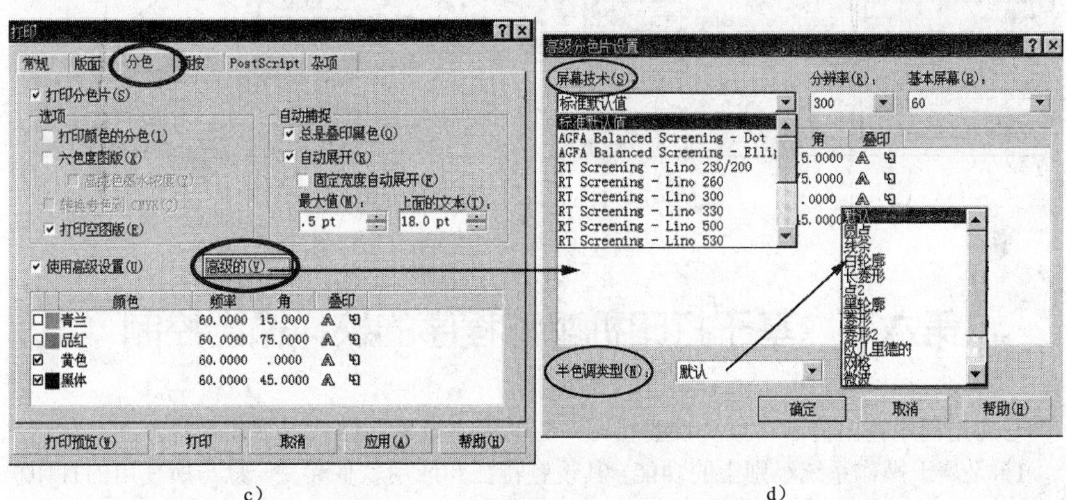

c）　　d）

图 8-5-5　CorelDraw 中功能较强的打印设置

三、Photoshop 中的打印设置

如图 8-5-6 所示是 Photoshop 很有特色的、主要是针对像素图像输出的输出参数设置。其中特别说明的是它的传递函数，它可以用来校准和补偿后端输出中的误差，比如对一个系统中如果标准原稿和输出打印效果有了差别，就可以通过这个控制环节来进行调整。实际上这种传递函数式的系统修正控制端口可以在系统的多个位置上出现，例如在 Photoshop 的分色设置中就可以嵌入传递函数，而在高端的输出 RIP 控制中也有类似的传递函数设置

界面。可以使用其中任何一个控制点来进行系统输出的修正。

另外，从图中看出，其他的设置项相对比较简单，其含义在前面其他软件的设置中已有解释，这里不再赘述。

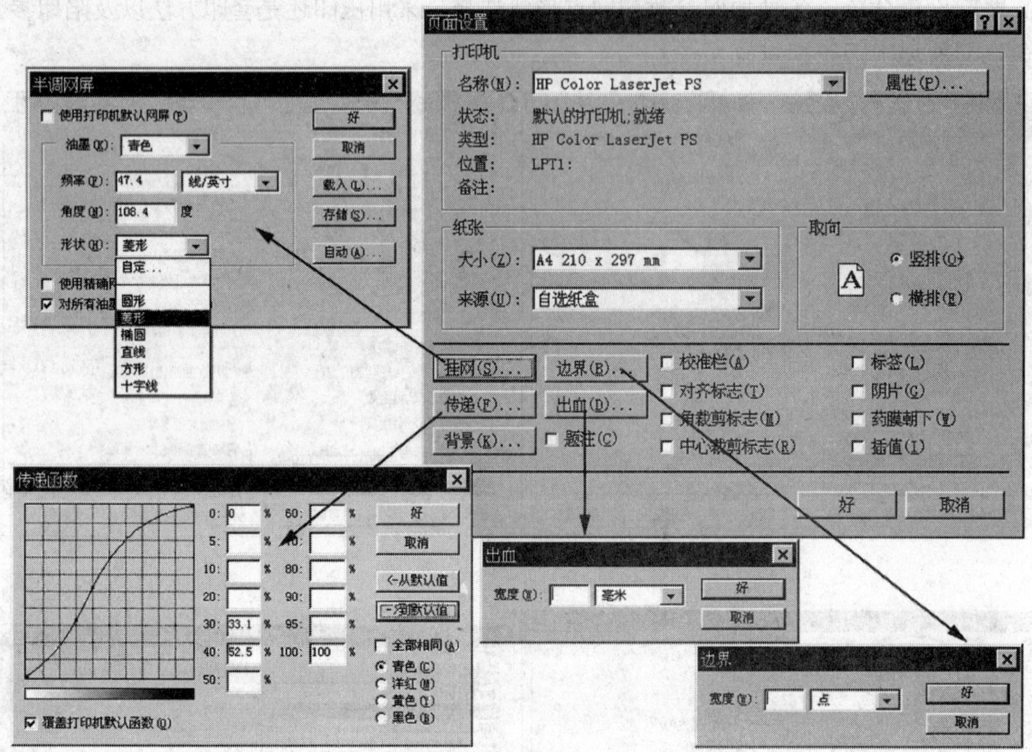

图 8-5-6　Photoshop 中的打印设置

第六节　基于打印机驱动程序的校样输出控制

与应用程序输出控制参数及设置相比，驱动程序设置界面有以下几个特点：

1）是属于操作系统级别上的功能，其设置特征和应用软件无关，只与所使用的打印机相关。

2）特征参数和打印内容的复杂性无关，只与所使用的打印机的功能特性有关。不同类型的打印机，如针式打印机、激光打印机、PS 打印机、彩色打印机等都有不同的与功能特性有关的参数项目。

3）这些特征参数项目主要是针对打印机自身功能，比如打印幅面和纸张控制、分辨率控制、半色调加网的密度和种类以及彩色打印机的色彩校正控制、PS 打印机的 PPD 参数（PostScript 输出相关的参数）等。它和应用程序的输出参数项目相比是比较少的。

4）这些参数的优先权比具有相同功能的应用程序参数要高，它可以屏蔽应用程序的参数设置而改用驱动程序设置界面中的数值。

下面分别介绍普通针式打印机、PS激光打印机和彩色喷墨打印机的设备驱动程序参数设置界面。它们因机型不同，设置参数也有区别。

一、普通针式打印机

普通针式打印机 Canon Bubble-Jet BJC 4550 的设置界面如图 8-6-1 所示，其中在 Graphics（图形）项目中有以下几个有特点的参数：

1）Resolution（分辨率）。用来控制打印机的打印点阵精度，一般针式打印机的分辨率在 60～180 左右。

2）Dithenring（抖动）。用来控制打印机的半色调呈现方式，其中包括 None（默认）、Coarse（粗糙，实际就是低分辨率调幅网点）、Fine（精密的，实际就是较高分辨率的调幅网点）、Error diffusion（误差扩散，实际就是调频网点）。

3）Intensity（密度）。用来控制打印机打印图形的深浅，可以通过界面上的滑杆随意调节。

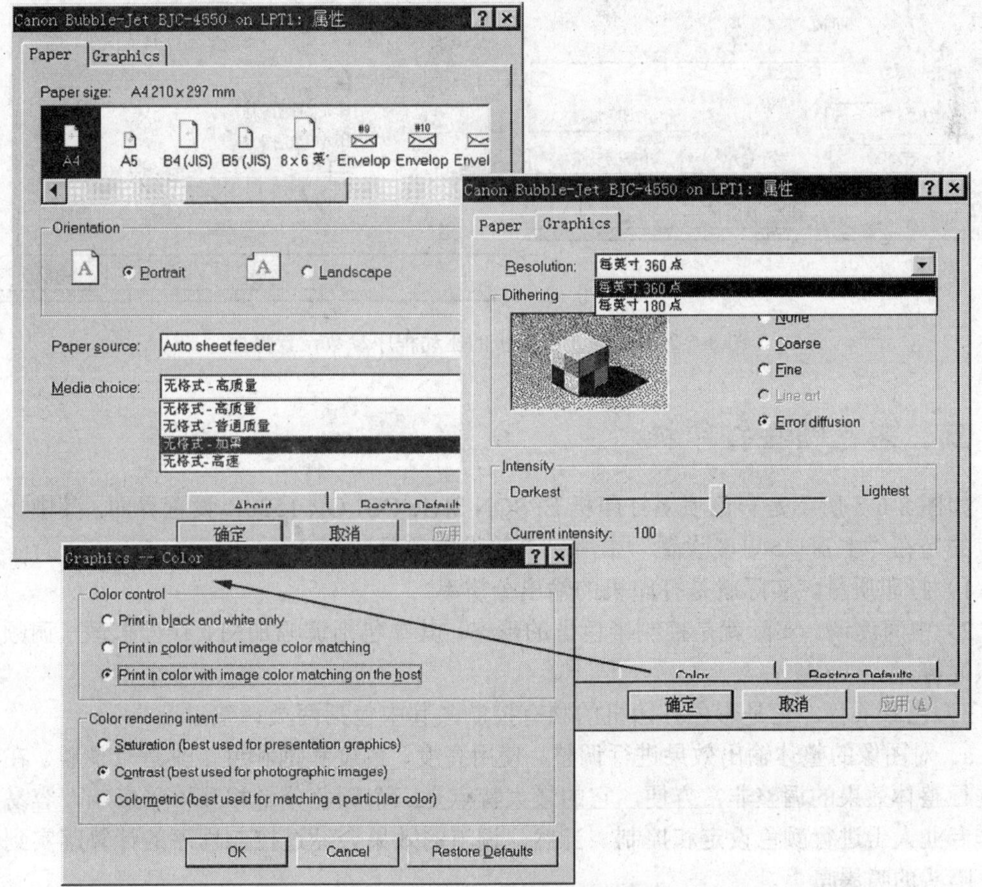

图 8-6-1　简单针式打印机的驱动程序参数设置界面

二、PS 激光打印机

HP Color LaserJet PS 的设置界面如图 8-6-2 所示，它的设置项目比普通针式打印机多了两项，参数也多了不少。

1）纸张项目中包含纸张大小、版面格式、打印方向等多种参数。

2）在图形项中包含打印分辨率设定、颜色控制方案、半色调加网参数以及正负片等特殊效果的设定等。

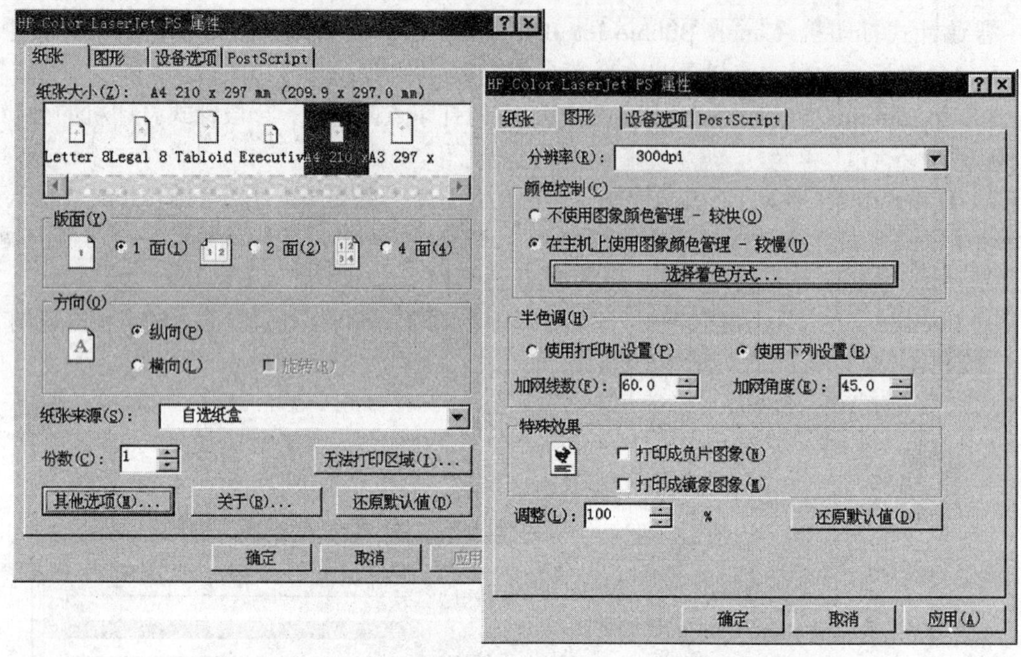

图 8-6-2 PS 激光打印机的驱动程序参数设置界面

三、彩色喷墨打印机

如图 8-6-3 所示是彩色喷墨打印机 EPSON Style COLOR 1520K 设置界面，其中比较有特点的是在“主窗口>更多设置”中所包含的设置项目：

1）打印质量。实际就是打印机的输出分辨率。

2）中间色调。实际就是控制半色调的形态，其中包括调幅加网、误差扩散（调频加网方法）等。

3）色彩项目。它是彩色打印机的独有控制，其中包括两类调整：

a. 对图像的整体输出效果进行调整。使用亮度、色度和饱和度工具进行调整。在该空间进行整体效果的调整非常方便，它的最大特点是三个颜色分量相互不受影响，容易为普通非专业人士进行颜色设定和控制。当然，调节的效果会经过控制程序的计算落实到每个颜色喷头的喷墨量上。

b. 对单个的颜色通道的颜色效果进行调整，可以使用操作界面上的印刷三原色（青色、品红、黄色）各自的颜色调整滑杆方便地进行控制，从而达到控制各色喷头的喷墨量的目的。

需要强调的是这个控制环节可以作为打印机色彩校正的控制环节。

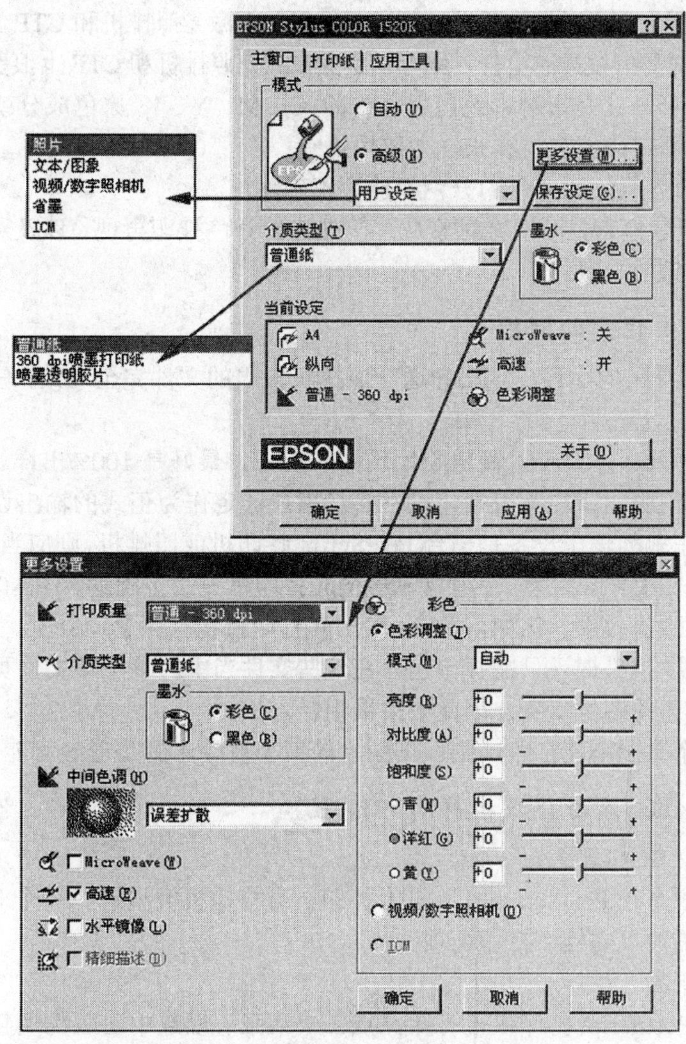

图 8-6-3　彩色喷墨打印机的驱动程序参数设置界面

第七节　黑白、彩色校样

一、纸张黑白校样

1. 种类和用途

（1）复合校样　它是指黑白或彩色出版物的复合黑白样张。其主要目的是：

1）检查总体版面设计布局。

2）检查文件设置、输出参数设定以及各页面对象能否正确输出等问题。

通常如果在黑白打样时发生问题，则毫无疑问，在激光照排机和 CTP 上正式发排也必然发生错误。通过对黑白校样的检查，就可以避免在激光照排机和 CTP 上浪费时间和金钱。

（2）分色校样　它是指对彩色出版物中的 C、M、Y、K 原色成分或其他专色成分，用单独的黑白页面打印出来的样张。主要用途有：

1）实际检查各原色和专色的分色版能否正确输出。

2）通过分色版检查，以检验对象是否按准确的分色打印再现，以及彩色套印、叠印和陷印是否如所期望的一致。

2．输出中要注意的问题

1）黑白校样使用的文件一定要和送交照排机输出的文件完全一致，任何一点改动都需要重新打样。

2）打样稿的尺寸不要小于输出胶片尺寸的 75%，最好是 100%出样。

3)用户打印出版物清样所用打印机不必与用户选定作为正式的输出设备的打印机相对应。但如果用户正式的输出设备是一台 PostScript 打印机或照排机，则应当在一台 PostScript 打印机上打印黑白校样。因为一台非 PostScript 打印机无法正确解释 PostScript 文件，并输出相应的精确细致的效果。例如，非 PostScript 打印机在打印 PostScript 文件格式（PDF、PS、EPS 和 DCS）文件时，只能打印包含在这些文件当中的关于该文件页面整体形象的代表像，而不是真正的图像本身，因此效果很粗糙。

4）如果一个页面不能打印，则该页面上的某个被导入的图形最可能是症结所在。

3．PageMaker 黑白合成校样打印过程

1）选取“文件>打印”。

2）如果用户是在 PostScript 打印机上打印，为打印机类型选择一个对应的 PPD。

3）选择所需的“文档”打印选项。

4）完成以下的一种：

a．如果在 PostScript 打印机上打印，点击“纸张”以选中出版物调整，并设置附加的选项。点击“选项”访问 PostScript 打印选项并设置影响位图图像如何打印的选项。

b．如果在一台非 PostScript 打印机上打印，点击“设置”以设置打印机选项并选中纸张选择范围。

5）点击“颜色”，点击“复合”，并点击“灰度”。

6）点击“打印”。

4．PageMaker 中用 PostScript 打印机打印分色校样的过程

用户可以在任何一台黑白桌面打印机上打印彩色分色片的校样稿，图像照排机都是 PostScript 输出设备，而非 PostScript 打印机不能准确地显示出 PostScript 分色打印效果，所以最好在 PostScript 打印机上输出用户的彩色分色打印的校样稿。

1）选取“文件>打印”。

2）为打印机选择 PPD。

3）点击“颜色”，然后点击“分色打印”。

4）选择将用于正式分色打印中的颜色。点击每种颜色，然后点击每种颜色的“打印此

色”选项（注意：如果颜色列表中的一种颜色未曾在出版物中使用，PageMaker 不为该颜色创建一个分色打印）。

5）点击“纸色”以检查用户的出版物调整到选定的纸张大小。如果该出版物没有调整到选定纸张大小，可考虑使用“缩到”或“拼贴”。

6）点击“打印”。

二、显示器软打样

1．软打样及其特点

软打样就是在显示器上仿真显示印刷输出的效果，由于显示器显示直观方便，再现灵活，又不需要材料的消耗，自然是图像色彩校正人员最愿意使用的方法，也是以后技术发展的方向。但是，目前软打样最大的问题是仿真显示的准确性有待进一步提高。现在专业级的显示器软打样系统质量已经有了保障，但在普通计算机上，显示器仍然无法满足软打样的质量。

2．显示器校正与色彩管理

显示器软打样的关键技术是显示器的精确校正和整个系统的色彩管理，其中显示器校正就是对显示器进行测试和调整，使其特性符合某种状态的设备特征，或产生符合当前工作状态的新的设备特征。而色彩管理系统将支撑监视器色域与打印机和胶印机色域中的颜色之间的相互仿真转换。其具体的原理和操作已经在色彩管理一章中详细论述了，这里不再赘述。

三、纸张彩色校样

这里的彩色校样可以理解为有以下特点的彩色输出：

1）指使用小幅面的普通彩色打印机。

2）对彩色单页面的输出。

1．彩色校样的用途

彩色校样的用途有：

1）对普通的彩色校样输出，可以作为检查页面布局、颜色搭配和进行内容校对和错误修改的载体。

2）对于经过色彩管理的校样打印机或高端的 CTP 系统打样机，其输出样张则可以作为印刷效果的“仿真”效果。用样张指导进一步的印前图像颜色的校正工作，因为从样张上可以估计出进一步校色的方向和程度。直到输出样张的颜色满足客户要求为止。

3）在客户接受样张以后，该样张就被转向印刷环节，成为印刷操作人员对印刷品颜色评定的标准和印品质量控制的目标。

2．彩色打印机的种类和特点

目前，常用的彩色打印机有彩色喷墨打印机和彩色激光打印机，其特点如下：

（1）彩色喷墨打印机　这类打印机（或称打样机）的特点是使用调频加网，幅面范围大，价格相对较低，技术发展最快，从高档打样到家用产品种类齐全。其高端产品的打印质量（包括颜色和清晰度）可达到照片水平和色域。目前一般的彩色喷墨打印机都是使用调频网点来呈现连续调效果，而胶印大都采用调幅网，这对于打样四色胶印效果是不利的。但如果使用专业系统，则能够进行仿真印刷调幅网点的输出。关于详细的技术问题，将在数码打样一节中详细论述。

（2）彩色激光打印机　其特点是分辨率可达 1000dpi 以上，高于其他彩色打印机。成像机制类似激光照排机，可输出调幅网点，打样效果能较好地模拟四色印刷。其技术发展很快，是最有前途的机型之一。另外，彩色激光打印机大多使用调幅加网（调频网的效果不佳），而目前高性能彩色激光打印机分辨率可达 1200dpi，用它来打样胶印效果十分逼真，网点结构清晰可见，只是不如胶印的扎实。

3．彩色打印机的校正

（1）封闭结构系统中彩色打印机的校正　封闭结构的系统是指彩色印刷品的扫描、加工、打样和印刷都在一个设备和工艺过程相对固定的系统中进行。目前我国的大多数印刷厂都是在这种系统结构中制作彩色印品的。这种情况下打印机校正的目的就是使得打印机和四色胶印机对同一原稿的输出效果尽量一致。其具体的校正过程如下：

1）使用数字目标图像或者使用图像照片进行扫描，并对图像进行颜色校正。

2）对图形和文字进行着色处理，或给版面添加测量色靶。

3）经过分色制版后，在特定类型的印刷机上印刷该图像。

4）用彩色打印机打印该图像。

5）通过观察或者使用密度计来检查色靶或均匀的色块区域，以获得两种图像的接近程度或差异程度。

6）基于两者的对照结果，通过如图 8-6-3 所示的驱动程序参数设置界面调整打印机的色彩工作参数，使其输出结果和印刷样张接近。

7)把上述调整过程所获得的校准设置参数存储为针对这一特殊印刷类型的特别的校准文件。

8）针对不同的印刷机或者印刷过程，每一次都需要完整地做一次这种校正，并生成特定的校准特性文件。

这里要强调，这个过程是很费时间的。

（2）开放结构系统下彩色打印机的校准　开放系统是通过色彩管理系统来保证不同设备的设备颜色在整个出版流程中的准确传递。如果希望能够控制在办公室打印机上打印出来的效果，使之能够与某个印刷厂中的印刷机印刷效果相近，就必须对这台打印机做“校准”。这种校准的具体内容包括：

1）针对打印机寻找和设定最佳的工作状态和参数。

2）生成与该状态对应的相应的设备特征文件（Profile）。

3）使工作系统中的色彩管理开动起来。

这样，只要送交印刷的印刷厂也是使用开放结构的色彩管理系统管理色彩，就可保证办公室中打印的样张和印刷厂中的实际印刷品颜色相近。但这种理想的情况在国内普及使

用还需要一些时间。一旦实现，就可以实现远程和不同平台上的颜色的相互准确打样。

有关这方面的论述请看第十章专业数码打样。

4．PageMaker 彩色校样输出控制

这种控制包含两个控制环节：

（1）PageMaker 输出控制　它和 PageMaker 黑白合成校样打印控制过程基本一致，区别只有两项：

1）必须是彩色打印机，如果是 PostScript 打印机，要选择对应的 PPD。

2）在“颜色”选项中点击“复合”，并点击“颜色”，而不是选“灰度”。

（2）驱动程序控制界面　使用图 8-6-3 所示的彩色打印机驱动程序控制界面，可以选择不同的半色调输出模式等输出参数。

复习思考题

1．计算机排版的基本流程是什么？

2．简述你以前不清楚的排版禁则。

3．和图书排版相比，期刊排版有哪些特点？

4．和期刊排版相比，报纸排版有哪些特点？

5．目前主要的排版软件有哪些？试比较它们之间的区别与特点。

6．简述页面排版的基本步骤及其基本功能是什么。

7．平面设计结果的输出控制可以在哪几个环节中进行？应用软件中的输出参数设置和驱动程序的参数设置有什么区别？

8．PageMaker 中输出控制的设置界面有哪些主要的设置参数类型？各自描述什么问题？

9. 黑白打样的种类和用途有哪些？使用 PostScript 打印机和非 PostScript 打印机在输出效果上有什么区别？

10．纸张彩色打样输出的用途是什么？

第九章 数字化工作流程与 JDF 工作传票

第一节 数字化工作流程的综述

数字化工作流程包含一大一小两个范围的含义：

从小的范围来讲，数字化工作流程可以理解为对传统的以胶片照排机为输出终端的印前系统的升级。升级的系统具有自动拼大版、色彩管理、CTP 输出、数码印刷输出、数码打样、PDF 流程以及 JDF 工作传票通信与应用等高端特征。流程的架构与功能围绕着印前系统，包含各种先进的版面输出技术与系统。与传统的印前工作流程相比，这种印前数字化工作流程不仅在工作效率、产品质量、生产成本等方面有优势，更是印前、印刷技术与市场发展的必然要求。它实现了印前由半数字化、半模拟化向纯数字化的转变，改掉了许多复杂多变的中间环节和烦琐的手工作业，从而保证数据传递与复制的稳定、准确，提高了应对高质量、小批量、多品种的市场需求的能力。

从大的范围来讲，数字化工作流程的概念可以扩展到这样的范畴：将以印前为核心的“小”数字化流程作为中间层，以客户关系管理（CRM）、印刷企业资源管理（印企 ERP）、印刷企业制造执行系统（印企 MES）等为上层的信息控制层，以印前、印刷和印后设备控制系统与信息终端作为流程最底层。这些层次的系统组织成为一个能相互无障碍沟通的流程架构，从而实现整个印刷企业各个层次子系统真正的一体化、透明化和全程自动化。

1）以电子商务、客户关系管理、物料管理、核算管理、订单管理为核心的 ERP 与 CRM 系统。

2）以作业计划、动态调度、物料监控、质量管理、生产统计与分析为核心的 MES 系统。

3）印前数字化流程。

4）印刷、印后加工工艺过程中的信息加工系统与设备控制系统。

本章将以实际系统为分析对象，对典型的印前数字化“小”流程系统和具有“大”流程特征的流程系统分别进行论述。

如果按流程所使用的输出设备、印前文件和作业传票的不同，可以将流程分为激光照排工作流程、CTP（直接制版）工作流程、JDF 工作流程等：

1）基于胶片激光照排（CTF）为标志的印前数字化流程。它以传统的胶片发排为标志，

实际就是广泛应用多年的激光照排系统或彩色电子出版系统。目前，它仍有一定的成本优势和传统手工印前工艺的使用需求，仍被中低端的印前输出服务所广泛使用。

2）基于 CTP 的数字化工作流程。它以 CTP 系统为标准配置，以 PDF 文件为流程的加工文件，以局部 JDF 传票应用为特点。系统具有必须配置的色彩管理、自动拼大版、数码打样等配套功能和陷印处理、作业的网络传输、远程打样等附加功能。它是 CTF 系统的升级形式，所以 CTP 工作流程将是目前和今后最为流行的数字化（印前）工作流程。

3）基于 JDF 工作传票的全程数字化工作流程。该类系统能为客户提供从接到订单到最终发货的整个工作流程的全程控制。它将 CTP 流程作为其必然的组成部分。该流程将管理信息系统（MIS），也就是 ERP＋MES 的组合，与印刷生产的实际控制系统联接起来，成为高效和全自动的“理想”印刷企业，它为印刷企业整个经营与生产流程提供灵活而全面的解决方案，这将是今后先进的全程数字化工作流程系统（而不仅仅是印前系统）的模式。

下面分别论述这些系统的构成及其相关的技术问题。

一、基于 JDF/JMF 的全程数字化工作流程

1．基本特点与背景技术

这一流程是以 CIP4（JDF 工作传票＋CIP3 控制系统）、PDF 为基础的全数字化工作流程，主要包括以下核心系统：

1）MIS（CRM＋ERP＋MES 等）系统的功能软件。用于完成电子商务、客户关系管理、物料进销存、订单管理、出货管理等 ERP 和 CRM 等功能以及作业计划与调度、质量管理、生产跟踪与统计分析等 MES 功能，这些是实现印刷企业数字化流程的上层。

2）印前处理与制版系统。实际就是基于 CTP 的数字化工作流程，包括高精度彩色数码图像的采集、页面排版、拼大版、数码打样、CTP 或输出胶片、数据传输等各类印前信息处理和设备控制的功能和系统。

3）全自动印刷和印后生产系统。包含能与 MIS 和印前系统紧密连接的高度信息化和自动化的印刷设备和印后加工设备。

该流程的最大特点是上述三个组成部分是紧密结合在一起的，相互之间是完全透明的。能真正实现业务管理、生产管理与印前（Pre-Press）、印刷（Press）、印后（Post-Press）实际生产过程的一体化，实现信息化企业和全自动流程。

作为系统连接的核心，CIP4 的 JDF/JMF 标准是所有系统连接特性的关键技术。JDF/JMF 标准具有先进的 XML 数据结构和针对印刷行业的标准资源与操作标签，能够用来定义和描述印刷生产与流程控制中的全部相关信息，并在数字化流程系统中扮演数据引擎的核心基础作用。根据 JDF/JMF 的功能，工厂可以分成不同的逻辑单元。JDF MIS 系统用来完成企业从业务、生产流程管理与监控、供应链等方面的描述与管理。同时，MIS 可以通过 JMF 消息发送 JDF 传票到每个独立的流程工作中心（如印前、印刷、印后）或单元。然后每个中心或单元利用 JMF 通信协议发送 JDF 指令，对各类型设备（如

CTP、印刷机、切纸机、装订机等）进行控制，并可通过 JMF 在流程内传递可用的信息回报和查询应答。

JDF/JMF 除了能描述和驱动一个完整的印刷作业和控制过程以外，基于 XML 的 JDF 传票是与平台无关的信息交换标准，可以使流程系统的组成结构轻易跨越不同平台和不同操作系统，提供了解决 MIS 系统与生产控制系统分离问题的基础，提高了不同厂商产品的相互可集成性，最终能够形成灵活的系统组合，最大限度地适应用户的不同使用要求和环境，使企业内部的信息化管理与生产工艺流程完美结合。

2. 系统实例：海德堡印通（Prinect）系统的组成、功能和特点

海德堡印通（Prinect）是开放的动态模块化系统，它不是一个整体产品，系统可以随时增加印通的组件，使工作流程适应用户的业务需要。所有印通的组件都是开放的，例如，PDF（便携式文件格式）、JDF（活件定义格式）和 PPF（印刷生产模式）。这样它们就能够很容易地集成到用户现有的经过验证的 JDF/JMF 硬件和软件（即使这些设备来自第三方供应商）中。目前，Prinect 系统集成了已有的及最新开发的功能强大的控制模块，其范围涵盖了整个 MIS、印前、印刷和印后环节。利用灵活可控的软硬件模块，用户可以根据需要将各个环节连接起来。

如图 9-1-1 所示为海德堡印通系统的体系结构和组成部件。该系统分以下几个部分：

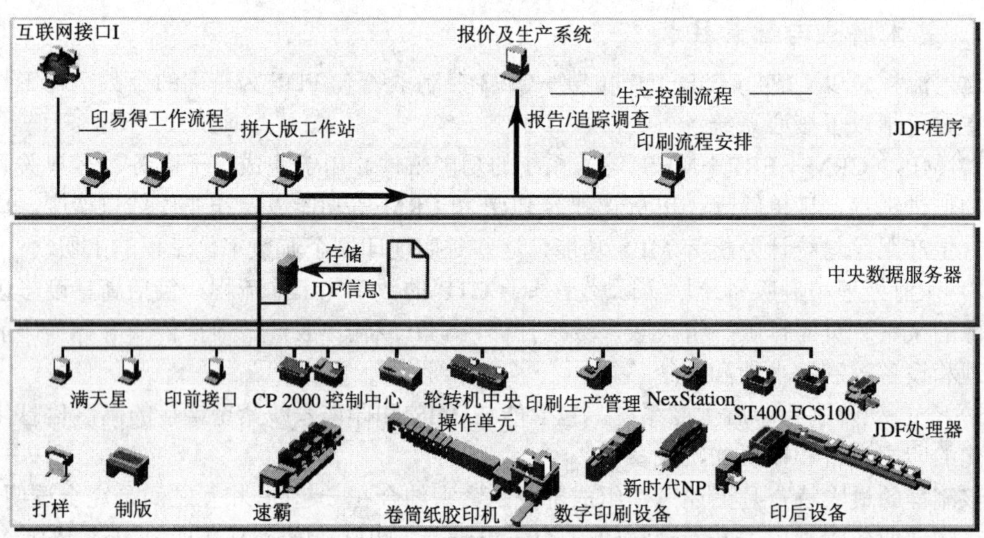

图 9-1-1 海德堡印通（Prinect）系统的架构

（1）MIS 系统　如图 9-1-1 右上角所示，实际是 CRM、ERP、MES 等功能的混合体，包括报价与生产系统、报告/跟踪、印刷流程等方面的功能。海德堡印通在这方面的核心模块就是印通 Prinance。

印通 Prinance 主要实现了以下功能：

1）客户信息与订单反馈。该项是印品活件订单的开始位置，功能包括设置客户通信方式、设定订单要求和版式规划等信息。可确保订单的完全透明性，随时在活件准备工艺的所有阶段对报价、订单、发票等的当前状态进行精确监控，可以立刻知道一个活件是否能

按照日程安排表进行加工，并对各种情况做出相应的反应。

2）可靠的成本核算（预算）。印通 Prinance 要求输入与生产有关的详细数据，然后指导用户一步一步地完成印前、印刷和印后操作工艺的成本核算。可以对具有不同的选项、色彩、纸张在多台印刷机上进行的复杂印刷的产品进行成本核算。可以依据印刷数据库和产品的定义自动计算生产参数。

3）活件的准备。确定活件所需要的生产步骤，给出采用的每个工序、成本及其关键交付期限的精确情况，并通过 JDF 活件传票传送给印通数据控制管理（Prinect Data Control）系统。

4）透明的生产计划和控制。能够制定与印刷活件生产计划有关的控制信息，自动实时地通过网络传送到 Prinect Data Control 系统。可在活件所在的任何阶段随时给出精确的生产情况，说明活件离完成还有多长时间。并能够提供各种报告，精确记录每个印刷班次的精确性能和数据，对生产工艺进行清晰的监控。

5）精确的印后成本核算。每个活件都可以用清晰、简单的格式表现最后的成本统计结果，让用户随时得知工作的利润率和各类分析数据，如目标和实际性能的比较、生产分组分析或工作中心生产力分析等。操作数据可以是通过手工输入的活件的数据，也可以通过有连接接口的各个组件自动收集。

6）电子商务。包括订单管理、合同管理、出货管理、结算管理等。

总之，Prinance 完成了从客户、估价、生产准备和规划、透明作业处理、成本核算、回款、出货过程中的每一个步骤。如图 9-1-2 和图 9-1-3 所示是其部分界面。

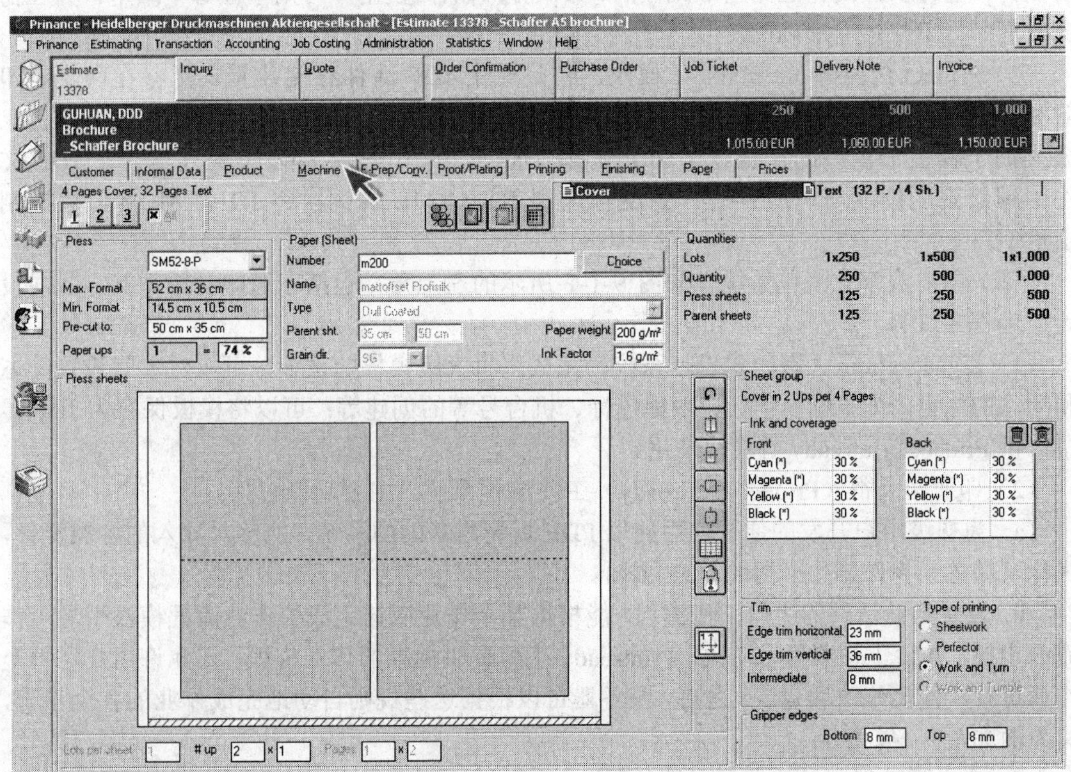

图 9-1-2 Prinance 中 Estimate 按钮/Machine 卡片上的印刷设备工作参数设置界面示例

Estimate 13378 | Inquiry | Quote | Order Confirmation | Purchase Order | Job Ticket | Delivery Note | Invoice

Customer | Informal Data | Product | Machine | E-Prep/Conv. | Proof/Plating | Printing | Finishing | Paper | Prices

Hourly Rate 1 2	250		500		1,000	
	Fixed	Variable	Fixed	Variable	Fixed	Variable
Composition work						
Repro work						
Plate-making	369.74 EUR		369.74 EUR		369.74 EUR	
Printing	300.17 EUR	65.16 EUR	300.17 EUR	93.32 EUR	300.17 EUR	149.67 EUR
Finishing	66.22 EUR	8.14 EUR	66.22 EUR	16.29 EUR	66.22 EUR	32.57 EUR
Production tot.	**736.13 EUR**	**73.30 EUR**	**736.13 EUR**	**109.61 EUR**	**736.13 EUR**	**182.24 EUR**
Extra charge for S+A						
Production + S+A	**736.13 EUR**	**73.30 EUR**	**736.13 EUR**	**109.61 EUR**	**736.13 EUR**	**182.24 EUR**
Cost of materials	90.36 EUR	2.52 EUR	90.36 EUR	5.05 EUR	90.36 EUR	10.09 EUR
Extra charge for materials	18.07 EUR	0.38 EUR	18.07 EUR	0.76 EUR	18.07 EUR	1.51 EUR
Materials tot.	**108.43 EUR**	**2.90 EUR**	**108.43 EUR**	**5.81 EUR**	**108.43 EUR**	**11.60 EUR**
Sub-contracted service						
Xtra charge sub-con svc						

图 9-1-3 Prinance 中 Estimate 按钮/Prices 卡片的成本核算（预算）显示界面示例

（2）JDF 数据引擎和文件管理系统　如图 9-1-1 所示的中间位置，该系统用来通过基于 XML 技术的 JDF 传票的管理，达到连接和控制整个系统的所有模块的目的。以下是在海德堡印通中有这类功能的二个模块：

1）Prinect Data Control 模块。这个系统能够提供基于 XML 处理引擎的 JDF/JMF 接口，以便于把管理信息系统与印刷和印后加工生产工作流程结合起来。作为 JDF 引擎平台和应用软件，它可以控制和监测整个流程的 JDF 连接，从而使用户时刻掌握每个细节，并在情况改变时做出快速而准确的反应。

2）Prinect Pressroom Manage 模块。它是一个 JDF 活件存储装置，能够在印刷、印前和印后加工等生产过程的各个阶段存储 JDF 文件，它是 JDF 的中枢神经系统，它能让人们了解整个工厂的情况，但和 Prinect Data Control 相比，该模块只是一个 JDF 文件管理级别的控制与沟通系统，并没有达到 JDF XML 解析器和 JDF/JMF 接口的控制层次。

（3）印前数字化流程系统　如图 9-1-1 所示的左上角，包括印通印易得系统、版式设计、远程接口等。

1）SignaStation 大版版式设计系统。完成用拼大版模板的设计，可以对大版设置静态和动态的标记，如折标、切标、油墨色标、机台号等的创建等；可以将模板保存为 JDF 传票，供 Prinect Printready 等模块使用。

2）印通印易得（Prinect Printready）工作流程系统。主要功能包括：

a．为初级用户开发的便于使用的以 PDF 页面为基础的系统，能够对导入的各类文件，优化（精炼）为印刷生产用的 PDF 页面。

b．设置当前活件的生产工作流程，能根据某个作业应该完成的作业流程模板引导工作流的走向，并使工作流程自动化。Printready 不但提供标准的作业模板，还允许用户对每个作业进行个性化修改和定制。之后，服务器可以根据这些规则自动地完成作业的各个步骤，其界面如图 9-1-4 所示。

c．拼大版功能与输出监控。即使用 SignaStation 提供的 JDF 版式与精炼后的 PDF 页

面进行拼大版作业，其拼版界面如图 9-1-5 所示。系统还能对大版输出的各个输出通道的完成过程进行实时的监控，监控界面如图 9-1-6 所示。

d．陷印、色彩管理、加网以及其他功能都已经预装进 Printready 系统中。

3）Prinect Remote Access 网关。远程存取组件，可让客户和印刷厂在网络上进行远程文件交流，对打样样张进行批准，从而直接将客户组合到生产工艺流程中。

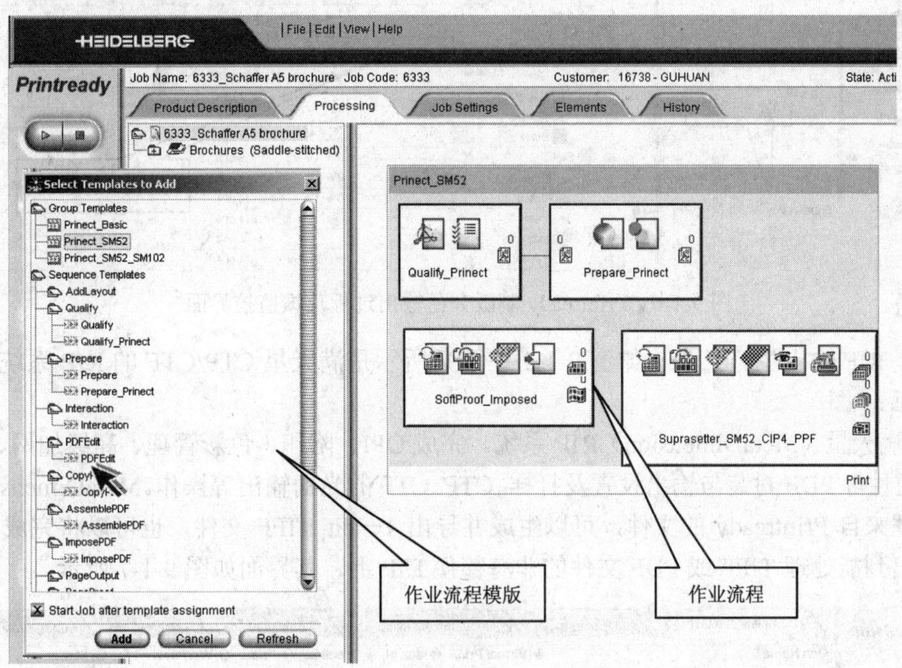

图 9-1-4　Printready 作业流程设置

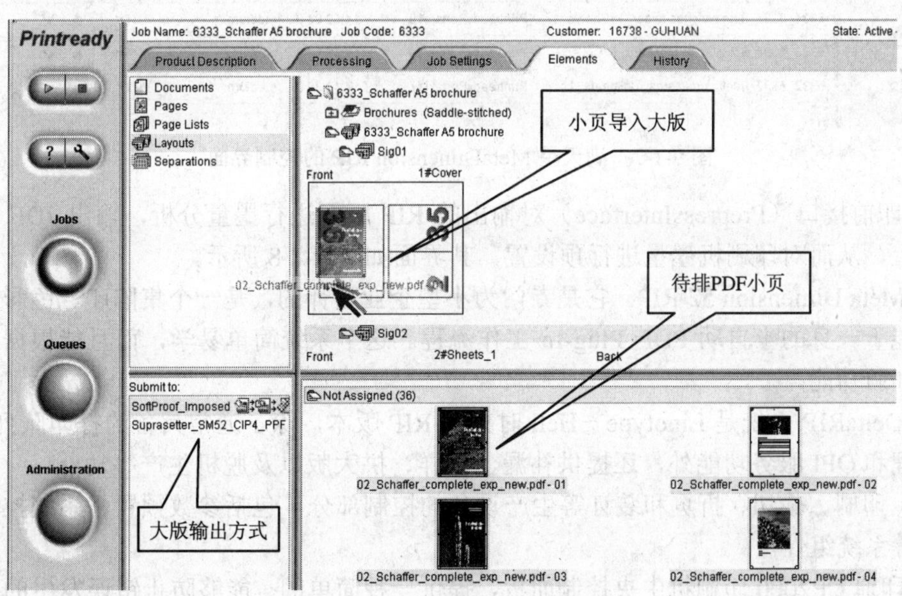

图 9-1-5　Printready 拼大版界面

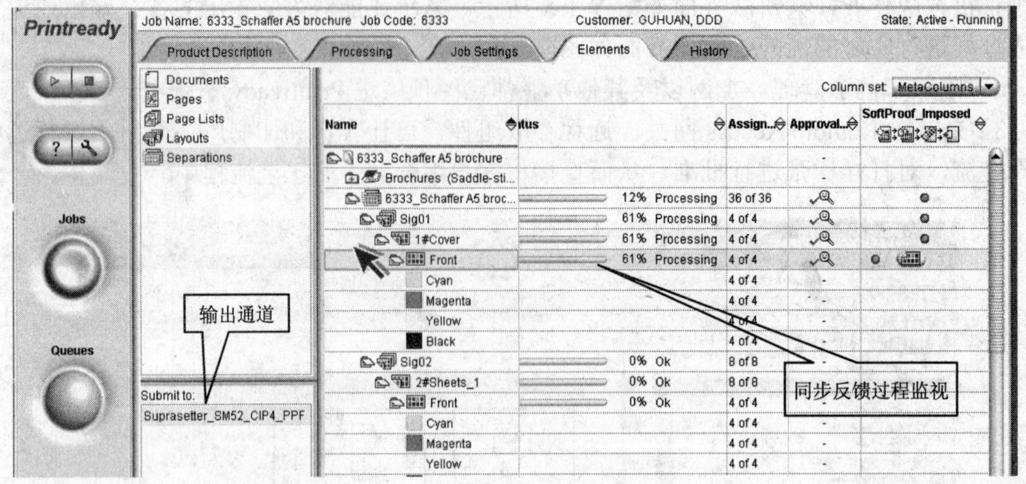

图 9-1-6 Printready 制版分色输出过程反馈监控界面

（4）RIP 输出生产工具　如图 9-1-1 左下角所示是满天星 CTP/CTF 的 RIP 系统工具，其中包括：

1）满天星（MetaDimension）RIP 系统。完成 OPI、陷印、色彩管理、高级加网、组版、PPF 连通性等 PDF 封装与输出设置及打样、CTP、CTF 的光栅输出等操作。MetaDimension RIP 用来处理来自 Printready 的文件，可以生成并导出 1—bit TIFF 文件，也可以将完成的 PDF 文件输出到能处理 TIFF 或 PDF 文件的非海德堡 RIP 上，其界面如图 9-1-7 所示。

MetaDimension

Complete Job List | In Process | Requiring Attention | Completed | Archived | Image Job List

Job Name	Virtual Pri...	Job id	Creatio...	Prio...	Workflow	Status
6336_6336_Stadt Heidelberg de + en_1#Cover	PrintreadyPortal	21	15:01:43 0...	medium		done
6335_6335_Speed-Point Harley_1#Sheets_1_F	PrintreadyPortal	20	14:55:08 0...	medium		done
6334_6334_Sinn watches folder_1#Sheets_1	PrintreadyPortal	19	14:52:04 0...	medium		done
6333_6333_Schaffer A5 brochure_1#Cover_F	PrintreadyPortal	18	14:48:13 0...	medium		done
6332_6332_Beetle postcards_1#Sheets_1	PrintreadyPortal	17	14:43:39 0...	medium		done

图 9-1-7 满天星 MetaDimension RIP 的控制界面

2）印前接口（PrepressInterface）对输出的 RIP 版面进行墨量分析，输出 JDF 文件到印刷机上，从而对印刷机墨量进行预设置，其界面如图 9-1-8 所示。

3）Meta Dimension 52 RIP。它是专门为小型企业设计的，是一个集陷印、色彩管理和组版功能于一身的半自动 PDF Plug-In 工作流程。这个系统简单易学，而且能根据人们的需要添加新功能。

4）DeltaRIP 系统是 Linotype—Hell 时期的 RIP 版本，除了通常具备的打印队列管理、图像管理和 OPI 服务功能外，还提供补漏、打样、拼大版以及脱机生产等功能。

（5）印刷、裁切、折页和装订等生产设备的控制部分　包括参数预置、系统控制、信息反馈等系统组件。

1）印通 CP2000 印刷机中央控制面板，提供一种简单的、能够防止错误发生的操作方式，以便能够充分利用速霸印刷机的全部优越性能。它能方便地通过 JDF 传票获得活件的

信息，用于设置和控制印刷机，并可以将生产的信息反馈给 MIS。

2）印通图像控制（Prinect Image Control）、印通自动套准（Prinect Auto Register）。可以利用分光光度计对印刷区域进行测量，分析色彩和套准与定义参照值的偏差，并自动指示所需的调整工作，只需加以确认，并将数值在线传输到印刷机上，印刷机的所有印刷单元将同步调整墨区和套准位置。

3）印版图像阅读装置（Plate Image Reader），能够扫描印版以确定每个墨区的印刷墨量百分比，印刷机控制系统把这些数据转换成供印刷机组各个墨斗所使用的参数。以这种方式预设置的供墨参数只需再稍微校正，即可实现预期的生产质量。

4）波拉裁切系统 Compucut。其功能是能利用印前工序的 JDF 传票数据自动生成裁切程序，换活过程基本不需要任何开机准备时间，其操作界面如图 9-1-9 所示。

5）印后加工信息系统（FCS 100）可以直接利用从数据控制（DataControl）、拼大版工作站（Signastation）和印前接口（PrepressInterface）所采集的数据进行相关处理，控制 FCS100 Compufold 自动折页机、FCS100 Compustitch 配页线订裁切联动线（图 9-1-10）等，从而缩短了设置各种设备所需的时间，提高了生产规划的可靠性，实现了更有效的生产控制。

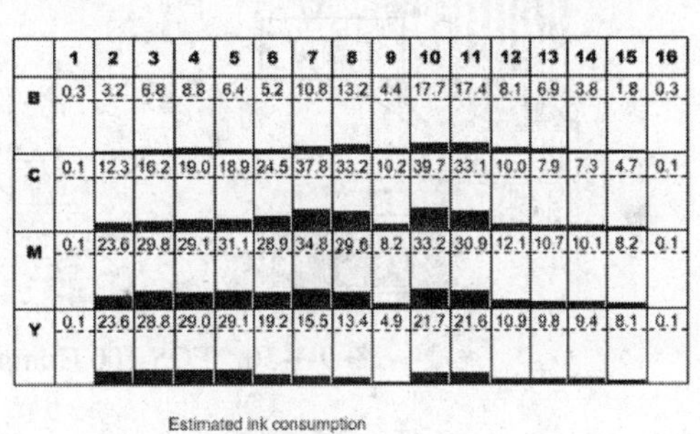

Front

	1	2	3	4	5	6	7	8	9	10	11	12	13	14	15	16
B	0.3	3.2	6.8	8.8	6.4	5.2	10.8	13.2	4.4	17.7	17.4	8.1	6.9	3.8	1.8	0.3
C	0.1	12.3	16.2	19.0	18.9	24.5	37.8	33.2	10.2	39.7	33.1	10.0	7.9	7.3	4.7	0.1
M	0.1	23.6	29.8	29.1	31.1	28.9	34.8	29.6	8.2	33.2	30.9	12.1	10.7	10.1	8.2	0.1
Y	0.1	23.6	28.8	29.0	29.1	19.2	15.5	13.4	4.9	21.7	21.6	10.9	9.8	9.4	8.1	0.1

Estimated ink consumption

B	Black	14.1 g/1000 Sheets
C	Cyan	33.8 g/1000 Sheets
M	Magenta	39.4 g/1000 Sheets
Y	Yellow	30.1 g/1000 Sheets

图 9-1-8 印前接口的墨量分析

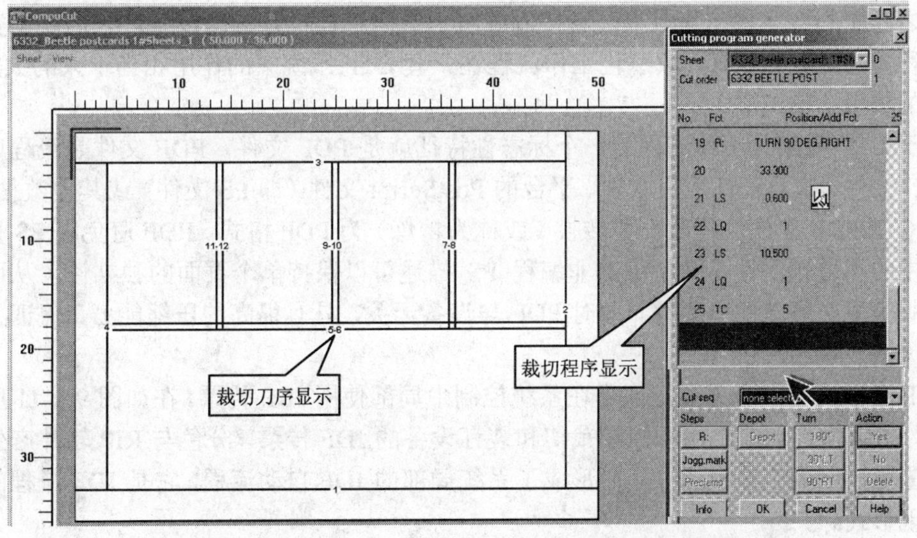

图 9-1-9 波拉裁切机利用印前工序的数据自动生成的裁切程序

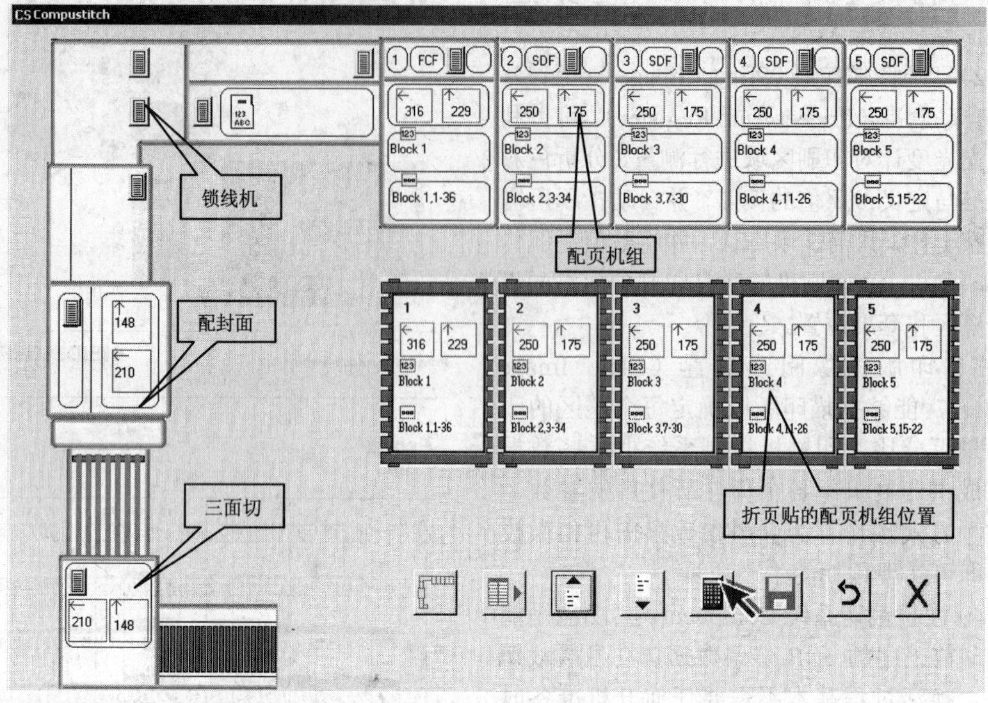

图 9-1-10　FCS 100 Compustitch 装订联动线的控制界面

二、以 CTP 为基础的数字化工作流程

1. 基本特点

基于 CTP 的数字化工作流程涵盖从扫描输入、文件处理、数码打样、CTP 到上机印刷等各环节数据处理及交换的过程。一套完整的 CTP 系统，不仅是一台制版机，更关键的是要有与之匹配的数字化工作流程。直接制版机、数码打样机是输出设备，它们要由数字化工作流程来决定如何工作。数字化工作流程在一套 CTP 系统中的作用相当于人的大脑，起着指挥的作用。

基于 CTP 数字化工作流程的一个标志性特征就是 PDF 文件，PDF 文件是流程内部的统一工作文件。来自任何应用软件、平台的 PostScript 文件（即 PS 文件）或其他数据格式，在进入 CTP/PDF 工作流程时都要转换（或称为精炼）为 PDF 格式。PDF 避免了 PS 页面描述语言中的不可预测性，其精练的非编程 PS 描述可以保持单个页面的独立性，从而保证了拼大版等生产环节的可靠性。同时 PDF 与设备无关，具有很高的压缩能力，保证了数据格式的灵活、紧凑。

CTP 流程的另一个重要特征是在系统控制中局部使用 JDF 传票。在如图 9-1-11 所示的流程中，拼版软件能产生用于控制裁切和装订设备的 JDF 传票，分色与 RIP 软件产生用于印刷机墨键控制的 JDF 传票，从而形成了系统局部的 JDF 自动流程，它是 JDF 流程的端到端的实现形式。

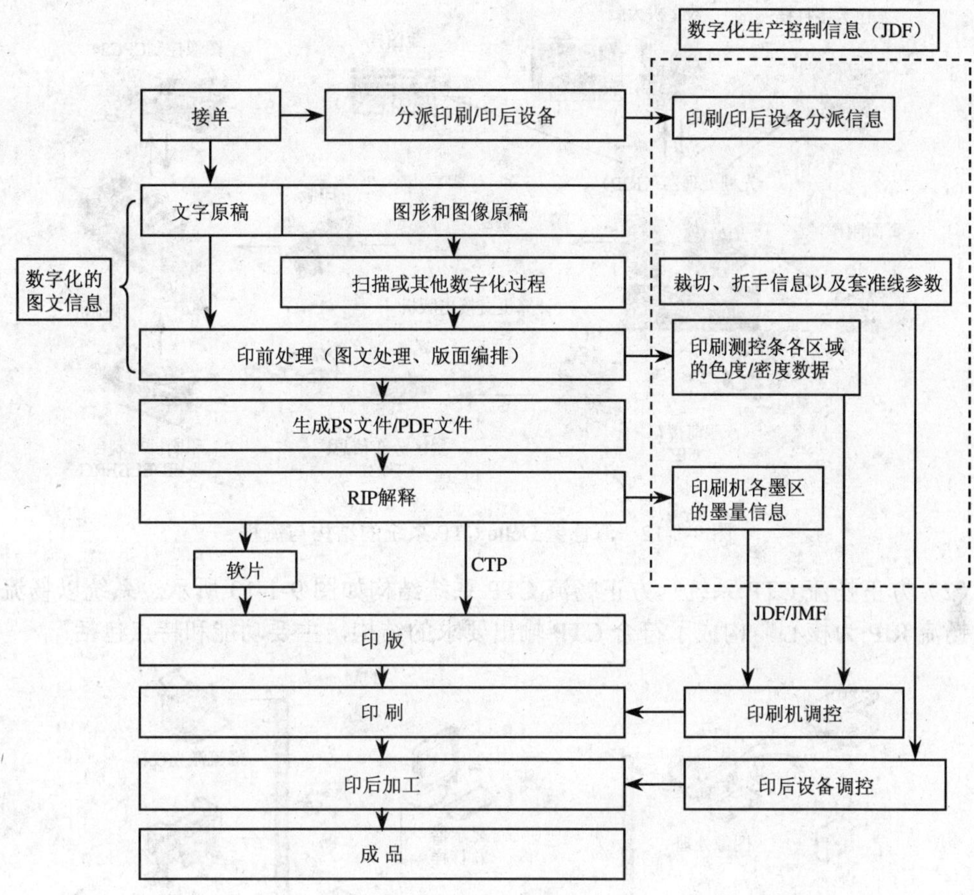

图 9-1-11　局部使用 JDF 传票沟通印前与印刷/印后的流程结构

从使用的工艺角度可以归纳出 CTP 系统的特点：

1）CTP 系统不存在传统胶片打样，必须采用数码打样。

2）拼版方式发生变化，传统手工胶片拼版不复存在，必须采用数字化折手与拼版。

3）由于制版机速度很高，对印前流程的处理效率要求更高。

4）网点还原要求和活件质量要求高，希望减低人为因素的影响，保持稳定的质量。

5）有作业管理、版材用量状况统计的功能。

6）有 CIP4（即 JDF 传票＋CIP3 控制系统）印刷机油墨控制的功能。

7）有针对设计/印刷分离的大型印厂（如设计制作在市区，印刷厂在郊外）的远程校样的功能。

2．系统实例

（1）海德堡 Delta CTP 系统　如图 9-1-12 所示是海德堡 Delta CTP 系统的结构与流程，可看出，以基于 PDF 文档的 CTP 系统为核心，以数码打样、数字化拼大版以及 CIP3/CIP4 油墨控制系统作为配合系统，形成了一个完整和先进的数字化印前工作系统，与海德堡印通全程 JDF 系统相比，可以认为是其中的印前部分。

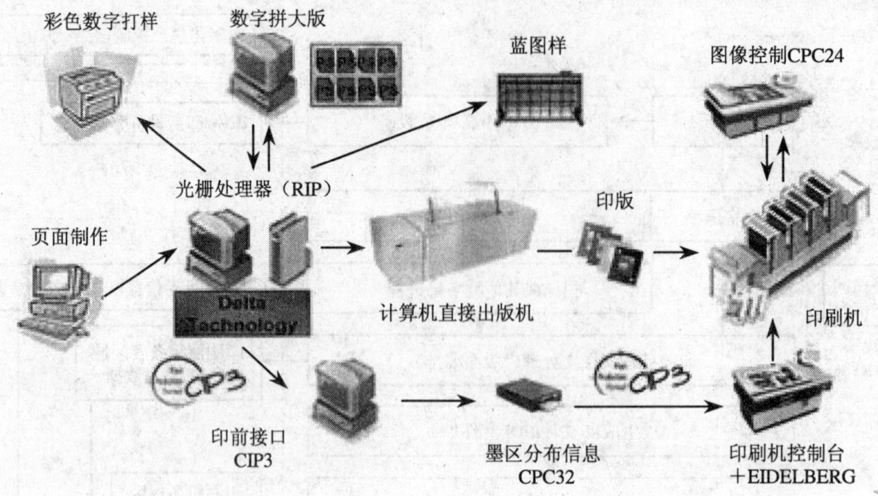

图 9-1-12　海德堡 Delta CTP 系统的结构与流程

（2）方正畅流 CTP 系统　方正畅流 CTP 系统结构如图 9-1-13 所示。系统以畅流服务器和畅流 RIP 为核心，构成了符合 CTP 输出要求的结构，主要功能和特点包括：

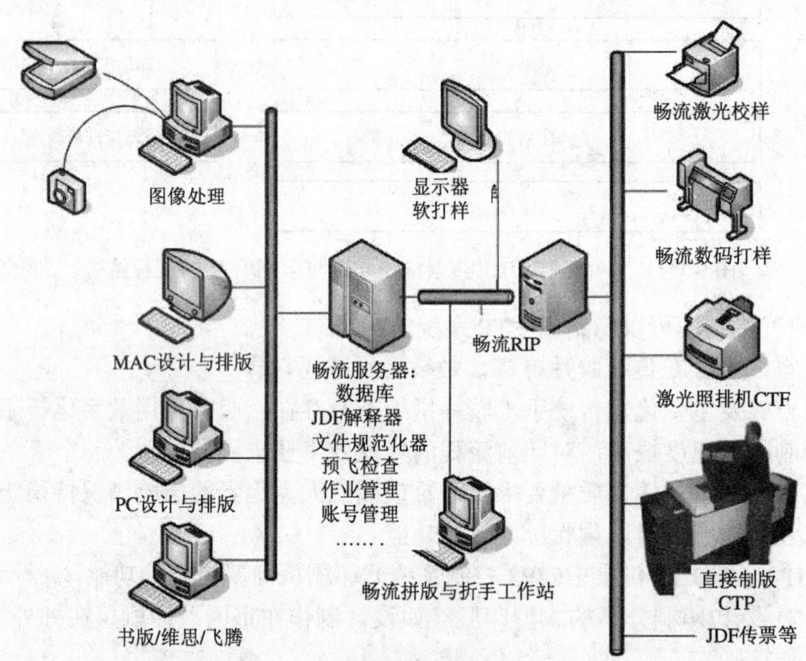

图 9-1-13　方正畅流系统的结构与流程

1）采用国际标准的 PDF 文件作为流程内部的格式，采用 CIP4 组织最新制定的 JDF 规范作为电子工作传票在整个流程中传递作业参数。

2）对作业进行规范化处理、预飞检查、陷印、色彩管理、显示器软打样、折手拼版、数码打样、数码印刷输出、软片或印版输出、CIP4 油墨控制输出、作业管理追踪、数据统计存档等处理。

3）能够兼容各种排版软件格式和方正的各种排版格式。

4）由于数字化流程的使用，大大减少了传统生产流程中的操作冗余和错误，而且帮助用户实现团队协作的网络生产，完善了业务管理，确保全速驱动高性能的输出设备以实现最高的生产效率，为用户赢取最大的利润。

该系统不仅可以使用 CTP 进行输出，也可以使用传统的激光照排机进行输出，它既是一个基于 JDF、PDF 和 CTP 的最先进的印前处理系统，同时又可以满足对传统激光照排（CTF）系统的需求和升级的需要。也就是说，以 CTP 为基础的数字化工作流程，可以与方正 CTF（胶片照排机）流程及系统兼容和公用，只是在小幅面的 CTF 系统中，无法应用高端的折手和拼大版等功能，还要使用传统的手工拼版和晒版工艺。

（3）印能捷系统　关于该系统的结构和工作原理将在第十三章直接制版中介绍。

三、基于传统胶片激光照排机的数字化工作流程升级

基于激光照排机的数字化工作流程，适合我国大多数印刷企业进行技术升级的需要，因为它可以充分利用现有印前设备，将现有生产系统与新系统结合在一起，发挥最大功效。由于引进和采用先进的数字化工作流程已经成为行业技术升级的趋势，国内外著名厂商也把这一流程作为目前工作流程发展的目标之一，推出了成功的解决方案。

以北大方正为例，其精心研制的畅流系统具有一套完善、高效、稳定、可靠、可灵活扩展的数字化工作流程管理系统，能把新系统与老系统紧密结合起来，技术升级投资少、见效快，非常适合目前大多数企业的需要，其工作流程如图 9-1-13 所示。

从图 9-1-13 可以看出，方正畅流将数据库 / 账号管理、PDF 格式转换、预检查错，折手拼版、黑白激光打印、彩色数码打样、CTF 胶片输出或 CTP 输出，以及远程校样等功能整合在系统统一的中文操作界面下，形成高度集成、规范、高效的印前输出流程软件，彻底改变了手工操作模式。另外，方正畅流运用 PDF 格式页面独立、可编辑的特点，配合实时的数字拼版折手功能，可以轻松实现输出前的内容修改和页面替换，受到广大用户的青睐。

方正畅流工作流程管理系统是用于高端用户的无缝输出系统，是基于 PDF、JDF 等世界最新标准的工作流程，也是以最新 JDF 格式作为电子工作传票的数字化工作流程。系统通过 JDF 文件传递描述和控制数据，用 PDF 作为流程内部的标准页面描述文件，将印前的各个独立软件（组件）整合成一个系统，全面整合了印前输出工艺流程。

目前，基于照排机的数字化工作流程升级技术已经成熟，各种解决方案都可以做到使用方便、处理准确、兼容性强，并具有以下的特点：

1）可以充分利用原有印前设备，发挥其功效，做到投资少，见效快。

2）企业技术得到升级，彻底解决了传统印前生产流程中烦琐的手工拼版作业，使拼版作业既快又精确。

3）为企业进一步升级换代到基于 CTP 的数字化工作流程起到一个很好的铺垫作用。

4）可以借助内置的色彩管理系统，保证颜色与层次信息在传递过程中稳定，再现性好，生产效率和产品质量得到提高。

传统胶片照排系统的实例，在第十三章的胶片照排机输出体系及其技术一节中将有比较详细的论述，这里不再赘述。

第二节　JDF工作传票与JDF工作流程

在数字化工作流程中，最显著的标志之一就是JDF作业传票。数字化流程用它来作为沟通整个系统的控制信息载体和通信协议，为流程系统的一体化、透明化、模块化、跨平台等先进特征提供了数据层和通信协议层的支撑。因此，正确理解JDF/JMF标准的含义和工作原理，将是深入理解数字化工作流程的基本功课。

一、XML综述

JDF是XML可扩展标记语言在印刷行业的一个关于生产流程与资源信息描述的行业标准。也就是JDF是XML的一个应用实例。XML与人们所熟悉的HTML网页描述标准有些相似，它们都属于标记语言，其描述内容的特点是使用标签加内容的方式，描述标签（tag）定义了内容的实现形式。HTML是作为Web上的网页页面描述语言的标准，能够被浏览器“阅读”和“显示”。特点是其标签是固定的，功能是描述和编排HTML网页的可视化元素，例如，HTML标签<h1> </h1>，它被定义为用来描述标签之间内容的表现形式。这个<h1>标签含义是固定不变的，并且由HTML标准化组织进行了统一的定义，对任何系统而言，都是描述同一个东西，它规定了统一的Web浏览器的显示外观。

XML与HTML相比，它只是定义了一个标签描述的结构形式，具体的标签内容是“可扩展”的。在使用XML组织数据时，XML标签可以定义用于任何逻辑上需要描述的东西。用户可以创建自己的XML标签，并使用这些标签以自己喜欢的方式标记数据。也就是说，XML标签不像HTML标签那样固定不变。正因为如此，人们认为它是一种“母语”，即是基于标签描述的语言和标准的基础。例如，针对某一个行业和应用范围，可以设置一套特定的标签，并形成一个特定应用范围的XML子系统。

XML描述体系的另一个特点是具有XML Schema 框架文档，它是使用XML进行描述的某一个具体树形数据结构的“目录”。有了这个目录结构，系统就可以方便地在这个数据结构中进行查询和抽取用户信息，添加新的分支和信息等，并可以“验证”XML文件内容的合理性。

XML描述体系是一种树形结构，其核心要素是“节点”和“关联”。节点用来描述数据和内容，而关联用来描述节点与节点、节点内元素之间的相互关系。按照这种结构，放在节点和子节点中的数据和信息可以形成如下的信息描述：

1）节点是一个具体处理过程的描述体。例如，在描述一个生产过程时，可以描述一个具体活件生产中所涉及到的某个具体管理或生产环节。

2）XML中基于节点的瀑布式上下层次结构，可以直观地表示组织和流程间的抽象与具体、上下级或父子关系之类的关系，例如，描述一个生产流程，可以描述为从工厂→车

间→机台的上下级关系。

3）XML 中节点内元素间的连接关系，可以用来描述组织和流程各个环节之间所具有的因果关系或先后顺序关系，例如，在描述一个生产的流程中，可以描述一个生产流程从前到后的串行（也包含并列等形式）关系。

XML 描述体系的另一个机制是 XSL，XSL 是 XML 描述数据“显示形式”的编排和定义。这个机制将 XML 描述体系分为用 XML 描述数据、用 XSL 描述这些数据的显示方式两部分。一般情况下，XSL 的显示格式定义都是将 XML 描述数据转换成标准文件格式，如文本文件、PDF 文件、HTML、以逗号为分隔符的文件，或其他 XML 文件，然后使用通用显示软件进行显示。

另外，目前在基于 XML 描述体系的信息系统开发中，广泛使用 XML DOM 文档对象模型架构和 SAX 流模型对象作为软件运行时的 XML 数据处理平台。作为传票的存储平台，将使用 XML 数据库来实现。而上述两者都可以使用 XPath 和 XQuery 查询语言从 XML 文件中抽取和写入单个项目或一组项目的相关数据，XQuery 与 XML 的关系正像 SQL 与关系数据库的关系。

JDF/JMF 只是基于 XML 的行业描述标准，它具备 XML 的所有共性。这类数据的描述形式，实际上将是未来所有基于计算机网络系统的分布式数据描述系统的基础和核心。

二、JDF 传票的成分与结构

作业定义格式（JDF：Job Definition Format），它既是一种建立在 XML 语言基础上的印刷行业的作业传票描述标准，同时也是一种文件格式。在一个由印刷 MIS 和印刷设备控制系统架构起来的印刷厂生产流程体系中，可以使用 JDF 作业传票将标准描述信息和交换协议信息记录下来。客户的活件从接单直到成品出库，每个工序都转换成一个节点，整个工作描述成一个节点树，所有的节点汇总到一起描述需要的产品和已经完成的产品。它为数字化流程提供灵活而全面的数据引擎支撑和流程解决方案，实现了管理信息系统（MIS）和印刷生产控制系统的联接。它可与 PPF、PJTF、IFRAcrack 等上代的传票格式兼容，但比以前任何一种工作传票的形式都更加完整和有效。下面分析 JDF 传票的成分和结构。

1. JDF 传票的成分

（1）节点（nodes） 一个 JDF 传票中，节点在一个金字塔形的结构中。顶层的节点用来描述传票的整体意图，所以也称为意图节点或产品节点。中间层的节点用来描述完成传票作业所需要的主要环节或流程，所以也称为过程组节点或组合节点。最下层的节点用来描述完成传票作业所需要的最基本的操作过程或步骤，称为过程节点。有了这样的数据描述结构，就能设置、仿真、控制、记录、统计印品的生产流程。

（2）属性（attribute） 属性是上述各类节点的第一个成分，可以认为是节点的标题。它是 XML 节点的标准内容。属性描述中可以包含多个不同数据类型（如 string，enumeration，dateTime 等）的列表，如图 9-2-1 所示是一个根节点的例子，其中包括了常见的属性（attribute）项，最重要的属性是公共节点类型（Type），所有节点类型都属于如下之一：

过程（process）、过程组（process group）、组合过程（combined processes）和产品意图（product intent.）。例如，如果 Type＝“product”，这个节点就是一个产品意图节点，它用来描述流程中某一个较大的细节。

（3）元素（element） 作为一个标准的 XML 语法结构，它是节点的内容或数据。如图 9-2-1 所示为示例，其中包括资源、资源链接、JDF 子节点等元素。作为其他元素的一部分的元素称为子元素。JDF 元素被描述为两种数据类型：元素和文本元素。

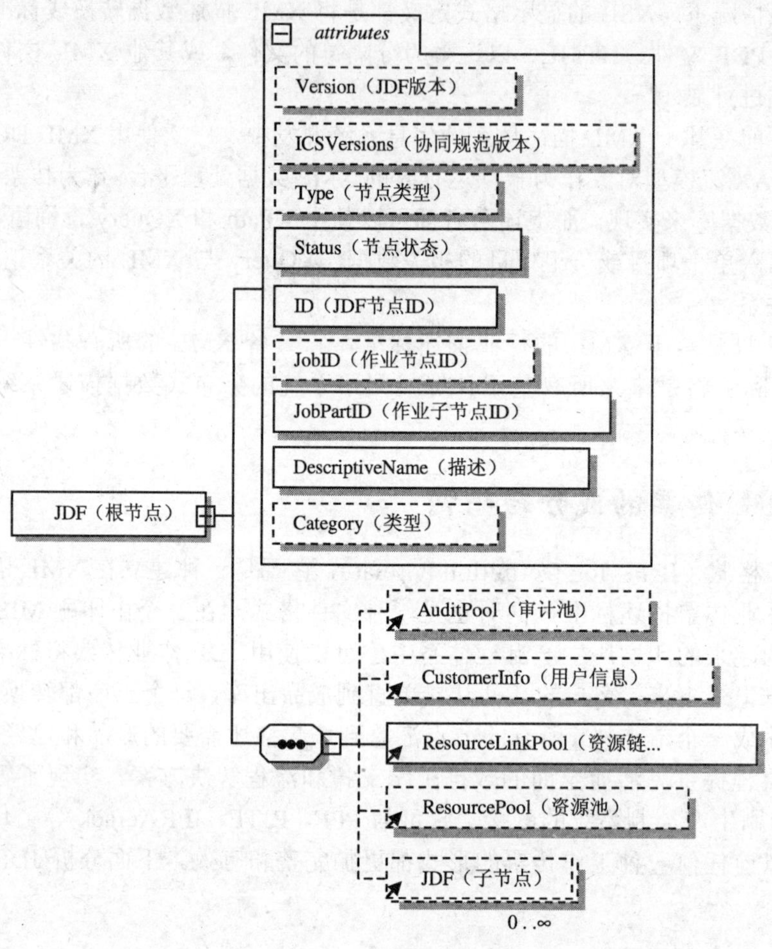

图 9-2-1　示例 JDF 传票的根节点结构与属性、元素

（4）关联（relationships） JDF 节点和其元素之间的关系构成了 JDF 描述的树型分层结构，这种上下树型结构中的节点包含以下基本关系：父（Parent）、子（Child）、兄弟（Brother）、派生（Descendn）、祖先（Ancestor）、根（Root）、叶子（Leaf）、分枝（Branch）。一个中间节点至少包含一个子节点，而一个分枝不会有叶子。这些关系用于描述生产管理中由粗到细，由方案、意图到具体执行步骤的关系。也用来描述一个印刷作业中的各个层次的控制环节。

（5）链接（links） JDF 有内部和外部两种类型的链接，内部链接用来指示在 JDF 文档内部，相对当前节点的待寻址的其他位置的信息描述点。外部链接则用来表示 JDF 文档

外部的参考对象，这种链接使用标准的 URLs（Uniform Resource Locators）进行描述。JDF 链接的作用很重要，使用链接可以将某一节点元素的信息被其他 JDF 对象重复引用；链接又是 JDF 过程定义（基于其输入输出的资源链接）的标志，而实际上正是这种不同过程间的输入输出的链接网络，构成了 JDF 描述印刷活件生产工艺流程（产品生产环节的顺序流程）的数据基础。

2. JDF 传票的属性与元素实例

如图 9-2-1 所示是一个 JDF 传票实例，是 JDF 传票的根节点结构及其形成这个传票描述的 JDF XML 代码。从中可以看出，JDF 的根节点代码包含了属性定义和元素定义两个方面：

（1）属性定义　对于一个节点（不论是根节点还是子节点），通过图中的“attributes”项来进行类型定义，在 XML 代码中就是写在第一行的<JDF……>框中的各类描述，其中包括诸如节点的 ID 号、类型 Type（如 Product/ProcessGroup/Combined/physical process 等）、节点状态 Status（如 Ready/Waiting/Unavailable/available/Completed 等）等信息。

（2）根节点的元素　其中包括以下的子元素：

1）资源池（ResourcePool）与资源。

2）资源链接池（ResourceLinkPool）与链接。

3）审计池（AuditPool）。

4）客户信息（CustomerInfo）。

5）下层子节点链接。

下面是对应的 XML 代码

```
<JDF  xmlns="http://www.CIP4.org/JDFSchema_1_1"  Version="1.2"  ICSVersions="Base_L1-1.0
MIS_L1-1.0"  ="Product"  Status="Ready"  ID="Job000001"  JobID="J001"  JobPartID="001"
DescriptiveName="Product">                                         ；节点属性描述
   <AuditPool/>                                                     ； 审计池标签 （无内容）
   <CustomerInfo CustomerID="0001" CustomerJobName="Book" CustomerOrderID="ICS sample"/>
                                                                    ；客户关系标签与内容
  <ResourceLinkPool>                                                ；资源链接池标签
        <BindingIntentLink Usage="Input" rRef="bind00001" />……；
  </ResourceLinkPool>
  <ResourcePool>                                                    ；资源池标签
      <BindingIntent Class="Intent" ID="bind00001" Status="Available">  ；装订意图和类型资源
       <BindingType Actual="SaddleStitch" DataType="EnumerationSpan" Preferred="SaddleStitch" />
      </BindingIntent>
</ResourcePool>
  <JDF  DescriptiveName="ImpositionPreparation"  ID="Impre00001"  JobPartID="002"  Status="Waiting"
         Type="ProcessGroup" Types="ImpositionPreparation"   Category="ImpositionPreparation">
                                                                    ；一级子节点属性描述
         <ResourceLinkPool>                                         ； 子节点资源链接池描述
```

```
        <StrippingParamsLink rRef="sp000001" Usage="Input" />................
    </ResourceLinkPool>
  </JDF>
</JDF>
```

上述 JDF 例子中根节点上的消费者信息（CustemerInfo）元素是用来描述客户关系的，如图 9-2-2 所示展开了这个元素的结构和参数，其中包括客户信息元素的属性描述项（attributes）和联系方式（Contact）子元素，下面的 JDF 代码就是这个结构的元素 XML 描述。

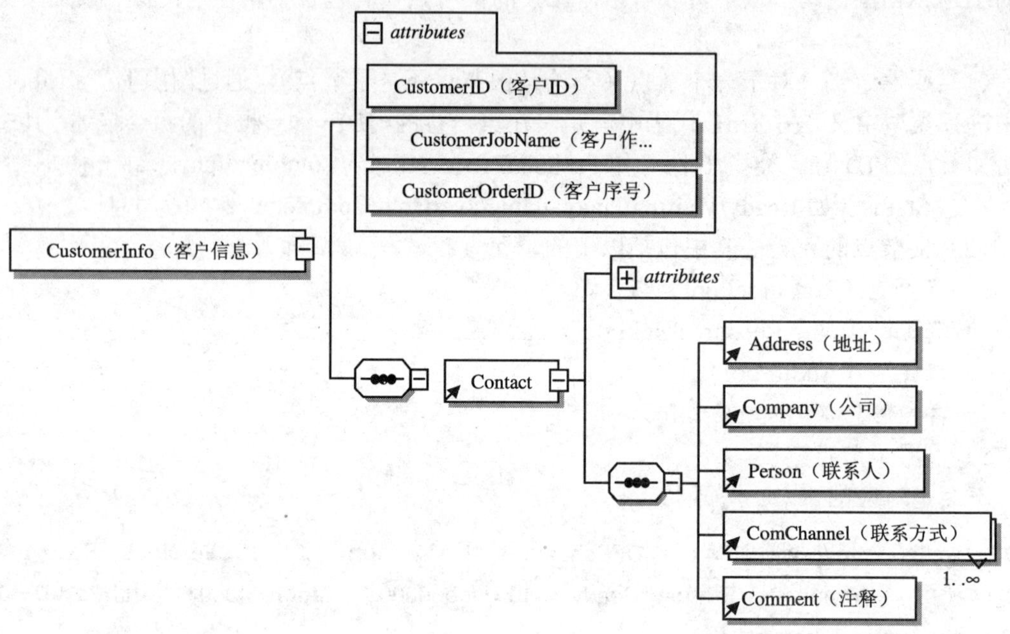

图 9-2-2　JDF 节点下的客户信息元素的结构、属性和子元素

```
<CustomerInfo CustomerID="0001" CustomerJobName="Book" CustomerOrderID="ICS sample">
                                                              ；客户信息资源的属性描述
  <Contact ContactTypes="Administrator">                     ；联系方式（Contact）标签及其属性
    <Address City="1" Country="1" PostalCode="710048" Street="1" />       ；地址参数
    <Company OrganizationName="西安理工大学印包学院" />                   ；公司参数
    <Person FamilyName="顾桓" />                                          ；联系人参数
    <ComChannel ChannelType="Phone" Locator="02983226599" />              ；联系方式参数
    <ComChannel ChannelType="Fax" Locator="02983220978" />
    <Comment>Custromer Comment on TU Xi'an</Comment>                      ；注释参数
  </Contact>
</CustomerInfo>
```

如图 9-2-3 所示是另一个展开的 JDF 传票的树状结构示意图，较完整的体现 JDF 传票的节点属性、节点元素、子节点的结构和关系。

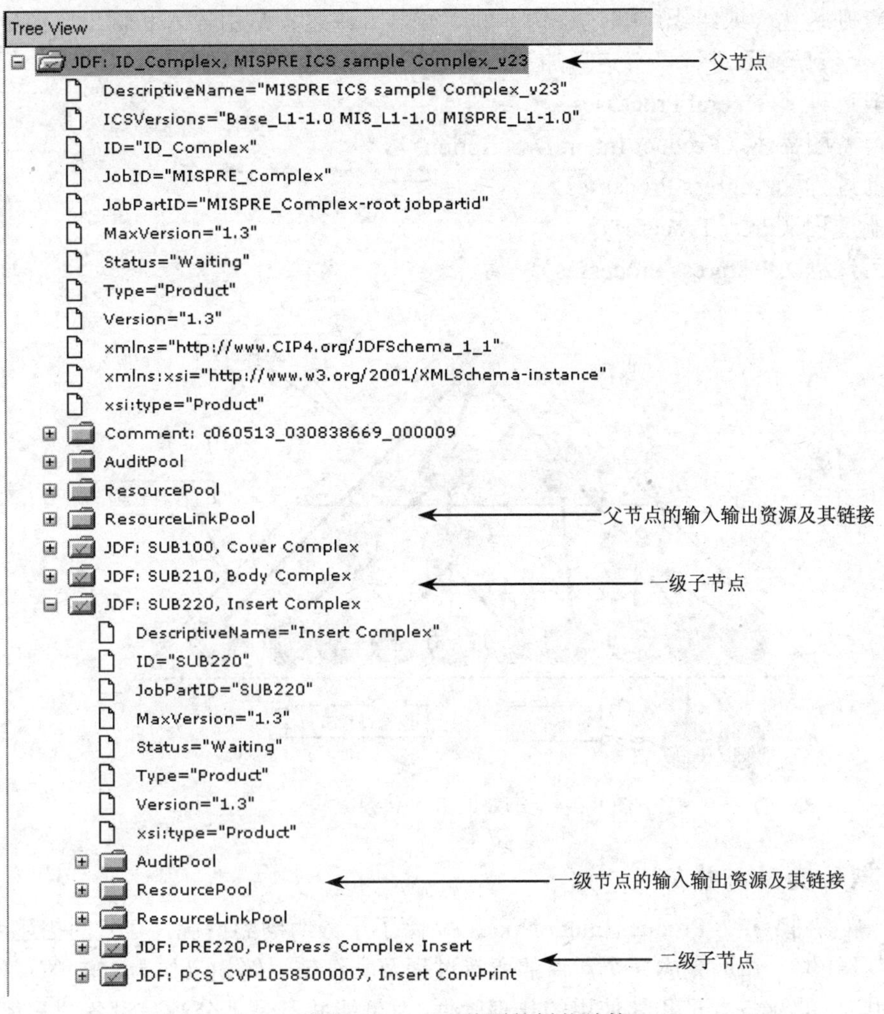

图 9-2-3　JDF 传票的树状结构

三、节点与过程

1. 定义与关系

如图 9-2-4 所示是一个书籍印刷活件的 JDF 传票结构图。它是由分层的不同节点构成的树形结构，每一个节点可以对应和描述一个生产意图（使用上层节点），或一个生产流程（中层节点），或一个具体的生产步骤（下层节点），它们可以分为：

1）产品意图节点（Product Intent Nodes）。

2）过程组节点（Process Group Nodes）。

3）组合过程节点（Combined Process Nodes）。

4）过程节点（Process Nodes）。

JDF 中的另一个概念是过程（Process）。它用来规范描述印品活件的生产意图、流程管理操作，特别是具体的印前、印刷、印后的生产步骤。它是构成不同类型节点的“基础构

件”，而节点则是包含或组织这些过程构件的“容器 ”。过程是由输入和输出资源定义的，即过程是一个依据输入进行“特定”加工，然后输出的“黑箱”。它们可以分为：

1）一般过程（General Processes）。

2）生产意图描述（Product Intent Descriptions）。

3）印前过程（Prepress Processes）。

4）印刷过程（Press Processes）。

5）印后过程（Postpress Processes）。

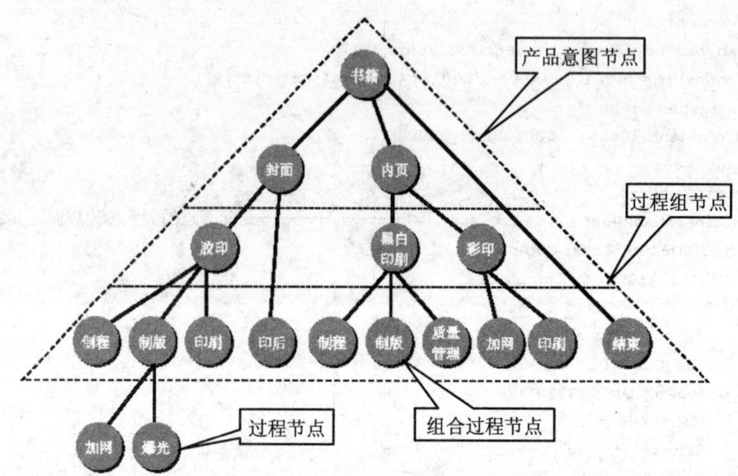

图 9-2-4　书籍的 JDF 传票架构

2．节点的类型与特征

（1）产品意图节点（Product Intent Nodes）　除了十分明确的情况，JDF 的描述很少能一开始就（或能够）知道完成一个活件的所有过程及其细节。例如，作为 JDF 的写作代理的角色（如印厂的业务人员和其使用的代理软件），可能并不是十分清楚设备的具体性能，甚至是活件的大部分具体步骤，代理可以只是创建不需要描述任何具体过程细节的 JDF 顶层意图节点，而后面的代理（如生产科排产人员或车间调度人员）则可以不断地加入低一层的提供生产过程细节的过程类节点，用来实现顶层的产品意图。意图节点的 Type 属性＝Product，用来描述所有过程完成后的产品的最终规格和要求。意图节点包含意图资源，用来描述客户对产品的最终要求。意图资源在 JDF 中的 Type 属性＝Intent，其元素中包含色彩意图（ColorIntent）、折手意图（FoldingIntent）等，其他意图资源包括：

Component：	半成品意图，必须和 BindingIntent or InsertingIntent 之一配合使用。
BindingIntent：	装订意图
ColorIntent：	色彩意图，描述使用的油墨或墨水种类。
DeliveryIntent：	交付意图，描述 JDF 物理资源的收发货的地点、时间、数量等选项。
FoldingIntent：	折手方式意图
InsertingIntent：	插页意图
LaminatingIntent：	覆膜上光意图
LayoutIntent：	版式意图，描述成品的页面尺寸。

PackingIntent： 包装意图
ProductionIntent： 生产意图
ProofingIntent： 打样意图
ScreeningIntent： 半色调加网意图
ShapeCuttingIntent： 外形裁切意图
SizeIntent： 尺寸意图
等。

显然，这些资源并不是用来定义完成产品所需要的过程的，相反，它们定义了完成一个活件的可以接受的可能性。

另一方面，一个意图节点应该包含最多一个针对一个类型意图资源的资源链接（ResourceLink），如果对一个产品的多个部分有不同的意图需求，例如，如图 9-2-4 所示的封面、内页，则其每一个部分需要设置自己的产品意图节点。作为例外，对交付（交货）意图（DeliveryIntent）资源的链接指定可以有多个。另外，一个意图资源可以产生一个或多个成分（Component）资源作为输出资源，Component 资源用来描述半成品。

（2）过程组节点（Process Group Nodes） 过程组节点是 JDF 的中间层的节点，节点的类型（Type）属性＝ProcessGroup。而其 Types 属性则指出本节点所包含的基本过程。这类节点用来描述包含多个过程的操作链组合，并可以包含进一步的过程组节点、基本过程节点或两者混合。过程组节点的顺序由资源链接决定。在图 9-2-4 中的胶印、黑白印刷、彩印、印后等节点就是属于这类。

（3）组合节点（Combined Process Nodes） 这类节点用来描述单个用途的设备上一次完成多个基本过程的情况，例如，一台数字印刷机能够执行页面解释（Interpreting）、光栅化（Rendering）和数字印刷（DigitalPrinting）三个过程。节点的类型属性＝Combined，而且必须包含 Types 属性以描述包含的全部过程。组合节点是叶子节点，不必包含子节点。在资源链接必须全部可用的情况下，组合节点（所代表的设备）才能进入运行状态。如图 9-2-4 中的制版节点就属于组合节点，它代表一台制版设备，如 CTP 或 CTF 输出系统，它能一次完成加网和曝光两个过程。

（4）过程节点（Process Nodes） 过程节点代表和描述最低层的作业层次，不必包含进一步的 JDF 嵌套节点，每一个过程都是叶子节点。这些节点定义了 JDF 工作流程能够独立操作的最小的工作单元，如图 9-2-4 中的加网和曝光过程。它们是构成上层节点的“基础构件”。JDF 标准中的一个主要内容就是对这些基本过程的定义，它是 JDF 开放式流程架构的基础内容。

3. JDF 中定义的主要基本过程

如前所述，过程是构成 JDF 描述的构件，它以输入输出资源为特征，用来描述实际生产中的最基本的流程控制与生产环节。它既和过程节点直接对应，又是组合节点或过程组节点的构件。JDF 传票标准将过程分为通用过程、印前过程、印刷过程和印后过程，其主要内容如下：

（1）通用过程 这类过程不涉及具体的印刷作业，包括批准、缓冲、组合、交货、手工操作、排序、打包、资源定义、分离和确认等。主要是应用于 JDF 流程中的各个部位，起衔接和指导作用。

（2）印前过程　定义各种与印前生产和数据处理等有关的操作，包括色彩校正、彩色空间转换、接触拷贝、连续调原稿标定、数据库文档模板版式、数据库模板合并、胶片到印版复制、文档格式转换、图像代换、图像设置、拼大版、墨区计算、解释、版式单元生产、版式准备、PDF 到 PostScript 格式转换、预飞检查、产生预示图、打样、PostScript 到 PDF 转换、渲染、光栅化转换、扫描、加网、分色、软打样、分块和陷印等。它将印前工序规范化和流程化，使印前效率得到极大的提高。

（3）印刷过程　包括传统印刷、数字印刷等。

（4）印后加工过程　印后加工过程的包括胶订、书壳准备、纸箱包装、书套制作、置入书套、金属夹装订、螺旋装订、配页、软封面生产、折缝、切纸、卷筒纸分切、压痕、书脊上胶、折页、配帖、上胶、堵头布应用、打孔、插页、加护封、贴标签、覆膜、卷筒纸纵向切纸操作、号码印刷、货盘堆垛、穿孔、塑料梳式装订、金属环装订、骑马订、模切、热收缩包装、锁线平订、书脊准备、书脊加胶带、堆纸、订书、捆扎、割本装订、塑料线烫订、锁线订、切光、金属线梳式装订和卷绕包装等。

四、资源与资源链接

1．资源与种类

从 JDF 结构可以看出，所有的资源包含在各类节点资源池（ResourcePool）的 XML 元素内。它用来表现 JDF 过程所产生或消耗的油墨、印版或胶水等印刷耗材，也可以是文件、数码图像等电子信息，还可以是参数、设备设置概念等。而过程就是由与它相关的输入和输出的资源链接元素定义的。通过检查节点的输入输出资源链接设置，就可以判断节点包含的过程和隐含的工作路由。JDF 中主要有以下资源种类：

（1）抽象资源（Abstract Resources）　类似意图节点中属性项中的参数，如 Type、ID、Status、Types 等，资源元素也包含 Class、ID、PipeID、AgentName、Status 等用来标识资源的特殊信息的“属性”，并称为抽象资源，不作为独立的标签行出现。又例如，其中的 Class 标鉴用来标识资源类型，包括 Consumable、Handling、Implementation、Intent、Parameter、PlaceHolder、Quantity 等。下面分别简述这些资源及其特点。

（2）参数资源（Parameter Resources）　参数资源用来定义过程的细节，就像任何非物理计算数据，如过程中的被使用的文件。它们总是与特定的过程结合在一起。例如，对一个数码打样（DigitalPrinting）过程而言，数码打样参数（DigitalPrintingParams）就是其必须的输入资源。大多数 JDF 定义的参数资源的名称都含有后缀“Params”，如折手参数（FoldingParams）、常规印刷参数（ConventionalPrintingParams）等。

（3）意图资源（Intent Resources）　意图资源用来定义产品的规格，但不包含在产品生产的具体过程（和节点）中，在意图节点中使用。另外，它们提供了定义不同选项和匹配价格的描述结构。

这里要说明，参数和意图资源是有关活件的信息，意图资源可以是消费者的估价、产品的实际尺寸、颜色编号等。在估计和计划过程处理之后，这些意图就可以转换为生产过程的参数资源。

（4）执行资源（Implementation Resources） 用来定义节点执行中涉及的人员和设备，JDF 中只定义了两个执行资源类型（Type）：职工（Employee）和设备（Device）。

（5）物理资源 只要资源的类型（Class）是消耗品（Consumable）、数量（Quantity）和处理（Handling），就是物理资源。具体的含义：

1）消耗资源（Consumable Resources）是在一个过程中被消耗的实物和信息，如油墨和媒体等。

2）数量资源（Quantity Resources）是由一个消耗资源或一个较早的数量资源创建的，例如，印好的印张通过裁切而“创建”了数个堆垛的产品数量资源。

3）处理资源（Handling Resources）用于一个过程的执行当中，但不会被过程“消耗”掉，如曝光媒体（ExposedMedia）和工具（Tool）资源。曝光媒体中的胶片和印版在发排（ImageSetting）过程中作为输入资源使用了，但它又作为 ImageSetting 过程的产品输出了。

（6）占位符资源（PlaceHolder Resources） 与物理资源不同，占位符资源并不描述任何逻辑或物理资源，而是定义过程链接，并帮助定义仍然有未知资源的过程的描述。

（7）管道资源（Pipe Resources） 管道资源用来描述这样的资源，其下游过程已经开始消费这个资源了，但制造和输出这个资源的过程还没结束。例如，印刷还未结束的活件，印好的部分已经开始折页了，对于印刷过程来讲，它的输出资源——印张的堆垛，就是管道资源。又如一个正在进行排版的数据资源，它的上游过程还正在进行写作和录入，这个数据资源就是管道资源。

定义一个管道资源并不能自动设置两个过程之间的通信，执行过程的控制器或代理必须执行管道定义的协议，如果是使用同步管道控制，下游的过程就能够控制上游过程的生产数量，或是内部传输过程的缓冲数量。资源通过 PipeID 的属性标识自己是一个管道资源，并在一个动态的管道通信环境中用于识别。另外，一个受控于 JMF 管道消息的管道就是同步管道。

如图 9-2-5 所示是一个资源池实例的结构示意。在图 9-2-5 中描述了一个 JDF 中的印前节点上的资源池，其中包括一个活件的版式、装订方式、产品要求、媒体内容和生产安排等方面的意图、数量、消费、资源资源。这些信息用 XML 代码描述，其中既描述了资源的内容，又描述了资源内容的子结构。例如，本例中的版式（Layout）描述资源又包含了 Signsture（子版式）和 Sheet（印张）两级子资源描述的结构。

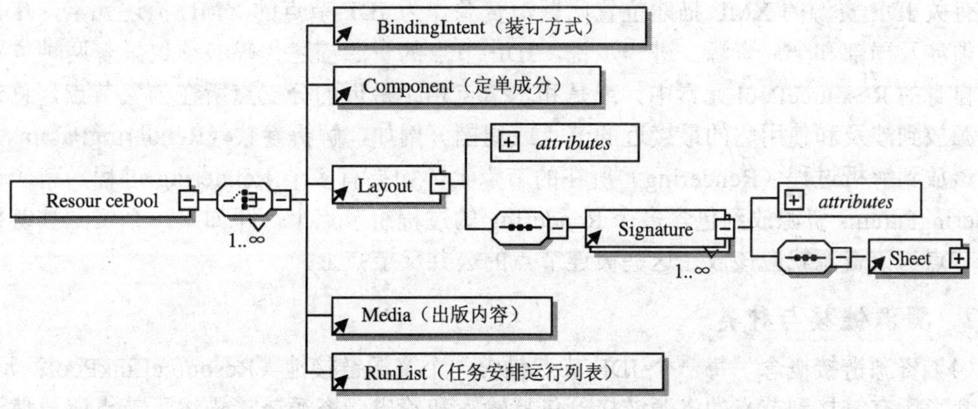

图 9-2-5 JDF 节点下的资源池结构与描述内容实例

下面是图 9-2-5 所示资源池对应的 JDF 代码描述的内容注解。

```
<ResourcePool>                                                        ；资源池标签
<BindingIntent Class="Intent" ID="bind00001" Status="Available">      ；装订意图资源描述
<BindingType Actual="SaddleStitch" DataType="EnumerationSpan" referred="SaddleStitch" />
</BindingIntent>
<Component Class="Quantity" ComponentType="FinalProduct" DescriptiveName="Brochure"
ID="com000001" PartIDKeys="Condition" ProductType="Brochure" Status="Unavailable"/>
                                                                      ；定单成分数量资源描述
<Layout Class="Parameter" ID="Lay000001" DescriptiveName="BookPrepress" Status="Available">
                                                                      ；版式参数资源描述
    <Signature Name="Cover">                                          ；第一个版式
      <Sheet Name="Cover001"> <Surface Side="Front" /> </Sheet>       ；版式的印张资源
    </Signature>
    <Signature Name="Text">                                           ；第二个版式
      <Sheet Name="Text001"> <Surface Side="Front" /> <Surface Side="Back" /> </Sheet>
    </Signature>
</Layout>
<Media Class="Consumable" ID="paper000001" MediaType="Paper" PartIDKeys="SignatureName
SheetName" PartUsage="Implicit" Status="Unavailable">                 ；媒体消费资源描述
    <Media SignatureName="Cover">……………………  </Media>               ；封面媒体资源
    <Media SignatureName="Text">……………………  </Media>                ；正文媒体资源
 </Media>
 <RunList Class="Parameter" ComponentGranularity="Document" ID="Run000001" IsPage="true"
Locked="false" NPage="50" NoOp="false" PageCopies="1" PartUsage="Explicit" SetCopies="1"
SpawnStatus="NotSpawned" Status="Available"/>                         ；运行列表参数资源描述 1
<RunList Class="Parameter" ID="Run000002" PageCopies="1" Status="Available"/>
                                                                      ；运行列表参数资源描述 2
</ResourcePool>
```

有关 JDF 资源的 XML 描述位置问题，资源作为 JDF 节点的 XML 描述元素，JDF 节点必须涉及局部和全局资源。进一步说，JDF 节点的资源描述代码必须也只有两种位置：节点自身的 ResourcePool 元素中，或是和本节点相距最近的分支点所在的父节点，总之要将资源放到涉及和使用它的最接近的节点或周围。例如，解析参数（RenderingParams）资源应该放到解析过程（Rendering）所在的节点上，如果有多个 Rendering 过程，就应该将 RenderingParams 资源放到包含多个 Rendering 的过程组节点上，即如果一个资源被链接到多个节点，该资源就应该放在这些被连节点的公共父节点上。

2. 资源链接与种类

（1）资源链接概念　每一个 JDF 节点包含一个资源链接池（ResourceLinkPool）元素，它包含了所有链接到节点的资源链接，包括输入和输出。资源链接描述了节点所要使用的

资源和可以被其他节点所使用的资源，提供了节点中执行元素间的概念上的链接。如图 9-2-6 所示是一个链接的原理示例，其中表示了一个节点（如 CTP 制版机）上的输出资源（如印版）能够转换成另一个节点（如印刷机）的输入资源。另外，如果当前节点（如印刷机）要能够执行（如开机印刷），就必须满足与此节点链接的输入资源的状态（Status）必须是 Available、Completed 等情况（如印版已经制好了!），而不是如 Ready、Waiting、Unavailable 等状态。

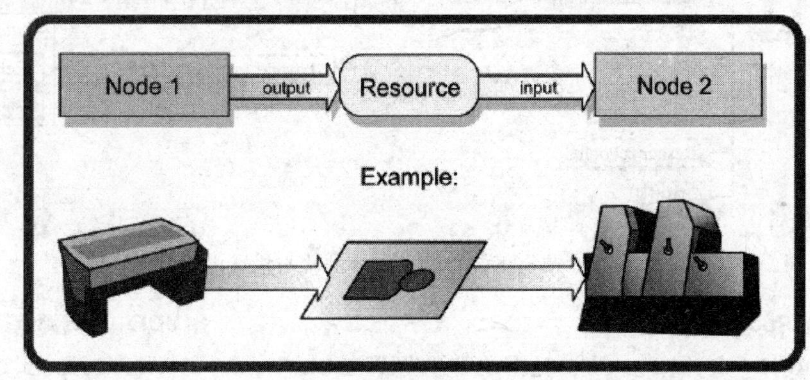

图 9-2-6　通过资源的节点间链接

（2）工作流中的资源链条原理　节点上的过程之间资源链接实际上正是 JDF 描述印品生产工序的关键机制，这种机制的原理可以通过如图 9-2-7 的例子加以说明：

1）节点中包含多个输入和输出资源，如图 9-2-7 中节点 9 包含两个输入资源 A、B 和三个输出资源 C、D、E。同样，节点 14 包含两个输入资源 C、F 和一个输出资源 G。这是资源链接的前提。

2）如图 9-2-7 中的两个节点间的资源出现了一个隐含的链接，即 9 节点的输出资源 C 是 14 节点的输入资源 C，这就是资源连接含义。这种链接包含了生产过程中互为先后条件的流程因素，是使用 JDF 传票文件进行生产流程控制的信息描述形式。

图 9-2-7　工作流中的资源链接

（3）资源链接池下的链接描述实例　如果将节点的资源描述看作是 JDF 节点的静态数据，资源间的链接关系则反映了基于资源的印刷过程的动态关系。有关节点及其资源的链接关系被“挂接”在节点的资源池标签中。其中包括执行链接、物理链接、参数链接等。如图 9-2-8 所示是一个 JDF 传票及其资源链接池的成分和结构，其后的一段 JDF XML 文档就是这个资源链接池的原代码实例。

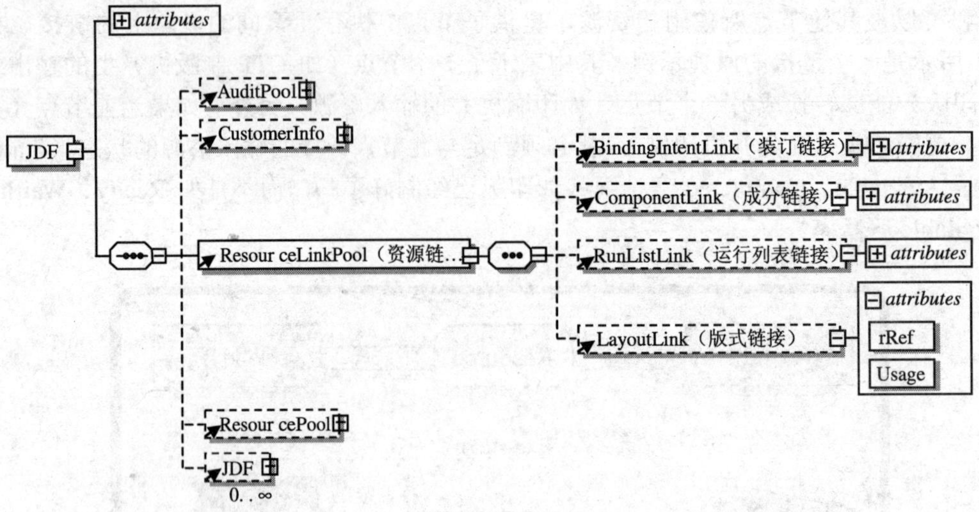

图 9-2-8　JDF 节点下的资源链接池结构与描述内容实例

```
<ResourceLinkPool>                                                          ；JDF中的资源链接池部分
  <BindingIntentLink  Usage="Input" rRef="bind00001" />                   ；装订方式输入资源链接
  < RunListLink  Usage="Input" rRef="Del00001" />                          ；运行列表输入链接
  < RunListLink  Usage="Input" rRef="art000001" />                         ；运行列表输入链接
  <ComponentLink  Usage="Output" rRef="com000001" />                      ；成分资源输出链接
  <ComponentLink  Usage="Input" rRef="com000002" />                       ；成分资源输入链接
  < LayoutLink  Usage="Input" rRef="com000003" />                          ；版式资源输入链接
……………………………
</ResourceLinkPool>
```

五、JDF 工作流程

1．组件运行流程

用于创建、修改、发送、解析和执行 JDF 传票的基本组件有代理、控制器、设备、机器。用来监控由这些组件构成的工作流的系统是 MIS（Management Information Systems.），即信息管理系统。如图 9-2-9 所示是由这些软硬件概念执行体构成的 JDF/JMF 系统。下面介绍这些组件和系统的定义、规范和运作流程。这里要说明，这些定义和规范并不能约束系统开发厂家对 JDF/JMF 系统进行设计、构架和实现时的外在形式。

（1）机器（Machines）　在 JDF 工作流程中，机器的功能是执行一个过程。多数情况下，机器可以对应为具体的物理设备或是其中的一部分，如印刷机、折页机等，但不能对应为机器中控制软件成分。另外，无论是自动运行还是人工操作的系统，只要是没有 JDF 接口和基于 JDF 的解析控制能力，就都被视为机器。

（2）设备（Devices）　设备的最基本功能是执行 JDF 信息，该信息是由一个代理建立并经过一个控制器发送到“设备”上。设备必须能够执行 JDF 节点和启动可以执行实际物理过程的“机器”。关于机器和设备之间的通信方式，在 JDF 规范中没有定义。在设备与

控制器之间则可以使用 JMF 通信协议实现双向动态的通信。

（3）代理（Agents）　代理在 JDF 工作流程中是一个 JDF 写作者的角色。角色能够创建一个 JDF 传票，或在传票中加入一个新的节点，也可修改现有的某个节点。代理可以是软件程序、自动工具，甚至可以是一个使用文字编辑器的 JDF 代码编写人。总之，能够构建 JDF 传票都可以定义为代理。

（4）控制器（Controllers）　代理创建和修改 JDF 信息，控制器则将 JDF 传票发送到适当的设备。在一些情况下，控制器可以构成上下的层次结构，顶端的控制器可以控制下层的控制器，最底层的控制器则必须有控制设备的能力。因此，控制器必须能够与其他控制器协同工作。为了与其他控制器和下层设备通信，控制器就必须支持 JDF 文件交换协议或 JMF 协议。控制器也能够决定流程中各个过程的计划编制与时间安排，如某个过程运行的时间和产品的生产数量。

这里要强调，代理、控制器和设备只是专用的逻辑描述概念，用户可能无法买到其中的任何一个。例如，一个代理（能够读写 JDF）可能包含在任何能够解析 JDF 的工具中，控制器的功能则能够嵌入到用户的应用软件、生产设备或 MIS 系统中，而对于实际运行的设备或控制器，它们大多能够更改 JDF，也就是说这些系统组件是具有内嵌的 JDF 代理功能的。

（5）信息管理系统（MIS）　信息管理系统的基本作用是监控 JDF 工作流程各单元，可以认为是一个超级控制器。它有能力指示和监视工作流程的运行。基于这种目的，MIS 必须保持与企业生产设备的沟通能力，包括通过 JMF 进行实时沟通，或使用邮件和 JDF 审计记录元素进行沟通。对于 MIS 与工作流程中的其他组件的通信，JDF 提供了必要的数据服务基础，而 JMF 则运行于 MIS 和生产系统之间并形成联络机制。JMF 协议包含的各类通信方式能为系统的通信结构提供灵活的选择，能够对工作流程系统进行裁切和编组，如图 9-2-9 所示是 MIS 与各组件的沟通路径。JDF 标准中提供了能够收集每一个节点工作数据的成分元素（如稽核池），具体数据则由控制器收集，并能够传递到 MIS 流程的跟踪系统，在一个 JDF 传票流程完成之后，MIS 的会计系统就可以对完成的 JDF 传票中的各级节点的稽核池进行分析和统计，确定整个定单的生产成本。

除了上述 JDF 内定义的系统组件之外，笔者在这里“擅自”加入了一个非标准的成分：

（6）印前处理软件　这类软件能够形成印刷所需要的各种电子媒体和版式，并能够通过嵌入在软件中的 JDF 代理模块生成相应的 JDF 传票。然后将 JDF 嵌入到输出文件中，或直接将 JDF 发送到相应的控制器、执行装置上，也可以发送到 MIS，并经过 MIS 的二次管理生成完成这个媒体出版的生产过程级别的 JDF 描述传票。笔者加入这个系统组件的目的，一是印前软件和 MIS 都是纯软件，二是使用频率和重要性相当，其三是强调和表现 JDF 运行流程的一个重要特点：角色成分的多重性，还有就是在下面特别强调的对大量的 JDF 描述数据的多种生成方式。

JDF 数据流代码是通过各种印前软件、MIS 和其他 JDF 流程组件中广泛分布的 JDF 代理自动进行的（当然，用户界面还需要人员的操作，但不用写 XML 代码）。例如，印前拼大版软件中的 JDF 传票生成代理就可以完成 JDF 中印品活件版式描述的写作。数码相机能够自动在其生成的图像文件中嵌入自己的 Profile，并被组版软件的 JDF 代理写到色彩管理的过程参数中。实际上，可以用流程模式的方式预先组织 JDF 数据结构和参数，并形成相应的“模版”，这是一个 JDF 的“批处理代理”，可以省掉许多手工数据输入的工作。

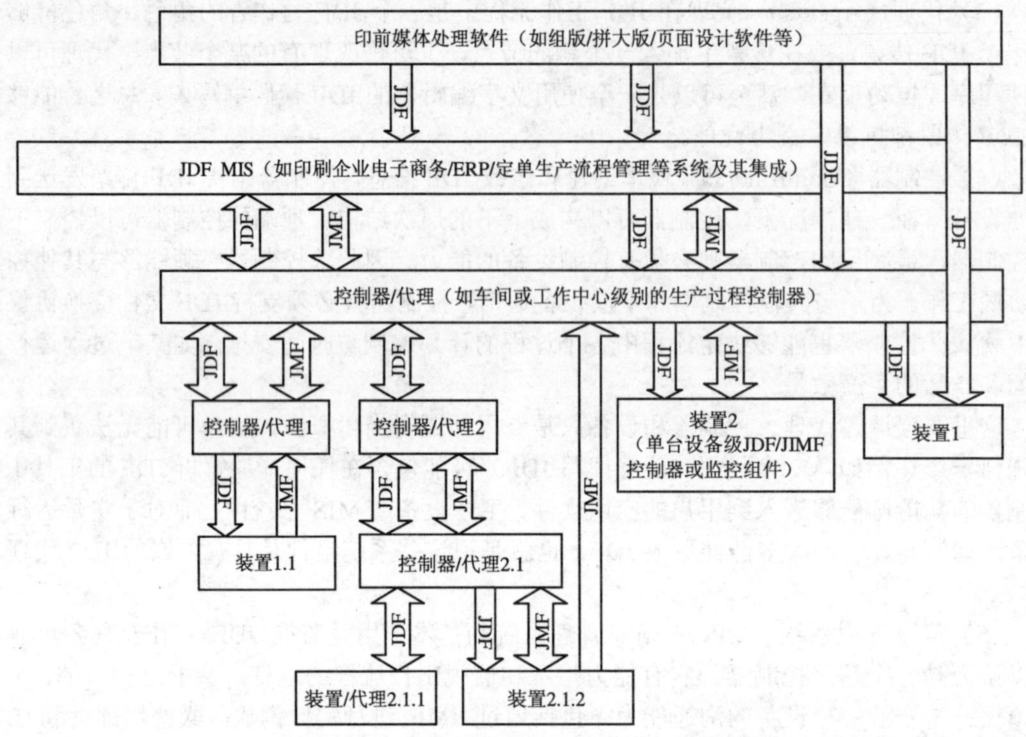

图 9-2-9　JDF/JMF 流程系统的组件和架构

基于上面的静态论述，下面介绍 JDF/JMF 流程动态运行过程：

1）JDF 作业传票在作业开始时，通常是由印前处理软件或印刷 MIS 中的 JDF 代理功能进行创建和基本信息描述的。JDF 传票在整个生命周期中是被整个系统不同部位的 JDF 代理“喂”大和“喂”成熟的，这里的“大”是指 JDF 描述的规模和细节，而“成熟”则是指它的状态迁移。JDF 传票集合了从作业开始到最后结束时与印活作业相关的信息，描述从作业开始到结束各个过程的要求。其中，每个过程有一次作业资源的输入和输出，而一个完整的印刷品生产过程就是由过程间的资源链条连接起来的。

2）MIS 负责印刷作业每个组成部分的工作安排，MIS 可同时处理多个 JDF 作业传票，它决定什么时候对作业传票的节点作计划安排，决定哪个设备能处理 JDF 节点。随后，在适当的时候，MIS 把每个 JDF 节点通过控制器链发送到相应的设备上。设备执行 JDF 节点，启动相关的机器执行规定的任务。

3）当设备正在执行 JDF 节点时，它生成相应的事件信息，通知有关软件监控印刷作业的进展，提供结账信息，同时进行费用、性能、质量控制与错误等方面的分析。MIS 可以从设备得到信息，以决定哪些输出资源在什么时候是有效可用的，哪些资源的状态属性已改变为有效可用。一个过程的输出资源一般就是下一个过程的输入资源，在需要的输入资源都已改变为有效可用之前，MIS 不向后端设备发送 JDF 节点。

4）JDF 还能支持控制器收集每个处理过程的执行资料，并将信息传输到相应的跟踪系统和活件核算系统（job accounting system），系统通过检查审核记录来确定整个活件的成本，

以及其他的统计与分析。

海德堡印通系统是由 MIS、印前、印刷、印后的组件所构成，具有 JDF 开放流程的结构特点。所有的组件在完成其专有的功能的同时，又在履行着 JDF 流程中的某个角色。“开放”是指流程中的 JDF 组件可以是任何一个遵循 JDF 标准的厂家的产品和设备，它们可以自由组合。这也是 JDF 标准化的重要原因和特点。下面是 JDF 开放流程下常见的功能组件：

① 客户关系与业务生成、跟踪、估价、核算、出货模块。

② JDF 工作传票解释调度器。

③ 规范化器（PDF 转换和检查功能模块）。

④ 文件/作业/账号管理模块。

⑤ 作业查询/追踪/审核模块。

⑥ 作业统计和存储模块。

⑦ 显示器预览。

⑧ 拼版和折手功能模块。

⑨ 陷印处理模块。

⑩ 激光校样。

⑪ 数码打样和版式打样。

⑫ 远程校样和传输模块。

⑬ CTF/CTP 输出模块。

⑭ 数码印刷模块。

⑮ 印刷油墨控制模块。

⑯ 印后裁切、折页、装订控制模块。

整个印刷作业就是通过上述模块实行控制和管理的。

2. 数据驱动流程

图 9-2-10 显示了上下结构的 JDF 传票的树形结构的一部分，父节点下有 P1、P2、P3、PA、P7 五个子节点，而 PA 节点是一个组合过程节点，包含 P4、P5、P6 三个节点，它代表了有内部生产链接的流程或设备。一般来讲，在这种树形结构中，越上层的节点越表现抽象的操作，越底层的节点越表现出更多的实际操作。即靠近顶层的节点只能表现产品的成分和装帧方面的宏观要求，底层的节点则用来提供针对设备的具体操作指令。

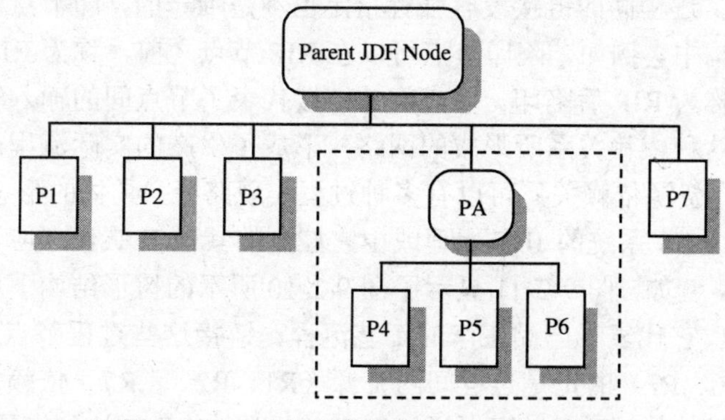

图 9-2-10　分级父子结构的 JDF 节点结构

另外，JDF 的这种上下父子结构能够天然地描述生产管理的系统架构，上层的节点可以代表一个管理部门，并表现该部门对这个传票的控制责任。中间的节点则可以与车间或工作中心对应。当然，底层节点是表现具体设备和工序的。而实际的 JDF 上的数据焦点（当前运行位置）的移动过程也是和实际企业的管理流程一致的。例如，移动过程可以如下：业务科（顶层产品意图节点）—管理科（次层分解意图节点）—车间 1（过程组节点）—设备 11（过程节点或组合过程节点）—车间 1—设备 12—车间 1—生产科—车间 2—设备 21—车间 2—设备 22—等。这是一种管理、生产、管理、生产的波浪式过程，与实际生产中的情况是一致的。

除了节点之间上下父子的层次树形分布关系外，同样重要的是节点间依靠资源链接所形成的过程链条。JDF 节点的输出资源将作为另一个节点的输入资源。一个节点（或节点包含的过程）能够执行的条件是它的输入资源的状态必须是全部生成和可用的。这意味着节点的运行将依靠节点之间的资源链接及其先后顺序进行，一个过程接着一个过程。例如，用一个过程生成印版并作为这个过程节点的输出资源。同时，下游的传统印刷（ConventionalPrinting）过程则需要印版资源作为其必须的输入资源之一。

由上述的这种资源链接所形成的过程链条是复杂的，具有多样性和灵活性。如图 9-2-11 所示的是图 9-2-10 分级结构的子节点之间形成的过程链条，它们形成了对实际“生产过程”的描述。资源链条隐含在节点的资源及其资源间的相互连接中，资源依从关系构建了业务的进程线路，所有业务的执行都通过这些依从关系进行驱动。

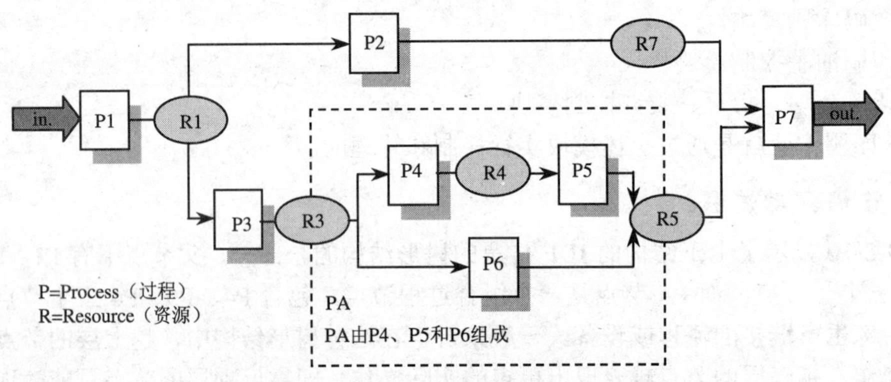

图 9-2-11　基于输入输出资源链接的过程链条

在 JDF 规范中，过程间的链接没有强行指定也不是唯一的，即节点没有被强行安排在一个固定的顺序结构中。例如，陷印节点可以在 RIP 节点之前，称为 RIP 前陷印；也可以在 RIP 节点之后，称为 RIP 后陷印。节点间的链接代表了节点间的输入输出资源的交换和依赖关系，而正是这种依赖关系所形成的网络，形成了生产的实际流程。

另一方面，一个资源依赖关系可以有多种过程实现路径，具体的形态是由 MIS 根据工艺的需要进行关联。MIS 系统的 JDF 代理或由它控制的其他 JDF 代理应该是熟悉这种资源关系和选择路径的。例如，图 9-2-11 显示了图 9-2-10 所示的树形结构下所隐含的同层节点间的一种链接路径，它代表了产品生产的工艺流程，链接这些过程节点 P1、P2、P3、PA（组合 P4、P5、P6、P7）的正是过程间的资源（R1、R2、...R7）依赖关系，这些关系是通过节点上的资源链接描述的，并可以通过对其的设置、修改，达到实现不同的工艺路径。

另外，JDF 提供了四种不同基于资源依赖关系的基本业务路由实现形态，这些路由实现机制可以任意组合：

1）串行处理。从整体上串联地生产和消费资源，表现为一个简单的过程链条。

2）重叠处理。在一个管道结构上同时进行多路的资源生产和消费。

3）并行处理。包含分裂和合并过程的资源并行生产和消费过程。

4）重复处理。这是一种能够使资源不断累加壮大的循环处理过程。

这些路由提供了灵活描述流程和复杂流程的描述方式，使得 JDF 能够描述各种类型的生产过程及其他们之间的关系。

第三节　JMF 通信综述

一、JMF 通信的原理与作用

1．JMF 的含义与功能

JMF（Job Messaging Format）是一种语言，也是一套通信协议。同 JDF 一样，JMF 也是 XML 形式的，属于 JDF 框架的一部分。JMF 供 JDF 应用程序、JDF 信息管理系统（JDF MIS）与 JDF 设备控制器（JDF controller）或工作流程（Workflow）（由过程组或组合过程节点构成）之间发送与接收信息，这些信息有事件（开始，停止，错误等）、状态（如空闲，脱机，工作等）、结果（如计数，消耗等）等。实际工作时，例如有一个 MIS 可以发送 JMF 信息到某控制器或设备，告诉该控制器或设备去执行一个 JDF 节点；或者用 JMF 信息去询问一个设备或控制器的状态或功能。

基于 JMF 的信息沟通有单向（如 JDF MIS 系统提供命令，而 JDF 设备或控制器不作回答）和双向方式。设备、控制器和 MIS 间的交互方式和协同水平也是由 JMF 沟通方式确定的。因此，作为系统的构建者、管理者和使用者，应该明确了解各个 JDF 工作组件基于 JDF/JMF 的应用机理和功能。

2．基于 Hot folder、HTTP 和 MIME 的 JMF 传输机理

在通信原理方面，应该了解以下三个核心概念：

（1）Hot folder（热文件夹）　就是专用的文件夹，用来指定存放特定的文件。在 JDF/JMF 信息沟通方式中，通过文件夹传递 JDF 传票文件和保存特定的 JMF 指令文件是基本的通信方式。

（2）HTTP 协议（HypertextTransferProtocol，超文本传输协议）　它是用于从 3W 服务器传输超文本到本地浏览器的传送协议，是 TCP/IP 协议模型最上层的协议，即应用层协议。它与文件传输协议 FTP、电子邮件传输协议 SMTP、域名系统服务 DNS 属于同一层次。HTTP 协议是基于请求/响应模式的（相当于客户机/服务器）。一个客户机与服务器建立连接后，发送一个请求给服务器，请求方式的格式为：统一资源标识符（URL）、协议版本号，后面是 MIME 信息（包括请求修饰符、客户机信息和可能的内容）。服务器接到请求后，

给予相应的响应信息，其格式为一个状态行，包括信息的协议版本号、一个成功或错误的代码，后面是MIME信息（包括服务器信息、实体信息和可能的内容）。

（3）MIME（即多功能Internet邮件扩展协议） MIME是基于HTTP协议的传输信息的“邮包”。MIME的格式灵活，允许邮包中包含各种类型的文件，如文本、图像、声音、视频及其他应用程序的特定数据。JDF传票与JMF命令高端的传输方式是用HTTP通道来完成的，也就是用HTTP中的MIME部分传输JDF文档或JMF命令，即JDF MIME File和JMF MIME Message。

就JMF信息传输来讲（JDF在后面讲），JMF的单向传输是用JMF File进行的，JMF指令使用“Hot folder”（热文件夹）进行存储和传输，而热文件夹则可以通过网络分配的特定文件夹或FTP文件夹实现。作为特例，单向的JMF信息可以用一个嵌入了JMF指令的JDF文件（有效成分是JDF/NodeInfo/JMF），经由控制器的输出文件夹进行传输。另一方面，高端的双向JMF信息传输方式，就必须用HTTP协议，并通过JMF MIME邮件完成JMF信息的沟通。支持JMF双向沟通的MIS、控制器或设备的通信功能会更强。

3．JMF通信命令及其握手过程

既然JMF是XML架构的通信协议，因此，除了实现这个协议的接口软件和相应的硬件之外，就应该是JMF操作指令了。下面简单介绍JMF的基本通信命令。

（1）Query（询问）指令 本指令由源客户（可以是MIS、控制器、设备）发出，在不改变目标客户（MIS、控制器、设备）工作状况的前提下询问并希望获得目标客户的应答信息。下面是一个Query命令的JMF文档，其中包含了一个KnownDerices的指令。

```
<JMF xmlns="http://www.CIP4.org/JDFSchema_1_1" SenderID="Controller-1"
    TimeStamp="2005-07-25T11:38:23＋02:00" Version="1.3">
    <Query ID="M007" Type=" KnownDevices "/>
</JMF>                          ；表示Controller-1发出了一个Query KnownDevices的询问
```

（2）Command（命令）指令 其功能可以和Query（询问）类比，同样是源客户（可以是MIS、控制器、设备）发出，但该命令不是简单的询问功能，而是要通过命令来改变目标客户（控制器、设备）的工作状态，如中断或重新开始作业，或改变队列中作业的优先权等。回复有两种方式（图9-3-1）：

1）源客户接受目标控制器的Response（应答）指令，立即回复。

2）在Command指令内含AcknowledgeURL时，则通过Response（应答）指令回复源客户 Acknowledge＝“true”，并在目标控制器完成其Command指令后，控制其向AcknowledgeURL所指向的另一个目的客户或控制器发送Acknowledge指令。

（3）Response（应答）指令 本指令是对一个Query或一个Command指令的立即响应式的回答。

（4）Acknowledge（告知）指令 Acknowledge指令可以是和Response（应答）指令一样对Command指令作出响应的单向指令。其特点是针对执行过程延时性的非同步应答，用来通知完成等状态，而且指令发送的目标是由Command指令中的AcknowledgeURL决定的。

（5）Signal（信号）指令 Signal指令的功能可以等效于Query＋Response，它可以以

单向的方式向其他控制器或设备发送信息，主要用来向系统自动发送当前设备状态改变的信号（如过程开始或完成等）。信号发送对象是由被 Subscription（订阅）的控制器或设备完成的，也就是说它是一种基于订阅通道的、向订阅设备单向发送的通知或报告指令。

如图 9-3-1 所示是一个由 Query 指令引发的一个客户与另一个客户之间的、经由 JDF/JMF 控制器控制的 JMF 响应序列的运作实景，是一个 JMF 指令握手过程的实例（注：下面例子中的设备可以是 JDF 协议中的设备、控制器、MIS）。

一个源设备可能是完成了任务的一部分，通过它的 JDF 接口，向它的上级目标控制器发出一个 Query 指令，目标控制器收到后解析成功，随即向发送方 Response 响应指令，表示收到。同时，控制器解析出 Query 指令包含了一个订阅通道（URL）及其相关的内容，它指向另一个目标设备（这个设备事先向源设备申请了订阅，并以此通信机制来获得源设备状态改变的信息）。控制器将依照订阅通道的 URL 指向订阅设备发出 Signal 命令。在图 9-3-1 中使用兴趣事件（Interestingevent）代表订阅事件的不断发生，控制器也将 Signal 命令不断传递到订阅设备。这个工作订阅通信流程最后可以被源设备用 Command（StopPersistentChannel）终止，源设备同样可以从目标控制器获得一个即时 Response 应答。

以上演示了一个设备通过订阅通道和控制器的控制，实现对订阅设备的 JMF 通信（状态上报）的过程，并简单地描述了 Query、Response、Signa 等 JMF 指令的使用和握手过程。

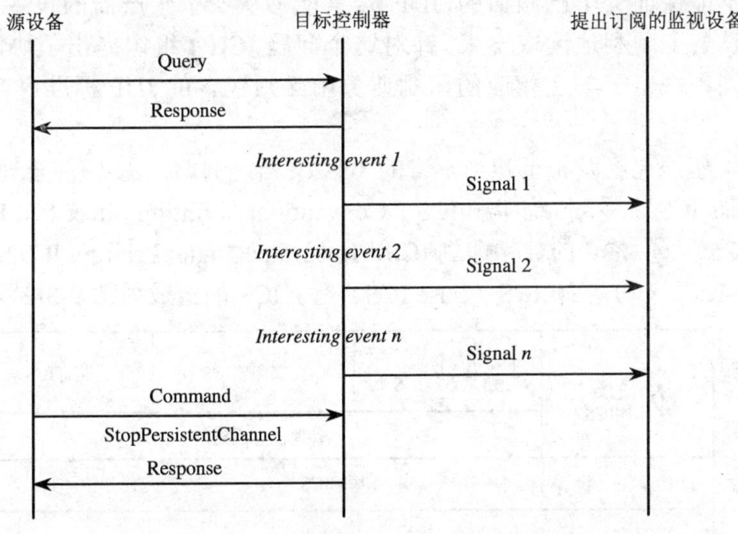

图 9-3-1　一个订阅通信流程的 JMF 指令握手过程实例

4. JMF 消息

如果 JMF 命令是行驶在大海中的一艘“轮船”，那么 JMF 的命令执行过程（也就是系统的 JMF 握手过程）就是这艘轮船的“航线”，而下面讨论的 JMF 消息则是这艘轮船上装载的“货物”了。

JMF 消息主要包括以下类型：

（1）描述与握手相关的 JMF 事件消息　包括 Events（事件）、KnownControllers（查询控制器）、KnownDevices（查询设备）、KnownJDFService（查询 JDF 控制器）、KnownMessage

（查询消息）、StopPersistentChannel（终止订阅通道）等。

（2）设备与控制器之间使用Query/Command传输的JMF传票消息　包括ModifyNode（修改节点）、NewJDF（创建新的JDF子节点或主节点）、Resource（修改与查询资源）、UpdateJDF（更新JDF节点）、FlushResources（发送设备的临时资源）、ResourcePull（请求从控制器或设备获得资源）等。

（3）描述JDF任务队列设置的JMF控制消息　包括HoldQueueEntry（任务暂停）、RemoveQueueEntry（移除任务）、RequestQueueEntry（请求新任务）、SubmitQueueEntry（提交新任务到控制器或设备）、ResubmitQueueEntry（重新提交新任务）、ReturnQueueEntry（返回任务）、SetQueueEntryPosition（设置任务的位置）、SetQueuePriority（设置任务的优先级）等。

除了上述的各类JMF消息以外，还有管道等其他的JMF消息类型，这里就不一一叙述。

二、JDF/JMF系统的协同规范（ICS）与交互方式

1. 协同规范（ICS）

目前，在印刷行业中所有的设备生产商都对其生产的产品提供了不同程度的对JDF的支持，但是不能保证一个已激活的JDF传票能够从一个生产商的设备上发出，在另一个生产商的设备上顺利地读取出来。针对这个问题，CIP4组织提出了协同规范（ICS）。每一个ICS文档都规定了与之相应的印刷业务中必须包含的JDF标准内容，即一个JDF的子集。

目前，CIP4组织已经发布了相当丰富的ICS文档，例如：① 印前管理信息系统ICS（MIS to Prepress ICS）；② 传统印刷ICS（Conventional Printing Sheet Fed ICS）；③ 装订ICS（Binding ICS）；④ 整合的数字印刷ICS（Integrated Digtal Printing ICS）；⑤ 管理信息系统ICS（MIS-ICS）；⑥ 基础ICS（Base ICS）等。ICS的组成如图9-3-2所示。

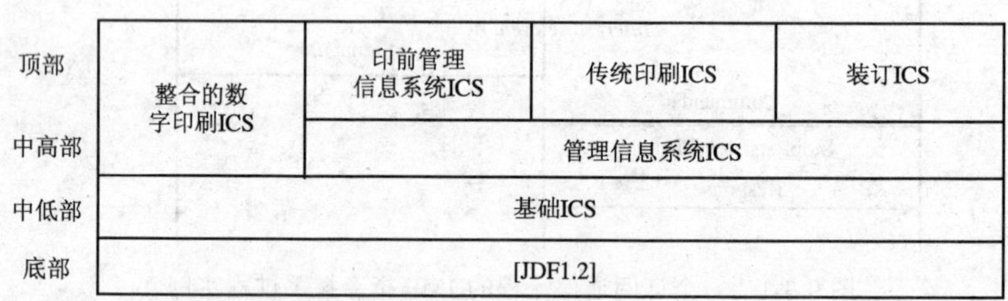

图9-3-2　ICS的基本组成

2. JDF传票和JMF信息的传递方式

（1）基于文件的信息传递方式　JDF传票和JMF信息将以文件的方式封装，并通过“热文件夹”进行保存和传递。支持这种传递方式的系统必须定义保存JDF/JMF的输入和输出热文件夹。如果一个系统作为管理者，那么，它应该具备写一个JDF实例文件（JDF Instance File）或写一个JDF邮件文件（JDF MIME File）到某一个特定“热文件夹”的功能。而对于JMF信息，则可以通过JDF内嵌方式（有效成分是JDF/NodeInfo/JMF），以JDF文件为

载体，通过“热文件夹”进行设备间的 JMF 传递。文件系统的架构和使用，都可以用 FTP 等具体的网络协议来开发和实现。文件系统传递 JDF/JMF 的方式在整个 ICS 体系中属于比较低级的一种，它并不是一种高效、实时的通信模式，例如，它不支持 Acknowledge（告知）指令方式的错误回馈等，系统安全性不高。

（2）基于 HTTP 的 JDF 传票和 JMF 信息传递方式　如前所述，HTTP 是一个基于客户（和浏览器）与服务器之间的通信协议，能够稳定高效地传输 MIME 封装的各种类型的信息，作为一个行业内的 MIME 封装标准，可以通过各个跨平台系统对 HTTP 协议的支撑功能（如 API 或组件）完成系统之间 JDF MIME File 或 JMF MIME 指令的通信。

总之，如果将上述的问题分开来讲，其意思就是：

JDF 传票（JDF Instance File）的传输可以用 JDF Instance File（如 FTP 文件传输方式）或 JDF MIME File 完成，并用 JDF 处理器的热文件夹进行管理。

JMF 信息（JMF message）通过两种方式完成传输，一种是用 JDF Instance 的子元素（有效成分是 JDF/NodeInfo/JMF）的文件方式，另一种是通过 JMF MIME 方式完成。

如图 9-3-3 所示，表示 MIS 系统与下位的某个设备控制器之间的 JDF 传票与 JMF 指令的可能的传递方式与路经。

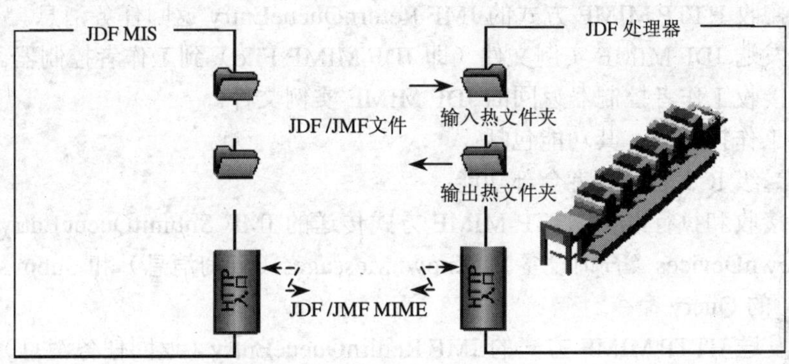

图 9-3-3　MIS 与设备 JDF 控制器之间的 JDF/JMF 交互的方式与渠道

3．ICS 体系中系统协同的 4 种类型与功能

（1）一级 ICS（ICS Level 1）

1）作为一级 ICS 的主要特征表现，管理者（Manager）角色的控制器必须具备：

a．能够生成 JDF 实例文件。

b．能够通过“热文件夹”方式向工作者（Worker）的控制器下达 JDF 实例文件（即上述的 JDF Instance File）。

c．能够经由“热文件夹”接受一个来自于工作者控制器上传的 JDF 实例文件。

2）作为工作者（Worker）的控制器，其功能必须包括：

a．能够经由“热文件夹”接受 JDF 实例文件。

b．在完成接收到的 JDF 传票的工作后，能够向管理者控制器返回一个经过更新的 JDF 实例文件，该文件被发送到管理者所控制的“热文件夹”中。

（2）二级 ICS（ICS Level 2）

1）管理者（Manager）角色的控制器的二级 ICS 的主要特征：

a．包含一级 ICS 的管理者全部功能。

b．具有能够接收使用 HTTP MIME 方式传输的 JMF Signals 。

（注：Signals 是 JMF 中的一种能向订阅设备发送的、并“汇报”自己“状态”的单向广播指令）

2）作为工作控制器其功能包括：

a．包含一级 ICS 工作者的全部功能。

b．能够通过订阅方式接收 JDF 实例文件。

c．能够发送 HTTP MIME 方式传输的 JMF Signals 命令到订阅的管理者。

（3）三级 ICS（ICS Level 3）

1）作为管理者必须具备：

a．包含二级 ICS 的管理者全部功能。

b．能够使用 HTTP MIME 发送 JMF SubmitQueueEntry（提交任务消息）、JMF KnownDevices（查询设备）Query 命令、KnownMessages（查询消息）Query 命令到工作控制器。

c．能够接收 HTTP MIME 方式的 JMF ReturnQueueEntry 返回任务消息。

d．能够发送 JDF MIME 实例文件（即 JDF MIME File）到工作者控制器。

e．能够接收工作者控制器返回的 JDF MIME 实例文件。

2）作为工作控制器，其功能包括：

a．包含二级 ICS 的管理者全部功能。

b．能够接收和执行经由 HTTP MIME 方式传送的 JMF SubmitQueueEntry 提交任务消息、JMF KnownDevices（查询设备）、KnownMessages（查询消息）和 SubmissionMethods（服从方式）的 Query 命令。

c．能够发送 HTTP MIME 方式的 JMF ReturnQueueEntry（返回任务消息）到管理者控制器。

d．能够返回或转寄修改后的 JDF MIME 实例文件。

（4）0 级 ICS（ICS Level 0）　0 级 ICS 定义了从管理者到工作者的单向 JDF 传递模式，和 1 级 ICS 相比，它简化了以下内容：管理者不必接受 JDF 实例，而工作者不必返回 JDF 实例，即只有单向的从管理者到工作控制器的 JDF 实例文件的下达操作。

通过上面的论述，可以了解 JDF 实例和 JMF 命令的不同功能级别的传递和交互方式。如果将上述内容进一步延深，就能够使用这些标准开发各类不同级别的 JDF/JMF 控制器接口。而如果就此打住，它至少应该给大家提供这样一个意识：今后的各类印前处理软件、印刷企业 MIS、印刷设备与系统都会使用各类 JDF/JMF 接口来进行连接，并形成一个上至企业业务、下到某个设备控制的印刷企业信息与控制系统。大家应该注意，今后购买设备和系统时要询问：它有 JDF 接口吗？是什么级别的？

本章从工业化的数字化工作流程和 JDF/JMF 技术细节两方面入手，阐述了现代数字化工作流程的总体方案和技术要点。同时，这些系统和技术也将为后面各章节的论述提供基础。在下面各章中，将按照 JDF 流程中的主要印前功能模块为单元，详细讨论其主要技术和工艺，从而进一步理解数字化工作流程。

复习思考题

1．数字化工作流程的目的是什么？

2．按数字化工作流程的应用规模有哪些系统类型？指出其标志性特点与功能。

3．海德堡印通在系统架构与流程控制上有何特点？支撑这些特点的关键技术及其所起的作用是什么？

4．XML 和 JDF 的含义和相互关系是什么？

5．简述 JDF 节点的类型与各自的描述作用。

6．简述 JDF 过程的定义、作用和分类。

7．简述 JDF 资源的描述作用和主要类型。

8．简述 JDF 资源链接的描述作用，并简述基于资源链接的 JDF 数据驱动流程的工作原理。

9．从上到下的节点间的连接反映了印刷描述体系中的什么关系？有何特点？

10．简述 JDF/JMF 系统基本组件及其工作流程原理。

11．JMF 的功能与作用是什么？有哪些基本 JMF 指令？

12．JMF 消息描述的是什么？JMF 命令与 JMF 消息是什么关系？

13．简述 ICS 的含义和作用，简单总结 4 种不同的协同级别间的差异。

第十章 专业数码打样

10

第一节 专业数码打样综述

一、打样的目的和种类

打样是印刷生产流程中联系印前与印刷的关键环节。打样既作为制版后工序对制版效果进行的检验，又作为印刷的前端工序模拟印刷进行的试印，为印刷寻求最佳匹配条件并提供墨色的标准。因此，打样不仅可以检查在设计、制作、出片、晒版等过程中可能出现的错误，而且能为以后的印刷提供依据和标准。

按照所模拟的印刷方式的不同，打样可分为胶印打样、凹印打样、网印打样、凸印打样和柔印打样；按照实用目的的不同，打样可分为版式打样、彩色打样、软打样、合约打样和远程打样；按照打印色数的不同，打样可分为单色样、套色样和彩色样；按照打样技术水平的不同可分为传统机械打样机打样和数码打样。

目前，生产中最常见的模拟打样是胶印效果打样。在目前的实际生产中不论采用何种印刷方式，其样张大都采用模拟胶印打样。近年来随着印前及相关技术的发展，特别是色彩管理和专业数码打样技术的发展，数码打样得到了迅速发展。

二、打样的原理和特点

1. 传统机械打样的原理与特点

传统打样中打样机的工作原理与印刷机的工作原理相同。它利用油、水不相容的原理，通过网点大小来再现彩色图文层次。常见的打样机大都采用圆压平的压印方式和湿压干的油墨叠印方式。有单色打样和双色打样机两类。

传统打样工艺的配置较为复杂。通常需配有幅面为对开和全开的拼版台、晒版机、单色或双色打样印刷机、印刷用反射密度计等设备，数十平方米配有温室控制的厂房，数名具有一定的印刷知识及经验的晒版人员和打样人员。

2. 数码打样的原理和流程

数码打样是指针对彩色桌面出版系统制作的页面（印刷版面）数据，不经过任何模拟方

式的处理，以数字方式直接由彩色打印设备（墨水喷绘、色粉激光静电或其他方式）输出。数码打样系统一般由彩色喷墨打印机或彩色激光打印机、色彩管理系统、RIP 软件等组成，通过彩色打印机模拟仿真印刷色彩和效果来完成打样，替代传统机械打样的冗长工艺流程。

（1）数码打样的原理和类型　数码打样系统由色彩管理软件、驱动或 RIP、彩色数码打印机等组成。系统通过色彩管理软件进行色彩和各类印刷效果的仿真，再经过打印机驱动程序或 RIP 系统，将印刷输出用的电子文件直接输出到数码打样机，从而获得印刷效果的预期样稿。目前国内外的数码打样系统有两类：

1）按照接受数据类型方式的不同可分为 RIP 前打样和 RIP 后打样。RIP 前打样是指数码打样管理软件直接接受 PS、TIFF、PDF 等页面描述文件，依靠数码打样系统自身的 RIP 解释这些文件，并将其生成的光栅化文件（又称为 one-bit 文件）用于打样。RIP 后数码打样是指数码打样管理软件直接接受其他系统（如 CTP 或照排机输出系统）的 RIP 所生成的光栅化文件（one-bit），并基于这些文件进行输出打样。

可以看出，直接使用印刷输出系统（照排和 CTP）的 RIP 数据在打样机上输出，能够最真实地反映印刷输出版面的全部信息，包括文字、版式、图像、图形及印刷网点结构（网点线数、网点形状与角度）的所有信息，但是由于来自照排和 CTP RIP 的光栅文件（one-bit Tiff）数据量巨大，在实际生产运用过程中对软硬件要求非常高，现行数码打样技术的处理时间将几倍于甚至十几倍于普通的 RIP 前打样，实际生产效率低，使用用户少。随着计算机运算速度、打印速度的提高及数码打样 RIP 的改进，这个问题将得到较好的改善

2）真网点数码打样（Screenproof）和普通彩色数码打样（Colorproof）。按照打印的半色调形态可以将它分成 Screenproof 和 Colorproof。真网点数码打样是模拟印刷调幅网点的半色调形态表达层次，以达到用最接近的网点物理结构来尽量真实地模拟印刷样张的视觉效果。而彩色数码打样则是采用连续调和调频网表达层次，注重强调对颜色的真实复制，而无法满足对半色调微观结构以及相应的细节的描述。

（2）数码打样的核心技术与实现　数码打样系统包括数码打样输出硬件设备、RIP 与色管软件等。其中数码打样输出设备是指任何能以数字方式输出的彩色打印机，如彩色喷墨打印机、彩色激光打印机、彩色热升华打印机、彩色热蜡打印机等。软件则包括 RIP、色彩管理软件、拼大版软件、数据管理软件等，主要完成图文的页面解释、数字加网、色彩管理以及页面拼合与拆分、生产流程控制等功能。

数码打样要求解释用户提交的作业，并且在打印设备上逼真地模拟印刷效果，因此数码打样技术的核心包括两部分：一是 PostScript 解释技术，二是色彩管理技术。PostScript 解释器保证用户的文件能得到正确的解释，并且与最终输出的胶片或版材完全一致，否则由于打样 RIP 和照排 RIP 之间解释结果的不一致会产生差异；色彩管理技术能保证打样输出结果与印刷输出结果的颜色和效果一致。

（3）数码打样的优势　数码打样与传统打样相比具有以下技术优势：

1）工艺先进、适应性强、开放性好。

2）速度快、成本低。

3）质量稳定、重复性好。

4）作业方便、可靠性高。

5）适应直接制版（CTP）技术和系统的要求，并成为不可缺少的组成部分。

3. 数码打样的影响因素

（1）打印机因素　喷墨打印机打印头工作情况的好坏将直接影响数码打样的输出效果。打印头能够达到的打印精度决定数码打样的输出精度，低分辨率的打印机无法满足数码打样的需求。打印机的横向精度是由打印头分布状况决定的，纵向精度受步进电动机影响，如果走纸不好，会对打印精度造成影响，打印时可能了出现横纹，必要时需要校正打印头。生产过程中打印头出现堵塞时，样张上就会出现断线和色偏现象，此时清洗墨头便可消除该现象。

（2）打印墨水因素　打印墨水对打样色彩的还原起决定性作用。喷墨打印机的墨水有颜料型和染料型两种。颜料型墨水不易褪色，其墨水原色同印刷油墨更加接近，但光源环境对样张色彩影响更加明显。染料型墨水成本较低，且对打样的纸张适用范围更广。关于墨水在第十三章的数码印刷中有详细的论述。

（3）纸张因素　数码打样所用纸张一般为仿铜版打印纸，一方面，它同印刷用铜版纸具有相似的白度和色相，这样更易达到同印刷色彩一致的效果；另一方面，由于喷墨打样机经常使用水性油墨，一般表面的纸张接受到水性油墨后会迅速吸收扩散，使色彩和清晰度达不到印刷的效果。因此，专用的彩色喷墨打印纸的表面都是经过特殊涂布处理的，这样既能吸收水性油墨，又能使墨滴不向周边扩散，从而达到完整再现印刷的色彩和清晰度的要求。

第二节　数码打样系统的功能解剖 —— Best 案例

一、ScreenProof 的功能、流程与基本概念

Best Screenproof 是一个灵活的数字加网打样系统，它能够以色彩打样（Colorproof）和加网打样（Screenproof）两种方式给客户提供有效的打样稿。

如图 10-2-1 所示显示了整个制版系统和打样系统（Best Screenproof）的工作流程，其中包含了三个流程：

1）制版流程。图 10-2-1 的上端线路，是激光照排或直接制版（CTP）系统的制版输出路线，可以看出，需要发排的输出文件可以用.PS、.EPS、.PDF、.TIFF 等通用文件格式进入制版系统的光栅图像处理器（RIP）解释为光栅化文件（one-bit 文件），并驱动照排机和 CTP 系统进行输出。

2）加网打样（Screenproof）流程。Best Screenproof 加网打样流程见图 10-2-1 的中间线路，其中包含两个要点：

a．使用加网打样的输出数据来自“前端 RIP”，也就是使用照排机或 CTP 系统的 RIP 所生成的光栅化文件（one-bit Tiff 文件）作为输出数据，直接放入 Best 的任务队列中并安排输出。显然是直接使用与制版输出完全相同的 RIP 数据作为打样驱动。这样就能够完全仿真印刷输出时的网点尺寸、加网角度和网点形状，模仿印刷时可能发生的玫瑰斑或龟纹等，形成和照排及印刷几乎相同的细微半色调结构，能够较完美和全面地完成印刷效果的仿真，从而预先检查各种处理过程的质量和可能发生的情况。

b．由图 10-2-1 中标出的由参考 Profile 和纸张 Profile 构成的仿真打样流程。Paper Profiles 是反映和设置打印机纸张、墨水及其在不同分辨率下的综合特性参数，在 Best 系

统中已经包含了常用的不同条件下的 Paper ICC Profiles。Reference Profiles 是用来为用户模拟各种印刷复制过程的，这些 Profiles 是标准化了的印刷过程的 Profiles。流程的核心是 CMYK→Lab→CMYK 的色空间转换过程，用于实现在打印机上模拟各种不同印刷条件下的仿真效果，有关内容在下面小节中详细论述。

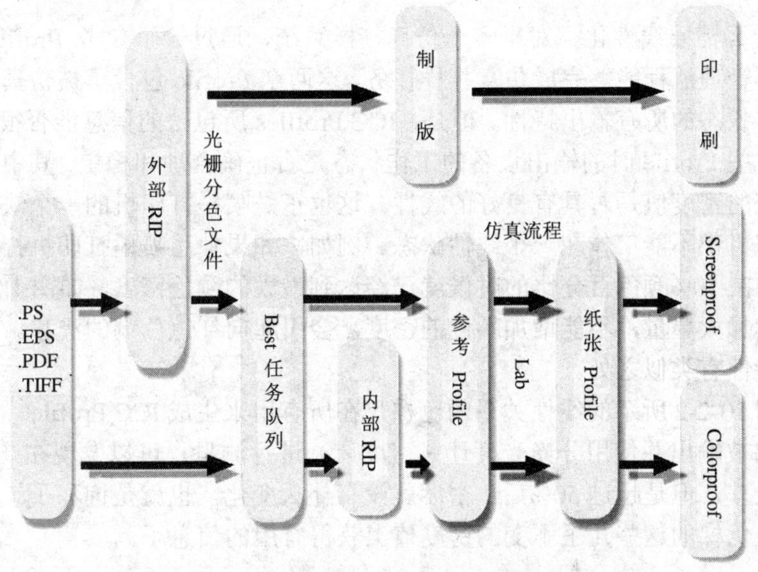

图 10-2-1　Best Screenproof 系统的基本功能与流程结构

3）彩色打样（Colorproof）流程。Best Colorproof 打样流程如图 10-2-1 所示的下端线路，其最大特点是针对用户的原始.PS、.EPS、.PDF、.TIFF 发排文件，可以通过 Best 的任务队列直接以“后 RIP”方式，即使用 Best 内部 RIP 进行光栅化处理，生成的 one-bit 文件，再通过由参考 Profile 和纸张 Profile 构成的仿真打样流程进行彩色打样输出。与追求细节仿真的 Screenproof 相比，Colorproof 以喷墨打样机擅长的调频网来打样仿真稿，注重强调对颜色的真实复制，能够很好地完成对色彩的效果仿真。另外，由于是使用内部 RIP，用户可以方便地直接使用 PostScript 和.pdf 文件进行输出打样，更加方便灵活而不用依附于其他的 RIP。

二、打样机校准（线性化、墨量）与 Profile（纸张、参考）生成

1．创建纸张 Profile 的过程

用户自己创建纸张 Profiles，需要一个未被校准的打样机与 Best Screenproof 系统相连，需要对系统首先进行基本线性和墨量的最优化校准处理。然后通过输出 IT8.7/3 色靶来打印输出样张。由于 Best Screenproof 是一个打样输出系统，因此建立该系统的 Paper Profiles 还必须借助专业的 Profiles 生成软件（如前面的 ProfileMaker 软件）和色度计来生成。

具体需要以下几个步骤：

1）生成一个打印机基本线性与墨水极限。

2）测试和形成总墨量。

3）在前两者的基础上，打印用于创建 Profile 的测试色靶。

4）使用适当的第三方软件计算出纸张 Profile。

5）使用 Best Profilekeepr 将基本线性、打印机线性、纸张 Profile、墨量极限与墨量封装在一起，形成一个 Best 数据集。

2．线性化

（1）为什么需要线性化　对于一个仿真打样系统，通过一个参考 Profile 和一个纸张 Profile 的色彩管理流程能够完成仿真打样任务，这两个 Profile 包含了被仿真系统和打样系统的特定工作状态的所有输出特性。但是，ICC Profiles 所包含的信息能否很好的工作，还依赖于创建这些 Profile 时的输出设备的工作状态是否正确合理和稳定。其中特别重要的是输出复制系统的密度值是否具有良好的线性。这也正是喷墨打印机的一个缺陷，因为大多数的这类打印机都不能工作在一个线性状态。例如，如果使用喷墨打印机打印一个黄色色阶，许多设备在 50%颜色百分比的时候就已经达到最大的颜色密度，如图 10-2-2 所示。如果打印机继续加大墨量，不能增加颜色的密度，会引起向红色色调的漂移。印刷油墨的特性也和这个特性有类似之处。

生成如图 10-2-2 所示的线性关系的色梯尺在所有用来生成 ICC Profiles 的色靶中存在。如果这个色梯被输出并使用分光光度计（密度计）进行测量，可以发现在 0～50%的范围内有很大的反差，但是超过 50%后，密度就没有什么变化，也就是饱和了。Profile 创建软件已经不能从色梯的这些几乎不变的密度值上获得有用的信息了。

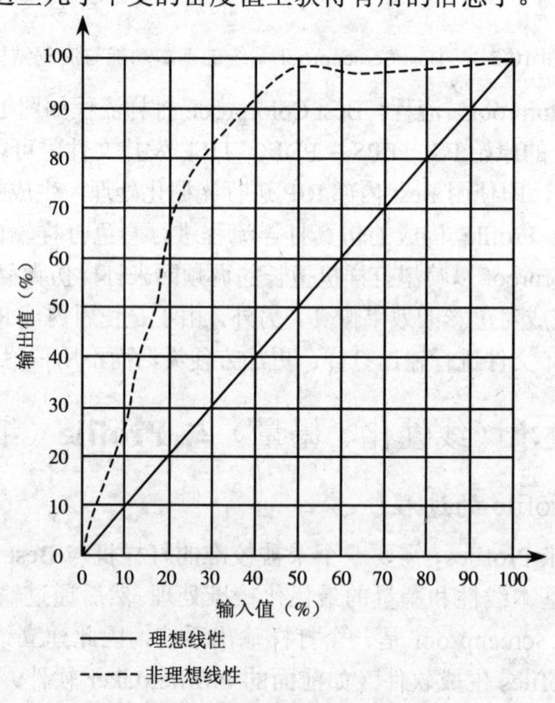

图 10-2-2　墨水密度的非线性分布

如果预先设置一个基本线性，就可以用它将打印机无法变化密度值的颜色值的范围，通过如图 10-2-3 所示的墨量限制（Ink Limitation）与映射变换的手段进行切割或者忽略掉，保留变化均匀的色调值范围。在这个保留的色调值的范围内，可以作出一个均匀变化

的从 0%～100%的色梯。研究证明，使用上述均匀色梯作为测量范围所生成的 Profile，它提供的信息要比使用原始非线性信息所生成的 Profile 提供的信息好得多。

基本线性的结果保存为扩展名为.bpl 的文件。Best Screenproof 系统中总是要求一个.bpl 文件，即使是没有作校正的输出系统也如此。因此，在第一次计算系统的线性时，系统中总是有一个默认的.bpl 文件被设置为默认的基本线性。

然而，最终打印机输出的颜色色调仍然是由 ICC Profile 决定的。基本线性的设置环节则是这个 Profile 的背景条件之一。一个好的线性的使用将能够充分提高墨水的表现能力和细节分辨力，提高打印的输出的质量。

注意：一个 ICC Profile 只是适用于同一个打印机和创建 Profile 时的状态的情况。这其中包括当时的基本线性。

（2）基本线性的创建　一个基本线性和一个纸张 Profile 相关，否则，纸张 Profile 就无法正常工作。在系统中，每一个基本线性用文件名的号码来识别，这个号码和对应的纸张 Profile 文件的号码一致，这样，Best Screenproof 系统就能够自动地选择一个纸张 Profile 以及和它相应的基本线性文件。

创建基本线性的步骤，如图 10-2-3 所示。

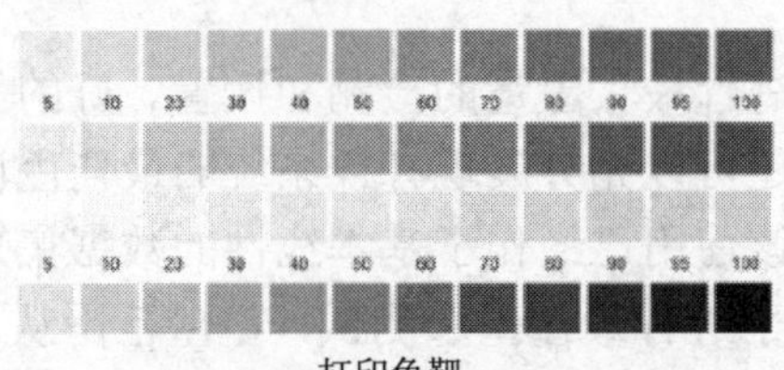

打印色靶

Color　Measured density values　Measure field　Ink limitation
Cyan　Magenta　Yellow　Black

P	Density
1	1.69
2	1.71
3	1.70
4	1.64

	Measure field	Ink limitation
C	3	90
M	1	100
Y	1	100
K	1	100

基本线性的检测、密度映射调整与墨量极限设置

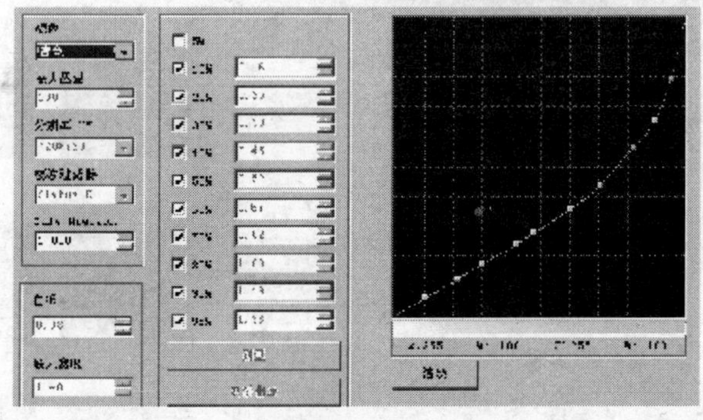

线性化效果显示

图 10-2-3　基本线性的生成过程

1）使用未校正的打印系统输出线性色靶。

2）测量线性色靶。

3）定义墨量极限与密度分布均匀性。

（3）设置和调整墨量极限与密度分布均匀性　目的是使用测量值来判断最佳的用墨量，防止过饱和情况出现。如前所述，印品中较大墨量区域的密度并不能显著增加，因此，使用基本线性将这部分的多余墨量切除，这样就能有效地防止打样时出现过饱和现象。过饱和是指颜色密度在多余墨量部分严重并级的现象。

以图 10-2-3 为调整过程的实例：查看测试色靶的每一个原色的最后七个色块，如图测得如下数据：1.32、1.46、1.55、1.64、1.70、1.71、1.69。这种情况应该定义油墨的极限值为 1.70，因为密度的增加稳定在这个数值的左右而不会再有所增加，明显表示打样机在密度为 1.70 左右时进入饱和区域。这时可以通过减少油墨极限值来“切割或减少”饱和密度区（如图 10-2-3 中的 C 被设置成 90%，而不是 100%），使其并级部分减少和消失。同时还可通过手工修改，使其密度变化呈线性均匀化。在本系统中可以直接改动图 10-2-3 中 Measured density values 项的测量数据，并使之均匀化。

在完成上述过程后，需要按修改后的数据再次打印墨量测试图并重新测量，如果效果未达到要求，则需要重复上述过程，直到获得理想的线性为止。

3．总墨量的设置

做完基本线性，就可以进行最大墨量的检测和设置。好的墨量设置不但能防止墨色互窜和难以干燥的情况发生，还可以充分展现打样系统的最佳色域。

打印墨量测试靶时，应该使用已经作了基本线性的数据集来打印这个测试靶。色靶如图 10-2-4 所示，它被设计用于进行最佳墨量测试，墨量范围从 100%～400%。主要的视觉判断（最优）要素包括：

1）颜色范围最宽，也就是饱和度范围最宽。

2）围绕边界的实地色块区别明显，并级最少。

3）色块间的白线必须细小而清晰。

4）寻找深浓与浅淡两个方向的平衡点。

选择好墨量之后，将它设置到图 10-2-4 左边的数据集的总墨量框中。

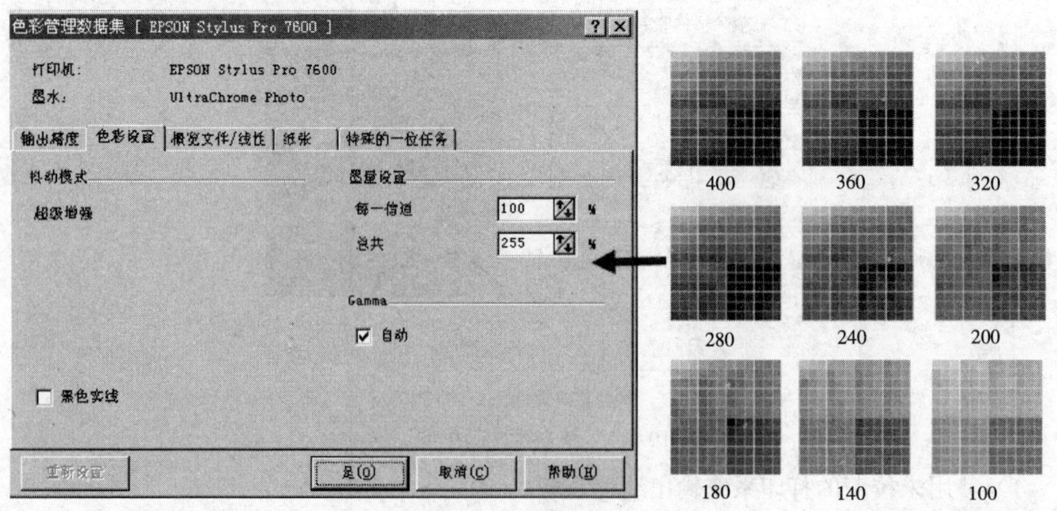

图 10-2-4　总墨量的设置

4．纸张 Profile 生成及配套数据集

纸张 Profile 的生成基本过程如图 10-2-5 所示，在进行了上述的打印机基本线性、单色通道墨量限制、总墨量等基本状态参数的校正和设定，并生成相应的数据集之后，输出用于创建打样机的纸张 Profile 的输出色靶，可以使用任何队列进行输出，并在它的色彩管理设置中选用所设置的基本线性所在的数据集。打印色靶可以是如图 10-2-5 上方所示的 IT8.7/3 数字色靶，并使用 ProfileMaker 软件制作纸张 Profile。

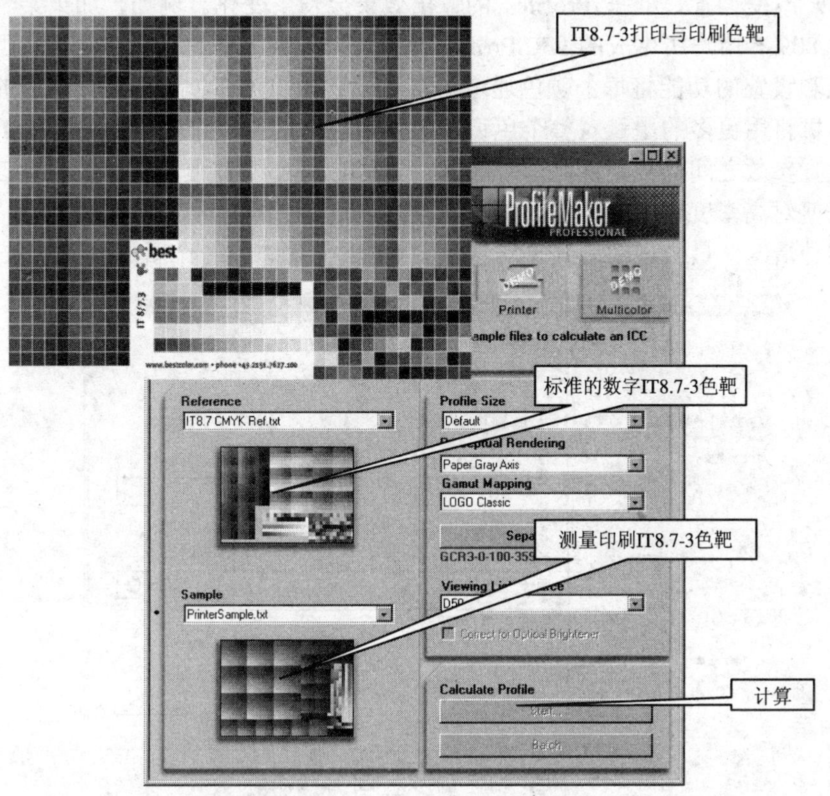

图 10-2-5　使用 ProfileMaker 创建纸张 Profile

特别强调的是，纸张 Profile 只是描述了打印机的色域特征，或者说是 CIELAB 与 CMYK 或打印机墨色（如六色）空间的转换关系。而针对某个特定的纸张 Profile 的具体墨色的生成方式（也就是打印效果）则和生成这个纸张 Profile 时的条件是一一对应的。也就是说即使是同一个纸张 Profile，如果使用的基本线性、墨色限制、总墨量参数不同，效果也不同。因此，描述打样机自身状态的纸张 Profile 必须和生成它的相应的打印机基本工作参数对应起来使用，才能正确表现纸张 Profile 所代表的设备颜色特征。

如图 10-2-6 显示了 Best 打样系统中与纸张 Profile 相配合的各种输出控制参数（类似于系统打印机中的 PPD 参数）及其设置数据集的界面。其基本参数按重要性排列：

1）纸张 Profile。

2）基本线性。

3）打印机线性。

4）墨量设置（总墨量、色通道墨量）。

5）输出分辨率。

6）墨水型号。

7）打样类型（版式打样、合同打样）。

8）加网打印的质量级别。

9）印版补偿的方法。

如果用户改变设置，纸张 Profiles 的输出效果会发生变化。例如，如果某一个颜色通道被设置为 80%，用户所生成的 ICC Profile 使用这个设置工作是令人满意的。现在用户通过进一步色彩设置的功能将每个颜色通道的墨量设置为 100%，这时，对同样的打印机驱动值，打印机将用更多的墨量对整个色调范围使用更高的密度进行输出。由于 ICC Profile 和打印机设置参数之间的独立性，这时的 ICC Profile 并不“知道”打印机设置改变了，而且不作出任何对高密度输出的补偿。

针对这种情况，最合理的方式是对这种 100%工作状态作一个新的对应的 ICC Profile。

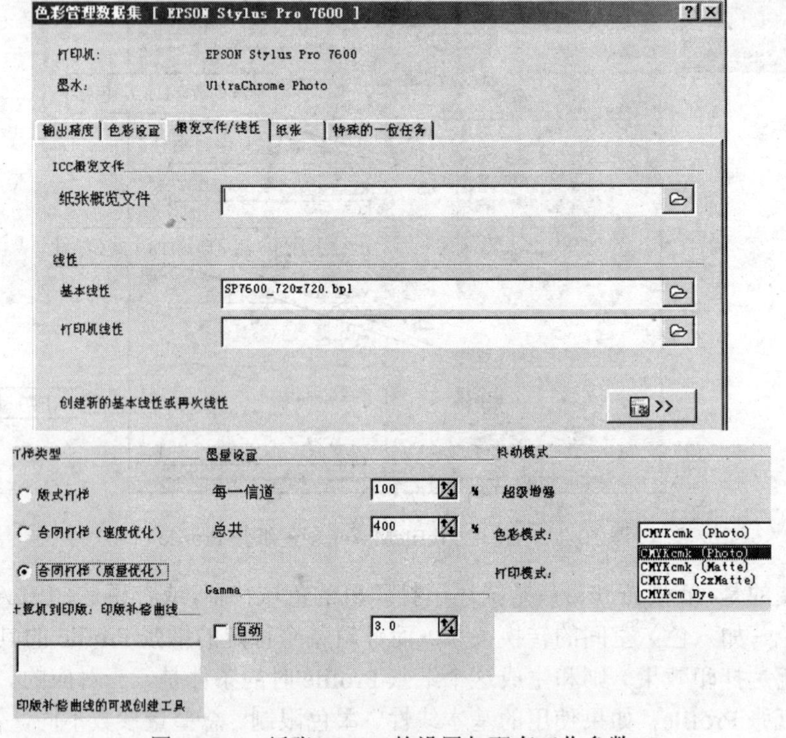

图 10-2-6 纸张 Profile 的设置与配套工作参数

在 Best 打样系统中，针对特定纸张 Profile 以及和它相关的打印机驱动参数的特定值，采用“数据集”的概念进行一体化管理，以防止使用混乱。系统采用了两个方法：

1）使用具有相关性的自动命名生成基本线性和基本设置的保存文件名称，以便用户在手工选用时不会发生混乱。

2）使用数据集封装小软件（如 Profilekeeper）将相关参数组合在一起，形成数据集，统一调用。

5. 打印机线性的设置

打印机线性是用来防止由于更换墨盒和打印头或长时间使用所带来的性能微小改变。在使用相近设备的 Profiles 时，也可以通过重新制作打印机线性来校正微小的差别。

打印机基本线性是形成纸张 Profile 的基础，是打印机的基本工作状态。但是，即使是同一个品牌和批次的打印机，或者同一台打印机，在相同工作模式下，都会产生微小的性能漂移。因此，如果使用相同和给定的标准基本线型，或者自己创建的基本线性，仍然会有微小的性能漂移。针对这种状况，可以通过设置打印机线性（注意：不是打印机基本线性）参数进行输出密度的微调，以修正基本线性的偏差。它能帮助调节在同一种纸张 Profiles 和基本线性条件下颜色复制的连续性和一致性。同时又可以避免重新制作基本线性和纸张 Profile 的繁琐和复杂，简化和方便了系统的调整。

何时与如何进行打印机线性化设置，用户不可能获得一个全局状态变量来判断是否需要进行打印机线性化。打印机的状态稳定性依赖于使用的模式、环境和使用的频率等多种因素，如果用户的公司具有必要的测量设备，可以两周制作一次打印机线性。特别推荐在以下情况下进行打印机线性化：

1）刚安装 Best Screenproof，并使用内置的纸张 Profile 和对应的基本线性，需要制作打印机线性。

2）当打印结果无法匹配最初的打印效果时，可以通过打印测试色靶并重新进行检测，以校正这些偏离。

3）更换打印机墨头、墨水等部件时需要重新制作打印机线性参数。

三、基于仿真打样的色彩管理流程

Best 仿真打样的基本流程与参数设置如图 10-2-7 所示。专业打样流程中使用两个 ICC 输出系统 Profiles 来构建一个仿真打样的色彩流程。其中，参考 Profile 用来描述需要仿真的印刷过程的特征，而纸张 Profile 则用来描述打印机系统自身的颜色复制特性，其中包含了所使用的纸张和墨水的综合特性。从原理上讲，这些 Profiles 所构成的 CMYK—CIELAB — CMYK 颜色转换流程能将两个输出设备联系起来，并可以形成后者仿真前者的输出效果，如图 10-2-7 下所示。

但是，这个简化版本的流程还不足以准确控制整个打印输出的质量，因为 Profiles 必须以输出设备的附加信息描述为基础。Best Screenproof 必须充分地评价和正确地匹配使用这些信息。这些信息包括高质量加网模拟打印输出所需要的基本线性、打印机线性、纸张白点模拟、转换意图等质量因素。

图 10-2-7 上方的对话框显示了 Best 系统的仿真流程的设置体系，在数据集对话框中有“参考 Profile”，它在其仿真流程中作为仿真色空间，而“纸张 Profile”则作为打样机色空间，实际上还组合了纸张 Profile 的设置与配套工作参数（图 10-2-6）和这个纸张 Profile 对应的基本线性、打印机线性和墨水总量等校正参数。在实际应用中，针对常用的打样纸张、墨水和分辨率，厂家给出了一些标准化的纸张 Profile 数据集供用户直接选用。如果用户使用非标准的纸张和墨水，则需要严格按照纸张 Profile 的生成过程，从基本线性开始进行系统校正并进行相应的 Profile 生成，然后封装成数据集以备调用。另一方面，“参考

Profile”就要设置与印刷过程对应的 Profile，它是被仿真的对象。系统提供标准的描述印刷过程的参考 Profile，如 EuroCaleCoated、USWebUnCoated 等。对于印刷厂家，最好是对自己的印刷过程专门定制特定的参考 Profile，这种特定的定制是一个相当复杂的过程，它与印刷过程的特定纸墨、半色调加网参数等多种因素相关，并且需要进行多次测量和平均，获得一个折中的描述，其过程和方法已经在色彩管理一章中详细论述。

另外，打样纸墨的色域应该大于被仿真的印刷色域，否则域外的颜色将不可避免地无法仿真。因此，对打印机和相应使用的纸墨都有一定要求。

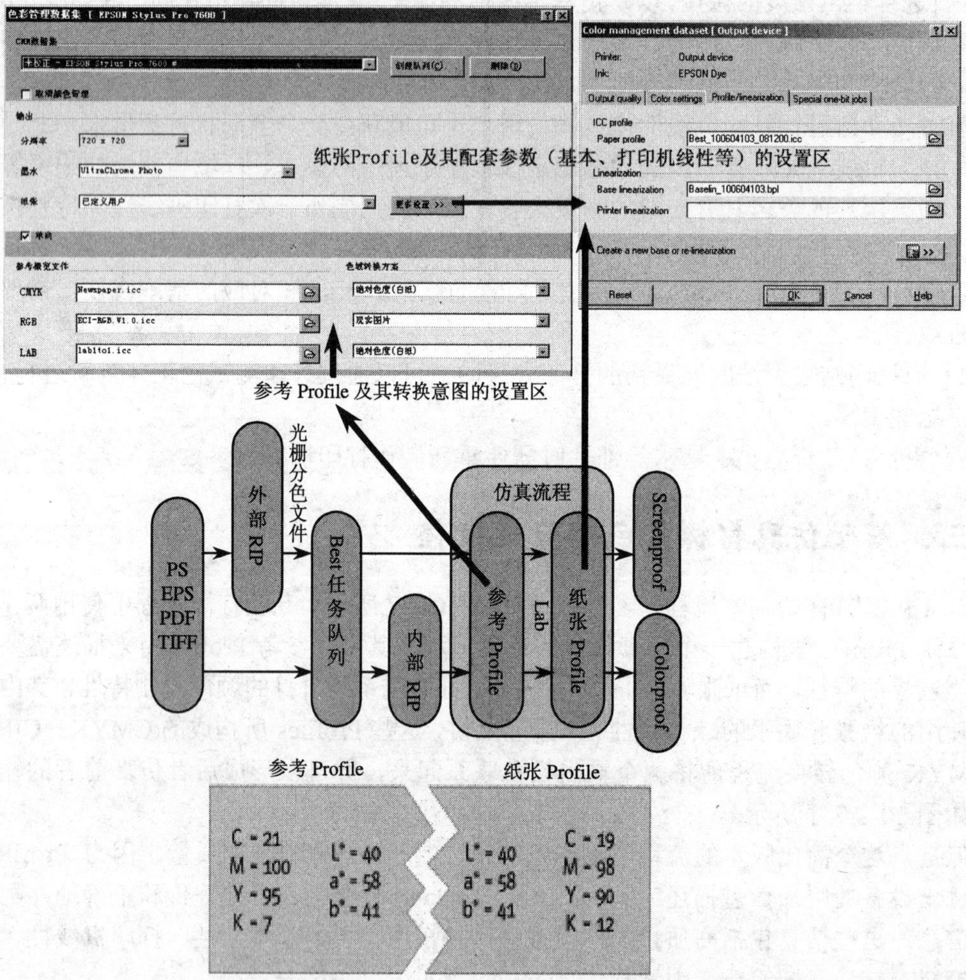

图 10-2-7 Best 仿真打样的基本流程与参数设置

四、打样工作流程与生产管理功能

1. 队列与作业

（1）队列　当用户希望使用 Best Screenproof 系统进行打印输出时，必须首先定义复杂的设置，包括纸张类型、是否进行色彩管理、如何设置页边距等参数。如果打印机使用

两种不同类型的纸张，就需要使用对应的两种不同的纸张 Profiles 相关参数，用户就需要频繁地进行交换设置的操作，影响工作效率。

针对这类问题，Best Screenproof 使用队列机制进行不同输出条件的设置管理，针对不同输出条件设置不同的输出队列，然后将输出任务放置在该队列所对应的文件夹中，输出时就可以默认使用该队列所设置的参数，避免了针对每个输出任务（即作业）单独设置的繁琐过程。

（2）队列的相关设置　如图 10-2-8 所示是队列从创建到参数设置的整个体系的主要对话框，系统有一个专门的队列窗口用来描述系统中所包含的主要队列设置，其中可以包括一个特定的系统 Hold 队列和其他用户自定义的队列（文件夹外形）。打开其中的某个队列夹，会弹出相应的任务列表窗口，从中可以看到队列所包含的作业文件以及相关参数。

既然队列是一个相同输出操作参数的作业包，就有相应的全面输出参数设定。从图 10-2-8 中看出，针对某个特定的队列，可以通过队列设置和作业设置进行两方面的参数设置。其中队列设置包括以下参数页面：

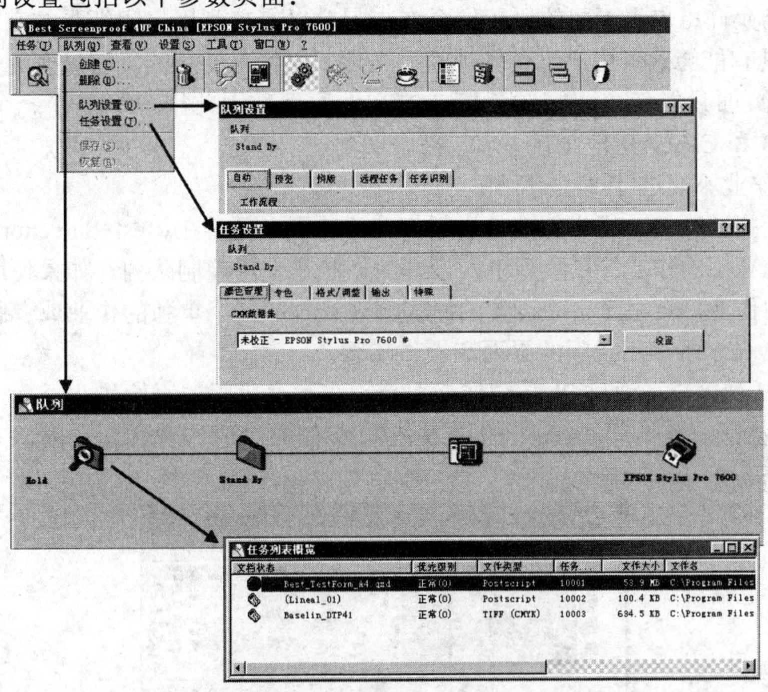

图 10-2-8　队列的管理和参数设置与 Hold 队列

1）自动（Automatic）。

2）预览（Preview）。

3）拼版（Nesting）。

4）远程任务（Remote Job）。

5）任务识别（Job Detection）。

作业设置是针对队列中的部分文件和涉及到更多的一般特性时，进一步的参数设置，包括以下页面：

1）色彩管理（Color Management）。

2）专色（Spot Colors）。

3）格式/调整（Format/Adaptation）。

4）输出（Output）。

5）特殊（Special）。

（3）控制队列（Hold queue） 控制队列在 Best Screenproof 安装和启动后就自动设置和存在了。这个队列有意设置为需要进行手工控制的一个特殊任务队列，它不会将队列中的作业送到虚拟打印机中自动输出，而是要用独立的手工设置菜单来控制，这个特点给用户灵活的单独处理队列中各种文件提供了方便。

控制队列不能使用自动操作功能。队列中的计算和打印必须使用人工操作。首先要进行参数设置，然后进行计算和预显，并且可以进行临时设置改变。最后用户也不能进行自动拼版，而只能使用手工方式。

2. 拼版问题

拼版功能允许用户将不同的原稿结合在一起，以充分利用打印纸张的空间位置。Best Screenproof 具有能够确保用户组合多种类型文件一起输出的功能。它只有两个限制条件：

1）拼版页面只能包含相同颜色模式的文件原稿，因此用户不能在一个页面上混合 CMYK、RGB 和 CIELAB 作业。

2）专色作业不能进行拼版。

（1）调用拼版功能 用户创建的拼版作业的范围必须是在 Best Screenproof 的预视窗口内。必须把独立的作业放在队列中，最好的方法是使用控制队列。如果使用自己的队列来创建自己的作业，会由于自动设置的原因出现只打印一个单独的作业或者删除作业等现象。图 10-2-9 显示了调用拼版的界面和操作步骤：

1）打开队列窗口，通过 Shift 键选择多个用户需要拼版的原始作业。

2）创建拼版。编辑工具条上的拼版按钮或右击被选作业弹出作业命令框的 Crest Nesting。

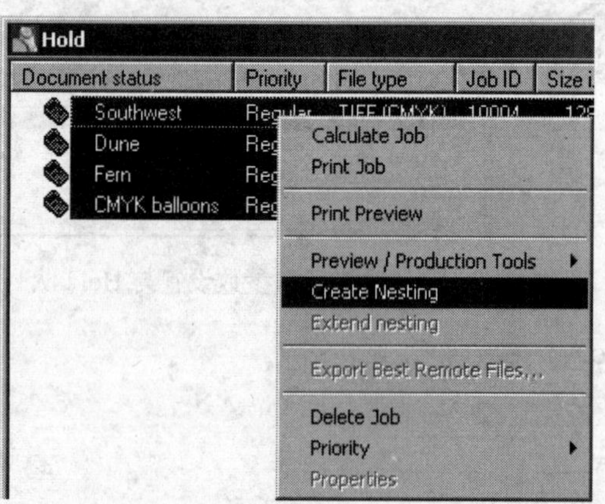

图 10-2-9 拼版的内容选择与创建拼版

（2）产生工具（Production tools）与拼版编辑 该工具的基本功能是进行拼版，在如图 10-2-10 所示的编辑拼版窗口的上方有几个工具条。菜单也包含了相应的拼版功能。进入拼版后，整体预览显示在窗口的左下角，真实比例的拼版效果显示在窗口的右边。放置

一个作业进入拼版时，在作业选择区内，添加需要放置的作业，并将它拖入拼版作业区即可。用户能够将这些作业在拼版区中以所见即所得的方式进行随意排列，Best Screenproof 自动保持作业间预先设置的最小距离，如果用户希望没有这个距离或者相互覆盖，Best Screenproof 自动纠正作业之间的位置，使用者能够改变最小拼版的最小空间。系统具有以下工具条：

1）移动选择。

2）扩大视区。

3）选择图像。

4）裁剪（Crop）：裁切出画面中任何希望打印的部分，然后计算和打印这一部分。

5）比例（Scale）：整体按比例缩放文档和上述裁切的部分。

6）Tile：将输出作业转化为有规则的条或块状并单独输出。并能重新将这些分散输出部分重新拼接在一起。输出时可以使设置用于拼接时的边界重叠尺寸，以便进行粘贴。

其他的工具包括：旋转、镜像、倒置等功能。

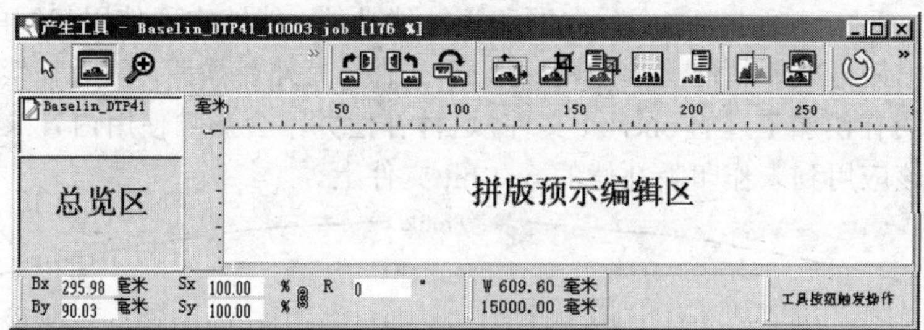

图 10-2-10　拼版产生工具

五、印版补偿功能与含义

这是一项针对 Screenproof 运用前端 RIP 生成的 one-bit 文件作网点打样时的专用功能，由于前端 RIP 生成 one-bit 文件时会嵌入印刷适性补偿曲线，而这对于数码打样来讲是不需要的，因此要用“印版补偿”功能进行反向消除。

如图 10-2-11 所示，反映了 Screenproof 系统进行仿真打样的工作流程，在作网点打样时 Best Screenproof 不能直接使用 PS 或 PDF 文件作为初始数据源，而是要使用照排机或 CTP 的 RIP 提供产生 one-bit 文件作为打印输出的原始数据。

这样便产生了问题：前端 RIP 生成的带有加网信息的 one-bit 文件，是否适合打样机上输出。

在图 10-2-11 所示的这个输出结构中，印刷输出的 Profiles 和打样输出的参考 Profile 是相同的，因此在色彩管理方面没有问题。问题在于照排机或 CTP 的 RIP 往往具有针对印刷制版过程所设置的印版补偿曲线（用于补偿如网点扩大等印刷适性所带来的非线性阶调变化）。因此就带来了前端 RIP 由 PS 或 PDF 生成的 one-bit 文件两种形式：

1）线型补偿模式。未加入非线性的阶调补偿，例如，一个在 PS/PDF 源文件中的 50% 的 C 在 one-bit 文件中同样是 50%。如果使用这种模式进行制版和印刷，在印刷控制中就必须用网点扩大的模式进行质量控制，也就是要将 50%的阶调印刷成 70%（假设网点扩大值为 20%）就算正常。其阶调复制流程如图 10-2-11 中的 1 号线路上的各条曲线所示。

2）非线性补偿模式。加入阶调补偿，如果 PS/PDF 源文件中的 50%的 C，在制版印刷过程中扩大为 70%，如果加入反向阶调补偿，则可以将输出的 one-bit 文件中的 C 减少到 40%。在制版印刷后的 40%的 C 将正好扩大到 50%，就和 PS/PDF 源文件中的 50%的 C 完全相同。如果使用这种模式进行印刷质量的控制，则文件中的 50%阶调就必须印刷成 50%墨色阶调。其复制阶调的设置与变化过程由图 10-2-11 中的 2 号线路上的系列曲线表示。

在打样机方面，喷墨方式并不具有网点扩大的特性，它是在线性模式下完成复制工作的。这样，在使用前端 RIP 的 one-bit 文件输出时，需要针对前端 RIP 的两种工作模式进行区别处理：

1）如果 one-bit 文件是按照线型模式产生的，则可以直接输出打印。

2）如果 one-bit 文件是按照印刷的非线性补偿模式产生的，就需要（必须）使用本软件的“印版补偿功能”反向消除 one-bit 文件中已经包含的用于制版印刷过程的非线性补偿因素，使之还原到符合打样机要求的线型模式并进行输出。

可以看出，通过印版补偿这个反向的印版补偿功能，能够实现使用相同的纸张 Profiles 在打样机上输出线性或非线性前端加网 one-bit 文件。另外要强调，印版补偿只是针对已经经过前端 RIP 的补偿加工过的 one-bit 文件，这种补偿并不会影响使用内置 RIP 进行的打样输出。也不应该应用到未作印版补偿的 one-bit 文件上。

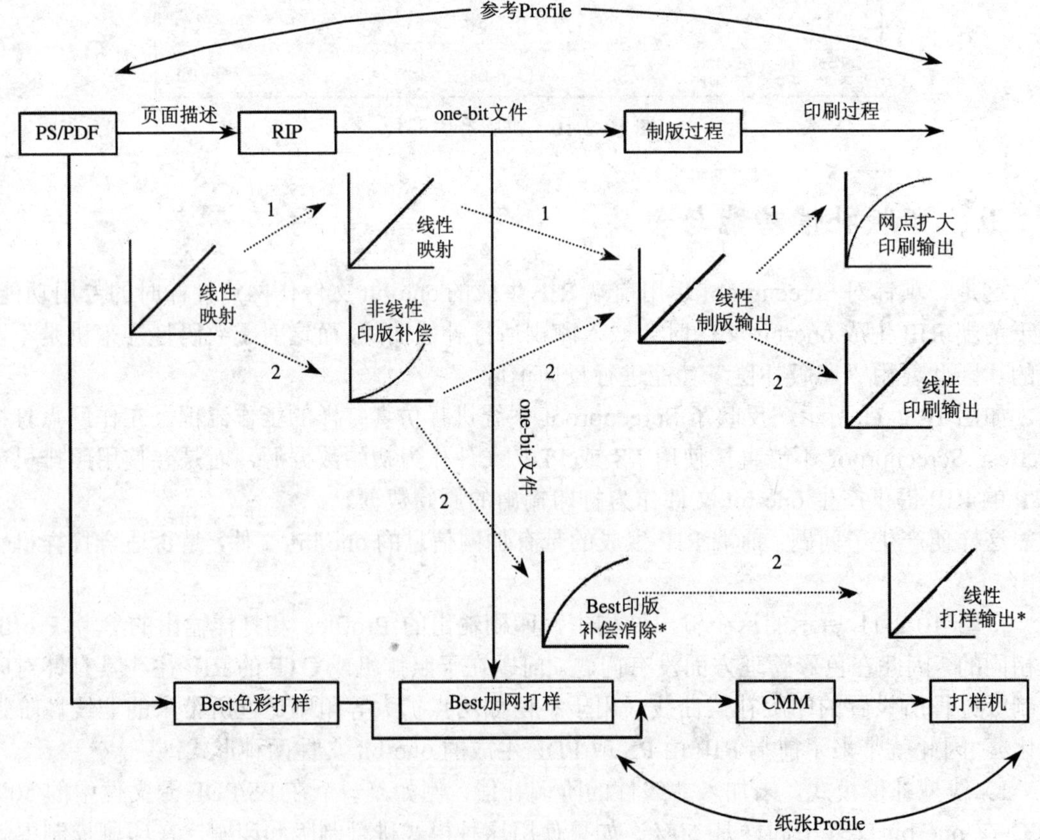

图 10-2-11　印刷和打样的阶调复制曲线与印版补偿作用

六、远程打样

1. 远程打样及其功能

Best Remoteproof 远程打样帮助用户将打样数据传到远处的位置。并且确保用户能够在异地打样机上得到与发送端完全相同的结果。

使用 Best 远程打样文件进行接收和发送的系统必须使用 Best 的接收和发送产品。而且最好供需双方使用相同类型的打印机。如果接受方和发送方使用不同类型的打印机，Best 接收器通过校准设置产生尽可能与原稿相似的结果。另外，高档的远程打样可以实现单向或双向的打样功能。

Best Remoteproof 的发送端具有以下功能：

1）准备发送的文件保存在特殊的文件夹中，one-bit 文件保持不变，其他类型的文件在进行计算前都被转换成.pdf 格式文件。

2）保存 one-bit 文件和已经被转换为.pdf 格式的校样，形成计算和打样的基础。

3）用户所进行的所有相关计算和打印结果的设置都被保存为.jdf 工作传票文件。

4）one-bit 与.jdf 文件，或.pdf 与.jdf 文件被压缩成一个单独的 Best 远程打样文件。

Best Remoteproof 的接收端功能如下：

1）接收的远程文件能够读取和输出，并确保在发送端用于计算过程的所有参数能正确设置到接收端。

2）用作计算和打印的 one-bit 或.pdf 文件应该和发送端所生成的完全相同。

3）如果使用得当，能够确保发送端和接收端做出相同的输出。

4）能够使用独立的测量和比较软件检查远程打样的质量。

2. 远程文件的生成

一般情况下，生成远程文件的步骤如下：

（1）生成.pdf 和.jdf 文件　在正确设置作业的相应参数之后，能够自动生成和保存 one-bit 或.pdf 文件。如果用户作业包含了文档和矢量数据（PostScript 和.pdf），PostScript 和.pdf 作业能够保留这些文档和矢量数据的原始格式，而像素图像转换成为输出分辨率（由作业队列设置参数中的色彩管理设置决定）。用户能够选择 ZIP 和 JPG 压缩方式压缩上述图像，one-bit 文件总是保持不变。

用户也能够自动生成.jdf 工作传票文件，传票内容由作业设置的参数选项决定，这些参数包括所有影响色彩复制的因素，例如以下参数：

1）纸张 Profiles 和参考 Profiles。

2）空间转换意图。

3）打印质量（分辨率、打印方向等）。

4）使用的专色表。

5）印刷材料类型和版式。

6）印版补偿曲线。

另外，所有的 one-bit、.pdf 和.jdf 文件，将被保存在用户硬盘的 Best Screenproof 目录下面。

（2）生成 Best 远程文件　Best 远程文件（*.brp）是由 one-bit 和.jdf 文件，或.pdf 和.jdf

文件复合与压缩而成，它包含远程位置输出的所有必要信息，可以通过命令设置菜单人工生成。操作时先选择希望加入到Best远程文件的文件，在计算前加入到生成对话框中，这将确保接收端收到的与作业相关的文件与发送端具有相同的设置和信息。如果接收端丢失了其中的某个文件，则必须变化设置，否则计算所生成的结果就会产生一个错误信息。

（3）接收端远程作业的打开与输出　如果用户接收到一个Best远程文件，按如下步骤打开与输出：

1）Jobs>Import Best Remotc Files下打开输入Best远程文件对话框，如图10-2-12所示。

2）选择需要打开的（*.brp）文件并打开之。

3）被要求选择一个用来解压缩的文件夹，请不要选择队列文件夹（queue folder），而是选用控制文件夹（Hold queue）。

4）文件被解压缩并放置在所选的控制文件夹中。远程文件将被显示在控制文件夹队列的显示队列中。

5）用户可以计算和输出，并注意以下问题：

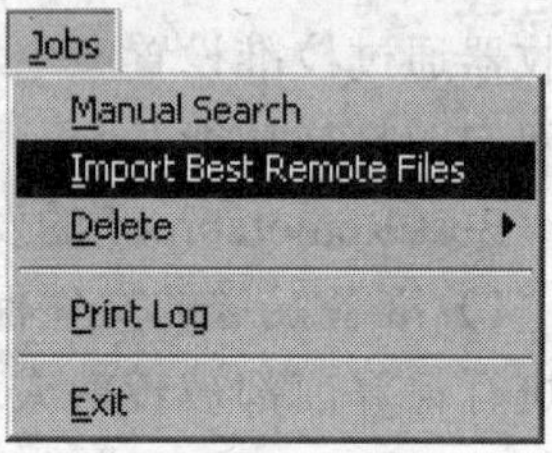

Jobs
Manual Search
Import Best Remote Files
Delete
Print Log
Exit

图　10-2-12

a．进行作业计算时，色彩管理的设置将采用远程作业中包含的数据集。如果用户试图改变这种设置，软件会提示这种设置和远程文件原始设置不相同。

b．如果Profiles、线性或用于作业计算的其他数据没有在计算机中，在计算期间就会发出错误信息。因此，要求发送端应该和必须将这些相关的作业参数文件嵌入到远程打印文件中。

（4）在发送端生成和发送远程作业文件　生成一个远程作业文件需要如下步骤：

1）激活作业队列中要生成远程文件的相关one-bit或.pdf及其相关的.jdf文件，也可以是单独的作业文件。打开队列的作业设置，会产生一个远程打样文件的设置项，打开其对话框。

2）选择一个像素数据的压缩方式（但不需要对one-bit文件做任何改变），就会弹出一个PDF创建对话框。下面是选择压缩方式的操作方法：

a．不压缩：像素数据不作任何压缩，这种方式不会对质量和兼容性产生任何影响，暂时相对文件比较大。

b．ZIP压缩：无损压缩，优点是能够保持原始数据不发生改变。变化复杂的图像压缩效果较差。

c．JPEG压缩：有损压缩。

3）计算作业。采用手工计算还是自动计算对结果没有影响。.pdf和.jdf文件在计算过程中生成并被保存到相应的Best安装时生成的文件夹中。用户可以通过设置改变默认的保存位置（Remote folder）。

4）选择要输出的Best远程文件，打开输出远程文件对话框，在其中选择需要加入的计算好的远程文件。

5）选择保存远程文件的文件夹参数对话框，选择已经自动生成的远程打样文件名（<Name of the source file>_<Job ID>.brp）。用户此时可以发送该远程文件到接受端。

七、专色处理

专色处理就是建立每个专色及其与其“匹配”的CMYK印刷色和Lab色度值的“对应”关系，并用专色表来表达和存储这个关系。进行输出控制时，可以使用这种对应关系

对数码打样所能表现的颜色输出某个最接近的专色。

1．专色及其编辑

专色就是高饱和度的实地色，其色域比 CMYK 印刷色空间大许多。因此，使用喷墨打印机来进行仿真输出，即使是最高档的六色或八色打样机也无法完全复制全部的专色效果。前面讲过，专色经常被组合成一个完整的系统，如 PANTONG 专色库等。Best Screenproof 内置有一个完整的 HKS®定义专色系统，它允许用户方便地打印 HKS®作业。用户也可以用专色表来自定义与某一专色外观相匹配（即最接近的效果）的 CMYK 色或 CIELAB 色的值。用户能够使用特定的软件创建和编辑这些表格。

当创建作业队列时，用户可以方便地在任何时候对当前作业队列所使用的专色表进行改变。如果一个作业包含了未知的专色，处理时可以忽略它或者强行设置一个警告色（CMYK0/45/98/0）。

如图 10-2-13 所示，一个专色表包含专色的名称和定义它们的 CMYK 或 CIELAB 值。另外，Best Screenproof 已经有一个预置的 HKS®专色系统可供使用。另一方面，每一个定义的专色都可以有一个别名，别名可以用在同一个颜色需要两种描述的时候，以确保专色能够被正确的识别和输出，专色的名称和别名的命名一般都和它的生成程序相关。

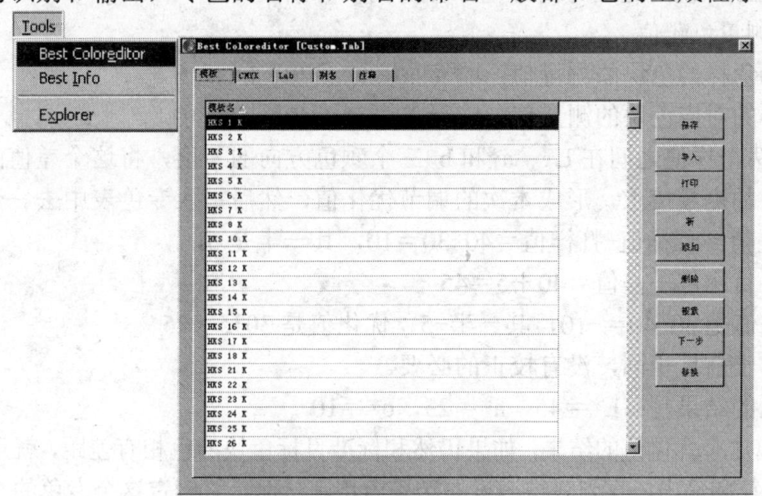

图 10-2-13 专色编辑表

专色表的编辑工具 Best Coloreditor 使用方法如下：

1）Select the Tools>Best Coloreditor。

2）Click on the Best Coloreditor button。

打开工具后，有默认表格“Custom.tab”，如图 10-2-13 所示，用户能够查看和编辑这个表格。该表格有以下几个表项：

1）CMYK tab。

2）Lab tab。

3）Alias tab（别名表）。

4）Remark tab（注释表）。

创建用户自己的专色，需要在专色表中定义该专色的 CMYK 和 CIELAB 值，并写到对应的表栏中。另外，如果不同表格中有相同的专色名称，系统将依照专色表的优先级使用最高优先级的定义。优先级可以通过队列设置中的参数来设置。

2．**优化** CIELAB spot colors

创建自己的专色需要在表格的 CMYK 和 Lab 表项中定义 CMYK 和 CIELAB 值，用户的第一次印刷可能并不能达到理想效果。这是由于缺乏纸白的模拟等原因。用户能够通过测量颜色的色差来优化 CIELAB 值。其中主要的调节因素和方法如下：

1）如果颜色太亮或太暗，则可以单独调节 L*值。一个大的 L*值形成一个较亮的颜色，相反则较暗。

2）如果色相不正确，由于它是由 a*和 b*相互作用而形成的。a*轴方向控制青绿色（负值）→红色（正值）的颜色变化，b*轴控制蓝色（负值）→黄色（正值）的颜色方向。例如，如果颜色太红，则可以减 a*值。

确定调节的大小时，可以通过测量 Best Screenproof 打印输出的专色，并使用同一专色色块的标准色靶或其他准确输出结果的测量值与之比较。测出其间的色差，并通过反复调节达到理想效果。

优化 CIELAB 值的过程与调节量计算实例：

1）首先测量色靶值

印刷目标色样的色块的测量值：L*＝40，a*＝30，b*＝10

数码打样的对应色块的测量值：L*＝30，a*＝40，b*＝10

2）计算两个样值之间在 L*、a*和 b*三个颜色方向的差值，将这个差值的一半加在源（目标）色块的测量值上，形成本次的调节优化值，然后写入专色表中去。

L*值：差值＝目标值-打样值＝40-30＝10，其一半是 5，

优化值＝目标值＋差值＝40＋5＝45

a*值：差值是 30-40＝-10，其一半-5，优化值是 30-5＝25

b*值：由于前后相同，没有校正的必要。

本次优化的结果是：L*＝45，a*＝25，b*＝10

3）打印出这个优化值的结果，如果仍然和标准目标色块的色相有差距，就重复上述过程，重新测量、计算和输出，直到获得满意的结果为止，从而最终确定这个专色的 CIELAB 值。

第三节　打样应用实例

一、使用非标准纸墨进行打样的技术要点

在 Best 系统中推出了许多厂家预先定制的纸张 Profile 及配套的基本线性和墨水总量等参数的数据集，它们能够满足厂家指定的纸张和墨水组合的基本使用要求。但厂家指定的纸张、墨水组合价格较高。如果用户自己进行选择，往往没有合适的纸张 Profile 及配套参数可以使用。因此，就需要使用专业的打样设置与校准系统（如 Best ScreenProof）对使用非标准纸墨输出最佳参数和 Profile 进行测定和制作。

本应用实例的核心是解决在非常规纸墨的条件使打样机打印出最佳效果，其关键是建立针对非标准纸墨各种工作状态的打样机的纸张Profile及配套的基本线性和墨水总量等参数。其关键步骤如下：

1）打印机线性化校准。

2）最佳墨量的判断与测试。

3）生成打样机的纸张 Profile。

4）获得各种不同分辨率下的上述参数。

5）封装为数据集。

实现的条件：

1）线性化数字色靶和 IT8.7/3 标准数字色靶。

2）数码打样机：EPSON Sty Pro7600 之类。

3）某公司国产 7 色染料墨水，某种国产的打印纸。

4）色彩量测仪器 GretagMacbeth 或爱色丽的扫描或坐标色度计，如 Spectrolino& Spectroscan 等。

5）应用软件：Best Screenproof 4UP、ProfileMaker。

1．打印机基本线性的建立

在 Best 色彩管理软件中创建数码打样机的基本线性，先将打样的分辨率设置为 720×720dpi，其他参数在系统默认的条件下，第一次输出如图 10-3-1 上方的测试样条，在 GretagMacbeth 测量平台上测其密度值，然后观察其青、品、黄、黑四色的密度值。对于其中有并集的数值，通过键盘输入人为地改变对应墨色的墨量极限，并对密度分布的不均匀部分通过手工重新设置给予消除。接下来用刚刚保存好的设置，对基本线性测试样条进行第二次计算并打印输出，这样就完成了一次测量和设置循环。

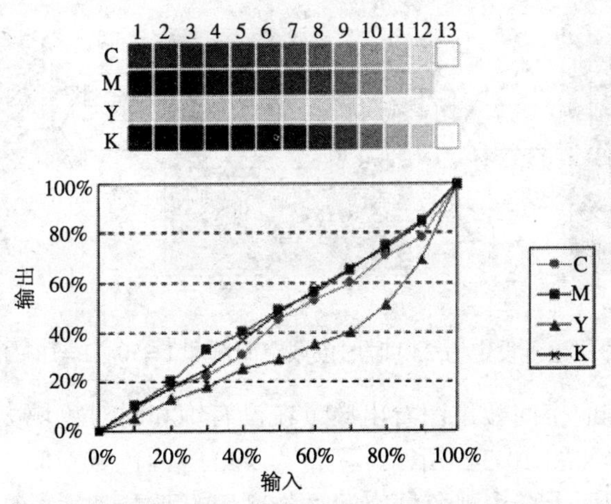

图 10-3-1　基本线性的建立与效果

接着可以进行相同的第二次测量循环，直到线性范围和均匀性满足要求为止。如图 10-3-1 下方所示的曲线是调整完后的可以使用的基本线性。这样便完成了数码打样机对于该国产纸墨基本线性的建立。

2. 最佳墨量的设置与分析

确定数码打样机的基本线性之后，还要确定该国产纸墨的打样总墨量参数。首先对该国产纸墨的总墨量设定起始值（如 200），在基本线性确定的条件下，打印输出如图 10-2-4 所示的墨量测试色靶。色靶包含墨量范围从 100%～400%的不同色块组。可以通过视觉进行观察和选择。最佳墨量的显著外观如第二节所述：颜色范围最宽，围绕边界的实地色块区别明显，并级最少，色块间的白线必须细小而清晰，浅淡与深浓保持合理平衡。简单地说，就是要找到颜色最鲜艳，没有“糊”的墨量值做为总墨量。根据经验，不同的纸张和墨水组合，对总墨量的要求差别很大。

关于总墨量对打印机的颜色描述能力和打样效果的影响有一个试验，即在基本线性相同的条件下，将不同墨量的设置分别输出不同的 IT8.7/3 Profile 测试色靶，再由 ProfileMaker 制作不同墨量条件下的 Profile。并由 ProfileEditor 来观察生成的 ICC 文件的色域空间大小和形状特征，并在两个亮度切片上观察其细节，如图 10-3-2、图 10-3-3、图 10-3-4、图 10-3-5 所示。

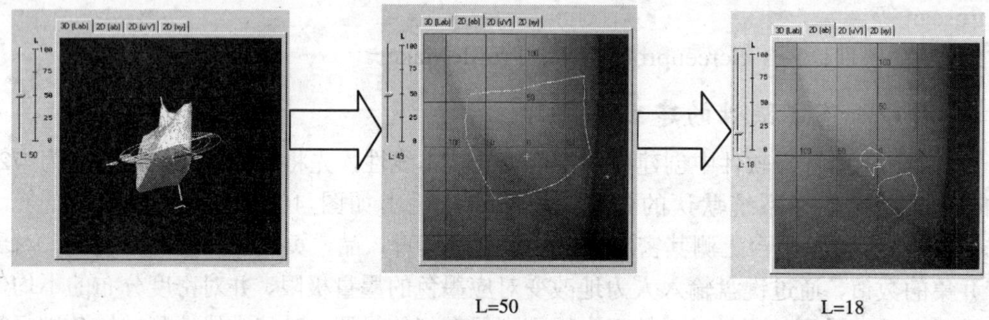

图 10-3-2　墨量设定为 200 时的色域空间图和 L=50、L=18 的切片图

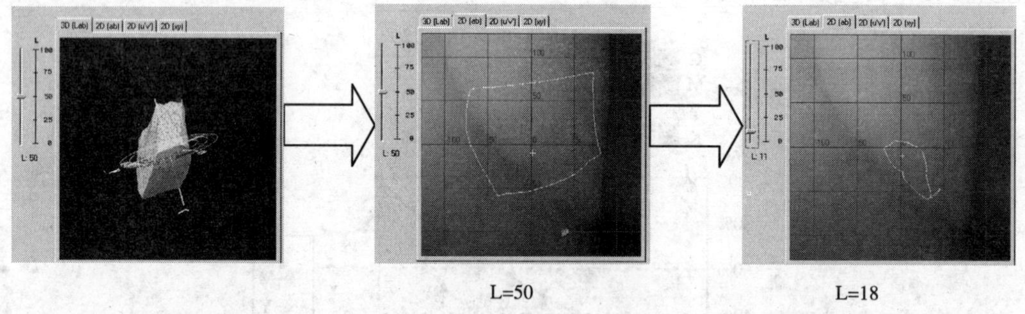

图 10-3-3　墨量设定为 240 时的色域空间图和 L=50、L=18 的切片图

效果分析：从 Profile 空间效果图看出墨量在没有饱和时对色域大小和形状的影响非常大，在本实验条件下，如图 10-3-5 所示，墨量为 200 时的色域空间小而不连续，表面粗糙凹凸。特别是在亮度切面上会出现色域空间“分离”的严重情况。如果使用这种 Profile 进行输出，就会造成图像层次的局部“断层”而形成失真的视觉效果。进一步，如果将墨量增加到 240、280 的状况，如图 10-3-3、图 10-3-4 所示，Profile 色域空间逐渐变得“丰满”起来，亮度切片上的断层现象也逐步消失，用它们所输出的图片效果也明显好转。另一方面，墨量的进一步增加就不再会带来色域范围扩展了，而只会增加墨色的并级。可以看出，

墨量增加到色域变化的临界点的位置上，应该就是最好的墨量设置值。在本次实验中选择了刚刚使色域饱满的 280 的墨量作为最佳墨量。

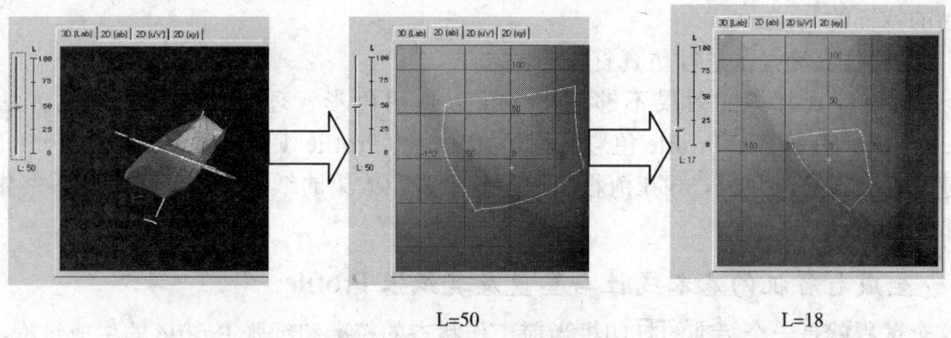

图 10-3-4　墨量设定为 280 时的色域空间图和 L=50、L=18 的切片图

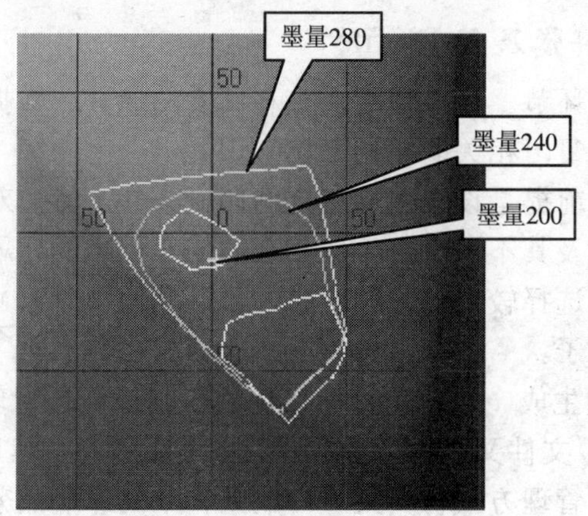

图 10-3-5　三张墨量图在 L=18 时的比较

另外，由上例看出，最佳墨量的最直观的确定方法是使用 ProfileMaker 这类色管软件通过对生成的 ICC Profile 作空间观测，看其空间范围大小是否饱和、色靶点是否分布均匀。

3．对非标准纸墨 ICC Profile 的建立

在经过上述两个步骤的测试和设置之后，获得了基本线性和最佳墨量的参数，这是创建非标准纸墨 ICC Profile 的关键参数，然而，还有一些相关参数需要设置，例如，输出质量、半色调方式等。在将这些参数设定和锁定之后，就可以打印标准的 IT8.7/3 色靶了。接着，使用色度测量设备（如 Gretag-Macbeth Spectrolino &Spectroscan）进行测量，获得 IT8.7/3 色靶对应的色度值描述。最后使用特征文件生成软件（如 ProfileMaker）生成最后的标准 ICC Profile。这样就制取了针对某种非标准纸墨的打印机的最佳纸张 Profile。

二、不同印品的 BEST 仿真打样

本例使用 Best 打样系统来仿真各种不同类型的印刷品的印刷外观，如胶版纸印刷、报纸印刷，甚至仿真中国画的效果等。该过程可以归纳为以下四个基本步骤：

1）生成打样机的纸张 Profile 及其基本线性与最佳墨量。

2）建立在稳定的印刷条件下，生成各种纸张、油墨和生产流程组合所形成的 IT8 色靶的最佳印刷样张。然后利用 ProfileMaker 生成不同印品的参考 Profile（它是用来反映被仿真印品的特征的）。

3）设置仿真流程，进行仿真打样输出。

4）如果仿真打样的效果不够理想，可以使用色彩管理一章中所论述的方法，用 ProfileMaker 具有的 ICC Profile 色彩流程仿真功能和 Proflie 编辑修改功能，在 ProfileMaker 中构建进行模拟打样流程，并在流程上进行基于视觉效果的纸张 Profile 修正，最终生成合适的纸张 Profile。

1．生成打样机的基本线性与墨量及其纸张 Profile

这个过程就是一个标准的打印机当前工作状态的校准和纸张 Profile 的生成过程，前面已有详细论述，这里不再赘述。

2．生成标准印刷样张及其 Profile

这是整个应用的关键环节。这里使用完整和真实的参数、数据和工艺过程，以便读者能体会真实的应用意境和复习相关的印刷工艺知识。

要达到仿真的要求，前提是设法建立稳定的印刷条件，然后对需要进行仿真的各种纸张、油墨、印刷生产流程及其不同组合生成相应的 IT8 色靶的印刷样张，并按照下面所述的印刷产品的判断条件，选择较好的印刷样张，最后利用 ProfileMaker 生成不同印品的参考 Profile。下面是一个例子。

（1）标准印刷样张的生成　规范化、标准化的印刷是色彩管理的基础，反映规范化、标准化印刷的 ICC Profile 文件又是进行数码仿真打样的基础。然后，数码打印机才能通过专业的或是非专业的色彩管理方式仿真某一印刷条件下的印刷品效果。因此，要进行数码打样的色彩管理，首先必须形成最佳的、稳定的印刷状态，在此基础上产生印刷适性的 ICC Profile 文件，才能准确反映设备、原辅材料的色彩表现能力，这样产生的数码打样才能在生产中具有真正的实用性。

实验条件：

1）油墨：山西孔雀牌油墨。

2）纸张：49g 新闻纸、80g 胶版纸、韩松 105g 铜版纸。

3）印版：再生 PS 版。

4）打样机：上海双鹰 203C 打样机。

5）测量仪器：X-Rite528 密度仪、GretagMacbeth-SpectroScan Transmission 分光光度仪

实验过程：

1）将标准 IT8.3-7 数字色靶通过激光照排机输出符合输出质量的胶片。

2）晒版后达到最佳的晒版质量。

3）在上海双鹰 203C 打样机上进行打样，获得不同类型纸张的多组样张。

4）在选择的五种纸张中筛选出符合打样标准的样张作为数码打印机仿真的对象。五种纸张分别是：

49g/m^2 新闻纸 1（偏蓝）

49g/m² 新闻纸 3（偏黄）

250g/m² 纸样 1（白板纸）

105g/m² 纸样 3（韩松铜版纸）

80g/m² 纸样 4（胶版纸）

通过 X-Rite528 密度仪，对样张进行检测，首先将色调不均匀的、套色不准确的样张筛选掉，将接近国家印刷标准的样张留下，最佳样张的测试数据如表 10-3-1 所示。

表 10-3-1　最佳样张的测试数据

样张	颜色	实地密度	网点扩大	相对反差 K
新闻纸 1（49g）	C	1.293	23.7	0.417
	M	1.149	15.1	0.387
	Y	0.935	22.3	0.210
	BK	1.649	31.9	
新闻纸 3	C	1.516	19.9	0.336
	M	1.126	11.8	0.287
	Y	1.085	12.6	0.217
	BK	1.416	26.9	
纸样 1（250g 白板）	C	1.944	21.6	0.507
	M	1.437	19.7	0.433
	Y	1.108	20.6	0.270
	BK	2.305	25.7	0.495
纸样 3（105g 韩松铜版纸）	C	2.097	30.1	0.442
	M	1.526	22.0	0.423
	Y	1.251	21.5	0.251
	BK	2.349	31.4	0.486
纸样 4（80g 胶版纸）	C	1.378	20.7	0.270
	M	1.112	14.6	0.310
	Y	0.997	22.4	0.233
	BK	1.732	30.2	

通过本次实验，获得了标准化、数据化的印刷条件及其代表样张。这些 IT8.7/3 样张确定了五种常用印刷纸张在该印刷条件下获得的不同的印刷色域。为建立标准印刷适性的 ICC Profile 文件打下了基础。另外，本实验是针对某种纸张的一批打样中，选择墨色最好的一张（即 K 值最大）作为 Profile 测试样张来使用。也可以通过在一批打样中，选择较好的多个样张来检测它的色度值，通过求平均值的方式获得一个数值，将其作为 Profile 生成的基本数据。

（2）建立反映印刷适性的标准 ICC Profile 文件　建立准确反映印刷适性的 ICC Profile 文件是色彩管理中不可缺少的重要环节。本例反映了印刷适性的标准 ICC Profile 文件是数码打印机仿真印刷效果的桥梁。只有在此基础上进行色彩转换时，才能准确地实现从显示色空间的大色域向印刷色空间的小色域的转换，才能真正通过色彩管理实现数码仿真打样。

与建立数码打样机的纸张 ICC 文件相同，即利用 GretagMacbeth SpectroScan 分光光度计将筛选出来的五种印刷样张的 IT8.7-3 色靶中的 928 块色块的色度值测量出来。可以使用单张最佳打样稿，也可以使用多个打样稿求平均值，并获得 IT8.7-3 色靶的色度测试值。然后，使用印刷过程 ICC Profile （使用 ProfileMaker，类似图 10-2-5）生成方法制作出针对特定纸张的印刷效果 Profile。

图 10-3-6 和图 10-3-7 所示是新闻纸 3 和纸样 1（250g 白板）打样稿的 ICC Profile 色域分布情况。

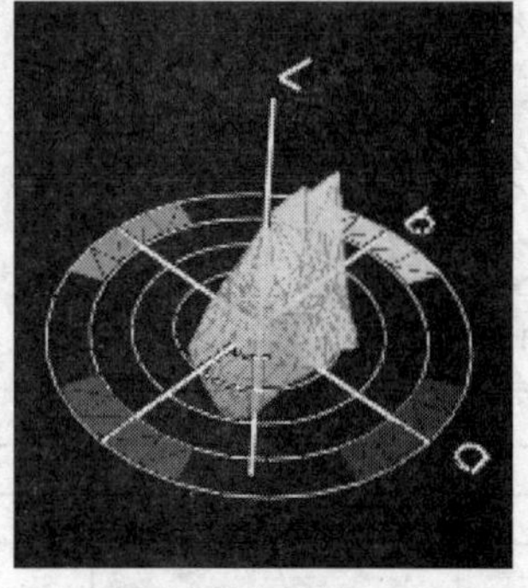
Lab 立体色域图

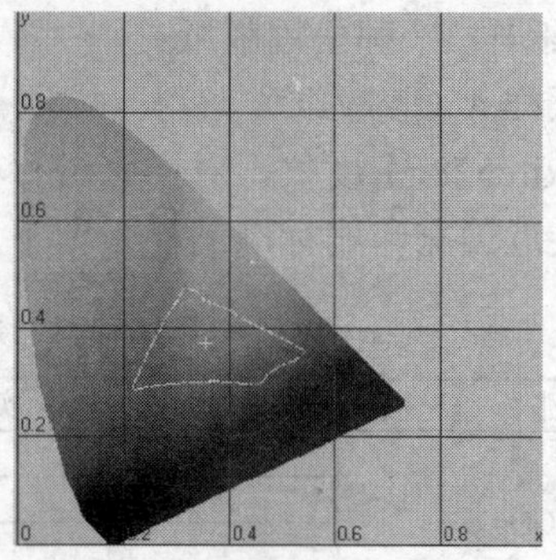
Yxy 色域图

图 10-3-6　新闻纸 3 色域图

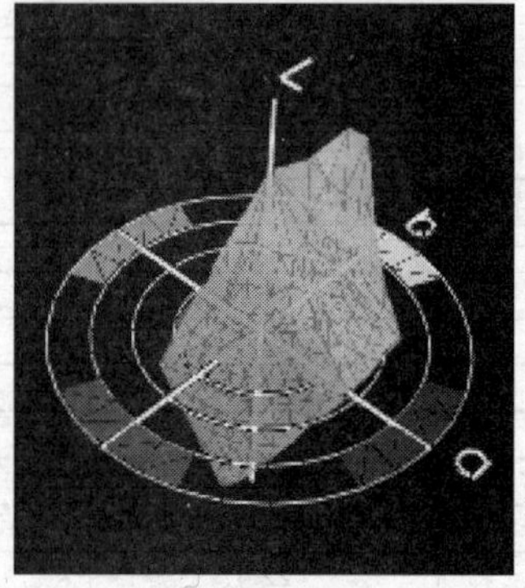
Lab 立体色域图

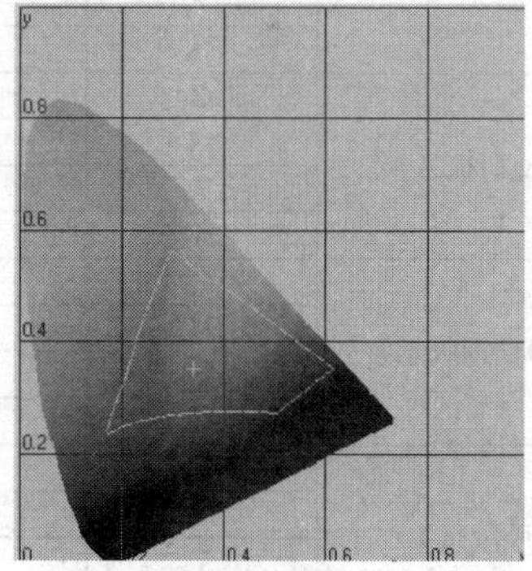
Yxy 色域图

图 10-3-7　纸样 1（250g 白板）色域图

3．基于 BEST 系统的仿真打样输出

仿真打样输出过程就是一个色彩空间转换的过程，流程为：

原稿色空间→仿真色空间→数码打印机色空间

其中仿真色空间是一个约束空间，在本应用案例中，就是使用上面建立的针对各种纸张印刷效果的色域空间，并由上面制作不同的 ICC Profile 文件来描述这个空间，而这类 Profile 在 Best 流程中称为“参考 Profile”。另一方面，Best 流程中的“纸张 Profile”则是用来描述打样机输出色域空间的。

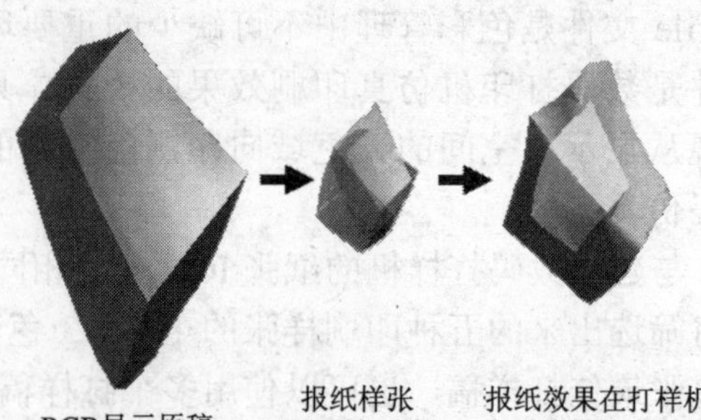

图 10-3-8　仿真打样色彩空间转换的过程

如图 10-3-8 所示，在整个流程中，原稿色空间中描述的颜色文件转换到需要仿真的印刷过程的色空间中，然后再转换到色域范围相对较大的打印机色空间中进行输出，从而实现在数码打印机的大色域空间中仿真出色域相对较小的各种不同的印刷

效果。

在本应用案例中，BEST 系统输出流程的设置在前面已经有了详细的论述。其核心就是将需要仿真的印刷效果 Profile 设置到参考 Profile 的位置，并设置好转换方式（摄影、比色、饱和），并将打印机 Profile 设置到纸张 Profile 的位置（包含所匹配的基本线性的数据集）。下面是本实验使用的一些基本参数：

1）分辨率：720×720dpi（与建立数码打印机的基本线性时一致）。

2）墨水：U1trachrone Photo。

3）纸张：用户自定义设置，包括以下参数：

a．纸张概览文件 Profile。

b．打样机的基本线性。

c．总墨量控制。

d．其他打印条件等。

（注：可以使用 Best 系统自带的、与目前用户使用条件匹配的纸张数据集，一般效果都可以）

4）参考概览文件（仿真对象的色彩特征文件）。使用实验中生成的上述印刷样张 ICC Profile，如新闻纸 Profile 和纸样 1 Profile 等。

5）色域转换方案。根据仿真效果是否需要与印刷纸张底色相配，可以选择绝对比色（模仿印刷白纸）或相对比色（使用打样纸纸白）。

4．基于纸张 Profile 修改的效果逼近

在使用上述设置进行效果打样之后，如果和印刷原稿相差较大，则可以通过 ProfileMaker 软件中的 ProfileEditor 功能，建立模仿 Best 仿真打样的流程，并在该流程中对纸张 Profile 进行适当修改。修改效果可以借助效果预览图观看并进行分析。然后将调整后的纸张 Profile 放入 Best 流程并再次打样，这个过程可以一直循环下去，直到在 Best 中的输出结果满意为止。具体的方法与步骤如下：

1）在 ProfileEditor 中建立模仿 Best 仿真打样的流程，其结构如图 10-3-9 所示。

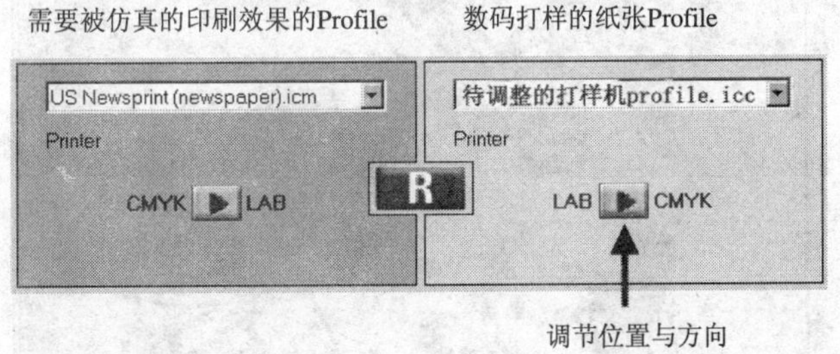

图 10-3-9　ProfileEditor 模仿的 Best 打样流程与纸张 Profile 调节点

2）设置与调节。如图 10-3-9 所示，在 ProfileEditor 的调节中，设置的调节点在仿真流程的纸张 Profile 处的 lab→CMYK 方向上，并可以使用以下的调节功能：

a．灰平衡。

b．阶调映射曲线。

c．Profile 白点。

d．工作流白点。

本例对设置为相对比色方式（对报纸的仿真）的打印效果进行了检测和调节，由于相对比色的映射方式未带报纸的底色，因此差别较大，这时可以使用如图 10-3-10 所示的纸张 Profile 白点调节来改善仿真效果。

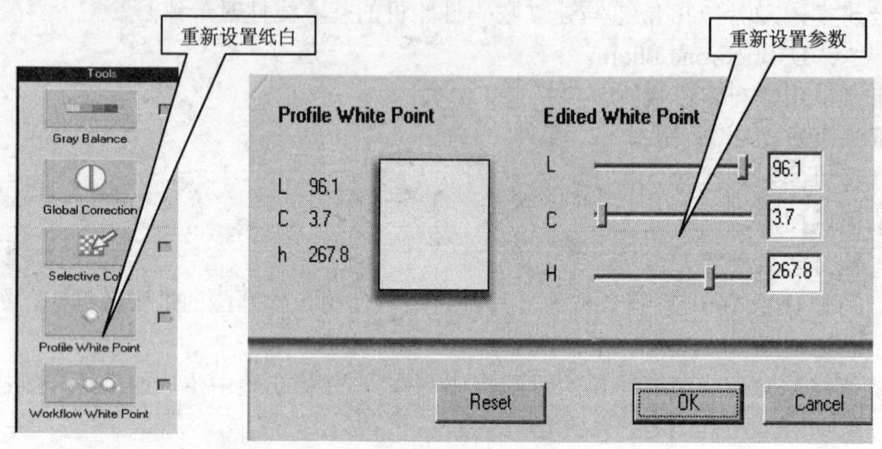

图 10-3-10　重新编辑纸白

3）效果检测与验证。调节效果可以通过显示器显示和数据检测两种方式来获得，使用 ProfileEditor 的效果调节预显功能，可以方便地显示调节前后的效果对比，如图 10-3-11 所示左边为原来的效果，右边为调节后的效果。可以通过原稿与打样稿的差别来比较显示器显示效果的差别，以获得调节的方向和程度。

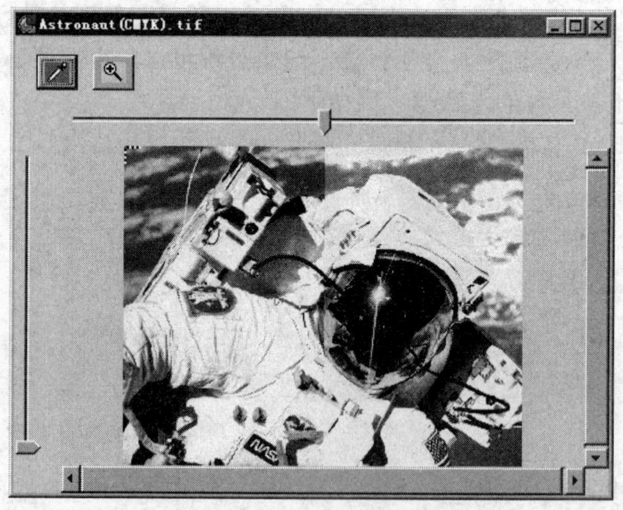

图 10-3-11　调节效果预览

另一种效果检测是使用 MeasureTool 等工具软件，对 IT8.7/3 的印刷样张和仿真打样样张分别进行检测和比较计算，获得精确的色度误差与误差所在的颜色区域，从而进一步指导调节的方向和程度。如图 10-3-12 所示是一个检测与显示色差数值与色差超标区域（带

白色小方框的色块）的界面。

第一次仿真的逼近效果数据：
△E≤4 513块 占55.3%
4<△E≤5 55块 占5.9%
4<△E≤6 513块 占5.2%
△E≥6 513块 占33.6%

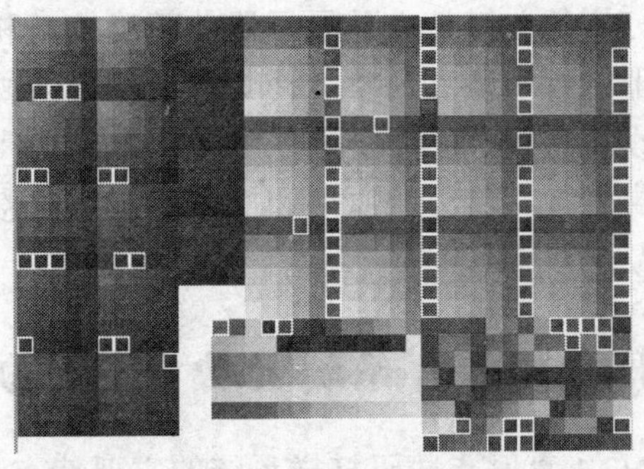

图 10-3-12 报纸 1 第一次的色差与分布

如图 10-3-13 所示为经过上述 ICC Profile 白点调节之后，第二次输出报纸样张 1 的仿真打样稿，并与印刷样张的检测数据的比较。显然，两个样张之间的色差比第一次仿真的色差明显减小。

调整纸张Profile白点后的结果为：
△E≤ 1.90 90％以上
总体平均△E=2.36
最大△E=11.41
纸白△E=0.39

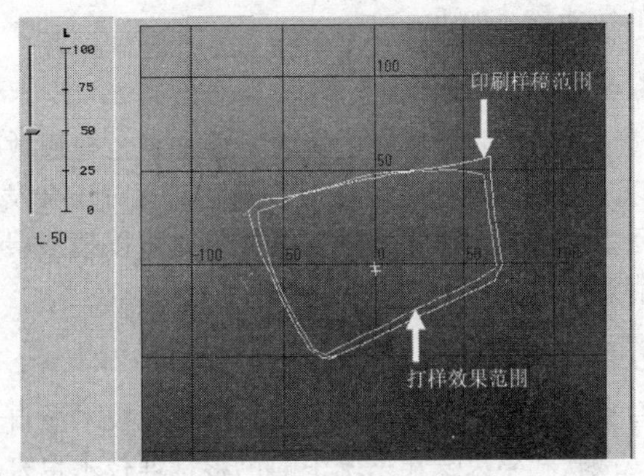

图 10-3-13 白点调节后印刷稿与打样稿的色域逼近效果（报纸 1）

第四节 数码打样的其他问题

一、显示器软打样

1. 软打样及其特点

所谓软打样就是在显示器上仿真显示印刷输出的效果，由于显示器显示直观方便，再现灵活，不需要材料的消耗，因此是图像色彩校正人员最愿意使用的方法，也是以后技术发展的方向。然而，目前软打样最大的问题是仿真显示的准确性有待进一步提高。现在使用专业显示器的软打样系统的质量已经有了保障，但在普通计算机上，显示器仍然无法满足软打样的要求。

2．显示器校正与色彩管理

显示器软打样的关键技术是显示器的精确校正和整个系统的色彩管理，其中显示器校正就是对显示器进行检测和调整，使其特性符合某种状态的设备特征，或产生符合当前工作状态的新的设备特征。而色彩管理系统将支撑显示器色域与打样机/胶印机色域中的颜色之间的相互仿真转换。具体的原理和操作已经在色彩管理一章中详细论述了，这里不再赘述。

二、其他数码打样系统的功能与分析——方正写真

方正写真 V3.1 真网点数码打样系统的主要特点与功能如下：

1）优质的色彩表现，打印颜色匹配印刷效果的准确性极高。

2）优质高效的 RIP 内核，高效率，支持文件格式多。

3）模拟印刷品的网点质量好。

4）操作简便，极强的辅助功能等。

具体的性能描述如下：

1．高质量

使用过国外数码打样软件的读者可能知道，普通数码打样在 20%以下的浅层次，特别是在 10%以下的网点质量不能让用户满意，有时还会发生网点丢失的问题。北大方正在方正写真真网点版中使用了最新的研究成果，可以使浅层次网点平滑过渡，效果令使用过的用户非常满意。

2．色彩管理

方正写真真网点版（调幅网）的色彩管理技术源自于有丰富色彩经验的 Kodak 公司。众所周知，微软和苹果操作系统中的色彩管理技术也来自 Kodak 公司。经过多年的研究，方正写真真网点版在色彩管理方面有了非常大的突破，方正色彩管理系统不但可用于数码打样，更可用于扫描仪、显示器的校色等。

3．易用性

在方正写真真网点版中，把最常用的参数分类放在一个对话框的不同选项卡中，用户设置起来非常方便。用户可根据需要对参数进行设置。

4．最后一分钟修改参数

方正写真真网点版允许用户在打印前最后一分钟进行预显、检查所有的参数设置，如果发现参数有问题，可以及时修改，不需要重新解释，修改的参数在打印时将起作用。

5．快速预显

方正写真真网点版具有快速预显功能，不但支持在文件解释完成以后可以进行预显工作，用户在未解释文件时，就已经可以进行预显。在预显时，可以根据用户的要求方便地进行放大、缩小、旋转等工作，这些操作不影响输出结果。

6．自动拼页

方正写真真网点版充分考虑到用户希望节省时间和耗材的要求，在方正写真真网点版中将自动把用户提交的 A3、A4 或更小的作业拼在一起打印到数码打样设备上，充分节省时间和耗材。

7．专色打样

方正写真真网点版为用户提供方便的方法进行专色打样工作，目前在同一个作业文件中最多可支持到 32 个专色。

8．线性化

在方正写真真网点版中可以直接驱动 X-RiteColor DTP 41 设备进行设备线性化工作。它可以自动打印一个 CMYK 的色条，然后系统可以控制联机的 DTP 41 自动测量此色条。根据选择的纸张不同，方正写真真网点版会建议用户使用不同的 Gamma 值、Yule-Nielson 值（注：是针对色度计的测量方式设置）。用户只需从表格中找到合适的值填到对应的位置，即完成线性化工作。真网点版会记录用户的设置并生成线性化曲线，整个过程非常简单，容易操作。

9．单色打样和双色打样

方正写真真网点版提供单色打样和双色打样的功能，切实解决国内常见的单色印刷机和双色印刷机打样的困难。

10．黑色保留

方正写真真网点版可以对作业中的黑色进行单独处理，确保在通过数码打样打印的黑色中没有其他油墨。

11．颜色微调

方正写真真网点版提供对颜色进行微调的功能，同时还可以对亮度和对比度按照用户的需要进行调整。在方正写真真网点版中方正的彩色工程师已经为用户提供了一套默认的校色方案以后，如果用户有特殊要求，可以通过颜色微调功能在方正写真真网点版中对 CMYK 四色、亮度、对比度进行调整，不再需要其他软件支持；当设备经过长时间使用，用户又不想立即做线性化工作，也不想使用工具修改 ICC 文件时，仍然可以使用颜色微调功能来出色完成任务。

12．网络打印

苹果和 PC 用户可以通过网络直接向方正写真真网点版的 RIP 前打样功能提交作业。

13．自动打印

如果不希望在方正写真真网点版主机上进行交互式操作，除网络打印外，真网点版还会自动搜索指定文件夹，并随时处理提交到该文件夹中的作业。

另外，报业打样版的写真除包含所有上述特点功能外，还有如下功能：

1）支持四色打印功能。该功能是针对新闻报纸打样的特性而设计的，能使报纸打样样张与真实的印刷样在层次、细节、颜色等方面非常相似。

2）支持 RIP 前打样的调幅加网功能。该功能也是报业打样特有的。通常 RIP 前打样是不挂网的，方正电子公司将核心技术之一的网点技术应用于此，使得报纸打样在简便、高效的前提下，也能实现印刷网点的效果。

3）支持 RIP 前、RIP 后打样的双重功能。方正写真 V3.1 报业打样版支持 RIP 前、RIP 后打样的双重功能，这就使得该软件可以灵活地应用到报社的各个部门，如广告部、编辑部、出版部、印刷厂等，而不需要另购 RIP。

复习思考题

1．简述数码打样的优点和应用必然性。

2．数码打样中，RIP 前打样和 RIP 后打样有何含义？

3．真网点数码打样（Screenproof）和普通彩色数码打样（Colorproof）在表现形式和驱动结构上有何不同？

4．为什么要设置打印机基本线性？在 Best 系统上如何才能将打印机基本线性设置到全阶调基本呈线性化的状态上？

5．总墨量大小的不同设置对打样的色域和细节清晰度有何不同的影响？

6．打印机的纸张 Profile 为什么在使用时一定要与生成它时所使用的工作参数（如基本线性、墨量等）“捆扎”在一起？

7．打印机线性和基本线性有何区别？使用打印机线性的方便之处是什么？

8．Best 仿真打样流程中参考 Profile 和纸张 Profile 各起什么作用？简述在打样纸上打印出报纸效果的色彩传递过程？

9．印版补偿功能为什么是针对 Screenproof 打样的？

10．打样队列设置的作用是什么？

11．远程打样中保证和发送端效果一致的基本条件和要求有哪些？JDF 工作传票起什么作用？

12．专色设置的作用是什么？如果进行优化？

13．建立仿真打样的关键步骤有哪些？

14．如何建立非标准纸墨条件下的打样环境，其中关键步骤和设置参数有哪些？

11

第十一章

陷 印 处 理

第一节　陷印的基本问题

一、印刷中的露白现象

平面设计中的文字、图形和图像是三种不同对象，当这些对象相互结合（以透明、半透明或不透明方式）时，就有前后次序的差别。位于前面的对象，将遮盖其后的对象。而对于被遮盖部分的处理又分成套印（挖空）和叠印（重叠）方式。而露白就是发生在这些对象的边界处的一种现象，它是如何产生的呢？

举一个极端的例子：如图 11-1-1 所示，在软件的平面设计中，若在青色（C）的背景上有一个品红色（M）的圆（不透明），分色后生成的胶片上，将在品红色版上出现实地的圆，而在青色版上对应位置出现“挖空”的圆形，这两个圆大小一样，重合在一起时，边界应该“严丝合缝”。如果在制版（如拼版）中，颜色对象的相对位置不发生任何偏移，或者在印刷过程中，如果能保证两个色版的套印完全准确，那么这两个部分就会完全结合在一起，但在实际的拼版和印刷的工艺过程中难免出现少许的对准偏差，这样，就会造成印品上的青色圆盘周围一侧面出现没有着墨的露白（纸白）现象，英文为 flashes，效果如图 11-1-2 所示。另外，从图 11-1-2 的另一面看，则出现了颜色的重叠色带，称为须边，英文中称为 fringes。

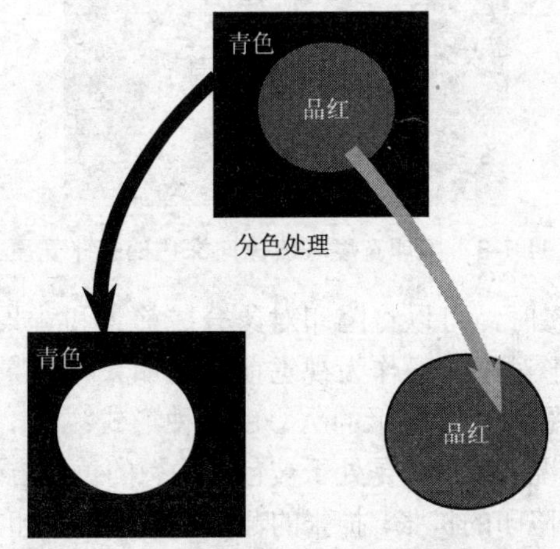

图 11-1-1　青背景上品红圆的“挖空”效果

a）

b）

图 11-1-2 露白（纸白）现象
a）套印准确 b）套印不准

二、陷印处理的基本原理与形态

1. 基本的陷印形态

陷印处理的原理是将颜色交界处浅色一方的颜色适当向深色一方扩张，而这个扩张的宽度称为陷印值。如图 11-1-3 所示，如果套印准确，浅色的边界处的扩展部分会和深色部分叠印在一起，而如果套印不准确，则浅色的扩展部分的一侧就会印在露白部分，从而使纸的白色不会直接暴露。

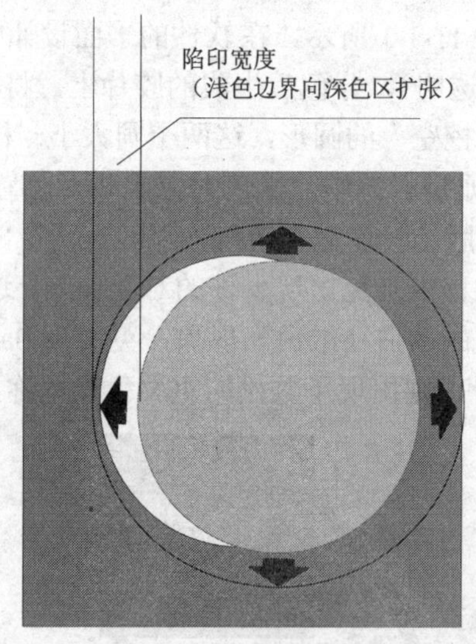

图 11-1-3 陷印宽度（浅色向深色的扩张宽度）

在描述陷印对象的状态时，可以将陷印对象分成前景和背景。这时，处于孤立被包围状态下的、面积较小的图形对象一般作为视觉前景。如果将前景图形作为目标来看，则上述的陷印基本形态包括如图 11-1-4 所示的 A、B 两种形式：

1）在图 11-1-4 中 A 情况下，前景是处于被包围状态的黄色方形，它的颜色较浅，作为陷印的一方，它将向外做一个陷印的扩张，扩张的黄色色带使用叠印方式，形成和边界另一方的交叠的陷印色带。这时，前景的面积被“扩张”了，因此，常将这种陷印形态称为扩张（expand）。

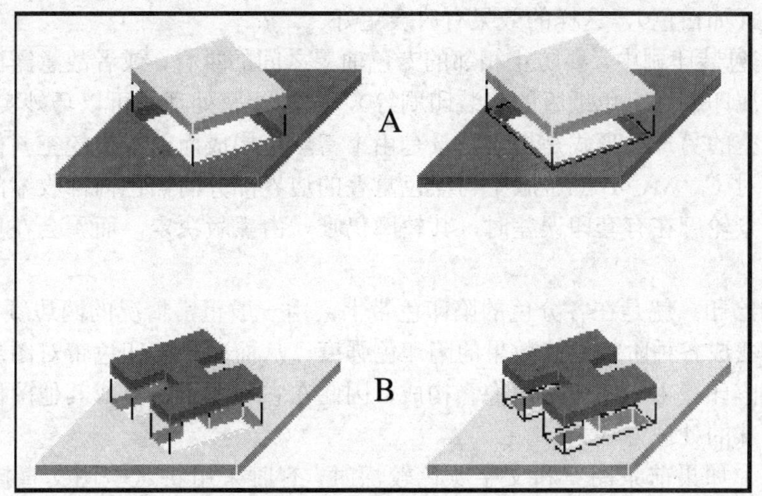

图 11-1-4 陷印的扩张与阻塞形态

2）如图 11-1-4B 所示，这时的前景是颜色较深的“H”形。作陷印时，作为背景的较浅的颜色一方将向“H”形方向扩张，形成在“H”边界一侧的陷印交叠色带。作为前景的“H”的面积将会稍微地缩小，因此，常将这种陷印形态称为阻塞（Chokes）。这种形态的极端表现：如果是一个非常小的“H”，其陷印的宽度将会使这个“H”变得更小，而陷印色带的第三色又会严重地干扰“H”的视觉，因此，这种阻塞的影响就要想办法避免了。

2．陷印的其他形态

（1）让空（Keepaway）陷印　基本形态的陷印处理方法是通过故意产生一个边界上的叠印色带的“小错误”，来掩盖露白这种可能发生的“大一点的错误”。然而，有时故意产生的这种小错误，实际也非常显眼，原理如图 11-1-5 所示，在一个黄色和青色的边界处，如果设置陷印，就会产生一个很明显的绿色陷印色带。

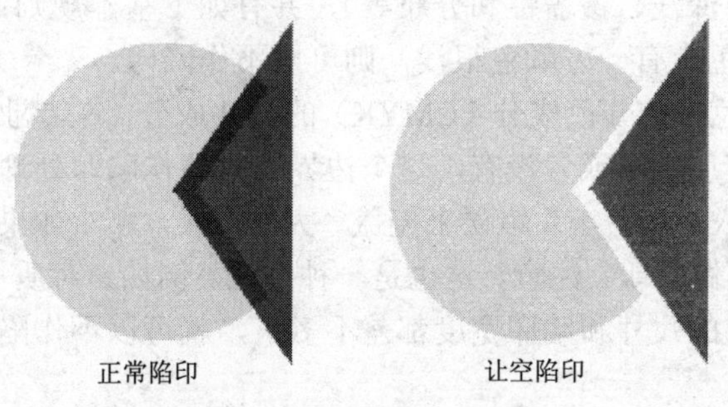

图 11-1-5 让空陷印原理

如果在这个边界上，有一方的颜色很浅（亮），则可以采取“反陷印”来处理。就是在本来需要进行边界叠印的区域，按陷印宽度进行反向让空，让边界两个颜色故意离开一段距离，即故意露白。

这种处理的主要作用有：

1）可以防止边界两侧的两个专色（或者 CMYK 单色）交叠后明显的第三色，宁可让它们露出底色（如白色），这样的效果有时会更好。

2）在一些包装印刷中，要防止相邻的专色油墨之间的重叠，或者故意露出底色作为边界（如一些金属印刷、有色纸版的包装印刷等），这种让空处理是可以巧妙实施的。

另外，让空的另一种形式是指当背景是由丰富黑色构成而前景被挖空（例如，反白文字）时，需要对 C、M、Y 三个版中与黑色重叠的边界部分向黑色内部收缩的处理。它的目的是保证前景轮廓在有套印误差时，其轮廓仍唯一由黑版决定，而不会在反白的边界处冒出其他颜色。

（2）比例陷印　就是在各分色的陷印色带上，由一般正常情况的两边颜色 100%叠加的色带强度，变成各种阶梯过渡效果的陷印色强度，从而减轻陷印色带对图形的干扰。

（3）图像陷印　由于图像是由像素构成，因此在它和图形边界或其他图像形成颜色边界时，有其特殊的处理方法。

（4）压印　如果前景图案和文字颜色较深时，有时采用将这些图文直接压印在连续的背景上，这样就防止了露白现象的产生，它是一种特殊的陷印方式。这里要强调的是压印色必须足够深，否则会透出底色。另外，这类陷印处理的对象基本上是小文字的处理。

三、陷印生成的要素和方法

陷印是用人为的“小”错误掩盖印刷工艺产生的“大”错误，因此，对这种陷印的小错误，也应该尽量能免则免、能少则少，颜色能浅则浅。当然这是在尽量有效地掩盖“大”错误的前提下。

针对不同颜色边界设置的不同的陷印，都需要有如下的处理步骤。

1．决定是否需要陷印

对页面上的每一对相邻颜色，陷印管理器都要判断是否需要进行陷印。这种判断基于相邻颜色的油墨特性（深浅、覆盖性和分布等），并有如下基本规则：

1）如果相邻的颜色中有一方颜色很浅，则可以不作陷印。

2）如果相邻的颜色中的分色成分（CMYK）的公共成分（在专业上也被称作原色过渡的公共成分）的共同密度很小或者没有，这个边界就需要作陷印处理。

3）既然陷印是用人为的“小”错误来掩盖“大”错误，那么如果大错误和小错误差别不大时，还不如干脆不做陷印，注意，这也是一种办法。例如，对质量一般的 CMYK 普通印刷，如果半色调网点的尺寸和陷印宽度都差不多了，就可以不作陷印。

2．陷印的方向

陷印方向的基本形态有以下两种：

1）陷印色通常都要比相邻的颜色深，为了尽量使陷印色不显眼，陷印色带的位置都应该在颜色较深的相邻颜色的一边。

2）如果相邻颜色具有相似的深浅（中性密度），这时就很难决定使用哪一个颜色作为扩张色。这种情况下可以使用中心线陷印，它使两边的颜色“各陷一半”，这样做出的陷印效果更好一些。

3．陷印的颜色

一般情况下，陷印色是两个相邻色的混合色，自然这个混合色比较接近边界较深一侧的颜色。由于常常会出现陷印色的颜色较深而显得过于显眼，反而干扰正常图形的视觉效果，因此，可以使用比例陷印的方式来降低陷印色带的颜色强度。具体的控制原理和参数在后面详细论述。

另外，作为在高档印刷和包装印刷中广泛使用的专色，陷印软件也作了广泛的支持。对于专色的陷印设置主要有以下特征：

1）每个专色都设有特定的中性密度。

2）每个专色都有不同的覆盖特性：包括半透明状态、透明状态、不透明状态和忽略状态。

4．陷印的生成方法—— 矢量陷印与像素陷印

（1）矢量陷印　矢量处理方法是针对矢量图形和文字元素组成的版面，这种版面的页面描述采用的是几何描述法，即使用直线、圆和 Bezier 三次曲线及其填充色来完成对所有带轮廓对象的描述。同时，陷印作业就是在不同颜色的图形边界上较浅颜色的一侧，按陷印规范产生出作“陷印扩张”后的新的边界线及其填充色。而矢量陷印软件就是在分析页面各个矢量图形对象之间相互关系的基础上，确定需要设置陷印的位置，然后按照上述陷印形成的方法，生成带有陷印色带矢量描述的新的图形描述，并生成有别于原版面文件的陷印后文件。这种处理方法具有陷印描述信息比较精炼，新的边界线具有高度精确的几何参数，能较好地处理精细图形和文字陷印等优点。矢量陷印缺点主要有：一是不能有效处理彩色位图图像之间的边界处陷印，但是目前高版本的陷印软件可以完成图形边界和像素边界之间陷印；二是对包含大量细小的绘图曲线的复杂页面，需要很长时间处理，而且产生很深的陷印色带。针对这种情况，矢量陷印的设置中一般都有对复杂程度的限制，超过这个限度就不作陷印了。矢量陷印软件的典型代表之一是克里奥矢量陷印软件。

（2）点阵法　点阵法是针对彩色位图图像或者是矢量图形经光栅化后生成的位图。用点阵法工作的陷印软件必须逐个检查有关边界附近的每个像素的色相，以决定陷印的方式和参数。其中一种方式是对所有边界像素进行分析后，选择一个平均值来完成陷印，速度较快，但印刷效果有误差；另一种方法是针对前景和背景色都是连续调图像的场合（例如，一个像片部分压在另一个像片上而无任何边框等情况），精密的陷印需要对边界两端的每一对相邻像素选择其中间色和陷印宽度，从而使完成的印刷品上几乎看不出边界。由于点阵法处理的是光栅图像，因此资源消耗和计算量都较大，这类陷印能够进行完全的像素图像的陷印处理。一般陷印软件相应的处理位置都是在 RIP 中或 RIP 后进行。

四、陷印量与印刷适性

陷印量的设定要依据印刷适性参数，主要是网点大小与套印精度。更准确的说法是：陷印值应该比印刷机四色对准精度略大一些。

由于各种彩色印刷品所采用的印刷工艺、纸张和印刷机的精度各不相同，因此陷印值应当根据实际情况决定。印品越精密，机器的套准精度越高，陷印值就越小。如表 11-1-1 所示是目前美国制版中心和印刷厂常用的数据，这些数据对国内的有些印刷厂可能过于苛

刻，需要在实践中适当调整。

表 11-1-1　美国制版中心和印刷厂常用的陷印数据

印刷方式	承印材料	网点线数/ dpi	陷印值/mm
单张纸胶印机	有光铜版纸	150	0.08
单张纸胶印机	无光纸	150	0.08
滚筒胶印	无光铜版纸	150	0.10
滚筒胶印	无光商业印刷纸	133	0.13
滚筒胶印	新闻纸	100	0.15
柔性印刷	有光材料	133	0.15
柔性印刷	新闻纸	100	0.20
柔性印刷	牛皮纸（瓦楞纸）	65	0.25
丝网印刷	纸或纺织品	100	0.15
凹印	有光表面	150	0.08

这里要特别强调的是：陷印只适用于颜色分别在独立的印刷过程中印刷在纸上的传统印刷过程，而对于显示器和复合打印机（如彩色喷墨打印机等）则没有陷印问题。其主要的原因是它们没有“套准”问题，或者说它们套得太准了！

第二节　陷印的参数与含义

本节以海德堡的专业陷印软件 SuperTrap 为例，对其相关的陷印功能进行论述，以使读者能够全面了解专业陷印中涉及到的各种相关的概念、方法、参数。

一、陷印的颜色相关参数与含义

如图 11-2-1 所示是 SuperTrap 的界面，其中有将要用于印刷的 CMYK 原色油墨或者专色油墨，每个颜色行包含以下参数。

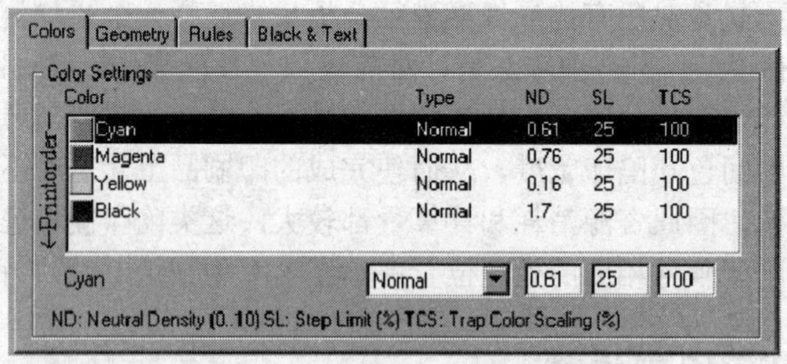

图 11-2-1　陷印的颜色相关参数

1. 类型（Type）

陷印处理必须考虑油墨相互之间的覆盖性特征，并采取不同的陷印算法。可以将油墨的覆盖性归结为以下几种基本类型：

1）常态（Normal）（半透明 Translucent）。CMYK 胶印油墨和一些相似的专色油墨，赋予这类特性。

2）透明（Transparent）。这种特性用来描述透明的涂胶层，透明色一般都不作陷印处理，但要求透明层下面的图形对象必须作正常的陷印处理，不能被透明层屏蔽掉。

3）不透明（Opaque）。这个特性用来描述覆盖性很强的专色油墨，这些颜色经常用来作物体轮廓的着色，用于产生漂亮的边界。它们在处理时被当作黑色来看待，其他的相应颜色往往都作一个向它扩充的处理。

4）不透明或者被忽略（Opaque & Ignore）。这个特征用于具有不透明覆盖特性，但又不希望被自动进行陷印的油墨，例如，金色、银色和不希望与别的相邻色由于陷印产生混合的专色。

2．中性密度（ND：Neutral Density）

中性密度就是油墨在纸张上的反（透）射光学密度。按照光学密度的定义，它是以可见波段的中心 550nm 处的近似正态分布的积分响应曲线来接受透射和反射光的，并用这个积分响应的总值和照射物体的光源强度（使用白场来度量）之比的对数定义光学密度（反射或透射）。光学密度不表现颜色而是表现中性亮度。

中性密度就是反映油墨在纸张上的亮度，或者是黑白色的明亮程度；再或者就是彩色油墨变成黑白状态后的亮度。

某一种 CMYK 原色油墨或专色油墨都有它的表现“强度”，这里是用中性密度来描述这种强度，测量以实地色块的中性密度为标准。就其物理本质，实际就是在整个光谱上在各自的色光吸收域频段上的吸收能力和整个照射量（白场）的比例的对数描述。从外表上看，中性密度越强的油墨，说明它的吸收能力越强。也就是无论是什么颜色，如果换成“黑白颜色的眼睛”来看，它的颜色就越深。如图 11-2-2 所示，如果将 CMYK 油墨的实地色块放在一起，由数码相机和扫描仪成像后，再在软件中变成灰度图，它们之间的亮度区别就显而易见了。

图 11-2-2　YMCK 实地色块的亮度（强度）对比

对于典型的 SWOP 胶印油墨，其 CMYK 实地色块的中性密度值为：

100% Cyan	0.61
100% Magenta	0.76
100% Yellow	0.16
100% Black	1.70

对于非实地的半色调 CMYK 和各类专色的中性密度，可以通过以下公式进行计算

$$ND=-1.7\times\lg\{1-Color\times[1-10（-0.6\times D）]\}$$

式中　ND —— 代表所要计算颜色的 100%实地中性密度值，如上面的 SWOP CMYK 中性密度；

Color —— 代表实际的网点百分比，如 50%等。

另外，分色叠加的中性墨色密度是由各个独立的分色墨色的中性密度相加获得。

最后还要强调，陷印软件系统都带有几套国际流行的油墨系统的颜色中性密度值库以供默认使用，并可以直接使用密度计测量和修改。有关这方面的内容请参阅本章第三节中的内容。

3．步长限制（SL：Step Limit）（%）

首先要明确步长限制参数的含义：

1）本参数是针对 CMYK 胶印原色或者专色，它是单个颜色的陷印属性。

2）本参数的度量使用色边界两侧色差（量纲为网点百分比），这个边界两侧的颜色既可以是某一个 CMYK 色的相同分色成分，也可以是某一个专色。

3）本参数的作用是在某一色边界上，针对设定本参数的某一颜色，与边界另一侧的相同的 CMYK 胶印分色或专色相对应，如果两色间的网点百分比超过步长限制的范围，这两个颜色之间就要进行陷印处理（陷印方向则另行决定），小于这个数值就不进行陷印。由此可以看出它的工作机制：

a．设置值小，意味着色差较小的颜色边界都会作陷印处理，颜色边界将会产生大量的陷印。

b．设置值大，意味着较大色差的边界才会作陷印处理，因此陷印的数量就会越少。

另外，还要注意以下几点：

a）如果相邻颜色的网点百分比之差小于 5%，意味着不会产生任何陷印。

b）参数的范围为 0%～100%，参考值为 25%。

4．比例陷印（TCS：－Trap Color Scaling）（%）

如果将两个专色的边界进行陷印的概念扩展到由 CMYK 印刷色所构成的颜色边界上，则两个专色间简单叠合的概念就只能是一种陷印的特例了。实际上，针对四色边界的陷印处理有许多方法。其中陷印“扩张”的基本算法，在这里就演变成是针对某一个 CMYK 分色的处理了。这时的“分色成分”的陷印就是以边界两边某一分色的色差为基础，通过对某一分色陷印色带上的“分色墨量”的计算来进行。

对于比例陷印，有以下需要理解的要点：

1）首先是其适用于分色边界（自然也适应专色边界）。

2）对分色边界，陷印扩展的方向由色边界两边的 CMYK 色的复合中性密度来决定，而不是由某个分色来决定。

3）对于色边界两边的某一分色，其分色墨量大的一方不一定在扩展方。而陷印带的墨量，则取边界两边的较大值作为陷印墨量。

4）比例陷印以减小陷印色带的叠墨厚度为目的，以比例陷印（TCS）值作为控制参数，减小陷印带的明显程度。其计算公式如下

陷印带上的分色色值＝边界上较浅一方的分色值＋TCS×边界色差

下面以实例说明这种生成关系：

例 1：陷印扩展方分色＞被陷印方分色（同一分色，如 Y）

如图 11-2-3 左所示，陷印色比例＝75%。边界颜色较浅一侧的黄色分色 88%（注意：颜色较浅是指这一侧的 CMYK 复合中性密度，并不是 Y 分色本身小）。边界颜色较深一侧的黄色分色为 60%。

显然，CMYK 浅色一方的 88%Y 分色应该向 CMYK 深色一方的 60%Y 分色的方向“扩张”。

如果没有比例陷印，则陷印色（陷印带的分色）的黄色成分应该是 88%。

如果使用比例陷印，则由上述的公式有

黄色分色的陷印值＝60＋75%（88－60）＝60＋0.75×28＝60＋21＝81

显示出 75%的陷印色比例将 CMYK 陷印色带上的黄色分色由 88%降低到了 81%，显然这样会减小陷印的明显程度，提供了一个陷印色的逐渐变化的“台阶”。

显然，一个较低的设置，意味着将获得一个较浅的陷印色和较少明显程度。TCS 数值范围在 0%～100%之间，100%意味着没有这个台阶，0%意味着只使用 CMYK 浅色一方的分色成分作为陷印色。

例 2：陷印扩展方分色＜被陷印方分色

这是例 1 的反例，其参数为：陷印色比例＝75%，CMYK 边界颜色较浅一侧的黄色分色 60%，CMYK 边界颜色较深一侧的黄色分色为 88%。显然，60%Y 的浅色分色应该向 88%的方向“扩张”（由 CMYK 边界较浅一方向深色一方扩展的原理来决定）。如果没有比例陷印，则陷印色（陷印带的分色）的黄色成分应取色边界两侧的较大值，应该是 88%（而不是 60%）。

如果使用比例陷印，则由上述的公式有

黄色分色的陷印值＝60＋75%（88－60）＝60＋0.75×28＝60＋21＝81

注意：前面两个例子有些相似，从图 11-2-3a 来看，可以认为例 1 的陷印边界从图 a 边换到图 b（可以认为是由 CMYK 的深色方左转到右而引起的）。但说明了陷印色是以“浅色＋色差×TCS”的生成计算方法来进行的。

另外，对于专色陷印，上述公式同样可以适用，只不过对于要作陷印扩张一侧的专色而言，在边界另一侧没有共同成分（只有被叠印的另一个专色边界），因此就百分之百按照自身的成分进行陷印了，这时的 TCS 参数也就直接作用在这个扩张的专色上了（而不是色差上）。也就是直接减小了这个扩张色的墨量，其过程如图 11-2-3b 所示。

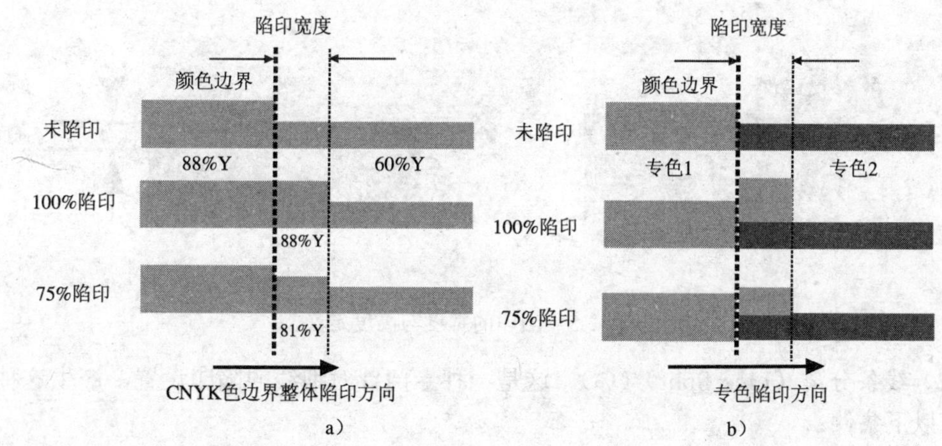

图 11-2-3　CMYK 与专色的比例陷印的生成原理

二、几何形状参数

几何形状参数（Geometry Tab）界面如图 11-2-4 所示。

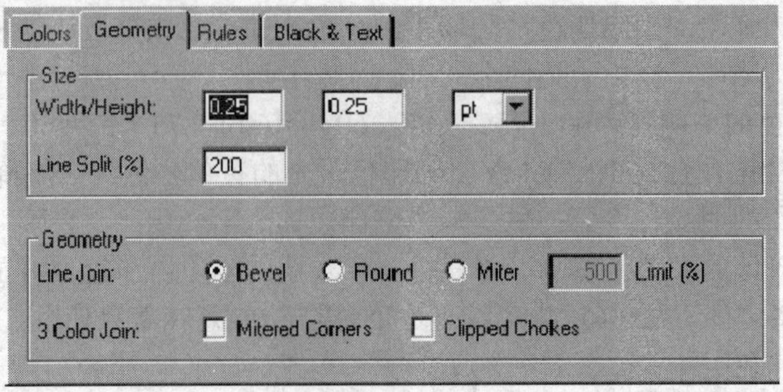

图 11-2-4　几何形状参数

1．尺寸项参数

（1）陷印宽度/高度（Trap Width/Height）　陷印处理是对印刷中由于套准误差产生的露白作出的相应处理，而在印刷机中，套准的控制是通过前规和侧规在两个垂直方向上进行的，误差也是在这两个方向产生的。因此，在专业的陷印设置和处理中，都是使用陷印的宽度和高度这两个参数对应上述两个方向的套准误差，并产生相应的陷印处理。用户需要明确自己将陷印宽度和陷印高度定义在哪一个套准误差的方向上，并按照实际的平均套准精度来定义相应陷印值。

按照一般的概念，陷印宽度、高度的定义和常用数值范围如下：

陷印宽度：定义为纸张垂直方向上的色边界陷印值，如图 11-2-5a 所示。

陷印值的设定范围为 0.05～15 点（即 0.0176～5.29mm）。

陷印高度：定义为纸张水平方向上的色边界上的陷印值，该值一般自动设置为与陷印宽度一样，但可以自行改动到需要的值上，其含义如图 11-2-5b 所示。

图 11-2-5　陷印的宽度与高度定义

（2）线条分离（Line Split）（%）　这是一种专门针对细线的陷印设置，产生这种陷印处理有以下条件：

1）在细线的左右两侧分别有同一种或两种相邻色，这种情况下该细线要分别和左右两边的相邻色进行陷印处理。

2）相邻色向线条本身作扩张陷印（choked traps）。针对作陷印的线条上未被陷印色所重叠的中间原色部分（线条），当其宽度小于某个数量时，通过扩大陷印宽度将这个色条彻底阻塞，让左右两边的陷印色连接起来。当这个参数较大时，则能够对更粗的线条进行陷印色的阻塞闭合；相反，这个参数较小时就只能对更细的线条产生这种阻塞闭合

作用。

计算流程如图 11-2-6 所示。

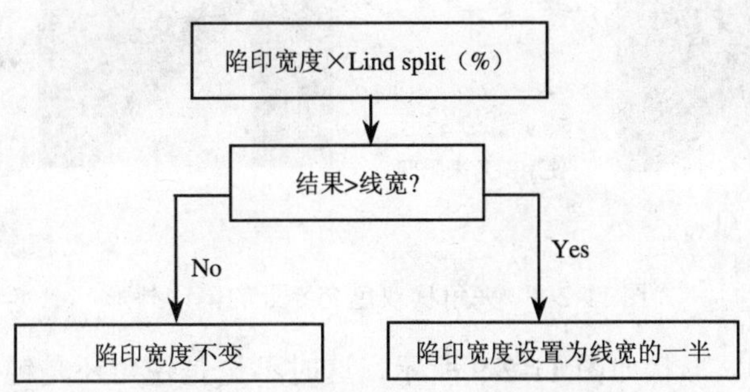

图 11-2-6　线条分离的计算流程

实例 1：如下表是一个线宽为 1 点的线条分离陷印的设置计算实例。

线条宽度/点	陷印宽度/点	线条分离参数/%	调整后的陷印宽度
1	0.25	200	0.25×2.00＝0.5＜1　—> 0.25pt 正常陷印
1	0.25	500	0.25×5.00＝1.25＞1　—> 0.50pt 陷印宽度按线条宽度的一半设置

实例 2：如图 11-2-7 所示宽度＝0.5 和线条分离＝100%的不变条件下，随着线条（位于上下色块中间的线条）的宽度改变所带来的线条分离的形态改变。

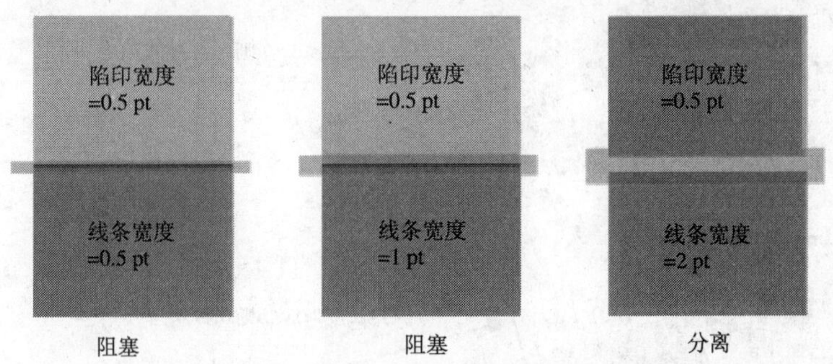

图 11-2-7　陷印宽度的变化和线条分离的形态

注：pt =点

2．形状参数

该参数用于设置两个颜色呈现一定角度的交界处和三个颜色的交界处的陷印色带的形状设置。

（1）夹角状双色交界处的陷印外形设置（Line Join）　包括以下几个形状的单选设置：

1）斜角（Bevel)。形状如图 11-2-8a，C 和 Y 的交接处，Y 向 C 扩张叠印后形成 R 色的陷印色带。在呈现锐角的边界处，陷印色带如图呈现出斜角的外形。

2）圆角（Round)。形状如图 11-2-8b，原理和上面一样，只是陷印色带呈现圆心过渡。

a）

b）

图 11-2-8　夹角状双色交界处的陷印外形

3）夹角（Miter）。形状如图 11-2-9 所示，这时不论是锐角还是钝角，陷印色带的过渡都呈现出夹角自身的形状。

夹角形状有一个限制参数 Limit（%）。如果夹角过小，就会产生很长很尖的陷印色带，这是不允许的。该参数的作用就是设定一个长度的上限。其工作原理如图 11-2-9 所示，其上方图例的限制参数 Limit 设置为 500，上图中的尖角长度＜陷印宽度（*b*）×500%，故按照尖角形状进行陷印。而图 11-2-9 间的图例的尖角长度＞陷印宽度（*b*）×500%，则由于陷印色带过长而被“剪”掉。显然，如果本参数越小，则尖角的最长距离就会越短，反之则会留得越长。另外，图 11-2-9 下方则显示了同一图形使用不同的限制参数 Limit（%）值（100、200、300 和 600）时的夹角处理效果的不同。

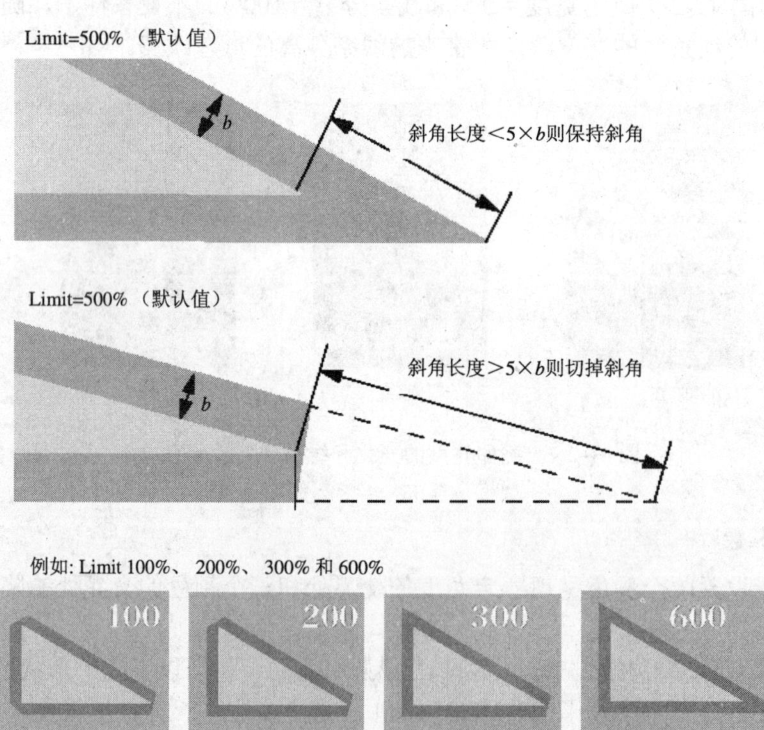

图 11-2-9　夹角限制参数 Limit（%）的含义与作用效果

（2）三色结合处的陷印形状设置（3 Color joins）　这里包括斜角设置和缺口修补设置

两个参数，它是针对有三个以上颜色的颜色交界处（包括纸白）的陷印轮廓的外形设置，参数的含义如下：

1）斜角设置（Mitered Corners）。如图 11-2-10a 所示是该项参数没有激活时，按正常理解的陷印扩张状态，图中的 C 色作为浅色的一方，向深色一方的 R 色区域作简单呈直角状的陷印扩展，并产生一个深色的矩形叠印区。这种处理方式的一个缺点是容易在三色边界处形成过大的重叠墨。图 11-2-10b 反映了本参数激活时的陷印扩张状态，图 a 的区别是将呈直角状的陷印边界处理成呈斜角的形状，使得陷印重叠区减少，或避开了三色重叠区。从而避免了油墨堆积的可能性。可以明显看出，带有斜角处理的陷印轮廓，对有多色交界的复杂陷印处理更具合理性。

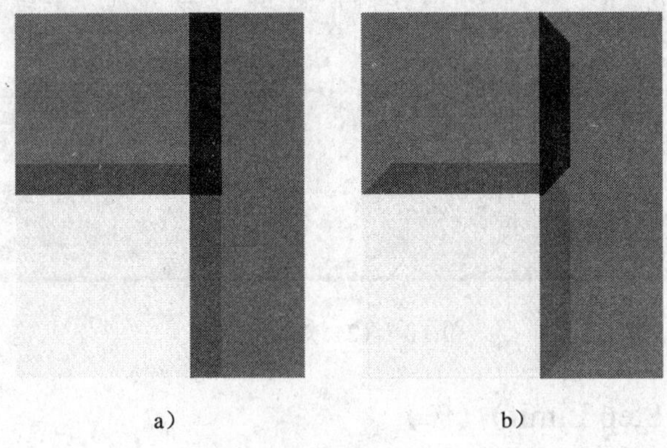

图 11-2-10　有斜角处理的陷印轮廓

2）缺口阻塞设置（Clipped Chokes）。本参数用来处理两个颜色对象呈斜角状对接时的一种特殊陷印处理，如图 11-2-11 所示，C 色对象呈斜角状用直边对接到 R 色的对象上，如果本参数未被激活，则在 C 色向 R 色作陷印时，就会按照正常的方式产生一个按陷印宽度生成的 C 色呈直角状的扩张，由此产生一个重叠区。但是，这种方式的缺点是在实际印刷时如果套准发生问题，就会将一个陷印色带上的直角暴露出来，形成一个缺口。

针对这种情况，本参数如果被激活，就改变了上述默认的直角状的扩张，而变成与对象边界线角度一致的方向，做一个顺势的陷印扩张，形状如图 11-2-11 所示。如果按这种方式进行处理，套准发生问题时，由于陷印图形的边界方向和物体的方向一致，就不会出现“缺口”的问题。

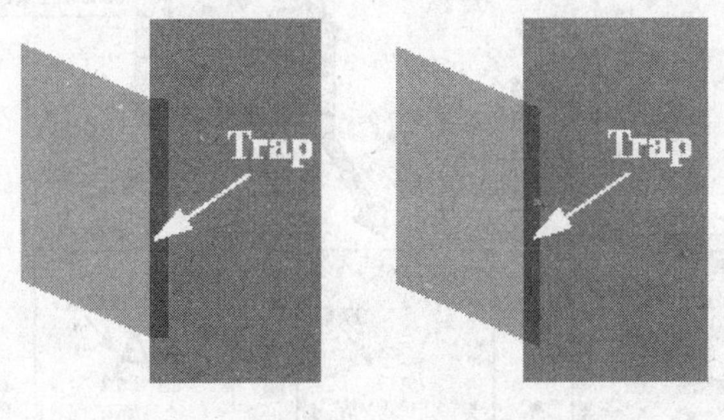

图 11-2-11　缺口阻塞设置

可以看出，这两个陷印参数主要用来满足对包装用印刷品和使用专色的精细设计的要求。

三、陷印规则

如图 11-2-12 所示中的一套参数是用来对陷印进行一般性控制的，其核心功能是对是否进行陷印做出决策。

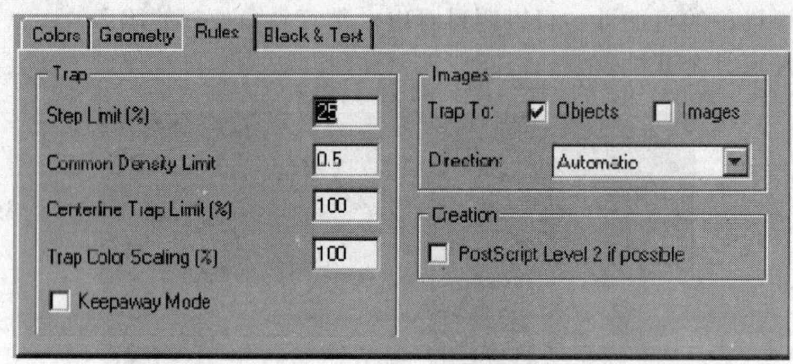

图 11-2-12　规则设置

1．步长限制（Step Limit）（%）

这个概念和 Color 界面上的同名概念是一致的，都是用相邻颜色之间的色差关系（用网点百分比来衡量）来决定是否需要进行陷印处理。只是这里是针对所有颜色的统一设置，而 Color 界面上的步长限制可以针对某一个单独颜色进行单独设置。另外，一般情况下，这种色差至少应该大于 5%才有可能产生陷印。

2．共同密度限制（Common Density Limit）

共同密度限制又称原色过渡的界限。共同密度是指色边界上两边颜色的全部分色成分的色差的中性密度之和，它用来判断是否需要在这个色边界上作陷印处理。共同密度与陷印的关系如图 11-2-13 所示。

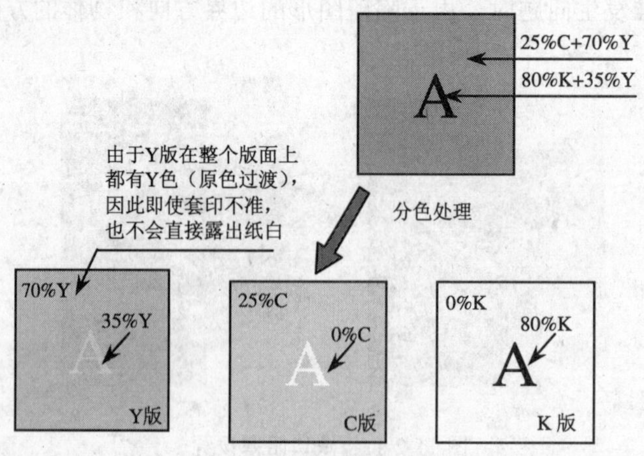

图 11-2-13　原色过渡避免露白的原理

有一点需要明确：并不是所有的边界都需要作陷印处理，如图 11-2-13 中的背景色包含 25%C 和 70%Y，而字母 A 包含 80%K 和 35%Y，可以看出两种颜色含有 35%Y 的共同成分。这样，在黄色的分色片上，此处的黄色是连续的。因此，既使是字母中的黑色成分没有准确套准，也只会露出黄色而不是纸白。而当这个垫底的黄色达到一定的遮盖度时，就可以不用做陷印处理了。

显然，这个参数的度量对象是色边界两边颜色全部分色成分，其有效成分是色边界两侧所有对应的分色成分在边界上的共有量（用网点百分比描述）。如图 11-2-14 所示，其中的颜色 1 和颜色 2 可以看作是色界左右两边的两个颜色，在图中右边的直方图上则显示出了各个分色的公共成分（注意不是差值，而是两种颜色中每个分色成分的共有部分）。

将各分色的共有量计算出来后，并将网点百分比换算成共同中性密度。然后，将所有分色成分上的共同中性密度求和，用该密度的和作为是否在这个边界上进行陷印处理的判断数据。

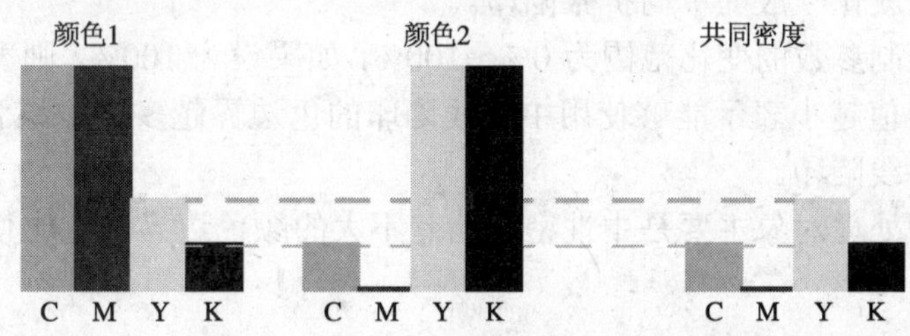

图 11-2-14 共同成分的概念与计算

共同密度限制陷印参数用共同密度定义一个是否陷印的界限，如果颜色边界上的共同密度小于这个界限，则需要在这个边界上作陷印处理，其原因是由于共同成分不足。如果套印不准，颜色边界就会“开裂”而“赤裸裸地”露出纸白，因此需要作陷印处理。

相反，如果公共密度大于这个界限，则说明这个边界上的颜色过渡（或称为原色过渡）的强度可能已经能够较好地“掩盖”露白而不需要再作陷印处理。

共同密度限制陷印参数设置的大小会带来如下的变化：

1）设置一个较低的值，则意味着将产生较少的陷印处理。因为只有低于本参数值的边界处才会作陷印处理，因此越低越少。

2）设置一个较大的值，则意味着将有更多的边界处需要作陷印处理。其原因是由于提高了需要作陷印处理的边界的共同密度的值，因此将有更多的边界处需要作陷印，其变化趋势是越高越多。

以下为一个计算公共密度的实例：

设公共密度的设置值为 0.5，有一个颜色边界，两边颜色的分色成分分别是 Color 1（60%C、20%M），Color 2（40%C、70%M），试计算其公共密度，并判断是否需要作陷印。

解：Color1 和 Color2 的共同成分为 40%C 和 20%M，分别计算这两个成分的中性密度 ND

ND（40%C）＝－1.7×lg{1－40%×[1－10（－0.6×0.61）]}＝0.1909

ND（20%M）＝－1.7×lg{1－20%×[1－10（－0.6×0.76）]}＝0.1028

有结果 ND 总和＝ND（40%C）＋ND（20%M）＝0.2937＝0.294

又由于公共密度限制参数=0.5>0.294，共用成分不够要求，所以这个边界需要作陷印处理。

3．中心线陷印限制（Centerline Trap Limit）（%）

中心线陷印的几何外形不同于常规陷印，常规陷印是浅色一方的颜色按陷印宽度作重叠扩张形成陷印色带。而中心线陷印是颜色边界的两边都向对方作重叠扩张，扩张宽度则按陷印宽度的一半进行。如图 11-2-15 所示，显示了 CMYK 分色与专色的中心线陷印（中）与普通陷印（下）的不同处理方法。

中心线陷印限制参数描述了色边界两侧中性密度的接近程度（趋同度）的一个界限。趋同度的计算式如下

$$趋同度=（ND_{Color小}/ND_{Color大}）100\%$$

如果某处色边界趋同度大于本设置参数，则此处就作中心线陷印。相反，如果小于本设置参数，则此处就作一般的单向扩张陷印。

中心线陷印限制参数的变化范围为 0%～100%，如果设为 100%，则表示两侧完全一样才作中心线陷印，值越小表示能够使用中心线陷印的色边界越多，如果为 0%，则所有的色边界都使用中心线陷印。

中心线陷印的处理对象主要是中性密度相差不大的颜色边界，它比使用一般的单项扩张陷印的效果好。

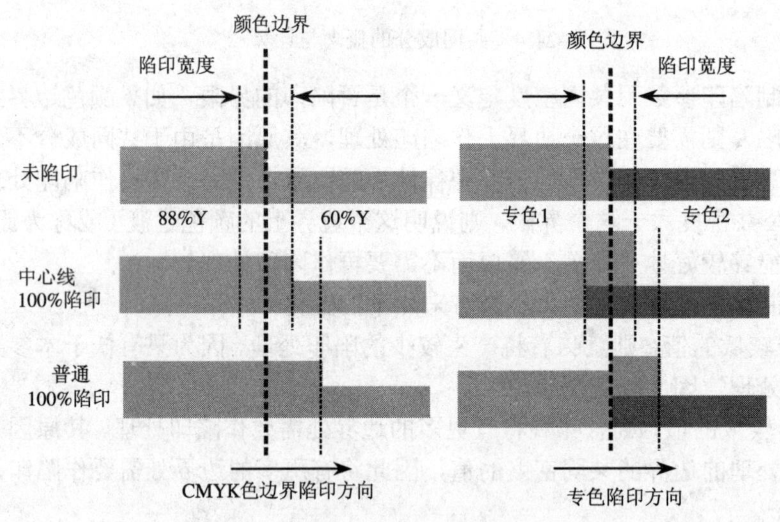

图 11-2-15　中心线陷印的原理

4．陷印色比例（Trap Color Scaling）（%）

此处的陷印比例的概念和 Color 界面中所述的概念一样，只是这里的设置对象是所有的颜色，而不像 Color 卡片中可以针对某一种单独的颜色设置不同的陷印色比例。

5．让空方式（Keepaway Mode）

这是一种常被应用在包装装璜设计中的陷印方式，这种陷印不同于普通的陷印方法，它不是通过边界区域由浅色边的扩张重叠形成露白覆盖层，而是在相反方向故意形成露白的边

界，这样就会在陷印边界上形成围绕被陷印对象的“白边”。这种设计经常用在需要保持专色油墨间需要相互分离，或在底色物体上进行印刷时要露出底色边界的情况等。例如，一些金属表面印刷，或者包装印刷中的露底印刷等。因此，让空方式又称为“反向”陷印。图 11-2-16 所示为实施了反向陷印的应用实例，图中背景的颜色是混合了 C、M、Y 色的综合颜色，而前景上的 1、2、3、4 数字则分别使用 C、M、Y、K 四种纯原色。左图是未作陷印的情况，右图则是使用了让空陷印后的情况，仔细分析可以看出：

1）前景数字和背景色的边界部分没有发生让空现象，因为每一个“纯色”数字和背景色中都有共同的成分，如“1”字和背景色有共同的 C 色，并满足了共同密度的要求，具有较好的原色过渡的效果，因此未作反向陷印。

2）在数字之间的边界处产生了让空。例如，1 和 2 之间的共同边界处 C 色向自身内部缩减了一个陷印宽度的距离，形成一个内凹的露白边界。之所以是 C 色收缩而不是 M 色，是由于 C 色的中性密度（100%实地为 0.61）小于 M 色（为 0.76）的缘故。同理，在 2 和 3 之间也是密度小的 Y 色做让空收缩

3）作为 K 色的 4 字，由于它和背景色之间共同成分所形成的共同密度没有达到不做陷印的要求，因此，它的所有和背景相接触的边界都做了让空陷印。显然，背景色做了收缩。

图 11-2-16　让空方式的处理效果

6．图像陷印参数

（1）陷印到图形对象　如果被选中，则图像与其相邻的图形对象在边界处做陷印处理。

（2）陷印到图像　如果被选中，则图像能够与其相邻的其他图像在边界处进行陷印处理。

（3）方向设置　该参数用来控制在对图像作陷印时的陷印方向，其中包括以下设置：

1）进入图像。陷印色带被放置在图像中，如图 11-2-17 所示。这时和图像相邻的图形边界向图像内部作规则的扩张陷印，在陷印边界上的重叠区域就会呈现出矩形的像素结构，类似马赛克效果。这是由于陷印处理并不会深入到陷印边界上的图像像素内部，而是按矢量图形边界作机器点级别的整齐的图形陷印轮廓。

2）进入图形对象。陷印色带被放置在图形对象的边界一侧，并通过扩张（或收缩）原始的像素，在边界轮廓线图形一侧产生陷印宽度范围内的“像素马赛克”。从图 11-2-18 看出，它所形成的陷印边界轮廓是具有像素颗粒的凸凹外形，如果这种像素颗粒对应到印刷网点，就是印刷网点的颗粒。也正是这种复杂性，因此一般的陷印软件无法编辑这种陷印边界。

3）中心。陷印色带被放置在图像和相邻图形边界的中间位置，这时左右两边分别是上面两种情况的组合，一边是不很规则的像素边界，一边是机器点级的整齐的图形轮廓线。

4）自动。陷印管理软件评估图像数据的亮调、中间调和暗调区域以及和它相邻的图形

对象的颜色，并基于这些数据，在计算分析的基础上由软件自动判断和决定是否进行陷印或陷印色带的方向。

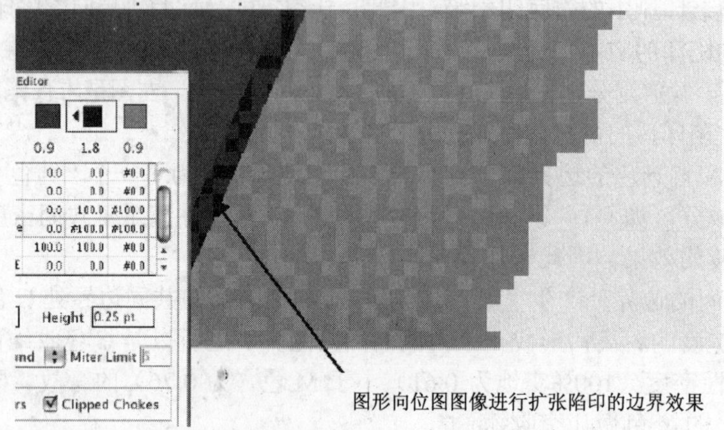

图 11-2-17　图形向位图扩张的陷印边界（明显有像素马赛克的叠合效果）

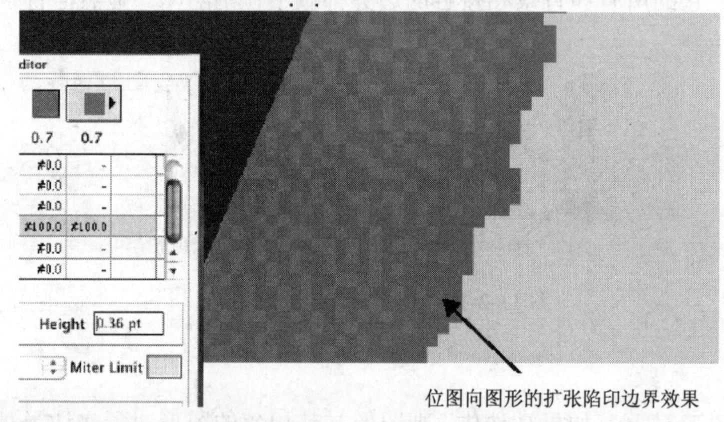

图 11-2-18　复杂位图向图形的扩散陷印（形成了带有像素马赛可的不规则陷印色带）

四、黑色与文字的陷印处理

1．黑色的基本陷印特点

黑色具有较高的密度，如果它和其他颜色套印，能够轻易地将其他颜色覆盖。因此，对于黑色，将使用不同于其他颜色的特殊的陷印规则。其基本特点如下：

1）对于密度较高（如接近实地）的黑色，非黑的其他分色一般都是向黑色方向作扩张，这将确保只有黑色来作为边界颜色，从而产生一个清晰的边界。

2）由于黑色的密度较大，因此一旦出现套印不准而产生露白，就特别地明显。所以黑色的陷印宽度比其他分色都要宽一些（可以设置）。

3）对于富黑（黑色成分中包含了至少一种其他分色的成分），由于其中包含了其他成分，它带来的一个基本问题就是如果套印不准，就会在黑色边界上出现其他颜色。避免这

种情况出现的方法就是将黑色在边界处做陷印扩张（或者是将其他分色做收缩），从而避免上述情况的出现。

图 11-2-19 显示了一个对黑色陷印处理的参数卡片，下面详细解释其中的参数及其含义。

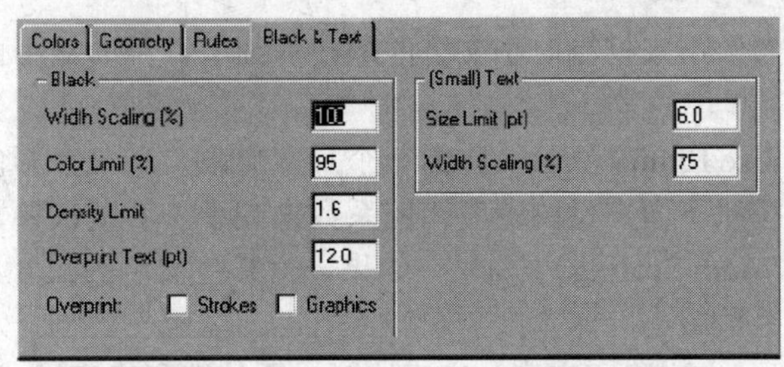

图 11-2-19　黑色与文字的陷印参数

2．宽度比（Width Scaling）（%）

宽度比参数是用于设置黑色陷印宽度的，其基数是前面设置的全局陷印宽度

黑色陷印宽度＝宽度比×全局陷印宽度

从公式中可以看出，值越小，相应的陷印宽度也就越小，反之亦然。

它的默认值为 100%，这时陷印宽度和其他颜色是一致的。如果要获得一个正常宽度 1.5 倍的黑色宽度，需要将比例设置为 150%。

本值的范围为 0%～10000%。

这个宽度确定了黑色在做扩张陷印时的“纯”黑色的色带宽度。例如，有一个富黑做扩张，这个宽度将使得黑色中的其他分色离开纯黑的边界一个陷印宽度，从而保证不出现“露彩”现象。

3．密度限制（Density Limit）

密度限制定义了中性密度的界限值，当某一个专色的中性密度大于这个界限时，这个专色就被陷印软件认定为和黑色有一样的性质，其陷印就按照黑色的陷印来对待。显然，如果这个界限值越小，会有更多的颜色（专色或原色）被当作黑色来处理。

这个参数的默认值为 1.6（SWOP 黑的中性密度为 1.7），该值的取值范围为 0～10.0。

4．压印黑色文字（Overprint Text）（pt）

这个参数设定了一个最小字号的边界值，小于这个字号的黑色文字将作压印处理，小尺寸的文字如果和相邻的颜色进行陷印处理，由于本身宽度较小，陷印之后文字边界将会模糊，或造成字体变形。因此，最有效的陷印方法是把黑色文字设置成压印方式，由于黑色的覆盖性较好，因此可以有效防止黑色小文字边界的露白或变花。

本参数的默认值为 12 点，其设置范围为 0～999 点。

这个尺寸参数设置的边界能够让大部分的小正文处于压印方式，而它的标题则可采用普通的方式。

5．压印黑色（Overprint）

这个参数设置的压印黑色不是针对文字，它包括两个参数：

1）线条（Strokes）。如果设置有效，则所有的黑色轮廓线条将被设置为压印方式。

2）图形（Graphics）。如果设置有效，所有的黑色图形对象被设置成压印方式。

6．小文字的陷印参数（Small Text）

这个选择框中的参数用来控制对小文字的陷印的细节，帮助减少由于陷印而引起的辨认不清的问题。

（1）尺寸范围（Size Limit）（pt） 作为一个尺寸界限，当一个彩色文字小于这个尺寸时，陷印的宽度可以按照下面定义的宽度比例系数来减小。其默认参数为 6 点（pt）。

（2）宽度比例（Width Scaling）（%） 如果一个彩色文字的尺寸小于尺寸范围界限，就按照本参数的比例系数减小陷印宽度

文字陷印宽度＝宽度比例×原始陷印宽度

例如，本参数的默认值为 75%，这意味着小文字的陷印宽度将比原始的陷印宽度减小 75%。作为一个特例，如果本参数为 0%，就意味着对小尺寸文字不产生任何陷印。

第三节 陷印的设置、编辑与工作流程

一、应用软件中的陷印设置简介

各个平面设计软件中的陷印处理也称为应用程序陷印，它的基本特点是每个平面设计软件都是针对本软件生成的页面元素按照设定值作陷印处理。

1．PageMaker 中的陷印处理和设置

如图 11-3-1 所示是 PageMaker 中的陷印参数设置对话框，它可以在 6.5 版的 File>Preference>Trapping 中找到，或者是 6.0C 版中公用程序>补漏白选项中找到。它的参数设置是针对整个页面中的所有对象的，它缺乏专业陷印软件或一些陷印功能更强的应用软件（例如，QuarkXPress）中的灵活性设置工具，比如在颜色对话框中设置专用于某种颜色的陷印参数，或者是针对不同对象逐个进行陷印设定的编辑功能。但是它简单实用，可以方便地打开或关上文件的陷印。下面简单地介绍其相应的功能和特点。

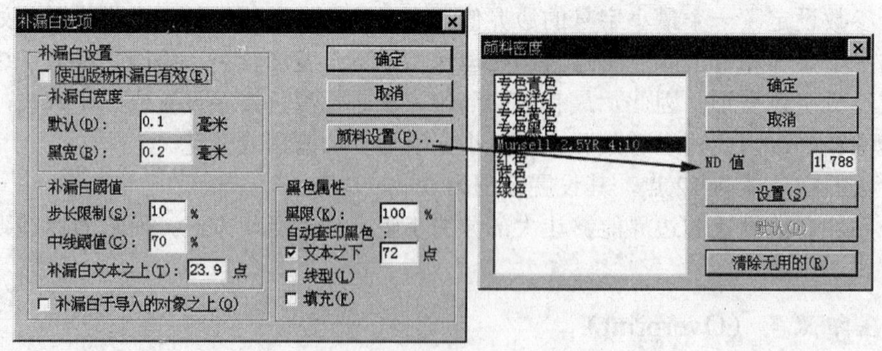

图 11-3-1 PageMaker 中陷印参数对话框

（1）陷印宽度（Trapping width） 也就是补漏白宽度。

陷印宽度是边界处浅色对象扩张其边界的宽度。其中默认宽度用来设置除黑色以外的任何颜色的陷印宽度。而黑色宽度用来指定和纯黑色相邻的颜色作陷印时的陷印宽度，其宽度一般设定为默认宽度的 1.5～2 倍。其原因是一旦与黑色相邻的部分出现漏白现象会十分明显，为此特别加宽。

（2）陷印阈值（Trapping Threshold） 它用来设定边界两边的颜色最大反差为多大时才需要陷印。因为，由于要求不同，有的只需要在边界处颜色反差很大时才需要设置陷印，有的则即使是最浅的颜色反差也需要陷印。其中包含以下参数：

1）步长限制（Step Limit）。其含义与图 11-2-12 中的概念一致，显然，这个参数在墨色可比性控制方面有些粗糙(因为是针对所有的颜色而无法针对某个单色)。这个比例越低，则需要陷印的地方越多。

2）中线阈值（Centerline Threshold）。举例说明：当设置中线阈值为 70%，就意味着当较亮颜色的中性密度超过较暗颜色中性密度的 70%时，PageMaker 将在颜色边界处进行中心线陷印处理。这个关系可以表示为

（较暗颜色中性密度－较亮颜色的中性密度）/较暗颜色中性密度＞0.70

由此可以理解，如果指定中线阈值为 0%时，则所有颜色边界都要进行中心线陷印。相反，如果指定中线阈值为 100%，就等于关闭了 PageMaker 的陷印功能。

3）补漏白文本之上（Trap text about）。用来确定文字在多大以上才进行陷印操作。因为如果在文字很小的情况下进行陷印，会使文字产生变形效果。另外，对于较小的黑色文字一般都是采用压印方式。但是，如果文字很大时，需要和普通图形对象一样进行挖空处理，并施加相应的陷印。

（3）黑色属性（Black attributes） 此项包括两个设置：

1）黑色极限值（Black limit）。该参数用来决定什么是 PageMaker 认为的实地黑或超黑色。并由此决定是使用默认陷印宽度还是使用黑色陷印宽度。例如，默认值是 95%就意味着只有在彩色成分中包含 95%的黑色成分才能被认为是实地黑或超黑。因此，当设定该参数后，如果某种 PageMaker 颜色中其黑色成分超过这个百分比，就被视为实地黑，并按照黑色陷印宽度进行处理。

2）自动叠印黑色（Auto-overprint black）。此项用来设置一定大小的黑色文字、线条和填充是采用叠印还是采用挖空背景的套印方式。这是因为叠印本身就是一种陷印方法，但大面积的叠印对油墨总量和黑色的密度变化都有影响，所以需要适当处理。

（4）在对话框中还包含两个开关项

1）“使出版物中的陷印有效”（Enable trapping for publication）开关项。该项决定对出版物中所作的陷印操作是否起作用，如果此开关关闭，即使在版面描述文件中具有陷印操作的描述，也不会在输出时发生作用。

2）“在导入的对象上补漏白”开关项。该项决定是否对导入的对象作陷印处理。防止作过陷印处理的对象作为组版平台的 PageMaker 再次陷印。

（5）油墨设置（lnk setup） 有时，用户可能想要修改某种油墨的中性密度（ND）值。它是 PageMaker 用来决定是否进行陷印的基础性参数，对它的设置和修改可以在“补漏白选项”对话框相链接的“油墨设置”选项中进行。

以 PageMaker 的为例，对 ND 值的来源和设置修改问题进一步补充说明：

在 PageMaker 中，原色油墨的默认 ND 值为油墨样本手册的中性密度读值，这些标准的中性密度值符合不同国家的工业标准。PageMaker 不同语言版本决定了它所遵循的标准。例如，PageMaker 的美国和加拿大版本的 ND 值符合“北美图形艺术技术机构（Graphic Arts Technical Foundation of North America）”发布的“SWOP（Specifications for Web Offset Publications）”标准。PageMaker 允许用户根据不同的工业标准调整原色油墨的 ND 值，最好是询问商业打印机厂家或者是印刷厂以确定自己应该使用的标准。

PageMaker 中使用的专色 ND 值可以是来自 PageMaker 使用的专色色库。如果没有这样的匹配关系，可以使用与它们色相接近的 CMYK 原色的相应 ND 值。对于多数专色，它们的基于 CMYK 的 ND 值，对于正确决定是否进行陷印的功能而言，精度已经足够了。但对一些比较特殊的专色油墨，例如，金属材质和蜡质构成的专色油墨、覆盖性很强的专色油墨等，就无法从 CMYK 原色中找到可以对应的原色及其 ND 值。解决问题的方法有两种：

（1）比较法　将某个专色和与之匹配的 CMYK 相应值所对应的原色色样进行比较，从而获得该专色 ND 值的调整方向和大小。这种方法的最大优点是可以在没有密度计的条件下使用。具体的调整原则有以下几点：

1）金属材质专色油墨或者是覆盖性很强的专色油墨。通常比它们的 CMYK 相应色值更暗，因此，设置的 ND 值比相应的原色 ND 值要大一些。

2）蜡质构成的专色油墨。通常比它们相应的原色更亮，因此，设置的 ND 值比相应的原色 ND 值要小。

3）其他的专色油墨。如果专色油墨比它们的 CMYK 原色有非常明显的不同时，就需要分别打印两种不同的专色和原色样本，并依据它们的视觉差距来决定相对于 CMYK 原色 ND 值的专色 ND 值。

（2）测量法　决定一种油墨 ND 的最精确的方法是用密度计度量油墨颜色的样本。如果与默认设置不同，在 ND 文字框中键入新的值并点击“设置”。用户可以通过点击“默认”为一种选定油墨还原默认值。

另外要注意，改变一种原色的中性密度仅影响该颜色怎样进行陷印，并不会改变这种颜色在出版物中的颜色外观。这里的油墨 ND 值只是作为陷印计算参数而已。

最后要说明的是上述的中性灰密度 ND 是专业上的亮度密度，不是滤色片密度（又称为彩色密度），测量时需要注意选择。

2. Photoshop 中的陷印处理和设置

该软件中的陷印是针对彩色图像的，所以它的处理方式是按照点阵法进行的。它有以下特点：

1）彩色图像一般都是连续调平滑过渡的，在这样的图像中，只有带硬边的实地色块构成的边界处才有必要陷印处理，也才自动进行陷印设置（例如，图像背景上有另外一种单色的文字）。

2）设置陷印量时最好以 points 和 cm 为单位，而不要以 pixels 为单位，因为像素的尺寸随着图像被放大的倍数的改变而改变。

3）如果不是在制作分辨率极高的图像，不必过多考虑陷印问题，因为在使用性能较好

的印刷机的条件下，一个普通分辨率下的网点的尺寸一般都要大于套印误差，所以陷印就没有必要了，这是在输出半色调图像时的一个特点。

4）陷印效果同样在显示器上无法看到，只有等到输出胶片后通过重叠检查才能看到其效果。

Photoshop 对于陷印使用的规则如下：

1）所有颜色向黑色扩展。

2）亮色向暗色扩展。

3）黄色向青色、品红和黑色扩展。

4）青色和品红对等的互相扩展。

创建陷印的具体步骤如下：

1）将文件另存为 RGB 模式，以便将来重新转换图像。然后选取“图像”＞“模式”＞“CMYK 颜色”，以将图像转换为 CMYK 模式。

2）选取“图像”＞“陷印”（Image＞Trap...）。显示出如图 11-3-2 所示 Photoshop 陷印对话框，它的设置比较简单，只包含陷印宽度一项，宽度单位可用 pixels（像素）、points（点）和 mm 三种。

图 11-3-2　Photoshop 陷印对话框

3）对于“宽度”，输入印刷公司提供的陷印值。然后选择一种度量单位，点击“好”。最好在设定前向印刷公司咨询，以确定采用最合适的陷印值。

3．CorelDRAW 中的陷印处理

该软件的陷印处理属于典型的矢量陷印，主要用于相互重叠的矢量对象相交边界上的处理。有两种基本方式：

（1）自动处理　如图 11-3-3 所示，在 CorelDRAW 的“文件＞打印＞分色”中的“自动捕捉”（Auto-Spreading）选项中提供了自动陷印处理的控制。

进行自动陷印包括两种操作：黑色叠印控制和自动扩展。

1）黑色叠印控制。使用其中的“总是叠印黑色”开关。它是用来设置含有 95%或更多的黑的对象是否压印下面的对象。从陷印原理知道，压印黑色是陷印的一种方法，当作品中含有大量黑色文字时，是很有用的。但如果当作品中含有大量的黑色图形时，要谨慎使用这个选项，因为如果出现大面积的压印黑色，就会出现因为压印背景的变化而形成黑色区域的“变色”并带来油墨过量等印刷适性问题。另外，对进行压印的黑色密度阈值的定义，可以通过“文件＞打印＞杂项＞特殊设置＞压印黑色阈值”的设置对话框来重新键入。例如，如果要求 90%以上的的黑色都要压印，就键入 90。

2）自动扩展。它的陷印原理是把颜色边界两边浅色一方的对象设置一个与它的填充颜色相同的细小扩张轮廓，从而形成防止套准错误所需要的微小重叠区。凡是矢量文件中满足以下三个条件的对象都能自动地实施这种陷印处理操作：

a．必须是一个单色的填充。

b．不能对该对象设置压印。

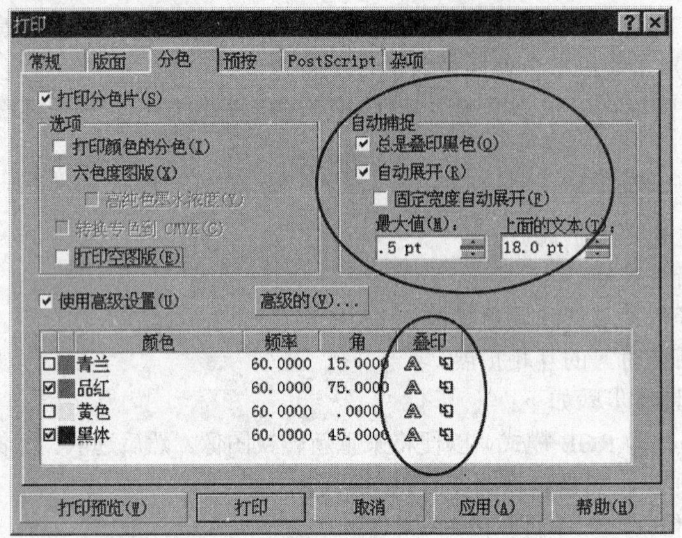

图 11-3-3　CorelDRAW 陷印参数对话框

3）不能有轮廓线。它的两个参数对话框中，“最大值”框中用来设置颜色边界两边色差的最大阈值，超过这个阈值就进行陷印，否则就不作处理。而“文字大于”框中用来设置用于进行自动陷印的最小文字的大小，如果文字小于这个阈值，就不作扩张性的陷印处理。如果这个阈值设置的太小，这种扩张性的陷印边界就会使得小字的笔划被阻塞而看不清楚。另外，“固定宽度自动展开”开关可以用来设置陷印宽度是固定的，还是可变的。

（2）手工陷印　可以分成轮廓线手工陷印和分色片手工陷印两种方式。

1）轮廓线手工陷印。这种方法需要向画面中所有需要陷印处理的对象逐个施加陷印处理。手工轮廓线陷印的原理如图 11-3-4 所示，它是在浅色一方的对象边界上新增一条极细的轮廓线，并由压印方式生成同色的填充。新增的轮廓线的一半是在对象内，另一半则以压印方式放在对象外，这就是问题的关键所在。

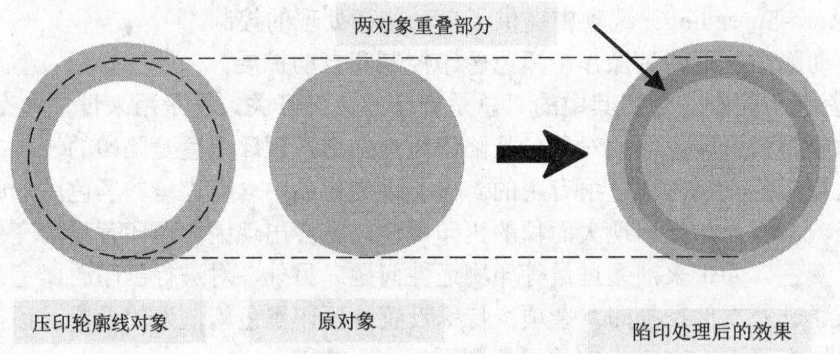

图 11-3-4　手工陷印原理

CorelDRAW 陷印操作步骤如下：

1）首先使用“挑选工具”选择需要陷印的边界的浅色一方的图形对象。

2）然后使用“轮廓工具”对该对象增加一条 0.5 磅的轮廓线，轮廓线颜色应该和图形对象的颜色一样。

3）将这条轮廓线设定为压印方式。具体操作：在该对象表面单击鼠标右键，并选择“压印轮廓”选项。

这样就产生了一条包含在浅色图形对象外边的同样颜色的细小线条，它压印在两个对象交界处的上面，其中一半压印在浅色对象本身边界上，另一半则突出在外面（压印在对方对象的边界上）。如果因为套印不准而在两个对象的边界处出现露白，这条细小的轮廓线就正好压在露白的上面。

2）分色片陷印。如图 11-3-3 所示 CorelDRAW 陷印参数对话框下方的分色片“使用高级设置”项目中包含有各个分色片的关于文字和图形的叠印设置。人们可以通过巧妙的设置颜色叠印来避免漏白现象的出现，这里需要注意的是如果设置一个浅分色的文字和图形进行叠印，那么较深的背景色也会显露出来，所以最好不要叠印一个浅颜色的分色片。

以上两种手工陷印方法一般都用在没有使用自动陷印的情况下，在完全是人工控制的情况下，对一些重点区域进行防漏白的陷印处理，这种处理需要操作者对陷印有比较深刻的认识，是一个比较专业的操作。

目前，应用软件中的陷印功能和专业的陷印软件都属于“暗箱”操作，或者说并没有进行真正的陷印处理，而只是进行了相关陷印设置的参数描述。因此也就无法在应用软件的显示器界面上和输出的校样复合打印机上反映出陷印的效果。

要想看到陷印的效果，必须使用专业陷印软件，这些软件不但具有全面的陷印控制参数，而且能够进行陷印效果的显示器显示、交互编辑修改和能反映陷印效果的分色校样输出打印。同时，能生成 PDF 等输出流程文件，并输出到 RIP 进行照排和直接制版输出。

二、专业陷印软件中的陷印编辑功能

陷印编辑功能是指在一个可视化的交互界面上，对可以作陷印或已经作好陷印设置的页面进行陷印的显示、增加、删除和修改工作。也就是可视化的手工陷印功能。在这个编辑环境中，一般都包括一个针对陷印编辑目标的陷印参数显示控制盘，以及对陷印边界进行选取、显示控制、陷印编辑等功能的工具条。使用这些工具和参数就能进行交互式的、所见即所得的操作了。

下面就以克里奥的基于 PDF 的陷印编辑工具（Acrobat 插件形式）为例说明这样的专业功能与环境。

1．克里奥的陷印编辑（Trap Editor）功能环境

（1）克里奥陷印插件的陷印编辑功能　针对编辑对象的设置界面：对于一个被选中的陷印对象，其相关的陷印控制参数放在如图 11-3-5 所示的控制面版中。操作时，首先检查陷印对象的显示窗口，调节对象的放大比和焦点位置。然后，对一个选中的陷印，控制面版窗口中显示如下参数：

1）陷印数量。

2）陷印色及其相邻色的样品显示。

3）陷印方向。

4）中性密度。

5）陷印的分色与相邻色的对象表（其中显示各陷印色与相邻色的 CMYK 墨色百分比

或专色百分比)。

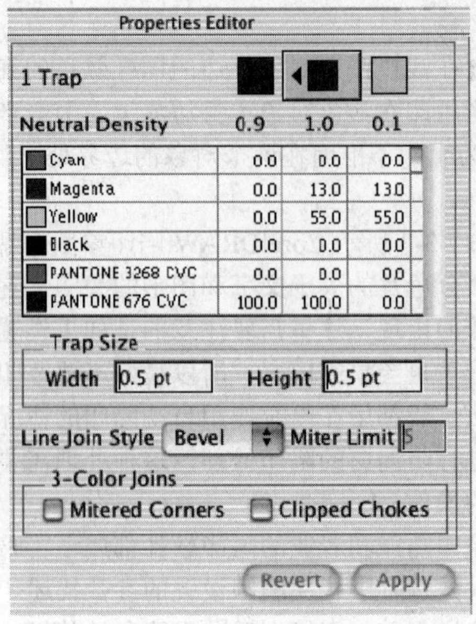

图 11-3-5 Trap Editor 中的陷印参数及其设置编辑功能

6)陷印尺寸(宽度和高度)。

7)线条夹角类型(Line join style):概念在前面第三节中详细论述。

8)夹角限制(Miter limit):第三节中详细论述。

9)三色夹角处理:第三节中详细论述。

图 11-3-6 和图 11-3-7 显示了 Trap Editor 的工具栏,可以从中看出其常用的基本陷印功能和相应的编辑操作。

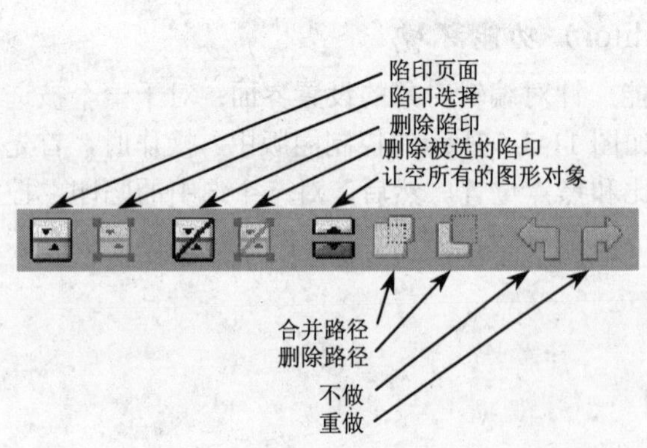

图 11-3-6 Trap Editor 软件的工具条

图 11-3-7 Trap Viewer 软件的工具条

2. 编辑功能举例

如图 11-3-8 和图 11-3-9 所示，是用克里奥陷印编辑器对陷印路径做修改的一个实例，具体操作步骤如下：

1）在工具条上选择“编辑陷印”路径按钮，光标变成笔形工具。

2）使用者能够使用编辑工具手工改变陷印色带的边界路径。使用笔形工具，在需要进行陷印的区域内至少创建三个控制点，用于进行边界的变形控制。具体的操作：

a. 如图 11-3-8 所示，显示了对陷印色带作一个夹角处理的实例，首先使用节点工具勾出需要添加的叠印区，然后使用这个颜色边界的陷印色填充这个三角形区域。

b. 如图 11-3-9 所示，则是对陷印色带作一个夹角处理的反向实例。同样，首先使用节点工具勾出需要添加的叠印区，然后用这个颜色边界的左边的颜色来填充这个三角形区域，从而去掉这块叠印的陷印的油墨。

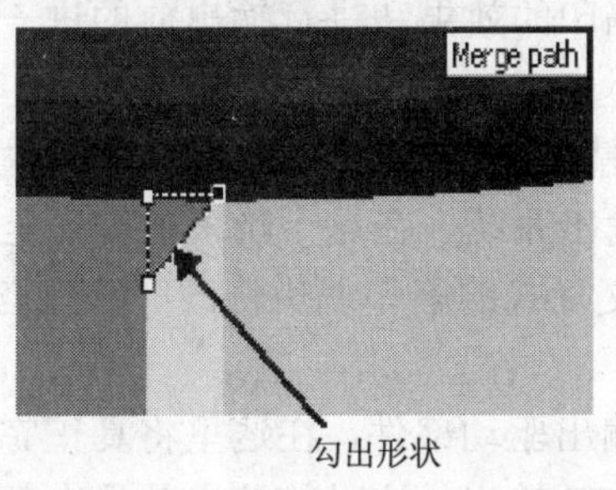

勾出形状

形状上的添加陷印叠加区

图 11-3-8 用 Trap Path Tool 添加一个陷印路径

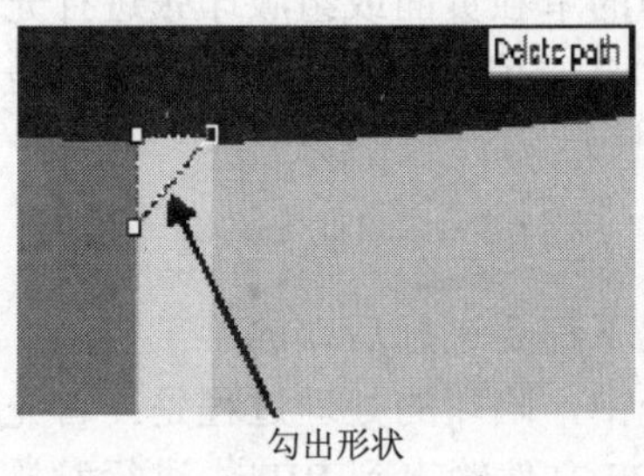

勾出形状

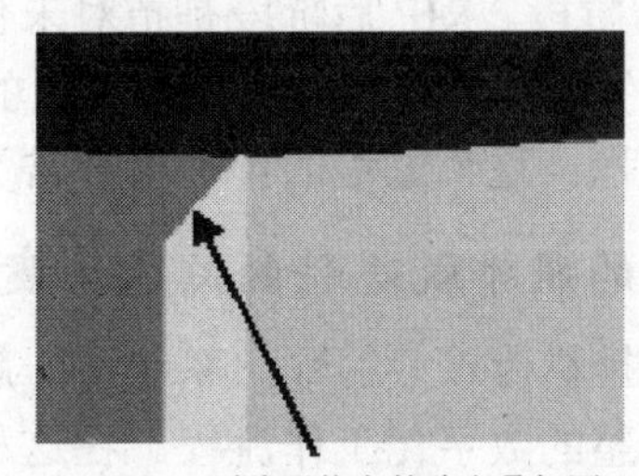

删除形状上的陷印叠加区

图 11-3-9 用 Trap Path Tool 删除一个陷印路径

三、陷印工作流程

1. 基本的流程要素

陷印工作可以分为三种处理过程：

1）陷印参数设置。作为具有陷印功能的应用软件和专业陷印软件，都具有复杂程度不同的陷印参数设置对话框。应用软件的参数设置比较简单；专业软件相关的参数比较复杂，功能较多。

2）自动陷印。其含义是指在陷印参数设置完毕后，无论是应用软件还是专业软件，在其内部进行相应的矢量陷印和像素陷印处理之后，封装成输出文件，并直接输出到RIP中进行打样输出、照排输出或直接制版输出。整个过程是一个“暗箱”过程，对陷印不再作任何设置和修改。

3）手工陷印（编、修、查）。手工陷印是指在数字化流程中使用诸如TrapEditor之类的软件，在可视化的环境中，进行使用参数设置，并用手工编辑的手段进行逐个边界的可视化设置和修改工作，可以使工艺设计人员控制各种精细、复杂的陷印效果。

陷印处理的过程有如下四个阶段：

1）应用程序阶段。该阶段一般都是在PageMaker、CorelDRAW等应用程序中设置相应的陷印参数，并按照各种不同应用软件的功能，对矢量或像素对象作相应的陷印处理，并形成输出文件而告终。然而，在应用程序中进行的陷印定义和参数设置只能以分色PostScript文件或PDF文件方式进行输出，而且不适合做进一步的陷印处理，只能以“黑箱”方式直接输出到RIP进行发排，无法看到陷印的效果和进行输出前的进一步陷印编辑修改。

2）数字化流程阶段。数字化流程是指文件精练、陷印处理、拼大版、打样输出、RIP输出和系统管理功能结合起来的CTF和CTP输出系统。在这个阶段的陷印处理可以进行参数设置（可以屏蔽掉应用程序的陷印参数）、交互式的陷印编辑修改、带有陷印效果的打样输出等。

3）RIP阶段。实际上是上述数字化流程的输出驱动部件，在这里将真正完成陷印效果的光栅化处理，并进行网点仿真打样、CTF和CTP输出。这时的输出效果中都嵌入了陷印的边界处理。

4）RIP后阶段。RIP后阶段是指对未作陷印的单独页面或组版印张进行光栅化处理后的阶段。对所生成的的光栅文件（分色版的one-bit二值曝光文件）直接进行分析，并进行陷印处理的过程。这个过程的计算量非常大。

2．传统的照排机流程的陷印方案

以胶片照排机为核心的输出系统，一般情况下都要进行后端的手工拼版。因此，这类系统不具备完整的数字化工作流程。在这种系统中，陷印的处理过程是：首先在应用软件中进行陷印参数的设置，然后将封装的PS或EPS文件输出到RIP中进行发排。这时，嵌入在PS和EPS文件中的陷印参数就会被RIP解释并生成相应陷印图形，从而完成陷印效果的生成。但这个过程是一个“黑箱”，只有发排完之后在胶片上进行检查。

3．CTP数字化流程的陷印方案——印能捷的陷印流程实例

这种陷印流程中，首先是在应用软件（图形、图像和组版）中定义陷印参数，嵌入页面描述文件后，再进入专业输出流程（即RIP系统），如印能捷流程。之后可以进行可视环境下的编辑与修改，在流程中有两种基本的处理形态：

1）使用应用程序的陷印参数。其处理形态是可以在印能捷流程的精炼处理期间依照应用程序的陷印设置进行自动陷印。接着可以在克里奥PDF陷印查看器（印能捷自带的一个Acrobat插件程序Trap）中查看陷印。进一步，用户可以用克里奥PDF陷印编辑器（Creo PDF Trap Editor或购买的Acrobat可选插件程序）进行编辑陷印。

2）使用输出流程软件（如印能捷）的陷印设置参数。处理形态是其使用精炼处理方案设置界面中的陷印参数，对精炼的页面文档的已有陷印作重新设置。这种方式也称为批处理陷印。如果还需要对局部的陷印作调整，可以使用陷印编辑器插件程序（如 Creo PDF Trap Editor 软件）重新陷印页面或更改个别陷印，或者使用不同的处理方案选项重新精炼。

总之，以上所描述的两个流程能够自动生成被陷印的 PDF 页面。用户可以用 TrapViewer 打开已经被陷印的页面并核对存在的陷印。如果用户发觉错误的或者不希望存在的陷印，印能捷提供了三种解决方案：

1）能够按照另一组陷印参数重新设置页面。

2）能够使用 Trap Viewer 插件立即在显示器上检查当前页面陷印的情况。

3）能够使用 Trap Editor 插件对单独的陷印进行修改和编辑。

复习思考题

1. 露白现象一般发生在画面的什么位置？简述陷印的基本原理是什么？

2. 简述陷印处理的基本和常用的具体表现形式及其特点？

3. 陷印生成的基本要素和方法有哪些？

4. 简述陷印设置中，中性密度、步长限制的含义与作用是什么？

5. 总结和简述比例陷印、中心线陷印、让空陷印的作用形式、控制参数及其作用为何？

6. 简述陷印处理中线条分离、夹角和三色结合处的处理方法及其控制参数。

7. 简述“原色过渡”和“小文字压印处理”两种防止露白的方法的处理原理。

8. 在整个印前流程中，陷印处理可以在哪几个阶段进行？各有何特点和优势？

9. PageMaker 中的陷印处理和设置的主要参数有哪些？和专业陷印软件相比有何功能弱点？

10. 克里奥 Creo PDF TrapViewer 和 TrapEditor 的陷印处理属于哪一个阶段的陷印处理？有何功能上的特点和长处？

第十二章 12

拼大版

在印刷制版领域，传统的折手和拼大版工作量大、效率低，存在大量重复劳动。计算机拼版技术使拼大版工作变得轻松，它的便捷完全改变了传统拼版工作方式。

计算机拼大版，顾名思义就是使用计算机把许多小页面拼成一张印刷用版。拼大版在印刷中的作用就是确定最合理的印刷方式，提供正确折页的印张，同时还可以节省材料、缩短印刷时间。本章以印能捷 Prinergy 拼大版系统为例，全面论述拼大版的相关概念、技术与基本工艺。

第一节 拼大版的基本问题

一、拼大版工艺流程

（1）定义大版属性

1）定义大版的尺寸、分辨率、加网线数。

2）定义每一大版上小版的页数及行、列的排列方式。

3）设定装订方式、印刷方式、折页方式。

（2）定义小版属性　小版面积、在大版上的位置、小版的间距、四周边界、小版的方位（头对头、脚对脚）等。

（3）定义出血

（4）页码顺序　由于装订方式不同，页码顺序也不同。

（5）标记设定　包括裁切、折页、套准、脊标、测试条的尺寸、位置等。

二、大版版面尺寸的确定

拼大版的版面尺寸一般是由印刷机的印刷幅面决定的。当印刷企业的印刷机机型比较多时，如有对开印刷机、全张纸印刷机、四开印刷机等，就要根据活件的具体情况及企业的工作计划，合理安排印刷页面的幅面。

1. 起印数量对版面尺寸的影响

起印数量是指在计算印刷品成本费用时，能够保证印刷企业获得最低费用的印刷数量。

印刷企业最低费用包括电费、工人工资、晒版、拼版耗材等一切开支费用和盈利在内，也叫开机费（或起印费）。如果印刷数量不多，印品成本通常按起印费来核算，如果数量比较多，印刷品成本要按色令数计算。

例如，某企业接到一批书刊产品的印刷任务，如果做成全张需要 2500 印，如果做成对开则需要 5000 印，该企业的起印数量为 5000 印，这时做成对开版是较合理的。

2．整本书页码对版面尺寸的影响

整本书的页码数量对版面尺寸的确定有一定的影响。全张纸单面印刷一次或对开纸双面各印刷一次即为一个印张。一本书由多个印张组成，而一个印张根据不同的开本又能印出多个页码数。如何合理地安排版面尺寸（如全张、对开、四开等），是保证印刷生产顺利进行的条件，合理的安排会使企业提高生产效率并且降低生产成本。

例如，一个活件，对开版面可以排 16 个成品为 16 开的页码数，若书内容字数，篇幅凑巧满满排到 32（16 的倍数）页，正好需要两个完整印张，这是完美的情况。在实际中遇到的活件的页码并不是都这么凑巧，也就是说出现不能拼满的非整印张情况是常态。上例中，若书的内容数只有 40 页，多出的八个页码怎么排才能既不出现空白页，也不会造成浪费呢？通常有两种解决办法：一是可以排一个四开的正背版，二是可以排一个对开的自翻版。如何做比较合理还要根据企业具体情况而定，比如是否有四开印刷机，印刷数量是否大等。

3．折手类型对版面尺寸的影响

版面尺寸的大小还要受到折页方式的限制。比如，企业是否具有足够大幅面的折页机，本次印刷所用的纸张允许折页的次数等。

三、大版的基本结构与要素

如图 12-1-1 所示，是一个规范的套版或自翻印刷的印版上的页面位置排列及其相互位置的关系，并表现出了印版上典型的控制线：

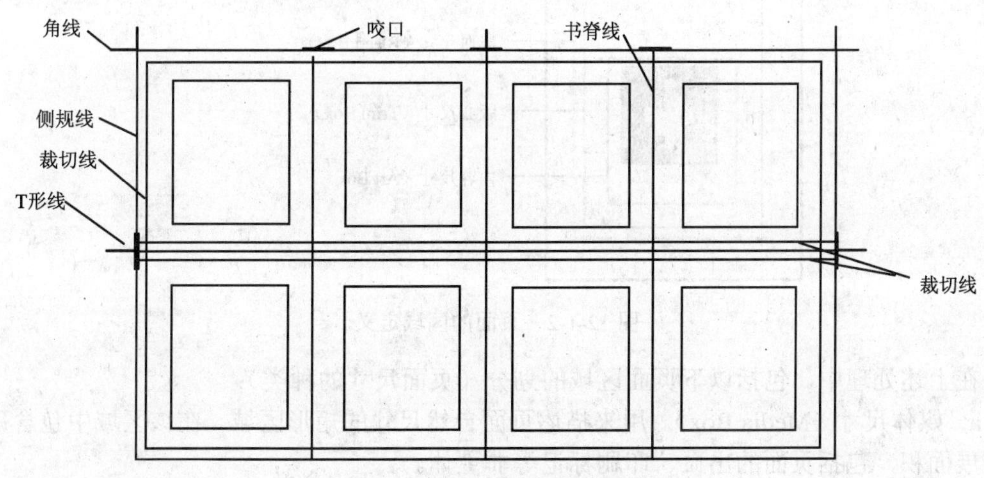

图 12-1-1 印版的结构与要素

1）书脊线。印版上的页面经折手后形成的书贴上的用于装订一侧的折线。用作书脊线的页面间的间距一般都设置为 0。

2）裁切线。经折手后形成的书贴上，除了书脊线所对应的书脊边被保留外，其他三面都应该进行整齐的裁切。而这种裁切线有一定宽度，并分布在如图 12-1-1 所示的四边和中间的位置上，在裁切线的位置上都需要留有一定的裁切宽度。

3）咬口。反映了印版的印刷前进的方向和前定位边，在制版时需要在咬口位置留有规定宽度的叼口距离。

4）侧规线。反映了印版侧边定位的位置。

在本章中，将以这类印版为对象，研究印刷大版的页面排列与装订、印刷、折手的关系及其不同的设计方案，以及模板上的各种尺寸的设置、标记的设置等问题。

四、拼版小页的基本结构与参数

1．页面的区域划分

一个功能完善的拼大版系统，都有对拼版小页进行尺寸规范化的处理，并将小页按不同的区域进行划分的功能，以方便和统一大版的排版尺寸参数设置。

以印能捷 Prinergy 拼大版流程为例，其中包含 Adobe Acrobat 的内置插件 Prinergy Geometry Editor，用来进行页面尺寸的规范化设置，如图 12-1-2 所示，其功能如下：

1）针对 PDF 输入文件，在将其加入处理流程之前，设置统一的版心尺寸（Trim size），这个尺寸能被印能捷（Prinergy）流程所精炼和导入，并显示在印能捷的页面尺寸对话框中。

2）使用该软件能对页面版心尺寸进行可视化的设置。也可以将所有需要设置为同样版心尺寸的一批页面用工作管理器进行选择，然后使用 Edit/ Set Page Geometry 进行统一的尺寸设置。

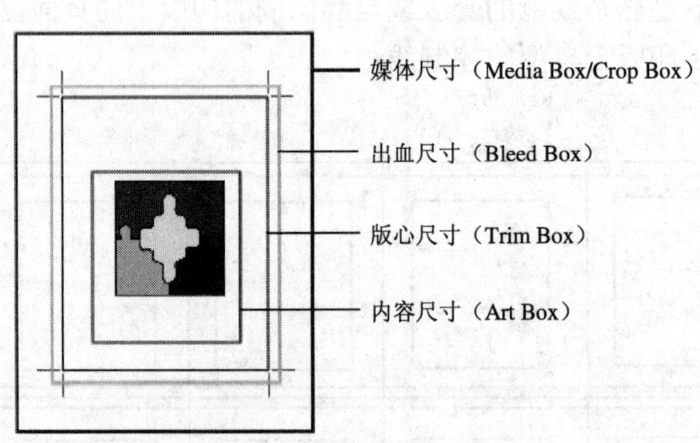

图 12-1-2　页面的区域定义

在上述处理中，包括以下页面区域的划分（页面尺寸的种类）：

a．媒体尺寸（Media Box）。用来描述页面自然尺寸的矩形区域。在该区域中包含所有的扩展面积，包括页面的出血、印刷标记等非主体。

b．裁切尺寸（Crop Box）。描述一个页面在进行裁切后留下的矩形尺寸大小，一般默

认与上述媒体尺寸相同，它和大版的裁剪线位置有关。

c. 版心尺寸（Trim Box）。该尺寸在所有页面尺寸中占据核心地位。它是指页面裁切后的尺寸大小，也就是书页最终的矩形成品尺寸，其默认值使用裁切尺寸。

注意：在实际拼大版时，就是以这个版心尺寸的大小和右下角的坐标位置来排定各个页面在整个版面上的大小与位置关系。

使用实例：一个拼版版面是按A4大小的Trim Box页面（其他尺寸相同）设置的，如果要嵌入几张B5大小的页面并居中排列，则可以使用Prinergy Geometry Editor插件修改Trim Box尺寸中的左下角坐标位置，从（0，0）变为（15，15），再排入按A4规划的页面，则B5的版芯就会向中心移动。

d. 出血尺寸（Bleed Box）。这个区域和完成尺寸之间的所有页面部分最后都会被裁切掉，出血的面积内应该包括所有的出血内容和各种印刷、打印和裁切的标记。其默认值使用裁切尺寸。

e. 内容尺寸（Art Box）。指页面上用来放置内容的区域，如PDF文档内容的矩形区域，默认使用裁切尺寸。

2. 设置尺寸的定义与参数

上述各类尺寸的定义使用两个类型的参数形式：

（1）偏移量（Offsets）参数形式　图12-1-3中包含了尺寸设置对话框以及尺寸的含义，它是用来设置区域的宽度和高度尺寸，其中包括图12-1-3所示的四个参数：

1）X Offset。用来指定所定义矩形区域距离页面右下角的水平距离。

2）Y Offset。定义距离页面右下角的垂直距离。

3）Width。从X Offse点处测量的各种尺寸的宽度。

4）Height。从Y Offse点处测量的各种尺寸的高度。

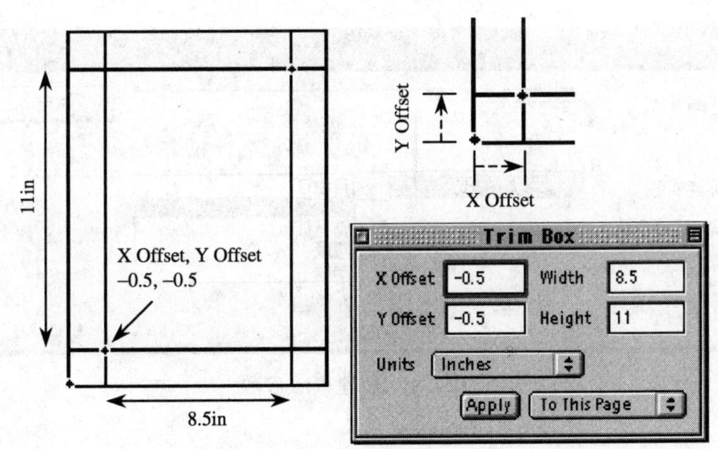

图12-1-3　偏移量（Offsets）参数形式

（2）坐标（Coordinates）参数形式　按照左、底、右、顶标志矩形的区域位置，其含义如图12-1-4所示，例如，左（Left）的含义是指左底标志点距离（0，0）点的水平距离。

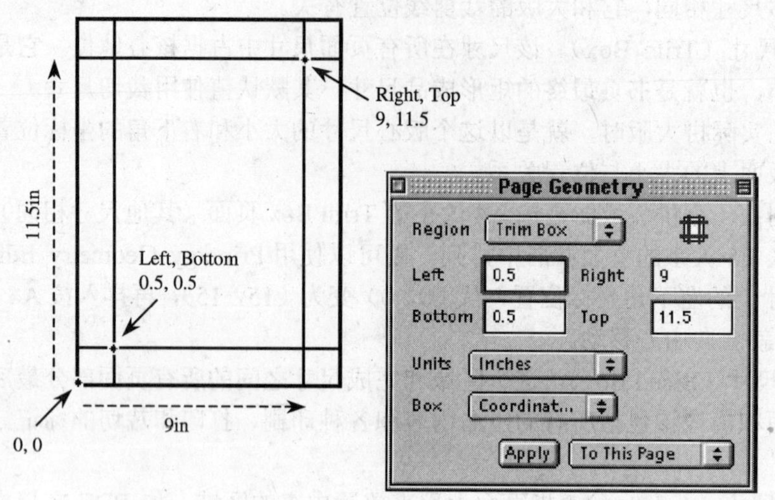

图 12-1-4　坐标（Coordinates）参数形式

第二节　模板相关概念与参数

如图 12-2-1 所示表现了拼大版软件的模板建立的第一组基本参数，其中包括装订方式和帖的参数。帖可以理解为经折页后能够形成一个或几个装订基本单元的一个完整的印张。模板是用来反映一个印张上页面的排列方式和位置关系的，而这些都是由装订样式、印刷方式、折手方式、页面放置方式这四种不同的要素决定的。下面重点讲述这四个方面的相关概念和应用方法。

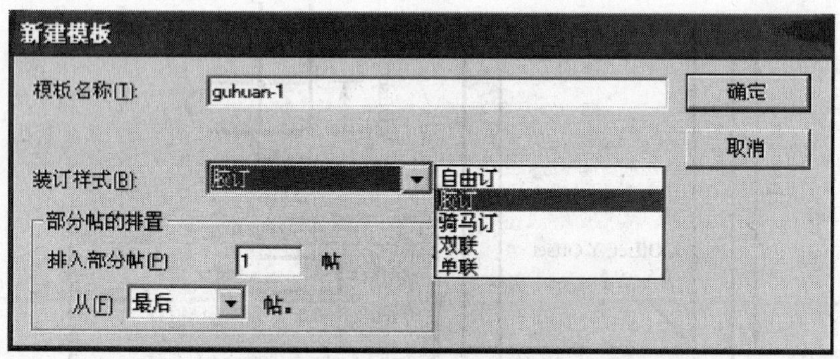

图 12-2-1　新建模版参数

一、装订样式

装订样式（Binding Styles）是模板设置的最基本的整体性参数，图 12-2-1 显示了常用的五种装订类型：胶订、骑马订、双联、单联和自由订。这些装订类型的设置决定了整个书本内单个印张及其印张上各个页面的排列顺序。同时，也决定了各种其他的大版模板设

置的基本框架参数。下面介绍几种常用的装订类型。

1．**胶订**（Perfect-Bound Binding Style）

胶订是书刊印刷中最常用的装订方式，平装书大多按这种方式制作，其基本特点是每个印张经过折页后形成单贴，再按如图 12-2-2 所示将订口边对齐上下叠在一起，然后将订口堆齐。如果使用热熔胶粘连的工艺，则先使用铣口工艺磨毛订口，然后上胶、贴封面，最后形成平装书。另外，也可以使用铁丝订或锁线方式完成帖的组装，这里不再赘述。这种装订方式对单张单帖而言，和其他帖的关系（页码顺序关系）是一种串联关系，只要各自完成单张印刷帖内部的页面关系按折手关系进行排列就可以了，帖和帖之间的页码不会嵌套在一起，是一种基本和典型的拼大版应用。

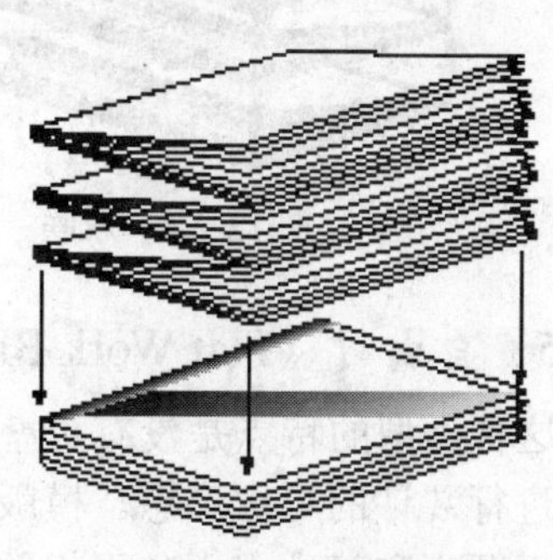

图 12-2-2 胶订

2．**骑马订**（addle-Stitched Binding Style）

骑马订通常用来装订厚度有限的小手册、杂志、各种目录等印刷品，其基本特点是印张的单帖经过折手生成以后，按如图 12-2-3 所示的关系，将各帖以订口为基准“骑”叠在一起，然后在折缝中的订口位置用铁丝订从外向内订在一起。

图 12-2-3 骑马订

由于各帖之间是“骑”在一起的，因此各帖的页码顺序是交叉的。所有各贴的左半边页码先按顺序从外到内排列，然后所有各贴的右半边从内到外排列。因此页面排列具有各帖的整体相关性。在 Preps 这类专业的拼大版软件中可以自动进行上述复杂的多帖交叉排列页码，而且还能对全书最后的缺页情况进行空白页自动插入，同样也能用手工设置的方式对页码关系进行自由调整，以符合特殊的需要。

3．**双联**（Come-and-Go Binding Style）

双联结构的双面印张，必须先进行折页，然后在切口处切成两份，这两份应该是完全相同的，这就是双联的含义，如图 12-2-4 所示。显然这种结构每一个页面都有双份，但排列顺序和位置按折手设计的不同会相互交叉排列，在折叠后会形成沿切口左右对称的双份胶订帖或骑马订帖。与单联相比，它是先折后切的双份结构。

4．**单联**（Cut-and-Stack Binding Style）

与双联比较，单联模板同样是双面印，只是其页面内容是具有轴对称结构的两个完全相同的内容。只要按如图 12-2-5 所示在切口上切开，就可获得两份完全相同的胶订帖或骑马订印帖，然后再进行相应的折页，即可获得两份完全相同的装订帖。它是先切后折的双份拼版结构。在这种模板上，Preps 能够按页面列表自动将每页的两份按对称的结构自动排列到对应的位置上，也能通过手工设置的方法达到特殊的要求。

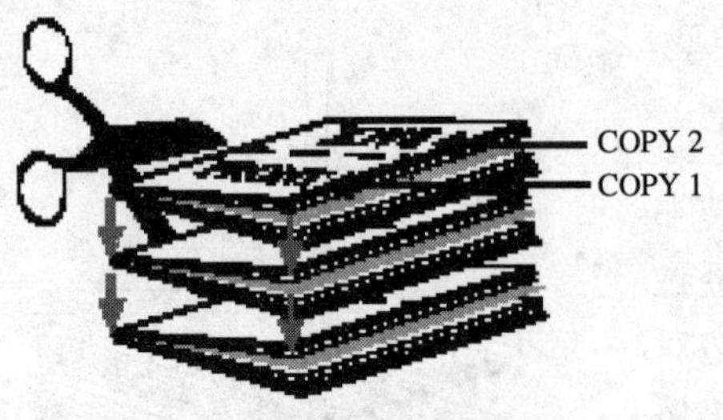

图 12-2-4 双联

图 12-2-5 单联

5. 自由订（Flat Work Binding Style）

这种类型的特点是没有折叠标记，不需要进行装订的自由形态。模版上放有各种页面顺序和尺寸大小各不相关的各种海报、招贴画、商业卡片等。在内容排列上可以有相同的重复内容，如图 12-2-6 所示；也可以有更加专业的交叠设计等以有效地利用整个印张。另外，如果是双面印刷，正反两面的内容具有相关性。

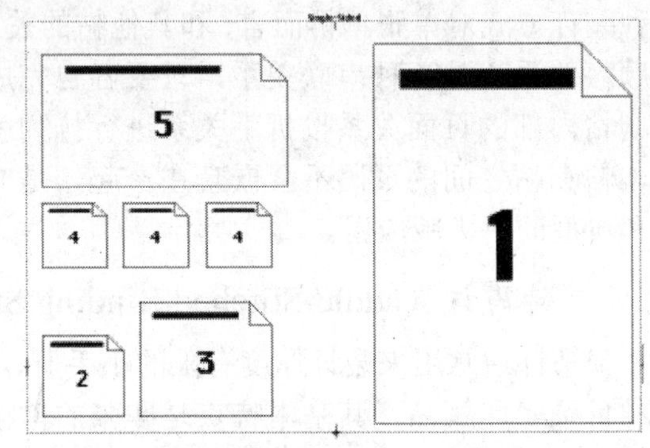

图 12-2-6 自由订

当将模版设置成自由订方式时，Preps 这类软件会将运行列表中的文件按顺序安排到具有相同页码编号的模板位置上，如果模板位置上出现同一码编号的多份重复页面，则可以设置多份，但页码编号不变。

二、印刷方式与参数

在如图 12-2-7 所示的印刷帖的参数设置中，需要对印刷方式进行设置，因为，这将决定整个印张上的正反两面印版的页面安排。另外，还有印帖的尺寸大小、侧规位置、印版定位孔位置等与印版直接相关的参数。下面介绍印刷方式及其特点。

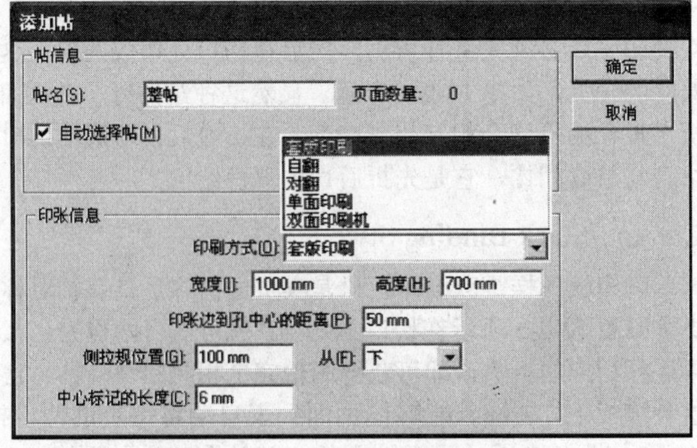

图 12-2-7 印刷方式的相关参数

1．套版印刷（大套版）

这是一种最常见的印刷方式，其特征有以下几点：

1）使用两张印版分别印刷印张的正背两面。

2）印张的正背两面的两次印刷过程使用相同的叼口。

3）正面印完以后，印张要以垂直方向（即印刷的行进方向）为轴旋转 180° 进行翻转，然后使用背面的印版再次印刷

这个印刷方式与复印机进行若干张的两面复印的过程相似，先将正面的部分复印完以后，要将所有的复印印张旋转 180° ，再用另一个原稿来复印另一面。

如图 12-2-8 所示，显示了一个套版印刷的正反两面，正背共有 16 页面，实际上也就是正背两张印版。只要正背（或 A、B）两面以相同的咬口背靠背放在一起，就可以看出“套”版的含义了：正反两面对应页面的页码都是连续的，而页与页之间的排列关系则是由折手关系来确定。

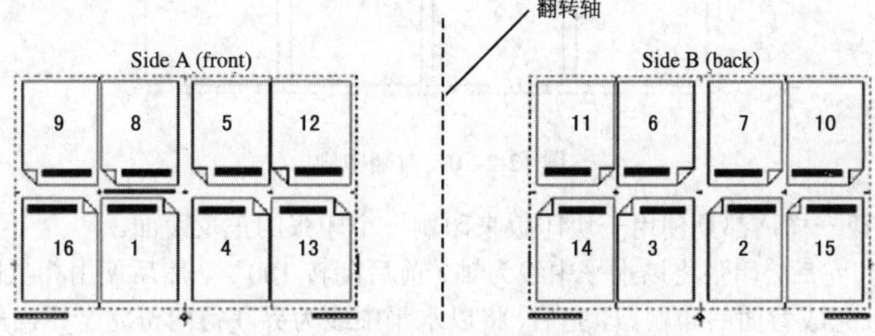

图 12-2-8 套版印刷的正背两面的关系

2．自翻（Work-and-Turn Work Style）

这种印刷方式可以归纳为以下几个特点：

1）使用一张印版（不是两张印版）来印刷印张的正背两面。

2）正面印完后，在叼口不变的条件下，将印张以图 12-2-9 所示的垂直中线为轴，左右旋转 180° ，再用同样的印版在背面完成完全相同的一次印刷。在这个印张上将以垂直中线为界，获得两份完全相同的折页帖（要切开）。单联结构的装订方式就可使用本印刷方式完成。

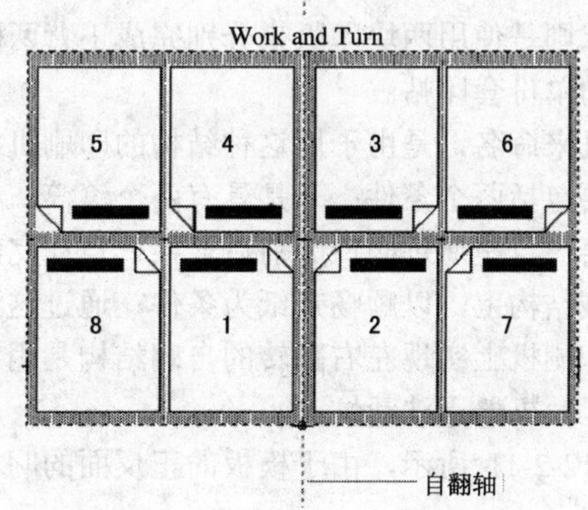

图 12-2-9 自翻印刷的页面结构

这张特殊印版上的页面排列特点是：在垂直中线两侧的对称位置上的页面，其互为背面内容。形象地说，就是沿着这条中轴线对折之后，同一页的正反两面正好对在一起。

3．对翻（Work-and-Tumble Work Style）

这种印刷方式和自翻有相似之处，其结构如图 12-2-10 所示，特点如下：

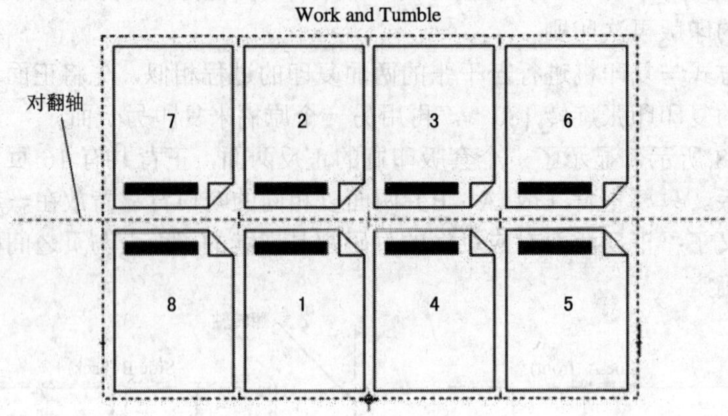

图 12-2-10　对翻印刷

1）和自翻一样，都是使用一块印版来印刷一个印张的正反两面。

2）正面印完后，印张将以水平中线为轴，前后翻转 180°。然后使用相反的叼口位置、以同一块印版完成背面的印刷。印完后，将以水平中线为界获得两份完全相同的折页帖（要切开）。它同样也是单联装订结构的一种印刷实现方式。

3）在页面排列上与自翻相似，以水平中线为界的对称位置上，其互为背面内容。而顺序关系则由折手来决定。

4．双面印刷机

如图 12-2-11 所示的印刷方式有以下特点：

1）正反两面分别使用两块印版。

2）使用相反的叼口位置完成正反两方面的印刷，这一点和对翻方式一样。

3）对翻只用一块版来完成正反两面的印刷，对翻轴在版的中间位置，并获得一个前后对称的双份。而双面印方式则是使用两块印版来分别完成正背两面的印刷，对翻轴在版的咬口上，并获得一个整张的单份套印帖。

这种印刷方式以印刷机来命名，是由于用这种结构的印刷机能够自动完成这种印刷方式的全部过程，这其中主要包括两个条件：一是具有两个滚筒，一次放入正背两块印版，一次走纸正背全部印完；第二点是通过叼口的前后转换，自动完成纸张的正反翻转过程，这个过程是自动的。在机械结构上，以顺畅走纸为条件，通过这种前后翻转的方式来完成纸张的正背变化。而要在印刷机上实现左右翻转的自翻结构是困难和无益的。所以自翻就是要“自己”来翻动纸张了，机器无法帮忙。

特别要强调的是如图 12-2-11 所示，由于模板的正反面的叼口位置相反，因此正反两面的页面方向正好相反。

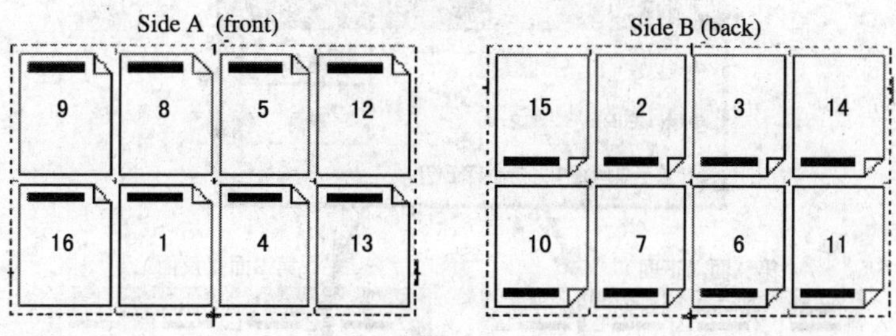

图 12-2-11　模板正反面的叼口位置相反（以咬口为对翻轴）

5．单面印刷

顾名思义，单面印刷就是使用单张印版在印张的一面印刷的产品，普遍用于各种包装印刷品、海报、招贴画、商业卡片和各种标签等。一般这种印品没有折手问题，主要是裁切设计，如图 12-2-12 所示是卡片印张。

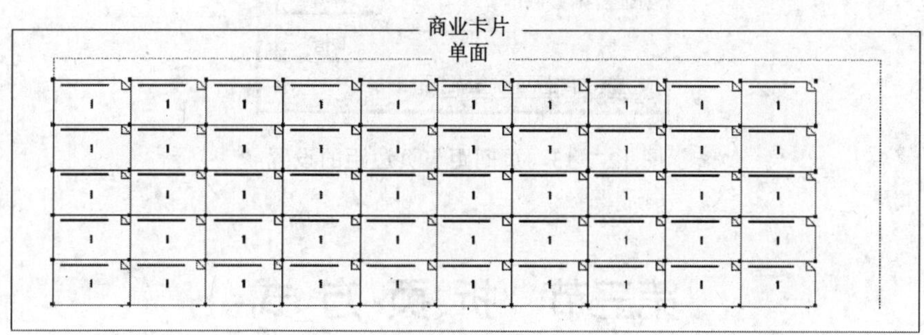

图 12-2-12　单面印刷

三、模板上的页面间距与边距

在图 12-1-1 所示的实际印版中，可以看到了印版上的各种控制线，其中主要包括书脊线、裁切线和咬口宽度。这些参数的设置都可以通过如图 12-2-13 显示的模板上的页间距设置与页边距设置实现。

如图 12-2-13 所示，有以下几个设置要点：

1）作为书脊线的页间距，如果是骑马订，应该设置为 0；如果是无线胶订，则要求最后一折口处要留 4mm（一边为 2mm）的铣背拉毛的余量。对于需要裁切的页间距，由于中间的水平切包括上下两页的切口值，所以都设置为上下（或左右）各 3mm（共 6mm）。

2）页边距的设置要根据不同的边做不同的处理，对于普通的切边，裁切余量在单边上一般都设置为 3mm，故页边距一般设置 3mm。对于咬口边，要按照印刷时咬口距离的要求设置宽度，一般为 60～70mm。另外，页边需各留有 3mm 的出血空间。

3）定位孔的孔距一般设置为 0。这时，定位孔应该在印版的边界上。

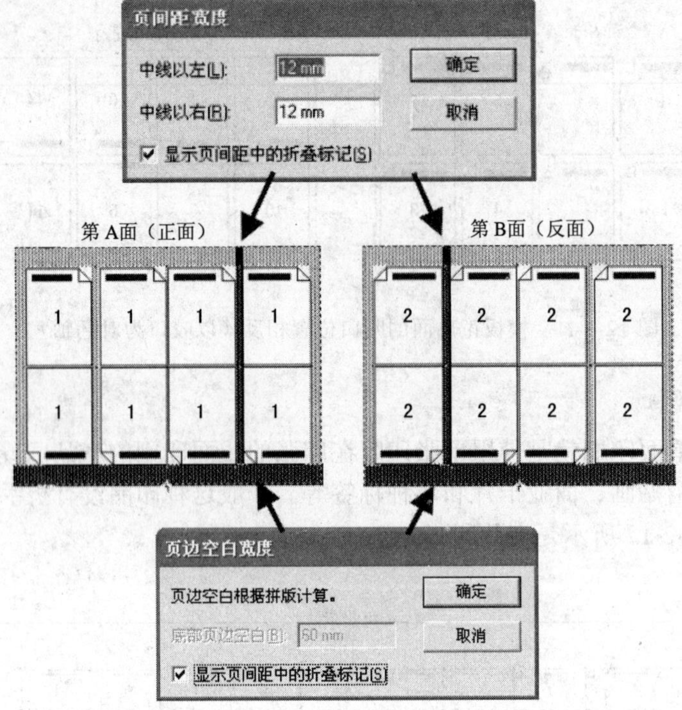

图 12-2-13　页间距与页边距的设置

第三节　折 页 方 式

折页是装订工艺的重要环节之一，折页方式也是决定大版上各页位置关系的重要因素。下面简述和折手相关的基本概念和基本方法。

按折页方向分成正折（也称为顺手折、正手）和反折（反手），如图 12-3-1 所示，正折显然是用左手从印张左侧上翻，这是绝大部分手工折页的方式（因为最顺手，但机器就无所谓了）。

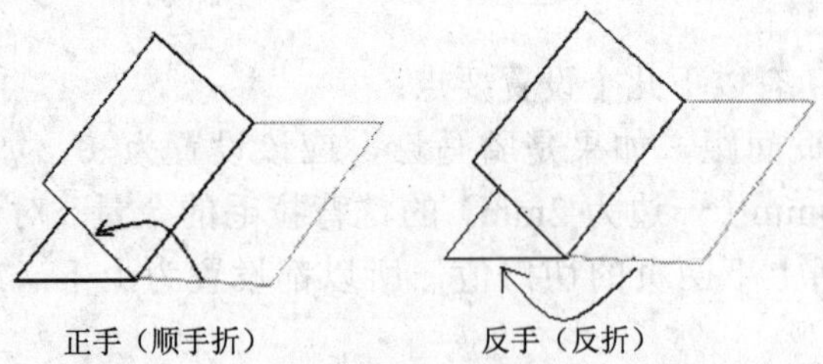

图 12-3-1　正反手

折页的方式根据纸张旋转的方向变化可以分为垂直交叉折、水平折页、混合折页三种类型。其各自的基本特点如下：

（1）垂直交叉折　其特点是前后两折的折缝呈 90° 垂直交叉关系，如图 12-3-2 所示。

其实际操作方法的特点是当第一折（如正手对折）完成以后，书页必须按顺时针旋转90°，然后再按上述步骤重复一次，即完成第二折，以此类推，直至完成。这是大部分书刊折手的使用方法。

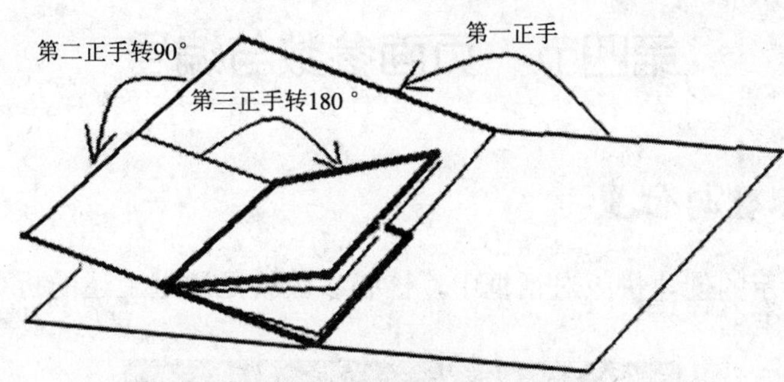

图 12-3-2　垂直交叉折的过程

（2）平行折页法　其特点是前后两折的折缝呈互为平行的关系，也叫滚折。这种折页方式多用于奇型开本的零页、书刊中的插页、厚型纸的处理等。如果将平行折的形式细分，则有如图 12-3-3 所示的几种形态：

1）双对折（又称对对折）。即同方向或正反方向连续作两个对折。

2）扇形折（又称风琴折）。即第一折与第二折呈互为相反的方向，并依次折三次以上。

3）包心折。即按页码顺序分大小版面连续两折。

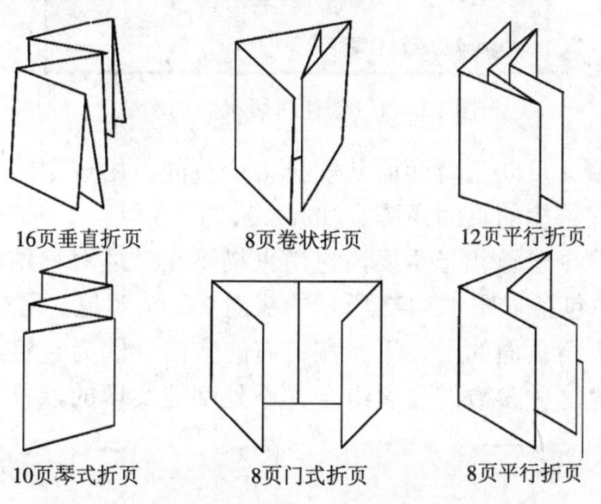

图 12-3-3　平行折实例

（3）混合折页法　顾名思义，就是在同一帖的书页中，折缝即有垂直又有平行的折页方法。如图 12-3-3 中的 16 页垂直折页就是一个简单的混合折，这种方法多用于机器折的双联书帖。

在进行了装订方式和印刷方式的设置之后，就应该针对大版上的折页帖来设计折手，因为它将决定版面上页面的如下主要关系：

1）位置关系。上下左右的页面安排。

2）方向关系。指页面头尾之间的安排关系，包括头对头、头对尾、尾对尾、尾对头四种类型。

3）页码关系。折页帖采用不同的折手和不同的切边位置，就会对折页帖的顺序页面产生不同的拼版页面上的不同页码排列形式。

第四节　页面参数与编号

一、页面参数与位置

在图 12-4-1 所示的创建拼版对话框中，核心参数就是通过上述的折页设计获得的，其中包括：

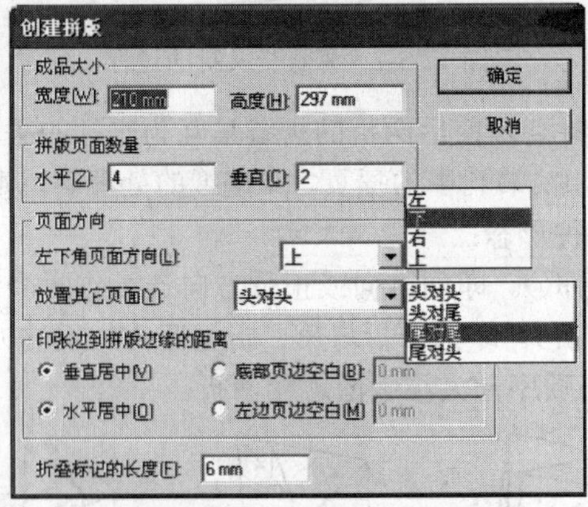

图 12-4-1　创建拼版模版的参数

（1）拼版页面数量　反映正背两面共安排多少页面，用规则的水平和垂直两个方向的页面数量定义一个对称结构的页面矩阵。如 4×2、3×3 等。

（2）页面方向　这个参数相当重要，它用来描述在上述对称结构的页面安排下，页面之间的正反位置安排，包括如图 12-4-2 所示的头对头、头对尾、尾对尾、尾对头四种类型。另外还要确定大版右下角页面的上、下、左、右的方向，因为它将直接决定其他页面的方向。这里要说明一点，这种参数的设置组合并不是都能实现的，只有部分组合能够实现。

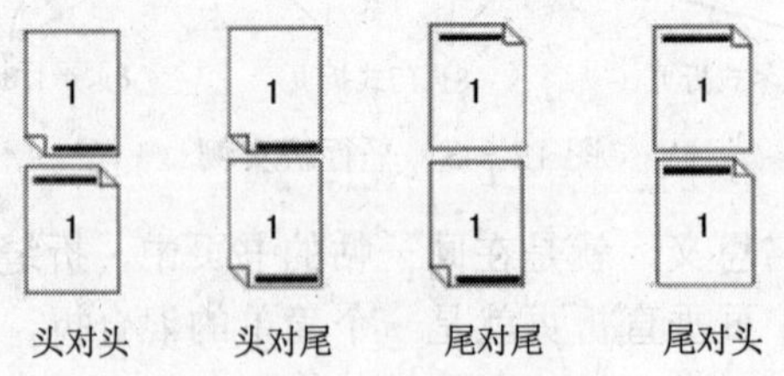

图 12-4-2　页面方向设置

（3）成品尺寸　它是用来描述经过裁切之后页面的最终尺寸大小，也就是页面的净尺寸。这个尺寸作为模板上页面的基准尺寸，用来直接设置模板上的页面大小，并以它为基准设置各种切口尺寸和订口尺寸等。这里一般都使用标准的开本尺寸来设置。目前国内常用的开本尺寸如表 11-4-1 所示。

表 11-4-1 国内常用的开本尺寸

代 号	A0	A1	A2	A3	A4
开 本	全开	对开	4 开	8 开	16 开
尺寸/mm	865×1215	600×860	430×600	300×425	210×297
代 号	A5	A6	A7	B5	B6
开 本	32 开	64 开	128 开	32 开	64 开
尺寸/mm	148×210	100×145	72×100	169×239	119×165

下面是一个模版设计的综合实例，其设定条件有：

1）设定一个大套版的印刷方式。

2）使用三个正手折的垂直交叉折获得正背 16 个页面的折页帖。

页码设置方案 1：

切边朝上，页面头对头，右下角页面朝上，其折页帖的结构，页面的方向，位置与页码的分布如图 12-4-3 中的上部分所示。

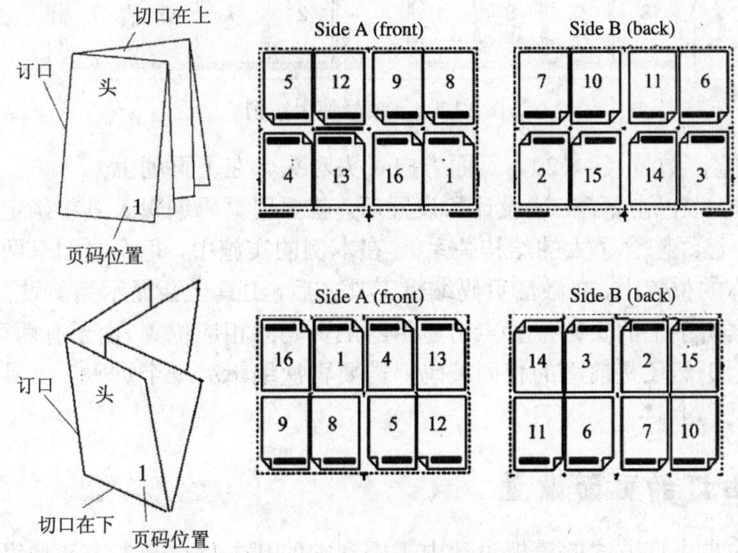

图 12-4-3 折手设计实例

页码设置方案 2：

切边朝下，页面尾对尾，右下角页面朝下，其折页帖的结构，页面的方向，位置与页码的分布如图 12-4-3 中的下部分所示。

由图 12-4-3 可看出，只有在设计了折手以后，才能获得大版上的各个页面的位置、方向和页码的全部信息，并用下面将要介绍的参数设置界面对模板进行设置。

二、页面编号设置

页面编号设置也是基于折手设计的，它以来自折手上的、满足页面顺序编号的页码空间位置关系进行页码位置设置。另一方面，由于已经对模板的装订、印刷和基于折手的页面排列作过设置，因此，模板上的位置关系实际上已经“隐含”存在了，现在只是通过页面编号工具“确认”这种页码顺序编号在模板位置上的空间分布关系。当然，如果设置错误，不会获得正确的折页帖的顺序页码编号。

另外，这种页码的顺序关系只要在模板上作一次设置即可，它只是代表了一个顺序关系。可以使用这种模板给上百页的多帖印张按顺序编写上百个页码，而不用更换模块。

下面用一个单联大套版的实例来说明模版设置与页码设置的过程与方法。如图 12-4-4 所示的拼版由以下参数构成：

1）装订方式。单联，即版面上有左右对称的两个相同的折页帖，先切后折。

2）印刷方式。大套版，既使用两块印版分别对一个印张的正反面进行印刷。

3）折手设计。对版面的左右对称的一半作模拟折手，取两个正手、切口朝上方式，可以获得如图 12-4-4 所示的页面分布和页面方向。

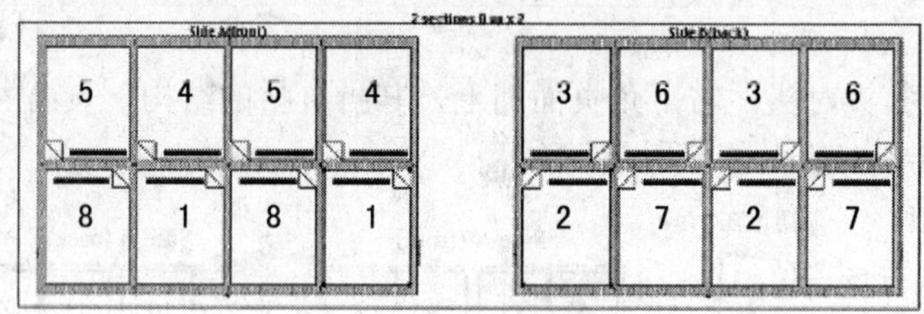

图 12-4-4　编号使用实例

4）页面设置。数量（4×2）、页面方向（头对头、左下页朝上）。

5）页码设定。在完成了上述设计和设置后，就要用页码编辑工具将确定好的页码位置设置出来（其中已经隐含了大的结构关系）。在本例的实施中，每个页面有两个相同的页码排在垂直轴对称的位置上，在激活页码编辑工具之后，工具上会显示当前设置的页码号（起始号），必须根据折手上的页码位置点击显示器上页码的相应位置。由于有两个相同的页码，页码编辑工具上仍然还是前面的相同编码，需要再次编辑另一个页码，工具上的页码号才会转到下一个页码上。

三、自由订的页面设置

前面提到的自由订方式的模板设计中，提到它的基本特点是多个活件组合在一起，用一个印张来输出，然后先裁切出各个分立的部分，再进行后续加工。这种方式的模板如果细分可以有以下几种形态。

1．合版（Gang-up work）

如图 12-4-5 所示表示了一种多个活件组合在一个印张上进行印刷的合版情况，按图它能够有效地使用胶片、印版和纸张完成各种不同的零活。

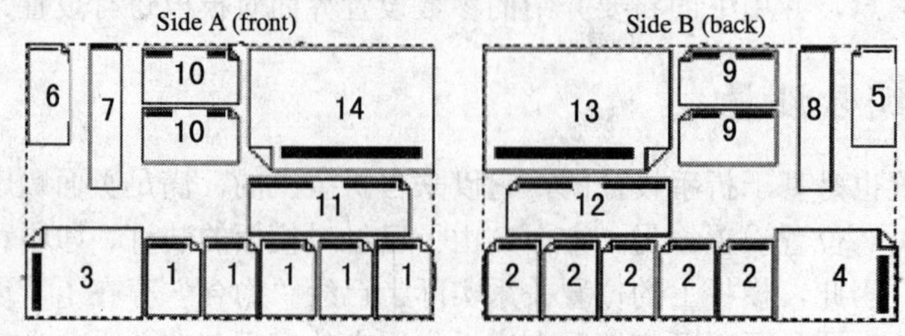

图 12-4-5　合版

2．嵌套（Nesting）

这种方式的特点是印版上的活件具有不规则的边沿轮廓，而不是上面组版时的规则的长方形。将它们拼在一起形成印刷版面，就会出现犬牙交错的位置关系，如图 12-4-6 所示。这种版面处理有两个要点：

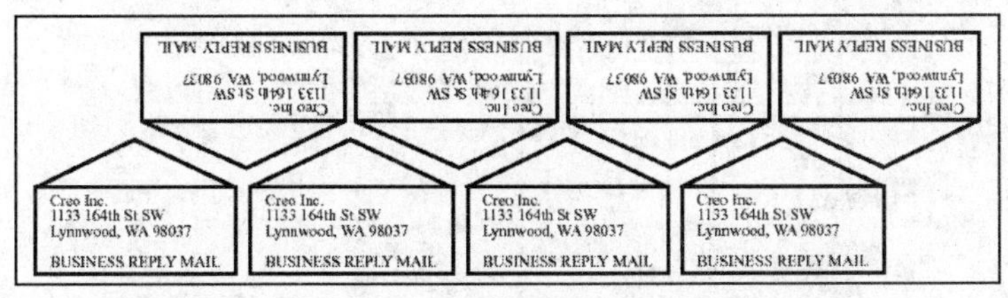

图 12-4-6　页面嵌套

1）由于用于拼版的不规则图形一般都是用 PS、EPS、PDF 文件名来描述的，而这种文件的描画结构都是默认的长方形区域，因此，需要将使用嵌套组版的原稿设置为背景透明，然后再结合旋转等编辑工作实现复杂的位置摆放，来获得最佳版面使用率。

2）对于复杂的对象边界关系，就需要使用模切方式切出不同的对象。这种情况大量出现在成本高昂的包装印刷上。

另外，这种工作方式的另一种形态称为重叠（Overlaying），它实际是更大程度的嵌套，不同活件中的透明无色部分被当成看不见的东西并相互重叠在一起，使可见部分更加密切地嵌套在一起了。当然要分开它们也只能进行模切了。

第五节　页面标记

一、静态标志与动态标志及其特点

静态标志，从本质上讲，就是一个图形或图像文件，其最大特点就是可以灵活地将它放置到页面的任何位置，可以随便移动，如同放一个小图像一样。精度不够可以用对话框来精确定位。这种标记的缺点是位置固定，不会随着版面相关的标定对象的变动而变动。另外，这些静态标志图像包括内置式（如矩形标志和文字标志等）或分离的 EPS 或 TIFF 标志文件（如 colorbar、注册标志和自定义标志等）。

如图 11-5-1 所示是给模板设置静态标志的对话框，核心参数是一个定位坐标和放置位置描述。实际上它既可以用对话框的方式来设置，这样定位更加准确，也可以直接在版面上拖动标志来定位。

动态标志本质上是一个“脚本程序”，它依附于某一个图形和图像标志文件（实际上就是静态标志所用的 EPS 或 TIFF 图形文件），并说明标志和某些页面特征的相互关系，但并不只是简单的定位坐标。例如，一个大的拼版页面，如果需要在所有的切口处自动放置数十个裁切标记，而且在版面的切口尺寸发生变化时能够自动跟踪这种变化和自动改变，动态标记就能够实现这种自动功能。将关系设定之后，也就无法再随便改变它的位置和大小等特征了，要改变只能通过对话框“编程”了。

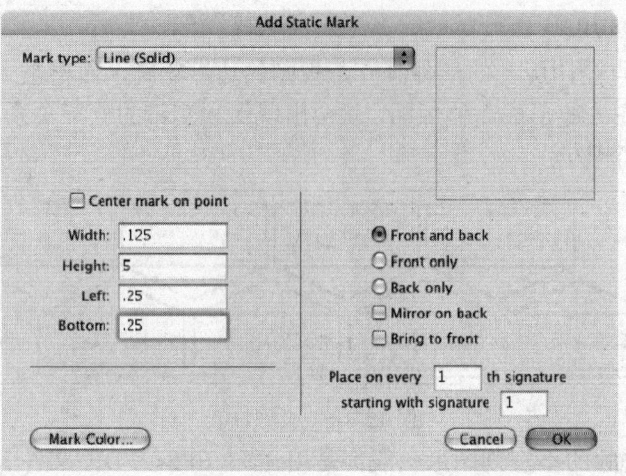

图 12-5-1　静态标志的设置对话框

如图 12-5-2 所示显示了给拼版模板设置动态标志的“编程”对话框，从中看出，它的设置选项较多，关键编程选项有以下几条：

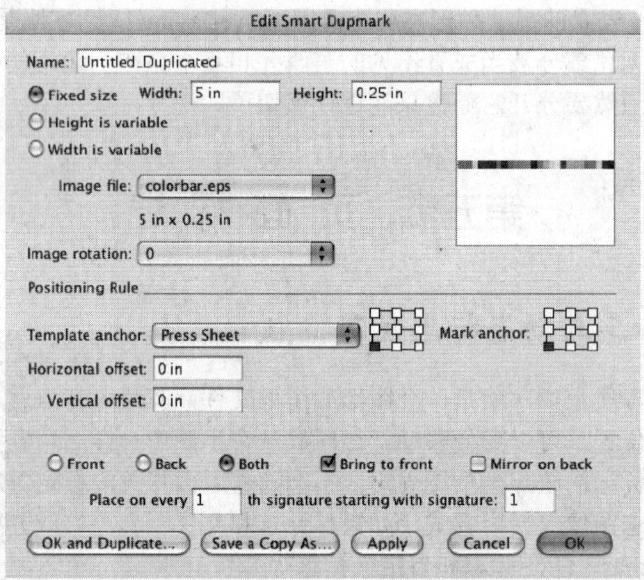

图 12-5-2　动态标志的“编程”对话框

1）选择标记文件。也就是需要设置哪一个标记，这里选择了一个 Colorbar 的 EPS 标记文件。

2）标记大小与方向。也就是宽度、高度、角度和可变性设置等。

3）定位特性。这个标记是用来锁定页面位置特征，所以使用锚点位置和偏移量，本例中包括大锚点（用来选择整体版面还是单个页面的锁定位置）和小锚点（版面或页面内的锁定位置）；另外就是放置标志相对于小锚点的偏移距离。

4）重复性特征。放置的重复位置和页面数量等。

5）重复使用特性。可以将这个设置编码命名和保存起来，下次直接调用，将设置的标记和放置特性直接放入模板。

这里需要强调的是动态标记一旦设置完成，就无法像静态标记一样可以随便使用鼠标手工移动位置，必须通过这个设置对话框设置需要的变化，当然这不属于自动跟踪变化。

拼版软件，都有一套标记的使用和管理系统。以 Preps 为例，它将 EPS 或 TIFF 标志文件放在一个文件夹中，将动态标记的脚本文件放在另一个文件夹中，也可以将标志和脚本组合起来的标记作为一个整体来命名、保存在一个文件夹中。并通过软件中的动态和静态标记的设置功能完成标记的使用，同时可以使用标记的创建和编辑修改功能实现对新标记的生成和对标记特征的编辑修改功能。

二、常用动态和静态标记及其功能

静态标记和动态标记很多是相同形状的和相同功能的，只是静态标记功能单一、定位简单，而动态标记具有多重定位、自动跟踪变化等动态特性。对页面复杂的大版，动态特性的使用更加高效、柔性，是拼版软件推荐的使用标记。

下面略去静态和动态的特性关系，只是针对标记的形状和使用方法，对常用的拼版页面上的常用标记和功能进行基本的论述。

（1）矩形标记　如图 12-5-3 所示，该标记具有以下特点：

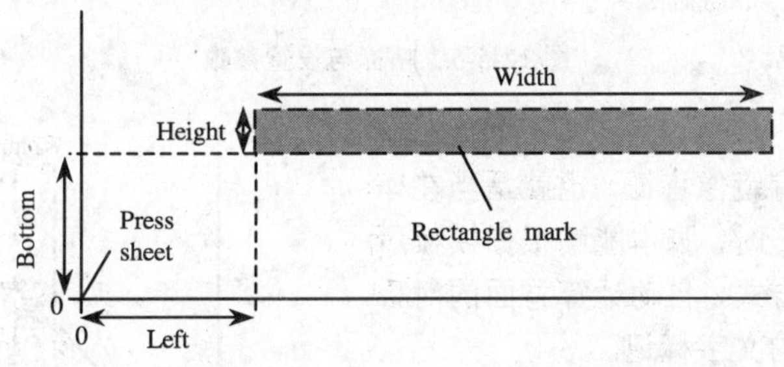

图 12-5-3　矩形标记与设置参数

1）可以用各种颜色填充这个标记，最典型的用法是填充 CMYK 及其 CM、CY 组合的实地墨色，以监控墨量的大小与效果，以及有没有飞墨现象等。

2）标志总是和印张的边平行，并使用如图 12-5-3 所示的方式进行大小和定位的设置，包括高度、宽度和离开定位点的偏移量等。

（2）曝光条标记　该标记具有以下特点：

1）标记是由一系列 0%～100%的网点，按照 10%的间隔设置的灰梯构成，其前后两端的百分比间隔更小一些。能够在任何位置用任何颜色输出这个灰梯，它一般都有固定的尺寸，如 0.1875in×2.0625in（5mm×52mm）。

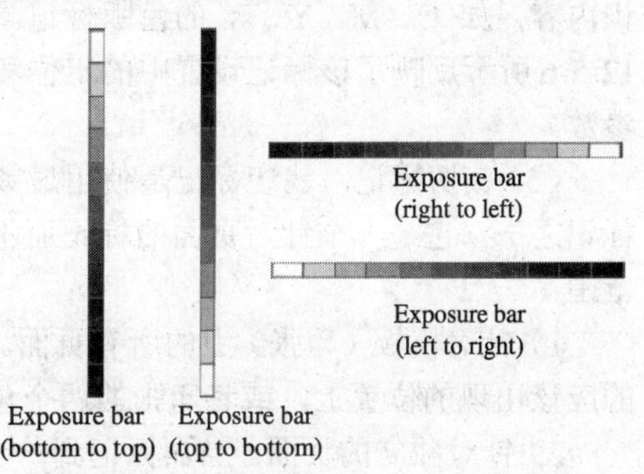

图 12-5-4　曝光条标记

2）曝光条设置的颜色并不会实际“显示”出来，因为它是针对胶片或者印版上设置的质量控制标记，本身是“无色”的。颜色只是说明它将在哪一块C、M、Y、K，或其他专色的色版上出现。

（3）帖标（Collation Marks） 该标记用于胶订或类似方式进行装订的书帖，该标记一般设置在书帖的订口外侧。要求按照书贴的先后顺序、以一定步距、从一个方向向另一个方向移动，并能够循环设置，其具体形态如图12-5-5所示，可以看出设置的主要参数包括步距、宽度、高度等。标记通常用标有数字的黑色矩形。

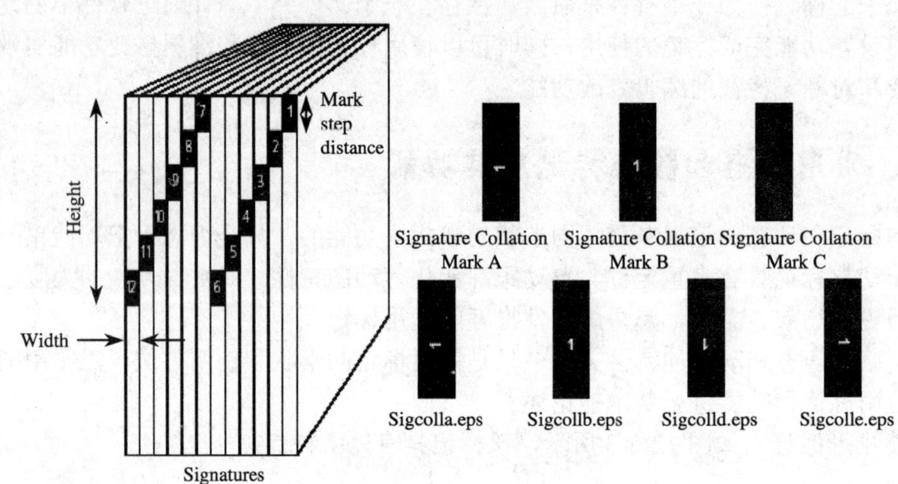

图12-5-5 帖标与设置参数

（4）文字标记 该标记可以有两种形式：标准的文字标记具有镜像特征，也就是当在印张的前面设置本标记时，脚本能够根据模板所使用的装订和印刷方式，自动计算背面的对称位置，并放置相同的文字标记。

另一种是针对印版标记符的文字标记，它是针对分色版的，文字标示处于同一个位置，但针对某一个不同的胶片或印版有不同的标识内容，如C、M、Y、K的色版标记。如图12-5-6所示反映了该标记设置中的定位和尺寸参数。

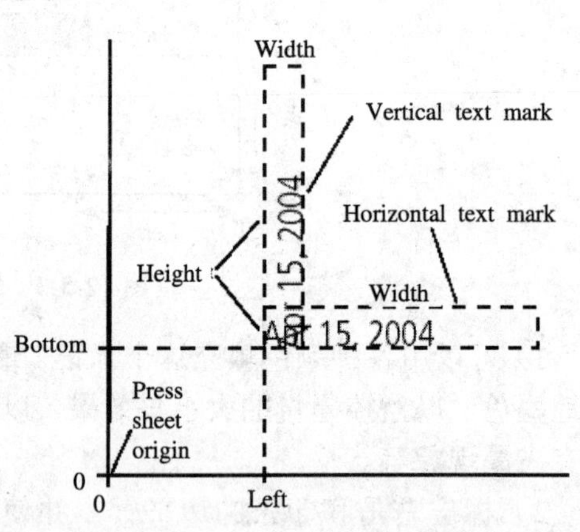

图12-5-6 文字标记与设置参数

（5）裁切标记 裁切标记是使用最频繁的标记之一，它是一个针对页面的标记而不是针对印张的，如图12-5-7所示，它有两个作用范围：

1）针对模板（印张）上的所有页面。它能将标记加到每个页面沿着印张的外沿的边上的应该出现的位置上，或者印张的四个角上。

2）针对独立的页面。当加标记到一个或多个独立的页面上时，自动将该标记加到本页所有的四个角上。

另外，能够指定该标记的长度和离开页面角的距离。

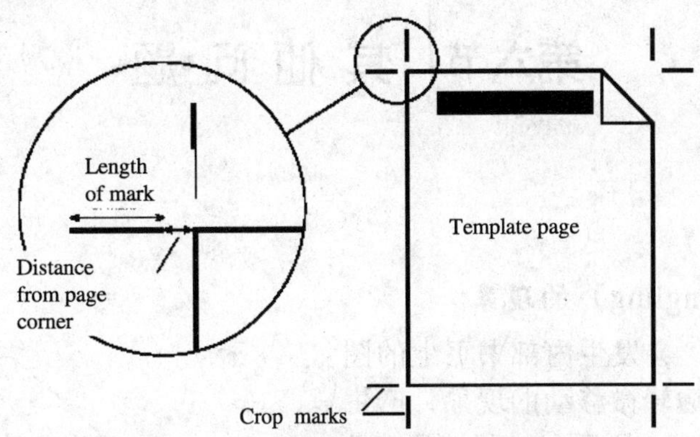

图 12-5-7　裁切标记与设置参数

（6）套准标记（Registration Marks）　作为彩色印刷，这个标记是必不可少的，作为分色成分的套准标记，它的 C、M、Y、K 的“分量”会出现在对应的 C、M、Y、K 所有的分色版面上。它是一个静态标志，不能改变它的尺寸、方向和颜色成分。图 12-5-8 所示是常用的套准标记和它的对应图标文件。

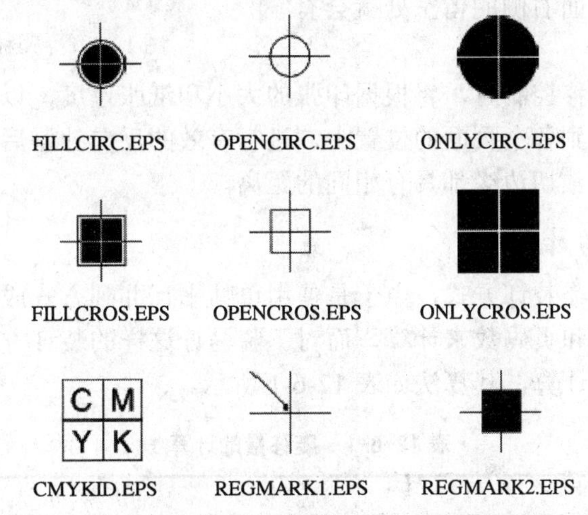

图 12-5-8　矩形标记与设置参数

（7）Color Bars　该标记对于高质量的彩色印刷品是非常重要的质量控制标记，经常被复制到整个印张的宽度上，用来监控彩色印品的 CMYK 的实地密度、最佳墨量、各墨道的墨量是否合适以及是否套准等多种彩色印刷的质量控制因素。目前，这种类型的 Color Bars 中使用得比较广泛的有 GATF Compact Color 的 TestStrip (Part Numbers 7008/7108)，在这个色梯中，每一个色块的成分和网点百分比的分布如图 12-5-9 所示。

图 12-5-9　Color Bars

第六节 其他问题

一、爬移

1. 爬移（Shingling）的现象

当进行折页时，会发生内部书页上的图文会向书帖的裁切边轻微移动的现象，产生移动的原理如图 12-6-1 所示，对胶订和骑马订书帖在订口折缝处，由于受到纸张厚度的影响，内部的页面会被微微向外推出一个纸张厚度的距离，并形成图中的边缘的凸出部分。这样，在装订后完成的成品经过切刀切去翻口侧的毛边以后，就会造成中间页和封面页在切去的量不一样，这样各页面右侧的留空处就会有几毫米的差距。

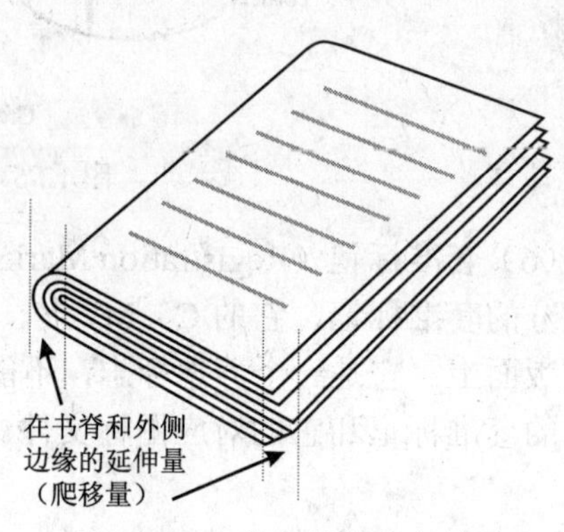

图 12-6-1 爬移现象和爬移量

在折手软件进行爬移控制时，将根据印张的大小和纸张厚度，以及折叠和装订方式，将爬移量成比例地分配到各个页面的位置上，进行有效的反向补偿后，就能够使裁切后的书贴中所有的页面距离裁切边缘都具有相同的距离。

2. 有关爬移量的计算

对于胶订或双联这类装订方式，由于是使用单帖平行并列方式成书，爬移量的补偿计算用单帖的厚度的一半和页码数来计算，而对于骑马订这样的装订方式，则要用整个书的厚度的一半与页码数来计算，其算法如表 12-6-1 所示。

表 12-6-1 爬移量的计算

装订方式	计算方法
胶订	1. 单帖的页数除以 4 2. 再与纸张的厚度相乘
骑马订	1. 整个书的页数除以 4 2. 再与纸张的厚度相乘

另外，由于爬移的效果不只是纸张厚度一项的影响，还与装订的方式与折页的方法和设备有关，因此，最准确的方法应该是自己动手做一个实际的折手，最好是用生产中使用的设备（如折页机等）。并从实际的折手上面进行测量，以获得真实的爬移量。

另一个有趣的问题（或功能）是，如果按默认情况，爬移补偿的移动方向是朝着订口边的方向，但是在软件中，这个方向可以被改变，向右边、上边和下边都可以。那它就不是为了补偿爬移了，它会作出特殊的效果。

二、偏斜问题

在对一个有多个页面的大张进行折页后，由于页面的数量、纸张的厚度、折页的方式或者所用的设备等因素的影响，会造成折页后页面之间产生一定的角度的偏移现象，从而影响印品的质量。拼版软件中具有补偿这种偏斜（Bottle 或 Skew）的设置功能，设计人员在测量和计算的这种偏斜现象的角度之后，可以在软件中通过预设反向补偿角度进行修正设置。例如，如果对页面设置一个正的补偿角度，则页面就以印张正面的印刷行进方向为基准，朝着反时针方向将页面转“歪”一个角度；当然如果设成负的补偿角度，就朝着顺时针方向转“歪”一个角度。同时，反面的对应页面会自动地旋转相应的角度，以对齐正面的页面。可以想象，折页后书帖的页面就不会有偏斜问题了。

在拼版软件中，对补偿角度的设置主要有以下设置参数：

1）旋转角度。在如图 12-6-2 所示的设置对话框中进行设置，注意角度的正负与顺时针和逆时针的对应关系。

2）旋转圆心点。这里包括用页面的四个角和中心位置作为圆心的旋转控制，如图 12-6-2 的上排所示；另一种是使用任意的坐标来定义圆心点的设置，如图 12-6-2 中的下图所示。

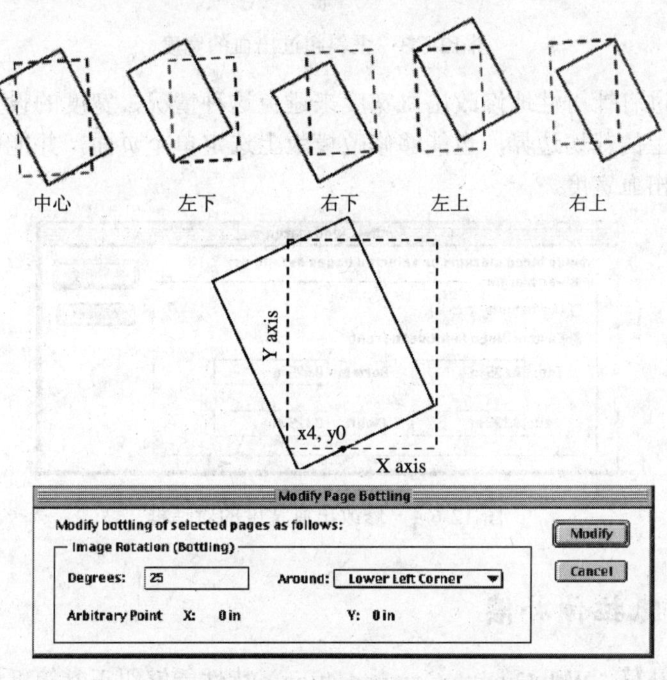

图 12-6-2　偏斜的基准点及其参数设置框

三、出血问题

在拼版软件中，出血边及其宽度内，包含着围绕页面裁切尺寸（trim size）外围的被印刷的区域，这部分将被最终裁切掉。出血边的宽度设置等信息一般都在原来文件中进行定义和设置，在拼版软件中，一般不作出血设置，但可以对已有的设置进行修改。拼版

页面的出血一般都是自动设置在裁切线之外，并最终被裁切掉。

这里有一个重要的问题，就是出血的区域不能和相邻的页面重叠，例如，一个页面模板中有歪斜页面的出血，应该被限制在页面原始位置所设定的出血范围内，而不能因为这种歪斜而使出血部分覆盖了其他页面。

如图 12-6-3 所示，虚线部分代表了原始的页面出血的空白位置，实线部分代表了歪斜以后的页面位置，而双线代表了出血的宽度。图中看出如果页面歪斜超过一定程度，就会使得出血部分和其他页面重叠，从而发生边界裁切等质量问题。

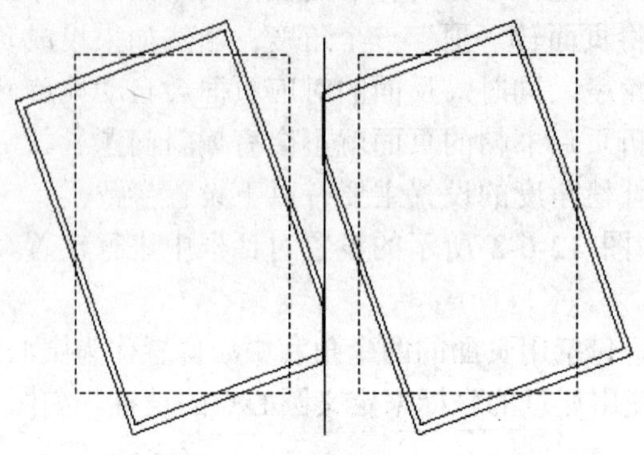

图 12-6-3　歪斜超过出血的宽度

软件可以通过有针对性地修改出血宽度来避免这种情况，宽度的设置作用范围可以是模版上全部页面上的裁切边界，也能够修改模版上选定单个页面，并能够指定页面的左右上下四边的不同出血宽度。

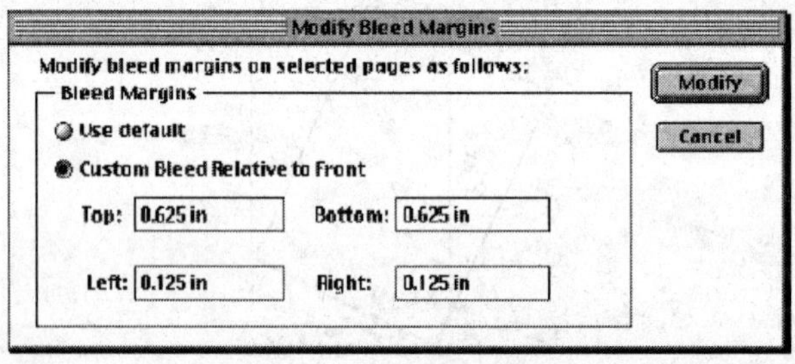

图 12-6-4　修改出血宽度的对话框

四、卷筒纸拉伸补偿

卷筒纸拉伸补偿（Web Growth Compensation）特性能够纠正卷筒纸沿着水平方向的拉长现象，并能够将这种拉长的量按比例预先计算到每一个输出印张上，从而保证最后产品的页面尺寸的准确性。

缩放比例是一个百分比参数，用来设置某种印刷方式下的卷筒纸拉伸量，能够根据需要设定不同的拉伸比例。如图 12-6-5 所示是一个设置界面的例子，参数如下：

1）色组名称。卷筒纸的一个色组能够完成一个彩色版面的所有印刷过程，是一个独立的套准体系，可以是如彩报的四色印刷或者双色印刷等。

2）参考油墨单元。指一个色组中的第一色的印刷单元，把它作为卷筒纸拉伸的基准位

置，以后的印刷单元的拉伸量就相对于第一个印刷单元来进行描述。

3）印刷单元的拉伸量。图 12-6-5 中的第一个油墨印刷单元是基准单元，拉伸量自然是 100%未变，已获得油墨印刷的拉伸量以百分比形式逐步增加（是一个累积过程）。

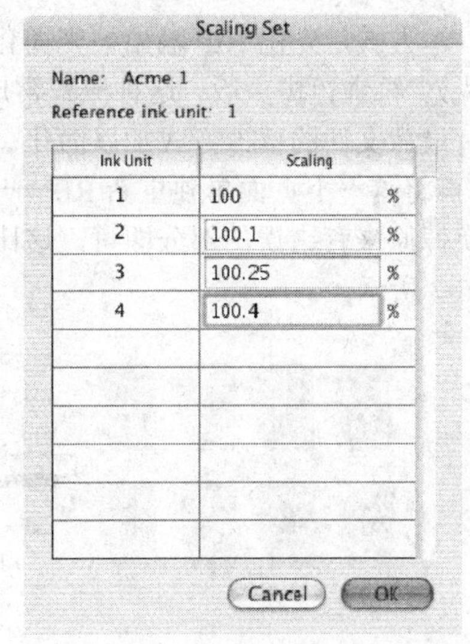

图 12-6-5　卷筒纸拉伸补偿设置界面

五、RIP 前拼版和 RIP 后拼版

从拼大版和 RIP 的关系看，可分为 RIP 前拼版和 RIP 后拼版两种方式。

1．RIP 前拼版

本方式是首先将页面拼成大版再送去 RIP，这是目前数字化输出流程与 CTP 输出最常用的方式，它的生产流程如图 12-6-6 所示，步骤如下：

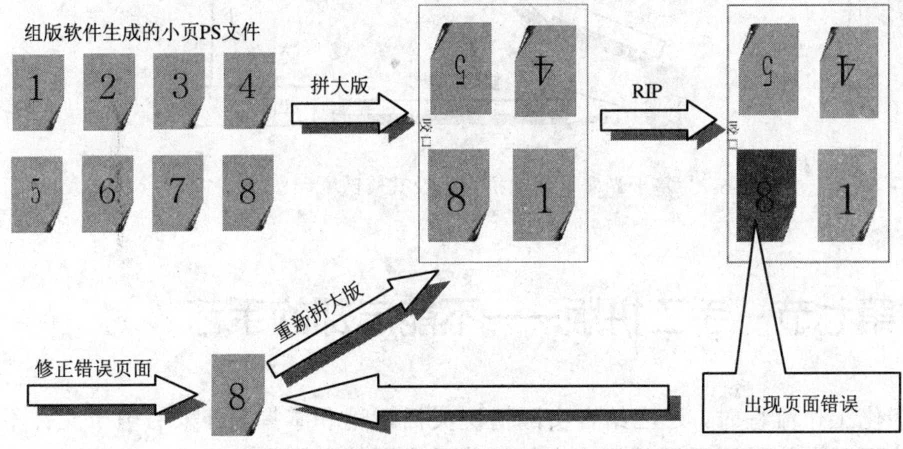

图 12-6-6　RIP 前拼版的错误修改流程

1）先完成各个小页面的排版及陷印处理。

2）用各个小的页面进行拼大版作业，并制作包含 OPI（开放式印前接口）指令（用于 RIP 时进行高、低分辨力图像的调用）的输出文件。

3）最后，将此文档送到 RIP 中进行处理。

使用这种拼版方式时注意：

1）使得经过 RIP 处理的文件，数据量会变得更大，处理时不太适合经网络存取传输。

2）由于各类拼大版软件均是以处理 PS/PDF 文件为主，因此，在进行拼大版作业之前，排版软件就必须将制作好的页面以 PS/EPS/PDF 文件格式进行输出，然后进入拼大版系统时还要通过“精练”的过程全部转换与配置为规范的 PDF/X 文档。

3）本流程在发现版面错误后的修改过程的代价较高，如图 12-6-5 所示，必须重复整个拼大版和发排大版的流程，费用较高，且过程较费时。

2．RIP 后拼版

本方式是先由 RIP 输出被光栅化的小页面，即所谓的小 one-bit 页面文件（也称为电子胶片）。再进行拼大版，这种流程常应用于包装、标签类的制版流程中。另外，这一工作流程对最后文件的修改方式加以简化。若发现某页面中含有一个排印错误，只需在修正错误后，再将这一小页面单独重新 RIP 一次，然后单独将它的 one-bit 文件导入到拼大版软件中，替换掉原来有错误的部分即可，这比将整个大版重作 RIP 要省事得多。它的生产流程如图 12-6-7 所示。

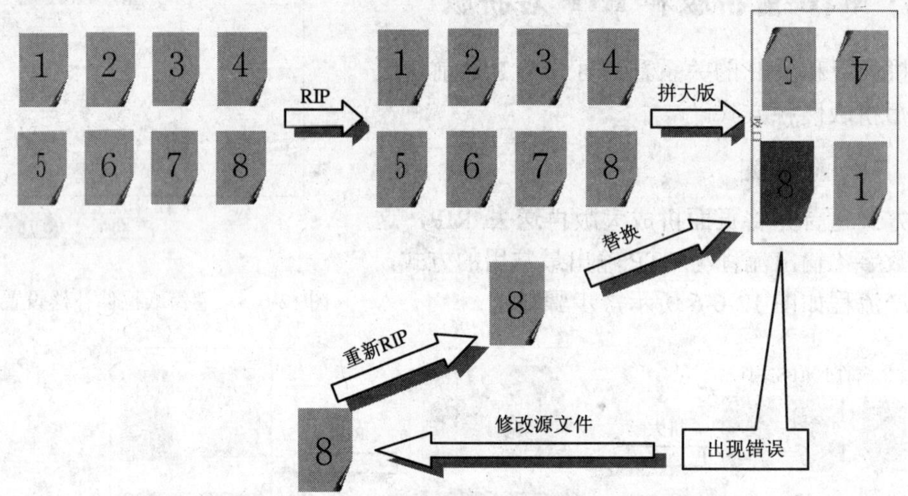

图 12-6-7　基于光栅页面的拼大版及其修改回路

第七节　手工拼版——不能忘却的手艺

在应用数字化工作流程时，还应结合实际情况灵活运用和掌握。外来的电子文件不一定都很规范，不同文件需用不同的解决方法；鉴于我国的印刷现状，手工拼版还不可能完全被淘汰，有些期刊的广告胶片会反复使用，需手工拼版，在应用流程时，必须考虑到手工拼版的因素，还要考虑到如何节省、是否做自翻版等。手工拼版的工艺流程如下：

画拼版台纸（遵循阴正阳反的原则）→准备拼版材料（打孔白片基、透明胶带、分色片、角线十字线等）→拼版→检查。

下面是各个工艺步骤中的相关概念与操作要点：

（1）画拼版台纸　拼版台纸，它是拼第一色的依据。一般是遵循阴正阳反的原则，即拼阴图时用正向台纸，拼阳图时用反向台纸。画台纸时都是正向画，如果拼版要用反向台纸，只需要将台纸反向放在看版台上即可（注意，拼版时咬口的位置一般靠着拼版操作人员）。

拼版台纸的内容是大版页面上的各图文的位置及方向。图 12-7-1 是一个对开无线胶订

书贴的拼版台纸。

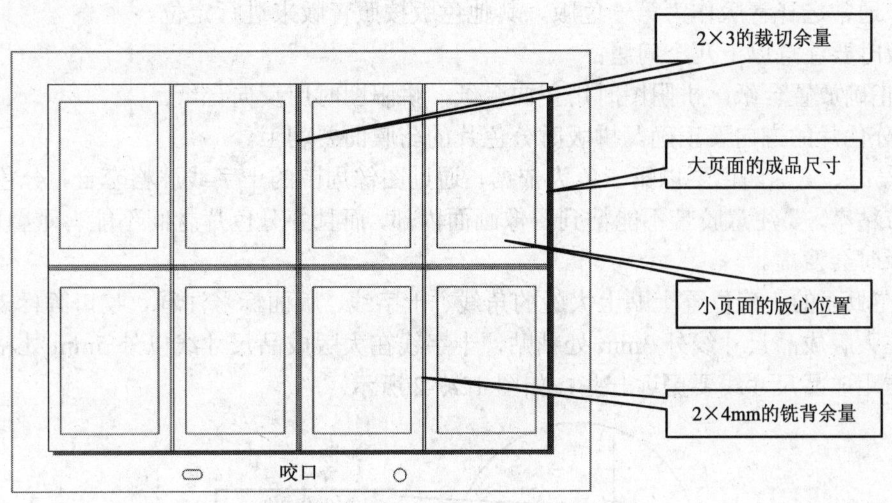

图 12-7-1　对开无线胶订书贴的拼版台纸

（2）准备拼版材料

1）白片基是首先要准备的拼版材料，它是分色片拼版的载体。通常印刷都采用四色印刷，因此，白片基也要准备四张，即拼一色用一张。拼版时要求白片基表面无灰尘杂质、划痕等弊病，以保证晒版质量。另外，为了四色套准，要在白片基的一边（通常是咬口的一边）打孔，以便利用挂钉进行定位，通常是一个长孔和一个圆孔。

2）透明胶带是粘贴分色片用的，拼版时要选用质量好的胶带，以免影响晒版质量。

3）分色片。

a. 成品尺寸小页面：有些输出公司，由于输出设备条件的限制，发胶片时是按照小页面的尺寸输出的，比如，成品是 16 开，输出页面的尺寸也是 16 开，这样就必须通过手工拼版的方法将小页面组成供印刷机印刷使用的版面。版面的尺寸和页码的安排与折页方式、装订形式有关。

也有一些客户自己有输出设备，但印刷、装订要在外单位进行，由于不了解制作单位的设备特点、折页形式等，只能输出小页面，以节约发排的费用。

b. 组版的页面：有些单位设备相对完善，但输出幅面有限，虽然可以进行组大版，却仍不能完全满足大版幅面的要求，比如，印刷机是对开的，但输出设备只能输出 4 开幅面，即使在计算机中已将对开版面拼好，也只能一半一半地发排，发好的胶片仍要用手工拼版的方法组成印刷用的版面。

彩色图像的分色片周围一般都带有十字套准线，以保证第一色和后几色的套准精度。而文字版通常都是单色的，拼版时只需要在相应的色版上进行拼版即可。另外，在发胶片时，阳图通常都是反向的。

4）拼大版用的阳图角线十字线起套准定位的作用，在拼版前也要准备好。还有折标、版号注释、色版标志等。

（3）拼版　拼第一色时以拼版台纸为拼版依据，首先将台纸按照正确的方向（正向或反向）粘在看版台上，固定两个定位销钉，并将一白片基套在两个销钉上；然后，按照各页码的位置和方向将分色片牢固地粘在透明白片基上。选择第一色时，要看其阶调层次是否丰富，通常选择青版作为第一色版，其他色版按照青版来进行定位。

拼版时要注意以下几个问题：

1）正确放置台纸。拼阴图时用正向台纸，拼阳图时用反向台纸。

2）分色片的方向要正确。拼版时分色片的药膜面要朝上。

3）第二、三、四色要以第一色为依据，通过图像周围的十字线严格套合，分色片要用透明胶带粘牢，要注意胶带不能粘到图像画面内部，而且各分色片之间不能有重叠的部分，否则晒版时会发虚。

4）在版面的正确位置上贴上大版的角线、十字线、版面标号注释、咬口等标志，角线通常是在大版成品尺寸线外 3mm 处粘贴，十字线在大版成品尺寸线以外 5mm 处粘贴，其他的标志距成品尺寸线要更远一些，如图 12-7-2 所示。

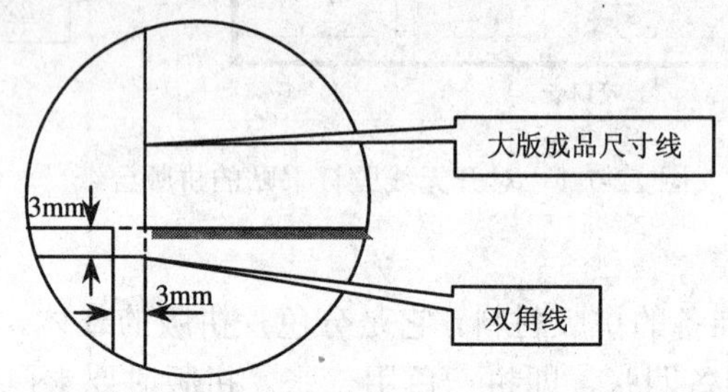

图 12-7-2　双角线的位置

（4）检查　拼好四色后，要将四色版套在一起进行检查，检查每一小页面图文的套准状况，以及大版页边的角线、十字线的套准状况，检查必须在放大镜下严格进行，因为这项工作的精细程度决定了印刷页面的清晰度，所以一定要仔细、认真。

复习思考题

1. 在印能捷（Prinergy）系统中，在拼版页面上共划分成了几种类型的尺寸？版心尺寸（Trim Box）的含义和作用是什么？

2. 在制作拼版模板时，影响大版上页面位置方向和排列的基本因素有哪些？

3. 装订样式的作用是什么？胶订、骑马订、单联和双联的含义是什么？

4. 印刷方式对版面的影响是什么？什么是套版印刷？什么是自翻版印刷和对翻印刷？

5. 折手方式有哪些基本种类？

6. 在创建拼版页面参数的设置中，页面方向设置对左下角页面和页面间放置位置有何设定参数？

7. 简述创建模版的步骤和过程，试使用以下参数完成一个模板制作过程：

1）设定一个大套版。

2）三个正手折的垂直交叉折获得正背 16 个页面的折页帖。

3）页码设置使用切边朝上，页面尾对尾，右下角页面朝下。

试使用手工折手完成上述设置和设计。

8．摆放的相互位置关系有哪些类型？

9．在一般情况下如何设置各个与书脊、切边、咬口相关的页间距与页页边距的？

10．静态标志和动态标志的共性和各自的特点是什么？

11．爬移、偏斜、卷筒纸拉伸的概念和设置基本参数是什么？

12．简述出血的概念。出血量与偏斜的约束关系如何处理？

13．简述 RIP 前与 RIP 后拼版的含义及其各自的特点。

14．设计好的大版的模板信息如何传递到能够进行拼版的 RIP 输出流程软件中？

13

第十三章 激光照排、直接制版与数字印刷

第一节 胶片照排机输出体系及其技术

一、输出体系的流程结构特点

传统激光照排制版的流程有以下环节：

计算机排版—照排机输出制版胶片—胶片经过冲片机—显影—定影—烘干—手工拼版—晒 PS 版—显影处理—修版—成版—印刷。

主要特点有：

1）胶片照排机由于幅面的限制，大部分机型不能直接输出可直接晒 PS 版的胶片大版，因此要进行手工拼大版。

2）由于输出以页面为单位，因此其 RIP 输出系统中的软件一般都没有复杂的拼大版功能，但具有一定的任务管理、OPI 图像代换、印版补偿与线性化功能等。

二、驱动照排机的专业 RIP 的设置界面及其参数简介

在这里简单地介绍北大方正的 PSPNT 专业级 RIP 的操作特征及其相关参数，并由此获得一个对胶片制版输出控制的基本认识。RIP（Raster Image Process），即光栅图像处理器，它的基本功能就是将计算机排好的图文页面的各种描述性文件格式转换成为输出打印时必须使用的二值点阵形式的数据格式文件，称之为光栅文件。作为一个专业级别的输出控制环节，它提供了功能强大的输出控制功能，以满足控制激光照排机、数字化印刷机等输出设备的要求。

下面介绍主要的界面：

1）图 13-1-1 所示就是 PSPNT RIP 的主界面，其中包括工作主菜单、快捷按钮工具条、信息窗、状态条以及作业监控界面。在作业监控界面中可以明确显示出正在等待作业、正在作业和已经输出完毕的作业的文件名。而信息窗则是用来显示操作时的参数、仿真打样的结果图像以及真实发排时的输出结果图像页面。

2）图 13-1-2 所示则是选取上述主菜单中“选项>设置系统参数”所弹出的系统参数设置对话框，主要用来设置文件更新时间、发排工作方式、页面点阵文件的存储目录、打印

作业的最多文件数量等和页面描述无关的系统参数。

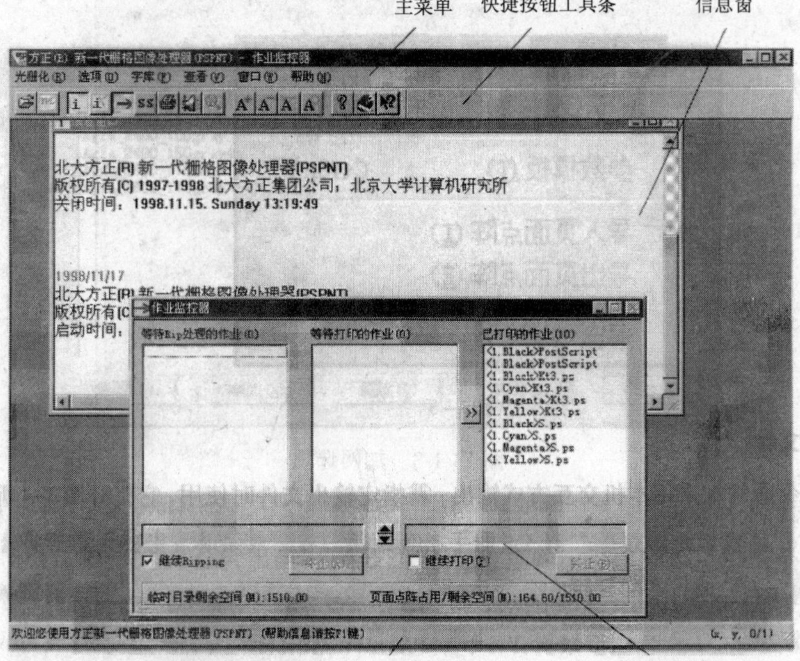

图 13-1-1　PSPNT RIP 的主界面

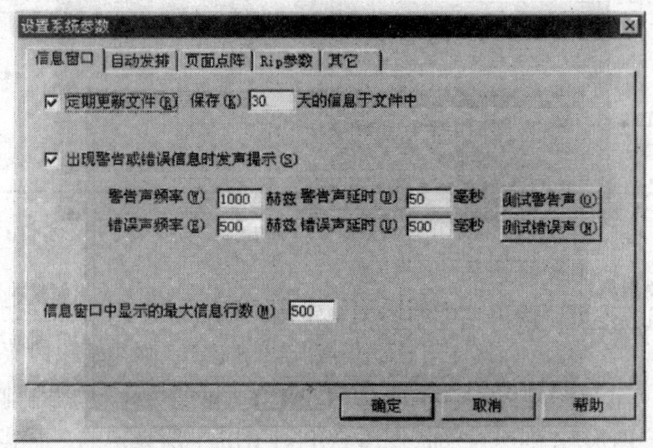

图 13-1-2　“选项>设置系统参数”菜单

3）图 13-1-3 和图 13-1-4 所示则是选取主菜单中“光栅化>参数模板>修改>参数...”所弹出的对话框，它是用来直接输出页面相关参数的一系列设置中的两个主要界面。其中：

a．图 13-1-3 的挂网选项中有：

a）网点类型。其中包括圆形、菱形、钻石形、方形、椭圆形、纯圆形、细椭圆形、凹印网型、方正调频网和方正调频网 2 共 10 种网形可供选择。另外，调幅网还可以选择网点大小，可以由几个机器点来构成，从而选择适合印刷条件的不同大小的调频网点。因为如果调频网点太大，图像会很粗糙，网点过小又会给制版和印刷带来困难。

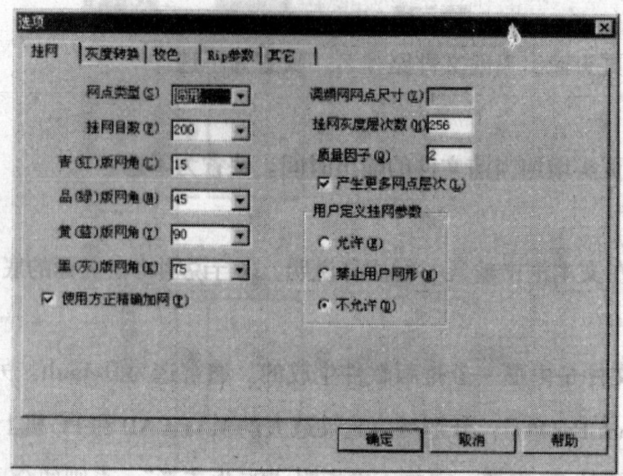

图 13-1-3　加网选项

b）挂网目数（加网线数）。PSPNT RIP 提供了从 65dpi 到 300dpi 共 10 余种网目数值，可以从中选择，也可以自行输入。另外，挂网线数和输出设备的输出机器点分辨率，以及网目半色调图像所能表现的灰度层次之间的计算关系在前面的章节中已经有过论述，表 13-1-1 是方正推荐的机器点分辨率和挂网目数的对应关系。

表 13-1-1　机器点分辨率和挂网目数的关系

机器点分辨率	建议的网目数/dpi
0～300	65
300～600	87
600～1200	100
1200～2032	133
2032～3048	175
3048 以上	200

c）网点角度。各个分色版面均可设立其网点角度。一般有四种选择：15°、45°、75°、90°，也可以根据需要任意修改。

d）用户定义加网参数。此项功能是用来决定用户的前端应用软件（如 PageMaker 等）中所设定的加网参数是否在输出时被使用。如果采用“允许”，则在输出时采用用户在应用程序中定义的加网参数，而不采用 PSPNT RIP 中所设定的加网参数。也就是前端屏蔽后端参数。如果采用“禁止用户网形”，则网点形状使用 PSPNT RIP 中所设定的，而其他参数则使用应用程序中所设定的。如果选定“不允许”，则全部加网参数均采用 PSPNT RIP 中所设定的参数。

e）挂网灰度层次数。此项用来设定灰度层次，取值在 256～65536 之间。系统的默认值是 256。

f）质量因子。它就是在第三章中所谈到的“加网系数”，是用来定义一个网点由多少个原图像的采样点组成。默认值为 2，这就意味着原图像 2×2 的采样点共同形成一个网点。这个值影响人们决定扫描分辨率的大小或数码图像分辨率的采用。

g）使用方正精确加网。如果选中本项，则加网参数就能避免某些无理数缺陷，准确地实现网角和网目的精确关系，有利于彩色叠印时避免龟纹。一般建议使用这种选择。

b．图 13-1-4 是“灰度转换”界面。它的基本功能就是对输出设备进行线性化测试和调整。这类界面在应用程序中早有所见，在那里被称为“传递函数”。把这项功能放在 RIP 中是为了更加直接地控制和管理照排机等高端输出设备的测试和调整。有关具体操作这个界面进行系统校正的原理和过程将在下一节中进行论述。

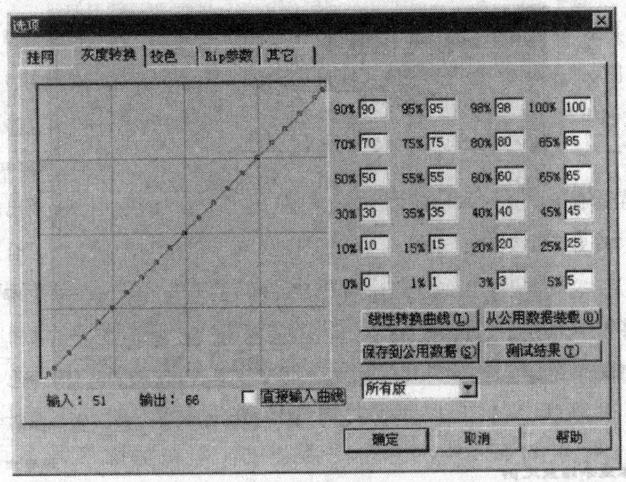

图 13-1-4 “灰度转换”界面

三、照排机胶片输出及其操作控制

1．照排机的结构和工作原理

照排机又称为激光图像记录仪，它可以将文字、图形和半色调图像输出到胶片上。如图 13-1-5 所示是照排机的内滚筒结构和工作原理。从中看出感光胶片放置在滚筒内侧，并随滚筒一起高速转动。横向移动是通过丝杠带动棱镜组按照由分辨率决定的步距行进。激光光源通过调制解调器，调制解调器根据接收到的、从 RIP 输出端发来的 0、1 光栅版面信息控制激光的通过与否，从而形成对照排机机器点的曝光控制。整个系统通过一套反馈环节控制页面横向和纵向精确定位和实现信息发送同步控制。

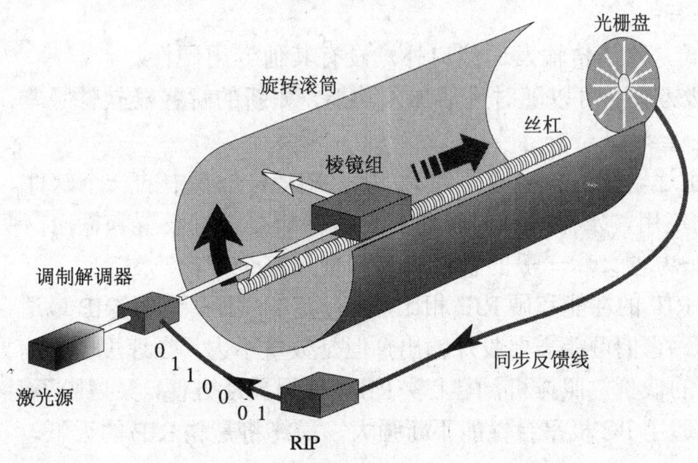

图 13-1-5 照排机的内滚筒结构和工作原理

照排机按照结构可以分为两大类，滚筒式和绞盘式。滚筒式又分为内滚筒式和外滚筒式。现在内滚筒式照排机以其结构合理、精度高、幅面大等优点占据了统治地位。

照排机是一种高精度、高分辨率的胶片成像设备，它最主要的用途是产生高网线和高阶调（即灰度级）的各种专业半色调调幅或调频网点输出。实际上目前普遍使用的纸张激光打印机的分辨率已经可达到1000dpi以上，对于线条、实地和文本足以满足平滑边缘的需要。然而，对于半色调加网图像则是一个完全不同的问题，它必须有很高的分辨率（dpi），以满足在很高调幅加网线数的条件下满足256级灰度等条件。做一个简单的计算：用170调幅网线和256级灰度发排的胶片，需要的照排机分辨率应该是170线×16点，共2720dpi。因此，专业照排机至少需要3000 dpi的输出能力。

2. 照排机驱动系统 RIP

照排机RIP的功能就是将PostScript的页面描述（即PS或PDF文件）转换成用于驱动输出页面曝光点的二进制0、1值描述（即光栅文件），这种转换的工作量是十分巨大的。例如，如果一台照排机的分辨率为3600dpi，则对一个8.5in×11in的A4页面就需要产生10亿个机器点（二进制就是1Gbit或是大约100兆字节），这是一个巨大的解释工作量。解释器根据驱动的照排机的不同类型和生产率要求，可以形成多种不同的类型。目前主要分成两种大类：

（1）一种是“硬RIP” 对于高端的大幅面高精度专业照排机，为了保证其生产率和稳定性，目前仍需要使用硬 RIP。除此以外，目前的 CTP 和高速数码印刷同样需要强大的RIP作为输出支持平台。以数码印刷系统为例，如果要求每一页印刷的东西都不一样，就有在一定时间范围内产生整个光栅页面的要求。目前需要速度更快的“硬 RIP”来完成。硬RIP一般会在PC平台上加入硬件解释器或多CPU并行处理等结构，性能比一般的PC机高。例如，北大方正RIP中就加入了快速三次曲线汉字的点阵还原加速芯片等，以提高光栅化的速度。另外海量的内存是必须的，只有这样才能存储版面上的光栅化信息。它的速度和稳定性较好。

（2）广泛使用的是“软RIP” 其基本特点是计算平台使用普通的PC机，而且解释器完全是纯软件的。由于随着PC机性能的提高，这类RIP的性能正在逐步提高。

其主要优势有：

1）成本很低。除了传输发送接口外，没有其他专用硬件。

2）软件升级方便。可以随时灵活加入功能，如新的解释器软件版本，新的加网算法和网点形状等。

3）平台多用途。作为一台普通的PC机，RIP只是其中的一个软件。平时可以作为一个正常的计算机使用，发排时只要启动RIP软件即可进行设置和输出。

4）安装维护方便。和一般的软件安装和使用完全一样。

目前，这类RIP的性能和硬RIP相比，有一定的差距。这类RIP最适合于小型输出中心和小单位的输出。它们可能需要胶片输出，但是数量不大，在速度上没有要求。因此，可以购买一些小幅面的低价位照排机，配上软RIP，使用灵活方便，又摆脱了对输出中心的依赖。可以预期，随着通用PC机平台性能不断强大，最终将是软RIP的天下。

3．照排机的校准和维护

照排机的校准包括两方面：

（1）曝光强度的校准　它的目的是针对某一特定的胶片，设置正确的曝光量。它以 50%中间调作为曝光量的校准基准。

如果激光的光强太弱或太强，图像就不能正确地在胶片上曝光。例如，在实地中表现为线条太细或太粗，丢失细小的装饰线、填满或模糊了边缘；而对于网目调来说则表现为某一色调的密度变大或变小。

图像照排机都具有内置的曝光测试功能，以使得技术人员能够方便地设置正确的曝光量。测试中使用一系列用于在胶片上曝光的测试条，其上的小方块加网密度是在 50%左右紧密分布，如 48%、48.5%、49%等。发出带有测试条的胶片后，用密度计测试各个小方块的值，找出实测密度为 50%的小方块，并对照小方块原有的密度值，就可以确定照排机曝光量调整的方向和大小。然后，即可以通过照排机上的曝光强度设置按钮进行直接控制，也可以通过设置 RIP 软件当中的相应参数进行前端控制。

（2）网点大小的线性化　这项测试和调整的目的是使照排机在整个层次范围内保持网点密度传递的准确性和线性化，它通过补偿性地修改网目调网点曝光成像点数量的方法弥补照排机和照排过程中的非线性因素。图 13-1-4 所示的方正的 PSPNT RIP 中的线性化调整界面就是专门用来完成这项工作的。对话框右侧的数据输入区，表示了输出网点百分比的原始数值驱动值与需要填入的实际输出的测量值区域。实际测量的网点百分比可以用绝对或相对于驱动值的数值来输入，系统便会自动生成如图 13-1-4 左边的补偿曲线，这一种调整可以对单个色版进行，也可以设定所有色版使用同一条补偿曲线。

下面是一个用相对值进行线性化的测试和调整过程的实例：

1）先输出一张 21 级灰梯尺（0%～100%，以 5%为递增量）。

2）用密度计检查 100%处的密度值，通过调整照排机曝光数值、冲洗机显影温度、速度等参数，使 100%处软片密度达 3.0 以上。

3）利用上述标准参数再次输出 0%～100%灰梯尺，然后用经过校准的密度计测量各灰阶值，将测量值和标准值比较，本着“多多少，减多少；少多少，加多少”的相对原则，调整 RIP 中灰度变换曲线的各点数值。如 50%处，实际测量值为 58%，则在 RIP 中的 50%处填入 50＋(50－58)＝42%的值，各灰阶均依次进行调整。

4）调整完毕后，利用调整值再输出一张 21 级灰梯尺，测量后再按步骤 3 所述方法在其所调整数值的基础上进行第二次调整，调整完毕再测量、再调整。一般通过 2～3 次可完成，最后达到各点误差±2%，50%处±1%即获成功。

5）对曲线部分进行处理，将“灰度变换”数值进行存储，供以后曲线丢失时调用。以后每次输出软片时要检查曲线是否丢失。

需要说明的是，每一特定的软片种类、批号和冲片机药液种类、批号都对应一个曲线，应定时检测输出软片灰阶值是否有变化。

4．胶片特性及其显影质量因素

（1）胶片质量特性

1）胶片必须非常光滑，并且有恒定的厚度，否则会导致像素大小的扭曲。

2）胶片必须具有正确响应曝光过程的灵敏性和一致性。

（2）显影中应注意的问题

1）速度。显影的化学反应需要一定的时间，如果在拉动胶片通过显影机时速度太快，将不能获得合理的显影时间。一般原则是在不影响反应的情况下，使胶片以最快速度穿过显影液。自动显影机都具有速度控制功能，以适应不同类型的胶片。

2）温度。温度较高时，显影的化学反应速度较快。一般需要有恒温控制。

3）显影液和清洁水。显影液中的有效化学药剂会逐渐耗尽，影响显影效果，因此，需要及时更换显影液。冲洗用水也要保持清洁。

（3）输出胶片的质量检查

1）一般检查方法。这种方法普遍用于输出中心和设计公司，它的主要设备是观样台和密度计。密度计是测试胶片的关键设备，它的基本功能是读出网目调的阶调百分比，从而判断照排机生成的网目调网点的大小是否正确。例如，原图中40%阶调处，对应在胶片上的实测密度是否是40%的网点面积率。以下是一般性检查的主要内容和含义：

a．对附在胶片上的灰阶条进行测试，从而判断胶片的各个阶调处是否准确，密度是否足够且均匀一致。主要是检查显影过程及其参数（如显影速度、温度和时间以及显影液浓度）是否正确，也可能包含照排机本身的问题，如线性化的好坏。

b．观察胶片的质量：检查胶片是否有划伤，是否有马蹄印。

c．对于分色片，除了单张观察之外，还要将四张分色片叠合起来，观察图像的调子和浓度是否正常，套准是否准确，四张软片的重复对位精度≤0.05mm；

2）胶片的打样系统。在印刷厂一般都有检查胶片的打样系统，目前，最普遍使用的方法就是机械打样机。其方法是首先将生成的胶片制成印版，然后再用油墨打样机仿真印刷条件进行打样。如果发现问题再重新修版。成功打样后的彩色样品将成为彩色印刷的标准样张。值得注意的是，随着数字化打样的技术发展，彩色样张的生成将逐渐被彩色数码打样所取代。这样对胶片的检查也就集中在了如上所述的一般性的检查上。

5．应用软件（PageMaker）中设置照排机彩色分色胶片输出

具体步骤如下：

1）如果用户的出版物包含需补漏白（也就是陷印）的 PageMaker 成分，选取“公用程序>补漏白”选项。点击“使出版物补漏白有效”，设置补漏白选项，点击“好”。

2）选取“文件>打印”。

3）为用户的打印机类型选择一个照排机的 PPD。

4）点击“颜色”，然后点击“分色打印”。

5）确定每种颜色的加网角度和加网线数的一般规则在前面已有论述，其中：

a．对于专色，通常按在 PPD 中为“自定义颜色”指定的网屏角度打印，一般是 45°。

b．对于原色，选择原色的名称，然后检验 PPD 的“优化”显示器的数值。建议使用优化显示器设置。

6）选择想要打印每种颜色的名称，并点击“打印此色”。或者，用户可以连击想要打印的每种颜色的名称。若要选择所有的颜色，点击“打印所有颜色”。

7）根据需要选择“镜像”和“负片”选项。

8）点击“纸张”检查用户的出版物是否调整到了选定纸张大小，并选取打印机标记和页面信息。

9）选择“打印到文件”，则被封装成 PS 文件，否则就直接打印。

10）点击“打印”。

6．胶片输出的前端设置和后端设置

前端设置就是在某一个具体的平面设计软件中，用输出控制界面直接进行与胶片输出和胶印特性有关的参数设置，这些设置可以通过应用程序生成的 PS、EPS、PDF 文件传递到 RIP 系统中。

后端设置是指在照排机 RIP 的输出参数界面上进行的设置，或者是直接在照排机控制键面上进行的设置。这两种参数设置的服从关系是：

1）如果前后端进行了重叠设置，那么，后端设置参数将替代前端设置的参数。

2）如果在输出页面中，有导入的封装 EPS 对象，并有对输出的参数设置，那么它会使用封装在 EPS 文件中的页面输出参数，并不受后端设置参数的影响。因此，如果是在同一个页面上有不同的输出参数控制，就可以利用封装的 EPS 对象完成与后端参数不一致的设置和输出。

第二节 直接制版及其数字化流程

CTP（Computer-to-plate）就是从计算机直接到印版，即直接制版，是一种数字化的印版成像过程。近年来随着直接制版技术的发展和成熟，基于直接制版技术的数字化制版工作流程将逐渐取代传统的照排输出，

一、CTP 系统与设备综述

1．CTP 系统工艺流程及其优点

这里所谈到的 CTP 是指 CTP 系统，不是简单的 CTP 制版机。一套 CTP 系统，不仅意味着要安装一台制版机，还包括许多使数字化工作流程得以运行的附加的设备和软件系统。CTP 技术包括版材、相应的输出设备及相应的工作流程。下面是 CTP 与激光照排制版（CTF）各自的工作流程。

（1）CTP 流程　印前设计与处理软件的数字文件→CTP 工作站→补漏白（Trapping）/色彩管理/OPI/电子拼版→数字打样→CTP 版材→印刷（CIP3）。

（2）传统 CTF 流程　计算机排版→照排机输出制版胶片→胶片经过冲片机→显影→定影→烘干→手工胶片拼大版→真空吸实晒 PS 版→显影处理→修版→成版→印刷。

与传统印刷工艺相比，CTP 制版工艺有几个明显的优点：

1）CTP 制版快速、简捷，整个过程实现全程数字化流程，工艺步骤减少很多，比 CTF 系统的处理速度提高 3～6 倍。

2）由于 CTP 制版机采用的是全自动一体化解决方案，避免了激光照排中手工拼版、

修版的失真现象，质量易于控制，没有网点扩大，网点精确锐利，印刷密度很高，实现了100%的转印，精品印刷轻松完成。

3）节省了设备的投资和原材料的消耗，比如激光照排机、冲片机、晒版机、显影机和收版机以及胶片、显影液，油墨打样用的PS版等。

4）印刷机的效率充分发挥，如印版自动套准调整很少，CTP印版上墨很快，很容易达到水墨平衡，印刷准备时间大大减少，节省了过版纸、油墨，减少了浪费，印刷机使用效率大大提高。

5）可以实现远距离传输数据与高速直接制版，大大地缩短了时间和空间的差距。

CTP系统作为高速、高效、远程的典型应用是在报业上，由于当前报业市场的激烈竞争，出版报纸要求时间快、质量高，并随着彩报印刷的发展趋势，使CTP成为有效达到上述目标的最佳手段。另外，CTP系统作为高质量印刷的典型应用是基于调频网的彩色高端印品的制版与印刷，CTP能够较好地完成各个阶调的调频网的复制。

2．CTP系统及其结构、工作原理及基本参数

CTP机与照排机结构原理相仿。其制版设备均是用计算机直接控制，用激光扫描成像，再经过显影、定影生成直接可上机印刷的印版。计算机直接制版采用整体数字化工作流程，直接将文字、图像的大版数字页面描述转变为CTP印版，省去了胶片材料、人工拼大版的过程以及半自动或全自动的晒版工序等。

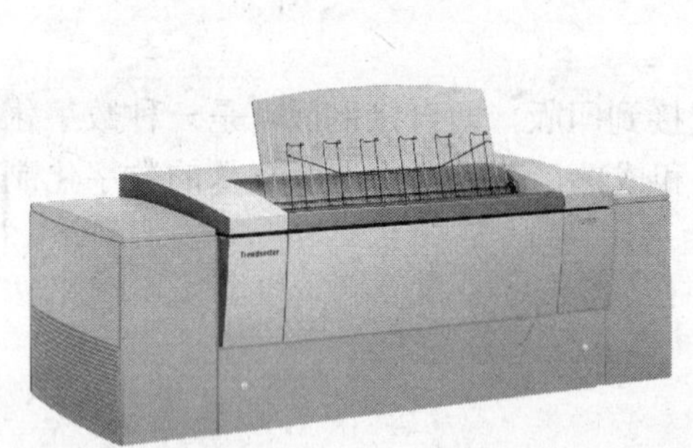

图13-2-1　CTP机与上版操作

CTP系统的成像原理是由激光器产生的单束原始激光，经多路光学纤维或复杂的高速旋转光学裂束系统分裂成多束（通常是200～500束）极细的激光束，每束光分别经声光调制器按RIP生成的光栅文件的机器点的二值信息，对激光束的明暗变化加以开关调制，变成受控激光。再经聚焦后，几百束微激光直接射到印版表面进行曝光扫描，在印版上形成图像潜影。经显影后生成CTP印版供胶印机直接印刷。每束微激光束的直径大小及光束的光强分布形状，决定了在印版上形成图像潜影的清晰度和分辨率。扫描精度则取决于系统的机械精度及电子控制部分。而激光束的数目则决定了扫描时间的长短。

CTP系统有如下基本类型：

（1）从曝光系统分类　内鼓式、外鼓式、平板式、曲线式四大类。在这四种类型中，使用最多的是内鼓式和外鼓式；平板式主要用于报纸等大幅面版材上；曲线式使用得很少。在这些形式中，外鼓式逐渐呈现主流趋势。

（2）从版材品种分类　有银盐版、热敏版（烧蚀式热敏版、非烧蚀式热敏版）、感光树脂版和聚脂版（非金属版基）等。

下面以海德堡 CTP-全胜 3244 计算机直接制版机为例对 CTP 直接制版机的有关性能和参数进行介绍：

1）直接制版机为外鼓式结构，采用热敏成像技术及独特的方形光点技术，以 240 束激光二极管为光源。

2）自动聚焦，鼓转速 150r/min。类似印刷滚筒结构，光路短，没有振动，热性能与力学性能稳定。

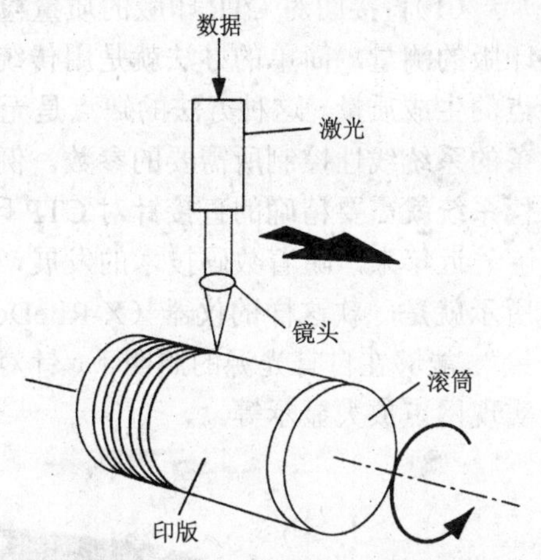

图 13-2-2　外鼓式的结构与工作过程

3）最大尺寸。749mm×1030mm。

4）分辨率。2400dpi/1600dpi/1200dpi。

5）网点类型。调频网 21μm、圆方网、圆网、方网、椭圆网等。

6）曝光速度。4min（2400dpi）。

7）版材。

对开：770mm×1030mm，0.3mm

四开：605mm×745mm，0.3mm

八开：400mm×510mm，0.15mm

8）热敏印版。印版极其稳定：全日光操作无雾化，印版质量稳定保存时间长。

9）网点更精确。光点类似于二值图非有即无。

10）耐印力高。不烤版 20 万印，烘烤后可达到 100 万印。

11）精确的套准。印版的重复精度±5μm（同一台机器曝光的八块印版），绝对精度<20μm（不同机器曝光的印版），套准精度±15μm（图像和印版边缘）。

12）方形激光点技术。网点边缘非常锐利，可以精确复制 1%～99%的网点。印刷密度极高，C-1.9D、M-2.0D、Y-1.5D、K-2.75D。调频网输出非常容易，可以完美展现细腻层次。

二、基于 CTP 系统的质量检测与高端输出校准系统

1．CTP 输出系统的质量检查特点

在照排输出一节中论述的基于胶片的 PS 版制版过程，其质量的主要控制目标是胶片的输出质量（包括输出密度与范围、线性度、均匀性、套准精度、表面质量、正确性等），并主要通过透射密度计对胶片进行检测和在照排输出的 RIP 系统上进行系统线性输出补偿校正处理，并由此达到对输出系统进行闭环质量控制的目的。当然 PS 版的质量还要受到晒版、PS 版显影和印版保护等因素的一些影响。

而在先进的 CTP 系统中，由于省去了胶片输出的过程，所以印版的质量控制就直接面对 CTP 的印版成品，而不是中间过渡媒介。因此，具有如下特点：

（1）直接面对CTP印版的质量检查　传统的透射和反射密度计无法进行直接面对CTP印版的测量，简单的办法就是用传统的PS版“看版”手段：用放大镜粗略地观看印版网点的生成质量。这种方法的缺点是无法在数字化的CTP输出系统中，提供精确的基于测控条的系统线性控制所需要的参数。例如，用于克里奥CTP系统的Harmony线性控制与补偿系统就需要精确的直接针对CTP印版的密度测量仪器。

近年来，随着数码技术的发展，出现了基于数码摄像的图像印版检测仪，如图13-2-3所示就是一款这样的仪器（X-RiteDot）。其本质就是一个具有图像分析能力的“看版放大镜”，能够在自有光源的照明下，针对从检测区域摄到的网点图像进行网点百分比的计算和实现网点放大显示等。

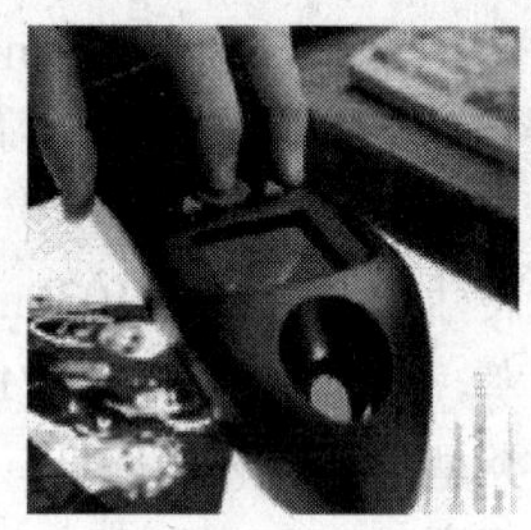

图13-2-3　X-RiteDot的外形和操作

（2）CTP印版质量检查的主要内容

1）基于印版控制条的网点梯尺是否能达到2%～98%的网点再现，信号条上的微米级别的分辨率线条是否完整清晰。

2）针对CTP RIP输出系统的线性化与印版补偿设置的需要，检测网点梯尺上各个灰度级的网点百分比。如果印刷控制条的灰度级不够标准，则需要另外放置针对印版线性与补偿控制的灰梯尺。

3）用仪器的显微摄像和图像处理功能，直接放大显示印版上的所有区域的半色调细微结构，比用看版放大镜方便直观和更加清晰。

（3）X-RiteDot在测量CTP（或PS）版时的操作举例　操作姿势如图13-2-3所示，版面网点百分比测量的步骤：

1）按中间键启动仪器。

2）设置测量类型，如：阴图或阳图（＋或－）、反射（　）、网点百分比（%）、调频或调幅网点、测量光源（自动、C、M、Y或K）的选择。

3）将仪器定位于CTP（或PS）版测量点上。确保印版放平，并且仪器接触良好。

4）细心查看仪器窗口（上面开的椭圆观察空），定位于印版所需检测区域。

5）按中间键进行测量。网点百分比等测量数据会显示在仪器显示器上。

6）按下右键，测量区域的版面半色调显微放大图像就会显示出来。

2. CTP系统高端输出校准系统

输出通道上的校准曲线，如Photoshop和Best数码打样系统的印版补偿曲线，方正RIP的线性化校准界面等，它们都是控制输出媒体阶调准确复制的关键环节之一，能使用户不用调

节印刷（或其他输出）过程就能完成对印刷质量的调节控制。对于集 CTP、CFP、数码打样功能为一体的全数字化系统—— CTP 系统，输出校准的要求也更高。下面以克里奥系统的 Harmony 输出校准软件为例，详细论述系统的功能、运作原理、条件与注意事项等。

（1）Harmony CTP 校准系统的“高端”特征　胶片输出的阶调校正工具，如方正 RIP 中的校准功能等，都是以输出线性化作为“默认”的调节目标，通过向操作系统反馈实际输出的阶调曲线，在内部建立起输出线性化“调节曲线”。

Harmony 作为高端阶调校正软件，有以下几个特征：

1）输出的调节目标从单纯的线性化目标扩展为用户设定的任何非线性调整目标。例如，以印品样张的阶调分布作为目标，使最终印品保持或仿真该特定阶调。

2）软件能够将阶调的校准目标，从传统的胶片照排线性输出（往往是内部默认的）扩大到有非线性输出目标需求的 CTP 输出、数码打样，甚至可以将调节目标延伸到最终印张，形成基于样张阶调的闭环结构，从而满足各种制版输出和印刷质量要求的客户需求。如图 13-2-4 所示，描述不同的调节对象形成不同的质量调节闭环，其中包括胶片（小环）、PS 印版或 CTP 版（中环）、印张或打样稿（大环）。

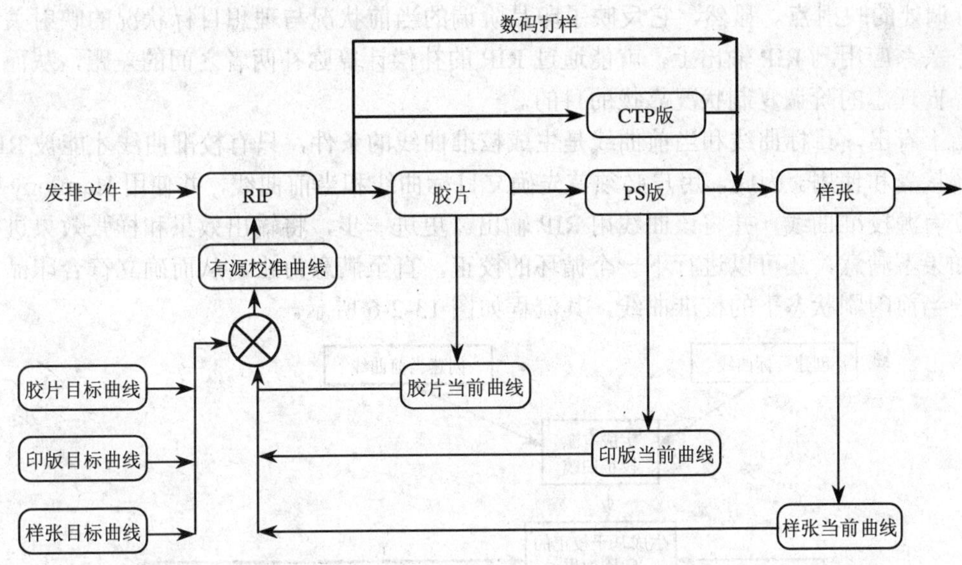

图 13-2-4　Harmony 阶调校准的检测校准闭环结构

（2）Harmony 软件的阶调校准曲线的生成原理与实现过程　如图 13-2-4 和图 13-2-5 所示，整个校正体系包括 4 种曲线：

1）目标曲线。它是客户需要的理想的印刷品的实际阶调分布曲线。

2）当前曲线，即印刷品的目前实际的阶调复制曲线。

3）有源校准曲线。它是通过目标曲线和当前曲线（针对某一个特定印刷品）计算得来的，通过这条曲线，RIP 输出系统中能够将当前曲线所描述的印品阶调调节到目标曲线所代表的该印品理想的目标阶调分布状况。

4）传递校准曲线。除了具有有源校准曲线的生成方式和功能之外，本曲线灵活定义自己的校准曲线，而且没有和目标/当前曲线绑定。

如图 13-2-5 所示为有源校准曲线的生成原理。

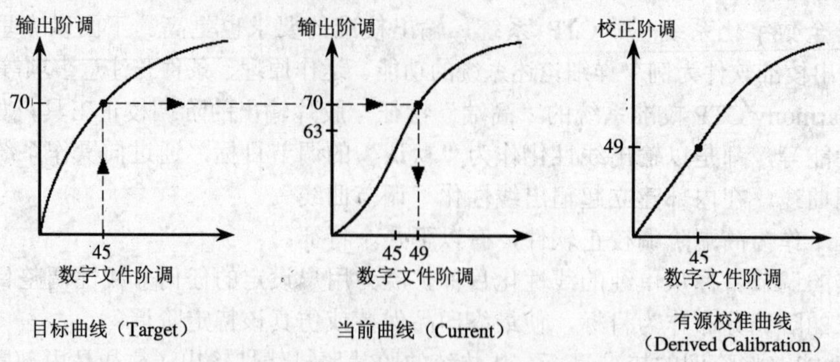

图 13-2-5　有源校准曲线的生成原理

有源校准曲线就是目标/当前曲线在整个输出阶调范围内，在相同输出阶调下的输入驱动值的比值曲线。如图 13-2-5 所示，其中显示在 70%的阶调处，目标与当前曲线的输入驱动值各为 45%和 49%，并由此生成了如图所示的有源校准曲线上的一个目标与当前曲线在 70%阶调处的映射点。显然，它反映了印品阶调的当前状况与理想目标状况的映射关系，将这个关系应用到 RIP 输出上，就能通过 RIP 的补偿计算弥补两者之间的差距，从而达到使印品向理想的阶调复制状况靠拢的目的。

由上看出，目标曲线和当前曲线是生成校准曲线的条件，只有校准曲线才能被 RIP 输出系统接受和使用。因此，用户必须首先确立目标曲线和当前曲线，并使用 Harmony 软件来建立有源校准曲线，并将该曲线用 RIP 输出。更进一步，将输出效果和样张效果进行比对。如果不满意，还可以进行下一个循环的校正，直至满意为止。从而确立符合印品目标要求的当前印刷状态下的校准曲线，其流程如图 13-2-6 所示。

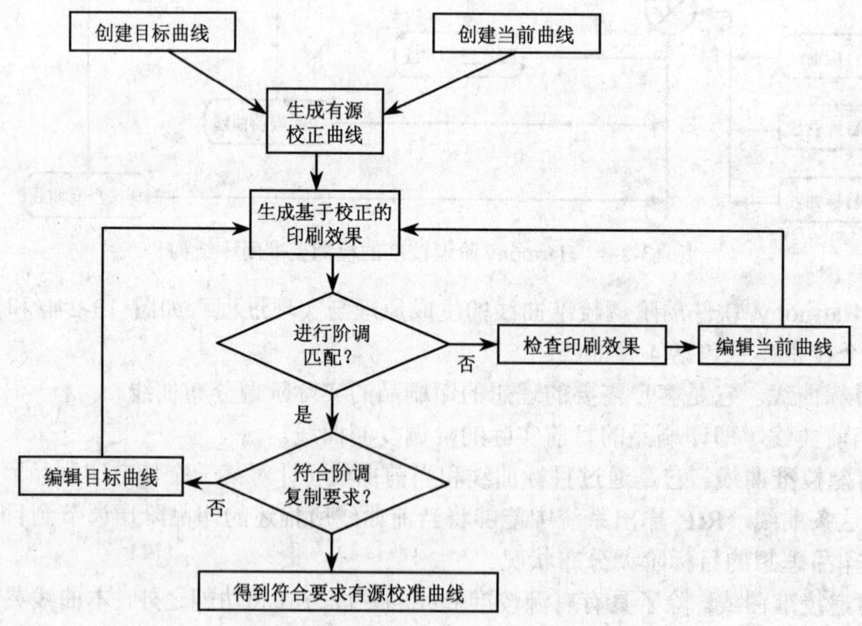

图 13-2-6　有源校准曲线的优化过程

3．校正过程的印刷适性分析

由于印刷过程中的网点扩大形成的数字原稿与印刷品的“数字阶调”和“物理阶调”不一致，因此需要阶调调整。阶调校正能够包容、掩盖和归一化以下印刷过程中的阶调变化因素：

1）不同类型的印版和胶片的使用。

2）不同类型纸张和不同的印刷方式。

3）不同类型网点形状。

4）不同的加网参数，如调频网和调幅网，加网线数（lpi）和网点大小（dpi）。

并最终通过精确控制印版（CTP 流程）或胶片（CFP 流程）上的网点尺寸大小进而实现对印刷品的阶调、饱和度和灰平衡的质量调节控制。

另外，针对某个印刷工作流程的阶调校正，其前提条件是整个生产过程必须是稳定的，每一个生产环节必须是可以控制的。其中关键的过程控制环节包括：

1）适当和优化的墨量。

2）正确的水墨平衡。

3）恰当的黑版使用。

4）正确的油墨密度。

5）合适的湿度和温度。

注意：如果用户用 CTP 输出流程，例如，输出一个调频网的印版，不需要通过调节 CTP 制版机的曝光量调节阶调，因为这种整体线性阶调升降不能满足阶调校正的功能要求，而且还会影响印版的耐印率。

还要注意：阶调校正不能控制和补偿由于半色调网点阶调形成机制的固有特点所形成的色彩漂移和阶调断裂（不连续变化）。例如，所有的调幅网都会不同程度地在阶调某处形成跳变，这些跳变不能通过阶调校正清除。

何时使用阶调校正？当对当前的印刷阶调不满意时，就应该使用阶调校正。虽然已经建立了理想的标准校准曲线，但随后印刷过程或印刷目标又发生了一些变化，这时还需要建立新的调节校准曲线以保证目标曲线的实现。例如，针对不同的印刷任务，应该有不同的印刷目标样张（阶调复制状态），以及为完成这个复制目标所具有的特定的校准曲线。如果有客户提出特殊效果的负片输出或者用 CTP 输出调频网效果等要求，就必须重新确立新的目标阶调复制效果曲线，以及建立为完成目标效果曲线所生成的阶调校准曲线。以前建立的各种效果目标的曲线仍然可以归档管理和使用。

4．获得目标、当前与校准曲线的方法

获得目标曲线的方法有两种：

1）使用预定义的目标曲线。软件中提供了通用的、具有代表性的、工业标准级的不同输出媒介上的输出曲线。

2）自己制作的目标曲线。如果将校正点直接设置在最终的输出印张上，就需要用打样稿或以前的生产样张创建目标曲线，也可以直接使用客户提供的样张。同样，如果用印版或胶片作为校正点，就要使用能够代表理想状况（例如，以前生成并证明使用满意）的印

版或胶片作为样本生成目标曲线。

获得当前曲线的方法和过程与自己制作目标曲线的方法基本相同，其关键是要获得和目标曲线相同媒介（调节点）、相同设备设置和印刷流程状态的下的当前输出（胶片、印版、印张）。

另外，目标和当前曲线的建立包括三个要素：

1）色靶梯尺。由不同网点百分比的半色调色块构成。可以用常规的 UGRA 色梯等。

2）密度计测量。测量网点百分比（网点面积率），不是直接测量密度值。另外，可以用手工输入和联机自动输入测量色靶。密度计可以设置成 Yule-Nielson 因子为 1。密度计要进行黑白场校正，并正确设置测量模式（如透射、反射、正片、负片等）。对于印版（PS、CTP）的检测，则要用印版测量仪测量网点面积率，普通密度计无法测量。

3）在各个曲线的输入界面中，输入对应的测量数据到 Harmony 之中，如图 13-2-7 所示，为当前曲线的输入界面。另外，要选择如 One Curve/CMYK Curves/Spot Curves 等不同的印刷颜色模式。

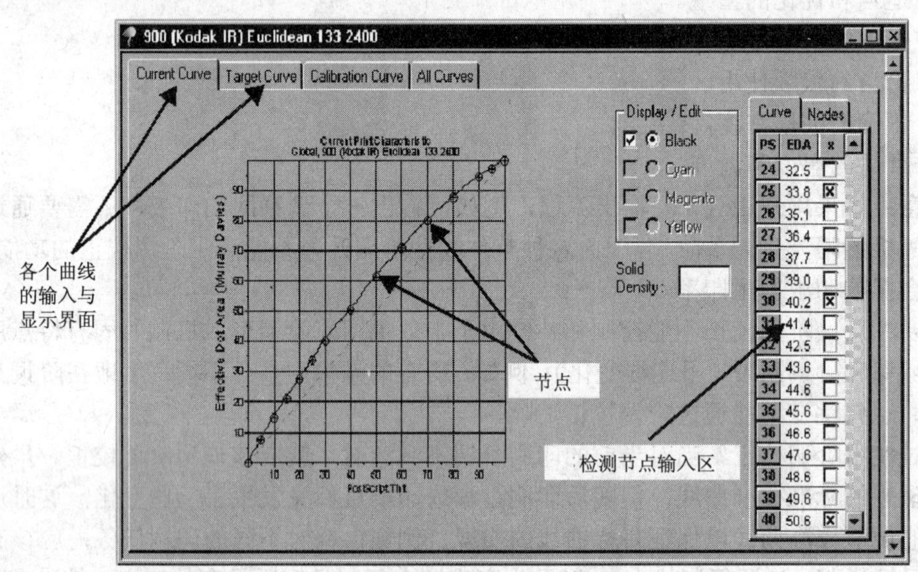

图 13-2-7　曲线测量与生成界面

最后，如图 13-2-7 所示，可以在校准曲线界面中，依据目标与当前曲线生成与调整最终可以被 RIP 使用的校准曲线。

三、典型直接制版数字化流程实例分析——印能捷流程

1. 印能捷系统的综述

印能捷是基于 PDF 的具有创新性和灵活性的工作流程管理方案，它采用了先进的技术和开放式工业标准，如 JDF（PJTF/JTP）传票和 PDF 文件，是一个全程应用 PDF 的工作流程，包括一套完整的工作流程管理工具，可以进行页面处理，连接打样、照排机和直接制版机。在整个系统中，印能捷运用 JDF 工作传票来传递处理指令。这些处理计划可以组

合在一起作为工作模板（也称做工作流程计划）创建自动印前工作流程。印能捷采用分布式工作流程的结构，可以进行后期修改，并且支持多种输出设备。如图 13-2-8 所示，印能捷系统的结构与工作流程，其中主要包括以下方面：

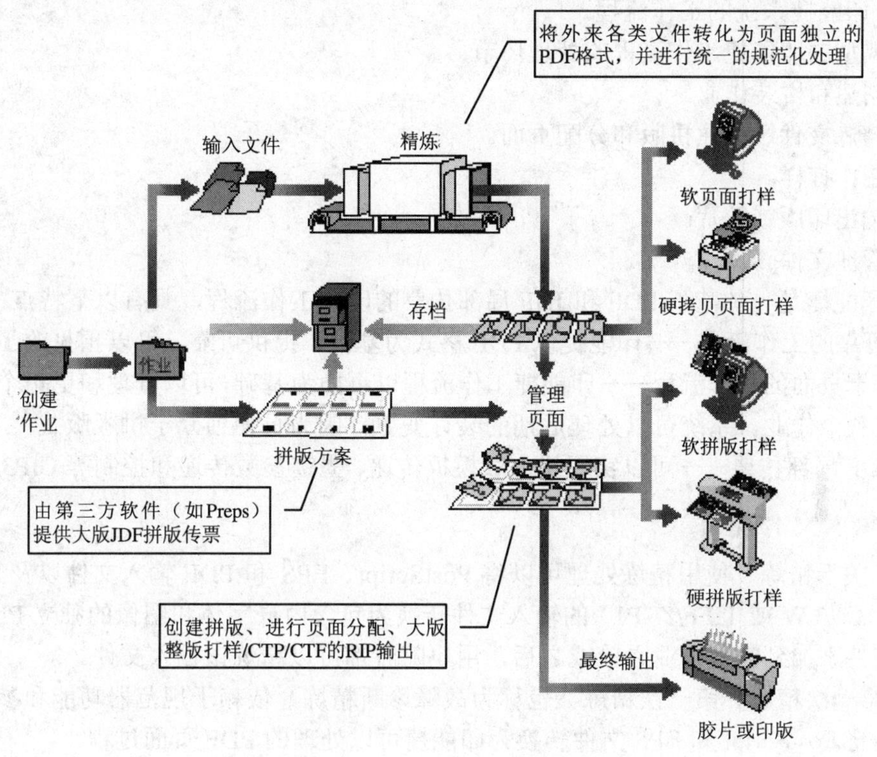

图 13-2-8　印能捷系统工作流程

（1）印能捷系统的核心功能

1）它是一个功能强大的文件处理和组版平台。

a．作业准备。

b．基于互联网的联机客户的作业准备。

c．作业精练和分配页面。

d．作业存档管理。

2）它是一个具有强大生产力的生产过程的控制平台。

a．使用作业管理器和队列管理器，对处于生产流程中的作业进行监控和生产安排。

b．用“处理方案”的批处理设定功能，该系统能针对类似的处理进行流程的自动执行和管理。例如，文件优化、陷印、打样、拼版、存档、作业跟踪、制作胶片和制版等，从而提高了系统生产率。

3）它是一个功能强大的 RIP 输出系统。

a．进行颜色和印刷色序的修改。

b．进行各种印刷标记的设定和管理。

c．快速陷印——印能捷基于矢量的陷印软件的速度远远超过基于光栅的陷印软件速度。

d．设定输出系统的校准曲线。

e．设定各种输出网型。

f．驱动各种类型的打样输出（单张和拼版页面）。

g．驱动各种类型的直接制版系统和大幅面胶片照排机。

（2）印能捷系统的工作流程

1）典型的印能捷工作流程的处理环节：

a．创建和拼装作业。

b．精炼文件、创建拼版和分配页面。

c．制作打样。

d．输出印版或胶片。

e．管理文件。

2）印能捷是一种基于 PDF 和 JDF 局部传票的印前工作流程，具有以下特点：

a．可靠的工作流程——印能捷以 PDF 格式为基础，提供可靠、可以预见的工作流程。

b. 基于页面的工作流程——印能捷工作流程以页面为基础，可以管理和更正个别页面，无需重建整个作业。系统可以处理后期的装订变更，因为页面独立于拼版版式。

c．JDF 局部传票——可以实现拼大版模板传递、墨键参数传递和控制等 CIP3 的控制。

2．输入文件精炼

（1）关于精炼　使用精炼处理可以将 PostScript、EPS 和 PDF 输入文件以及其他格式（如必胜 CT/LW 或 TIFF/IT-P1）的输入文件转换为包含内嵌字体和图像的独立 PDF 页面。在输入文件添加到流程作业之前或之后，用户随时都可以精炼该输入文件。

1）第一次精炼。第一次精炼（也称为故障诊断精炼）依赖于规范器功能和参数设置。规范化是将 PostScript 和 EPS 文件转换为印能捷可以处理的 PDF 页面过程。

2）重新精炼。印能捷的一个关键功能是在最后一刻都可以对作业进行更改。要更改作业的内容，可以在 Acrobat 中编辑 PDF 页面，也可以返回到原应用程序中。如果在原应用程序中编辑源文件，则必须重新精炼更改后的文件。

（2）精炼处理方案与主要参数　精炼器根据用户为作业选择的精炼处理方案及其设置选项处理输入文件。用户可以在将输入文件添加到作业时精炼输入文件，也可以在添加文件后精炼。精炼处理方案控制每个步骤如何运作，以及执行哪些可选处理。

精炼处理方案包括以下主要处理：

1）CEPS 转换。精炼处理方案的 CEPS 转换部分定义了印能捷如何处理必胜 CT/LW 或 TIFF/IT-P1 输入文件。在这里用户可以设置需要重新采样的文件和指定分辨率参数。用户还可以缩放文件，建议不使用缩放。

2）输入文件精炼。规范化选项在精炼处理方案的规范化部分进行设置，如图 13-2-9 左所示，规范化处理中有以下几个选项：

a．默认页面尺寸（标准、自定义、忽略）。

b．图像[OPI（开放式印前界面）替换、低分辨率、缺少]。

c．字体处理（缺少、默认）。

d．线条处理（粗细、极细线）。

e．PDF 保护密码。

f．输入配置文件（浏览规范器输入配置）。

g．分色（重组）。

h．颜色空间控制（检测和忽略、警告或失败）。

i．CEPS 检测器。

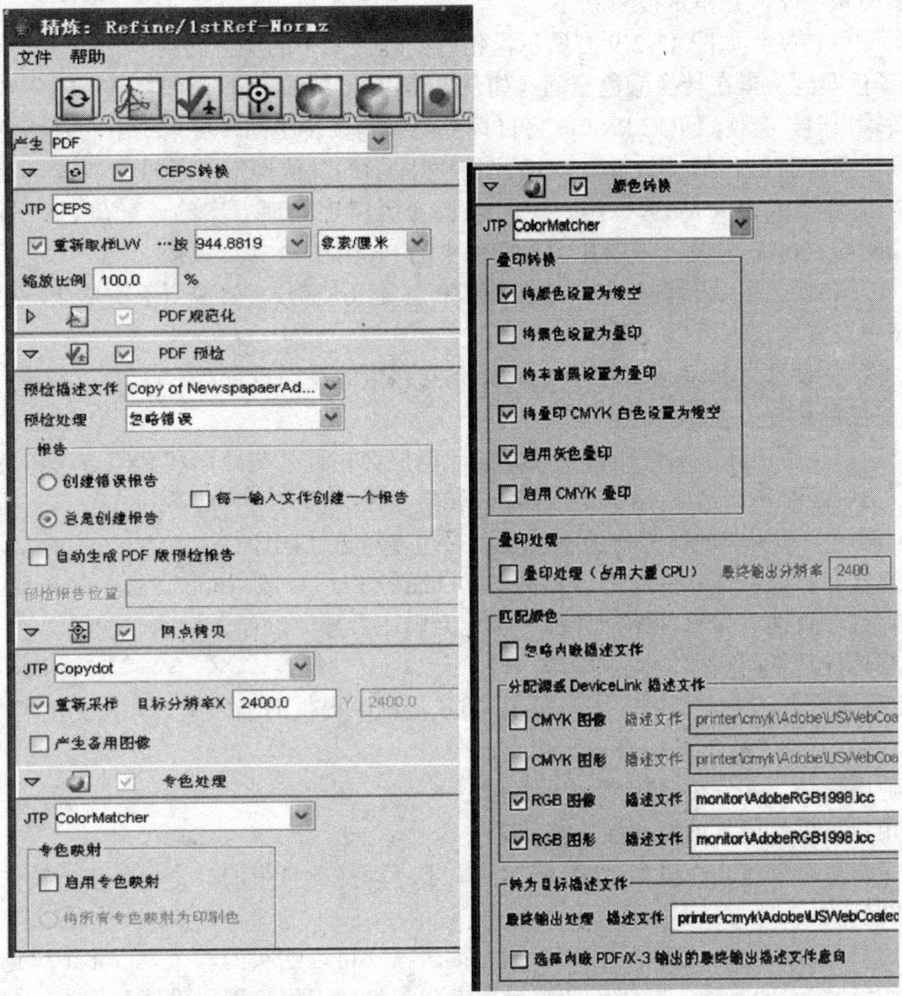

图 13-2-9　精练处理方案中的文件精炼分项（左）与色彩转换分项（右）

（3）网点拷贝　精炼处理方案的网点拷贝部分告诉印能捷系统如何处理网点拷贝文件。用户可以用指定的分辨率重新采样网点拷贝文件。当希望已精炼页面中网点拷贝图像的分辨率与输出设备的分辨率相匹配时，可以使用此部分的处理方案。

（4）专色映射　专色映射是指处理输入文件中的专色。使用印能捷用户可以执行下列操作：

1）将输入文件中的专色转成印刷色。

2）保留输入文件中的专色定义。利用颜色映射对话框可以多种操作，如添加颜色别名、互相映射颜色、映射颜色值至颜色别名、指定颜色印刷色序、添加颜色定义到颜色编辑器的作业选项卡，以及编辑颜色编辑器作业选项卡中的颜色定义等。在颜色映射对话框中设置的选项会在重新精炼处理过程中执行。

3）指定颜色配置来源。对于专色映射，用户可以选择让印能捷系统使用内嵌在文件中的颜色配置，或者让印能捷搜索颜色库。如果选择让印能捷搜索颜色库，用户可以选择印能捷搜索的颜色库，并指定搜索顺序。

（5）颜色转换　如图 13-2-9 右所示，精炼处理方案中的颜色转换包括：

1）颜色匹配。指在转换颜色空间（如从 RGB 到 CMYK）时，保持颜色的一致性。在文件准备输出时，会使用 ICC Profile 将目标色映射到设备空间，使系统中的目标色与输出设备之间尽量保持颜色的一致性。RGB 图像和图形的默认操作是通过印能捷自带的标准 ICC 描述文件转换为 CMYK。用户也可以选择用精炼处理方案的匹配颜色：分配源或 DeviceLink 的 Profile 来覆盖内嵌在输入文件中的 Profile。

2）叠印转换。手动和自动方式处理叠印和套印（镂空）。要使用手动功能，要在精炼处理方案中设置选项。可以设置下列选项：

a．将颜色设置为套印（镂空），忽略输入文件中的叠印设置；

b．将黑色设置为叠印。

不管用户是否选择手动叠印转换设置，印能捷会执行某些叠印和套印自动转换，如白色镂空、刀版线叠印、透明叠印和连续灰阶转换为黑分色。

（6）陷印　使用印能捷工作流程，可以采用多种方式陷印：

1）直接在页面制作软件中陷印，例如，QuarkXPress™或 Adobe PageMaker®。

2）通过在页面制作软件的插件程序中定义陷印参数，以便之后陷印使用。

3）精炼处理期间在印能捷中陷印。

在上述多个方法中，最好的用法是用 CTP 流程中提供的陷印工具，如克里奥 PDF 陷印软件，相对其他方式的陷印有以下优点：

1）速度更快，并保持分辨率不受影响。

2）用户可以扩展、内缩和居中陷印。

3）用户可以创建在克里奥 PDF 陷印查看器（印能捷自带的一个 Acrobat 插件程序）中查看的陷印。

4）用户可以创建使用克里奥 PDF 陷印编辑器（可以购买的一个 Acrobat 可选插件程序）进行互动编辑的陷印。高级陷印编辑器专门为包装工作流程而设计。

另外，印能捷用精炼处理方案设置的陷印参数，也称为批处理陷印。如果需要调整陷印，可以使用陷印编辑器插件程序重新陷印页面或更改个别陷印，或者使用不同的处理方案选项重新精炼。

（7）优化　精炼处理方案的优化部分定义了印能捷如何优化输入文件中的高分辨率图像。在优化部分，用户还可以选择在输入文件中生成低分辨率版本的备用图像，备用图像用于：

1）印能捷客户端发布 PDF 文件菜单选项。

2）使用印易通网络接口软件下载的 PDF 校样。

3）查看加速器插件程序，以加快 Acrobat 中的图像显示。

（8）预视图　预视图是页面的一个低分辨率采样图像。要生成预视图，要使用精炼处理方案，并选择预视图。如果在精炼过程中未生成预视图，但仍使用预视图查看，印能捷

会显示空白预视图。

（9）拼版　精炼处理方案的拼版部分定义了印能捷在精炼处理后如何自动处理拼版方案。印能捷可以进行以下的操作：

1）印能捷将精炼输入文件，自动创建页面顺序和拼版方案，并将两者组装起来。

2）印能捷精炼输入文件，手工创建页面顺序，并根据输入文件中的页面顺序把页面分配到页面顺序中。

3）新页面分配。

a．保留分配——新页面不会自动分配至页面位置。

b．替换分配——新页面会自动分配至页面位置，替换页面顺序中的现有页面。

3．分配页面处理

（1）创建拼版方案　在可以将拼版格式另存为 JDF 或 Adobe 便携式作业传票文件（.jt）的软件中创建拼版方案。如图 13-2-10 所示为使用 Preps®构建拼大版模版的流程，具体方法在拼大版一章中已经有详细的论述。特别强调：为添加到印能捷而创建的拼版方案通常没有页面内容，只是使用空白页面进行“占位”。形成了包含空白页的拼版方案，并另存为作业传票文件（如 Preps 输出的*.jt 文件）。该版式传票可以供可里奥的拼大版软件导入使用。

另外要强调，在其他系统中，模版设计与拼大版处理的平台可以是多种方式，如集成一体或基于 JDF 等格式的传票沟通关系。

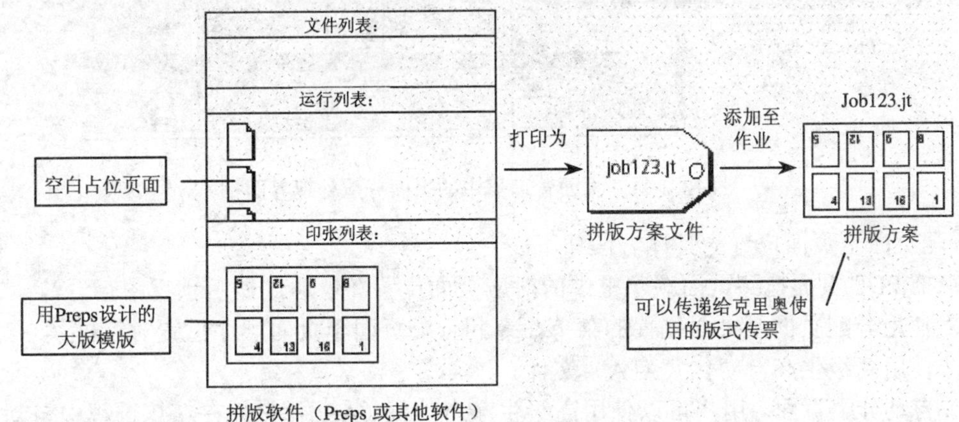

图 13-2-10　在 Preps 中创建拼版方案

（2）导入拼版方案和待分配页面　在向克里奥系统导入上述的拼版传票之后，印能捷会自动将传票添加到如图 13-2-11 所示上方的页面顺序框中。同样，将精炼后的 PDF 页面导入图 13-2-11 下方的待分配页面框中。然后即可进行大版的生成工序。

（3）分配页面至页面位置

1）手动分配页面。精炼之后，待分配的页面被放置在如图 13-2-11 下方的“页面”框中，用户可以进一步分配 PDF 页面到页面位置。可以在下列位置分配页面：

a．在图 13-2-11 中的作业管理器页面顺序框中。

b．在作业管理器印张视图的拼版方案中。

c．在分配菜单选项的列表视图中。

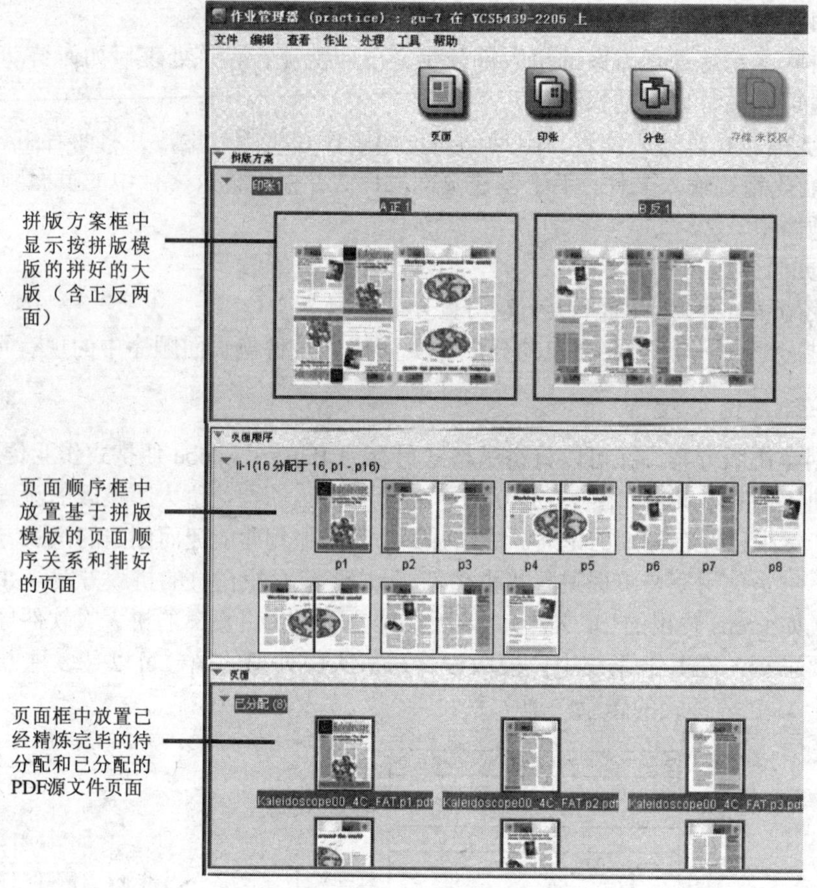

图 13-2-11　页面管理器中的页面分配处理界面

分配页面至页面位置的具体方法如下：

a．把 PDF 页面拖到页面顺序框中的对应页面位置（仅通过显示预视图查看）。

b．使用分配页面至页面位置的菜单命令和分配页面至页面顺序位置对话框。

c．使用高级生产自动化（APA）文件。

2）自动分配页面。用户可以使用高级生产自动化（APA）文件在精炼过程中自动分配页面至页面位置。APA 文件是一个文本文件，它告诉印能捷哪个 PDF 页面分配至哪个页面位置。用户可以使用同一个 APA 文件设置页面尺寸。

要使用 APA 文件，选择精炼处理方案拼版部分的 APA 选项。在精炼过程中，印能捷生成 PDF 文件，然后调用 APA 文件。印能捷使用 APA 文件中的指令，自动把每个 PDF 页面分配到页面位置。

4．作业处理监控功能

用户可在多个地方监视作业的活动。

1）当前的活动处理：作业管理器中的活动处理窗格和动态栏。

2）活动处理的详细情况："处理信息"对话框。

3）队列和活动作业处理的状态：队列管理器。

4）所有作业活动的详细情况：作业管理器中的历史记录视图。

（1）作业管理器中的活动处理窗和动态栏　如图 13-2-12 所示是作业管理器中活动处理窗中的条件状态与活动状态的各种情况。

（2）处理信息对话框　要查看有关活动处理的详细信息，双击活动处理窗格中的图标。"处理信息"对话框即会出现，如图 13-2-13 所示。

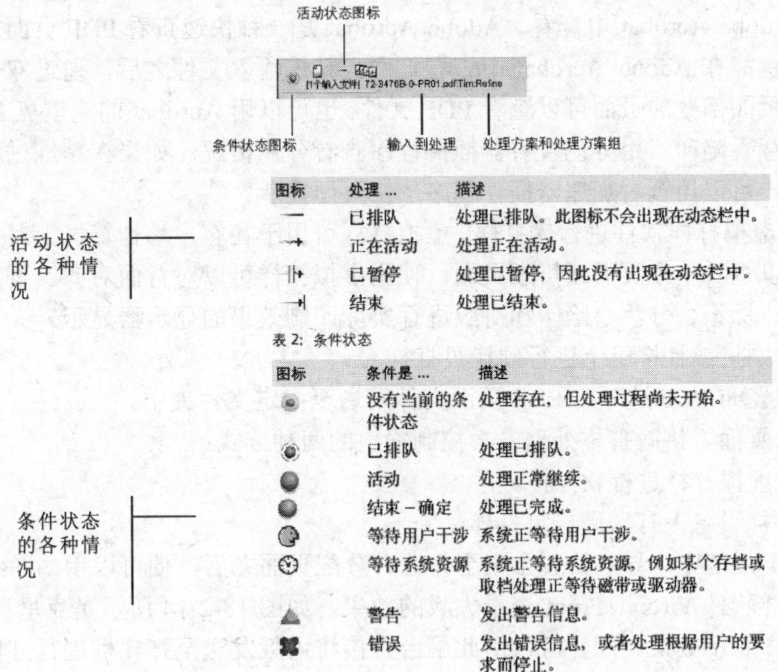

图标	处理 ...	描述
—	已排队	处理已排队。此图标不会出现在动态栏中。
→	正在活动	处理正在活动。
⊪	已暂停	处理已暂停，因此没有出现在动态栏中。
→|	结束	处理已结束。

表 2：条件状态

图标	条件是 ...	描述
	没有当前的条件状态	处理存在，但处理过程尚未开始。
	已排队	处理已排队。
	活动	处理正常继续。
	结束－确定	处理已完成。
	等待用户干涉	系统正等待用户干涉。
	等待系统资源	系统正等待系统资源，例如某个存档或取档处理正等待磁带或驱动器。
	警告	发出警告信息。
	错误	发出错误信息，或者处理根据用户的要求而停止。

图 13-2-12　作业处理监控中的各种状态

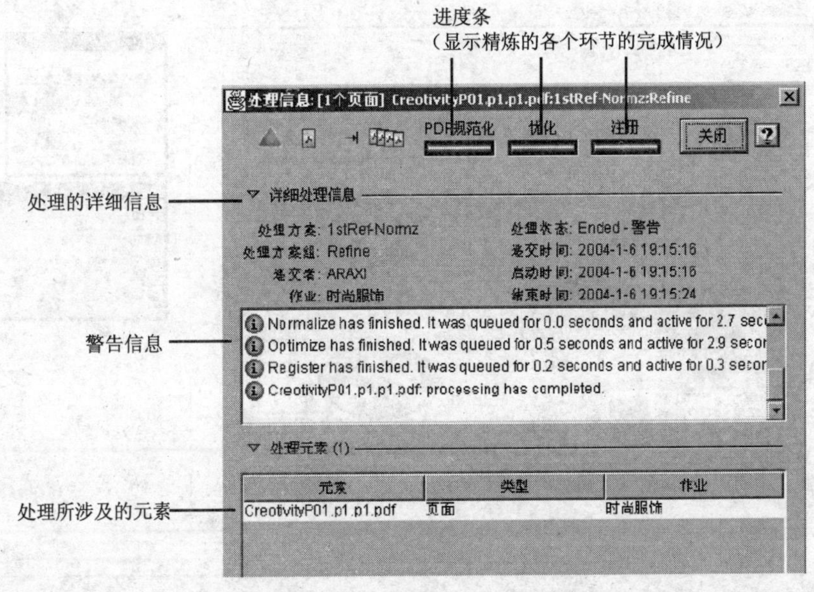

图 13-2-13　处理信息对话框

5．打样与输出设置

（1）打样控制　在印能捷中可以创建页面、拼版或单个印面的打样。可以创建在显示器上查看的打样（软打样），也可以将打样发送至不同类型的输出设备。并且可以对每种打样的批准状态进行跟踪。

1）单页（没有拼版）打样

a．在 Adobe Acrobat 中查看。Adobe Acrobat 是一种快速查看 PDF 页面的方式。不需要制作打样也能在 Adobe Acrobat 中查看页面。精炼输入文件之后，通过双击作业管理器页面视图的页面部分的页面可以查看 PDF 文件。也可以用 Acrobat 的克里奥 PDF 陷印查看器插件程序查看陷印，用分色查看器插件程序查看分色情况。如果在精炼过程中生成了备用图像，用户可以用查看加速器插件程序加快页面显示。

b．通过虚拟打样软件进行软打样。虚拟打样可用于在客户端计算机上对作业进行软打样。用户可以查看单个页面或拼版页面。使用虚拟打样可以对背面对齐、页间距尺寸、出血线、套准、标记、分色、陷印和拼版进行实际印刷效果的显示器显示。

c．在印刷机或打样机上进行硬拷贝打样。

d．使用发布 PDF 选项将 PDF 页面文件发送至指定文件夹中。

2）拼版页面。拼版打样处理方案控制输出的两种方式：

a．通过虚拟打样进行软打样。

b．在打样设备上打印硬拷贝打样。

在克里奥系统中，导入拼版方案至作业并分配页面之后，便可以用如图 13-2-15 上所示的虚拟打样软件 Virtual Proof 查看大版的效果。如图 13-2-14 所示是克里奥 VPS 虚拟打样插件的打样显示效果。同样可以用此平台直接将大版发送至打样机进行打样（如果打样机幅面没有问题的话）。

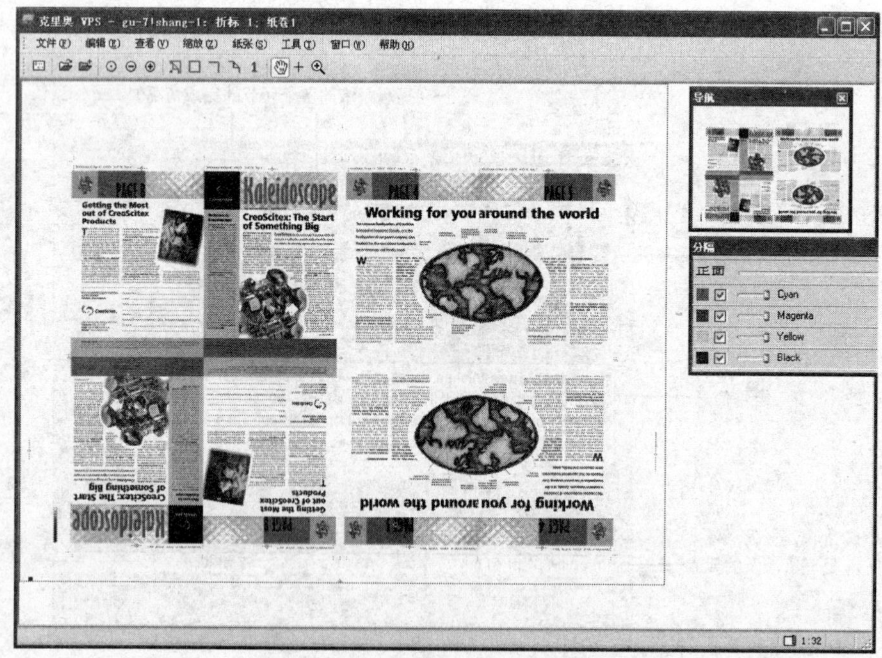

图 13-2-14　对开整版的软打样效果

（2）大版的 PS 或 PDF 输出文件的生成　如果要将拼大版结果输出到数码打样或 CFP/CTP 制版输出系统，就需要生成大版的 PS 或 PDF 输出文件。其方法如图 13-2-15（上）所示，只要使用虚拟打样的输出选择项目中的 PS 和 PDF 输出选项，如选择 PS2、PS3、PDF-1a2001（失量输出）、EPS（失量输出）等文件格式，即可建立用于 CTP 或 CFP 的输出所需要的文件，如图 13-2-15（下）中所显示的就是已经生成的在默认文件夹中的某个大版的 A（正面）、B（背面）两面的 PS 和 PDF 页面。

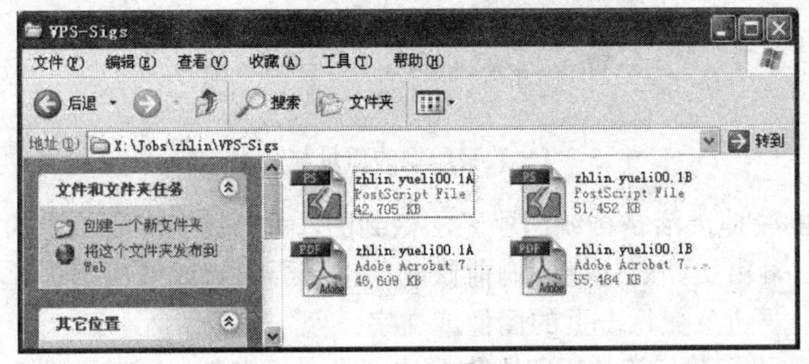

图 13-2-15　大版正反（A、B）两面的 PS 或 PDF 输出文件的生成

（3）加网　用户可以用 Acrobat 的 DotShop 加网插件程序查看和编辑 PDF 文件中的加网信息。DotShop 附带一个加网系统库，可以用于 PDF 文件中的元素。用户可以根据印刷需要自定义加网系统。

使用 DotShop 加网系统可以在下列级别上编辑 PDF 文件中的加网：

1）页面上的对象。

2）页面上的对象组。

3）文档中的页面。

4）整个文档。

另外，DotShop 有一个选择工具，用于选择要应用加网的元素。

第三节　数字印刷技术

一、特点与优劣

数字印刷技术与传统印刷机比较，有以下优点：

1）周期短。数码印刷无需胶片，自动化印前准备，印刷机直接提供打样，省去了传统的印版，不用软片，简化了制版工艺，并省去了装版定位、水墨平衡等一系列的传统印刷工艺过程。

2）数字印刷品的单价成本与印数无关，其印数一般在 50～5000 份的印刷作业。其质量与最佳印数的关系如图 13-3-1 所示。

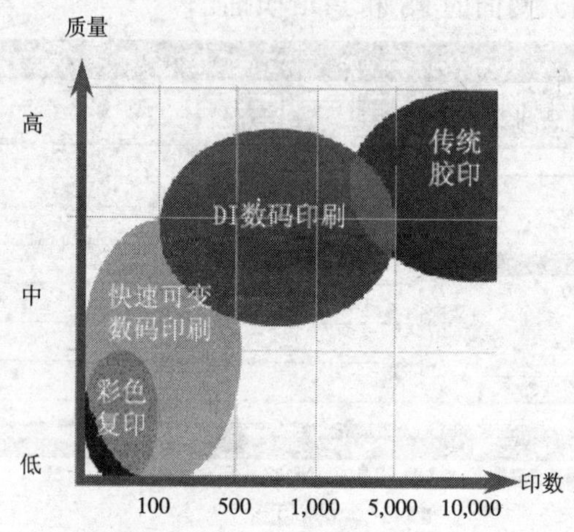

图 13-3-1　数字印刷的质量与适用范围

3）数字印刷的快捷灵活是传统印刷无法做到的，由于数字印刷机中的印版或感光鼓可以实时生成影像，输出文档即使在印刷前修改，也不会引起或造成损失。电子印版或感光鼓可以一边印刷，一边改变每一页的图像或文字。

4）便于与客户进行数字连接，印刷作业被制成电子文件，所有文件的传输都是通过高速远距离通信进行传递，其中包括互联网。此种方式将客户和印刷服务有机地连接起来。

总之，数字印刷在按需印刷、可变数据印刷、发行等方面具有其他印刷不可比拟的优势，很好地解决了活件的周转时间快，印刷版本不同，内容的定制化和个性化等问题

数字印刷系统是由印前系统和数字印刷机组成，有些系统还配有装订和裁切设备，取消了分色、拼版、制版、试车等步骤。目前，数字印刷机可以分为在机成像印刷和可变数据印刷两大类型。

二、在机成像印刷

在机成像印刷（Direct Image/DI）是指将制版的过程直接拿到印刷机上完成，省略了中间的拼版、出片、晒版、装版等步骤，从计算机到印刷机是一个直接的过程；DI 印刷机实为胶印机，集成了印版成像系统，制好的印版可用于印刷大量的同一内容的印品，印刷方式与传统胶印一样。

它是基于胶印原理，用在机制版技术的数字印刷机。此印刷机的主要目标是适应高质量的商业印刷、最短的开机准备时间与快速交货的需求。一般来说，此类数字印刷机与传统的胶印机有许多相似之处，但自动化程度远远高于传统胶印机。

以海德堡在全球市场上占有最大的安装份额的数字印刷机中的一款为例，简要说明其

基本的结构与原理。

（1）印版生成原理　如图 13-3-2a 所示，显示了 DI 印刷的在机制版系统的工作原理。所用的印版采用三层结构，表层为硅胶制作的斥墨层，里层为吸墨层，中间为隔离层。印版成像时，对需要着墨的机器点，使用激光灼烧表层和中间层，露出吸墨层。不需要着墨的机器点就不被激光灼烧，从而形成了印刷的半色调印版图像。印刷时用无水印刷方式，省掉了水辊系统和水墨平衡的复杂调节。如图 13-3-3 所示是机器的无水印刷的墨路与激光头的位置。

（2）印版的更换　如图 13-3-2b 所示，其卷筒状的印版材料滚和收版滚都放置在滚筒内部，在一个版面使用完毕之后，有自己的动力机构自动完成旧版回收和新版覆盖印版滚筒表面的工作。

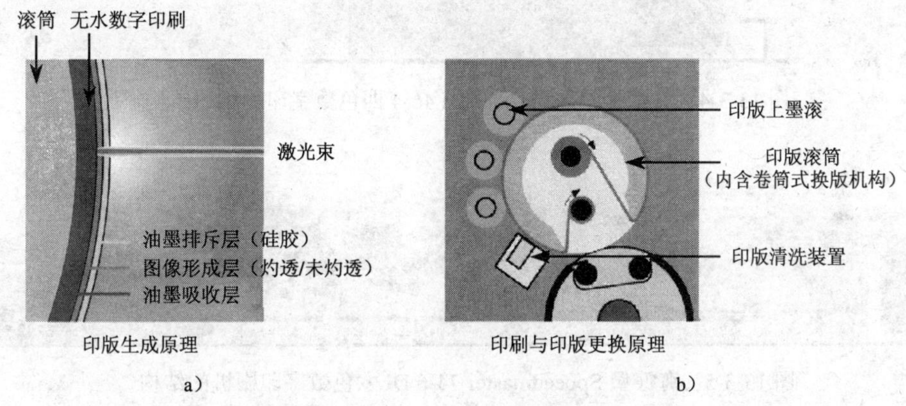

图 13-3-2　印版生成与更换机构

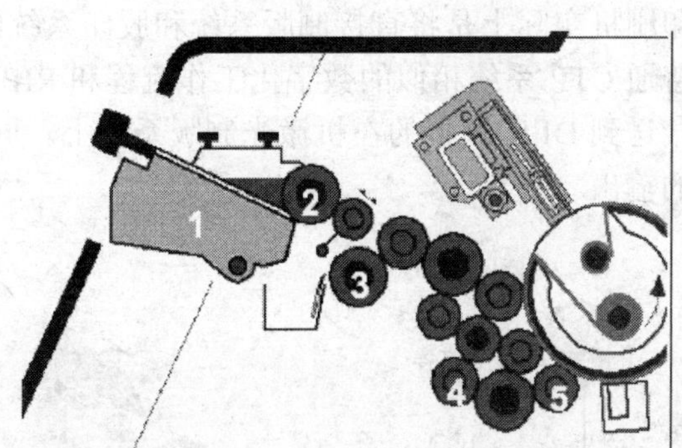

图 13-3-3　无水印刷墨路和激光头

（3）基本机型与整体结构　如图 13-3-4 所示是海德堡 Quickmaster DI 46-4 四色数字印刷机的结构，其特点是结构紧凑，使用一个大的走纸辊筒和四个小的橡胶滚筒进行印刷，由于采用无水印刷，因此结构比较紧凑，适合办公楼等需要中批量快速印刷的需要，成为和下面所述的基于激光静电成像的色份数字印刷系统高低衔接的系统。

如图 13-3-5 所示是海德堡 Spoeedmaster 74-6 DI 六色数字印刷机的结构。可以看出，它是 DI 印刷原理的高端机型。采用了和普通单张纸胶印机相似的整体结构，但同样使用了在机激光制版系统和无水胶印的基本原理。其印刷速度和印刷幅面都和普通的单张纸胶印机相似，但增加了快速印版在机制作。特别适合中批量的快速印刷的市场需要，延伸了胶印的竞争力。

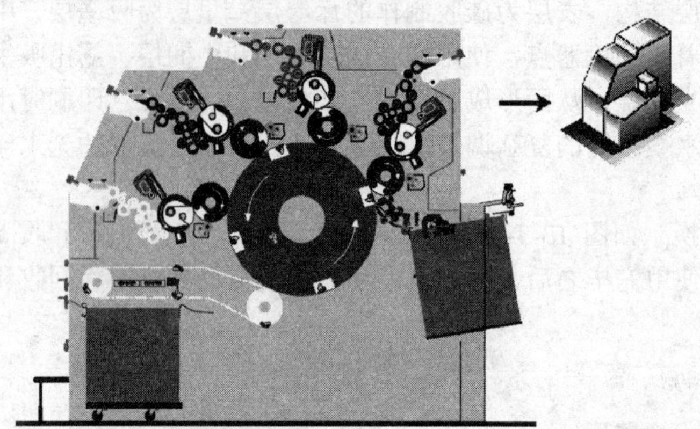

图 13-3-4　海德堡 Quickmaster DI 46-4 四色数字印刷机的结构

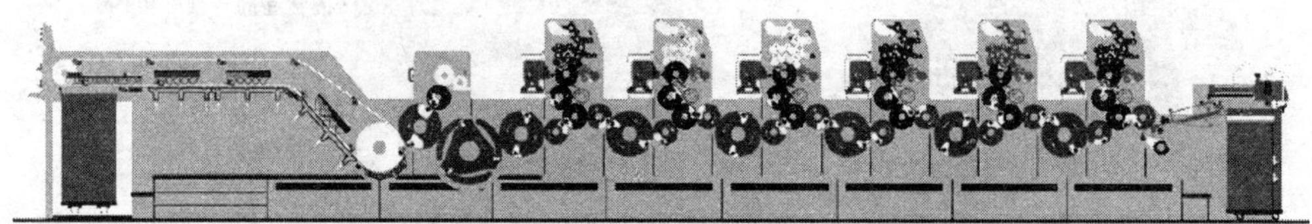

图 13-3-5　海德堡 Spoeedmaster 74-6 DI 六色数字印刷机的结构

（4）基本数字化流程结构　如图 13-3-6 所示是 DI 数码印刷系统的信息驱动结构。可以看出，由于 DI 数码印刷机实际上是将直接制版系统和胶印系统组合在一起。因此，直接制版系统需要使用和普通 CTP 系统相似的数字化工作流程和 RIP 输出系统。只是这个系统将最后的输出数据直接送到 DI 印刷机的在机激光制版系统上。同样，这个 DI RIP 系统也可以进行彩色打样稿的输出。

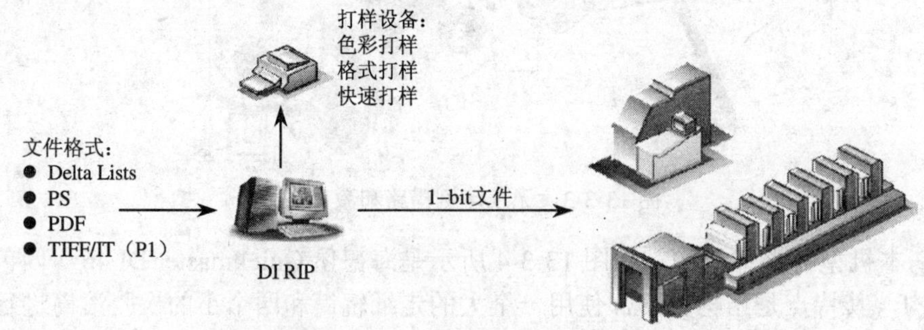

图 13-3-6　数码印刷的 RIP 系统

三、可变数据印刷

可变数据印刷（Variable imagedigital presses）指在印刷机不停机的情况下，能在连续

印刷过程中需要改变印品的图文（也就是所谓的可变数据）系统及其原理，即在印刷过程不间断的前提下，印刷出不同的印品图文。

可变数据印刷根据成像原理不同可以分为三大类。

1．基于静电成像（Xerography）技术的系统

（彩色）激光印字机就是典型的非生产机型，其成像原理如图 13-3-7 所示，它是利用激光扫描的方法在光导体上形成静电潜影，在静电场力的作用下，带电色粉会自动聚集到潜影上，然后清除剩余的色粉，再经过转移、定影和清洗过程，达到完成将色粉影像转移到承印物上的目的。它是应用最广泛的数字印刷技术。非生产型数字印刷机的性能和质量也能满足印刷的基本要求，但价格比较便宜，印刷速度略低。

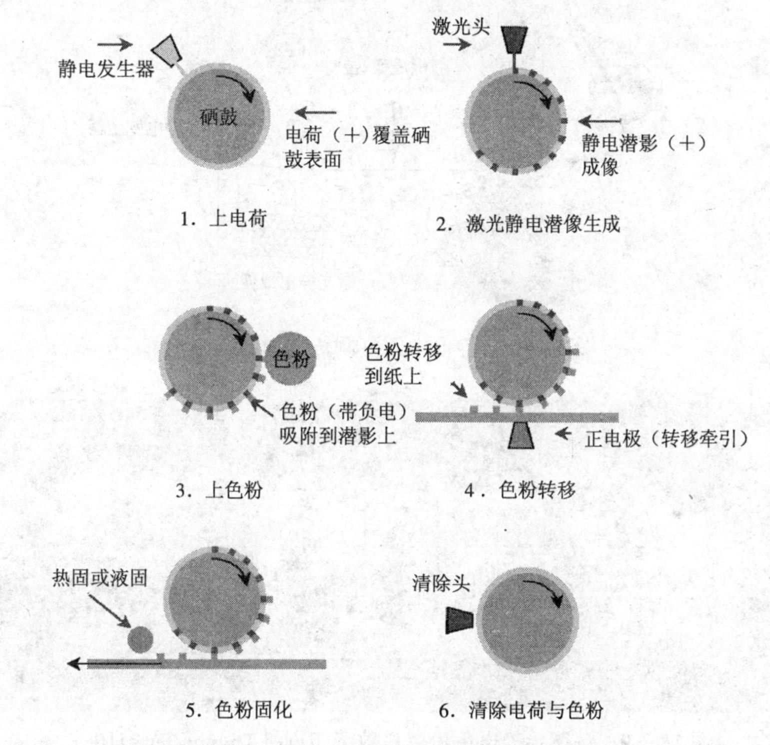

图 13-3-7　基于静电潜影的激光印字机工作原理

基于色粉技术的彩色数字印刷机既有非生产型的激光印字机，也有具有工业化批量生产能力和较高印刷速度，并适合长时间运行的生产型机型。这类机型的一些共同特点：

1）静电色粉页面图像的承载和转移机构一般都用中间复制传送带结构，而不是硒鼓，其结构如图 13-3-8 所示，这种带状静电转移图像的结构可以给系统的结构设计带来很大的灵活性和更大的印刷幅面，并且可以实现一带印两面的功能等。因此，它是所有生产型激光静电系统结构的共同特点。

2）生产型一般具有单双面和单色/彩色的不同组合类型的机型。如图 13-3-9 所示是海德堡静电色粉黑白数字印刷机 Digimaster 9110，其功能特点除了能够进行快速的可变数据的印刷输出外，还能够方便地切换各种类型的纸张和印刷幅面，如果加上后续的各种印后加工配套单元，则还能自动进行配页、装订成册等功能。其印刷速度为 A4：110 张/min、

A3: 55 张/min。图 13-3-10 所示是一款四色静电色粉彩色数字印刷机，基本参数是 A4: 2100 张/h，四色以上，使用纸张为 80～300g，最大尺寸 350mm×470mm。其内部结构可以看成是由四个生产型单色机组组合而成的。

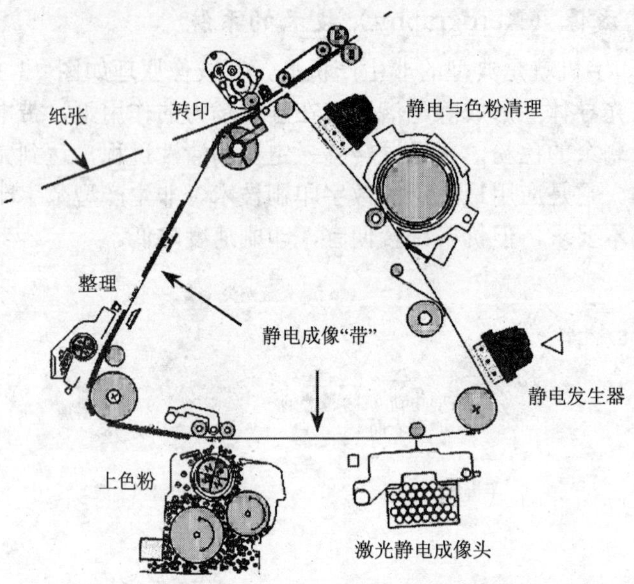

图 13-3-8　静电中间复制传送带结构

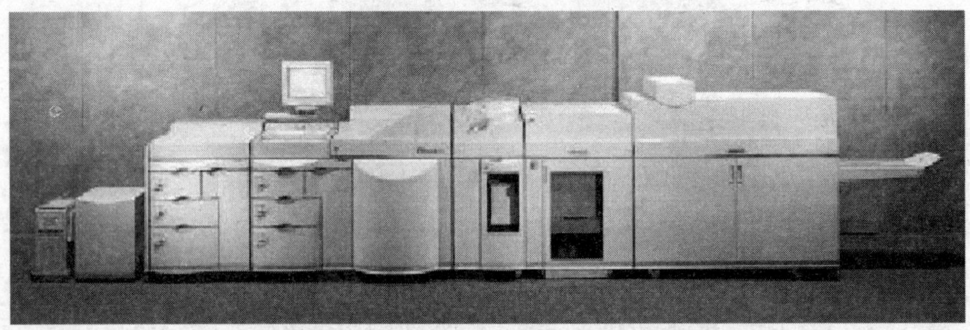

图 13-3-9　海德堡静电色粉黑白数字印刷机 Digimaster 9110

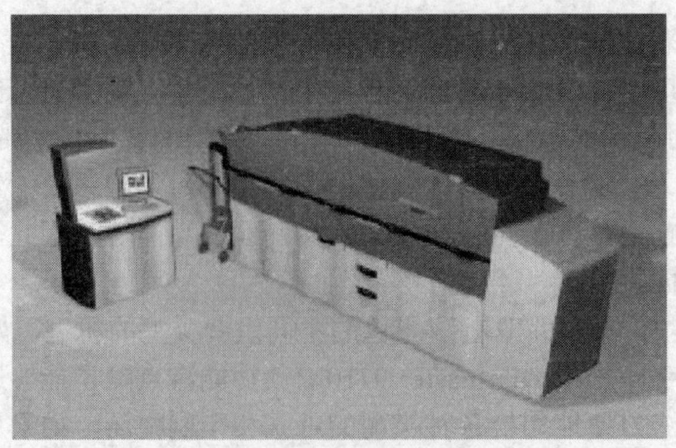

图 13-3-10　海德堡静电色粉彩色数字印刷机 NexPress

无论是生产型或非生产型机型，使用最广泛的是干色粉。干粉分单组分墨粉和双组分墨粉：单组分墨粉既是着色剂，又是色粉本身。同一种色粉分别带正负两种电荷，无须载体；双组分墨粉由载体颗粒和颜料颗粒（着色剂）组成，双组分墨粉中颜料颗粒是不带电荷的，带电的颗粒是载体颗粒，细小的颜料颗粒可以附着在载体颗粒上，当载体颗粒将颜料颗粒转运到承印材料后，载体也就完成了使命。

无论单组分或双组分，其色粉的颜料颗粒的尺寸大小决定了最终图像的分辨力，通常单个颜料颗粒的平均直径为6～8μm，其支持的输出分辨率一般为600dpi左右。如图13-3-11所示是其半色调的微观结构，从图中可以明显看出，由于受色粉颗粒大小与静电的呈像定位不够准确的影响，其边界锐度不够，因此，一般都是用调幅加网的半色调结构，较难使用调频网。

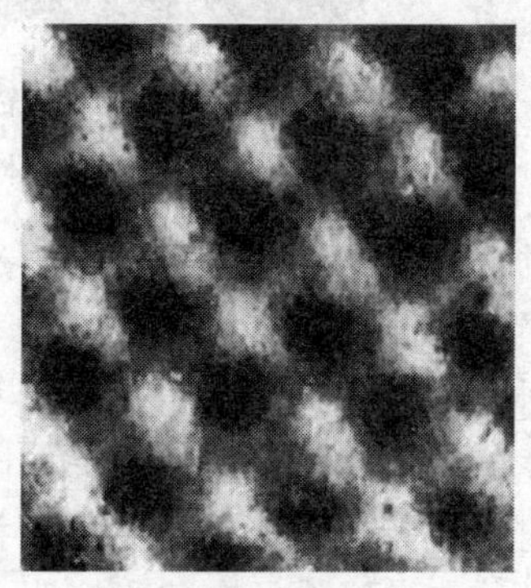

图13-3-11 使用色粉与静电成像的半色调的微观结构

另外一种色粉为液体色粉（或称电子油墨），它是由许多悬浮在油中的颜料细小颗粒组成的。由于液体油墨微粒是带电的，因此，能够控制油液中颜料颗粒的位置。另一方面，油墨微粒中的颜料颗粒比色粉要小得多，能达到 1～2μm。因此，采用它能够印刷出分辨率800dpi或更高的印品，图像再现的光滑度好、边缘锐利、墨层较薄。它是Indigo公司的专利，目前，这种油墨广泛应用于HP-Indigo数字彩色胶印系统中。

2. 喷墨印刷（Ink-jet printing system）：

喷墨印刷的原理是将油墨以一定的速度从微细的喷嘴射到承印物上，然后通过油墨与承印物的相互作用实现油墨影像再现。按照喷墨的形式可分为：

（1）按需（脉冲）喷墨（drop-on-demandor impuise） 按需喷墨也叫脉冲给墨，按需喷墨与连续喷墨的不同就在于按需喷墨作用于储墨盒的压力不是连续的，只是当有墨滴需要时才会有压力作用，是受成像计算机的数字电信号所控制。由于没有了墨滴的偏移，墨槽和循环系统就可以省去，简化了打印机的结构。通过加热或压电晶体把数字信号转成瞬时的压力，压电技术是产生墨滴的最简单方式之一。利用压电效应，当压电晶体受到微小电子脉冲作用会立即膨胀，使与之相连的储墨盒受压产生墨滴。最有代表性的喷墨技术是压电陶瓷技术。

（2）连续喷墨（continuous inkjet） 连续喷墨系统利用压力使墨通过窄孔形成连续墨流。产生的高速使墨流变成小液滴。小液滴的尺寸和频率取决于液体油墨的表面张力、所加压力和窄孔的直径。在墨滴通过窄孔时使其带上一定的电荷，以便控制墨滴的落点。带

电的墨滴通过一套电荷板使墨滴排斥或偏移到承印物表面需要的位置。而墨滴偏移量和承印物表面的墨点位置由墨滴离开窄孔时的带电量决定。

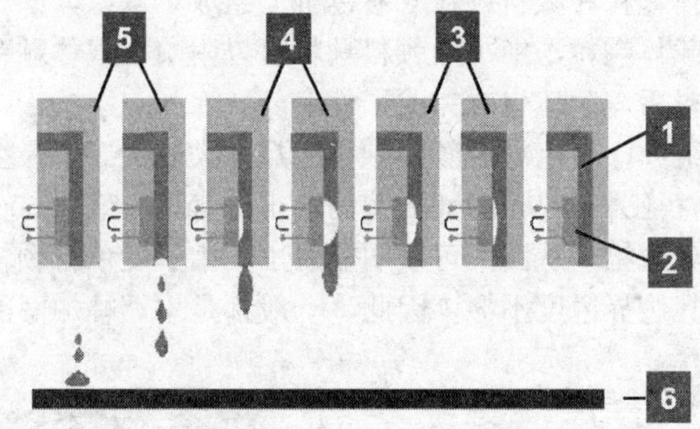

图 13-3-12 按需（脉冲）喷墨的过程

1—墨腔 2—压电体 3—压电体导电变形 4—喷墨 5—复原 6—纸张

在质量与成本方面起关键作用之一的是喷墨墨水，按照所使用的溶剂种类不同，喷墨墨水可以分为如下几种：

1）水性墨水。水基墨水可以分为染料型水性油墨和颜料型的水性油墨。此类墨水光学密度低、耐光性、耐水性差，但无污染，比较环保。其干燥方式是渗透干燥。

2）溶剂型墨水。指以有机溶剂将染料溶解或将颜料分散在载体中形成的墨水，其干燥方式是挥发干燥，该类墨水具有色彩鲜明、色彩还原性好，在承印材料上横向扩散少、干燥速度快等特点，因此，承印材料不需要进行特殊处理，可以在纸张、塑料薄膜、不干胶贴膜和网织物等无涂层的材料上直接印刷。若采用高质量颜料，溶剂型油墨在户外应用时有很好的抗紫外线性能。

若按照染料类型，可以将墨水分为染料型墨水和颜料型墨水。

1）染料型油墨。其成色剂染料是分子级全部溶解于溶剂当中的墨水，这种墨水是完全的复合溶液，很难堵塞喷墨头，喷绘后易于被材料吸收、造价成本低，而且由于染料能表达的色域一般要比颜料所表达的大，色彩艳丽、体现的色域范围也大。其缺点是不防水、不耐刮。

2）颜料型油墨。颜料型油墨把固体颜料研磨成十分细小的颗粒，分散于特殊的溶剂中，通过色彩附在介质的表面来发色的，是一种悬浮溶液或者叫半溶液。其主要的特点有防水、耐水性强、耐光性强，不易褪色，不易扩散和渗透，更适合双面打印等特点。另外，这类墨水对打印介质的要求比较低，在普通的复印纸上打印图片与在照片纸上打印出来的图片差距不大。

基于喷墨印刷的数字印刷系统，由于受到喷墨墨头速度影响和对喷墨墨水的质量要求的影响，其速度较慢而且成本较高。这种印刷（称为打印和打样更为合适）方式比较适合于批量为 50 份以内的可变数据印刷产品，并可以做到打样和印刷一体。

复习思考题

1．内滚筒式照排机的结构和工作原理要点是什么？

2．照排机校准包括哪几项？测试和调整的具体过程有哪些？

3．检查输出胶片质量的一般方法是什么？

4．简述 CTP 直接制版的工作流程特点和优势。

5．传统激光照排制版的流程与直接制版（CTP）的流程的主要工艺环节有哪些？

6．CTP 输出的质量检测的基本方式是什么？

7. 在 Harmony 校正软件中，有源校准曲线的本质是什么？为什么该校正系统即能够使印刷流程作线性阶调的输出控制，又可以针对某一特定复制阶调作印刷流程的跟踪校正？

8．简述印能捷系统的主要核心功能有哪些？其流程的处理步骤与特点有哪些？

9．输入文件的精炼过程是在进行什么工作？主要处理哪些参数？

10．简述印能捷（Prinergy）系统中的 Workshop 拼大版软件是如何导入由 Preps 生成的 JDF 拼版方案传票的？如何将精炼好的待拼版页面与拼版方案结合形成大版的？

11．简述印能捷（Prinergy）系统中如何对拼版页面进行显示器软打样和 PS、PDF 大版文件的生成的。

12．与传统印刷相比，数码印刷有哪些明显的特点和优点？

13．简述在机成像印刷（Direct Image/DI）的原理与结构特点。

14．简述可变数据印刷中典型的非生产型（办公室）激光印字机的工作原理和过程。

15．简述生产型色粉彩色数字印刷机的结构特点、机型与附加功能。

16．简述喷墨印刷系统的工作原理。喷墨印刷的墨水有哪些种类？

参 考 文 献

[1] 顾桓．彩色数字印前技术[M]．北京：印刷工业出版社，2000．

[2] 刘世昌．印刷品质量检测与控制[M]．北京：印刷工业出版社，2000．

[3] B.Haynes. Photoshop 5 艺术[M]．北京：清华大学出版社，2001．

[4] W.Crumpler. Colour Reproduction in a Digital Age[M]．Pira International，2001．

[5] 顾桓．基于通道特征的印前图像处理技巧[J]．印刷技术，2003（10）．

[6] 顾桓．双色印品设计的效果与技巧[J]．印刷技术，2003（12）．

[7] 顾桓．彩报印刷厂基于屏幕软打样的质量管理方案及关键技术[J]．印刷技术，2004（10）．

[8] 顾桓．数码打样机仿真打样的应用方案及技术探究[J]．印刷技术，2004（11）．

[9] 李文育，顾桓．基于应用程序的数码仿真打样技术[J]．包装工程，2005（12）．